U0226752

[俄罗斯] 雅科夫·伊西达洛维奇·别莱利曼 著

曾丹丹 译

北京理工大学出版社
BEIJING INSTITUTE OF TECHNOLOGY PRESS

图书在版编目（CIP）数据

孩子一读就懂的数学. 趣味生活数学 / (俄罗斯) 雅科夫·伊西达洛维奇·别莱利曼著；曾丹丹译. -- 北京: 北京理工大学出版社, 2021.12

ISBN 978-7-5763-0018-5

Ⅰ.①孩… Ⅱ.①雅… ②曾… Ⅲ.①数学－青少年读物 Ⅳ.①O1-49

中国版本图书馆CIP数据核字（2021）第139962号

出版发行 / 北京理工大学出版社有限责任公司
社　　址 / 北京市海淀区中关村南大街5号
邮　　编 / 100081
电　　话 / (010) 68914775（总编室）
　　　　　(010) 82562903（教材售后服务热线）
　　　　　(010) 68944723（其他图书服务热线）
网　　址 / http: //www.bitpress.com.cn
经　　销 / 全国各地新华书店
印　　刷 / 三河市冠宏印刷装订有限公司
开　　本 / 880毫米×710毫米　1/16
印　　张 / 14
字　　数 / 190千字
版　　次 / 2021年12月第1版　2021年12月第1次印刷
定　　价 / 148.00元（全3册）

责任编辑 / 陈莉华
文案编辑 / 陈莉华
责任校对 / 周瑞红
责任印制 / 施胜娟

图书出现印装质量问题，请拨打售后服务热线，本社负责调换

CONTENTS 目录

01 疗养院谜题

02 游戏中的数学知识

03 槌球游戏中的数学知识

CONTENTS

目录

04 12 道数学谜题

05 12 道数字谜题

06 有关天文数字的故事

CONTENTS

目录

07 无法用尺子测量的东西

08 几何谜题

09 雨雪中的几何学谜题

CONTENTS
目录

10 大洪水中的数学传说

11 29 道不同类型的谜题

01

疗养院谜题

导读

刘月娟

生活中每天必不可少要和数学打交道，从我们牙牙学语时就开始接触数字，妈妈教的第一个数字就是“1”。每次去买菜，听着菜市场内的讨价还价，是不是也感觉挺有趣呢？我们小学时玩的与数字相关的游戏无外乎计算数独一类的，但是数学在生活中无处不在，下面就来简单地介绍几个。

1.早餐谜题

有人提出这么一个问题：“为了看清树上松鼠的全貌，共绕着树木转了4周，但是松鼠一直在跳动，所以你看到的就只有松鼠的小脸蛋。”那么问题来了，你到底有没有围着松鼠转一圈？肯定有人会回答“有”，当然也会有人认为“没有”。那你的答案是什么呢？关于这个问题的思考，就看你如何理解“围绕一个物体运动”这句话了，一般包含两个方面，你可以先思考一下，具体的解析本书在第1节就会给出答案。

以前做饭都需要用柴烧火，要是各家烧各家的那自然无矛盾。但如果大家共用一个灶台，有人有木柴，有人却没有，若按根收费，那么一顿下来费用该如何分配呢？

还有，站在店门口的人和在马路上来回往返的人，在规定时间内所数的通过人行道的人数是否一样多呢？

诸如此类问题，文章中列举了一些常见的例子，你会发现有些问题自己似乎曾在某一时间想到过，但因为想不出所以然，因此也就不了了之了。这是因为我们的思维会陷入一个误区，理不出头绪。但别怕，现在你就会看到那些让你困惑的问题的答案了。

2.数字谜题

有时候数学会让人觉得很神奇，数学就像是具有魔法一样，可以从看似复杂的问题中理出些许头绪，这时数学逻辑思维就显得尤为重要。我们常说要用发现的眼光看世界，用数学的思维去观察生活。当一开始接触数独的时候，是不是也觉得挺简单的，但一算起来就会发现在没有掌握合理的算法之前，仅靠凑数是比较困难的，这里就强调了数学思维的重要性。看看下面两个数字“魔术”：①任意给出一个三位数，计算出这个数中每位数字相加的和，然后用原来的这个数减去这个和，从得到的这个结果中删掉一位数字，无论哪一位，并告诉你所有其他的数字。最后结果是，尽管不知道原来的那个数，也看不到这个数发生了什么样的变化，但是你却可以找到那个被删除的数字。②任意给出一个不以零结尾的三位数，要求最大的一位数字和最小的一位数字的差要超过1，然后把这个数的每位数字反过来排列。完成此操作后，用较大的三位数减去较小的三位数，然后把这个差反过来写，再把反过来写得到的数加上之前的差。这样一来，不用问出题人，你就能说出最后得到的那个数。

这两个数字“魔法”叙述完是不是觉得在读绕口令一样，理不出个头绪，但是别怕，本节就可以得到详细的解答，所以接着读下去，让我们拭目以待吧！

3.对号入座

“对号入座”类的题目就是要确定每个人口袋中所装的物品是什么。当然解决此类问题，需要有相应的步骤，这种步骤在之后的数学中称为“算法”，是为解决某一类题设计的步骤。准备三个可轻松放入口袋的小物件，另外，在桌子上放一盘装有24个号签的盘子，让人在你不在房间的时候把准备好的三个小物件放入口袋里，谁想放哪种就放哪种，最后你能猜出谁拿了哪种东西吗？那么如何根据要求，设计相应的算法步骤，从而实现算法功能呢？在此先留个悬念，在后面我们一起探讨吧！

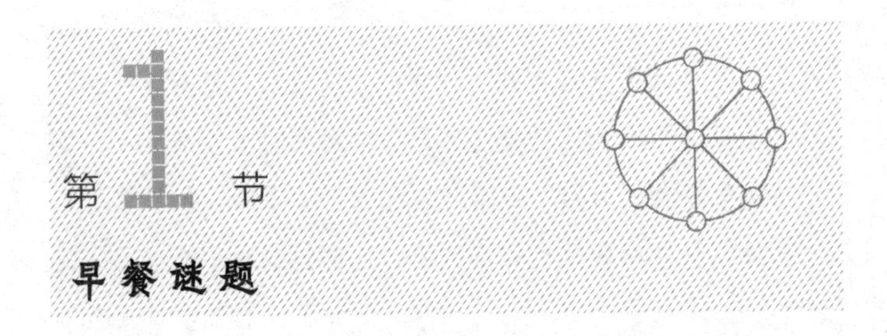

1.林中的松鼠

疗养院里，大家都在吃早餐，坐在桌边的一个人说道："你们知道吗？今天早晨我和松鼠玩了捉迷藏，我们那儿的林子里有一块圆形的空地，中间长着一棵孤独的白桦树，一只松鼠躲在树叶后面。我从丛林走到空地上时，看到它的小脸蛋儿，它藏在树叶后，一双水灵灵的眼睛往下直盯着我看。为了看清它，我没有靠近，只是小心翼翼地沿着林子的外围慢慢绕过去。我围着树绕了4圈，但小松鼠总沿着树干跳到相反的一侧去，到最后还是只能看到它的小脸蛋儿，所以我终究也没围着松鼠转1圈。"

"可是你自己说你围着树绕了4圈。"有人不同意他的说法，反驳道。

"我是围着树，不是围着松鼠。"

"但是松鼠是在树上的呀。"

"在树上又说明什么呢？"

"那就说明你是围着松鼠转了4圈啊。"

"我可一次都没看见它的后背！"

"这和后背有什么关系？松鼠在中间，你绕圈走，就说明你围着松鼠在绕圈。"

"你这话没有任何意义，想象一下，如果我围着你绕圈，而你一直都是正面对着我，没有让我看到你的后背，难道你能说我围着你绕圈了吗？"

“当然是围着我绕圈了呀，不然呢？”

“尽管我从来没有绕到过你背后，也没有看见过你的后背，也能说明我在围着你绕圈吗？”

“你一直在纠结后背的问题！你围着我绕圈，这才是问题的本质，而不是你要看到我的后背！”

“请允许我先问一个问题，某人围着某物绕圈到底是什么意思？在我看来，这意味着某人为了全方位看清一个物品，他会依次出现在这个物品的各个方位上，对不对？教授。”争论的对象转向了坐在桌旁的一位老人身上。

“在本质上，你们的争论围绕的主题是你们所说的话，”老人回答说，“而在这种情况下，你们应该去理解对方话里的意思。”

“‘我绕着树走了4圈’，这是你们刚刚谈到的话题，让我们来好好讨论一下它吧。如何理解‘围着某物绕圈’这句话呢？这句话有两种意思。第一种意思是：中间有一个物品，围绕着这个物品以闭合曲线的方式进行位移，这是一种理解。另一种意思是：围绕这个物品绕圈，目的是为了全方位地看清它。当你们用第一种意思理解的时候，你们应该承认他围着松鼠转了4圈。当用第二种意思理解的时候，就必须承认，他没有绕着松鼠转1圈。正如你们所看到的那样，这个争论是没有任何意义的，只有双方都站在同一个角度，那么你们理解的意思才能一样。”

“太棒了，我们可以假设有两种情况，但用哪种意思去理解更对一些呢？”

“你这个问题提得不合理呀。我想，你应该是要问用哪种意思理解会更符合常规的理解方式。我会说，最好是用第一种意思去理解，因为众所周知，太阳就在围绕着自己的轴心转圈，一圈是26个昼夜。”

“太阳也会转圈吗？”

“当然啦，像地球一样，太阳也会围着自己的轴心旋转。你们想象一下，如果太阳转得更慢一些，它转一圈不是26个昼夜，而是365天，12个月，即一年。那样的话，太阳就一直都是在用同一个面对着地球，而我们怎么都看不到它的‘背面’。难道会有人因此而断定，地球不围绕太阳转吗？”

“说得有道理，我现在可算明白了，我围着松鼠转过圈了！”

“朋友们，我有一个提议，请大家先不要离开，”一个听者说道，“外面还下着雨呢，看样子也不会那么快就停，我们不如解一道谜题来打发时间吧。按照顺序每个人都出一道题，或解答一道题。你们可是教授呀，有着丰富的知识呢！”

“如果题目是代数或者几何学类型的，那我就不参加了。”一位女士说道。

“我也是，我也是。”有人附和道。

“不行，不行，所有人都要参加。我们要求参与的人都不出代数或几何学的题目，哪怕是有关代数和几何原理的题也不要出。有人反对吗？”

“那我同意参加，我准备第一个出题了。”

“太好了，请开始出题吧！”赞同的声音从四面八方传来。

2.公共厨房里

“我的题目是在一个公共住所的场景下，这种场景在日常生活中很常见。为方便起见，我们为这个女居民取个名字，叫小三，她有3根木柴，她把木柴放在了公共区域。另一个居民叫小五，她有5根木柴。还有个没有木柴的居民，得到小三和小五的许可后，她用邻居的木柴在公共灶台做午饭，并支付给她们80戈比[1]。那么那两个邻居应该怎么去分这80戈比呢？”

“对半分，”有个人迫不及待地答道，“那个没有木柴的人用掉了差不多等量的

---

1 戈比：俄罗斯的货币单位。

邻居的木柴。”

“我觉得不对呀，”另一个人反驳道，“应该根据邻居贡献了多少木柴来算该拿多少钱。给了3根木柴的就得到30戈比，给了5根木柴的邻居，应该得到50戈比。这样就公平啦。”

发起这次游戏的人被选为此次活动的代表，他说道：“我们暂时先不宣布题目的答案。让大家自己思考一下。晚餐时会有人给我们宣布正确答案。现在轮到你了，老师朋友！”

3.学校社团

老师开始说道：“我们学校有5个社团，即政治社、军事社、摄影社、国际象棋社和合唱团。政治社过一天后举办活动，军事社过2天，即第3天举办活动，摄影社第4天举办活动，象棋社第5天举办活动，合唱团第6天举办活动。1月1日，所有社团都在学校汇合，按计划在指定的时间举办活动。我的问题是：在第一季度（1—3月），有几天这5个社团都聚集在学校？”

“是平年还是闰年[1]？”有人问。

“平年。”

“这样的话，那第一季度，也就是1月、2月、3月，算90天对不对？”

“对呀。”

教授说：“让我在你的题目里再加上一个问题：在第一季度，有多少天这5个社团的学生是全都不会来学校举办活动的？”

1 地球绕太阳运行的周期为365天5小时48分46秒（合365.242 19天）即一回归年。公历的平年只有365天，比回归年短约0.242 2天，所余下的时间约为每四年累计一天，故第四年于2月末加1天，使当年的历年长度为366天，这一年就为闰年。

“这个我知道！”有人叫道，“这题里有圈套。这5个社团的学生都举办活动和这5个社团的学生都不举办活动，这两种情况的可能性均不存在。这已经显而易见了！”

“为什么？”组织出题游戏的人问道。

“我解释不了，我只是觉得他们这样设置问题的目的就是想让答题者措手不及。”

“嗯，这不是争论的重点。到了晚上，自会证明你的预感是否正确。轮到你们提问了，朋友们！”

4.谁数的人更多?

“两个人在人行道上数一小时内，有多少人路过他们面前。一个人静止站在人行道旁，另一个人在人行道上来回走。他们两个人中谁数的人数会更多呢？”

“这很明显呀，在人行道上来回走的人，他数的人数会更多。”另一张桌子旁有人说道。

“吃晚餐时我们会知道答案的。”代表说，“让我们继续，下一个！”

5.爷爷和孙子

“我和你们说说发生在1932年的事情吧。那个时候我的年龄和我出生年份的最后两位数一样大。当我把这件事告诉我爷爷时，他给我看了他的出生证明，我惊呆了，他竟然也是一样的情况。我觉得这简直不可思议……”

“这是不可能的。”有人说道。

“你们认真想一下，这是有可能的，爷爷向我证明了这一点。我的问题是：那年我和爷爷的年龄各是多少岁呢？”

6.铁路票

“我是一名铁路售票员。”下一位游戏参与者开始说道，“很多人觉得这项工作似乎很简单。但是大家都知道，铁路售票员每天都要和很多张票打交道，哪怕是小站台的售票员都是如此。毕竟，要让乘客可以得到从这个车站到任何车站的车票，而且包含往返两个方向的车票。我在铁路售票站工作，我们那一共有25个站台。请问铁路售票站一共得准备多少种车票呢？”

售票员说完，组织出题游戏的人宣布道：“轮到你了，飞行员。”

7.飞机飞行

“一架飞机从圣彼得堡[1]飞向正北方。它向北飞行了500千米，然后向东转。朝东边飞行了500千米，飞机又向南转了一个弯，飞行了500千米。然后它向西转，朝西边飞行500千米，最后落到地面。请问：相对于圣彼得堡，飞机往北飞、往东飞、往南飞和往西飞了以后到的是哪个方位？”

“你让一个老实人，”有人说道，“不转身地向前走500步，向右走500步，向后走500步，再向左走500步以后，最终他会走到哪里呢？他从哪里出发的，就会回到哪里！”

“那么，你认为飞机会在哪里降落？”

“就在出发的这个圣彼得堡机场。不是吗？”

“事实并非如此。”

“那我就不明白了！”

“老实说，我感觉有哪个地方不太对劲，”一位坐在飞行员旁边的人开始说道，

1 圣彼得堡：位于俄罗斯西北部，波罗的海沿岸，被称为俄罗斯的“北方首都”。

“难道飞机不是在圣彼得堡降落的吗？能不能再重复一遍这个问题？”

飞行员赶紧满足了他这一要求。大家都仔细听着，一脸困惑地相互对视。

“好吧，”组织出题游戏的人宣布，“晚餐之前，我们会有时间思考这道题的，现在我们继续吧。”

8.影子

“假设我，”下一位出题的人说道，“乘坐的也是上面那道谜题中的那架飞机。飞机本身的长度和飞机的影子相比，哪个更长一些？”

“这是你这道谜题要问的全部问题吗？”

“是的。”

“飞机的影子当然要比飞机本身的长度长，因为太阳的光芒在空中会发散开来。”有人立马回答道。

“我想说的正好与你的观点相反，太阳的光线是平行的，所以飞机的影子和飞机本身的长度会相等。”

“你在说什么呢？你是不是从未见过躲在云层后面的太阳发散出来的光线？那你可以亲自去看看它们是怎样发散出来的。飞机的影子应该比飞机本身的长度长得多，因为云的影子就长于云本身的长度。”

“那为什么一般来说，人们都认为太阳的光线是平行的呢？水手呀、天文学家呀……每个人都是这么认为的……”

组织出题游戏的人不想看到他们的争执再继续下去，于是赶紧请下一位出题的人发言。

9.火柴谜题

这位出题人从桌上的火柴盒里倒出所有的火柴，并开始把它们分成三堆。

“你这是要放火吗？”听众们开玩笑。

“这道题需要用到火柴。”出题人解释道，“这是三堆数量不相等的火柴。总共有48根。我不会告诉你们每堆有多少根，但有以下几点提示：如果我把与第二堆火柴数量相等的火柴，从第一堆转移到第二堆里，那么第一堆火柴的数量就会与第二堆的数量相等；接下来如果我把与第三堆火柴数量相等的火柴，从第二堆转移到第三堆里，那么第二堆火柴的数量就会和第三堆的相等；最后，如果我把与第一堆火柴数量相等的火柴，从第三堆转移到第一堆里，这样一来这两堆火柴的数量也就相等了。如果我做完所有这些转移后，每堆火柴的数量都相等，那么最开始每堆有多少根火柴？”

10.狡猾的树桩

“这个谜题，”接下来出题的人开始说道，“好像是很久以前一位乡村数学家问过我的一道题。这是一个有趣的故事。一位农民在森林里遇到了一个陌生的老人，他们聊了起来。老人仔细打量了一下农民后，说道：

‘我知道这片林子里有一个神奇的树桩。它能在你需要的时候帮助你。’

‘它能怎么帮我呢？帮我治病吗？’

‘治病是治不了的，但它可以让你的钱翻一倍。只要你把一个装有钱的钱包放到树桩下面，然后从1数到100就可以了，数完以后你钱包里的钱就会翻一倍。它有这样的一种能力，真是个很神奇的树桩呢！’

‘我想我可以试试。’农民激动地说道。

‘可以的。不试白不试嘛。你只需要付点儿钱就行了。’

‘付给谁钱？要付多少呢？’

‘付钱给为你带路的人，也就是说付给我。’

他们开始讨价还价。老人要求每加倍一次后，农民都要付给他1卢布20戈比[1]。基于这一点他们达成了一致。老人把农民带到森林深处，并带着他徘徊了很长时间，终于在灌木丛中发现了一个古老的云杉树桩，上面长满了青苔。他从农民的手中拿过钱包，把它放在树桩的根部之间，从1数到了100。接着，老人开始在树桩乱糟糟的根部摸索，从那里拿出钱包，交给了农民。

农民看着他的钱包，然后呢，钱真的增加了一倍！农民从钱包里数出答应好的1卢布20戈比给了老人，并要求第二次把钱包放在这个神奇的树桩下。

他们又从1数到100，老人又在树桩根部摸索一番，再一次达到了目的：钱包里的钱又翻了一倍。老人又从农民的钱包里收到了1卢布20戈比。

他们继续第三次把钱包藏在树桩下，这次钱也增加了一倍。但是当农民把应许的报酬支付给老人时，他的钱包里一个戈比都没有了——这个可怜的人把所有的钱都输了，没有其他东西可以再拿来翻倍了，只能沮丧地在森林里徘徊。

当然，金钱翻倍的秘密对你们来说，很明显——是因为老人故意使农民钱包里的钱增长得很慢。但是，你们能不能回答出另一个问题：在用这个狡猾的树桩进行失败的实验之前，农民钱包里有多少钱？”

11.关于十二月的谜题

“朋友们，我是一位语言学家，没有什么数学知识，”轮到一位中年男子出题时，他说道，“所以不要指望我出一道数学题。我只能从我熟悉的领域提出问题——一个关于日历的谜题可以吗？”

---

1 卢布：俄罗斯的本位货币单位，辅币是戈比。1卢布=100戈比。

“请吧。”

“在我国，第十二个月被称为‘декабрь’。那你们知道‘декабрь’的实际意思吗？它来自希腊语的‘Δεκέμβριος’这个词，意思是指‘十’这个数字，还来自‘декалитр’这个词，意思是‘十升’，也来自‘декада’这个词，意思是‘十天’等。也就是说，十二月被称为‘第十个’。那要如何来解释这种与字面意思不一样的差异呢？”

“嗯，现在只剩下最后一个谜题了。”组织出题游戏的人说道。

12.算术魔术

“我来说最后的这第十二道谜题吧。为了使题目更多样化一些，我将向你们展示一个算术魔术，并向你们揭示其秘密。随便来个人，就你吧，组织出题游戏的朋友，请在我这里秘密地写下任意一个三位数。”

“这个数可以都写零吗？”

“我不设任何限制。可以写你希望的任何一个三位数。”

“写好了，然后现在该干什么呢？”

“接在后面把这个数再写一遍。这样你们就会得到一个六位数。”

“是的，变六位数了。”

“把这张纸交给坐得离我远一点的那个人。然后让他把这个六位数除以7。”

“简单来说，可以整除7，但也可能整除不了。”

“放心吧，可以整除到不留余数的。”

“你都不知道这个数是多少，怎么就这么确定一定能整除呢？”

“先除了再说。”

“借你的好运，会除得了的。”

"把结果交给那个进行除法运算的人吧，不要把这个结果告诉我。让他再除以11。"

"我想你又会问——除得尽吗？"

"可以除得不留余数。"

"老实说，真的可以除得没有余数！那接下来呢？"

"继续把结果传给下一个人。让他……嗯，把这个数字除以13。"

"不好说。能整除13的数字可没有几个……啊，不，整除了。你可真走运。"

"把这张写着结果的纸交给我吧，只不过要折叠一下，这样我就看不到这个数了。"

"魔术师"没有打开这张纸，而是把它交给了组织出题游戏的人。

"得到的结果是那个你最开始思考后写下的三位数，是不是？"

"是的！"他惊讶地看着这张纸回答道，"这正是我最开始思考完写的……现在，由于所有的出题人都已经发言完毕了，因此我宣布会议结束，风风雨雨都过去了。所有谜题的谜底都将于今天晚餐后揭晓。请你们给我一本笔记本来记录解答方法。"

★第1～12题的答案

1.林中的松鼠这道谜题在出题的时候就解答了。所以我们看下一个吧。

2.不要认为题中的人会像大多数人那样，支付80戈比来买8根木柴，每根10戈比。只需要用这笔钱来支付8根木柴的三分之一就行了，因为这三个人用的是同一个灶台。所以，8根木柴的总价为80×3，即2卢布40戈比，一根木柴的价格是30戈比。

现在很容易就能算出应付给每个人的钱了。应该付给有5根木柴的人150戈比。但是她自己用炉子烧柴花了80戈比，这意味着她获得的只剩下$150 - 80$，即70戈比。有3

根木柴的人应该得到90戈比，如果减去她因使用火炉而花的80戈比，那么她就只剩下90 – 80，即10戈比了。

所以，按照正确的分配，有5根木柴的人应该得到70戈比，有3根木柴的人应该得到10戈比。

3.关于第一个问题：有几天，这5个社团会同时聚在学校里？

如果我们找到能被2、3、4、5和6整除的最小数，就可以很轻松地回答这个问题了。不难找，这个数就是60。因此，在第61天，这5个社团会再次聚集在一起——政治社经过30个两天之后会再次聚集在一起；军事社经过20个三天之后会再次聚集在一起；摄影社经过15个四天之后会再次聚集在一起；国际象棋社经过12个五天之后会再次聚集在一起；合唱团经过10个六天之后会再次聚集在一起。在第60天来临之前的任何一天，都不会出现5个社团聚集在一起的情况。下一个出现这种情况的时间将是再过60天以后，也就是在第二季度的时候了。

因此，在第一季度内只有一天，5个社团会在学校聚会。

对于第二个问题，有几个晚上这5个社团都没有举办活动？要找到这样的日子，你需要写出从1到90的所有数，以便划掉政治社的工作日，即数字1、3、5、7、9等。然后划掉军事社的工作日即4、10等，然后我们将摄影社、国际象棋社和合唱团举办活动的日子都排除在外之后，就会发现，在第一季度内，有几天这5个社团都不举办活动。

结果一目了然，第一季度内的很多天都没有社团举办活动，共有24天。一月份有8天，即2、8、12、14、18、20、24和30这8天。2月份有7天，3月份有9天。

4.两个人数到路人的数量相等。站在人行道旁的那个人，他数到了从两个方向来往的人。同样，在人行道上来回走动的那个人，他也数到了来自两个方向的每一个人。

5.乍看之下，这道题的表述方式似乎是不对的，因为表面看来，孙子和爷爷的年龄相等才能满足要求。但是，只要稍加分析，就能得到正确的答案。

孙子显然出生于20世纪。因此，表示他出生年份的前两位数是19。表示其余两位数的值是加上了这个数本身的，这个数加上本身以后是32，所以这个数是16，即孙子于1916年出生，而他在1932年才16岁。

当然，爷爷出生于19世纪，表示他出生年份的前两位数是18，表示剩余两位数的值加上它本身以后应该是132。因此，这个数本身等于132的一半，即66。所以爷爷出生于1866年，他在1932年是66岁。

因此，1932年时孙子和爷爷出生年份的最后两位数和他们1932年时的年龄都是一样的。

6.在25个车站中的每个车站，乘客都可以获取前往任何车站的票，即24个车站的票。因此，需要准备的不同票证有$25 \times 24 = 600$种。

7.这道题中没有任何矛盾的地方。你不要以为飞机会沿着正方形的轮廓飞行——要考虑到地球是球形的。因为子午线在向北方靠近（见图1），所以，飞机在圣彼得堡以北500千米的地方向东移动的纬度度数大于之后向西移动的纬度度数，所以它不会再次出现在圣彼得堡。事实上飞机完成飞行的结果是，它会降落在圣彼得堡以东。

具体距离圣彼得堡机场有多远可以算出来。如图1所示，你能看到飞机飞行的路线：*ABCDE*。*N*点指的是北极，在这点的时候，子午线*AB*会和*DC*相交。飞机首先向北飞了500千米，即沿着子午线*AN*飞了500千米。由于子午线的长度为111千米/纬度，所以500千米的子午线弧占了500：111 = 4.5个纬度（即4.5°）。圣彼得堡位于北纬60°，那么*B*点就位于60° + 4.5° = 64.5°。然后飞机往东飞，即沿着与*BC*平行的方向飞行，并沿着这个方向飞行了500千米。

查阅资料可知，这条纬线上，一个经度代表的长度等于48千米。然后很容易就能算出飞机向东飞行了多少个经度：500：48 = 10.4个经度（即10.4°）。之后，飞机向南飞行，即沿着CD子午线飞行，飞了500千米后，再次在圣彼得堡的这条纬线上降落。现在来看向西这条路线，即DA。这条路线代表的500千米明显比AD的长度短。AD代表的经度度数与BC代表的经度度数一样，都是10.4°。但是，纬度为60°时，1经度代表的长度为55.5千米。因此，A点到D点的距离为$55.5 \times 10.4 = 577.2$千米。于是我们就能看出，飞机不会在圣彼得堡降落，因为它还没有飞完剩下的77.2千米。

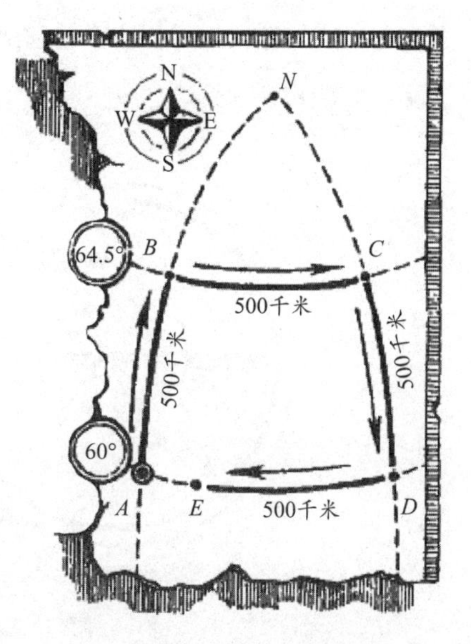

图1 飞机如何飞行

8.他们在议论这道题的时候犯了许多错误。有人说落在地球上的太阳光线很明显会发散开来，这个观点并不正确。与地球到太阳的距离相比，地球是如此的小，以至于投射到地球表面任何区域的太阳光线，散发角度都微乎其微：实际上，这些光线可以被认为是平行的。我们有时会看到所谓的“光线散射[1]”——这不过是由于我们看的是远景而已。

从远处看，平行的光线似乎会聚在一起；想想由近到远的铁轨目视图或长胡同的目视图。

由于太阳光线以平行光线的形式落在地球上，因此有人说飞机整个影子的长度等于飞机本身的长度，这个观点也是解释不通的。参照图2，你将能了解到，整个飞机

1 散射是被投射波照射的物体表面曲率较大甚至不光滑时，其二次辐射波在角域上按一定的规律作扩散分布的现象。它是分子或原子相互接近时，由于双方具有很强的相互斥力，迫使它们在接触前就偏离了原来的运动方向而分开，这通常称为“散射”。

的影子落在地球上以后会变窄，因此，飞机在地球表面投射的影子会比飞机本身的长度短，即CD小于AB。

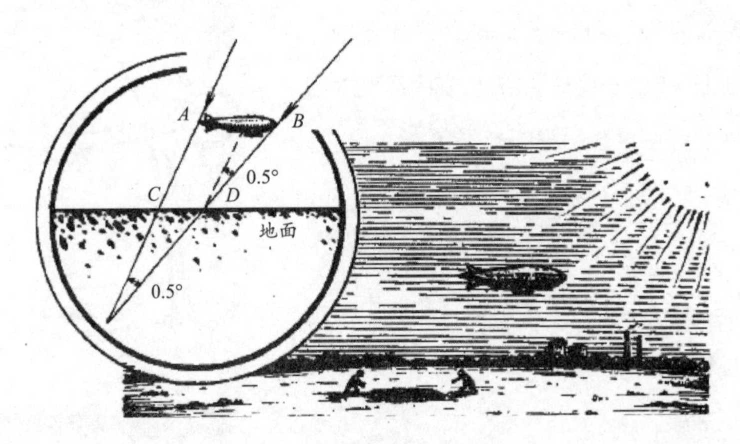

图2　飞机的影子是如何形成的

如果你知道飞机的高度，那么就可以算出影子长度与机身长度的差。假如飞机在地球表面上方1 000米的高度飞行。AC和BD之间的夹角度数等于站在地球上看太阳的角度；这个角度是已知的，大约0.5°。另一方面，已知以0.5°的这个角度望向远处，视野宽度是距离的115分之一。因此，飞机总长度和影子长度的差（站在地球表面，以0.5°的角度看到的飞机长度）应为AC的115分之一。

AC的长度比从A点到地球表面的绝对距离长。如果太阳光线的方向与地球表面之间的夹角为45°，那么AC（飞机在1 000米的高度飞行）约为1 400米，因此影子比飞机短约1 400∶115＝12米。

以上所有的内容均指的是完整的飞机影子——又黑又窄部分——与所谓的微弱且模糊的部分影子无关。

顺便说一下，我们的计算结果表明，如果拿一个直径小于12米的小气球来代替飞机，那么它根本无法投射出完整的影子，只能看见它微弱的部分影子。

9.这个问题需要一步一步地解决。已知移动后，所有火柴堆中的火柴根数都相同，而火柴的总数是不变的，还是原来的48根，所以转移都结束的时候，每堆中有16根火柴。

结果如下所示：

第一堆火柴	第二堆火柴	第三堆火柴
16根	16根	16根

在此之前，在第一堆火柴中增加了和它的数量一样多的火柴；换句话说，第一堆中的火柴数量增加了一倍。这也就意味着，在最后一次转移之前，第一堆火柴中还没有16根火柴，而只有8根火柴。在第三堆中，则有16+8＝24根火柴。此时所有火柴堆中火柴的分布情况如下：

第一堆火柴	第二堆火柴	第三堆火柴
8根	16根	24根

上一步是，从第二堆中拿与第三堆火柴数量一样多的火柴，转移到第三堆中。因此在转移以前，第三堆火柴的数量是翻了倍的。从这里我们得到了在第二次转移前火柴的分布情况：

第一堆火柴	第二堆火柴	第三堆火柴
8根	16+12=28根	12根

同样的思路，很容易就能得出，在第一次转移之前（即在从第一堆火柴中转移与第二堆中火柴数量一样多的火柴，到第二堆里以前），火柴的分布情况如下：

第一堆火柴	第二堆火柴	第三堆火柴
22根	14根	12根

这就是火柴堆中火柴的初始数量。

10.这道谜题很容易解决。我们知道钱包里的钱经过第三次翻倍之后会变成1卢布20戈比（老人最后一次收到的这笔钱的数目）。

那在第三次翻倍之前有多少？当然是60戈比了。剩下60戈比，是在第二次付给老人1卢布20戈比以后，则在付款前钱包里有：

1卢布20戈比＋60戈比＝1卢布80戈比

接下来：在第二次翻倍后钱包里有1卢布80戈比，说明在第一次付给老人1卢布20戈比后还剩下90戈比。现在我们知道了，第一次翻倍之后，在付款之前，钱包里有90戈比＋1卢布20戈比＝2卢布10戈比。而在第一次翻倍前，钱包里只有一半的钱，也就是1卢布5戈比。这些钱就是农民用于进行这笔不成功的生意的钱。

让我们来检验一下答案：

钱包里的钱

在第一次翻倍后会变成：1卢布5戈比×2＝2卢布10戈比

第一次付款后：2卢布10戈比－1卢布20戈比＝90戈比

第二次翻倍后：90戈比×2＝1卢布80戈比

第二次付款后：1卢布80戈比－1卢布20戈比＝60戈比

第三次翻倍后：60戈比×2＝1卢布20戈比

第三次付款后：1卢布20戈比－1卢布20戈比＝0

11.我们的日历源自古罗马人的日历。罗马人（到恺撒大帝时期[1]）认为年初不是1月1日，而是3月1日。因此，十二月变成了第十个月。对应序号变了，月份的名称却没有更改。因此，就有了以下的这种差异：

1 公元前100年7月12日—公元前44年3月15日，史称恺撒大帝时期。恺撒大帝是罗马共和国（今地中海沿岸等地区）末期杰出的军事统帅、政治家，并且以其优越的才能成为罗马帝国的奠基者。

月份	序号	对应的号码
九月	第七	9
十月	第八	10
十一月	第九	11
十二月	第十	12

12.我们将对纸上的这个三位数进行运算。首先，要在之前写的三位数以后再写一遍这个三位数。这相当于在原始数后面加上三个零再加它本身。例如：

$$872\,872 = 872\,000 + 872$$

现在题目的解答方法就变得很简单了。实际上，是要对这个数进行这样的运算：把它扩大1 000倍，然后还要再加一遍它本身；简而言之，就是拿它去乘以1 001。

然后要对它做什么呢？依次把它除以7、11和13。而$7 \times 11 \times 13$，就是1 001。

因此，把纸上的这个三位数先乘以1 001，然后再除以1 001。运算完后得到的是最开始的那个三位数，这个结果还令人感到很奇怪吗？

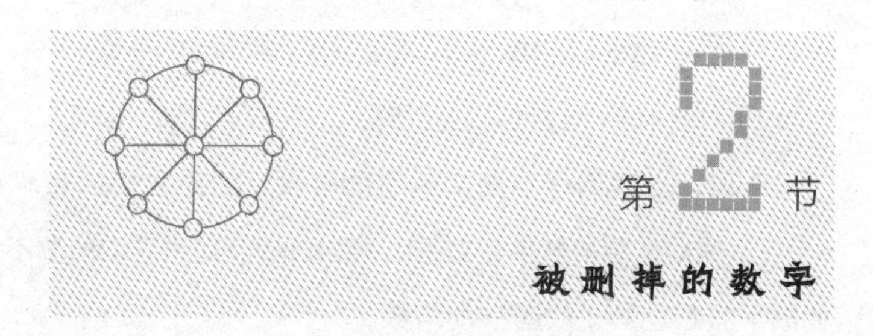

第2节 被删掉的数字

让你的朋友想出一些多位数，例如847。让他算出这个数中每位数字相加的和（8+4+7=19），然后用原来的这个数减去这个和，结果就是：

$$847 - 19=828$$

让他在得到的这个结果中删掉一位数字，无论哪一位都可以，并告诉你所有其他的数字。尽管你不知道原来的那个数，也看不到这个数发生了什么样的变化，但你可以找出那个被删掉的数字。

如何才能找到谜题里说的被删掉的数字？很简单：这个被删掉的数字一定是其他没删掉的数字相加后，它们的和最接近的那个9的倍数（大于该和）与这个和的差。例如，如果在828中删除了第一个数字（8），并且告诉了你其余的两个数字2和8，那把2+8后，你会意识到这个和不够被9整除，最接近的满足要求的数是18，而18－（2+8）＝8，也就是说8是这个被划掉的数字。

为什么会这样呢？因为如果把一个数减去其每位数字的总和，则一定会留下一个可被9整除的数，而且它的每位数字之和也可被9整除。下面进行证明，我们把这个数的百位数字设为a，十位数字设为b，个位数字设为c。这个数的每位数字相加可以表示为：

$$100a + 10b + c$$

从该数中减去$a + b + c$的总和，可以得到：

$$100a + 10b + c - (a + b + c) = 99a + 9b = 9(11a + b)$$

$9(11a + b)$当然可以整除9。

所以，当我们得到剩余数字的时候，如果它们的和本身可以整除9（例如4和5），这表明删除的数字要么是0，要么是9。如果它们的和不能被9整除，那么被删除的数字加上这个和一定是9的倍数。

下面是对这道魔术题进行的修改：我们可以把这个数的每位数字打乱顺序，然后用原来的这个数减去顺序被打乱了的数，而不是用原来的数减去这个数的每位数字相加的和。例如，你可以用8 247减去2 748（如果打乱顺序后得到的数大于设想的数，则用较大的数减去较小的数），然后继续进行原来的步骤。

$$8\,247-2\,748=5\,499$$

如果把数字4删掉，那么就只剩下数字5、9、9，你会意识到，最接近$5+9+9$（即23）的可被9整除的数是27。因此，被删掉的数字是$27-23=4$。

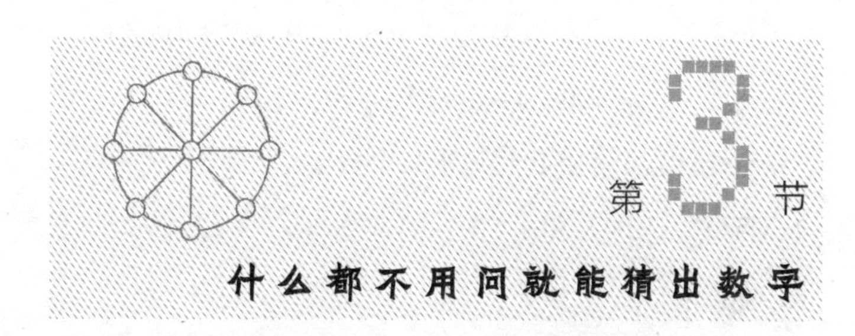

第3节 什么都不用问就能猜出数字

让你的朋友想出一个不以零结尾的三位数，其中的最大数字和最小数字的差要超过1，然后要求他们把这个数的每位数字反过来排列。完成此操作后，用较大的三位数减去较小的三位数，然后把这个差反过来写，再把反过来写得到的数加上之前的差。这样一来，不用问出题人，你就能说出最终得到的这个数。

例如，如果他想的数是467，那么出题人必须进行以下的运算：

$$467 \rightarrow 764 \rightarrow \begin{array}{r} 764 \\ -467 \\ \hline 297 \end{array} \rightarrow \begin{array}{r} 297 \\ +792 \\ \hline 1\,089 \end{array}$$

最终算出来的结果：1 089。它是恒定不变的吗？我们来验证一下：

取一个三位数，各位数字分别设为a、b、c，表示式如下：

$$100a+10b+c$$

把这个数反过来写会变成：

$$100c+10b+a$$

用第一个式子减去第二个式子，差为：

$$99a-99c$$

把这个式子进行以下转换：

$$\begin{aligned}99a-99c&=99(a-c)=100(a-c)-(a-c)\\&=100(a-c)-100+100-10+10-(a-c)\\&=100(a-c-1)+90+(10-a+c)\end{aligned}$$

因此，这个差会包括以下三个数字：

百位为：$a-c-1$；

十位为：9；

个位为：$10+c-a$。

把这三个数字反过来写会变成：

$$100(10+c-a)+90+(a-c-1)$$

把这两个式子相加：

$$100(a-c-1)+90+(10+c-a)+100(10+c-a)+90+a-c-1$$

最后会得到：

$$100\times9+180+9=1\ 089$$

无论a、b、c表示的是什么数字，计算结果始终相同：1 089。因此，无论对方初始想出的是什么数，你都能立刻说出结果。显然，不能两次都向同一个人展示这道魔术题，因为这样的话秘密就会被揭露的哟！

第4节 谁拿的是哪样东西？

为了解决这道魔术题，你需要准备三个可轻松放入口袋的小物件，例如铅笔、钥匙和小刀。另外，在桌子上放一盘装有24个核桃的盘子；也可以用棋子呀、多米诺骨牌呀、火柴等适合的东西来代替核桃。

你请三个朋友，让他们在你不在房间的时候把铅笔、钥匙或小刀藏在口袋里，谁想放哪种就放哪种。你来猜谁的口袋里放的是哪样东西。

猜测的过程如下。朋友将东西藏在口袋里之后回到房间，你首先要从装着核桃的盘子里拿核桃给他们。

给第一个朋友一个核桃，给第二个朋友两个核桃，给第三个朋友三个核桃。然后，你再次离开房间，留给朋友以下指示：每个人都必须从盘子里拿出更多的核桃来，即铅笔持有者要拿的核桃数量与你给他的核桃数量一样多；钥匙持有者要拿的核桃数量是你给他的核桃数量的两倍；小刀持有者要拿的核桃数量是你给他的核桃数量的四倍。

剩下的其他核桃仍留在盘子里。

完成所有这些操作后，你会得到返回房间的信号，当你进入房间时，你只需瞥一眼盘子就可宣布谁的口袋里有什么东西。

这道题听起来就让人感到困惑，因为它是在没有秘密同伙参与的情况下执行的，没有同伙会给你提供看不见的信号。但这道题没有欺骗性，它完全基于算术计算——

你仅通过剩余核桃的数量就能找出每个物件的所有者。

但是，如何确定每个人拿的物件呢?

很简单，只有少数核桃还保留在盘子上——从1到7，你可以一目了然。对于朋友之间物件分配的每种情况，所对应的剩余核桃的数量都不同。现在我们来看下面的解答过程。

给你的朋友分别取名为弗拉基米尔、乔治和康斯坦丁。物件用字母来指代：铅笔—a，钥匙—b，刀—c。三个物件在三位所有者那儿会如何分配？有6种分配方法：

弗拉基米尔	乔治	康斯坦丁
a	b	c
a	c	b
b	a	c
b	c	a
c	a	b
c	b	a

很明显，除此之外没有其他分配方法了。我们的表格系统地排列了所有的组合。

现在，让我们来看一下这6种分配方法以及分别对应的剩余核桃数：

拿的顺序	拿的核桃数	拿的核桃总数	剩余的核桃数
abc	1+1=2;2+4=6;3+12=15	23	1
acb	1+1=2;2+8=10;3+6=9	21	3
bac	1+2=3;2+2=4;3+12=15	22	2
bca	1+2=3;2+8=10;3+3=6	19	5
cab	1+4=5;2+2=4;3+6=9	18	6
cba	1+4=5;2+4=6;3+3=6	17	7

你会看到剩余核桃的数量每次都不一样。因此，知道了剩余部分的核桃后，你就

可以轻松地确定朋友口袋里物件的分布了。再次（第三次）离开房间，在笔记本中查看记录的当前这6种分配方式（实际上，你只需要记住第一列和最后一列）；记熟所有这些方式很困难，也没这个必要。表格会告诉你哪个物件在谁的口袋里。例如，如果在盘子里留有5个核桃，则意味着（*bca*这种分配方法）：

钥匙在弗拉基米尔口袋里；

小刀在乔治口袋里；

铅笔在康斯坦丁口袋里。

为了使这种方法能够成功，你必须牢记你给每个朋友拿了多少核桃（因此，按照我们的情况，始终按字母顺序分配核桃）。

02

游戏中的数学知识

导读

刘月娟

相信很多人提起数学就觉得十分头大，当然数学也成了许多人的问题学科。数学难，难在它不好理解，难在运算法则记不熟、计算能力有欠缺、空间想象能力差、理论推导没思路、逻辑思维有偏差等。我们常说“数学源于生活，又应用于生活”，从步入幼儿园开始，幼儿教师就会组织孩子们参加各种游戏，以便让孩子更好地发展逻辑思维能力，而在数学学习中，逻辑思维起到了很大的作用。

不知你是否发现数学在生活中的妙用了呢？像在第1章提到的数独游戏就是数学的妙用，这是一种数学智力拼图游戏。一般一个数独游戏包含81个单元格，每个单元格只能是1~9中的数字，并且要求九宫格的每一行、每一列的数字都不能重复出现，这种看似简单的数学逻辑，其实运用了排列组合的思想。数独游戏只是数学应用于生活的一种情况，当然还有很多，下面就先来看两种。

1.多米诺骨牌

多米诺骨牌的游戏相信大家都不陌生，但是真正懂得其中奥秘的人也是比较少的。多米诺骨牌是一种用木制、骨制或塑料制成的长方体骨牌。每个骨牌上都会刻上相应的图案，玩时将骨牌按一定间距排列成行，轻轻碰倒第一枚骨牌，其余的骨牌就会产生连锁反应，依次倒下。多米诺骨牌可以充作积木、搭房子、盖牌楼、制成各种各样的拼图。本节就依据点数来设计游戏，骨牌上可以空白，也可以刻有1~6点。用多少张骨牌可以排成一条骨牌链呢？根据排好的骨牌链，能否根据起点的点数确定终点的点数呢？

在学过的图形中，正方形是最规则的图形，那么能否用骨牌摆成一个每条边的总点数都相同——正好都等于44的正方形环呢？

有一种特殊的正方形，它的每一列上（纵列、横列或对角线列）的总点数都是相同的，我们称之为“多米诺骨牌魔方”。你自己可以尝试着用18张骨牌组成一个“多米诺骨牌魔方”，且要求总点数都是13点。

在以上问题的诸多证明过程中，用到了反证法的思想，这是一种间接的证明方法，值得好好探讨一下。当然，骨牌的玩法还有很多，规则也多种多样。玩骨牌真的是在玩中学，在学中玩。

2.拼图游戏

拼图游戏可以帮助小朋友们开发智力，简单的拼图游戏可以根据每个小块的形状或背面的印记拼成图形。我们要介绍的是一个关于15的拼图游戏，在本章的第2节中可以看到。这种游戏曾一度被当作是一种博弈手段，在各个国家风靡一时，直到后来被一位“伟人”解出了其中的奥秘。该理论的原理非常复杂，并且与高等代数的一个理论（“行列式理论”）有着紧密的联系。但在这里我们只考虑威·阿伦斯提出的一些观点。假设有15个杂乱无章的棋子是随意放置的，你可以随时把棋子1移动到正确的位置上，然后在不动棋子1的情况下将棋子2移动到棋子1右边的位置，如此往复，最终将15个棋子按正确的顺序排放好。你是否会觉得这是一个难以实现的问题呢？数学理论使拼图游戏变得简单明了，这就是寓数学于游戏，寓游戏于数学，两者相辅相成。

多米诺骨牌和骨牌游戏中存在着许多数学奥秘，别心急，本章会一一做出解答。从做中学，在学中做，充分发挥自己的主观能动性，就能找到每个游戏中的数学奥秘。

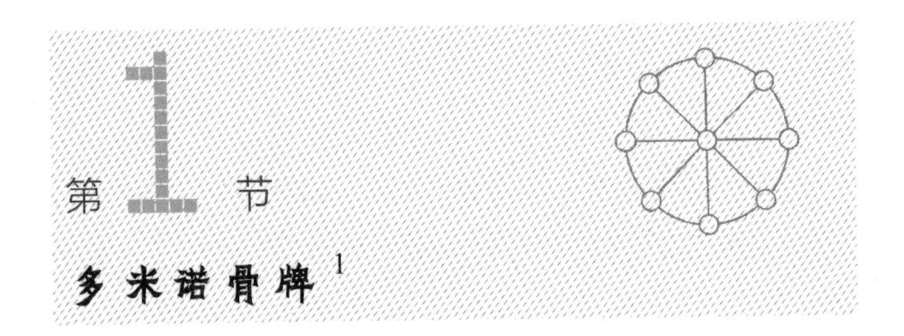

第1节 多米诺骨牌[1]

有一副28张的多米诺骨牌，每张骨牌分为两个小方块，里面刻着0～6的点数。组合分别为0—0、0—1、0—2、…、1—1、1—2、…、5—6、6—6。下面的问题，都是基于这副骨牌面设定的。

1.28张多米诺骨牌组成的链

为什么28张多米诺骨牌可以连续摆放（即相邻骨牌挨着的一半点数相同）成一条多米诺骨牌链?

2.骨牌链的起点和终点

当我们把28张多米诺骨牌按照链状连续摆放的时候，起点的那张骨牌上的点数是5。那么终点的那张骨牌上的点数是多少点?

3.多米诺骨牌谜题

你的同伴会从骨牌链中拿出一张多米诺骨牌，并建议你把剩余的27张骨牌也按照链状连续摆放，以此来确认，无论抽走哪张骨牌，这个排列都是连续的。然后让你的

---

1 多米诺骨牌：是一种用木制、骨制或塑料制成的长方体骨牌，起源于中国北宋时期，由意大利传教士等带往欧洲。玩时将骨牌按一定间距排列成行，轻轻碰倒第一枚骨牌，其余的骨牌就会产生连锁反应，依次倒下。

同伴退到隔壁的房间里，避免让他看到你摆放的骨牌链。

接下来你开始检验骨牌链，以确保你的摆放是正确的：27张骨牌是按链状摆放的。然后更令人惊讶的是，一直待在隔壁房间里看不到你的骨牌链的同伴，竟可以宣布出骨牌链终点和起点的点数。

他怎么能知道骨牌链两端的点数？为什么他能确定27张多米诺骨牌能组成一条完整的骨牌链？

4.方框图

如图3所示，描绘的是多米诺骨牌按照规则摆放成的正方形骨牌环。骨牌环的边长相等，但每条边的总点数不相同：顶边和左边的总点数都为44，其他两条边的总点数分别为59和32。

你能用骨牌摆成这样一个正方形环吗？要让这个环每条边的总点数都相同——正好都等于44。

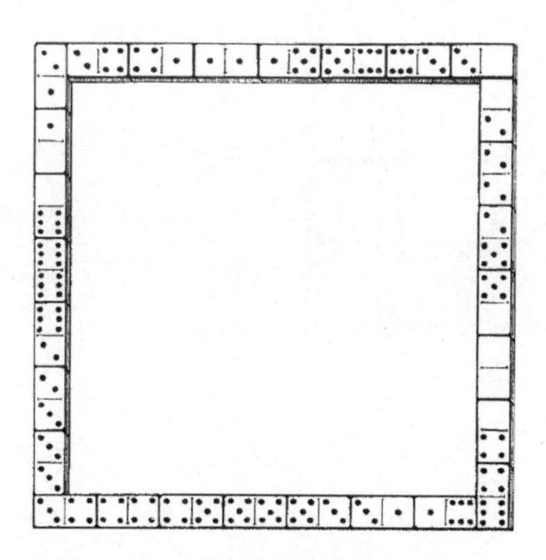

图3 多米诺骨牌环

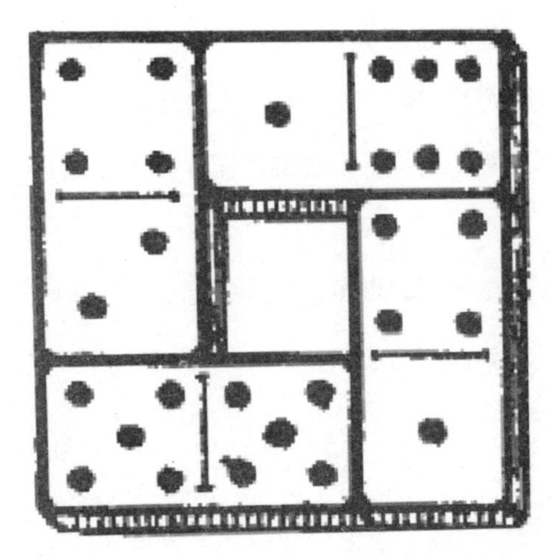

图4　每条边的总点数相等

5. 七个正方形

你可以选择4张多米诺骨牌，把它们摆成一个正方形，使每条边的总点数相等。如图4所示，无论如何，正方形的每一条边上的总点数，都是11。

你可以同时用一整套多米诺骨牌摆成七个这样的正方形吗？不要求每个正方形边上的总点数都相同，只要每个正方形自己的四条边，每条边的总点数相同即可。

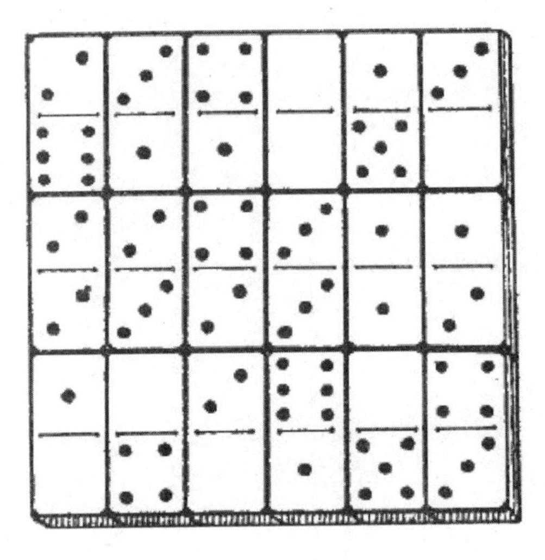

图5　多米诺骨牌魔方

6.多米诺骨牌组成的正方形

如图5所示，这是一个由18张多米诺骨牌组成的正方形，正方形中的每一列上（纵列、横列或对角线列）的总点数都是相同的：都是13点。这种正方形被称为“多米诺骨牌魔方”。

请你用18张多米诺骨牌再摆成一个魔方，但正方形中每一列的总点数都为18。

7.多米诺骨牌中的级数[1]

如图6所示，按照游戏规则摆放6张多米诺骨牌，每一张骨牌（每张骨牌有两半）上的点数增加了1点，从总点数为4点开始，点数列如下：

4，5，6，7，8，9

这种递增（或递减）相同数目的数列被称为算术级数。在数列中，每个数字都比上一个数字大1；但在进行递增（或递减）的过程中，可能会存在任何其他的“差异”。

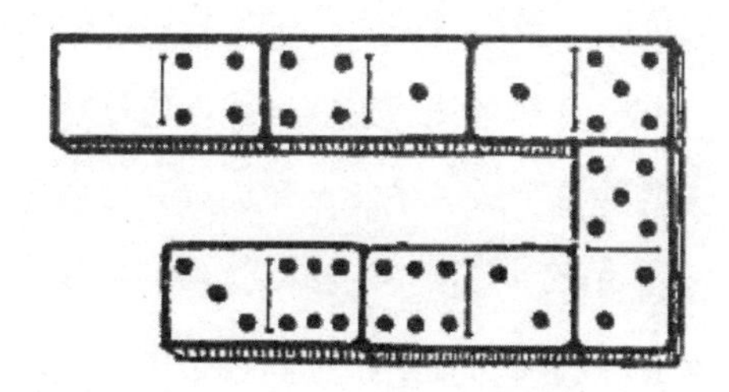

图6　多米诺骨牌中的级数

我们面临的挑战是，用6张骨牌组成更多的级数。

★第1～7题的解答方法

1.在一套骨牌中共有7张双胞胎骨牌：0—0、1—1、2—2等。还剩下21张骨牌，每6张牌上有半边的点数是重复的。例如，在以下6张骨牌上都有4点：

4—0，4—1，4—2，4—3，4—5，4—6

因此，如我们所见，每半边的点数会重复偶数次。所以，我们可以把具有相同点数的一组骨牌连着放置，直到放置完所有的牌。放置完以后，我们将这21张骨牌拉伸

1 级数是指将数列的项依次用加号连接起来的函数。

成一条连续的链，然后再将0—0、1—1、2—2等7张双胞胎骨牌加入其间。如此，按照游戏规则，所有28张多米诺骨牌就排列成了一条连续的骨牌链。

2.我们可以看出，这是一条由28张多米诺骨牌组成的骨牌链，这条骨牌链起点的点数和终点的点数必定相等。实际上，如果不相等，那么位于骨牌链终点的点数将重复奇数次（在链内部，点数都是成对出现的）；但是，我们知道在一组完整的多米诺骨牌中，每个点数只可能重复8次，即偶数次。因此，骨牌链起点与终点点数不相等的这个假设是错误的：点数一定相等。（这种推理在数学上被称为“矛盾证明[1]”）

顺便说一句，从现已证明的骨牌链的特征中，我们能得出以下有趣的结果：28张骨牌组成的骨牌链总是会被终点那张骨牌封住，并形成环状。因此，按照游戏规则，不仅可以用一整套多米诺骨牌排列成一条起点和终点开放的骨牌链，而且也可以排列成一个闭合的骨牌环。读者可能会对这个问题感兴趣：有几种不同的方式可以组成这样的骨牌链或骨牌环？在此无须赘述那些烦琐的计算细节，在这里，要让我们说出，由28张骨牌组成的骨牌链（或骨牌环）有多少种不同的方式，这个数目是非常巨大的，有超过70万亿种不同的方式，确切的数字为：7 959 229 931 520。

（它是这几个数的乘积：$2^{13}\times3^{8}\times5\times7\times4\ 231$）。

3.我们都知道，28张多米诺骨牌可以呈闭合的环状放置；因此，如果从骨牌环上取出一张骨牌，那么：

1）剩下的27张骨牌会组成一条起点和终点都开放的骨牌链；

---

1 矛盾证明又叫反证法，是间接论证的方法之一，亦称逆证。它是通过断定与论题相矛盾的判断（即反论题）的不正确来确立论题的真实性的论证方法。反证法的论证过程如下：首先提出论题，然后设定反论题，并依据推理规则进行推演，证明反论题不正确；最后根据排中律，既然反论题为假，原论题便是真的。在进行反证中，只有与论题相矛盾的判断才能作为反论题，论题的反对判断是不能作为反论题的，因为具有反对关系的两个判断可以同时为假。反证法中的重要环节是确定反论题不正确，常常要使用归谬法。反证法是一种有效的解释方法，特别是在进行正面的直接论证或反驳比较困难时，用反证法会收到更好的效果。

2）骨牌链起点与终点的点数与取出的那张骨牌上的点数必定一样。

这就是取出一张多米诺骨牌后，我们可以预先说出由其他骨牌组成的链两端的点数是多少的原因。

4.所需正方形骨牌环的所有边上的点数之和应为$44 \times 4 = 176$，即比一组完整的多米诺骨牌上的点数之和（168）多8。当然，发生这种情况是因为占据正方形骨牌环顶边的点数被计算了两次。于是可以确定正方形骨牌环顶点上的总点数应该是8。虽然找到这样的骨牌环仍然很麻烦，但是经过计算后，能使寻找过程稍微容易一些了。答案如图7所示。

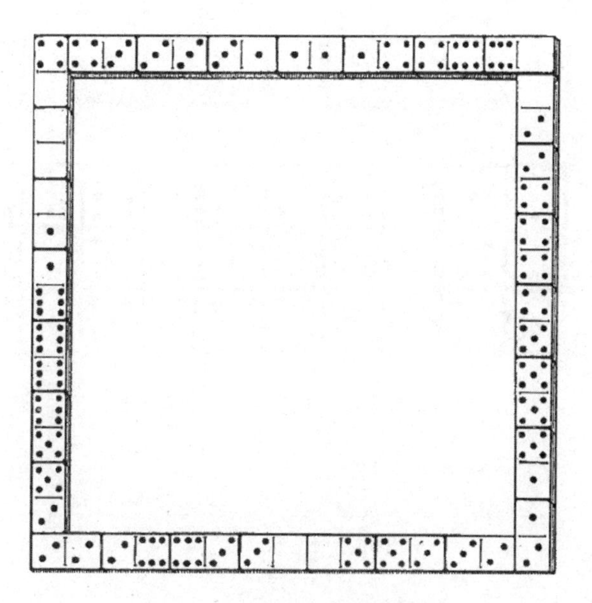

图7　每边点数为44的骨牌环

5.我们从许多种可能的方法中找到了解答这道题的两组不同答案。在第一组答案中（见图8），我们所求的点数为：

1个正方形每边点数	3
1个正方形每边点数	6
1个正方形每边点数	8
2个正方形每边点数	9
1个正方形每边点数	10
1个正方形每边点数	16

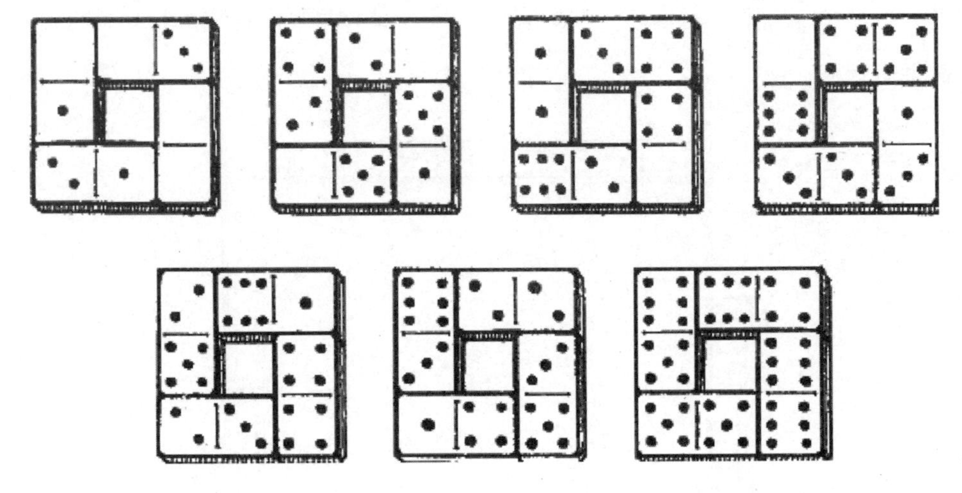

图8 四条边点数相等的骨牌环a组

第二组答案中所求点数为（见图9）：

2个正方形每边点数	4
1个正方形每边点数	8
2个正方形每边点数	10
2个正方形每边点数	12

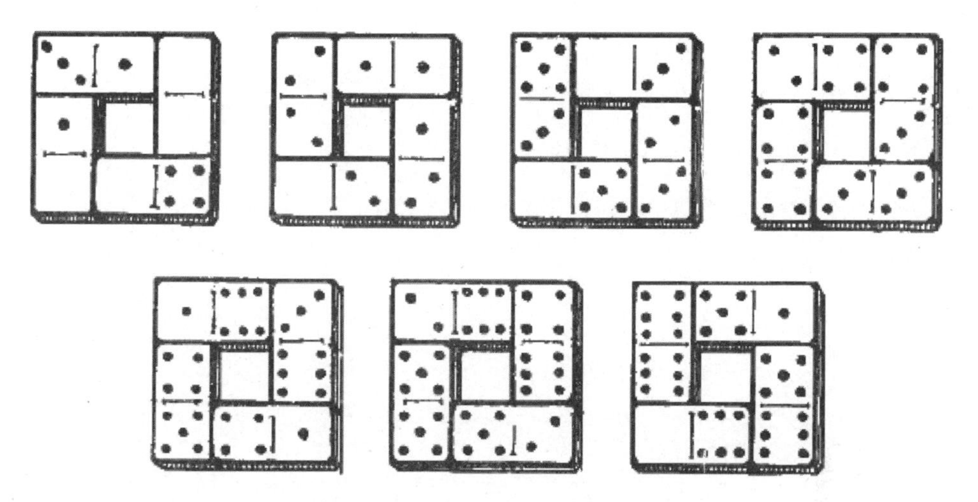

图9 四条边点数相等的骨牌环b组

6.如图10所示，这是一个由18张骨牌组成的每边总点数为18的魔方的示例。

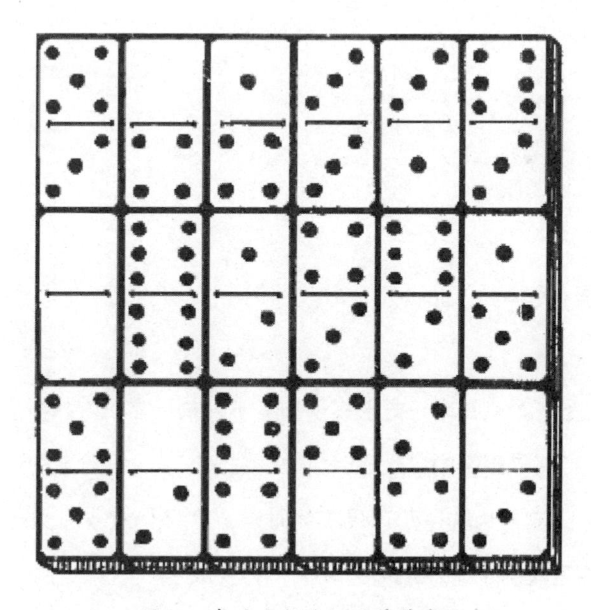

图10 每边点数为18的骨牌魔方

7.这是两种级数差为2的示例：

a）0—0，0—2，2—2，2—4，4—4，4—6。

b）0—1，1—2，2—3，3－4，4—5，5—6。

6张骨牌的级数共有23种。初始骨牌的点数如下：

a）差为1的级数：

0—0	1—1	2—1	2—2	3—2
0—1	2—0	3—0	3—1	2—4
1—0	0—3	0—4	1—4	3—5
0—2	1—2	1—3	2—4	3—4

b）差为2的级数：

0—0，0—2，0—1

第2节 “15”拼图游戏

大家都知道这是一个有15个正方形棋子的盒子，关于盒子中的棋盘有个很少有人知道的有趣故事。我们将借用德国游戏研究员——数学家威·阿伦斯的话来向你们介绍。

“大约半个世纪前，也就是70年代末的时候，‘15’游戏在美国问世；然后它迅速传播到各地，并且吸引了无数热情的玩家，它变成了一场真正的社会灾难。

欧洲海岸的城市中也开始盛行这个游戏。这里甚至可以在马车里的乘客手中看到装有15个棋子的盒子。在办公室和商店里，老板对员工热衷于玩这个游戏而感到绝望，并被迫禁止员工在举办活动和进行交易时玩这个游戏。这款游戏的开发者巧妙地运用了这种狂热，举行了大型的赌博比赛。最后，这个游戏甚至出现在了德国国会大厦的庄严大厅里。”

“正如我现在看到的那样，在国会大厦中，一群头发都白了的人正集中注意力检查自己手中的方盒。”著名的地理学家、数学家西格蒙德·冈特回忆着说道。他曾是这场赌博流行病的组织者。

在巴黎，光天化日之下，这种比赛就出现在了林荫大道上，并迅速蔓延到全省。一位法国作家形容道：“没有一个僻静的农村房子里蜘蛛不会筑巢，它们只会等待着受害者被它的网纠缠住。”

1880年，赌博热已经达到了最高点。但是过了不久以后，这位“赌博暴君”便被数学武器推翻并击败了。游戏中所蕴含的数学理论被人发现了，在提出的许多问题中，只有一半可以解决，而另一半则没有任何方法可以解决。

有人曾付出最大的努力来试图解决其他的谜题，甚至为解决这个游戏的问题而设置了巨额奖金。这样做的正是游戏的发明者，他在纽约报周日附刊上刊登了一个无法解决的问题，并为解决该问题提供了1 000美元的奖金。当出版商犹豫不决时，发明者表示他完全愿意从自己的口袋中拿钱来支付奖金。发明者的名字叫塞缪尔·劳埃德。他因发明并解答了很多谜题而广为人知。但奇怪的是，他始终未能获得在美国发明谜题游戏的专利。按照获得这项专利的要求，为了通过审批他必须提交“谜题游戏的样本”。他向专利局的官员提交了一道谜题，当专利局官员询问他自己是否可以解决这道题时，劳埃德回答道：“不行，从数学上讲这是不可能做到的。”得到否定回答后，官员表示：“如果是这样的话，就没有有效的游戏样本了，没有样本的话就不能给你专利。”劳埃德接受了这项决议，但如果他能预见到自己这项发明会取得空前的成功，那么他可能会坚持下去直到获得专利。

这是关于游戏发明者的一些真实故事：

劳埃德写道："聪明人王国的老居民们应该还记得，在19世纪70年代初，我是如何使全世界人的大脑都沉迷于一盒移动的棋子，即所谓的'15'拼图游戏。如图11所示，按照正确的顺序将15个棋子放置在方形框中，并且仅把14和15这两个棋子交换顺序（如图12所示）。题目要求通过连续移动每枚棋子，直到将所有棋子都恢复到正确位置，但是，也要把14和15这两个棋子的顺序更正过来。

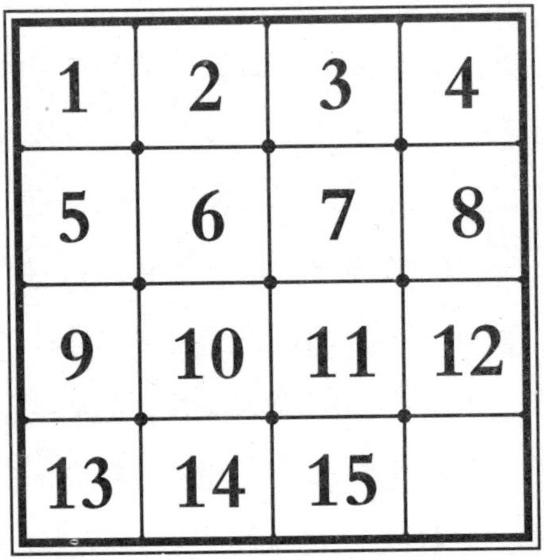

1	2	3	4
5	6	7	8
9	10	11	12
13	14	15	

图11　棋子正确的位置（顺序1）

尽管每个人都孜孜不倦地致力于解决这个问题，但实际上任何人都得不到那份给第一个正确解答出这个问题的人的1 000美元奖金。这个有趣的故事向我们描绘出当时的场景：一些商人因为玩游戏而忘记了开店；无所事事的官员整夜都在灯光下寻找谜题的解答方案。没有人愿意放弃寻找解答方案，因为每个人都对成功充满了信心。据说，开船的人因为玩这个游戏把船开到了浅滩上；火车驾驶员因为玩这个游戏把火车开过了站；老人们因为玩这个游戏丢了自己耕种的犁。"

下面我们将会向读者介绍该游戏理论的原理。从整体上来看，这个理论非常复杂，并且与高等代数的一个理论（“行列式理论”）有着紧密的联系。在这里我们只考虑威·阿伦斯提出的一些观点。

“这个游戏的玩法是：把棋子连续移动到空闲的那个区域，将15个棋子的初始排列顺序转换为正确的顺序，即棋子要按照其编号的顺序排列：左上角是1，它的右边是2，然后是3，然后在右上角是4；下一行中从左至右依次为5、6、7、8等。但这是无法做到的，所能得到的，最接近正确排列的顺序如图12所示。

1	2	3	4
5	6	7	8
9	10	11	12
13	15	14	

图12 不可解的情况（顺序2）

现在我们假设这15个棋子是杂乱无序地放置着的。你可以随时把棋子1移动到正确的位置上。然后在不动棋子1的情况下将棋子2移动到棋子1右边的位置。接下来，不动棋子1和2，把棋子3和4放在正确的位置上：如果偶然间，没把这两个棋子放在它们的正确位置上，那么就把它们移出所在的位置，然后通过多次移动，就能把它们移动到正确的位置上。现在，第一行的1、2、3、4已经按顺序排列好了，那接下来进行的移动，就不再动这一行的四个棋子。同样，我们尝试着按顺序排列好第二行：5、

6、7、8；实现这一点很容易。

此外，在剩下的两行中，要将棋子9和13移动到正确的位置上，这也容易实现。随后，在按顺序排列好的这些棋子中，不动1、2、3、4、5、6、7、8、9和13这些棋子；仍然有着一块可放6个棋子的区域，其中一个放棋子的位置是空闲的，其余五个位置按随机顺序放置着10、11、12、14、15这些棋子。

在这6个棋子的区域内，可以先把棋子10、11、12移动到正确位置，达到这一目的后，在最后一行，按照正确或相反的顺序放置棋子14和15（如图11所示）。这样一来读者就可以很轻松地检验我们所得到的以下结果：

任何初始的摆放顺序最终都会变成如图11所示的样子（顺序1）或如图12所示的样子（顺序2）。

为了表述得更简洁一些，我们可以用字母S来表示顺序1，那么自然也可以反过来，用顺序1来表示情况S，毕竟，棋子的移动是可逆的。例如，如果在顺序1中，我们把棋子12移动到空闲区域中，那也可以反过来，立即把它移动回去。

因此，我们有两种排列顺序，第一种顺序为正确的顺序1，而第二种顺序则是顺序2。棋盘上的任意一种排列，都可以通过移动将其变为顺序1或顺序2中的一种。最后，属于同一种情况的两种顺序随时都可以互换。

是否可以进一步把顺序1和顺序2结合起来？严格来说，你可以证明（我们不会详细介绍）这两种顺序中的一种不能转换成另一种。因此，这个游戏里的棋子可以被分成两类：

1）可以转换为顺序1的棋子，这是可解的情况；

2）可以转换为顺序2的棋子，这类棋子在任何情况下都转移不到正确的位置上，这类棋子就是得到巨额奖励所需要用到的。

那我们怎么知道所给的棋子是属于第一种顺序还是第二种顺序？举一个例子来说

明这一点吧。

思考一下如图13所示的棋子排列顺序就知道了。除了第二行最后一个棋子（9）外，第一行棋子与第二行棋子都已经排好了顺序。棋子9占据了本该属于棋子8的位置，这也就意味着棋子9比棋子8早移动了一步，这种扰乱了正确顺序的情况被称为‘混乱’情况。移动其他的棋子时，我们又找到了破坏顺序的棋子14，这个棋子的位置距离它的正确位置还需移动三步（棋子12、13、11）；这里发生了3次混乱（棋子14位于棋子12前；棋子14位于棋子13前；棋子14位于棋子11前）。截至目前，我们已经发现了1 + 3 = 4种混乱。接下来，棋子12位于棋子11前，棋子13也位于棋子11前，这就是另外的两种混乱，总共有6种混乱。这样一来，我们就已经确定了混乱情况的总数，而且之前也已经腾出了右下角的最后一个位置。如果右下角位置已经空出，在混乱的总数为偶数的情况下，则可以得到正确顺序1；换句话说，这种情况下的谜题属于可解的。但是如果混乱的总数是奇数，则这道题属于第二类，即属于不可解的（零混乱被视为混乱总数是偶数的）。

1	2	3	4
5	6	7	9
8	10	14	12
13	11	15	

图13　未按顺序排列的棋子

游戏中蕴含的数学理论使这个游戏变得简单明了，以前的那种狂热激情在现在看起来有些不可理喻了。这个游戏中蕴含的数学理论没有任何可质疑的地方。游戏的结果并不取决于任何偶然因素，也不取决于游戏设计者拥有的创造力，而是取决于游戏中绝对可靠的纯数学因素。”

现在让我们转向这个领域中的谜题。这是游戏发明者提出的一些可解决的问题。

1.劳埃德的第一道谜题

如图14所示，棋子是按正确的顺序排列的，但空白的位置在左上角，将它移动成图11或图12的形式。

	1	2	3
4	5	6	7
8	9	10	11
12	13	14	15

图14　劳埃德的第一道谜题

2.劳埃德的第二道谜题

如图15所示，盒子被旋转了四分之一圈，开始移动棋子，将其恢复成图11或图12的顺序。

4	8	12	
3	7	11	15
2	6	10	14
1	5	9	13

图15 劳埃德的第二道谜题

3.劳埃德的第三道谜题

根据游戏规则移动棋子，将图15中的盒子变成一个有魔力的正方形，即摆好棋子，使棋盘每条边上的数字之和为30。

★第1～3题的解答方法

1.按照题目要求，需要移动44次：

1，2，6，10，14，13，9，8，4，5，

8，4，12，9，13，15，11，14，4，8，

10，4，8，12，9，13，15，11，14，7，

4，6，3，4，7，8，12，10，6，7，

8，12，11，14

2.按照题目要求，需要移动39次：

12，8，4，3，2，1，5，9，13，14，

15，12，8，4，3，2，1，5，9，13，

10，15，12，8，4，3，2，1，5，9，

13，10，15，11，7，6，10，15，14

3.经过67次移动后，将按照有魔力的正方形的顺序排列：

12，8，4，3，2，6，10，9，13，14，

15，12，8，4，7，10，9，15，12，8，

4，7，10，9，6，2，3，10，9，6，

5，1，2，3，6，5，3，2，1，13，

14，12，15，3，13，1，2，13，1，14，

3，1，14，2，13，14，1，3，2，1，

14，13，1，2，12，15，3

03

槌球游戏中的数学知识

导 读

刘月娟

我们几乎每天都需要消费，比如每天早上买个包子，去店里买个文具，这些都需要进行简单的加、减、乘、除的计算，所以数学于我们的生活是无处不在的。那么数学在几何方面的应用有哪些呢？初中我们将会学习图形知识，涉及矩形、正方形、三角形、菱形、平行四边形以及图形的对称和旋转，这些知识看似与我们的生活毫无关系，但又存在于生活的方方面面。

以踢足球的活动为例，长方形的场地，长度必须大于宽度。当你在操场上奔跑的时候，一定在想怎样才能将球踢进球网中去。在踢球的过程中，为了得分，就需要考虑踢球的力度、角度以及可能的运行轨迹这些因素。而这些因素都需要依据球门的设置来判断。此时了解球门的几何构造，对将球踢进球门就非常有帮助。

本章中还将介绍一种新的游戏——槌球游戏。槌球又称门球，最先出现在法国，是在平地或草坪上用木槌击球穿过铁环门的一种室外球类游戏。游戏目的是用木槌将球射入大门，然后击中对手的球门界线，最后尝试回到自己的球门界线中。在使小球穿过铁环门的过程中存在一些陷阱，想要准确地避开这些陷阱，达到使球穿过铁门的目的就要准确计算出最佳的打击方案。那么是射门进球还是用自己的球撞击对方的球进球更容易呢？最佳位置如何确定呢？此时就需要考虑球门、球门柱以及球门的形状与大小了。球门是矩形的，当球门的宽度分别是球直径的2倍或3倍时，是从最佳位置自由射门进球，还是在与最佳位置距离相同的地方，用自己的球去击打对方的球更容易进球呢？如果再单独考虑球门柱的因素，球门下面的球门柱的厚度为6厘米，球的直径为10厘米，此时直接射门进球比在与最佳位置距离相同的地方，用自己的球去击打对方的球要容易多少呢？当球门和球门柱两种因素相结合，即矩形球门的宽度是球直径的2倍，球门柱的宽度是球直径的2倍，这种情况又该选择哪种方式呢？还有一个问题，矩形球门的宽度与球的直径之间的比例是多少的时候，才会使射门进球变得不可能？

在解决此类问题的时候，用到了一些数学中的几何知识，比如，利用**圆和直线的位置关系**来判断球在哪个位置时不与球门相撞；利用**圆与圆的位置关系**确定采用哪种进球方式更易获胜；利用**矩形对角线与边长之间的关系**，判断球门的宽度为小球直径的3倍时的最佳进球方式。从这些问题中你是不是看到了几何图形的奥秘呢？在本章末也对这些问题进行了详细的解答，可以帮助你更深一步了解。

那么除了前面提到的这两种游戏是数学领域的几何学在生活中的应用，你还可以说出哪些例子来呢？不妨和朋友一起讨论一下吧！

槌球游戏[1]

1.是直接射门进球还是用自己的球撞对方的球进球?

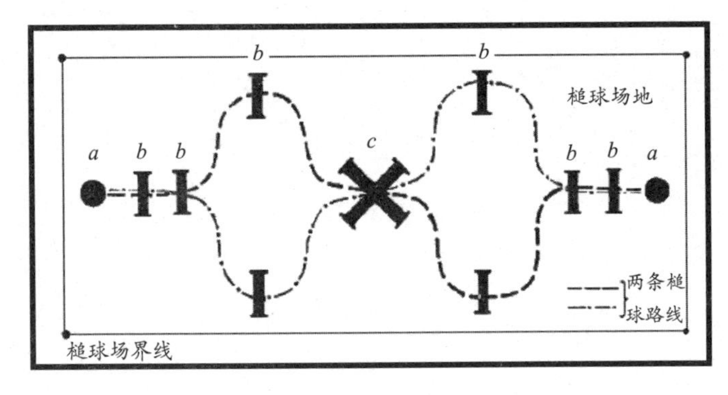

图16　槌球比赛的路线

[1] 槌球这个游戏并没有那么古老。在20世纪初，人们喜欢在各个国家/地区玩这个游戏。一段时间以后，槌球都被人们遗忘了，而现在人们又重新对它感兴趣了。如图16所示，在俄罗斯，槌球是这样玩的：在空地或草地上，会设置一个平台（或一块田地）。在球场上，每个团队都有一条球门界线（a），按照一定顺序放置了金属丝做的球门（b），在两条界线之间横放了两个小门，这是陷阱。每个玩家都从“他的”球门界线开始。游戏目的是用木槌将球按线路依次射入球门，然后击中对手的球门界线，最后尝试回到自己的球门界线。我们不能忘记对手的存在：在可能的情况下，防止对手的球与自己的球门界线接触。

每方有两个球，但球员每次只能击球一次，但是如果他们设法将球射入球门并击中另一个球，则可以获得再次一击的权利。

但不能只是“射球门”或“自己打自己”，即过早地将球放在界线上击中球。

熟练的球员得分后，会尽量让球移动到方便接球的位置，这样更容易获得额外的击球权，同时可以一次性击中部分目标甚至全部目标。

如果球门是矩形形状的，球门的宽度是球直径的2倍（见图17），在这样的条件下，哪种进球更容易一些？是在不接触界线的情况下，自由地从球门前的最佳位置射门进球，还是在与最佳位置距离相同的地方，用自己的球去击打对方的球进球（对方球在球门前正中位置）？

2.直接射门进球容易多少倍？

球门下面的球门柱的厚度为6厘米，球的直径为10厘米，直接击打球门柱进球比在与直接射门进球的最佳位置距离相同的地方，用自己的球去击打对方的球进球要容易多少倍？

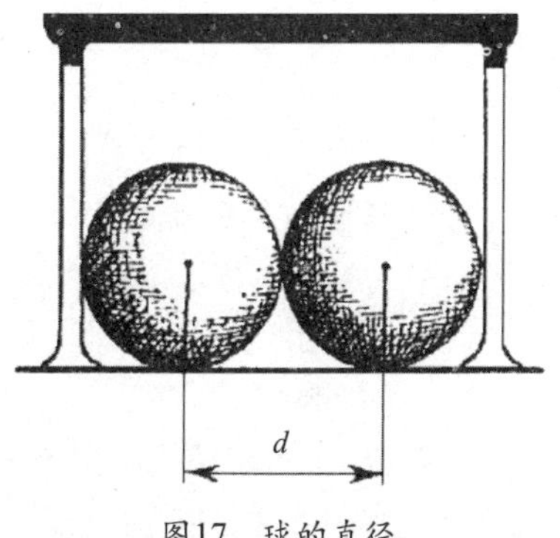

图17 球的直径

3.直接射门进球还是用自己的球去击打对方的球进球？

如果矩形球门的宽度是球直径的2倍，球门柱的宽度是球直径的二分之一，那么哪种更容易？是从最佳位置自由射门进球，还是在与直接射门进球的最佳位置距离相同的地方，用自己的球去击打对方的球进球？

4.直接射门进球还是用自己的球去击打对方的球进球？

如果矩形球门的宽度是球直径的3倍，哪种进球更容易？是从最佳位置直接射门进球，还是在与直接射门进球的最佳位置距离相同的地方，用自己的球去击打对方的球进球？

5.无法射门进球

矩形球门的宽度与球的直径之间的比例是多少的时候，才会使射门进球变得不可能？

第2节 第1～5题的解答方法

在做与多米诺骨牌和“15”拼图游戏有关的谜题时，我们仍处于算术的领域之内。至于说到槌球部分的谜题时，我们便进入了几何学领域。

1.即使是经验丰富的球员也可能会说，在题目所说的条件下，直接射门进球比用自己的球击打对方的球射门更容易，因为球门的宽度是球直径的2倍。但是，这种想法是错误的：门当然比球宽，但直接射球进门的自由通道的宽度，却不是用自己的球击打对方的球使其能进门的宽度的2倍。

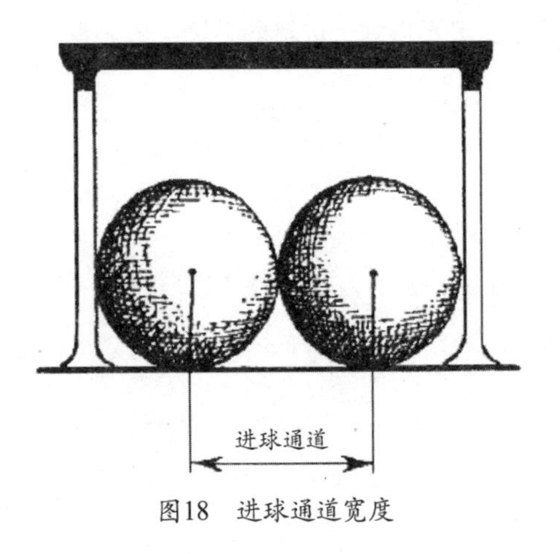

图18　进球通道宽度

看看图18，你就能明白我所说的话。球中心距离球门柱不能小于球的半径，否则球会碰到球门柱。这也就意味着，让球进球门的过程中，自由通道的宽度是球门宽度减去球半径的2倍。显而易见，在问题所给的条件下，从最佳位置进球时，自由通道的宽度等于球的直径。

现在，让我们看看在撞击对方球射门的过程中，能保证撞进球时两球中心的距离有什么要求。显然，如果撞击的球的中心和被撞击的球的中心在球门平面上的距离小于一个球的直径，那么撞击就会成功。因此，在这种情况下撞击球最左位置与最右位置球心间距离的宽度，如图19所示，等于两个球的直径。

因此，与球员们的看法相反，在这种情况下，撞击对方球射门的难度只有从最佳位置自由射门进球的一半。

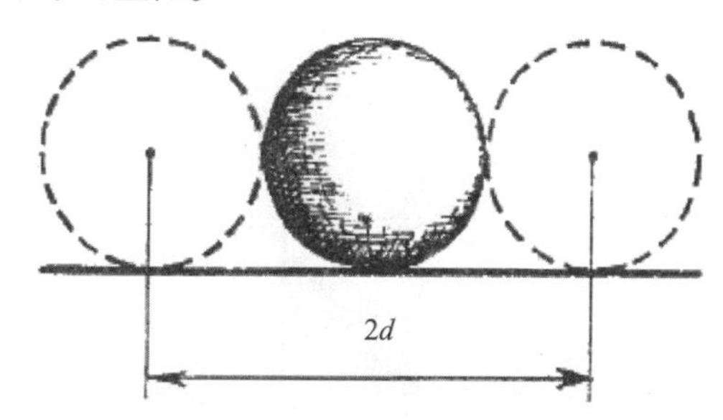

图19 确保进球的范围

2.对于上面所说的话，不需要再多做解释了。我们能看到（见图20），用自己的球撞对方的球时，撞击球最左位置与最右位置球心间距离的宽度等于两个球的直径，即20厘米。瞄准球门柱时，撞击球最左位置与最右位置球心间距离的宽度等于球和球门柱的直径之和，即16厘米（见图21）。因此用自己的球撞对方的球比直接击打球门柱进球容易：

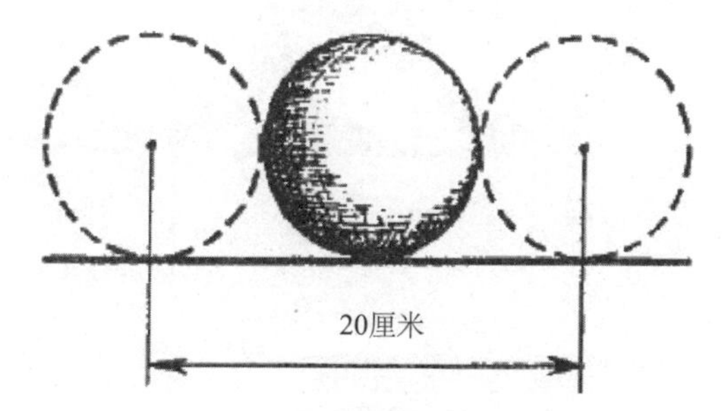

图20 将球撞进的范围

$$20:16=\frac{5}{4},\ \frac{5}{4}-1=\frac{1}{4}=25\%。$$

因此容易25%。

可见，与把自己的球打到球门柱上相比，球员用自己的球撞对方的球进球的成功概率通常会大得多。

3.另一个球员会这样判断：由于球

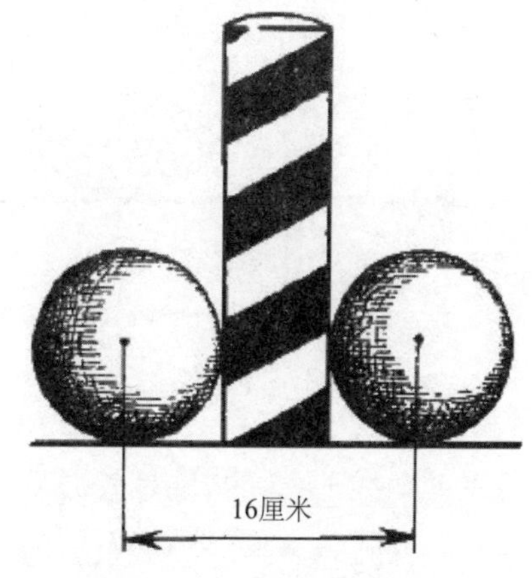

图21 撞击门柱进球示意

门的宽度是球直径的2倍，球门柱的宽度是球直径的二分之一，因此，直接射门进球时，撞击球最左位置与最右位置球心间距离的宽度是把球打到球门柱上时的4倍。

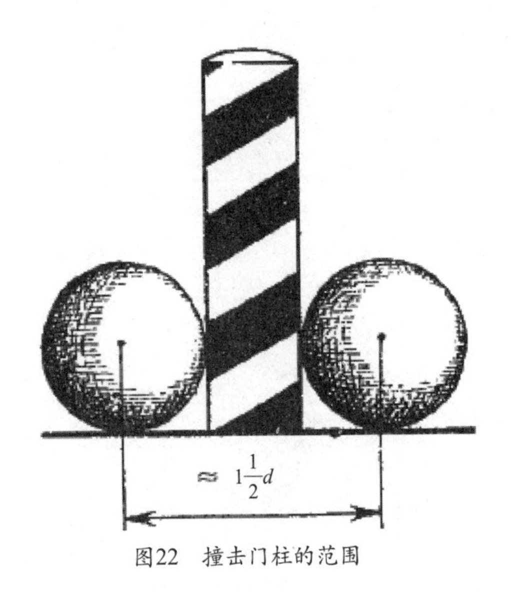

图22　撞击门柱的范围

学习了前面这几道题以后，我们的读者应该不会犯这样的错误了。读者们将意识到，对于十字形角度进球来说，用自己的球撞对方的球时撞击球最左位置与最右位置球心间的距离，比从最佳位置直接进自己的球时撞击球最左位置与最右位置球心间的距离要宽$\frac{1}{2}$倍。从图18和图22可以清楚地看出这一点。

如果球门不是矩形的，而是弧形弯曲的，则球进球门的通道会变窄，从图23可以很容易看出这一点。

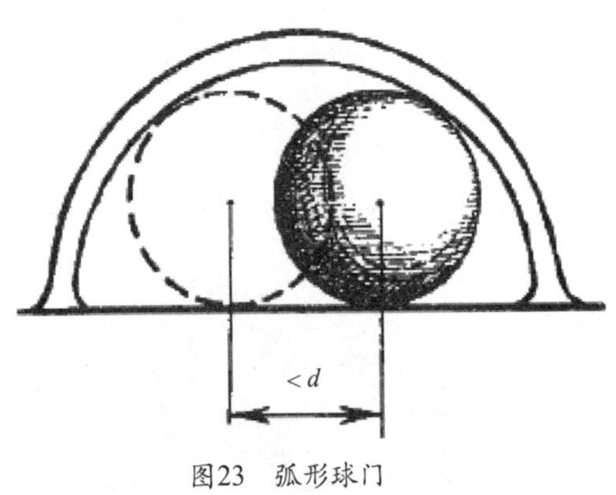

图23　弧形球门

4.从图24和图25中我们可以看出，在问题所给的条件下，能使球进球门的间隙a相当窄。

熟悉几何学的人都知道，正方形的对角线（AC）大约是其边（AB）的1.4倍。如果球门的宽度为$3d$（其中d是球的直径），则AB等于：$3d : 1.4 = 2.1d$。

间隙a（从最佳位置进自己球的通道）较窄。它的直径小于等于：$2.1d-d=1.1d$。

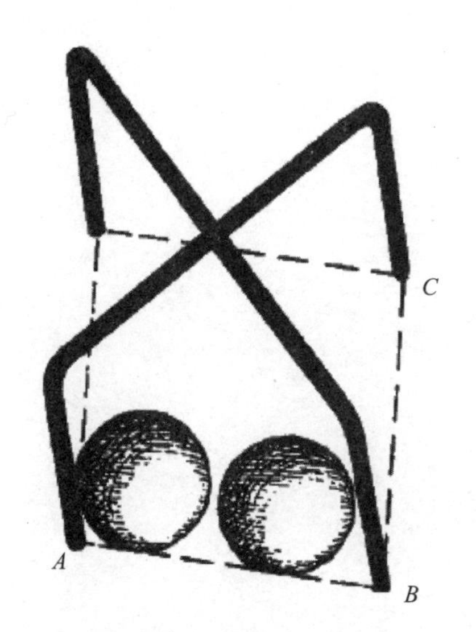

图24　矩形球门

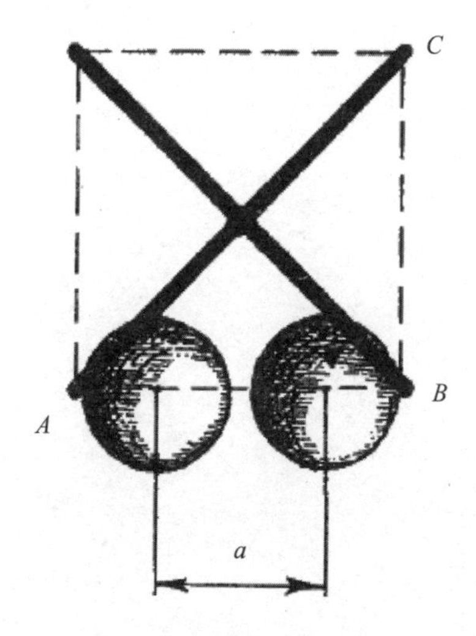

图25　矩形球门平面图

同时，大家都知道，用自己的球撞击对方的球时，两球中心距离的宽度是$2d$。因此，在这种情况下，用自己的球撞击对方的球进球几乎比直接射门进球容易一倍。

5.当球门的宽度比球的直径所得的比值小于1.4时，想要直接进自己的球是完全不可能实现的。这是根据上一道题中的解释而得出的。如果大门是拱形的，进球的条件会变得更糟。

04

12 道数学谜题

导读

刘月娟

生活中会有许多趣事，同时也会有许多疑问。让我们做一个小实验，准备一张白纸，将纸对折后再对折，如此往复，你最多可以对折多少次？这些都是未知的，你会发现不同大小的纸可对折的次数是不同的。那么每次对折后所得纸条的宽度和纸张宽度的初始值之间有什么关系呢？从理论上讲这种操作可以做多少次呢？本章中我们就会讨论相关的比与比例的问题，你在六年级的时候将会首次接触这类问题，这是衡量不同量之间关系的方法。

1.速度×时间=路程问题

很多小朋友在小学数学考试中最怕的就是应用题，其中最典型的就是关于速度和时间的问题。我们要学会根据速度、时间、路程三者之间的关系解决生活中的简单问题，获得解决此类问题的策略。考试中最典型的考法有：已知路程和相遇时间求速度问题、已知时间和速度差求路程问题等。关于它的衍生问题还有**时间—效率—工作量**的问题，这些问题都和我们的生活息息相关。为了便于理解，在这里介绍一个简单的小例子。甲乙两车同时从两地相对开出，甲车每小时行60千米，乙车每小时行55千米，相遇时，甲车比乙车多行了45千米，求两地相距多少千米？这是简单的**相遇问题**，当然还有**速度—时间—路程**的关系问题以及**追及问题**。常见的追及问题有双人追及、双人相遇、多人追及与多人相遇，在此我们只讨论双人追及问题。例如铁道工程队计划挖通全长200米的山洞，甲队从山的一侧平均每天掘进1.2米，乙队从山的另一侧平均每天掘进1.3米，两队同时开挖，需要多少天挖通这个山洞？解决此类问题的主要方法包含以下三类：**①追及距离=速度差×追及时间；②追及时间=追及距离÷速度差；③速度差=追及距离÷追及时间。**

2.比例关系的应用

相信大家都会有这样的疑问，我们每天都在掉头发，那么我们到底有多少根头发呢？对于此类问题，没有必要数清头发的数目，只需要数出每平方厘米的头皮表面有多少根头发，利用乘法公式即可求出所有的头发数。

除此之外还有哪些生活实例是比与比例关系的应用呢？比如文中提到的靴子的数量问题、滑雪时的用时问题、齿轮的转动问题以及我们的年龄问题，这些都可能在某一瞬间存在于我们的脑海中，但是从来没有系统地讨论过，本章将对此类问题进行详细解答。

数学看似一成不变但又千变万化，甚至每天的出行都是数学问题在生活中应用的体现。我们要做的就是在生活中发现数学、应用数学以及享受数学带来的便利。

1.绳子

“还有一根绳子呢？”母亲把手从装着衣服的盆里抽出来问道，“你应该知道我所有的东西都要用到绳子。听我说，绳子是很有用的。而且，昨天我给你弄了一堆不错的绳子。你把这么多的绳子用到哪儿去了？”

“我把绳子用到哪去了？”小男孩回答道，“首先，你自己拿回了一半的绳子呀……”

“那是我用来绑袋子的。”

“汤姆把我剩下绳子的一半拿走了，拿去钓棘背沟里的鱼了。”

“你把绳子让给你哥哥是应该的。”

“我让给他以后，剩下的就几乎没多少了，父亲从我剩下的绳子里又拿走了一半，因为汽车出了问题，他要用绳子修理汽车。在那之后，我姐姐从我剩下的绳子里，拿走了五分之三，用来扎头发。”

“那你用剩下的绳子做什么了？”

“剩下的吗？剩下的只有30厘米长了！所以我用这些绳子做了个电话……”

那么，最开始的绳子有多长呢？

2.靴子的数量

有一个镇子，镇子里三分之一的居民是只有一条腿的，剩下的居民中有一半喜欢赤脚走路，那应该准备多少只靴子才够所有居民穿呢?

3.头发的寿命

一个人的头上平均有多少根头发[1]? 差不多约150 000根。我们还可以知道平均每月会掉下来多少根? 大约3 000根。

我该如何通过这些数据，来算出平均每根头发能在头上待多长时间呢?

4.薪水

我上个月加班后的工资是250卢布。我基本工资比加班工资多200卢布。那么，我的基本工资有多少卢布?

5.滑雪

滑雪者计算出，如果他一个小时滑10千米，那他到达目的地的时候比正午晚了1小时；如果他以每小时15千米的速度滑行，那他到达目的地的时候会比正午早1小时。

他以什么样的速度才能在正午的时候准时到达目的地呢?

6.两个工人

两个工人（一个老人和一个年轻人），他们住在同一套公寓里，也在同一家工厂

---

1 许多人想知道如何找到答案：难道他们真的数完了头上所有的头发吗? 不，他们并没有这样做：他们只是计算了每平方厘米的头皮表面有多少根头发。算出被头发覆盖的头皮的表面积，就很容易确定头上头发的总数。简而言之，解剖学家对毛发的数量进行计数的方法与树木种植者在森林中对树木进行计数时所使用的方法相同。

工作。年轻人从公寓到工厂要走20分钟，而老人要走30分钟才能到达。如果老人比年轻人早5分钟离开公寓，那么年轻人要花多少分钟才能赶上他？

7.发报告

发报告的工作被委托给两名打字员。有经验的那名打字员可以在2小时内完成所有工作，而缺乏经验的那名工作员则需要3小时才能完成。

如果他们分工进行，那他们打完该报告的所有字最少需要多长时间？

解决这种类型的题目需要用到著名的游泳池题的解答方法。也就是说，在我们的题目中，要先算出每个打字员每小时完成的工作所占的比例（用分数表示），然后找出比例大的那个分数，最后把这个分数乘以该打字员单独完成工作所需的时间。

你能不能想出一种与示例不同的新方法来解决此类问题？

8.两个齿轮

一个约有8个齿的齿轮与一个有24个齿的齿轮相连（见图26），当大齿轮旋转时，小齿轮绕着它旋转。

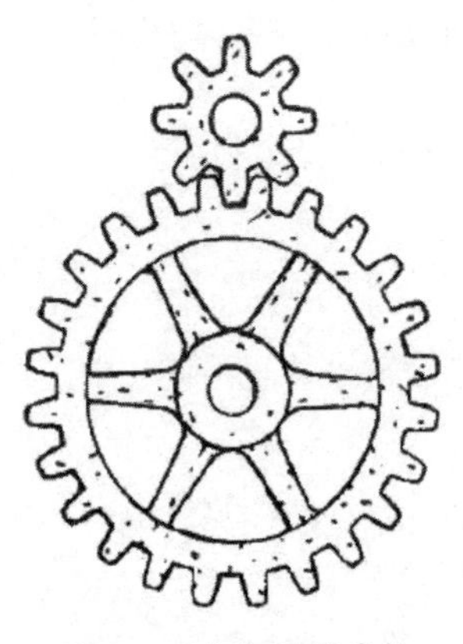

图26　两个相连的齿轮

问题：小齿轮绕大齿轮旋转一整圈时，小齿轮将绕自己的轴旋转了多少次？

9.多少岁？

一个谜题爱好者被问到他多大了时，他的回答很复杂：

“我的年龄等于我三年后年龄的三倍和我三年前年龄的三倍的差——你自己去算我的年纪吧。”

那他现在多少岁呢?

10.伊凡诺夫夫妇

“伊凡诺夫先生多少岁了?”

“让我们来算一算。我记得，十八年前，在他结婚的那年，他的年龄正好是他妻子的三倍。”

“据我所知，他现在的年龄是妻子的两倍。这是另一个妻子吗?”

“是同一个妻子。”

要算出伊凡诺夫和他妻子现在的年龄并不困难。读者们，他们的年龄是多少呢?

11.金钱游戏

当我和我的朋友开始这场游戏时，我们的钱一样多。在第一局游戏中，我赢了20戈比。在第二局游戏中，我损失了手头三分之二的钱，此时我朋友的钱是我的四倍。

我们开始游戏的时候有多少钱?

12.购物

购物时，我的钱包里约有15卢布的钱，有单个卢布的，也有20戈比的硬币。回家后，在我剩下的钱中，单个卢布的数量与最开始的20戈比硬币的数量一样多，20戈比硬币的数量与最开始的单个卢布的数量一样多。总的来说，我购物所花的钱的三分之一都留在了钱包里。

那这次购物我花了多少钱?

第2节 第1～12题的解答方法

1.母亲拿走一半绳子后，剩下$\frac{1}{2}$；哥哥拿了之后剩下$\frac{1}{4}$；父亲也拿了之后，剩下$\frac{1}{8}$；在姐姐拿了之后，剩下$\frac{1}{8} \times \frac{2}{5} = \frac{1}{20}$。如果30厘米是原始长度的$\frac{1}{20}$，则整个长度为$30 : \frac{1}{20} = 600$（厘米），即6米。

2.由于该镇居民的人数未知，因此只能以这种形式（尽管足够肯定）来回答这个单腿靴子的谜题："靴子的数量与镇上居民的数量一样多。"

设居民人数为n。然后，单腿的居民需要$\frac{n}{3}$只靴子。在其他$\frac{2n}{3}$的居民中，只有一半的居民，即$\frac{n}{3}$的居民需要靴子；并且由于这部分人口中的每个人都需要两只靴子，所以他们共需要$\frac{2n}{3}$只靴子。总而言之，应该为城镇准备好的靴子数为：

$$\frac{n}{3} + \frac{2n}{3} = n$$

得出的结果也就是城镇中的居民人数。

3.今天长出来的头发（即生长了1天的头发）当然比所有以前掉了的头发都年轻。让我们看看，轮到它脱落需要经过多长时间。在第一个月，头上的15万根头发掉了3 000根，在头两个月中，有6 000根头发掉落，在第一年中，掉落了3 000的12倍根头发，即36 000根。因此，轮到最后一根头发掉落，需要四年多的时间。因此，我们可确定头发的平均寿命：四年。

4.许多人不经过思考，就会回答说：这道题的答案是200卢布。这是不正确的：毕竟，这样的话，基本工资只比加班费多150卢布，而不是多200卢布。

必须用下面这种方法来解答这道题。我们都知道，把我们的加班费加上200卢布，就是我们获得的基本工资。因此，如果把250卢布加上200卢布，就是基本工资的2倍。$250+200=450$，因此，基本工资就是225卢布，所以加班费为25卢布。

让我们检查一下：工资为225卢布，它比加班费即25卢布，多了200卢布。这满足了题目的要求。

5.这道题有两个令人感到好奇的特点：首先，它可以很容易地让人激发出一个想法，即假设速度在平均每小时10千米至15千米之间，即平均每小时$12\frac{1}{2}$千米。但很容易验证出这种假设是错误的。因为，假设路径长度为a千米，如果滑雪者以每小时15千米的速度滑行，那么他在道路上要滑行$\frac{a}{15}$小时；如果以每小时10千米的速度滑行，则要滑行$\frac{a}{10}$小时；而以每小时$12\frac{1}{2}$千米的速度滑行，就要滑行$\frac{2a}{25}$小时。这样一来就能列出下面这个等式：

$$\frac{2a}{25}-\frac{a}{15}=\frac{a}{10}-\frac{2a}{25}$$

因为这个式子中的每一个项都有一个a。所以去掉a后，得到：

$$\frac{2}{25}-\frac{1}{15}=\frac{1}{10}-\frac{2}{25}$$

或者，根据算术比例的性质，可以得到：

$$\frac{4}{25}=\frac{1}{15}+\frac{1}{10}$$

很明显，这个式子的两边是不相等的，相等的话应该是：

$$\frac{1}{15}+\frac{1}{10}=\frac{1}{6}$$

即结果应该是$\frac{4}{24}$，而不是$\frac{4}{25}$。

这道题的第二个特点是，不仅无须方程式，甚至可以只需通过口头计算就可以解决这道题。

我们来进行这样的推理。如果以每小时15千米的速度，滑雪者滑行两个小时（原本是以10千米的速度滑行），那么他就滑行了30千米。我们知道，用这样的速度，在一小时内，它的滑行距离比以每小时10千米的速度滑行多了5千米；这意味着他将需要滑行$30\div5=6$小时，从这里可以算出以每小时15千米速度滑行的持续时间为：$6-2=4$（小时）。

路途长度为：$15\times4=60$（千米）。

现在，你可以轻松地算出，滑雪者要以多快的速度滑行才能在正午（即用时5个小时）准时到达：

$$60\div5=12\text{（千米/小时）}$$

通过实践，可以验证这个答案是否正确。

6.这道题可以不用方程式来解答，而且有很多种解答方法。

这是第一种方法：年轻人用5分钟走了路程的$\frac{1}{4}$，老人走了路程的$\frac{1}{6}$，即比年轻人少走了：

$$\frac{1}{4}-\frac{1}{6}=\frac{1}{12}$$

由于老人比年轻人早出发，因此年轻人超越他需要：

$$\frac{1}{6}\div\frac{1}{12}=2$$

即两个5分钟，换句话说，就是10分钟。

另一种方法更简单。一路走来，老人要比年轻人多花10分钟。如果老人比年轻人早10分钟出发，那么他们俩将同时到达工厂。如果老人仅提前5分钟离开，那么年轻人应该在中点，即在出发10分钟的时候赶上老人（因为年轻人用20分钟就能走完整个路程）。

可能还有一些其他的算术解答方法。

7.对于这道题，有一种不同寻常的解答方法，如下所示。首先，我们提出一个问题：打字员之间是不是可以分配一下工作的内容，以便同时完成工作？很明显，只有在这种情况下，即在两个人工作时间一样的情况下，才满足这道题的要求。由于经验丰富的打字员的打字速度是经验不足的打字员的打字速度的$1\frac{1}{2}$倍，因此很明显，有经验的打字员，他打字的内容应该是经验不足的打字员的$1\frac{1}{2}$倍，如果两个人都同时完成打字工作，那么，第一个有经验的打字员要完成$\frac{3}{5}$的报告内容，第二个经验不足的打字员要完成$\frac{2}{5}$的报告内容。

实际上，这道题很容易解答。剩下的只需要算出，第一位有经验的打字员完成$\frac{3}{5}$的报告内容的时间。我们已经知道了，她本来可以在2个小时内完成所有的工作；也就是说她的$\frac{3}{5}$的报告内容将在$2\times\frac{3}{5}=1\frac{1}{5}$小时内完成。而且第二个打字员完成自己报告内容的时间跟他的一样。

因此，两位打字员完成整份报告的最短时间为1小时12分钟。

8.如果你认为齿轮会绕自己的轴转三圈，那你就错了：它转的不是三圈，而是四圈。

为了了解清楚这是怎么一回事，请将两个相同的硬币（例如，两个两面的硬币）放在你面前一张普通的纸上，如图27所示。用手摁住下面的那个硬币，将上面那个硬币沿下面这个硬币的边缘转动。你会发现一件意想不到的事情：当上面那个硬币绕过下面那个硬币，到达最低点时，它便已经绕着自己的轴转了一整圈。这可以通过硬币上数字的位置变化看出来。

图27　硬币的转动

请再把固定的硬币转一圈，这时我们的硬币不是转了一圈，而是两圈。通常，物品做绕圈运动时，旋转一圈实际上比直接计算的转数要多。同理，我们平时在说地球的自转角度时，也是指地球围着太阳转的度数，而不是以遥远的恒星作为参考系，如果以遥远的恒星为参照，只考虑地球绕着自己的轴心旋转，那么它每天转动的度数就不是365又四分之一度了，而是366又四分之一度。你现在知道了为什么恒星日[1]比太阳日[2]短了吧。

9.三年后年龄的三倍，也就是比现在的年龄翻三倍还大9岁。三年前年龄的三倍，也就是比现在的年龄翻三倍还小9岁。因此，年龄的差为9＋9，即18年。根据这道题的条件来看，这个数值就是谜题要求出来的年龄。

如果使用代数，就可以列出一个方程，那么这道题就很容易解决了。现在的年龄用字母x表示。三年后，年龄为$x+3$，三年前年龄为$x-3$。我们可以列等式：

$$3(x+3)-3(x-3)=x$$

解出来得到$x=18$。谜题爱好者今年18岁。检验一下：三年后，他将21岁；三年前，他15岁。差为：

$$3\times 21-3\times 15=63-45=18$$

即等于谜题中要求的现在年龄。

10.与前一个问题一样，该问题可以用一个简单的方程式来解决。假设妻子现在x岁，那丈夫就是$2x$岁。十八年前，他们每个人都比现在小了18岁：丈夫是$2x-18$岁，妻子是$x-18$岁。此外，已知那时丈夫的年龄是妻子年龄的三倍：

1 恒星日，是指子午线两次对向同一恒星的时间间隔，恒星日是以遥远的恒星为参考系，是地球自转360° 的周期，为23小时56分4秒。简单地说，恒星日是地球自转周期。

2 以太阳为参考点所度量的地球自转的周期。即昼夜交替的周期，亦即一昼夜。是太阳连续两次经过同一子午线的时间间隔，叫作一个太阳日，由于地球在自转的同时还在绕日公转，一个太阳日，地球要自转360°59′需24小时。

$$3(x-18)=2x-18$$

解这个方程，我们得到：$x=36$，即妻子现在是36岁，丈夫是72岁。

11.假设在游戏开始时，每个人都有x戈比。在第一局游戏结束后，一个玩家的钱变成$x+20$戈比，另一个的钱变成$x-20$戈比。在第二局游戏结束后，先前获胜的伙伴损失了他的钱的$\frac{2}{3}$；因此他剩下：$\frac{1}{3}(x+20)$戈比。

另一个拥有$x-20$戈比的伙伴获得了$\frac{2}{3}(x+20)$戈比；因此，他的钱为：

$$x-20+\frac{2}{3}(x+20)=\frac{5x-20}{3}\text{戈比}$$

既然知道两局游戏后第二个玩家的钱是第一个的四倍，那么可得：

$$\frac{4}{3}(x+20)=\frac{5x-20}{3}$$

解这个方程，我们会得到：$x=100$。也就是说，每个玩家在游戏开始时的钱为1卢布。

12.我们用x来表示单个卢布的初始数量，用y来表示20戈比的硬币的初始数量。然后去购物，我的钱包里有：

$$100x+20y\text{戈比}$$

回去后，我有：

$$100y+20x\text{戈比}$$

我们知道，前者的数量是后者的数量的三倍，因此有：

$$3(100y+20x)=100x+20y$$

简化此表达式，我们得到：

$$x=7y$$

如果$y=1$，则$x=7$。在这种假设下，我最开始的钱为7卢布20戈比。这个钱数不符合这道题的条件（“约15卢布”）。

我们继续进行测试，假设$y=2$，那么$x=14$，初始金额为14卢布40戈比。这个钱数与这道题的条件非常吻合。

再假设$y=3$，那得出的这个钱数就太多了：21卢布60戈比。

因此，唯一合适的答案是：

14卢布40戈比

购买结束后，还剩下2个卢布和14个20戈比，即$200+280=480$戈比。这实际上占原始金额的三分之一（$1\,440\div3=480$）。

购物花费了$1\,440-480=960$戈比。因此，购买的费用为9卢布60戈比。

05

12 道数字谜题

导读

刘月娟

“数”是数学的最基本元素，所有的问题都离不开数的运算。因此围绕“数”的概念就有了许多小谜题。在初中会学习到数的分类，讨论最多的就是**素数（只能被1和它本身整除的数）和合数（除了1和它本身还可以被其他整数整除的数）**。20以内的素数有2，3，5，7，11，13，17，19这8个，最小的合数是4而非2。除此之外还有**可以被3整除的数的特征：所有位的数字之和是3的倍数；可以被5整除的数的特征：末位是0或5的整数**。那么可以被11整除的数有什么共同点呢？你不妨现在就思考一下，至于结果就等随后揭晓。

我们在小学的时候就接触过数的加减乘除了，它们所有的运算都是在已知具体数值的前提下计算的，那如果反过来呢？即只知道加法或乘法过程中的某一些具体的数值，如何推算出缺少的那几个数的确切值呢？这个时候就要考察你的四则运算掌握的熟练程度了。

在上一章中，我们讨论的数是利用比与比例的关系解决问题，而在此过程中有些思维的转换稍微有困难，这个时候就可以利用**方程的思想**去解决问题。例如最经典的鸡兔同笼问题，“今有雉兔同笼，上有三十五头，下有九十四足，问雉兔各几何？”鸡兔同笼问题是方程思想的最佳体现。方法一：若假设35只全为鸡，则应有$35\times2=70$只足，此时多出了$94-70=24$只足，每只兔子比每只鸡多2只足，故兔子应有$24\div2=12$只，其余$35-12=23$只则为鸡。方法二：假设有鸡x只，有兔y只，根据题目可列出如下方程组：

$$\begin{cases} x+y=35 \\ 2x+4y=94 \end{cases}$$

利用加减消元法即可求得方程组的解。

数是很美妙的，本章还会从数的构成来研究。1 000用10来表示还是比较容易的，那能否用8这个数字表示1 000呢？两个数相乘：48×159＝7 632，可以看出这个例子中包含了所有9以内的数字，除了这个还有哪些乘法也满足这个特征呢？

当然还有最熟悉的数独游戏，它是一个九宫格（即3格宽×3格高）的正方形状，每一格又细分为一个九宫格。在每一个小九宫格中，分别填上1至9的数字，让整个大九宫格每一列、每一行的数字都不重复。

现在我们转换一下思维，将九宫格改成三角形，使每条边上都有4个圆圈，圆圈内的数字均为9以内的数，要求每条边上的数字之和分别为20或17，这种数字三角形存在吗？现在赶快拿出纸笔试一下吧。

我们还可以将三角形换成六角小星星的形状，构成一个有“魔力”的小星星，要求每条边的数仍为4个，六条边的数之和为26，且六个角的数之和也为26，这种情况又该如何组合呢？

所有的谜题都是围绕“数”一字展开的，一字包含万千，一字包罗万象，数的奥秘远不止于此。那再给你留一个问题：末位为5的数的平方有什么特征呢？开动你的脑筋想一想吧！

1.给5卢布，得100卢布

一个小型节目的统计员在节目中向观众发出了一个提议，这个提议既令人惊讶，又充满诱惑："在大家的见证下，我宣布：每个人只要用20个硬币凑成5卢布给我，我就给他一百卢布，这些硬币要有50戈比的、20戈比的和5戈比的这三种。5卢布换100卢布啦！谁想要呐？"

大家沉默不语，都陷入思考中。有人用铅笔在笔记本上快速地写着什么，但是不知道为什么，一直没有人回应统计员的提议。

"各位观众，我知道，你们是觉得要用这三种硬币凑齐5卢布来换一张100卢布，这太费劲了。那我就把这个标准再降一降，那就用20个上面说的硬币凑齐3卢布给我吧。凑3卢布给我，我就给你100卢布哟！如果需要的话，就请去排队吧！"

然而并没有人排队。观众显然对这种罕见的情况，反应得比较慢，于是统计员又有了一个新的提议，他说道："莫非3卢布还很费劲吗？好吧，那我再降1卢布，用20个上面说的硬币凑齐2卢布给我，我就马上把100卢布交到你手上。"

由于没有人表示愿意交换，所以统计员继续说道："是不是你们身上没带这么多零钱呀？别觉得不好意思，可以赊账的。你只要给我一张纸，纸上写你要付给我多少个硬币以及每个硬币是多少面值的，就可以啦。"

要是我的话，我也打算向读者支付100卢布，然后他们只要拿一张纸，写上要给我的硬币的数目，写好后寄给我。我再以我的名义，将这些信件发给发出这个提议的人。你知道为什么吗?

2.1 000

你可以用8这个数字来表示1 000吗？（除了用数字，也可以用把数字组合起来的运算符号。）

3.24

用3个8来表示24很容易：8+8+8。那你不用数字8，还能用3个其他的数字来表示24吗？这个问题有很多种解答方法。

4.30

用3个5来表示30很容易：$5\times5+5$。用3个其他的数字来表示比较难。试试吧。也许你可以想出好几种解答方法呢！

5.未知数

在下面这个乘法算式中，有一半的数字被*号代替了：

```
      * 1 *
  ×   3 * 2
  ---------
      * 3 *
    3 * 2 *
    * 2 * 5
  ---------
  1 * 8 * 3 0
```

你能求出这些未知数吗?

6.这些数字是多少?

这是一个跟上道题类似的算式，需要求出下面这个算式中相乘的数字：

```
      * * 5
 ×    1 * *
 ----------
    2 * * 5
  1 3 * 0
  * * *
 ----------
  4 * 7 7 *
```

7.要怎么算?

求出下列算式中*代表的数字：

```
              1 * *
325 ) * 2 * 5 *
      * * *
      -----------
      * 0 * *
      * 9 * *
      -----------
          * 5 *
          * 5 *
      -----------
              0
```

8.能整除11

随便写出一个九位数的数，在这个数中没有重复的数字（所有数字都是不同的），并且这个数可以被11整除。

写出其中最大的九位数和最小的九位数。

9.乘法中的奇怪现象

两个数相乘：

$$48 \times 159 = 7\,632$$

我们能注意到，这个例子包含了所有9以内的数字。你能再列举出几个这样的例子吗？有多少个这样的例子（如果能列举的话）呢？

10.数字三角形

在这个三角形的圆圈中（见图28），填入所有9以内的数字，使三角形每一条边的数字总和为20。

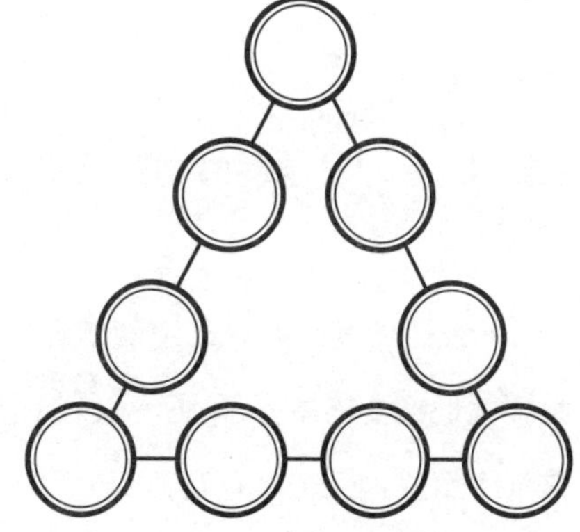

图28　数字三角形

11.还是这个数字三角形

将所有9以内的数字填入三角形的圆圈中（见图28），使每一条边的数字总和为17。

12.有魔力的星星

如图29所示，这个六角星具有"魔力"：它每一条边上的数的和相等。

$4+6+7+9=26$

$11+6+8+1=26$

$4+8+12+2=26$

$11+7+5+3=26$

$9+5+10+2=26$

$1+12+10+3=26$

但是这个星星六个角上的数相加后，和是不同的：

$4+11+9+3+2+1=30$

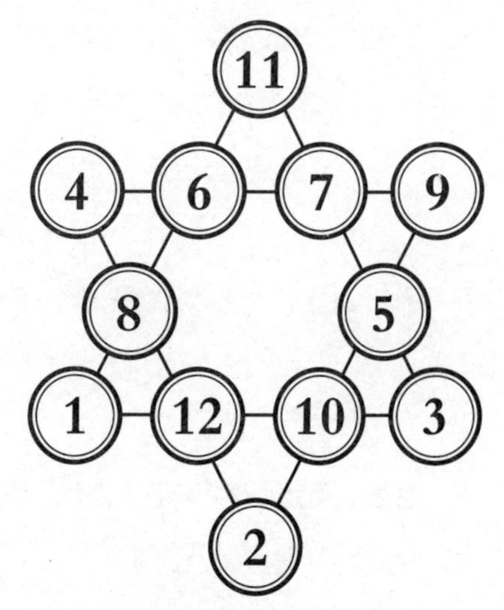

图29　"魔力"六角星

你能否通过改变圆圈中的数值，不仅使星星的每条边的所有数之和相等（和为26），且星星的六个角的数之和也为26?

1.统计员提出的这三道谜题都是不可解的。统计员和我都可以毫不担心地答应，只要他们按要求凑齐了硬币，就给他们奖金。为了验证这一点，我们来用函数方程式来挨个解决这几个谜题吧。

第一个谜题：凑齐硬币支付5卢布。假设可以凑齐，那我们就要凑x个50戈比，y个20戈比，e个5戈比，列出方程式为：

$$50x + 20y + 5e = 500$$

把每一项都除以5以后，得到：

$$10x + 4y + e = 100$$

除此之外，由于条件是20个硬币，所以根据x、y、e的关系可以列出另一个方程式：

$$x + y + e = 20$$

把最上面那个方程减去这个方程，得到：

$$9x + 3y = 80$$

然后把每一项除以3以后，方程式变为：

$$3x + y = 26\frac{2}{3}$$

$3x$，也就是50戈比的3倍，这个数字当然是整数；代表20戈比的y也是一个整数。两个整数之和不可能会是小数$\left(26\frac{2}{3}\right)$。正如你所看到的，我们认为这个谜题可以解决的假设是不成立的。因此，这个谜题不可解。

用同样的方法，你们也能看到另外两个谜题也是不可解的：凑齐硬币分别支付3卢布和2卢布。前者可以得到方程式：

$$3x + y = 13\frac{1}{3}$$

后者可以得到方程式：

$$3x + y = 6\frac{2}{3}$$

两个整数之和是不可能得出小数的。正如你所看到的，无论是统计员还是我，我们都没有风险，通过这几个谜题还能赚到不少钱，但是你将永远得不到奖金。还有就是，假如要凑的20个硬币，不是5卢布、3卢布或2卢布，而是4卢布，那么这个谜题就很容易解答出来了，甚至可以有七种解答方法。

2.$888 + 88 + 8 + 8 + 8 = 1\,000$。

3.这是两种解答方法：$22 + 2 = 24$；$3^3 - 3 = 24$。

4.我们可以得出三种解决办法：

$6 \times 6 - 6 = 30$；$3^3 + 3 = 30$；$33 - 3 = 30$。

5.只要我们采用以下的推理方法，就能挨个求出未知数了。

为了方便一些，我们对这个算式的每一行进行编号：

$$
\begin{array}{rl}
1 & \cdots\cdots 1 \\
\times \quad 3*2 & \cdots\cdots 2 \\
\hline
3 & \cdots\cdots 3 \\
3*2* & \cdots\cdots 4 \\
*2*5 & \cdots\cdots 5 \\
\hline
1*8*30 & \cdots\cdots 6
\end{array}
$$

我们很容易就能得出，第3行的最后一个数字*代表的数字0，因为0是第6行的最后一个数字。

现在，我们能得出第1行的最后一个*是哪个数字：这个数字乘以2能得到一个以0结尾的数，乘以3能得到一个以5结尾的数（第5行），所以这个数字只能是5。

所以我们很容易就能猜出第2行的*是哪个数字，因为只有当该数字为8时，乘以数字5才会以20（第4行）结尾。

最后，可以很清楚地得出第1行的第一个*：它是数字4，因为只有4乘以8，才能得到以3开头的结果（第4行）。现在得出剩下的几个未知数也就没有问题了，只要将已经完全确定的前两行数字相乘就可以了。最后，我们能得到一个乘法算式：

$$
\begin{array}{r}
415 \\
\times \quad 382 \\
\hline
830 \\
3320 \\
1245 \\
\hline
158530
\end{array}
$$

6.用同样的办法，我们可以得出这道题中*代表的数字是：

$$
\begin{array}{r}
325 \\
\times \quad 147 \\
\hline
2275 \\
1300 \\
325 \\
\hline
47775
\end{array}
$$

7.这是得出的结果：

$$
\begin{array}{r}
162 \\
325\overline{)52650} \\
325 \\
\hline
2015 \\
1950 \\
\hline
650 \\
650 \\
\hline
0
\end{array}
$$

8.为了解答这道题，你要记清楚这个除数是11。把这个数的偶数位数字相加，奇数位数字相加，然后求出这两个和的差，如果这个差能够除以11那这个数就能被11整除啦。

那我们就拿23 658 904这个数来试一下吧。

先把偶数位数字相加：

$$3+5+9+4=21$$

再把奇数位数字相加：

$$2+6+8+0=16$$

它们的差（必须用大的数减小的数）：

$$21-16=5$$

这个差（5）不能除以11，这也就意味着，我们选的这个数不能被11整除呢。

那我们就用另外一个数7 344 535来试试吧。

$$3+4+3=10$$

$$7+4+5+5=21$$

$$21-10=11$$

因为这个差可以除以11，所以这个数可以被11整除呢。

现在，很容易就能弄清楚，你要按什么顺序写这个九位数，才能符合题目要求，能够被11整除了。

我们来举个例子吧：

352 049 786

我们拿这个数来试试：

$$3+2+4+7+6=22$$

$$5+0+9+8=22$$

差是$22-22=0$，这也就意味着，我们选的这个数可以被11整除。

在这些数中，最大的九位数是：

987 652 413

最小的九位数是：

102 347 586

我正好借这个机会，让你们了解了解，可以被11整除的另一种算法，尽管这种算法可能不适合用来解答这个问题，但在实际运算中，用起来非常方便。这个算法是这样的：选一个数，从右到左，每两个数字分成一截，把每一截的数相加。如果相加之和能够除以11，那么所选的这个数就可以被11整除啦。

我们来看看下面这三个例子，就能理解得更清楚啦。

例1：我们把154这个数分成两截，即分成1和54，然后把它们加起来：

$$1+54=55$$

因为55可以被11整除，所以154就能被11整除了啦！即

$$154 \div 11 = 14$$

例2：我们把7 843这个数分成两截（分成78和43），然后把它们加起来：

$$78+43 = 121$$

得出的这个和可以除以11，这也就意味着，这个数可以被11整除。

例3：我们把4 375 632这个数分成四截，然后加起来：

$$4 + 37 + 56 + 32 = 129$$

得到的和还可以被分成两截（1和29），再把它们加起来：$1 + 29 = 30$。

这个和不能除以11，也就意味着，数129不能被11整除，还意味着，数4 375 632也不能被11整除。

这种解法是怎么来的呢？我们来看看下面的例子就知道啦：

$$4\ 375\ 632 = 4\ 000\ 000 + 370\ 000 + 5\ 600 + 32$$

接下来：

$$\begin{aligned} 4\ 000\ 000 &= 4 \times 999\ 999 + 4 \\ 370\ 000 &= 37 \times 9\ 999 + 37 \\ 5\ 600 &= 56 \times 99 + 56 \\ 32 &= 0 + 32 \end{aligned}$$

4 375 632 =可以整除11的数+（4+37+56+32）

因为99，9 999和999 999都能被11整除，所以我们选的数能否除以11，这要取决于括号中数字相加之和能否被11整除，即我们选的数，它的每一截相加后，和能否被11整除。

9.现在你们就能得出九种这样的例子，它们就是：

$$12 \times 483 = 5\ 796$$

$$42 \times 138 = 5\ 796$$

$$18\times297=5\ 346$$

$$27\times198=5\ 346$$

$$39\times186=7\ 254$$

$$48\times159=7\ 632$$

$$28\times157=4\ 396$$

$$4\times1\ 738=6\ 952$$

$$4\times1\ 963=7\ 852$$

10、11这两道题的解法可见图30和图31。每一行的数字都可以重新排列，从而获得很多种解法。

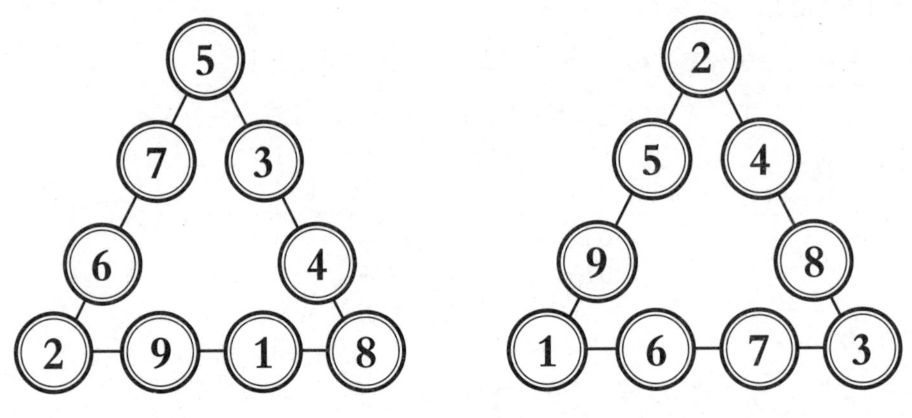

图30　数字三角形解法1　　图31　数字三角形解法2

12.为了更容易地排列出我们需要填入的数，我们要遵循以下的规则。

星星六个角上的数之和要等于26，并且星星中所有数之和是78，这也就意味着，六角星内部的所有数之和等于$78-26=52$。

我们看到六角星中最大的一个三角形，它每条边上的所有数之和都等于26，我们把它三条边的所有数都加起来，得到：$26\times3=78$，除此之外，我们还会发现，该三角形每个角上的数都被加了两遍。因为我们已经知道了六角星内部的六边形上的数之和为52，所以六角星每个大三角形上的三个角上的数之和是（78 – 52）÷2，即13。

现在，可供选择的数的范围明显缩小了。例如，我们知道了，数12和11都不能被放在六角星的角上（这是为什么呢？）。这意味着，我们可以从数10开始进行尝试，而且很快就能知道三角形的每个角上应该放哪个数。应该放1和2哟。然后用这样的方法再尝试下去，我们终于把该填入的数都放到了它们应该待的位置上，如图32所示。

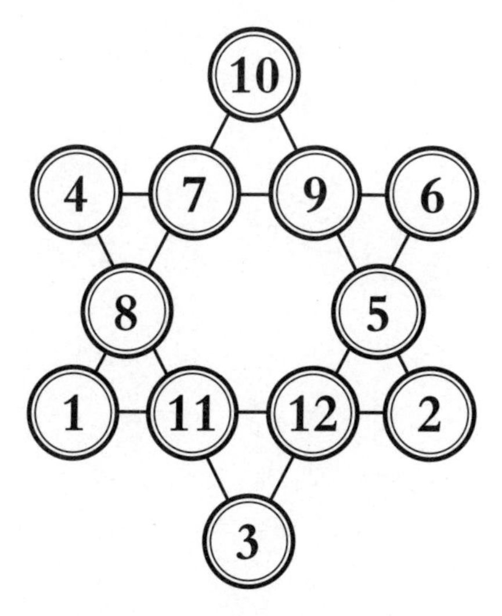

图32　“魔力”六角星解法

06

有关天文数字的故事

导读

刘月娟

我们对数字都很熟悉，我们会学习数的分类：有理数和无理数，但是平常用到的数都是有限的、可数的，那么对于那种无限大的数该怎么去刻画呢？在这一章中，我们就会接触到许多跟函数有关的概念，对于无限大的天文数字，这些函数就能很好地表达。

1.一次函数

有一种函数叫作一次函数，即$y=kx+b$，$k>0$时的表述是y随x的增大而增大，至于增大到多少却没有明确表明。之后还会学习到一系列的函数及相应的性质。

2.指数函数

对于指数函数$y=a^x$（$a>0$且$a\neq 1$），其中当$a>1$时函数单调递增，$0<a<1$时函数单调递减。生活中的指数型函数存在较多，比如说我们人体的细胞分裂，这个过程就是指数型函数的重要实例，如果在条件允许的情况下，指数型函数可以增大到无穷大。为了求出在某时刻细胞分裂出的总数，首先需要引入一个新的概念——等比数列及其前n项和，等比数列的通项公式就是一个指数型函数，此时变量只能取正整数。

3.等比数列

等比数列是指从第二项起，每一项与它的前一项的比值等于同一个数的一种数列。这个数叫作等比数列的公比，通常用字母q表示（$q\neq 0$）。等比数列$\{a_n\}$中的每一项均不为0，特别地，当$q=1$时，$\{a_n\}$为常数列。通项公式为$a_n=a_1q^{n-1}$，S_n常用来代表数列的前n项和，且由错位相减法可得等比数列的前n项和公式为：

$$s_n=\begin{cases} na_1 & ,q=1 \\ \dfrac{a_1(1-q^n)}{1-q} & ,q\neq 1 \end{cases}$$

本章中提到的赛特利用国际象棋向国王提出以小麦作为奖励的例子，就充分展示了等比数列的魅力。想要以首项为1、公比为2的等比数列形式填满64个格子，需要类似于天文数字那么多的小麦，由此可见等比数列的意义。文中还提到了许多指数型函数的实例，在读的过程中你还能想到哪些实例呢？

4.排列组合

除去指数型函数，我们还会接触到一种和站队有关的知识——排列组合。以6人小组为例，想要分成3个小组去参加活动，每组两个人，则共有$C_6^2C_4^2C_2^2=90$中选法。如果要求这6个人分别去参加不同的活动，则有$A_6^6=720$种选法。按照排列组合的方法考虑，如果有10个人按不同位置坐座位，则将有$A_{10}^{10}=3\ 628\ 800$种排法。看，这个数值是如此庞大！如果生活中，你碰到类似于用排列组合方法打赌的人，一定要用你严谨的数学思维打败他。

数学之于我们的生活还有很多体现，比如我们平时常说：“明天很可能会下雨”，这句话表明的就是一个不确定事件，所谓不确定事件就会有概率大小。如投掷硬币正面朝上的概率，抛掷骰子五点朝上的概率，摸奖摸中的概率，这都是概率在生活中的体现。之所以称事件为随机事件，是因为它具有不确定性，因此就会有人以概率为理论依据去打赌。比如窗口经过的第一个人为男人的概率是$\frac{1}{2}$，经过的前两个人是男人的概率是$\frac{1}{4}$，一直到经过的前10个人都是男人的概率是$\frac{1}{1\ 024}$，比千分之一还小。因此，如果你打赌说这个事件发生，那么你很大概率会输的。

数学千变万化，它以各种形式存在于我们的生活中，学习数学要有耐心，要学以致用，发现数学要善于观察与思考。

赚了还是亏了

这个故事发生的时间和地点是不明确的。有可能这个故事根本没有发生过，或者更准确点说，这个故事不是这样发生的。但是，无论这个故事发没发生，它都挺有趣的，大家可以听听看。

一

有一位非常富有的百万富翁，他异常开心地结束了旅行，回到了家里。他在旅行的路上，遇到了一桩可以赚不少钱的生意。“我真幸运，”他回到家后说道，“很明显，钱可以生出钱来的说法，不是没有道理的。我的钱就可以生出很多钱来。这多么令人意外呀！我在路上遇到了一个陌生人，他是个缺心眼的人。我本来没打算跟他说话，但是他自己先开了口，好像他知道我很有钱似的。所以，在跟他聊到最后的时候，他想要跟我做一桩可以让我赚钱的生意，这让我屏住了呼吸。”

到底什么事让富翁如此激动、紧张，让我们来看看事情的经过：

“我们将达成这样的协议，”陌生人说道，“我这个月每天给你10万卢布。当然，这并不是一笔小钱，但这笔钱也不是毫无价值的。第一天，我按照约定把钱带给你，但你必须同时交给我1戈比。”

富翁用滑稽的语气问：“只付给你1戈比嘛！我简直不敢相信我的耳朵。真的只要付给你1戈比？”

“1戈比，”陌生人答道，“我给你第20万的时候，你就要付给我2戈比。”

“好吧，”富翁都等不及了，问道：“然后呢？”

“然后，给你第30万的时候，你要给我4戈比，第40万时，8戈比，第50万时，16戈比。这样一整个月，每天你都要付给我前一天两倍的钱。”

“然后呢？”富翁问道。

“就这样了，我没别的要求了。”陌生人说道，“只要严格遵守约定就可以了，每天早晨，我都会给你带来10万卢布，而你按约定付给我相应数目的戈比。就看你敢不敢完成一个月的约定了。”

富翁心想：只要花1戈比，就能得到几十万卢布！如果钱不是假的，那么这个人就是脑子有点问题了。但是，这确实是一桩有利可图的生意，我可不想错过。

“好吧，”于是富翁说道，“我会自己带钱来给你的。你就等着瞧吧，可别骗我喔，你记得带给我正确数目的钱。”

“你就放心吧，”陌生人说，“明天早上等着我的到来就是。”

“我只怕，他会来吗？不会意识到他做的是桩亏本的生意，就不来了吧！算了，还是等到明天再看吧。”富翁回家后还心存疑虑。

二

很快一天就过去了。第二天一大早，那个在路上遇到的陌生人就来敲富翁家的窗户了。

“我来送钱啦，”他说，“我把我的钱带过来了。”

进入房间后，那个陌生人开始拿出他带来的钱，这是真钱，并不是假的。他仔仔细细地数了10万卢布出来，并且说道：

“这是按照约定我该付的这份。现在轮到你付给我钱了。”

富翁把1戈比的铜钱放在桌子上，小心翼翼地等着陌生人来拿，他觉得陌生人会要求他退钱的。陌生人检查了一下戈比，掂了掂铜钱的重量，然后就收了起来。

“明天同一时刻，静候我的光临吧。对了，别忘了哦，明天要给我2戈比。”

富翁不相信运气会这么好：10万卢布就这样从天上掉下来啦？！他又数了数钱，确保这些钱不是假的。确认钱和数目都是对的以后，他把钱收了起来，等着明天再收钱。

到了晚上，他怀疑道：这个人不会是个强盗假扮吧，他想看看这笔钱藏在哪里，然后带一群穿得破破烂烂的人突然闯进来？

想到这，富翁赶紧把门锁得更紧些。那天晚上，他看着窗外，竖起耳朵听着外面的情况，听了很久。

第二天早上，窗户又被轻轻地敲了几下，是陌生人带着钱来了。陌生人把10万卢布给了富翁，拿起两戈比，然后把两戈比收了起来，离开的时候说道：

“明天，要给我4戈比喔。要准备好喔。”

富翁再次高兴了起来，他觉得自己白白地得了20万卢布。但是那个陌生人看上去也并不像强盗啊，他既不在富翁家里到处打量，也不朝外面张望，他就只要几戈比的钱而已。真是个怪人呐！如果世界上这样的人更多一些，那么聪明的人就都会过上好日子了……

第三天，这个陌生人又出现了，他把第三个10万卢布给了富翁，然后拿走了4戈比。

第四天，富翁又用同样的方式赚了第四个10万卢布，付了陌生人8戈比。

第五天，收了第五个10万卢布，付了16戈比。

然后第六天，付了32戈比。

交易开始后的七天里，我们的富翁一共收到了70万卢布，并支付了一笔小费用：

1戈比+2戈比+4戈比+8戈比+16戈比+32戈比+64戈比=1卢布27戈比

贪婪的百万富翁很喜欢这样的生意，他已经开始后悔自己只同意了一个月的时间，这样就得不到超过300万卢布的钱了。陌生人是不是也会想把期限延长半个月？那这简直太可怕了，他好像还没有意识到自己是在白白地给别人送钱……

每天早上，那个陌生人都带着他的10万卢布准时出现。第八天的时候，他得到了1卢布28戈比。第九天，他得到了2卢布56戈比。第十天，5卢布12戈比。第十一天，10卢布24戈比。第十二天，20卢布48戈比，第十三天，40卢布96戈比。第十四天，81卢布92戈比。

富翁愿意付这笔钱，因为他已经收到了140万卢布，而只付给了陌生人大约150卢布。

然而，富翁的这种喜悦并没有持续太久，他很快就意识到陌生人并不简单，跟他做的这笔交易，根本不像一开始想的那样只赚不亏。过了15天以后，富翁就要为接下来的每10万卢布，支付几百卢布给陌生人了，而且这笔费用增长得很快。实际上，富翁在这个月的下半个月要支付给陌生人：

第十五个10万卢布……163卢布84戈比

第十六个10万卢布……327卢布68戈比

第十七个10万卢布……655卢布36戈比

第十八个10万卢布……1 310卢布72戈比

第十九个10万卢布……2 621卢布44戈比

但是，他还是认为自己并没有遭受任何损失，虽然他支付了5 000多卢布了，但他已经收到了180万卢布呀。然而，他获得的利润每天都在减少，而且减少的速度越来越快。以下是他支付的越来越多的钱：

第二十个10万卢布……5 242卢布88戈比

第二十一个10万卢布……10 485卢布76戈比

第二十二个10万卢布……20 971卢布52戈比

第二十三个10万卢布……41 943卢布4戈比

第二十四个10万卢布……83 886卢布8戈比

第二十五个10万卢布……167 772卢布16戈比

第二十六个10万卢布……335 544卢布32戈比

第二十七个10万卢布……671 088卢布64戈比

富翁要支付的钱，会比得到的钱更多。他能获得的利润到这里就彻底没了，但是他又不能违背约定。后来情况就变得更糟了。但是为时已晚，这位百万富翁只能确信，他被陌生人残酷地打败了，陌生人将要获得的钱，比他要支付给富翁的钱更多……

从第二十八天开始，富翁就已经付了几百万卢布了。最后两天，他彻底傻眼了，接下来他要支付的钱的数目是个天文数字：

第二十八个10万卢布……1 342 177卢布28戈比

第二十九个10万卢布……2 684 354卢布56戈比

第三十个10万卢布……5 368 709卢布12戈比

当陌生人做完最后一次交易离开后，百万富翁看了一眼，就知道自己得到的只是少得可怜的300万卢布，而他却已经付给了陌生人：

10 737 418卢布23戈比的钱。

这个数目将近1 100万了！……但这一切都是从1戈比开始的。甚至陌生人开始每天给富翁30万卢布，他都不会亏。

三

在结束这个故事之前，我会告诉大家，怎么样才能快速地算出百万富翁的损失，换句话说，怎样进行多个数的加法运算：

1＋2＋4＋8＋16＋32＋64，依此类推。

我们不难发现这些数有以下的规律：

1＝1

2＝1＋1

4＝（1＋2）＋1

8＝（1＋2＋4）＋1

16＝（1＋2＋4＋8）＋1

32＝（1＋2＋4＋8＋16）＋1

……

我们能看到，这个算式列中的每个数，都等于所有前面的数相加，然后再加上一个1。所以，当我们要把这个算式列的所有数相加时（例如从1加到32 768），我们只需要把前面数的总和加上最后一个数（32 768）就行了，换句话说，我们只要把最后一个数和它本身相加，再减一个1（即32 768＋32 768－1），就得到了65 535这个结果。这样一来，我们只需先算出百万富翁最后一次要支付的钱，进而就可以很快地计算出百万富翁的损失。他最后一次要付给陌生人5 368 709卢布12戈比。所以，把增加的5 368 709卢布12戈比和5 368 709卢布11戈比相加，我们就能马上得到结果：

10 737 418卢布23戈比

富翁的损失为10 737 418卢布23戈比减去他得到的300万卢布，即：7 737 418卢布23戈比。

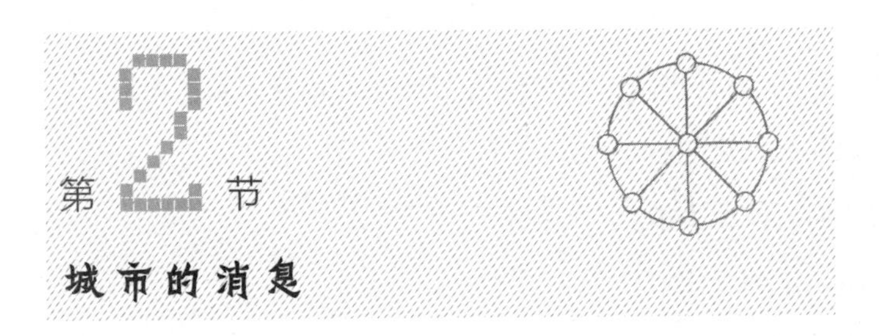

令人惊讶的是，一则消息在城市各地传播的速度是如此之快！有时，即使是只有几个人听到的一件事，这件事发生后，过了两个小时都不会消失，而且这个消息就像新闻一样，会传遍整个城市，让每个人都知道，每个人都听说了这个消息。这种传播速度快得惊人，传播的方式是如此的直接，令人感到神奇。但是，如果我们把它作为算术问题来解决的时候，那么很显然，这里的事就算不得什么神奇了。一切都能通过数的性质来解释，而不是因为消息有什么神秘特征。我们就拿以下这种情况来举个例子吧。

一

首都的一位居民，在早晨8点的时候，来到了一座5万人口的省级城市，并给这座城市的人带来了一个新鲜有趣的消息。在他住下的旅馆里，他只对三个当地的居民说了这个消息。他给居民说这个消息花了15分钟。所以，在早上8点15分的时候，全市只有四个人知道这个消息，他们分别是首都居民和三个当地居民。在得知这个有趣的消息后，这三个居民，每个人都迅速地把这个消息告诉了另外的3个人。假设，这个过程也需要15分钟。这样一来，消息到达这座城市的半小时后，就已经有：

4 +（3 × 3）= 13个人知道了这个消息。

在接下来的15分钟内，这9个新得知消息的人，他们中的每一个，又给另外3个人分享了这个消息，就这样，在早上8点45分的时候，就有：

13＋（3×9）＝40个人知道了这个消息。

如果消息以同样的方式传播到整个城市，也就是说，每个知道消息的人，都设法在接下来的15分钟内，把消息传递给另外3个不知道消息的人，那么在这个通知的过程中，时间和人数的增长如下所示：

在9点的时候，得知消息的有：40+（3×27）=121个人知道了这个消息

在9点15分的时候，得知消息的有：121+（3×81）=364个人知道了这个消息

在9点30分的时候，得知消息的有：364+（3×243）=1 093个人知道了这个消息

据我们所知，这个消息在这座城市出现一个半小时后，知道这个消息的人只有大约1 100个。这个人数对于5万的总人口数来说，似乎有点微不足道，你肯定认为，这个消息不会那么快就被所有的居民知道吧。但是，让我们来进一步关注这个消息的传播：

在9点45分的时候有：1 093+（3×729）＝3 280个人知道了这个消息

在10点的时候有：3 280+（3×2 187）=9 841个人知道了这个消息

即在10点15分的时候，已经有超过一半的城市居民得知了这个消息：

9 841＋（3 × 6 561）=29 524

这也就意味着，在10点30分的时候，所有的城市居民都会知道这个消息，而这个消息在上午8点的那个时候，仅仅只有一个人知道。

二

现在让我们来看看上面所说到的这些运算是如何进行的。从本质上来说，可以把这种运算归结为：

$$1+3+(3\times3)+(3\times3\times3)+(3\times3\times3\times3)$$

依此类推下去。

我们就不能把这样的运算弄得更简便一些吗？就像我们之前，把算式简化，然后列成1＋2＋4＋8这样，我们在这里不能也用这种方式吗?

如果这些数相加的和具有以下特征，那这种方式便可以用在这里:

$$1=1$$

$$3=1\times2+1$$

$$9=(1+3)\times2+1$$

$$27=(1+3+9)\times2+1$$

$$81=(1+3+9+27)\times2+1$$

……

换句话说，这些算式列中，每个数都等于前面所有数相加的和乘以2，然后再加一个1。

这样一来很明显就能看出，如果要计算从1加到任意数的和，那么就只需要把最后一个数，加上它减去1以后的一半（最后一个数减去1）就行了。例如，算式1＋3＋9＋27＋81＋243＋729的和是把最后的729加上728的一半，即729＋364＝1 093。

三

在我们举的例子中，每位得知这个消息的居民，只是每人把消息传递给其他3个居民而已。但是，如果这个城市的居民更善于传播消息，把他们听到的消息传播给更多人，比如每个人不仅仅是把消息传播给3个人，而是传播给5个甚至10个人，这样一来消息传播的速度当然会更快。传播的时候（假设，按5个人的速度传播），城市得知消息的居民增长情况及时间如下:

在早上8点整的时候……有1个人得知了这个消息

在8点15分的时候……有1+5=6个人得知了这个消息

在8点30分的时候……有6+（5×5）=31个人得知了这个消息

在8点45分的时候……有31+（25×5）=156个人得知了这个消息

在9点整的时候……有156+（125×5）=781个人得知了这个消息

在9点15分的时候……有781+（625×5）=3 906个人得知了这个消息

在9点30分的时候……有3 906+（3 125×5）=19 531个人得知了这个消息

早上9点45分的时候，这个消息就已经被全市5万的人口知道了。如果每个听到这个消息的人，都把消息传给其他10个人，那么消息的传播速度甚至会更快。于是我们得到了一个挺神奇的、增长非常快的算式列：

在早上8点整的时候……有1个人得知了这个消息

在8点15分的时候……有1+10=11个人得知了这个消息

在8点30分的时候……有11+100=111个人得知了这个消息

在8点45分的时候……有111+1 000=1 111个人得知了这个消息

在9点整的时候……有1 111+10 000=11 111个人得知了这个消息

很明显，这个算式列的下一个数字是111 111。这表示在早上不到9点15分的时候，全市的人都得知了这个消息。这个消息在一小时之内就传遍了这个城市。

第3节 廉价自行车泛滥成灾

在革命前的几年里，国内、国外都有一些商人，他们用一种相当原始的方式来销售商品，这些商品的质量一般都还行。首先，我们来看看，下面这幅刊登在流行报纸和杂志上的广告：

一辆自行车只要10卢布啦！
每个人都可以得到一辆属于自己的自行车，而且只要付10卢布。
赶紧抓住这次难得的机会吧！
不是50卢布，而是10卢布喔！！！
免费送上门。

当然，会有很多人被这个诱人的广告吸引，并被要求按照上面写的条件，来购买这件商品。根据上面写的条件，顾客们会收到一张详细的说明书，从说明书中可以了解到以下内容：你只需要支付10卢布，但是付了钱以后，你还不能得到这辆自行车，而只能得到4张票，你得把这四张票以每张10卢布的价格卖出去，卖给你的四个熟人。通过这种方式你能收集40卢布，然后把钱送到公司，接着公司就会给你送来一辆自行车，这意味着买家确实总共只需要花费10卢布，而且把剩下的40卢布给公司就行了。毕竟，公司没有从他身上得到任何额外的报酬。的确，除了用现金支付10卢布以外，自行车购买者在向熟人卖票的时候会遇到一些麻烦，但这些小麻烦算不得什么。

这些票是用来干什么的呢？花10卢布买了它，买家能获得什么好处呢？买家有权利拿这张票跟公司交换五张相同的票，换句话说，他获得了收集50卢布的机会。买一辆自行车，要花费买家10卢布，也就是车本身价格的钱。新的持票人又从公司收到了5张票，用来进行下一步的分配等。乍一看，这一切似乎都没有骗人，广告的诺言也实现了，买一辆自行车的确只花了买家10卢布，而公司也没有亏损，它收到了自行车全价的钱。

然而，从这整个过程来看，这无疑是种诈骗。我们这里把它叫作“雪崩效应[1]”骗局，而法国人称它为“雪球效应”骗局，这个骗局使无法继续售票的众多参与者无计可施。这些参与者向公司支付的自行车价格，实际上是50卢布和10卢布之间的差额。持票人早晚会不可避免地找不到买他们票的人。从这里你就能了解到，世上没有免费的午餐，受骗局影响的人数会迅速增长，而这种情况将会无休止地出现。

第一组购买者直接从公司获得了票，这一般不会有什么困难。然后该组中的每个成员都向四个新成员出售这些票。这四个人必须把他们的4 × 5即20张门票卖给其他人，通过这样，他们才能获利。假设这个骗局成功了，并且找到了20位买家，骗局继续进行，这20位新得到票的人，要向他们的熟人卖20 × 5 = 100张票。

到目前为止，骗局的每位“开头人”都吸引了：

1 + 4 + 20 + 100 = 125个人，吸引他们参与到这个骗局中来，其中已经有25个人拥有了自行车，还有100个人希望得到它，并且都为此付出了10卢布。现在，这个骗局已经使彼此熟悉的人凑到了一起，他们在这座城市流动着。然而，在这里越来越难找到新的熟人了。最后100个持票者要把票卖给500个熟人，而这500个人又不得不再把票卖给2 500个新的骗局受害者。这座城市很快到处都有了这些票，找人来买票已经成为一项艰巨的任务。你会发现，根据我们上面提到的传播消息的例子，用跟这个例

1 雪崩效应：指最初微小的事件，随着事态发展，牵涉的人越来越多，造成的影响越来越大。

子同样的运算方式，我们能算出，因这个骗局而受害的人数是如何增加的。我们能得到下面的数字金字塔：

1

4

20

100

500

2 500

12 500

62 500

如果城市很大，并且骑自行车的人口总数为62 500人，那么在出现无法把票卖出去的问题的时候，也就是在第8轮“售票”的时候，骗局就会露出马脚来。每个人都被这个骗局“吸引”住了，但是只有五分之一的人能拥有自行车，而其余五分之四的人都只有手头的票，况且这些票又卖不出去。对于人口众多的城市来说，尤其是对于拥有数百万居民的现代化大都市来说，骗局受害者的数量正以惊人的速度增长，而它的饱和时刻也要在几轮之后才会出现。以下是我们的数字金字塔接下来的层次：

312 500

1 562 500

7 812 500

39 062 500

在第12轮，你就能看到，骗局已经吸引了几千万人。其中五分之四的人会被组织骗局的人欺骗。总而言之，该公司使用这个骗局可以实现的目标是：这个骗局会迫使五分之四的人口，为其余五分之一的人口支付购买商品的钱；换句话说，也就是强迫四个人来成全第五个人。该公司可以完全免费地获得大量的、勤奋地替他们销售商品的人。我们的一位作家准确地把这个骗局描述成“自愿的骗局”。数字巨人在无形中隐藏在了这家公司的背后，惩罚那些不知道如何使用算术保护自己利益免受骗子侵害的人。

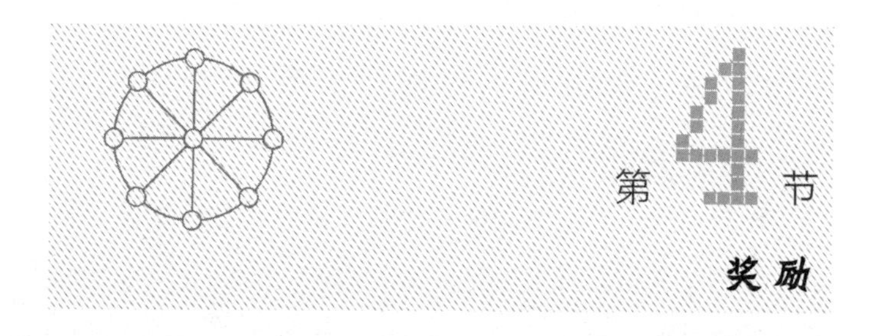

第4节 奖励

下面要讲述的几件事都发生在公元前的古罗马。

一

指挥官特伦斯受皇帝的指派打了一场胜仗，并带着战利品回到了罗马。到达首都后，他请求拜见皇帝。皇帝亲切地接见了他，感谢他为帝国做的贡献，并答应让他在元老院中担任重要职务，以此作为给他的奖励。

但是特伦斯不需要这种奖励。他拒绝道:

“我赢得了许多场战争的胜利，为的是提高你的统治力量，捍卫国家主权并且让你的威名远扬。我不怕死，因为我不是一个人，有很多人和我一起作战，而我为了你牺牲了他们全部的生命。我已经厌倦了战争。我的青春已经快消耗完了，血液在我的血管中流动得越来越慢，是时候让我在我祖先的房子里放松一下，享受家庭生活的乐趣了。”

“你想从我这里得到什么，特伦斯？”皇帝问道。

“请听我说，陛下。在漫长的战斗生涯中，每天我的剑都沾满鲜血，我没有办法让我的财务状况保持良好。我好可怜呐，陛下……”

“继续说下去吧，勇敢的特伦斯。”

“如果你要奖励谦卑的仆人，”受到鼓舞的指挥官特伦斯继续说道，“那么请你慷慨地帮帮我，让我在壁炉旁过上安宁的生活吧。我不求能在元老院获得荣誉和崇高的地位。我只想退出权力的世界，过上可以随时休息的生活。陛下，请给我些钱，让我度过余生吧。”

据说，皇帝并没有慷慨大方地让特伦斯得偿所愿。因为皇帝想替自己省钱，所以很少把钱花在别人身上。特伦斯的要求让他思考了很久。

“特伦斯，那你觉得多少钱对你来说是足够的呢？”皇帝问道。

“一百万第纳里[1]，陛下。”

皇帝再次陷入思考，特伦斯低着头等着皇帝的反应。最后，皇帝说道：

“英勇的特伦斯！你是一个伟大的战士，你的光荣事迹值得得到丰厚的回报。我会把你想要的钱给你。明天下午你再来这，到时候你会听到我的决定。”

特伦斯鞠了个躬就离开了。

二

第二天，特伦斯按照约定的时间出现在了皇帝的宫殿里。

“你好，勇敢的特伦斯！”皇帝说道。

“陛下，我来了，我来听听你的决定。”特伦斯谦卑地低下头说道，“很荣幸能

1 第纳里：古罗马货币单位。

听到你亲口答应我。”

皇帝回答道："我不希望看到像你这样战绩显赫的战士却只得到微薄的回报。你听我说，我的国库里有500万个小铜币[1]。你现在听我的，去国库拿一个小铜币回到这里并放在我的跟前。第二天，你再去国库拿一个铜币，这个铜币的价值要是第一个小铜币的2倍，并把它放在第一个铜币的旁边。第三天，你要拿一个铜币来，这个铜币的价值要是第一个小铜币的4倍，第四天拿一个铜币来，这个铜币的价值要是第一个小铜币的8倍，第五天拿一个铜币来，这个铜币的价值要是第一个小铜币的16倍……每次你拿来的铜币价值都要比之前增加了一倍。我命令你每天举着这些铜币来。当你有足够的力量来举起铜币，并将它们从我的国库运出来，它们就属于你了。没有人可以帮助你，你只能用你自己的手。当你发现你运不动铜币的时候就停下来，这时，我们的约定就作废了，你得到的铜币就作为我给你的奖励。”

特伦斯记下了皇帝说的每句话。他喜欢铜币，皇帝要他拿的铜币一个比一个大，而且这些铜币还可以直接从国库里拿。

“陛下你对我真是太好了，”特伦斯开心地笑着说道，“你真慷慨，给我这么好的回报！”

三

就这样，特伦斯开始了他对国库的日常造访。国库位于离皇帝待客大厅不远的地方，第一次运铜币并没有花费特伦斯多大力气。第一天，他仅从国库拿走了一个小铜币，这个小铜币，直径21毫米，重5克。特伦斯在第二、第三、第四、第五和第六天运铜币也运得很容易。他运来的铜币，分别相当于2个、4个、8个、16个和32个小铜

---

1 小铜币，价值为第纳里的五分之一。

币。第七个铜币，按我们现代的计量方式来算的话，它的重量为320克，直径为$8\frac{1}{2}$厘米（更准确地说为84毫米）。第八天，特伦斯又从国库中拿出一个铜币，这个铜币相当于128个小铜币，重640克，直径约$10\frac{1}{2}$厘米。第九天，特伦斯将一个铜币带到了宫殿里，这个铜币相当于256个小铜币，它的直径是13厘米，重量超过$1\frac{1}{4}$千克……在第十二天，铜币的直径约27厘米，重$10\frac{1}{4}$千克。皇帝仍然饱含热情地看着特伦斯，丝毫没有掩饰住自己明知自己一定会赢的心情。皇帝看到特伦斯带来的铜币已经进行了12次的翻倍增长，但他的国库里却只损失了大约2 000个小铜币而已。第十三天，勇敢的特伦斯给皇帝带来了一个铜币，这个铜币相当于4 096个小铜币。它的直径约34厘米，重$20\frac{1}{2}$千克。第十四天，特伦斯从国库中取出了一个重41千克，直径约42厘米的铜币。

“你不累吗，我勇敢的特伦斯？”皇帝微笑着问道。

“不累，我的陛下。”特伦斯沮丧地回答道，然后擦了擦额头上的汗水。

第十五天，这次，特伦斯感觉手里的铜币非常重。他慢慢地走到皇帝面前，手里举着一个巨大的铜币，这个铜币是由16 384个小铜币制成的。它的直径为53厘米，重80千克，这重量相当于一个高个子战士的体重。第十六天，特伦斯抱着铜币蹒跚前进，这个铜币相当于32 768个小铜币，重164千克；它的直径达到67厘米，特伦斯精疲力尽，气喘吁吁。皇帝一直微笑着看着他……

接下来的这天，当特伦斯出现在皇帝的待客大厅里时，皇帝大笑起来。特伦斯再也无法用双手抱起铜币，而只能推着这个铜币走。这个铜币宽84厘米，重328千克。它相当于65 536个小铜币的重量。

第十八天是特伦斯运铜币的最后一天。在这一天，他对国库的造访以及把铜币送到皇帝待客大厅的任务结束了。他运来的最后这个铜币，相当于131 072个小铜币，它的直径超过一米，重655千克。特伦斯用长矛作为杠杆，竭尽全力把它推入大厅。伴随着一声吼叫后，一个巨大的铜币掉到了皇帝的跟前。

特伦斯筋疲力尽了。

“我受不了了……已经足够了。”他低声说道。

皇帝看到自己的计谋成功以后，控制不住大笑起来。他命令看管国库的人算出特伦斯带到待客大厅的铜币总数。

看管国库的人完成了计算任务，并说道：

“陛下，因你的慷慨，特伦斯战士可以获得262 143个铜币作为奖励。”就这样，小气的皇帝奖励给特伦斯的铜币，只相当于特伦斯要求的一百万第纳里的二十分之一。我们来检验一下看管国库的人的运算结果吧，同时也来看看铜币的重量是怎么增长的。以下是特伦斯运来的铜币：

第一天	1个铜币	重5克
第二天	2个铜币	重10克
第三天	4个铜币	重20克
第四天	8个铜币	重40克
第五天	16个铜币	重80克
第六天	32个铜币	重160克
第七天	64个铜币	重320克
第八天	128个铜币	重640克
第九天	256个铜币	重1千克280克
第十天	512个铜币	重2千克560克
第十一天	1 024个铜币	重5千克120克
第十二天	2 048个铜币	重10千克240克

第十三天	4 096个铜币	重20千克480克
第十四天	8 192个铜币	重40千克960克
第十五天	16 384个铜币	重81千克920克
第十六天	32 768个铜币	重163千克840克
第十七天	65 536个铜币	重327千克680克
第十八天	131 072个铜币	重655千克360克

我们已经知道了算出这些数字之和的简便运算方式。对于第二列来说，根据第3节中用的运算法则，算出来的结果为262 143。因为特伦斯向皇帝索要的是100万第纳里（即500万铜币），所以，他要求的钱与他收到的钱的比值为：

$$5\ 000\ 000 : 262\ 143 = 19$$

第5节 国际象棋[1]的传说

国际象棋是最古老的游戏之一。它已经存在了大约2 000年，有关它具体是如何被发明的已是无从知晓。我想讲一个有关它的传说。想要听懂这个传说，你根本不需要会下象棋，你只需知道这个游戏是在一个有64个格子（黑白相间）的棋盘上进行

1 国际象棋：又称西洋棋，是一种二人对弈的棋类游戏。棋盘为正方形，由64个黑白（深色与浅色）相间的格子组成；棋子分黑白（深色与浅色），共32枚，每方16枚。虽然汉语称之为西洋棋或国际象棋，但是实际上它起源于亚洲，后由阿拉伯人传入欧洲，成为国际通行棋种，也是一项智力竞技运动，曾一度被列为奥林匹克运动会正式比赛项目。

的，这就足够了。

一

据传，象棋游戏是在印度被发明的，当印度国王希拉姆发现这个游戏的时候，他对它里面所蕴含的智慧以及各种玩法感到很高兴。在得知这个游戏是他的一位子民发明的以后，国王下令把他叫过来，发明者的名字叫塞特，他是一位衣着朴素的科学家，通过教授学生来维持生计。

“塞特，因为你发明了这个奇妙的游戏，我要给你相应的奖励，”国王说道。

塞特向国王鞠了个躬。

“我有的是钱，我可以实现你最大的愿望。”国王继续说道，“说吧，你想要什么样的奖励，我都能给你。”

塞特没说话。

“别害羞嘛，”国王鼓励道，“说出你的愿望吧，我不会后悔答应帮你实现它的。”

“陛下，你真是太好了。但请给我点时间考虑考虑吧。明天，等我考虑好了，我会告诉你，我想要什么。”

第二天，塞特再次来到国王面前时，他带着前所未有的谦虚提出了一个要求，这个要求让国王感到非常惊讶。

“陛下，请给我一粒小麦，并放到棋盘的第一个格子里。”塞特说道。

“只放一粒小麦吗？”国王越发惊讶了。

“是的，陛下。然后请给我两粒小麦，并放到棋盘的第二个格子里，第三个格子里，放4粒，第四个格子里，放8粒，至于第五个格子，放16粒，第六个格子，32粒……”

“够了，”国王被塞特的话激怒了，他打断道，“如你所愿，你会收到棋盘上64个格子对应的小麦：每个格子的小麦都是前一个格子的两倍。但是你要知道，你的要求配不上我的大方。你要求的是如此微不足道的奖励，你忽略了一个事实，那就是我能给你更大的恩典，这很无礼。不过确实，作为一名老师，这是你对我表示尊重最好的方式。好吧，我会派仆人给你送去一袋小麦。”

塞特笑着离开大厅，然后就在宫殿的大门口等着他的小麦。

二

吃午饭的时候，国王想起了发明国际象棋的人，并派人去调查一下塞特的情况，看看他是否已经得到了他所要的可怜的奖励。不一会，仆人回来了。

“陛下，”仆人回答道，“你的命令正在执行中。王宫里的数学家正在计算小麦的数量。”

国王皱了皱眉。他对他下的命令被执行得如此缓慢表示不高兴。

晚上睡觉的时候，国王再次问了一句，问塞特是否很早就带着一袋小麦离开了宫殿大门。

“陛下，”仆人回答道，“你的数学家们正在孜孜不倦地工作，都想要在黎明之前完成这个计算任务。”

“为什么这件事干得这么慢？！”国王愤怒地大叫道，“明天，在我醒来之前，必须把小麦都交给塞特！我不说第二次了！”

第二天早晨，国王被告知，宫里一位老数学家要给他看一份重要的报告。

国王准许了他进来。

“在你向我汇报你的计算结果之前，”国王慷慨地说道，“我想知道，塞特是否最终得到了他要求的，那毫无价值的奖励。”

“这就是我不敢这么早就出现在你面前的原因，”老数学家回答道，“我们认真计算了塞特想要得到的小麦总数。这个数字太大了……”

“管它多大呢，”国王傲慢地打断道，“我的粮仓又不小。给点奖励应该是足够的吧，给呗……”

“陛下啊，这个愿望不是你能满足的哇。你所有粮仓里的小麦加起来都不够给塞特的。这个数字不是全国的粮仓能满足的。整个世界的小麦都没有这么多。而且，如果你想给他他所说的那么多小麦的话，你就只能把海洋都填了，把位于遥远的北部沙漠中的冰雪也融了，把全国的土地都变成耕地才行。还要到处都种满小麦。这些耕地上长出的一切，都是为了献给塞特。这样他就能获得他要的奖励了。”

国王震惊地听完了老数学家的话。

“把这个可怕的数字说出来。”国王沉思着说道。

“噢！国王陛下呐！这个数字是，一千八百四十四亿亿六千七百四十四万零七百三十七亿零九百五十五万一千六百一十五粒麦子！”

三

这样的传说是否是真的，我们无从得知，但是传说中所说的奖励应该用下面这样的算式表达出来，你可以通过耐心的计算来确保这一点。从第一个格子开始，你需要填入数字1、2、4、8等。经过63轮计算后的数将是棋盘上第六十四个格子里要给塞特的麦子数量。按照第1节中的解答方法进行运算的话，我们将最后一个数字乘以2并减去一个1，那么我们就可以很轻松地算出以下格子里麦子的总数。因此，可以把运算过程简化为64个2的乘积：

$2\times2\times2\times2\times2\times2\times2\times\cdots\times2$，乘64次。

为了方便计算，把这64个2分为7组，前6组，每组乘10次2，最后一组乘4次2。

你很容易就能得出，10个2的乘积是1 024，而4个2的乘积是16。因此，算出的结果是：

$$1\,024 \times 1\,024 \times 1\,024 \times 1\,024 \times 1\,024 \times 1\,024 \times 16$$

经过$1\,024 \times 1\,024$这个乘法运算，我们得到1 048 576。

现在再来算剩下的：

$$1\,048\,576 \times 1\,048\,576 \times 1\,048\,576 \times 16$$

把算出的结果减去一个1，我们就知道了要求的麦子数量：

$$18\,446\,744\,073\,709\,551\,615$$

众所周知，一立方米可以容纳约15 000 000粒小麦。这也就意味着国际象棋发明者要求的麦子将不得不占据大约12 000 000 000 000立方米或12 000立方千米体积的空间。小麦粮仓的高度若为4米，宽度若为10米，那么其长度必须延伸到300 000 000 千米才行，这相当于从地球到太阳距离的两倍！

印度国王无法给塞特这份奖励。而且如果国王擅长数学的话，他可以摆脱掉繁重的计算工作而很轻松地算出塞特要的麦子的总数，对此，有必要建议塞特本人将他所要求的小麦从粮仓里一粒粒数出来。实际上：如果按照塞特日夜不停，每秒数一粒麦子的速度计算，那么在第一天他就只能数到86 400粒麦子。要数一百万粒麦子的话，至少要花费他11天的不懈努力。在大约六个月的时间里，他能数到一千五百万粒小麦，也就是1立方米的麦子。连续数10年，他最多也只能数20立方米的麦子。你会发现，即使塞特一生都花在数麦子上，也得不到多少麦子。

第6节 繁殖的速度之快

成熟的罂粟[1]花头上长满了小包包：从每个小包包里都可以长出新的罂粟来，也就是说这些小包包就是罂粟花的种子。如果罂粟花要经历种子、发芽到开花的过程，那到最后会有多少朵罂粟花呢？为了得出答案，你需要算出一朵罂粟花的头部有多少粒种子。这是道枯燥的题目，但结果还挺有趣的，所以耐心算算吧，努力提高自己，直到最后得到满意的分数。事实证明，一朵罂粟花的头上有3 000粒种子。

那接下来会发生什么呢？如果一朵罂粟花的周围有足够的土地，那么每一粒从它头上掉下来的种子都能发芽，也就是说，明年夏天的时候，这个地方就会有3 000棵罂粟。一朵罂粟花变成了一片罂粟花田呢！

让我们看看接下来会发生什么。3 000棵罂粟中每棵至少会有一朵花的头有包含3 000粒种子（其他花一般只有几粒种子）。每朵花头上发芽的种子将长成3 000棵新的罂粟，因此，在第二年，我们将至少能有：

$$3\,000 \times 3\,000 = 9\,000\,000\text{朵罂粟花}$$

我们很轻松就能算出，到第三年，原本一朵罂粟花的后代数量已经达到了：

$$9\,000\,000 \times 3\,000 = 27\,000\,000\,000\text{朵}$$

1 罂粟是一年生草本。茎高30~80厘米，分枝，有伸展的糙毛。叶互生，羽状深裂，裂片披针形或条状披针形，两面有糙毛。花蕾呈卵球形，有长梗，未开放时下垂；萼片绿色，花开后即脱落；花瓣4片，紫红色，种植罂粟有多种花形和花色。

到了第四年就达到了：

27 000 000 000 × 3 000 = 81 000 000 000 000朵

在全球范围内，罂粟花的数量将等于：

81 000 000 000 000 × 3 000 = 243 000 000 000 000 000朵

全球所有陆地的总面积仅1.35亿平方千米，即135 000 000 000 000平方米，罂粟花总数约比这个数值大2 000倍。你会看到，如果所有罂粟花的种子都发芽了，那么一朵罂粟花的后代，将以每平方米2 000朵的密度，在5年内完全覆盖地球上所有的土地。这真是一个隐藏在小罂粟种子中的数字巨人呐！

经过类似的对其他种子较少的植物进行计算，我们得出了相同的结果，但是只有罂粟花的后代可以在5年内覆盖整个地球，其他的需要更长的时间。让我们以每年能带来至少100粒种子的蒲公英为例。 如果种子全部发芽，我们逐年将得到的蒲公英数量为：

第一年	1株植物
第二年	100株植物
第三年	10 000株植物
第四年	1 000 000株植物
第五年	100 000 000株植物
第六年	10 000 000 000株植物
第七年	1 000 000 000 000株植物
第八年	100 000 000 000 000株植物
第九年	10 000 000 000 000 000株植物

这个数值是陆地总面积的70倍。因此，在第九年，全球各大洲将被每平方米70朵的蒲公英覆盖。实际上，为什么我们察觉不到它们如此快的繁殖呢？因为它绝大多数的种子会死掉，发不了芽：它们要么没有落在合适的土壤上，要么根本没发芽，要么

发了芽，但被其他植物覆盖了，又或者最终它们被动物摧毁了。但是，如果这些种子和它们的新芽没有被大规模地破坏，那么每一种植物都能在短时间内完全覆盖地球。

这种繁殖速度不仅在植物身上有，在动物身上也有。如果动物不会死亡的话，那一对动物的后代迟早会遍及整个地球。一大群遍布各地的蝗虫使我们了解了，若不是死亡阻止了生物繁殖，后果将不堪设想。在大约三十年里，各大洲会布满难以穿透的森林和草原，成千上万的动物会在这里相互争夺领地。海洋会被鱼填满，以至于海水无法循环。空气中因为挤满了太多的鸟类和昆虫，几乎会变得不透明。例如，就拿大家都认识的苍蝇，拿它的繁殖速度来举个例子。假设每只苍蝇能产下120个卵，每个夏天便会有7代苍蝇出生，其中一半是雌蝇。我们在4月15日开始第一次记录，并假设20天之内雌蝇会成年并产卵，其繁殖情况如下：

4月15日，雌蝇产下120个卵；到5月初，出生了120只苍蝇，其中60只为雌蝇；

5月5日，每个雌蝇产下120个卵；到5月中旬便有60 × 120 = 7 200只苍蝇出生；其中3 600只雌蝇；

5月25日，每3 600只雌蝇产下120个卵；到6月初，有3 600 × 120 = 432 000只苍蝇出生；其中雌蝇为216 000只；

6月14日，每216 000只雌蝇中每只产下120个卵。到6月底，就有了25 920 000只苍蝇，其中有12 960 000只雌蝇；

7月4日，这12 960 000只雌蝇每只产下120个卵；到7月中旬，就有了1 555 200 000只苍蝇；其中有777 600 000只雌蝇；

7月24日，就有了93 312 000 000只苍蝇；其中雌蝇46 656 000 000只；

8月13日，总共有了5 598 720 000 000只苍蝇；其中2 799 360 000 000只雌蝇；

9月2日，一共有了335 923 200 000 000只苍蝇。

为了想象得更清楚些，假设大量繁殖的苍蝇不受阻碍地繁殖，那经过一个夏天，一对苍蝇能生出多少只苍蝇来。请把它们想象成按照一条直线排列，且彼此相邻。由于一只苍蝇的长度为5毫米，因此所有这些苍蝇的长度大约为25亿千米，这是地球到太阳距离的18倍（即大约是地球到遥远的天王星[1]的距离……）。

下面，我们再列举几个真实的例子，看看当这些动物发现自己拥有有利条件的时候，它们会如何异常迅速地繁殖。

在美国，最初并没有麻雀，这种鸟在我国很常见，是美国特意从我国引进的，目的是消灭那里的有害昆虫。

大家都知道，麻雀能消灭很多毛毛虫和其他昆虫，这些昆虫都是危害花园和菜园的。麻雀爱吃这些昆虫：由于美国没有麻雀的天敌，于是麻雀开始迅速地繁殖。有害昆虫的数量开始明显减少。但是不久以后，麻雀繁殖到如此之多，以至于昆虫不够吃，于是它们就把蔬菜作为食物，开始祸害农作物。故而人们不得不与麻雀展开斗争。这场斗争使美国人付出了巨大的代价，所以后来通过了一部法律，禁止从国外引进任何动物。

第二个例子。当欧洲人发现大洋洲的时候，澳大利亚还没有兔子。兔子是在18世纪末被引入那里的，由于在那里兔子没有天敌，所以这些啮齿动物的繁殖速度异常快。

很快兔子就给农业造成了严重的破坏，并带来了一场真正的灾难。为了消灭这种祸害，政府投入了大量资金，因为只有通过有力的措施，才有可能应对这场灾难。后来在加利福尼亚的兔子身上发生了相同的事情。

第三个启发性的故事发生在牙买加岛，这里生活着毒蛇。一位对毒蛇感到愤恨的战士带了一只蛇鹫[2]到岛上。蛇的数量确实很快就减少了，但是以前被蛇吃掉的田鼠

---

1 天王星，为太阳系八大行星之一，是太阳系由内向外的第七颗行星，其体积在太阳系中排名第三，质量排名第四。

2 蛇鹫，为隼形目蛇鹫属下的一种大型陆栖猛禽。体型似鹤，体长为1.25~1.5米，体高1.2~1.5米，体重2.3~4.27千克，是许多非洲毒蛇（如黑曼巴蛇）的天敌。

却繁殖得很快。田鼠对甘蔗种植园造成了很严重的损害，所以人们不得不认真考虑消灭田鼠。因为田鼠的天敌是印度猫鼬[1]，所以人们决定带4对猫鼬到岛上来，并让它们自由繁殖。猫鼬很好地适应了它们的新家园，并迅速在整个岛上繁衍后代。十年后，它们几乎消灭了岛上所有的田鼠。

但是可惜的是，在灭绝了田鼠之后，猫鼬开始吃各种可以吃的东西，变成了杂食动物：它们攻击幼犬、孩子、小猪、家禽和家禽产的卵。成倍地繁殖增长后，猫鼬就对果园、粮田和人工林下手了。人们开始向离得最近的盟友求助，但这些盟友也只能在某种程度上缓解猫鼬造成的破坏而已。

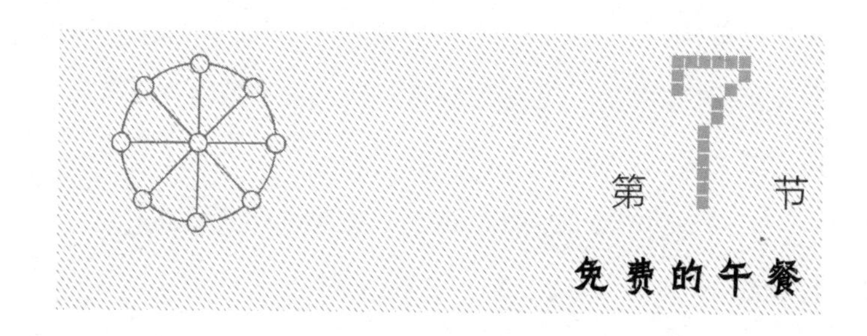

第7节 免费的午餐

一

为了庆祝高中毕业，10个年轻人决定在餐厅里共进午餐。当每个人都到齐了，并准备开始用餐的时候，他们开始争论入座的顺序。有人建议按名字首字母的顺序入座，有人认为应该按年龄，有人认为应该按学习成绩，还有人认为应该按身高的顺序。辩论一直进行着，等到汤都冷了，也没一个人入座。

---

1 猫鼬，学名叫狐獴，头尾长42~60厘米，是一种小型的哺乳动物，以田鼠等小型动物为食。

听了他们说的话以后，服务生说道：

“年轻的朋友们，请停下来吧。你们先坐下，然后听听我的建议吧。”

每个人都一屁股坐了下来。服务员继续说道：

“让你们中的一位把现在的入座顺序写下来。明天你再来这里吃午餐，并按照另一种顺序入座。后天，按新的顺序入座，直到尝试了所有可能的入座方式为止。当你第二次按今天的顺序入座时，那么，我郑重承诺，我将为你免费提供最美味的晚餐。”

大家都很喜欢这个提议。

于是他们决定每天都在这家餐厅聚餐，并尝试各种入座的方式，以便尽快享用到免费的午餐。

然而，他们永远也等不到这一天。这不是因为服务员不会履行诺言，而是因为入座方式太多。

入座方法不少于3 628 800种，你很轻松就能算出来，而天数换算成年的话，会是10 000年！

二

或许对于你来说，10个人的入座方式可以有这么多种，这似乎太不可思议了。那你自己来验算一遍吧。

首先，你需要学习如何确定排列顺序。简单来说，我们选一个小的数目来开始计算，就选三个物品作为对象吧。我们把它们命名为A、B和C，如图33所示。

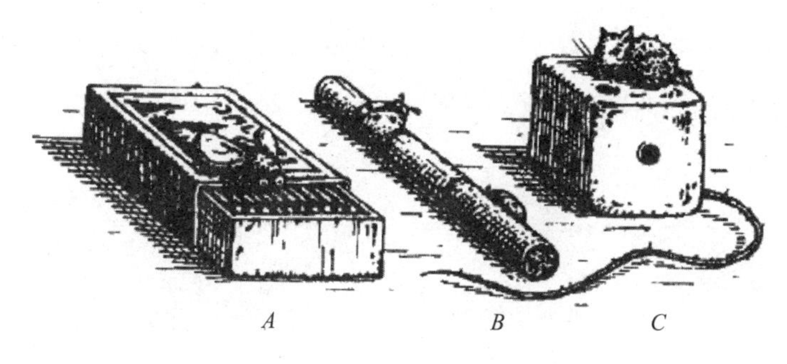

图33 三件不同的物品

我们要想知道将它们进行不重复的排列有多少种方法，就这样进行推理：假设暂时先把物品*C*放在一边，那么就只有两种方式放置另外两个物品（见图34）。

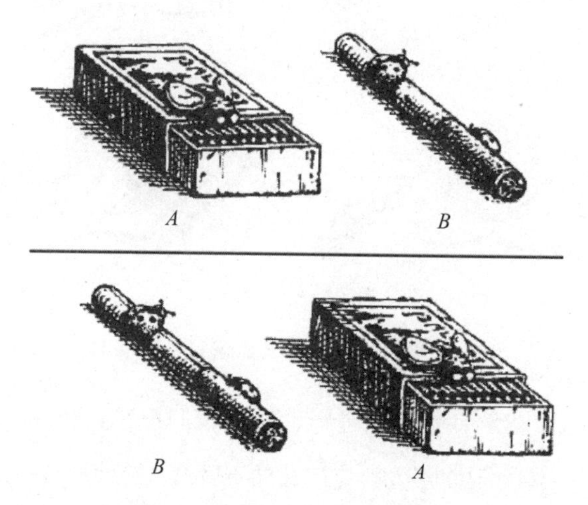

图34 只有两种方式放置两个物品

现在，我们把物品*C*加入每对中，我们可以通过三种方式做到这一点：

（1）把*C*放在第一对的后面；

（2）把*C*放在第一对的前面；

（3）把*C*放在第一对的中间。

显然，除了这三种方法以外，没有其他可以放入C的方法了。而且由于我们有两对，第一对AB和BA，所以放置物品的所有方式有：$2\times3=6$种（见图35）。

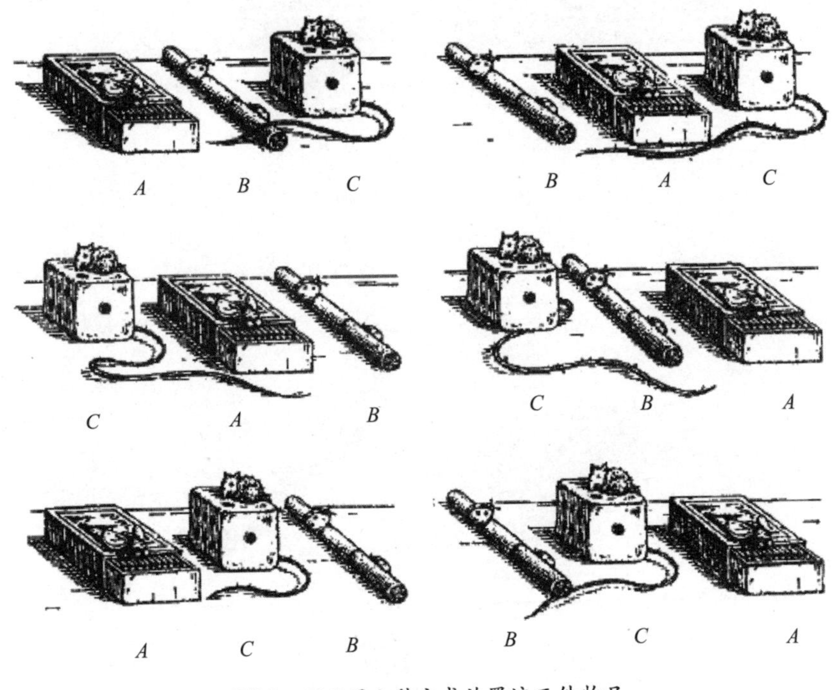

图35　可以用六种方式放置这三件物品

让我们更进一步，用4件物品来进行计算。我们把这4件物品命名为A、B、C、D。我们又暂时把一件物品放旁边不管，例如不管D。然后把其他三件物品按所有可能的顺序排列。我们已经知道3件物品排列的方法有6种。那把第四件物品D放到这6组中有多少种方式呢？很明显，有4种方式：

（1）把D放在这三组的后面；

（2）把D放在这三组的前面；

（3）把D放在第一件和第二件物品之间；

（4）把D放在第二件和第三件物品之间。

因此，我们总共得到$6 \times 4 = 24$种排列方式。

而且因为$6 = 2 \times 3$和$2 = 1 \times 2$，所以排列方式的总数可以用连续数字的乘积来表示：

$$1 \times 2 \times 3 \times 4 = 24\text{种}$$

要是有5件物品，用相同的方式按顺序排列，我们会发现它们的排列方式有：

$$1 \times 2 \times 3 \times 4 \times 5 = 120\text{种}$$

6件物品的排列方式有：$1 \times 2 \times 3 \times 4 \times 5 \times 6 = 720$种，依此类推。

现在让我们来看一下10个用餐者的排列顺序情况吧。如果你不给自己找麻烦的话，可以直接算它们的乘积：

$$1 \times 2 \times 3 \times 4 \times 5 \times 6 \times 7 \times 8 \times 9 \times 10$$

这样就能确定它们排列方式的总数。然后，得出上述总数为3 628 800种。

三

如果10个用餐者中有5个女孩，而且她们想和男孩轮流坐到桌旁，那要计算他们的排列顺序就更加困难了。尽管需要移动的次数可能会少很多，但是计算起来却有点难度。

无论如何，要先让一个男孩坐到桌旁。剩下的4个男孩，每个人都给女孩留一个空位置，这样下来，排列方式有：

$$1 \times 2 \times 3 \times 4 = 24\text{种}$$

由于有10把椅子，所以第一个男孩有10种入座的方式，因此，所有男孩入座的方式总共有：

$$10 \times 24 = 240\text{种}$$

那5个女孩坐到男孩之间的空位上有多少种方式？很明显，有$1 \times 2 \times 3 \times 4 \times 5 = 120$种方式。把男孩入座方式的总数与女孩入座方式的总数乘起来，我们就能得到所有入座方式的总数：

$$240 \times 120 = 28\,800\text{种}$$

这个数字比前面例子里的数字小很多，要将所有入座方式都试一次只需要79年。如果到餐厅的年轻人们能够活到一百岁，那他们就可以得到免费的午餐，前提是兑现诺言的服务员本人也能活那么久。

了解了如何计算排列顺序后，我们现在可以确定，在“15”拼图游戏中，总共可以有多少种不同的排列方式。换句话说，我们可以根据该游戏能够提供给我们的物品，来算出它们有多少种排列方式。这个问题不难理解，不就是计算15个物品有多少种排列方式嘛。我们已经知道计算的方法了，所以我们只需要算乘法：

$$1 \times 2 \times 3 \times 4 \times \cdots \times 14 \times 15$$

算出的结果为：13 076 743 655 000种，即超过十万亿种。

其中一半的谜题属于顺序1，另一半则属于顺序2。所以，我们可以算出，在这个游戏中，共有超过6 000亿种排列方法是无解的。

四

在讨论如何计算排列方式的总数时，我们还可以用学校生活中的物品来举例说明。

一个班上有25名学生，他们的座位有多少种排列方式？

对于已经掌握了之前说的计算方法的人来说，解决这个问题的方法非常简单：你只需要把1到25的数全乘起来：

$$1 \times 2 \times 3 \times 4 \times 5 \times 6 \times \cdots \times 23 \times 24 \times 25$$

算出的结果是个很大的数值，有26位数。这个数值是我们发挥想象力都无法想象到的，这个数值是：

15 511 210 043 330 985 984 000 000

在迄今为止我们遇到的所有数值中，毫无疑问这是最大的数值了，它可以当之无愧地被称作“天文数字”。

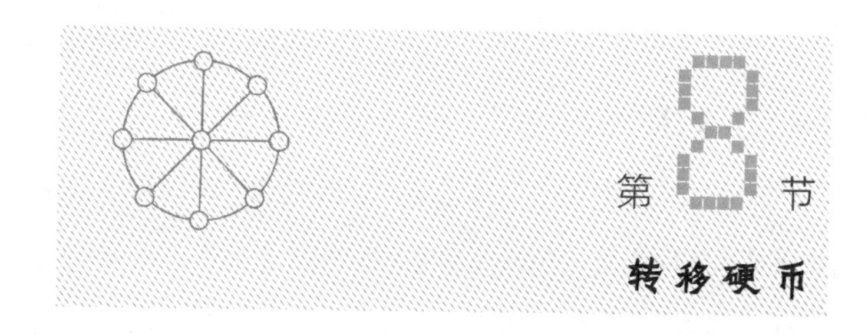

第8节 转移硬币

我记得在我小时候，哥哥给我看了一个有趣的转移硬币的游戏。在他面前放了三个茶碟，他在最后一个茶碟中放了5个叠起来的硬币：最下面的硬币是1卢布，往上是50戈比，再往上是20戈比，然后是15戈比，最上面的是10戈比。

“总共有5个硬币，”哥哥说道，“必须把它们都转移到第三个茶碟里，并且要遵守以下三个规则：第一个规则，一次只能移动一个硬币；第二个规则，切勿将面值较大的硬币放在较小的硬币上；第三个规则，你可以将任意放在上层的硬币放到空碟子里或其他较大硬币的上面，这时面值不必连续，但是到游戏结束时，所有硬币应按原始的顺序放在第三个碟子里。”如你所见，规则很简单。现在开始做游戏。

如图36所示就是我们提到的5个硬币。

图36　5个硬币（从左到右依次为：10戈比、50戈比、15戈比、1卢布、20戈比）

我开始转移硬币了。我先把10戈比的硬币放在第三个碟子里，再把15戈比的硬币放在第二个碟子里，放完后我开始犹豫了。那接下来要把20戈比的硬币放在哪里呢?毕竟，它比10戈比的硬币和15戈比的硬币都要大。

“然后呢? ”哥哥边问边帮我把10戈比的硬币放在第二个碟子里，放在15戈比的上面。然后，让我把20戈比放在第三个碟子里。我这样放了。但接下来，出现了一个新的困难。50戈比的硬币要放在哪里呢? 然而我很快就想到了：我先把10戈比的硬币转移到第一个碟子里，再把15戈比的硬币转移到第三个碟子里，然后又把10戈比的硬币转移到第三个碟子里。现在我就可以在空的第二个碟子里放50戈比的硬币了。而且，经过一连串的转移，我还把第一个碟子里1卢布的硬币转移出来了，终于，我把所有的硬币都转移到了第三个碟子里。

“你转移了多少次才完成的? ”哥哥看着我的成果问道。

“我没数哎。”

“那就一起来数一下吧。知道如何用最少的次数来实现目标是很有趣的。如果这叠硬币不是由5个硬币组成，而是仅由2个硬币（一个15戈比的硬币和10戈比的硬币）

组成，那么需要转移多少次？”

“3次。先把10戈比的硬币放到第二个碟子里，再把15戈比的硬币放到第三个碟子里，然后把10戈比的硬币放到第三个碟子里。”

“你说的很对。那现在，让我们再加一个20戈比的硬币，我们来算算要转移多少次才能把这些硬币放好。我们这样做：首先，把较小的两个硬币按要求的顺序转移到第二个碟子里。我们都知道，这需要转移3次。然后，我们再把20戈比的硬币放到空的第三个茶碟里，这是转移了1次。然后，我们把两个小硬币从第二个碟子转移到第三个碟子里，这里要转移3次。这样所有转移次数的总和为：$3+1+3=7$次。”

“那4个硬币的话，让我自己来算转移的次数吧。首先，我把3个较小的硬币转移到第二个碟子里，这需要转移7次；然后在第三个碟子里放50戈比的硬币，这需要转移1次，然后在第三个碟子里放三个较小的硬币，这要转移7次。所以总计：$7+1+7=15$次。”

“你做得真棒。那5个硬币呢？”

“$15+1+15=31$次。”我立即反应过来并回答道。

“好了，现在你已经掌握了这种计算方法。但我告诉你如何进行简便运算吧。注意了，我们得到的数字3、7、15、31，这个总次数就是硬币数个2相乘再减去一个1，你看：

哥哥列出来一串算式：

$$3=2\times 2-1$$

$$7=2\times 2\times 2-1$$

$$15=2\times 2\times 2\times 2-1$$

$$31=2\times 2\times 2\times 2\times 2-1$$

“我知道了，要转移多少个硬币，转移次数就是多少个2相乘，然后再减去一个

1。现在，我可以算出任何数目的硬币的转移次数了。例如，7个硬币的话，就是：$2\times2\times2\times2\times2\times2\times2-1=128-1=127$次。”

“所以呀，你已经了解这个古老的游戏了。你还可以了解一个更实际的规则：如果叠起来的硬币数量为奇数，那么就先把第一个硬币转移到第三个碟子里，如果是偶数，那么就先把第一个硬币转移到第二个碟子里。”

“你说这是一个古老的游戏。难道这不是你自己发明的吗？”

“不，我只不过是把这个游戏用到硬币上而已。据说，这款游戏很早以前就有了，它起源于印度。有一个有趣的传说与这个游戏有关。在贝纳雷斯市，好像有一座寺庙，庙里有一位印度教的大梵天[1]神，据说他在创造世界的时候，放了三根钻石权杖，并在其中一根权杖上面放了64个金圈圈：最大的在下面，往上的每一个都比前一个小。庙里的祭司必须日夜不停地把这些金圈圈，从一根权杖转移到另一根上，并把第三根作为辅助工具，按照我们的游戏规则这样，一次只转移一个圈圈，不要让小圈圈在大圈圈上面。传说是这样说的，当全部的64个圈圈都转移好的时候，世界就会灭亡。”

“哦，那按这个传说来说的话，这也就意味着世界应该早就灭亡了！”

“你是不是觉得转移64个圈圈不用花很多时间？”

“当然了，要是按每秒转移一次来算，你可以在一小时内完成3 600次转移。”

“那又怎样？”

“一天大约能转移十万次。十天，一百万次。一百万次的话，我相信你已经可以转移至少一千个圈圈了。”

“你错了。要转移总共的64个圈圈，你需要5 000亿年的时间。”

---

1 大梵天亦称“造书天、婆罗贺摩天、净天”，华人民间俗称“四面佛”，是印度教中的创世神。

“也就是超过了一千八百亿亿天，即所谓的万亿的万亿天。”

“等等，我用乘法验算一下。”

“好的，你慢慢算吧，我去忙我的事了。”

哥哥走了，我一个人沉迷于计算之中。我首先算出了16个2的乘积65 536，然后我把这个数值乘以65 536，一共乘了3次。最后，我没有忘记把算出的结果再减去一个1。于是我得到了以下数值：

18 446 744 073 709 551 615

这样看来，我的哥哥是正确的。你可能想知道世界的年龄是基于哪些数值，当然，科学家们凭借大量研究，得到以下数据：

太阳存在了……4 570 000 000年

地球存在了…… 4 400 000 000年

地球上的生命存在了……300 000 000年

人类存在了……300 000年

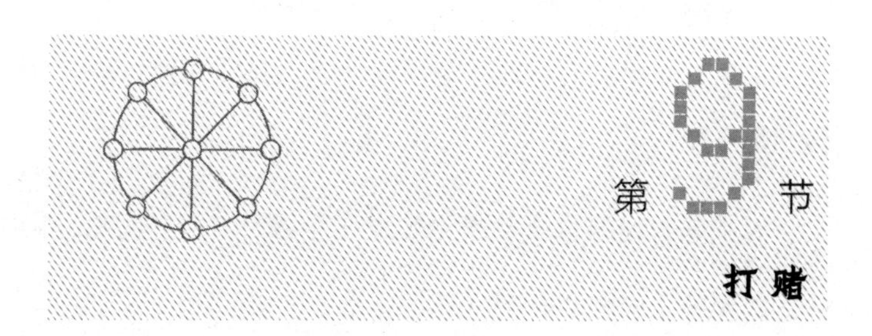

第9节 打赌

在餐厅休息室里用晚餐的时候，人们就如何计算事件发生的概率这一话题展开了讨论。用餐者中的一位年轻数学家拿出一个硬币说：

“我闭着眼睛把硬币扔在桌子上，掉落后，徽章那面朝上的概率有多大？”

“首先请解释一下什么是概率。”有人说道，“不是所有人都清楚这个词。”

“哦，这个很简单的！硬币掉在桌子上后会有两种结果：像这样，徽章这面朝上，像那样，徽章这面朝下。这里的情况只指这两种可能。其中，有趣的是，只有一种情况对我们有利。现在列出关系式：

$$\frac{\text{有利事件}}{\text{可能事件}}=\frac{1}{2}$$

$\frac{1}{2}$这个分数表示硬币掉落后，徽章那面朝上的‘概率’。”

“用硬币太简单了。”有人打断道，“用什么更复杂呢，不如用骰子试试吧。”

“那让我们一起来看看吧，”数学家同意道，“我们拿一个侧面带有数字的骰子，骰子掉落后，出现我们要的数字朝上（例如，出现6朝上）的概率有多大呢？有多少种可能发生的情况呢？出现的数字可以是六个面上的任何一个；这也就意味着，可能有6种情况。其中，只有6朝上的情况对我们有利。因此，1除以6就能算出概率。简而言之，它可以用分数$\frac{1}{6}$来表示。”

“是不是在任何情况下都可以计算概率？”一个度假者问道，“如果可以的话，我想知道，如果我们从餐厅窗户往外看，我猜看到的第一个路人是男人，那我猜对的概率是多少？”

“如果我们同意把一岁男孩也视为男人，那很明显，概率等于$\frac{1}{2}$。因为世界上男人的数量等于女人的数量。”

“那第一个和第二个路人都是男人的概率是多少？”那个度假者又问道。

“那这个计算就有点复杂了。我们在这里先列出一般可能发生的情况：第一种情况：两个路人都是男人。第二种：先出现一个男人，然后是一个女人。第三种恰恰相反：女人比男人先出现。最后，第四种情况：两个路人都是女人。因此，所有可能发生的情况有4种。很明显，这里面只有一种情况是有利的，也就是第一种。我们可以用分数$\frac{1}{4}$来表示这个事件的概率。这样你的问题就已经解决了。”

“我懂了，那我再问一个关于三个男人的问题：前三个路人都是男人的概率是多少呢？”

“好吧，让我们来算一算。我们重新开始计算可能发生的情况。正如我们已经知道的那样，两个路人是男人的话，可能的情况共有四种。加上第三个路人，可能的情况就会增加一倍，因为男人或女人都可以加入前面的四种情况中。总的来说，这里所有可能的情况有：

$$4 \times 2 = 8\text{种}$$

而且由于只有一种情况对事件有利，因此，求出的概率等于$\frac{1}{8}$。

我们能很轻松地懂得计算的规则：

如果前两个路人是男人，可能发生的情况概率为：

$$\frac{1}{2} \times \frac{1}{2} = \frac{1}{4}$$

如果三个路人是男人，则概率为：

$$\frac{1}{2} \times \frac{1}{2} \times \frac{1}{2} = \frac{1}{8}$$

如果四个路人都是男人，那概率就等于4个$\frac{1}{2}$的乘积，依此类推。正如你所看到的，概率会降低。”

“那十个路人都是男人的概率等于多少？”

“你问的也就是，前十个路人全都是男人的概率是多少吧？我们只要算出10个$\frac{1}{2}$的乘积是多少就行了。算出来是$\frac{1}{1\ 024}$，比千分之一还小。因此，如果你打赌这件事会发生，并下注1卢布，那么我可以下注1 000卢布，赌这件事不会发生。”

“这是个不错的赌法，”有人说道，“我很乐意打个赌，说不定有机会赢取整整1 000卢布呢。”

“但是请记住，你输的可能也有成千上万种。”

“这没什么。我愿意冒几千卢布的风险，来赌连续一百个路人都是男人。”

“你不觉得你说的这种事不太可能发生吗？”数学家问道。

“难道这概率比百万分之一还小？”

“小得多！二十个路人连续都是男人就只有百万分之一的概率了。几百个路人的话，概率会是……让我在一张纸上列式算一下。十亿……万亿……千万亿……哇！概率约等于1除以10后面30个零！”

“这是全部的数字了吗？”

“你觉得30个零还不够？你知道吗，这相当于在整个海洋中找出最小的那滴水的概率的千分之一。”

“你说的确实是个惊人的数字！我下1戈比的注，赌这件事会发生，那你下多少注的钱赌不会发生？”

“哈哈！……我赌我所有的钱，所有的！”

“赌所有的，这太多了吧。就赌你的自行车吧。不敢赌吗？”

“为什么不敢呢？请吧，满足你的要求，那就赌我的自行车吧。毕竟我一点风险也没有。”

“我也没一点风险。输了也就是1戈比的钱而已。但赢了我就可以得到一辆自行车，而到时候你却几乎会一无所有。”

“我敢断定你一定会输的！这辆自行车你永远都得不到，而你的这1戈比可以说已经放在我的口袋里了。”

“你在做什么呢！”数学家的好友阻止道，“为了1戈比，你可能会没自行车骑了。你疯了吧。”

“你说反了，有人为这种概率的事件赌上1戈比真是太疯狂了。”兴奋的数学家回答道，“太自信会吃亏的噢！你还不如直接把这1戈比丢了好啦。”

“但是还是有机会赢的不是吗？”

“你赢的机会不是相当于一个海洋中的一滴水，而是相当于十个海洋中的一滴！而我赢的可能就像二加二等于四一样准确而绝对。”

“别再执迷不悟了，年轻人。”老人沉着的声音传来，他总是默默地听着争论，“别再执迷不悟了。”

“怎么了？教授，你这么说的理由是什么？”

“你以为概率计算可以应用于所有事件吗？概率计算仅对哪些事件有用呢？在你所举的例子中男女出现的概率相等，不是吗……不过，”老人说道，“你亲自向外看看就会明白自己错在哪了。你听到战歌了，是不是？”

“这和战歌有什么关系？”这位年轻的数学家开了口，却又停了下来。惊恐的表情浮现在他的脸上。他从座位上站起来，冲到窗前，把头伸出窗外。

“是的，”他沮丧的叹道，“我输了！再见了我的自行车……”

过了一分钟以后，所有人才明白这是怎么一回事。只见一个步兵营从窗户旁边经过。

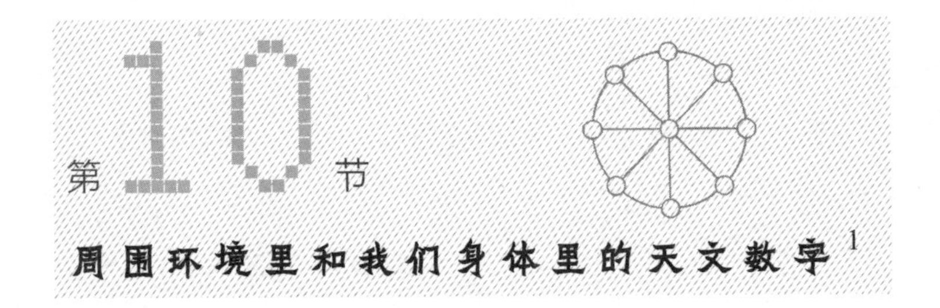

第10节 周围环境里和我们身体里的天文数字[1]

没必要千方百计地去寻找天文数字，它们无处不在，甚至存在于我们的身体里，你只需要通过计算，就能把它们找出来。在我们头顶的天空中，脚下的沙子里，我们周围的空气中，我们体内的血液里，都藏着无形的天文数字。

一

大多数人并不会对天文数字感到陌生。无论是宇宙中恒星的数量、它们与我们之间的距离以及它们彼此之间的距离，还是它们的大小、重量、年龄，在计算这些数据的时候，我们总是会遇到一些数，这些数会大到超出我们的想象力，这就是“天文数字”。用天文数字表示的量到底有多惊人呢？通过小行星的大小我们可感受一下。

在我们的太阳系中有一些行星，由于它们的体积很小，所以就被天文学家称为“小行星”。其中也有直径几千米的那种。在习惯了观察大行星的天文学家眼中，它们是如此的小，以至于天文学家不屑一顾地把它们称为“小东西”。但是它们的“小”，只是相对于其他比它们大的行星而言，按照普通人对于大小的标准来说，它们绝对不算小的。

就拿直径为3千米的“小”行星来举个例子吧：最近发现了这种行星，根据几何

---

1 天文数字是形容非常大的数值，已经无法用一个确切的数来形容，因此叫“天文数字”。

运算规则，我们很容易就能算出它的表面积是28平方千米，即28 000 000平方米。1平方米的面积可以站6个人。正如你所看到的，这颗小行星的表面足够容纳1.68亿人，这几乎是我们整个国家的人口了。

二

我们脚下踩的沙子也向我们展示了天文数字的世界。每一小块沙地中所含的沙子数量都不少于苏联的总人口数，难怪早就有了“像海沙般数不过来”的这种比喻。

古人认为沙子的数量与星星的数量差不多，这是低估了星星的数量，因为在过去，没有望远镜，只能单凭自己的眼睛来看星空，所以只能看到天空中约3 500个恒星（在一个半圆形的视野里的）。实际上，恒星的数量比海边的沙子要多百万倍——整个宇宙中恒星的数量可能要比地球上所有的沙粒数量还多得多。

最大的天文数字就潜伏在我们吸入与呼出的空气中。每立方厘米的空气中包含27×10^{18}个最小单位，这些小单位被称为“分子”。我们无法想象这个数有多大。如果世界上有这个数那么多人，那我们的星球上将没有足够的空间来容纳这些人。实际上，包括所有大洲和海洋在内的地球表面积为5亿平方千米，把这个数换算成平方米的话，为：

500 000 000 000 000平方米

我们把27×10^{18}除以表面积的这个数，得到的结果为54 000。这也就意味着，地球表面上每平方米将有超过5万个人！

三

在前面有说到，天文数字就藏在人体内部。那就让我们用我们体内的血液为例来说明这一点吧。如果在显微镜下观察一滴血，我们能看到这滴血里面漂浮着大量极小的红色物质，这些物质使血液具有了颜色。仔细观察它们，会发现它们中间凹陷，从侧面看如同很小的枕头，这样的物质叫作红细胞，如图37所示。

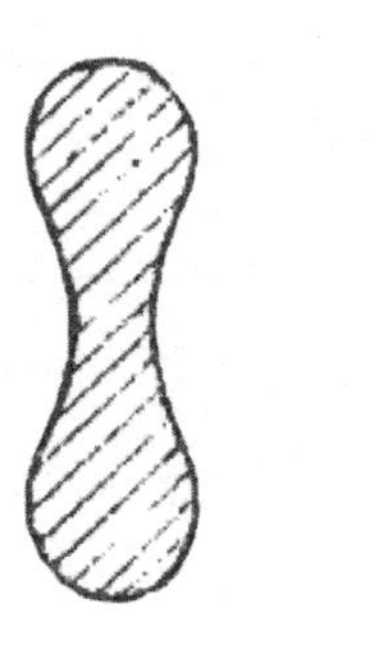

图37　人的红细胞（放大了3 000倍的）

这些红细胞的大小在每个人的体内都一样，直径约为0.007毫米，厚度为0.002毫米，它们的数量非常庞大。一立方毫米的血里，嗯，有500万个这样的细胞。那我们体内总共有多少个这样的细胞呢？在人体中，血液一般占体重的$\frac{1}{13}$。也就是说，如果你重40千克，那么你体内的血液约为3千克，体积为3升，即3 000 000立方毫米。由于1立方毫米的血液里包含500万个红细胞，那么你血液中的红细胞总共有：

$$5\ 000\ 000 \times 3\ 000\ 000 = 15\ 000\ 000\ 000\ 000\text{个}$$

也就是15万亿个红细胞！

如果你把这些红细胞排成一排，那么这支队伍会有多长？我们很容易就能算出这个队伍的长度：105 000千米，也就是说，你体内的红色血线可长达十万多千米。

这些红细胞的血丝可以绕地球的赤道：

$$105\ 000 \div 40\ 000 = 2.6\text{圈}$$

让我们来解释一下红细胞的运输能力对我们身体来说有多重要。这些细胞存在于身体之中，是用来给整个身体提供氧气的。当血液流经肺部的时候，血液中的红细胞会吸收氧气，然后沿着血管流入我们其他的身体组织，并把氧气送出。这些小东西有着强大的运输能力，每天在尽职尽责地帮助我们运输氧气，因为血液只能通过红细胞表面吸收和释放氧气，所以它们的数量越多，其表面积越大，输送氧气的能力就越强。

计算表明，人体内红细胞的总表面积约等于1 200平方米，比人体的总表面积大很多倍，它的面积相当于一个长40米、宽30米的大花园。现在你知道体积小、数量却众多的红细胞对人的身体来说有多重要了吧！

老实说，如果你能算出一个人，在他人生的70年中要吃多少东西，那你对天文数字的印象就很深刻了。

经粗略计算，一个人一生中要吃掉10 000升水、2 000千克肉、1 000千克黄油、4 000千克鱼、7 000千克面包、5 000个鸡蛋、5 000千克土豆、500千克盐、3 000升牛奶，还有500千克糖、蔬菜、罐头食品、水果、茶、奶酪、咖啡等，这些东西需要一整列火车才能运得动，总重量是人体重量的1 000多倍。这个数是如此让人意想不到，是不是感到很吃惊呢？

07

无法用尺子测量的东西

导读

刘月娟

说到测量，我们的第一反应是需要用尺子，但是在你身边没有尺子的情况下，你该怎么测量一个东西的长度呢？在这一章中，我们会介绍几种测量的方法，不用尺子也可以让你比较准确地量出一些东西的长度或距离。

1.步长测量法

对铺有地砖的房子估算面积时，可以根据地砖的规格，数一下长宽各几块，然后利用表面积公式估算面积。但是这里的计算都有标准规格的砖给你做参考。

我们可以采用**类比**的方法去思考如何测距离。当你在野外为了求出两地之间的距离，却没有测量工具时，此时应该采用什么方法呢？你可以利用步长。当然在用步长测量距离之前需要掌握自己精确的平均步长，因为普通人的步长是不断变化的，因此要从平均步长的角度出发。想求出平均步长，你就要先测量出多个步子的总长度，然后用这个总长度除以步数，这样一来，就能算出步子的平均长度。当然，在这种情况下，你不得不用到卷尺或软尺。

还有一个更方便的方法，就是利用学校操场的跑道，因为运动会的100米冲刺跑道是笔直的，你只需要按照一条跑道走就可以，数一下自己走的步数，然后用100÷步数=步长，当然每次的步数可能不是整数，因此若最后走的那一步不够半个步子，那就可以把这半个步子忽略不计；如果超过了半个步子，那就把它看作是完整的一个步子。

知道了自己的平均步长后，就可以用此来测量距离啦。

另外，本章中还详细介绍了更准确的计算过程，不妨细细阅读。除此之外你还能想到哪些更便捷的测步长的方法呢？

2.利用手臂和手掌测量法

上述方法对于相对较远的距离比较适用，若只是为了测中等大小的物品时，步长测量法就不适合了，因此我们引入了另外一种测量方法——利用手臂和手掌测量。说到这种方法，相信你一定听过这样一种测量身高的方法：将双臂水平伸直，从你的左手中指指尖到右手中指指尖之间的距离就是你的身高，当然这是一个近似值。利用手臂和手掌测量距离得到的也是一个近似值。

利用手臂测量：一个成年人水平伸直一只手臂，用一根绳子或棍子，从这只手的指尖拉到另一边的肩膀，这个长度大约1米。

利用手指测量：尽可能张开拇指和食指，测量它们之间的距离长度。

利用手掌测量：即量出一个手掌的宽度，然后牢记测量出来的数值就可以了，一个成年人的手掌宽约10厘米，当然它不一定适用于任何人，所以一定要清楚自己的手掌宽度。

对于利用步长、手臂、手掌测量距离、长度的方法，可以在条件不允许的情况下为我们创造很多便利。现在赶快动手测一测吧，先用尺子测量出物体的长度，再用刚才的方法去估算一下，看看存在多大的误差呢？

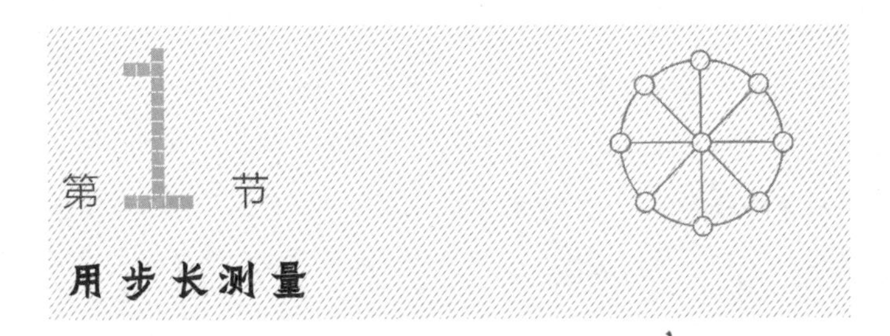

第1节 用步长测量

例如，在旅行的时候，用步数来测量路程的长短是最容易的。要用这种测量方法的话，首先你要先知道迈出的一步有多长，还要数步数。当然，迈出的每一步的长度不可能都一样：我们可以走小步子，如果需要，我们也可以走大步子。但是，如果按正常的步行来算，那么我们走的步子应差不多一样长，如果你能求出它们的平均长度，那么你就可以用这些误差不大的步长来测量一段距离。要想求出平均步长，你就要先测量出多个步子的总长度，然后用这个总长度去除以步数，这样一来，就能算出步子的平均长度了。当然，在这种情况下，你不得不用到卷尺或软尺。

把尺子从蓝色盒子里拉出来，顺着尺子在20米距离的地方画一条横线，然后把尺子收回来。现在，按正常的步子行走，然后数走了多少步。在用步子来测量长度的时候，可能步数不是个整数。所以，如果最后走的那一步不够半个步子，那就可以把这半个步子忽略不计；如果超过了半个步子，那就把它看作是完整的一个步子。把20米这个总长度除以步数，就可以得到步子的平均长度了。你要记下这个数，以便在必要的时候，用这个数作为测量距离的标准。

为了在计算步数的时候不产生很大的偏差，尤其是在测量一段长距离的时候，我们可以用下面这种方式来进行计算。一次最多数10步；数到这个数的时候，弯下左手的一根手指。当左手的所有手指都弯下的时候，就表示已经走了50步了，然后弯下右手的一根手指来表示这50步。这样最多能数到250步，然后又重新开始，要记下右手的所有手指弯下了多少次。例如，如果经过一定距离后，你右手的所有手指弯下了两次，在步行结束的时候，你的右手弯下了3根手指，左手弯下了4根手指，那么你走了：

$$2 \times 250 + 3 \times 50 + 40 = 690\text{步}$$

这里的计算，要加上最后那一次，左手弯下的手指所代表的步数。

我们来看看下面这条古老的法则：

成年人的平均步长等于从他眼睛到脚的距离的一半。另一个古老的法则与步行速度有关：一个人每小时能走多少千米，那他3秒钟就能走多少步。我们很容易发现，这个规则仅在步长固定的情况下才适用，除此之外，对较大的步长也适用。的确，要是假设步长为x米，3秒的步数为n，那3秒走的距离就是nx米，1小时（3 600秒）的步长就是1 200nx米（或1.2nx千米）。为了使1小时走的千米数等于3秒走的步数，可以列式为：

$$1.2nx = n$$

或

$$1.2x = 1$$

得出：$x = 0.83$米。

上面提到了步长和人的身高相关，如果这个法则是正确的，那么对于第二条法则来说，就仅适用于平均身高约175厘米的人。

第2节 用手臂和手掌测量

测量中等大小的物品，不用米尺或卷尺的话，可以这样来测量。一个成年人水平伸直一只手臂，用一根绳子或棍子，从这只手的指尖拉到另一边的肩膀，这个长度大约1米。测量长度的另一种类似方法是，尽可能张开拇指和食指，测量它们之间的距离长度，如图38所示。最后我们来了解一下“徒手”测量法，这种方法只需要我们牢记从手掌上测量出来的几种数据就可以了。

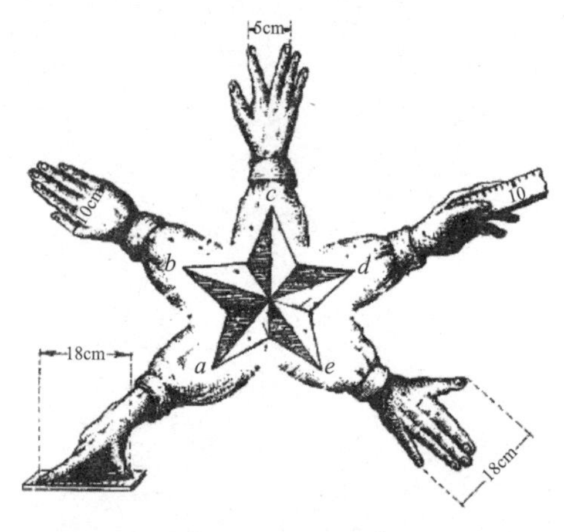

图38　不用卷尺，用一只手掌可以测量一些东西

那么手掌上都包含哪些长度数据呢？首先是手掌的宽度，如图38所示，一个成年人的手掌宽约10厘米；你的可能没这么宽，但你也要知道短了多少厘米。其次是中指和食指的指间距，尽可能地张开中指和食指，测量中指指尖到食指指尖有多长的距离（见图38）。接下来量出食指的长度（从拇指的根步开始量），有时它会更有用些。最后，如图38所示，量出张开手时拇指指尖和小指指尖之间的距离。

这样加上拇指、食指张开的间距，我们的手掌就成了一个含有5种单位长度的测量工具了。你可以用这种“灵活的工具”测量一些小物品。

08

几何谜题

导读

刘月娟

聊起几何你能想到什么呢？所谓几何无外乎是点、线、面、体，而我们常见到的应该就是面和体了。车的轮子是圆的，阅读的书本是长方体的，放大镜是圆形的，诸如此类。

本章就会涉及一些关于几何的数学谜题，比如为什么手推车的前轮轴比后轮轴更大？六面体铅笔有几个面？还有用火柴怎么摆形状等问题。这些谜题其实并不难，都是我们生活中常见的几何问题。下面就提前给小朋友们剧透一下最短路径问题和体积问题。

1.最短路径

相信圆柱体大家都不陌生，你手中拿的笔、喝水的杯子、矿泉水瓶子、油桶、路灯灯杆，甚至是用A4纸卷成的小筒子等，这些都是圆柱。那么圆柱上含有什么数学知识呢？我们会从它的侧面展开图、表面积、体积三个方面入手。在之后的学习中还会经常见到根据展开图设计的问题，那我们就这个问题提出一个小问题：在一个圆玻璃罐的内壁上，有--滴蜂蜜，它距离罐子的最上边有3厘米；在蜜滴对面的玻璃罐外壁上，有一只苍蝇落在了蜂蜜的正对面位置。假设罐高20厘米，底部直径为10厘米，忽略其他外部因素的影响，能否设计出苍蝇达到蜜滴的最短路径呢？

还有一个类似的问题，是一个关于油桶的案例：壁虎在一座油罐的下底边沿A处，它发现在自己的正上方——油罐的B处有一只害虫，壁虎决定捕捉这只害虫，为了不引起害虫的注意，它故意不走直线，而是绕着油罐，沿着一条螺旋路线行进，从背后对害虫进行突然袭击。结果，壁虎偷袭成功，获得了一顿美餐。若油罐底面半径为2米，高为5米。请问壁虎沿着螺旋线至少要爬行多少路程才能捕到害虫？

这两个问题都用到了“转化思想”。在本章中会详细解答。

2.体积问题

除了圆柱里含的几何知识，还有一些更贴近生活的实例。不知你有没有思考过如下问题：

①两个形状相同、大小不同的西瓜，经测量长度，大西瓜比小西瓜大$\frac{1}{4}$，但价格是小西瓜的$1\frac{1}{4}$倍，问买哪个西瓜更划算？

②两个相同品种的甜瓜。第一个的周长是60厘米，第二个的周长是50厘米，第一个比第二个贵了$\frac{1}{2}$倍。那买哪个甜瓜更划算呢？

③有两个形状相同、厚度相同的铜锅，第一个的容量是第二个的8倍。那么它的重量是第二个的多少倍呢？

④成年人和儿童在天寒地冻的时候都穿着同样材质、同样厚度的衣服，问哪个会觉得更冷一些？

不知这些问题有没有在过去的一瞬间在你脑海中产生过疑问呢？文中还有许多类似的问题，除了文中提到的，你还能想到哪些例子呢？那么接下来我们就一起来探讨吧！

生活中的几何问题随处可见，我们看到的最常见的立体几何应该就是平时玩的乐高和在售楼部看到的房屋模型了。当你踏入社会以后你会发现许多工作都与几何有关，比如说场地装修时的平面设计师、服装设计师等，所以为了以后的工作能多个选择，你也要好好学习数学哟。

1.圆形

为什么手推车[1]的前轮轴比后轮轴更大，且更容易磨损?

2.放大镜下的度数

用放大4倍的放大镜观察 $\left(1\frac{1}{4}\right)^{\circ}$ 的角，角的度数会变成多少?

3.特殊的水平仪[2]

大家对带有气泡管道的水平仪应该很熟悉，当水平仪底部的圆木往哪边倾斜时，中间的气泡就会往哪边浮动。斜度越大，气泡越远离中心点。气泡浮动的原因在于，液体流向更低的地方，将气泡挤向更高的地方。如果管道是笔直的，那么气泡在斜度最小的时候也会浮动到管道的最末端，即最高端。这种结构简单、操作容易的水平

---

1 这里所说的手推车不是中式手推车，而是欧洲样式，有前后两组轮子，前轮较小，类似超市的购物车。

2 水平仪是测量一个平面是否水平的仪器，常见的水平仪主体为一根充满液体并留有小气泡的直管，下方安装一条垂直直管的圆木，以更好地观测仪器是否放平。这里说的特殊水平仪，其将直管改为了带刻度的圆弧管。

仪，在被应用到实践中的时候，非常不方便。假设水平仪的管道呈弯曲状。底部的圆木位于正中间的时候，气泡会到达管道中间最高点，即中心点的位置。如果水平仪发生倾斜，那么管道的最高点就不再是原来中心点的那个位置，而是某个接近中心点的地方，这时气泡会从管道原来中心点的位置，浮动到后来中心点的位置上。如此，观测起来会方便很多。

这道题要问的是：假设弯管的半径为1米，如果水平仪只倾斜$\left(\frac{1}{2}\right)^{\circ}$，那么气泡离开中间位置后，会浮动几毫米？

4.有几个面

六面体铅笔有几个面？毫无疑问，在许多人看来，这个问题或许很幼稚，或者反之，觉得这个问题很有趣。在寻找答案之前，请仔细审清楚题喔。

5.月牙

画2条直线把月牙这个图形（见图39）分为6部分，应该怎么画呢？

图39 月牙形

6. 用12根火柴摆图形

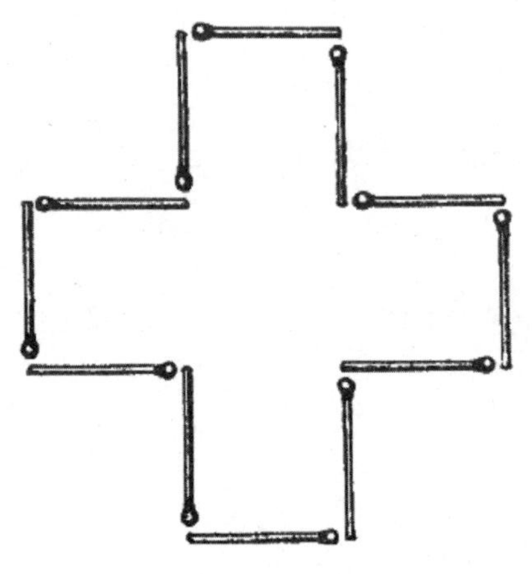

图40 火柴摆成的十字形

你可以用12根火柴摆成一个十字架的图形，如图40所示，它的面积由5个“火柴”正方形组成。你要面临的挑战是，移动火柴的位置，使它变成只有4个“火柴”正方形的图形，且你不能使用任何的测量工具。

7.用8根火柴摆图形

你可以用8根火柴摆成各种各样的闭合图形，如图41所示，这些图形的面积自然是不同的。你要面临的挑战是，用8根火柴摆出面积最大的图形。

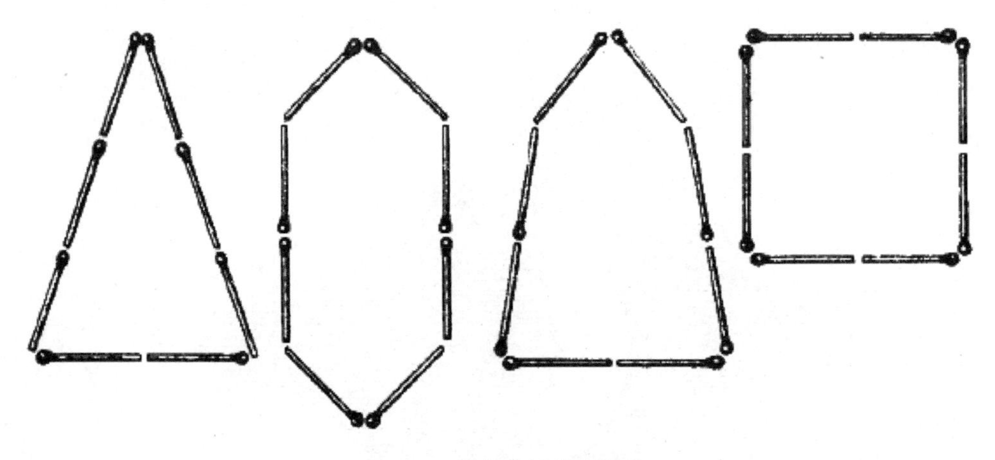

图41 八根火柴摆成的图形

8.苍蝇的行进路径

在一个圆玻璃罐的内壁上，留有一滴蜂蜜，它距离罐子的上沿3厘米。在蜜滴对面的玻璃罐外壁上，有一只苍蝇落在了蜂蜜的正对面（见图42）。请指出苍蝇在罐壁上爬到蜜滴处最短的路径。已知罐高20厘米，底部直径为10厘米。

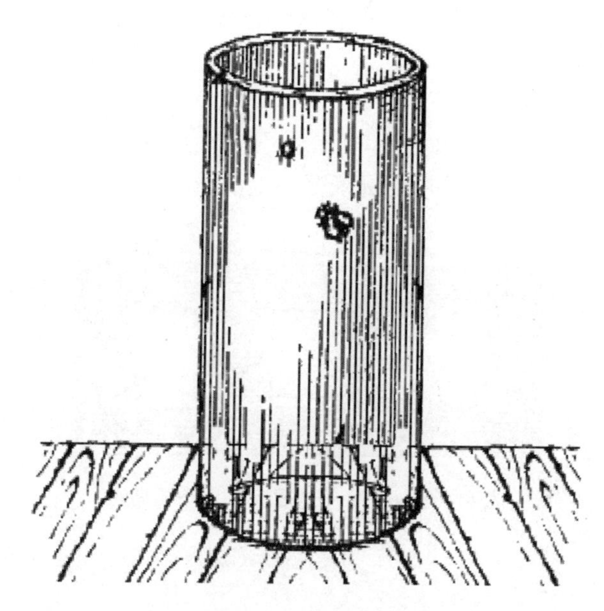

图42　苍蝇与蜜滴

9.找塞子

在你面前的这块板子上有三个孔，如图43所示：一个正方形孔、一个三角形孔和一个圆形孔。会有一个塞子能堵住这3个不同的孔吗?

图43　为这三个孔找到一个塞子

10.第二个塞子

如果你完成了上一道题目，那你是不是也能找到能塞住图44中所有孔的塞子呢?

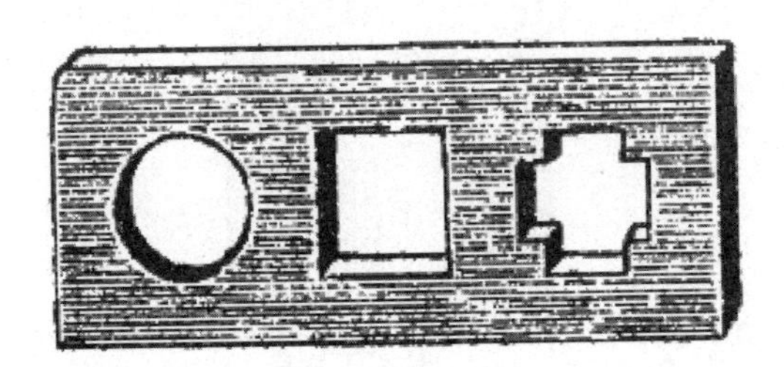

图44　有一个塞子能塞住这三个孔吗?

11.第三个塞子

最后，同样的一道题：是不是有一个塞子可以塞住如图45所示的这三个孔?

图45　是否可以制作出一个能塞住这三个孔的塞子?

12.塔的高度

在我们市有一个吸引人的地方，那个地方有一座高塔，假设你不知道实塔有多高，但是可以在明信片上看到塔的照片。你要如何通过这张照片来求出实塔的高度呢?

13.相似的图形

做这道题的人，需要知道几何学中的相似图形是如何构成的。请回答以下两个问题:

（1）如图46所示，在边框厚度相同的情况下，外部的三角形和内部的三角形是否相似?

（2）已知这幅图的画框四个框边厚度相同（见图47），外部和内部的四边形是否相似?

图46　外部的三角形和内部的三角形是否相似?

14.金属胶管的影子

在一个大晴天，一根直径为4毫米的金属胶管，它的影子能延伸多远?

图47　外部和内部的四边形是否相似?

15.砖头

建筑用的砖头每块重4千克。用相同材料制成的玩具砖对应边长是建筑用砖的$\frac{1}{4}$，那么每块玩具砖重多少千克呢?

16.巨人与矮人

一个2米高的巨人，他的体重大约是一个1米高的矮人的多少倍?

17.两个西瓜

两个不同大小的西瓜，只量长度则一个比另一个长$\frac{1}{4}$，大西瓜价格是小西瓜的$1\frac{1}{4}$倍。买哪个西瓜更划算?

18.两个甜瓜

出售两个相同品种的甜瓜。第一个的周长是60厘米，第二个的周长是50厘米，第一个比第二个贵了$\frac{1}{2}$倍。买哪个甜瓜更划算呢?

19.樱桃

樱桃的果肉围绕着果核，果肉厚度与核本身的厚度相同。我们假设樱桃和它的核都是球形。那么你能算出樱桃果肉部分的体积是果核的体积的多少倍吗?

20.埃菲尔铁塔的模型

巴黎的埃菲尔铁塔高300米，完全由铁构成，建造它需要用重达800万千克的铁。我想订购一个重1千克的铁制埃菲尔铁塔模型。那它的高度会是多少呢?

21.两个锅

有两个形状相同、厚度相同的铜锅。第一个容量是第二个的8倍。那它的重量是第二个的多少倍？

22.寒冷

成年人和儿童在天寒地冻的时候穿着同样材质、同样厚度的衣服。他们哪个会觉得更冷一些？

23.糖

一杯砂糖和一杯碎糖哪个更重？

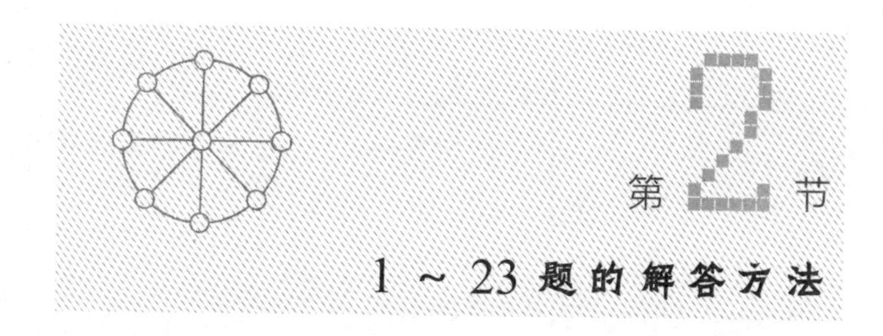

第2节 1～23题的解答方法

1.乍看之下，这道题似乎与几何学根本没有什么关系，但这恰恰是这门学问的精髓之处，虽然题中的几何学知识被一些多余的细节掩盖了，但只要我们善于分析，就能发现它们的存在。这个题目本质上是属于几何学的，没有几何学的知识就无法解答这道题。那么，为什么手推车的前轮轴比后轮轴更大呢？大家都知道，一般情况下车的前轮会比后轮小一些。它们同时行驶一段距离，周长小的轮子转的次数会比周长大的轮子多很多。知道这点，这道题的解答方法就很明显啦。在手推车行驶的过程中，它的前轮比后轮转的次数更多，磨损的程度自然也就越大，因此也就需要更大的轮轴了。

2.如果你认为在放大镜中，我们看到的角的度数会是$\left(1\frac{1}{4}\right)^{\circ}\times 4=5^{\circ}$，那么你就错了。通过放大镜观看角的度数时，角的度数大小根本不会发生变化。

要是测量角对应的弧长，那么这个弧长当然会变长，但弧长的半径也会相应变长，所以这个夹角的度数大小就会保持不变。顺便一提，由于在放大镜下观看图形的时候，看到的图形与原来的几何图形相似，所以放大镜下角的度数不会增大。如果一个多边形中每个角的度数增加4倍，拿正方形来举个例子，那么它的每个角在放大镜下都会变成360° ，这个度数等于一个三角形三个内角和的2倍，也就是相当于这个正方形有16个直角！

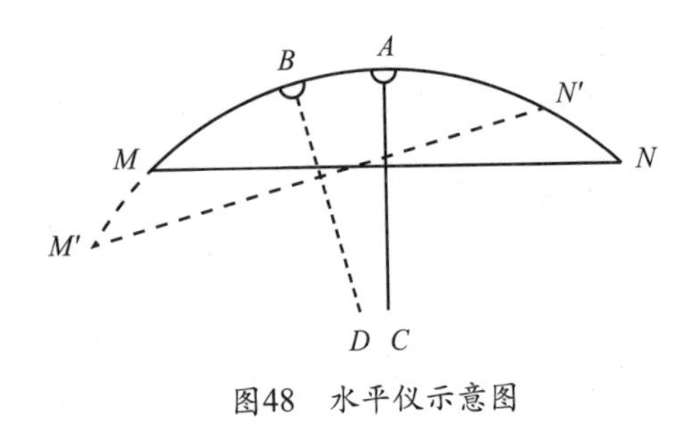

图48　水平仪示意图

3.我们来看看图48，图中MAN是圆弧的初始位置，$M'BN'$是它的新位置，直线$M'N'$与直线MN相交形成了度数为$\left(\frac{1}{2}\right)^{\circ}$的夹角。以前位于$A$点的气泡现在仍在这一点上，但是圆弧的中间点却移到了B点这个位置上。如果这个圆弧的半径为1米，并且夹角的度数大小为$\left(\frac{1}{2}\right)^{\circ}$（$BD$、$AC$夹角与$MN$、$M'N'$夹角相等），那要算出圆弧$AB$的长度是很容易的，半径为1米（1 000毫米）的圆弧周长为：

$$2\times 3.14\times 1\,000=6\,280\text{毫米}$$

由于圆的度数为360° ，即720个$\left(\frac{1}{2}\right)^{\circ}$，因此，一个度数为$\left(\frac{1}{2}\right)^{\circ}$的角，它对应弧长可以通过除法算出：

$$6\,280 \div 720 = 8.7\text{毫米}$$

气泡会在管道中浮动大约9毫米，也就是差不多1厘米。不难看出，管道的圆弧半径越大，气泡越不稳定，水平仪越灵敏。

4.这道题跟画画没什么关系，它向我们揭示了按字面来理解一个词所导致的误区。六面体铅笔可不像字面上的那样有6个面。如果没有规定的话，它可能会有8个面：6个侧面和其他两个小“面”。如果它真的有6个面，那它的形状就完全不是我们平常见到的那样了，它会变成有4个侧面的条状物。人们普遍习惯于只计算棱柱的侧面，而忽略了计算底面。许多入口中的“三面体”棱镜、“四面体”棱镜等，其实这些棱镜应该根据底部的图形，被称为三角形棱镜、四边形棱镜等。三面体棱镜即具有三个面的棱镜根本不存在。因此，这道题中提到的铅笔，它的正确叫法应该是“六角形铅笔”，而不是“六面体铅笔”。

5.如图49所示，两条相交的直线把这个图形分成了6个部分，为了清楚起见，对它们进行了编号。

6.火柴的排列应如图50所示。这个图的面积等于一个“火柴”正方形面积的4倍。

如何确保这一点呢?

让我们在脑海中把这个图形想成一个三角形（见图50（b）），这样你就会得到一个底边3根火柴，高4根火柴的三角形。它的面积等于底边长和高的乘积的一半：

$$\frac{1}{2} \times 3 \times 4 = 6$$

即等于6个“火柴”正方形的面积。但是，很明显，我们得到的图形（见图50（a））比三角形少了2个“火柴”正方形的面积，因此等于4个

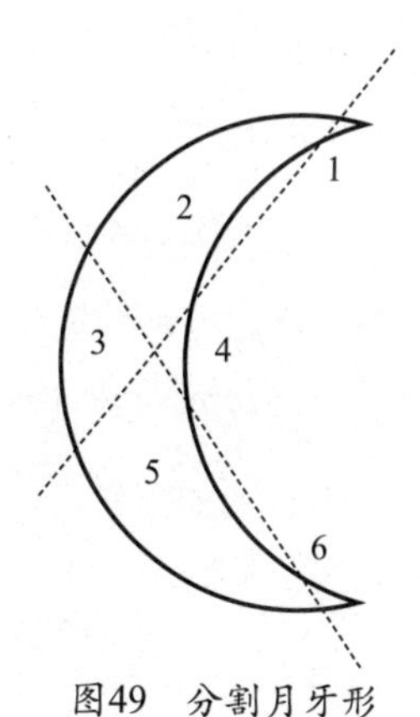

图49　分割月牙形

这种正方形的面积。

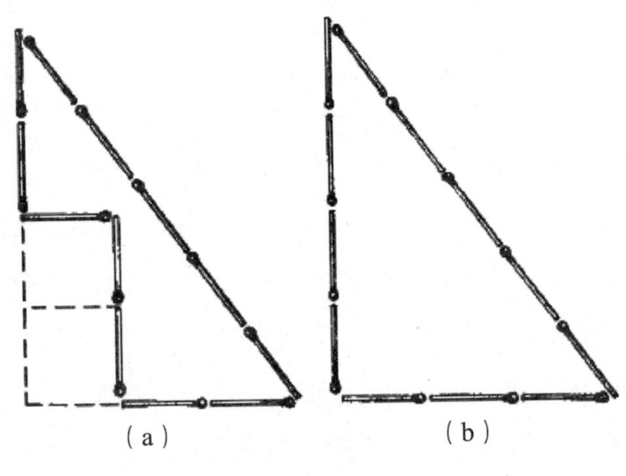

图50　火柴的摆放

7.我们可以证明，在所有周长相同的图形中，面积最大的是圆形。当然，用火柴摆不出一个圆形来；但是，我们可以用8根火柴摆成这样一个图形（见图51）——一个最接近圆形的正八边形。这个图形可以满足我们这道题的要求：它的面积是所有图形中最大的。

这道题让人想起了一个关于迦太基[1]的建国者的传奇故事。腓尼基[2]国王的女儿迪多，在她的丈夫被她哥哥害死以后，逃到了非洲，并和许多腓尼基人一起登上了非洲北部的海岸。到了以后，迪多向那里的努米底亚国王请求购买一块一张牛皮大小的土地。达成交易后，迪多把牛皮切成了细条，然后在海边围了一块足以建造堡垒的土地。在这块土地上，他们建起了迦太基要塞，这座要塞随后发展成了一座城市。

1 迦太基，古国名，位于今北非突尼斯北部，临突尼斯湾，当东西地中海要冲。

2 位于西亚地区的古老民族，曾在叙利亚沿海一带建立起很多政权。

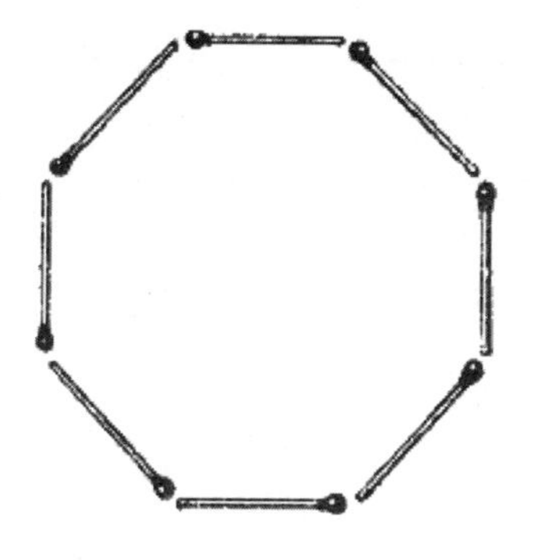

图51 正八边形

让我们一起来计算一下，迪多凭借自己的机智可以用牛皮围成多大的区域。如果牛皮的表面积是4平方米，即4 000 000平方毫米，要把它切成宽度为1毫米的细条，那么这些细条的总长度可以达到4 000 000毫米，即4千米。这个长度的牛皮细条可以围成1平方千米的正方形区域。但是，如果迪多用牛皮细条把土地围成圆形，那她会获得更多的土地（约1.3平方千米）。

8.为了解决这道题，要把圆玻璃罐的侧面展开成一个平面图形，于是我们就得到了一个矩形（见图52），它的高度为20厘米，底边长度等于罐的周长，即$10 \times 3\frac{1}{7} \approx 31\frac{1}{2}$厘米（不用小数表示）。我们在该矩形上标出苍蝇和那滴蜂蜜掉落的位置。苍蝇在A点，距离罐底17厘米；蜜滴在B点，到罐底的距离和A点的相同，到A点有半个罐子的距离，即约$15\frac{3}{4}$厘米，为了找到苍蝇在罐子顶边上要经过的点，我们要按照以下方法来做。我们从B点（见图53）朝矩形的顶边画一条垂线，并继续沿这个方向画一段相等的距离，于是就得到了C点（即B点相对于顶边的对称点）。画一条直线把C点与A点连起来。按几何学的知识来说，D点是苍蝇在罐子顶边上经过的点，ADB这条路径便是苍蝇到达蜜滴最短的路径。

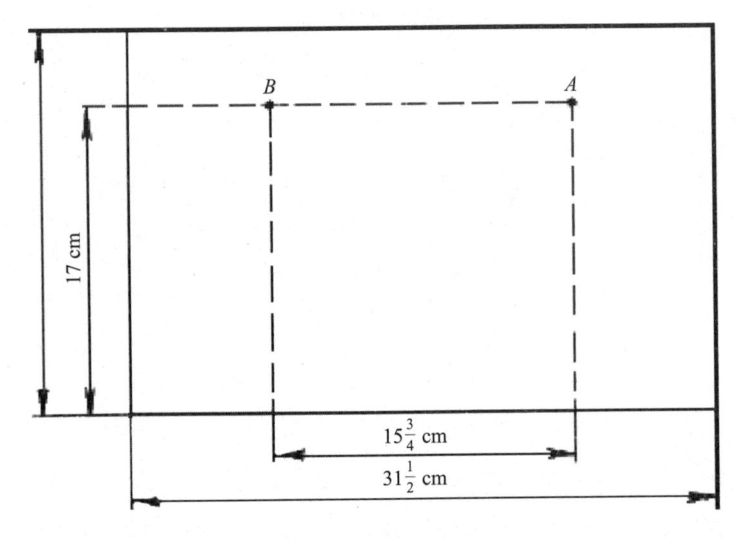

图52　圆罐展开图

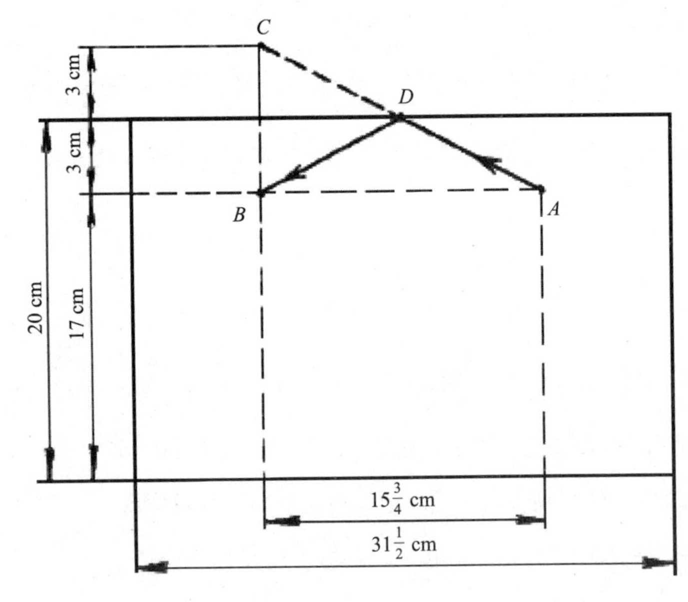

图53　苍蝇爬行的最佳轨迹

在展开的矩形上找到最短的路径后，我们把它变回圆柱体，并找出苍蝇应该如何才能尽快到达蜜滴的位置（见图54）。苍蝇是否会选择这样的路径对我们来说还是个未知数。有可能在嗅觉的引导下，苍蝇确实会沿着最短的路径爬行，但也有可能它会选择其他的路径，因为嗅觉并不是一种很清晰的感觉。

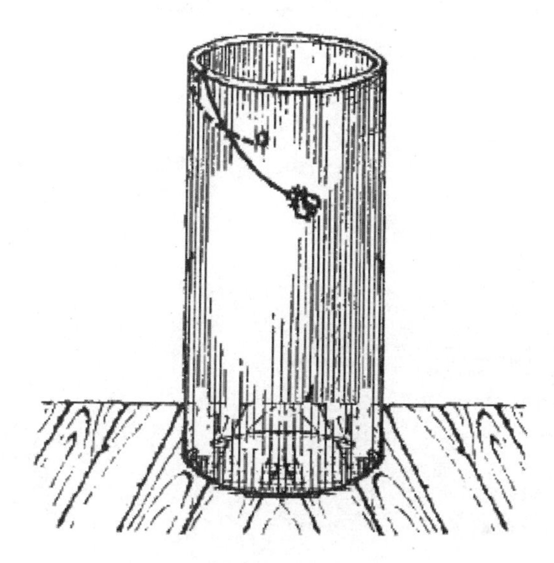

图54 到达的最短路径

9.在这种情况下，我们所需要的塞子，它要有如图55所示的形状。显而易见，这样的塞子确实能将正方形孔、三角形孔和圆孔都塞住。

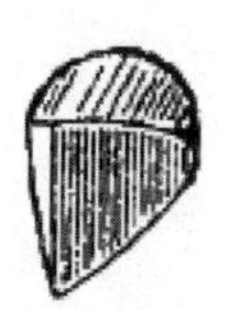

图55 塞子a

10.有一个塞子可以将圆孔、方孔和十字孔都塞住，它的三个面如图56所示。

图56 塞子b

11.存在这样的塞子：你可以从图57中看到它的三个面。（我们现在用于这些题的解题方式，一般都要由绘图员来帮忙解决，因为他们要绘制出这个塞子的三个“投影”的形状。）

图57 塞子c

12.为了通过照片确定实塔的高度，首先必须在照片中尽可能准确地测量塔的高度及塔基的长度。假设照片中塔的高度为95毫米，塔基的长度为19毫米。然后你再测量出塔基的实际长度；例如，它是14米。然后，你可以利用这样的假设来推理结果：照片里的塔和真实的塔在几何学上彼此相似。

因此，算出照片里塔的高度是塔基长度的多少倍，就能知道实塔的高度是塔基实际长度的多少倍。第一个比例是：

$$95:19=5$$

即照片塔高是塔基长度的5倍。

由此得出的结论是：塔的实际高度是塔基实际长度的5倍，所以实塔的高度等于14 × 5 = 70米。

因此，城市里那座塔的高度大约为70米。但应该注意的是，并非每张照片都适合用来确定实物的高度，因为有些摄影师会专门拍摄一些比例失真的照片。

13.对于题目中提出的两个问题，大部分人给出的答案都是肯定的。实际上，只有三角形是相似的，画框中外部和内部的四边形一般来说是不会相似的。两个三角形要相似的话，只要每一个角的度数都相等，或者内部三角形的边与外部三角形的每一条边都平行就足够了，所以这两个三角形相似。但是，对于其他多边形来说，只满足每一个角的度数相等（或者每一条边平行）这个条件是不够的：多边形的每条边不但必须平行还得成比例。所以题中只有在正方形（一般是菱形）的情况下，画框中外部和内部的四边形才会相似。在其他的情况下，外部四边形的边与内部四边形的边都不是成比例的，因此，这些图形不会相似。如图58所示，这两个宽木板做的矩形画框里的两个矩形都不相似。在左侧的画框中，外部矩形的长宽比例为2：1，而内部矩形的长宽比例为4：1。在右侧的画框中，外部矩形的长宽比例为4：3，内部矩形的长宽比例为2：1。

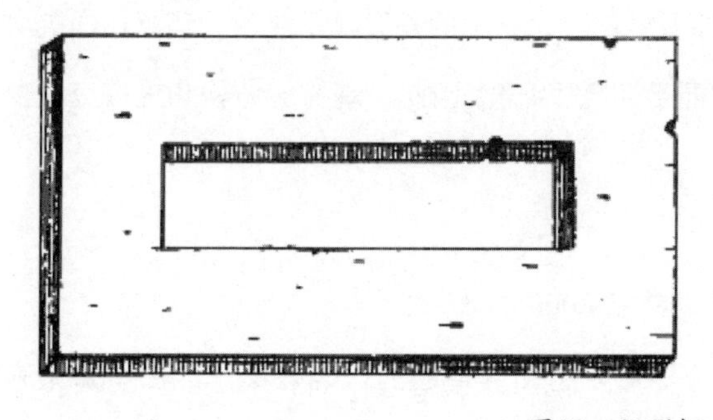
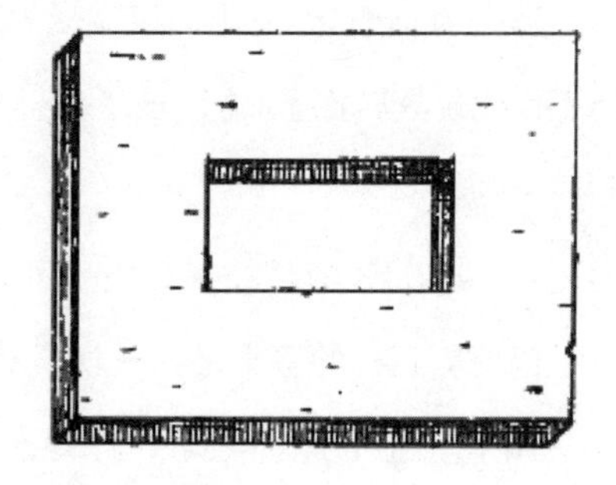

图58 矩形框

14.对于许多人来说，会感到很惊讶，在解决这个问题的时候竟需要用到天文学的知识——要计算出地球到太阳的距离以及太阳直径的大小。通过图59所示的几何结构，我们就能算出一根金属胶管投射在地上的影子的长度。根据几何关系，我们就能知道，影子长度是金属胶管的直径的多少倍，那么从地球到太阳的距离（1.5亿千米）就是太阳的直径（140万千米）的多少倍（影子长度和地球、太阳间的距离相比微不足道，可忽略不计）。后者早就被数学家们循环往复地计算过了，等于107倍，因此，金属胶管投射在地上的影子长度为：

$$4 \times 107 = 428\text{毫米} = 42.8\text{厘米}$$

这个长度要比我们平时看到的金属胶管影子长得多，这也说明了，金属胶管被放置在地上，或者被放在房屋墙壁上不显眼的地方时，那个黑色的条状影子不是完整的影子，而只是影子的一部分。

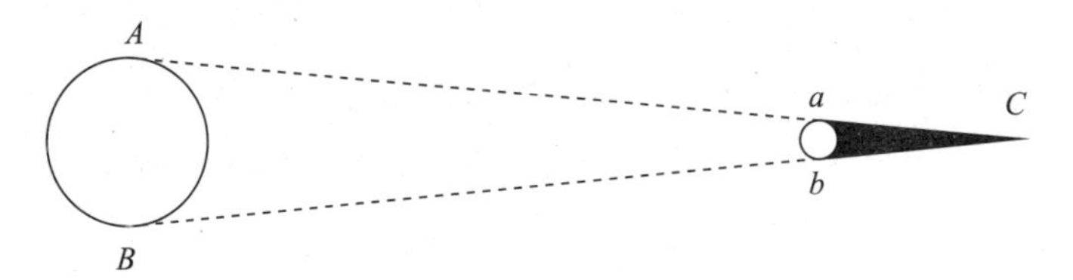

图59　胶管的影子

15.玩具砖重1千克（即仅减轻为原重的四分之一）的答案是不对的。毕竟，建筑用砖不仅比玩具砖宽了4倍，长了4倍，而且还高了4倍。因此，现在的体积和重量应减少到原来的：

$4 \times 4 \times 4 = 64$，即64分之一了。

因此，正确的答案是：一块玩具用砖重$4\,000 \div 64 = 62.5$克。

16.通过上一题的练习，你现在应该可以给出这道题的正确答案了。由于每个人的身材大致相似，因此一个人的身高是另一个人的2倍的时候，其体重不是另一个人的2倍，而是8倍。因此，巨人的体重是矮人的8倍。

阿尔萨斯人[1]的身高为275厘米，这是有资料记录以来的最高巨人之一，他们比一个平均身高的人高整整一米。最小的矮人身高不到40厘米，也就是说，阿尔萨斯巨人身高是小矮人身高的7倍。因此，如果你在秤的一侧放上一个阿尔萨斯巨人，那么你就不得不在另一侧放上$7 \times 7 \times 7 = 343$个小矮人，这样才能保持平衡，这可是一大群小矮人呢。

17.从下面计算中可以看出，大西瓜的体积会超过小西瓜的体积，并且约是小西瓜的2倍：

$$\left(1+\frac{1}{4}\right) \times \left(1+\frac{1}{4}\right) \times \left(1+\frac{1}{4}\right) = \frac{125}{64}$$

显然，买一个大西瓜更划算，因为虽然它的价格是后者的$\frac{5}{4}$倍，但它里面可以吃的果肉却接近小西瓜的2倍还多。

但是，为什么通常销售员会将大西瓜的价格定为小西瓜的$\frac{5}{4}$倍，而不是2倍呢？这个事实可以在这里简单解释一下：在大多数情况下，卖家的几何学知识掌握得不是很好，同样，买家也掌握得不好，即便大西瓜只比小西瓜贵一半，买家也常常会拒绝这种合算的买卖。我们通过计算可以肯定地说，购买大西瓜比买小西瓜更划算，但买家并不这样认为，他们总以为大西瓜的价值低于其真实价值。出于这样的原因，即便卖家对大西瓜的真实价值并不怀疑，也不会给它定太高的价格。

同样的原理，除非按重量判断，否则购买大鸡蛋也总是比买小鸡蛋更合算。

18.通过周长可以算出直径。如果一个甜瓜的周长为60厘米，另一个甜瓜的周长

---

1 阿尔萨斯人，西欧法国阿尔萨斯和洛林的居民，是当地占多数的民族。

为50厘米，则它们的直径之比为60∶50 = 6∶5，而其体积之比为：

$$\left(\frac{6}{5}\right)^3=\frac{216}{125}=1.73$$

如果按体积（或重量）来算，大瓜的价格应是小瓜的1.73倍；换句话说，贵了73%。如果卖家只要求贵50%，那么很显然，买第一个瓜更划算。

19.从问题中假设的条件出发，我们可以得出樱桃的直径是果核直径的3倍。这意味着樱桃的体积是果核的体积的3 × 3 × 3，即27倍；果核只占了樱桃体积的一部分，即$\frac{1}{27}$，而桃肉部分却占了$\frac{26}{27}$，因此，樱桃桃肉的体积是果核体积的26倍。

20.如果实塔的重量是模型重量的800万倍，并且两者均由相同的金属制成，那么实塔的体积应该是模型体积的800万倍。我们已经知道，形状相似的物品的体积比例等于高比例的立方。因此，实塔的高度应该是模型高的200倍，因为$200 \times 200 \times 200 = 8\ 000\ 000$。要是实塔的高度为300米，那么模型的高度应等于：

$$300:200=1\frac{1}{2}\text{米}$$

这个模型几乎有一个人那么高了。

21.从几何学的角度来看，两个锅的形状相似。如果大锅的容量是小锅的8倍，那么它其他的所有线性尺寸都是小锅的2倍，即大锅的高是小锅高的2倍，大锅宽度是小锅宽度的2倍，所以大锅的表面积是小锅的2 × 2，即4倍，因为两个锅拥有相同的厚度，所以锅的重量比，就是表面积大小的比。因此我们可以得到问题的答案：大锅重量是小锅的4倍。

22.乍看之下，这道题根本不是道数学题，其实，它从本质上可以通过在上面的题中使用的几何推理方法来解决。在用这种方法进行计算之前，我们先要解答一道简单一些但类似的题。

（1）两个大小不同的锅炉（或两个茶炊）装满沸水，哪个冷却得更快?

锅炉主要是从表面开始冷却的，因此，每单位容积对应的表面积更大的锅炉，冷却得更快。假设大锅炉的高是小锅炉高的n倍，那么它的表面积是小锅炉的n^2倍，容积是小锅炉的n^3倍，可得大锅炉每单位容积对应的表面积是小锅炉的$\frac{1}{n}$。因此，小锅炉更早冷却。

同样的道理，一个站在寒冷中的孩子应该比一个穿着同样材质、同样厚度衣服的成年人更冷：两个身体每立方厘米产生的热量大致相同，假设大人身高是小孩的m倍，他产生的热量是小孩的m^3倍，而散失热量只是小孩的m^2倍（表面积之比），显然，相比之下小孩的热量散失得更快。

手指或鼻子比身体的其他部位更容易感到冷和冻，是因为它们的单位表面积相比其他身体部位更大，因此散热快一些。

（2）用这种方法，我们还能解决以下这道题：为什么碎木块比圆木头燃烧得更快?

这是由于热度的增加是从表面开始的，然后传递到木头的全部，因此你应该将碎木块的表面和体积与圆木的进行比较。但这根圆木的长度和横截面面积要与截成碎木块的（例如，正方形的横截面）木头都相同时，这样就能确定这两根木头每单位立方厘米所对应的表面积分别有多大。如果圆木的厚度是碎木块厚度的10倍，则圆木的横截面面积是碎木块的10倍，而圆木的体积则是碎木块体积的100倍。因此，碎木块每单位表面积的体积只有圆木的十分之一：用来燃烧圆木的热量是用来燃烧碎木块热量的10倍，因此与圆木相比，同样大小的碎木块燃烧得要比圆木快。（由于木头的导热性较差，所以这些数学关系都只是粗略估计；它们只能大致显示燃烧的一般过程，而不能得到精确的数据。）

23.经过努力想象以后，这个看起来很复杂的题目可以非常简单地解决了。简单来说，我们先假设两种糖粒都是球形的，且碎糖的直径是砂糖的100倍。现在来想象一下，如果玻璃杯中所有的砂糖的直径都扩大到100倍，那么玻璃的容量将扩大$100 \times 100 \times 100$，即一百万倍；其中所含砂糖的重量将增加相同的量，也变成了原来的一百万倍。我们在脑海中，想象出一个能装下所有这些被放大的砂糖的玻璃杯，即变大一百万倍的玻璃杯。我们用碎糖将这个大杯子装满，要用多少原来杯子的碎糖呢，显然，也是一百万杯。所以将一杯砂糖重量变大一百万倍，就得到了一百万杯碎糖的重量，因此一杯砂糖和一杯碎糖重量是相同的。当然得出这种结果的条件是初始的杯子相对碎糖、砂糖来说体积足够大。如果一个杯子只能装几块碎糖，那结果就不适用了。

09

雨雪中的几何学谜题

导读

刘月娟

在我国，北方常常会因为雨水量不足而造成粮食减产；南方却时常会因为雨水过多造成洪涝，因此便有了“南水北调”工程。而且我国每年还会出现下冰雹的时候，下冰雹既会伤害农作物，也会造成人们的财产损失。基于这种现状，对气象的研究就显得尤为重要，而重中之重就是降雨量的计算。那么又该如何计算你所在城市的降雨量呢？在这一章中，我们就会学到这些方法啦。

1.降水量的测量

现在的气象局已经有了专用的测量降雨量的设备了，我们自己如果也测量降雨量，该如何测量呢？制作简易的测量仪器，选择一个开放式容器来收集雨水，可以用一个外壁很陡的水桶，在下雨的时候把桶放置在空旷的地方，雨下完以后，测量桶中积水层的厚度，你就能通过计算得到你想要的结果了，但考虑到每次的水层高度并非足够高，因此测量也变成了一个难题。可以选取如下方法：将水倒入直径较小的玻璃罐中，在这样的容器中水位会更高一些，而且通过透明的玻璃罐壁很容易看到水的高度。因为转移前后收集的雨水的体积相同，利用面积比是半径比的平方，可以得出两种量具的高的比值，这就为刻度的标记提供了条件。实例说明一下：如果玻璃罐底部的面积是桶底部的面积的$\frac{1}{10\times10}$，那么将水从水桶转移到玻璃罐中后，水层的厚度会增至100倍，因此不能选取直径太小的玻璃罐，否则会溢出；也不能过大，否则得到的测量结果误差较大。而较为合适的选取是，玻璃罐的半径是桶的半径的$\frac{1}{5}$，此时桶底部的面积就是玻璃罐底部的面积的25倍，水位就会升高到25倍，桶中1毫米厚的水层相当于玻璃罐中25毫米厚的水层。因此，最好在玻璃罐的外壁上贴一张纸条，每隔25毫米划一条直线，用数字1、2、3等来表示，如果选取的其他大小的罐子，刻度的标记也要按照这种方法随时调整。这种操作对条件的要求较高，你能设计出误差最小的雨水的转移方法吗？

2.降雪量的测量

相对于降雨量的测量工作来说，降雪量的测量就显得更复杂一些，北方大雪时常会伴随大风，比如说“柴门闻犬吠，风雪夜归人”“北风卷地百草折，胡天八月即飞雪”的景象，大风会将原本该落入桶中的雪吹走一部分，这为降雪量的测量造成了不便。但是，如果只考虑积雪化成的水量，那不需要用任何雨量计：可以直接用木尺（标尺）来测量覆盖在院子、花园或田野里的积雪的厚度。只测出雪的厚度还不够，还需要测出由雪化成水的多少，将和野外同样的积雪倒入水桶中，让其融化，注意水层的厚度，这样一来，就能算出每一厘米厚的雪能得到多少毫米的水。这样接下来的计算就显得尤为简单了。

我们跳出局域的限制，你是否知道每年地球上的降水量呢？在此之前需要测出全球不同地方每年的降水量，以便得到平均降水量。事实证明，在陆地上（不包括海洋），平均一年大约会有78厘米的降水量。由此，我们可以很容易地算出每年地球上雨、冰雹、雪等带来的水量。这里为你提供以下数据：地球的周长是4万千米，你能否计算出全球的降水量呢？赶快利用上述方法，拿起笔算一下吧！

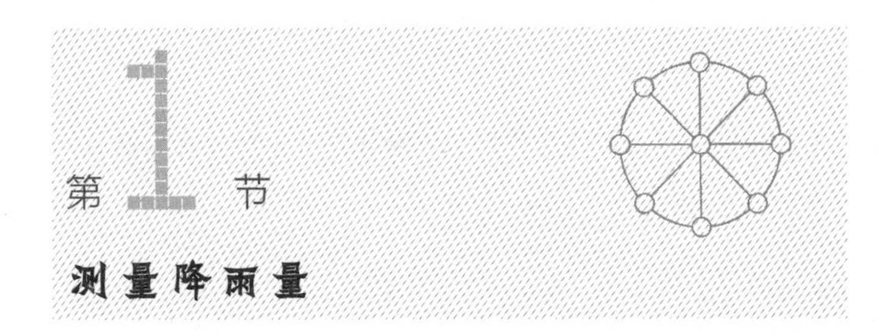

第1节 测量降雨量

人们普遍认为圣彼得堡是一个多雨的城市，这里的雨比莫斯科的还多。但是，科学家们却不是这么说的。他们说，莫斯科每年的降雨量比圣彼得堡的多得多。那他们是怎么知道的呢？难道可以测量出每次降雨带来多少雨水吗？

这似乎是一项艰巨的任务，但其实，你自己也可以学着这样测量降雨量。你不要以为这种操作需要收集下雨时落下来的所有雨水，如果落在地上的水没有扩散，也没有被吸收到土壤中，那你只需要测量地面上积累的水层的厚度就足够了。这一点儿也不难做到。毕竟，在下雨的时候，雨水会均匀地落在整个地面上：在小范围内，我们无须考虑雨水落在一块地上比落在另一块地上多的情况。因此，你只要测量出一块地上的水层的厚度就行了，这样我们就能知道整片降雨区雨水层的厚度。现在你可能已经猜到了，要怎么做才能测量下雨时地上雨水层的厚度。先让一个小区域里的雨水不被吸收到土壤里，也不让它扩散。任何开放式容器都可以用于收集雨水。如果你有一个外壁很陡的水桶（这样它桶底和桶口的面积不会相差太大），在下雨的时候把它放置在空旷的地方。雨下完以后，测量桶中积水层的厚度，你就能进行你想要的计算了。让我们来仔细看看我们自制的“雨量计”。

如何测量桶中水层的厚度？放入一把尺子吗？但用尺子的话，只有在桶中有大量水的时候才可以。如果桶中水层的厚度不超过3厘米甚至只有几毫米的话，就无法用尺子来测量水层的厚度了。在这种情况下，每一毫米都很重要，甚至十分之一毫米也很重要。

该怎么办呢?

最好把水倒入直径较小的玻璃罐中，因为在这样的容器中水位更高一些，而且通过透明的壁很容易看到水的高度。你也清楚，在玻璃罐中测量出来的水的高度，并不是我们之前测量的水层的高度。但是，把雨水转移到另一个容器里，测量起来更容易一些。让玻璃罐底部的直径正好是“雨量计”那个桶底部直径的$\frac{1}{10}$。这样，玻璃罐底部的面积就是桶底部面积的$\frac{1}{100}$。显然，水从水桶转移到玻璃罐中后，水层的厚度会增至100倍。因此，如果水桶中水层的厚度为2毫米，那么玻璃罐中水层的厚度便是200毫米，即20厘米。从这个计算可以看出，将玻璃罐与水桶进行比较时，不能用直径非常小的玻璃罐，否则水位会高于罐顶。如果桶的直径是玻璃直径的5倍，那么桶底部的面积就是玻璃罐底部面积的25倍，水位就会升高25倍。桶中1毫米厚的水层相当于玻璃罐中25毫米厚的水层。因此，最好在玻璃罐的外壁上贴一张纸条，每隔25毫米划一条直线，用数字1、2、3等来表示。然后，要想知道桶中水层的厚度，你就不需要进行复杂的计算，只要直接看一眼玻璃罐中水层的厚度就行了。如果桶的直径不是玻璃罐直径的5倍，而是4倍，那就必须每隔16毫米在玻璃壁的纸条上划一条直线，依此类推。

沿边缘把水从桶转移到直径小的玻璃罐中是非常不方便的，最好在桶壁上打一个小圆孔，然后将装有软木塞的玻璃管插入其中，这样倒水更方便一些。

这样一来，你就已经拥有用于测量雨水厚度的设备了。当然，水桶和自制的玻璃雨量计，不像气象站使用的真正的雨量计和真正的量杯那样非常准确。不过，这些既简单又廉价的设备，也能帮助你计算雨水层的厚度。现在，让我们开始进行计算吧。

如何计算花园里的降雨量

假设有一个长40米、宽24米的花园，天正在下雨，你想知道花园里降了多少雨水，那要如何计算呢?

当然，我们首先必须确定雨水层的厚度，没有这个数值，就无法进行后面的计算。如果你的自制雨量计显示，水层的厚度为4毫米，且水没有被花园的土壤吸收，那我们来算算花园地面上，每平方厘米面积的区域里，水层的厚度是多少吧。1平方米水的面积，是由宽为100厘米、长为100厘米的水组成的，再加上，水层的厚度为4毫米（即0.4厘米），所以，水的体积等于:

$$100 \times 100 \times 0.4 = 4\ 000\text{立方厘米}$$

瞧，1平方厘米水的重量为1克是你已知道的。所以，现在你就知道了花园每平方米降下了4 000克，即4千克的雨水。花园总共有:

$$40 \times 24 = 960\text{平方米}$$

这也就意味着，花园里总共降了:

$$4 \times 960 = 3\ 840\text{千克的雨水}$$

这几乎是4吨的水了。

为了理解得更清楚一些，请再算一下你需要带多少桶水到花园，才能让灌溉花园的水与降的雨水一样多。一个普通的水桶能容纳约12千克的水。所以需要:

$$3\ 840 \div 12 = 320\text{桶水}$$

如果没有这场雨的话，你就不得不在花园里倒300多桶水以代替雨水的灌溉效果，这可不是一项容易的工作呀!

如何用数值来表示雨势大和雨势小呢？为此，你需要算出一分钟内，降了多少毫米的雨水（即水层的厚度），这也就是所谓的“降水力”。如果每分钟平均降2毫米的雨水，那么这是一场倾盆大雨。当秋天下起蒙蒙细雨时，需要一小时甚至更长的时间才会累积1毫米厚的水层。

如你所见，不需要复杂、困难的计算，就可以测量出降了多少雨水。除此之外，如果你愿意，甚至可以算出下雨时，降下的雨水有多少滴。实际上，在平常的降雨中，每滴雨水的重量都是平均的，大约每12滴雨水重1克。这也就意味着，用上面算出的重量乘以12就是雨滴数，在1平方米的花园中会落下:

$$4\ 000 \times 12 = 48\ 000 \text{滴雨水}$$

我们可以进一步计算出整个花园中落下了多少滴雨水。但是，滴数的计算只是满足了你的好奇而已，你无法从中获得任何好处。我们提到它只是为了证明，有些乍看之下令人难以置信的数学题目，如果你认真思考，也能把它解决好。

第3节 如何测量降冰雹带来的降水量

现在我们已经学会了如何测量下雨带来的降水量。那如何测量降冰雹带来的降水量呢？我们完全可以用相同的方法来算。冰雹落入你的雨量计中，并在那里融化成水。然后你对冰雹化成的水进行测量，就能进行你想要的计算。

用这种方法也可以测量降雪带来的降水量。但是在这种情况下，“雨量计”会给出非常不准确的读数，因为落入桶中的雪会被风吹去一部分。如果只考虑积雪化成的水量，那不需要用任何雨量计：可以直接用木尺（标尺）来测量覆盖在院子、花园和田野里的积雪的厚度。为了计算积雪融化后形成的水层有多厚，你需要做一个实验：把同样易碎的积雪倒入水桶中，记下雪层的厚度，然后让其融化，再测量水层的厚度。这样一来，你就能算出，每一厘米厚的雪能得到多少毫米的水。知道了这一点后，算出外面的雪化成的水的厚度，对于你来说就不难了。

地上的积雪是在不断融化，或以其他方式减少的。所以，如果你在温暖的季节里，每天测量无人区地上积雪的厚度，并以此来计算冬季积雪带来的降水量，那么你会发现，你所在地区的降水量每天都在减少。测量降水量对你所在的地区来说，会非常重要（这里所说的降水是指所有降下的水，包括以雨、冰雹、雪等形式）。以下是我们苏联不同城市平均每年的降水量：

阿拉木图……51厘米

库塔伊西……179厘米

喀山……44厘米

阿斯特拉罕……14厘米

巴库……24厘米

圣彼得堡……47厘米

莫斯科……55厘米

叶卡捷琳堡……36厘米

在这些地区中，库塔伊西的降水量最多（179厘米），阿斯特拉罕的降水量最少

（14厘米），库塔伊西比阿斯特拉罕多了大约12倍。

地球上还有很多地方的降水量比库塔伊西还多。例如，印度有一个地方曾被雨水淹没过：在这个地方每年的降水量达到1 260厘米，即12.6米！曾经有一天，这里降了超过100厘米的水。

反之，有些地区的降水量比阿斯特拉罕还要少得多。例如，在南美智利的一个地区——那里全年的总降水量还不到1厘米。

每年降水量低于25厘米的地区是干旱地区。如果没有人工灌溉，这个地区就无法进行谷物种植。

如果你所在的城市不在我们列举的这些之内，那么你可以对你所在地区的降水量进行测量。耐心地测量一年中每场雨、冰雹以及积雪带来的降水量，你就能了解你所在城市的降水量在苏联所有城市中排第几名。

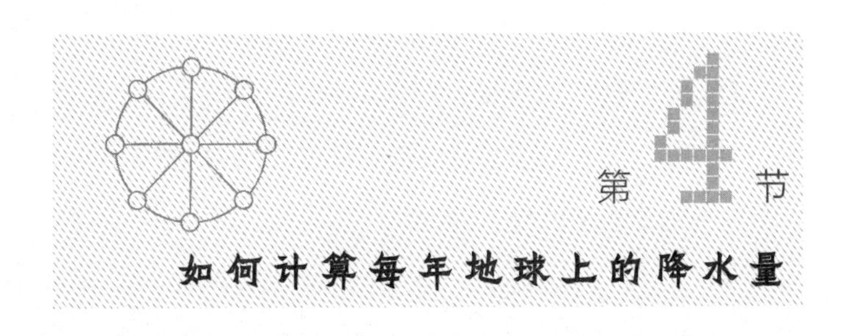

我们都知道，通过测量全球不同地方每年的降水量，我们就可以凭这些数据算出整个地球平均每年的降水量。

经过大量测量、统计工作，人们已经计算出在陆地上（不包括海洋），平均一年大约会有78厘米的降水量。只需要再知道地球表面积的大小，我们就可以很容易地算出，每年地球上雨、冰雹、雪等带来的降水量。

如果你无法得知这一点，那请按照以下步骤自己计算。

地球赤道的周长是40 000 000米，即40 000千米。任何圆的直径都大约是其周长的$3\frac{1}{7}$倍，知道了这一点，我们就能算出地球的直径为：

$$40\ 000：3\frac{1}{7}\approx 12\ 700\text{千米}$$

计算地球表面积的规则如下：我们要把直径乘以它自身，再乘以$3\frac{1}{7}$，得

$$12\ 700\times 12\ 700\times 3\frac{1}{7}\approx 509\ 000\ 000\text{平方千米}$$

（我们从结果的第四位开始取小数点，因为只有前三位数是可靠的。）因此，地球的表面积为5.09亿平方千米。

让我们现在回到我们的题目上来，即我们要计算地球每平方千米的表面积会有多少降水量。1平方米或10 000平方厘米有：

$$78\times 10\ 000=780\ 000\text{立方厘米的降水量}$$

1平方千米等于1 000 × 1 000 = 1 000 000平方米。因此，1平方千米的降水量为：

780 000 000 000立方厘米或780 000立方米

整个地球表面的降水量为：

$$780\ 000\times 509\ 000\ 000\approx 397\ 000\ 000\ 000\ 000\text{立方米}$$

为了把立方米转换成立方千米，就需要把这个数字除以1 000 × 1 000 × 1 000，即十亿，于是我们得到的结果为397 000立方千米。

就这样，我们就粗略算出了每年约有40万立方千米的降水量从上往下倾泻到我们地球的表面上。当然，在计算过程中，我们默认了海洋上的平均降水量与陆地相同，这并不准确。

想知道更多这方面的详细信息，你可以阅读有关的气象学书籍。

10

大洪水中的数学传说

导读

刘月娟

小读者们，你们听过诺亚方舟的故事吧，在这一章中，我们将思考几个由这个故事给人类带来的问题。

有这么一个关于洪水的传说——诺亚方舟拯救生命的事件。大洪水即将降临，为了拯救陆地上的生物，上帝令诺亚从每种动物中选一对带到方舟上，并给它们提供大量的食物，这艘船的规格为长300肘，宽50肘，高30肘，有三层。雨会在地上倾泻40天40夜，水会成倍地增加，诺亚方舟会被托起，高出水面，过一段时间，大洪水退去，大家就会获救，生命也就得到了延续。传说之所以称之为传说，是因为总是有一些神秘色彩存在，我们从理性的数学角度出发，根据上帝提供的数据，方舟上是否可以容纳所有的陆地生物呢？需要多大的降雨量才会使全球发生洪灾？真的会有全球所有的高山都会被淹没的情况吗？我们在这章的学习中会得到答案。

我们知道，在我国南方的冬天不缺雨水，北方的冬天不缺冰雪，那冰与水之间有什么关联呢？水可凝固成冰，冰可融化成水。而水除了可以以液体状态和固体状态存在以外，还可以以另外一种形态出现——气体，即水蒸发为水蒸气。那么雨是怎么形成的呢？首先由水蒸发变成水蒸气，飞升到天空后好多水蒸气聚集在一起，夹杂着一些细小的粉尘，当温度下降时，水蒸气表面张力减小，就变成水滴落下来，这些知识你将会在地理这门学科中接触到，但今天我们会从数学方面去解决问题。我国有一个节气就是“雨水”，关于雨水还有这样一些谚语：春雨贵如油；立春三场雨，遍地都是米；雨水连绵是丰年，农民不用力耕田；雨水日下雨，预兆成丰收。这些都是在形容雨水的重要性，适量的雨水确实可以造福百姓，但是世事并非都那么理想，每年还是会有一些地区因为连绵不断的雨水而造成洪灾。那么水从哪里来？又流到哪里去呢？平时我们洒在地上的水会比较快地蒸发掉，山里小溪的水流总是会在某段时间后就消失不见了，这是因为水蒸发掉了。

水通过蒸发进入地球的大气层，根据有关数据可以知道地球大气层的含水量，地面上1平方米范围之上的空气柱中平均包含约16千克的水蒸气，但是绝不会超过25千克，假设所有这些水蒸气都化成雨水降落在地面上，你能否根据这些数据，将水的高度计算出来呢？在这里我们就先留个疑问。

古代劳动人民为了预测是否下雨，总结出来许多谚语：蚂蟥进地沟，必有大水流；鱼漂水上有雨到，水冒腥气雨滔滔；泥鳅静，天气晴；泥鳅跳，雷雨到；午后癞蚵蚂叫，不久大雨就到。这些都是我国劳动人民的智慧结晶。现在我们可以通过各种方式来获得天气预报，不需要像之前那样去观察天空和气象了，这为我们的生活提供了很大的便利。

在当今社会用水问题不容忽视，有这样一组现实的数据：中国目前有16个省市区的人均水资源低于严重缺水线，即低于1 000立方米，而包含河北、河南、山西在内的6个省份的人均水资源量更是低于500立方米。这些数据显示出我国的用水现状十分严峻，作为新时代的新生力量，我们应该从自我做起节约用水。

关于诺亚方舟的传说的几个问题

在《圣经》的传说中，有一个传说是关于整个世界连同最高的那些山都被雨水淹没了的故事。据《圣经》记载，上帝曾经“后悔他在地球上创造了人类”，并说：“我要把地球表面上我创造的生物全摧毁掉：从人到牛，到地上爬的动物，到天上飞的鸟，我要毁了这一切。”

在此期间，上帝唯一想饶恕的人是正义的诺亚。因此，上帝警告了他，告诉他即将来临的世界厄运，并下令建造一艘尺寸如下的方舟：“方舟的长度为300肘，宽度为50肘，高度为30肘”（西亚古代民族的“肘”是一个约等于45厘米或0.45米的度量单位）。方舟共有三层。这艘船，不仅要用来拯救诺亚和他的家人，还要拯救所有陆地上的动物。上帝吩咐诺亚从每种动物中选一对带到方舟中，并给它们提供大量的食物。

上帝选择了洪水作为消灭陆地上所有生物的手段。水可以摧毁所有人和各种陆地上的动物，然后，将从诺亚和他选的动物中，出现一个新的人类种族和一个新的动物世界。

《圣经》接着说：“七日后，洪水泛滥到地上。大雨倾泻了40天40夜。地上的水成倍地增加，诺亚方舟被托起，高出水面。地上的水不断增加，最终覆盖了整个天空下的所有高山；方舟露出水面的部分有15肘高……地球表面上的所有生物都被摧毁了，只剩下诺亚一家和方舟中的生物。”

据《圣经》记载，水又在地上停留了110天。然后，水消失了，诺亚带着所有的动物获救了，他们离开了方舟，开始重新恢复被毁的地球。

关于这个传说，我们提出了两个问题：

（1）倾盆大雨是否可能覆盖整个地球上的所有高山?

（2）诺亚方舟可以容纳所有种类的陆地生物吗?

这两个问题都要在数学的参与下才能得以解决。

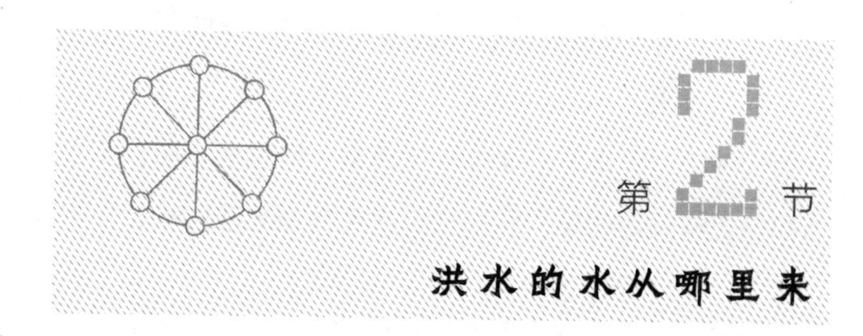

第2节　洪水的水从哪里来

洪水的水从哪里来? 当然，只可能来自大气层。那它究竟又去了哪里，毕竟这么大片汪洋是不可能被完全吸收到土壤中的，自然也不可能离开我们的地球。所有的这些水可以流到的唯一地方也是地球的大气中：洪水只能靠蒸发进入地球的大气层。现在大气层里应该仍然有这种水。

事实证明，如果现在大气中所含的所有水蒸气都凝结成可倾泻到地球上的水，那么世界范围内将再次发生大洪水；水会覆盖最高的山脉。

我们来检验一下是不是这样的。

我们可以在一本有关气象学的书中得知地球大气层中含有多少水分。我们了解到，一平方米范围之上的空气柱中平均包含约16千克的水蒸气，但是绝不会超过25千克。

那我们来计算一下，如果所有这些水蒸气都化成雨水积聚在地面上，那么水的高度将会是多少？25千克，即25 000克的水，占25 000立方厘米的空间。这就是这些水的体积，它的表面积为1平方米，即100 × 100或10 000平方厘米。将体积除以底部面积，可得到水的高度为：$25\ 000 \div 10\ 000 = 2.5$厘米。

由于大气中没有更多的水，所以洪水的高度无法上升到2.5厘米以上。是的，只有落下的雨水完全没有被吸收到地下，才有可能达到如此高的水位。

我们的计算结果表明，如果确实发生了这样的灾难，洪水期间的水位可能是多少？2.5厘米。从这个高度到最高的山峰珠穆朗玛峰的顶部（约9千米）仍然很远。《圣经》传说把洪水的高度夸大，不多不少，正好360 000倍！所以，如果真的发生了全球性的“洪水”，那根本就不是一场洪水，而只不过是最弱的一场降雨而已，因为即使连续降雨40天，它也只会产生25毫米的降雨，每天不到半毫米，大约是秋天白天的小雨降水量的$\frac{1}{20}$。

第3节 诺亚方舟中可以容纳所有种类的陆地生物吗

现在来思考第二个问题：诺亚方舟中可以容纳所有种类的陆地生物吗？我们来计算方舟的“居住空间”。根据《圣经》的传说，方舟有三层，每层长300肘，宽50肘。因此，在我们的度量中，方舟每一层的大小如下：

长：$300 \times 0.45 = 135$米，

宽：$50 \times 0.45 = 22.5$米，

表面积：$135 \times 22.5 \approx 3\ 040$平方米。

因此，诺亚方舟三层的总“居住空间”等于：

$$3\ 040 \times 3 = 9\ 120\text{平方米}$$

这样的区域是否足以容纳世界上至少所有种类的哺乳动物呢？陆生哺乳动物的数量大约有3 500种。在洪水持续泛滥期间，诺亚不仅要为动物腾出空间，还要为他们150天的食物提供空间。而且那些动物也需要食物，这些动物的食物也要空间存放。在方舟中，平均每对被救的动物的空间只有：

$$9\ 120 \div 3\ 500 = 2.6\text{平方米}$$

这种“生活空间”显然是不够的，特别是如果我们考虑到诺亚还有必要在动物的笼子之间留下一条通道。而且，除了哺乳动物以外，诺亚方舟还要为其他许多陆地生物提供庇护所，它们虽然没那么大，但种类更多，数量大致如下：

鸟类……13 000种

爬行动物……3 500种

两栖动物……1 400种

蜘蛛纲动物……16 000种

昆虫……360 000种

如果哺乳动物在方舟中都很拥挤，那么其他的动物更没有足够的空间了。为了容纳所有种类陆地生物，诺亚方舟必须扩大很多倍。按照《圣经》里写的尺寸，方舟已经是一艘非常大的船了：就像水手所说的那样，它的“排水量”为20 000吨。在那么遥远的时代，造船技术还处于起步阶段，人们要建造这种大小的船是完全不可能的。因此，它还不足以实现《圣经》传说中对它的要求。毕竟，这是一个需要5个月的饲料供应的动物园呐！简而言之，《圣经》中关于世界大洪水的传说与简单的数学计算相去甚远，以至于很难在数学计算中找到它可信的证据。很可能只是某地发生了洪水，其他的全是靠想象力虚构出来的。

11

29 道不同类型的谜题

导读

刘月娟

通过前面的章节我们看到了数学的神奇涉及我们生活的方方面面，这一章我们能更全面地了解到数学的魅力。在生活中大家经常会根据自己的常识对事物做出判断，但是也正是因为这种第一反应常常会使我们陷入思维误区。在整个数学的学习过程中，我们会发现学好数学可以为以后的就业提供更多选择的机会，如精算师、工程师、教师等，都是需要以数学知识为后来工作打好基础的职业。本章主要讲了几种类型的谜题，这些谜题正是数学在各个方面的应用。

1.代数谜题

“数”是我们最常接触到的，小到柴米油盐费用的计算，大到天文数字等。现在我们先从基础的数开始讨论，能否用五个相同的数字表示100，最多可以写出几种形式呢？举个最简单的例子：

$(5+5+5+5)\times 5=100$

思考一下，如此美观的数字组合你还能写出哪些呢？

在平常的四则运算中的数都是十进制的，但我们常见的钟表却是60进制，即1小时=60分，1分=60秒；在数学代码中还有一种进制——二进制，这些都是我们经常会用到的。在60进制中，最直接的应用是小时和分钟的直接转换。因此在不同的运算规律的前提下会有不同的运算结果，比如问最小的两位数是几？你的回答是不是10，但结果却是在不同运算法则下的1，关于此问题在文中有详细的解释，你可以去认真地读一读。

关于代数，还有一个我们之前就提到过的一个问题：鸡兔同笼，不知现在的你是否弄明白了呢？如果明白了就在本章中的蜘蛛与甲虫的问题上实践一下吧！

2.几何谜题

正如几何理论中提到的三个不共线的点可以确定一个平面，因此三条腿的凳子是绝对不会摇晃的，这就是几何在生活中的应用。现在我们将问题升级：如何判断任意时刻时针与分针的夹角（只考虑整分时刻）？如果我们能够沿着赤道走遍整个地球，那么我们的头移动的路径会比脚移动的更长。可是路径之差有多大呢？

其实，以上的钟表问题涉及圆心角问题，行走在赤道的问题是圆的知识的应用。

排队问题很常见，每周一当学校举行升旗仪式的时候，在操场上总会看到整齐的队列，那么24个人能否排成6列呢，每列要求有5个人？请思考一下吧。

几何在航空领域也得到了广泛的应用，有这么一个简单的例子，当一架12米宽的飞机掠过一架相机时，被从下往上拍到了。相机的深度为12厘米。在拍摄的照片中，飞机的宽为8毫米，请问拍摄时飞机是在什么样的高度飞行的？这是图形相似原理的应用。

当然书中还有很多数学应用于生活的实例，文中提到的仅仅是一部分，还有很多数学趣事等着我们去发现。知识的海洋浩瀚无比，让我们怀着期待之心面对吧！

1.链条

铁匠带了5段链条（每段上有3个链环），打算把它们合成一整根链条。在开始行动之前，铁匠思考整个过程需要拆开再锻接多少个链环。他认为，他必须得拆开再锻接四个链环。但是，有没有更好的办法——可以通过拆开再锻接更少的链环来完成这项工作?

2.蜘蛛和甲虫

将蜘蛛和甲虫共8只放到一个盒子里，算出盒子里所有腿的总数是54条。那么这个包装盒里有多少只蜘蛛，有多少只甲虫呢?

3.一件雨衣、一顶帽子和一双套鞋

有人买了一件雨衣、一顶帽子和一双套鞋，总共付了140卢布。买一件雨衣比一顶帽子多花了90卢布；买一顶帽子和一件雨衣比一双套鞋多花了120卢布。

那每件物品分别花了多少钱？必须通过口头计算来解决这道题，不能用方程式。

4.鸡蛋和鸭蛋

在如图60所示的一些篮子里装了一些蛋，有些篮子装的是鸡蛋，另一些篮子装的是鸭蛋。每个篮子上都显示着里面蛋的数量。卖家说："如果我卖掉这个篮子的蛋，那么剩下来的鸡蛋数量将会是鸭蛋的两倍。"

卖家指的这个篮子里有多少个蛋呢？

图60　不同大小的篮子

5.飞行

飞机在1小时20分钟内从城市A飞到了城市B。但是，他却在80分钟内完成了返程飞行。你会如何解释这种现象呢？

6.给钱

两个父亲给儿子钱，一个给了他的儿子150卢布，另一个给了他的儿子100卢布。然而，事实证明，两个儿子的钱加起来只增加了150卢布。这要怎么解释呢？

7.两个棋子

要在空的棋盘上（如图61）放入两个棋子——白色和黑色各一个，有多少种放置的方法？

图61　国际象棋棋盘

8.两位数

两个数字组成的最小整数是多少?

9.一个1

怎样用0~9这十个数字来表示数字1?

10.五个9

用五个9表示数字10。请至少用两种方式。

11.十位数

用1~9的所有数字来表示100。你有多少种表示方式？请至少用四种方式。

12.四种方式

请用四种不同的方式，用五个相同的数字来表示100。

13.四位数

用四个1表示的最大的四位数是多少？

14.神秘的除法

在下面的除法算式中，除了已知的四个4，其他所有的数字都用*号来代替。请算出被*代替的数字。

```
            *4**
     ***/******4
         ***
        ------
         **4*
         ****
        ------
          ****
          **4*
        ------
           ****
           ****
        ------
               0
```

这道题有好几种不同的解答方法。

15.另一种除法

对另一个已知七个7的除法算式进行相同的运算：

```
                **7**
       ****7* ) **7*******
                ******
                *****7*
                *******
                 *7****
                 *7****
                 *******
                 ****7**
                   ******
                   ******
                        0
```

16.平方米和平方毫米

请你思考一下，1平方米中的所有平方毫米紧密相连，由它组成的一根细丝有多长。

17.立方米和立方毫米

请思考一下，1立方米中的所有立方毫米彼此堆叠，由它组成的一根柱子高多少千米。

18.飞机的高度

当一架12米宽的飞机掠过一架相机时，被从下往上拍到了。相机的深度为12厘米。

在拍摄的照片中，飞机的宽为8毫米。那拍摄时飞机是在什么样的高度飞行的?

19.一百万个产品的重量

一个产品重89.4克，请想想一百万个这样的产品重多少吨。

20.路径数

如图62所示，你会看到一片森林被分成一个个方形块。虚线表示沿空地从A点到B点的路径。当然，这并不是这两点之间唯一的路径。你能否算出有多少条长度相等的不同路径？

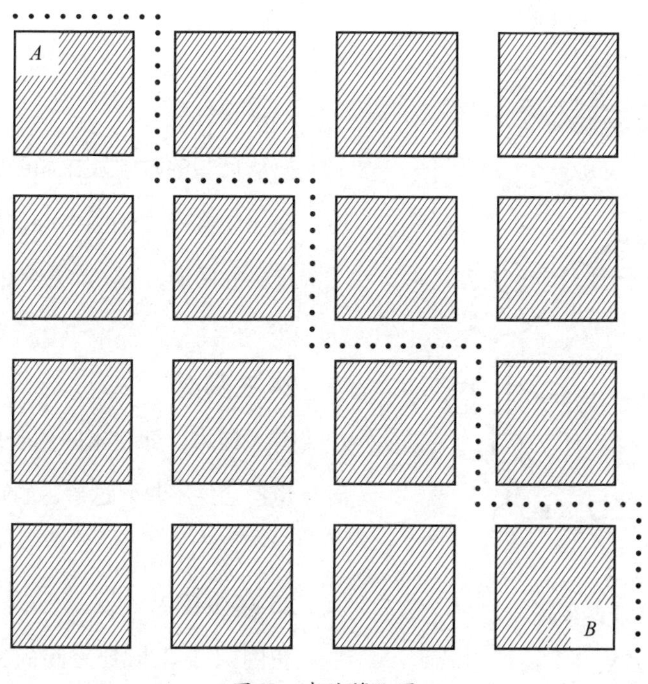

图62　森林简化图

21.表盘

必须把如图63所示的表盘分成任意形状的6个部分，使每个部分中的数字和相同。这道题不是要考你的智力，而是要考你的答题速度。

22. 八角星

把从1到16的这些数字放在如图64所示的圆圈中，使每个正方形每条边上的数字之和为34，每个正方形4个顶点的数字之和也为34。

图63　表盘

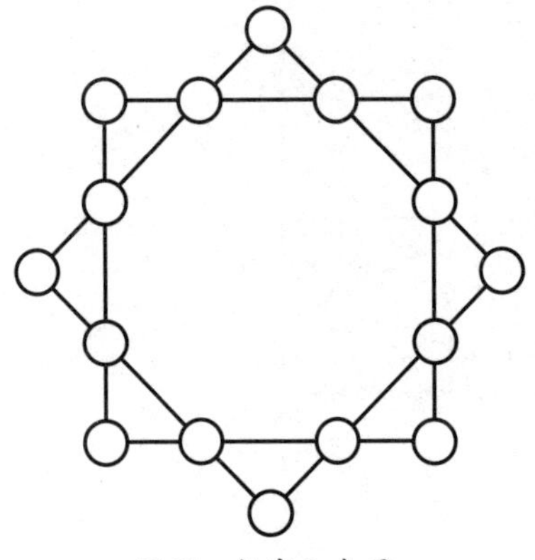

图64　数字八角星

23.圆形星

把从1到9的数字放在如图65所示的圆圈中，使一个数字位于圆中心，另两个数字位于圆直径的两端，这三个数字的和为15。

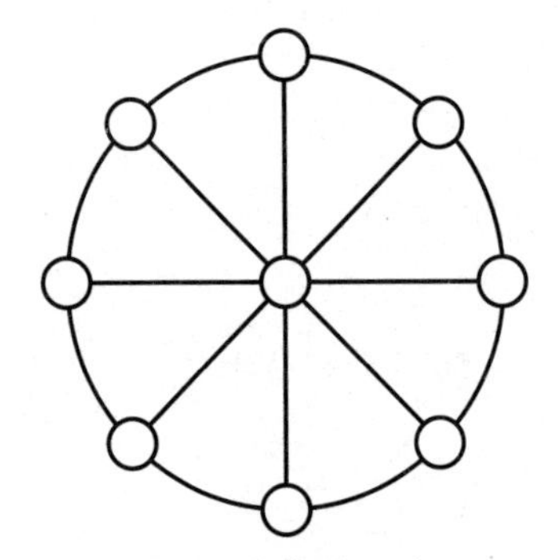

图65　数字圆形星

24.三脚桌

有人认为，即使桌腿的长度不相等，三脚桌也不会站不稳。这是真的吗?

25.多少度?

在图66中，指针之间的夹角度数是多少？必须自己想出答案，不能用量角器。

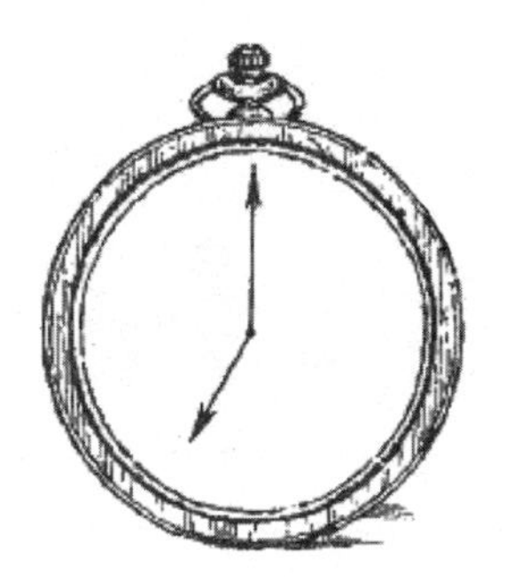
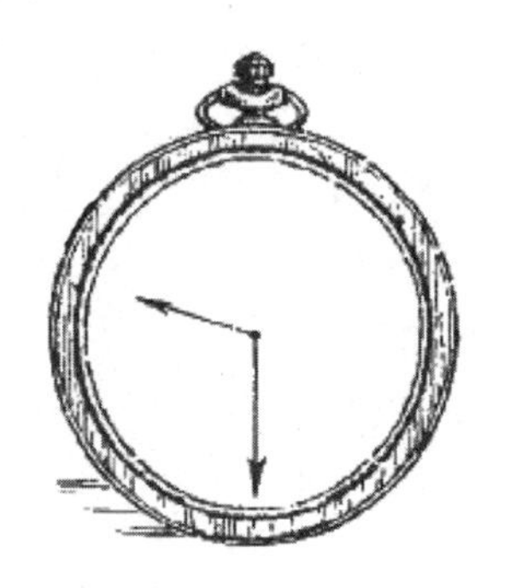

图66　指针间的夹角

26.沿赤道行走

如果我们能够沿着赤道走遍整个地球，那么我们的头移动的路径会比脚移动的更长。路径之差有多大?

27.把24个人分成6列

你可能看过一个漫画故事，这个故事讲述了每个马栏中放1匹马，如何在10个马栏中放9匹马。现在要提出的这道题，表面上看起来像一个著名的笑话，但是里面要用到的不是一个虚构的，而是非常实际的解答方法。

这道题目是这样的：把24个人分成6列，每列要有5个人。

28.十字架和新月

如图67所示，有一个由两道圆弧组成的新月形图形。

请绘制一个红十字标志，使它的几何面积与新月形的面积完全相等。

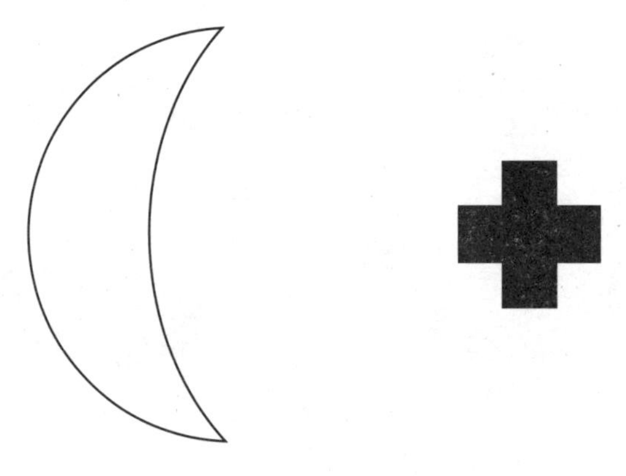

图67　新月和十字形

29.别内迪克托夫[1]的谜题

下面提出的这道谜题是我从别内迪克托夫谜题集的手稿中摘来的，诗人是用小说的形式写的这道题，题名为“灵巧地解决一道棘手的谜题”。

有一个卖鸡蛋的妇女，每天要卖掉90个鸡蛋，她把三个女儿带入市场，并委托大女儿卖10个鸡蛋，二女儿卖30个鸡蛋，小女儿卖50个鸡蛋。

同时，该妇女跟女儿们说：首先你们要商定好你们要卖的鸡蛋的价格，并且不能改价格。你们所有人都要坚持按这个价格卖鸡蛋，但是我希望我的大女儿，你能凭借自己的聪明，在你们会遇到的所有情况下，都知道用什么样的价格卖你的10个鸡蛋，也知道二女儿30个鸡蛋的价格是多少并教会二女儿卖她的30个鸡蛋，还知道小女儿卖鸡蛋的价格并教会小女儿卖50个。你们三个人卖鸡蛋的价格和收入都要一样，另外，我还希望你们卖10个鸡蛋的收

1 别内迪克托夫，俄国诗人，擅长写浪漫的抒情诗，曾名噪一时。

入不少于10戈比，90个鸡蛋的收入不少于90戈比。

别内迪克托夫的故事我就先讲到这里，给读者一个猜出女儿们如何完成任务的机会。

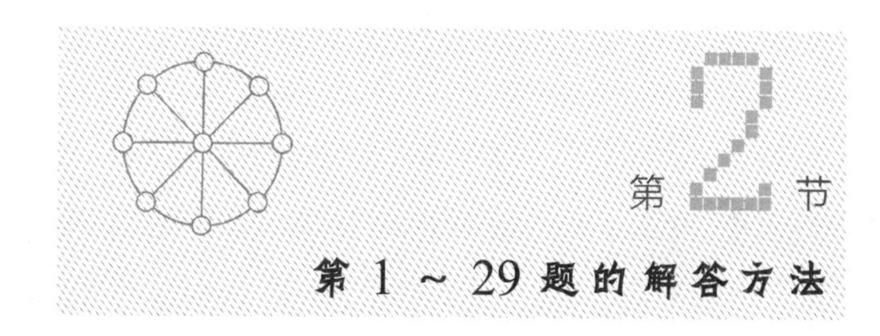

第2节 第1～29题的解答方法

1.你只要拆开3个链环就能完成任务了。为此，你需要拆下其中一段链条上的3个链环，并用它们将其余4段链条连接起来。

2.要解决这道题，我们必须首先从自然学科的角度回顾一下甲虫有多少条腿，蜘蛛有多少条腿：甲虫有6条腿，蜘蛛有8条腿。

知道了这一点以后，先假设盒子里只有甲虫，数目是8只。这样，所有甲虫的腿共有$6 \times 8 = 48$条，比题中规定的少了6条。现在，我们用一只蜘蛛替换一只甲虫。这样一来，由于蜘蛛不是6条腿，而是8条腿，因此腿的数量将增加2条。

很明显，如果我们进行3次这样的替换，盒子中腿的总数就达到了所需的54条。因此，盒子中有5只甲虫和3只蜘蛛。

让我们来检验一下：5只甲虫有30条腿，3只蜘蛛有24条腿，腿总共有$30 + 24 = 54$条，这正好符合题中的要求。

你还可以用其他的方式来解决这道题。即：可以假设盒子里只有蜘蛛，总共8只。然后，腿的总数为$8 \times 8 = 64$条，这比题中规定的多了10条。用一只甲虫替换一只蜘蛛，就减少了2条。我们需要进行5次这样的替换，然后腿就会减少到所需的54条。换句话说，8只蜘蛛，现在只剩下3只，其余的则被甲虫代替了。

3.如果买一件雨衣、一顶帽子和一双套鞋，变成只买两双套鞋，那么你支付的就不是140卢布，而是少付一顶帽子和一件雨衣的钱，即120卢布，但多付了一双套鞋的钱。因此，我们可以得到，两双套鞋的价格为140 – 120 = 20卢布，所以一双套鞋的价格为10卢布。

现在我们知道了一件雨衣和一顶帽子的总价为140 – 10 = 130卢布，根据一件雨衣比一顶帽子贵90卢布，我们可用同样的方法，假设我们买两顶帽子，而不是买一顶帽子和一件雨衣，我们可以少付90卢布，而不用付130卢布。因此，两顶帽子的价格为130 – 90 = 40卢布，所以一顶帽子的价格为20卢布。

这样就可得出这些商品的价格为：一双套鞋——10卢布，一顶帽子——20卢布，一件雨衣——110卢布。

4.卖家指的这个篮子里有29个蛋，因为鸡蛋被放在数量为23、12和5的篮子中；鸭蛋被放在数量为14和6的篮子中。

我们来验算一下，剩下的鸡蛋总数为23 + 12 + 5 =40个；鸭蛋为14 + 6 =20个。

剩下的鸡蛋总数是鸭蛋的两倍，这符合题目的要求。

5.这道题没有什么可解释的：飞机在两个方向飞行用的时间是一样的，因为80分钟= 1小时20分钟。

这道题是专门为审题不仔细的读者设计的，他们可能会认为1小时20分钟和80分钟不一样。奇怪的是，这样认为的人还不少，除此以外，习惯于口头计算的人比用计算器的更多。

原因在于人们习惯于用十进制来计算度量单位。看到“1小时20分钟”和“80分钟”这两个词，我们会不由自主地把它们之间的差值，看作是1卢布20戈比和80卢布之间的差值。这道题是专门为这种错误心理而设计的。

6.解决这道题的办法是，其中一个人的身份既是父亲又是儿子。他们总共不是四个人，而是三个人：祖父、儿子和孙子。祖父给了他儿子150卢布，儿子给了孙子（即他的儿子）100卢布。因此，儿子增加的钱只有50卢布，孙子增加的钱是100卢布，加起来只增加了150卢布。

7.第一个棋子可以被放在棋盘64个格子的任何一个上，即有64种放置的方法。放了第一个棋子后，可以把第二个棋子放在其他63个格子的任何一个上。因此，第二个棋子的63种放法可以被归纳到第一个棋子的64种中。所以，棋盘上两个棋子的放法总共有：

$$64 \times 63 = 4\ 032\text{种}$$

8.两个数字组成的最小整数，有的读者会认为是10，其实是用下面这种方式表示的1：

1的0次方、2的0次方、3的0次方……直到9的0次方。任何数的0次方都等于1。此外，1的1次方也等于1[1]。

9.有必要把1表示为两个分数的和：

$$\frac{148}{296}+\frac{35}{70}$$

那些懂代数的人还可以给出其他答案：123 456 789的0次方；234 567 981的0次方等，因为任何数字的0次方等于1。

10.有如下两种表示方法：

$$9\frac{9}{9}+9-9=10,$$

1 但是0^0这种解法是错误的：这些表达式不一定等于1。

$$\frac{99}{9}-\frac{9}{9}=10$$

那些懂代数的人还可以给出其他答案：

$$\left(9\frac{9}{9}\right)^{\frac{9}{9}}=10,$$

$$9+99^{9-9}=10$$

11.谁懂代数，谁就可以有更多的解答方法，例如：

$$70+24\frac{9}{18}+5\frac{3}{6}=100,$$

$$80\frac{27}{54}+19\frac{3}{6}=100,$$

$$87+9\frac{4}{5}+3\frac{12}{60}=100,$$

$$50\frac{1}{2}+49\frac{38}{76}=100。$$

12.数字100可以在这种情况下用五个相同的数字表示，可以使用一组3，也可以使用一组5，当然最简单的是使用一组1：

$$111-11=100,$$

$$3\times 33+\frac{3}{3}=100,$$

$$5\times 5\times 5-5\times 5=100,$$

$$(5+5+5+5)\times 5=100。$$

13.大家给这道题的答案通常会是：1 111。但是，你还可以写出大很多倍的数，即可以等于11的11次方：11^{11}。

如果你有耐心一直算到最后一步，你会看到，这是一个超过2 800亿的数。而且，它比1 111这个数大2.5亿多倍。

14.这个给定的除法算式可以对应四种不同的情况，即：

$$1\ 337\ 174 \div 943 = 1\ 418$$

$$1\ 343\ 784 \div 949 = 1\ 416$$

$$1\ 200\ 474 \div 846 = 1\ 419$$

$$1\ 202\ 464 \div 848 = 1\ 418$$

15.这个例子只能对应一个[1]除法算式：

$$7\ 375\ 428\ 413 \div 125\ 473 = 58\ 781$$

16.一平方米等于100万平方毫米。彼此连接的每1 000平方毫米为1米长；每100万平方毫米则长1 000米，这条细丝有1 000米长。

17.这道题的答案是令人惊讶的：这是一根……1 000千米高的柱子。

我们来进行计算，1立方米等于1 000×1 000×1 000立方毫米。每1 000个1 000毫米×1毫米×1毫米的立方体彼此堆叠，将形成1 000米 = 1千米的柱子。而且由于1立方米的立方体的大小是该立方体的一千倍，因此组成的柱子会有1 000千米高。

18.从图68中可以看出，由于角1和角2相等，飞机的真实尺寸与照片上影像的尺寸成比例，而且这个比值就是飞机到照相机的距离与照相机深度的比，所以在我们的案例中，用x来指飞机离地面的高度（以米为单位，此处忽略了相机的高度），我们得到的比例为：

$$12 : 0.008 = x : 0.12$$

得出x = 180米。

19.这种计算要在脑海中进行，必须把89.4克乘以一百万。我们分两步进行乘法运算：

$$89.4 \times 1\ 000 = 89.4\text{千克}$$

---

1 后来，又发现了三种解决方案。

因为千克是克的一千倍。接下来：

89.4千克 × 1 000 = 89.4吨，因为一吨是一千克的一千倍。所以，要求的重量为89.4吨。

20.沿空地从A点到B点的路径总数，算出来为70种。在巴斯卡三角形的帮助下，我们可以轻松地解决这个问题。

21.由于表盘上指示的所有数字的总和为78，所以六个部分中每个部分的数字和应为78 ÷ 6，即13。于是很容易就能得出如图69所示的解答方法。

22、23这两道题的解答方法如图70和图71所示。

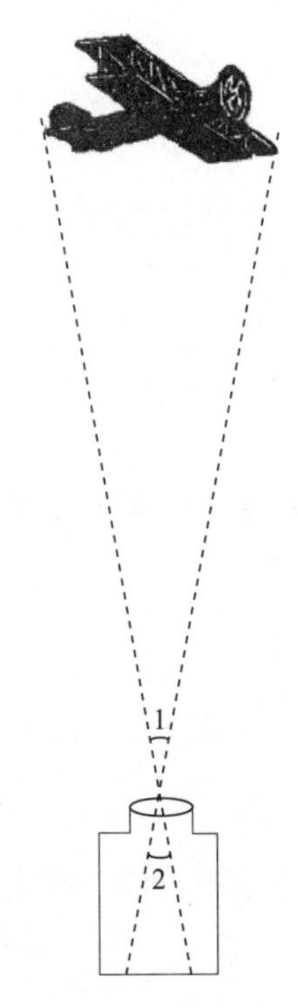

图68　飞机高度的计算

图69　表盘的划分

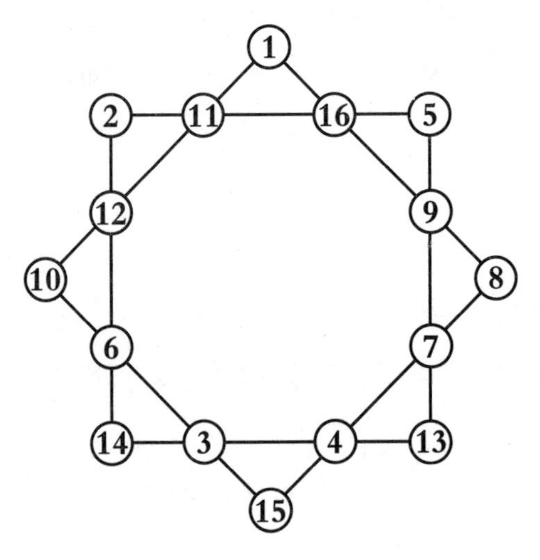

图70　数字八角星

24.三脚桌总是可以用三条腿的底部接触地板，因为在空间中，经过每三个点的平面只有一个。这就是三脚桌子不会站不稳的原因。如你所见，这个问题纯粹是几何学的，而不是物理学的。这就是为什么把三脚架用于测量仪器和照相设备，会给使用者带来方便的原因。第四条腿不会使桌子更稳定；相反，只会导致更多的不便，我们需要多次确保桌子的每条腿都不摆动。

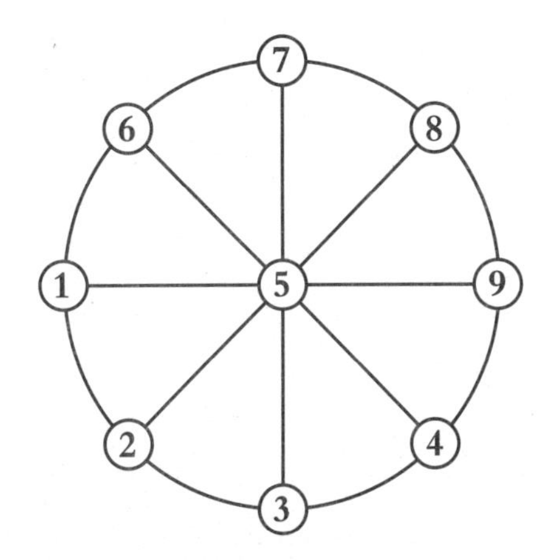

图71　数字圆形星

25.如果你考虑到指针显示的时间，这个问题就很容易回答了。如图72所示左侧时钟上的指针显然显示的是7时整。因此，在这两个指针之间的弧度占整个圆的5/12。用度数表示为：

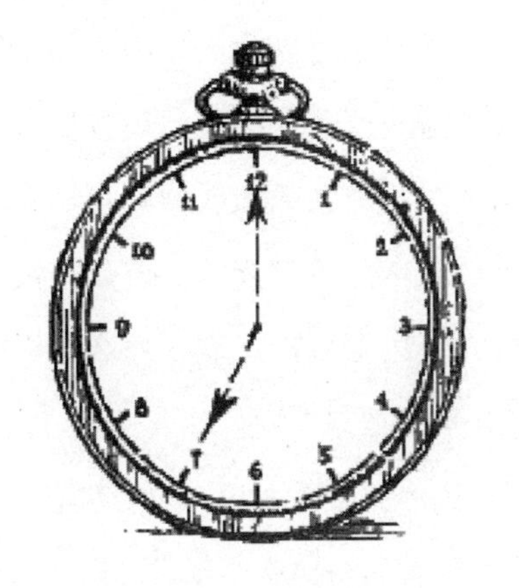
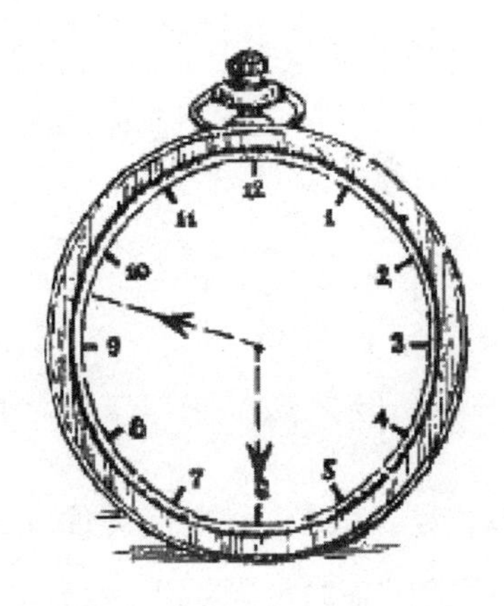
图72　指针间的夹角

$$360° \times \frac{5}{12}=150°$$

图72右侧时钟上的指针显示的是9时30分。指针之间的弧度占整个圆的7/24。用度数表示为：

$$360° \times \frac{7}{24}=105°$$

26.假设一个人的身高为175厘米，并用R来表示地球的半径，我们得到的算式为：

$2 \times 3.14 \times (R + 175) - 2 \times 3.14 \times R = 2 \times 3.14 \times 175 = 1\,099$（厘米）
也就是约11米。

这里需要注意的是，这个结果完全不取决于地球的半径，因此，即便地球半径变得和太阳一样大，结果也是这个值。

27.如果我们按照如图73所示的六角形来布置人员，就很容易满足题目的要求。

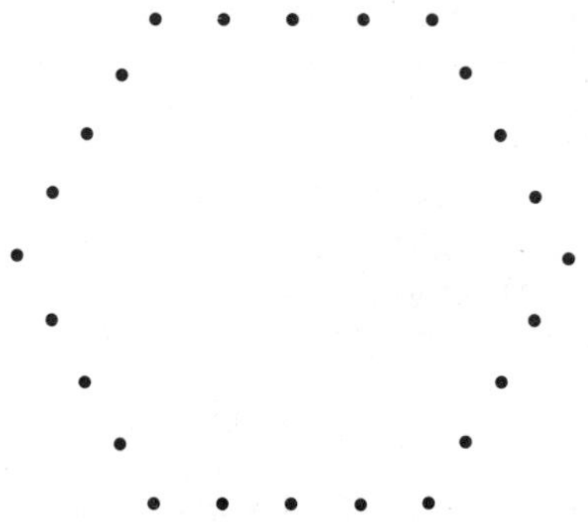

图73　人员布置图

28.听说过圆不可能由正方形变成的读者，可能会觉得这道题的要求，从严格的几何学角度来看，是无解的，因为不靠测量的手段想把一个完整的圆变成面积相等的正方形是不可能的。那么把由两个圆弧组成的新月形变成大小相等的十字形也是不可能的。但如果我们使用众所周知的毕达哥拉斯定理，那么这个问题就可以通过几何方法来解决。

我指的是，直角边上的半圆面积之和等于斜边上的半圆面积，如图74所示。将右侧那个最大的半圆转换到左侧（见图75），我们很容易得出两个新月形影子的面积等于三角形的面积。如果用等腰三角形的话，则每个新月形面积分别等于该三角形的一半，如图76所示。

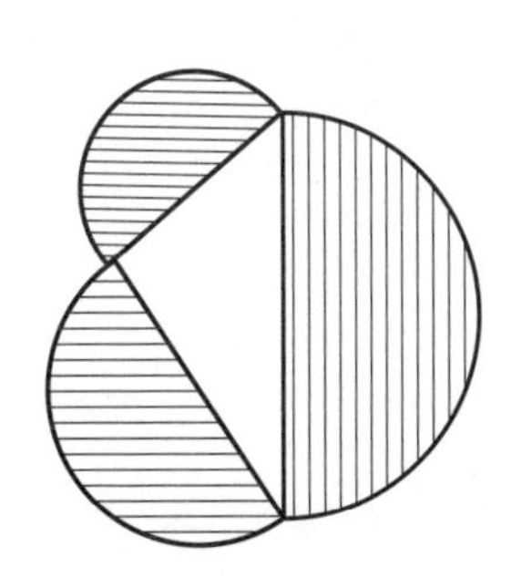
图74 以三角形三边为直径的半圆

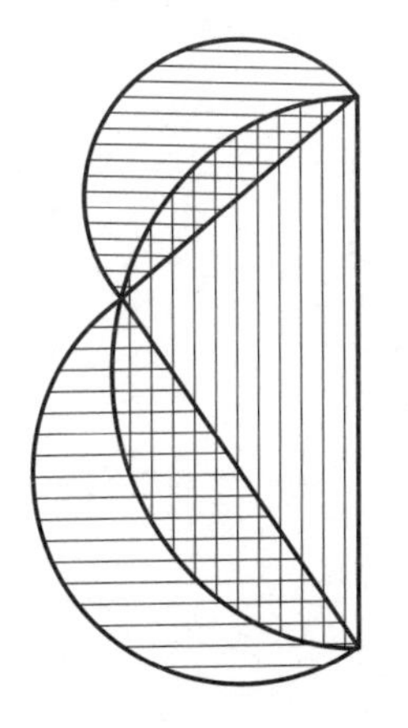
图75 转换半圆位置

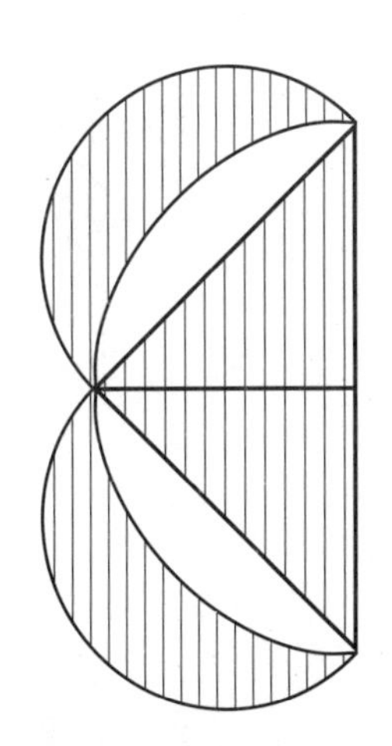
图76 等腰直角三角形和新月形

接下来，可以用几何知识来精确地构造出一个等腰直角三角形，其面积等于新月形的面积。由于等腰直角三角形很容易变成边相等的正方形，如图77所示，因此可以用几何结构相同的正方形来替换新月形。剩下的只是把这个正方形变成红十字会[1]的符号了（众所周知，它由5个相等的正方形相互连接而成），有几种方法可以做到，图78和图79中显示了其中的两种方法。这两种方法都是把正方形的顶点与对边的中点连接起来。值得注意的是，只有构成新月形[2]的两段圆弧满足以下条件时：内弧所在圆的面积是外弧所在圆面积的2倍，这样它才能转变成面积相等的十字形，否则按题中做法得不到等腰直角三角形，也就无法转变成十字形了。

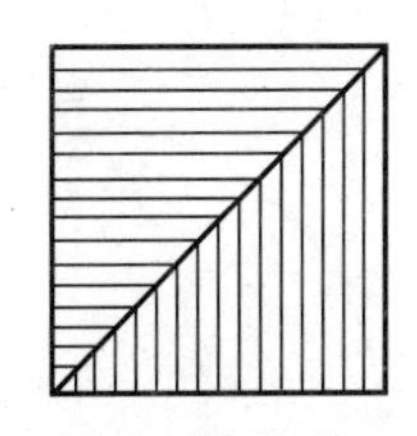
图77 等腰直角三角形拼成正方形

1 红十字会是公益性质的国际医疗、救助组织，其标志就是由五个相同正方形组成的红色十字形。

2 我们在天空中看到的这种月牙的形状略有不同：它的外弧是一个半圆，而内弧是一个半椭圆形。艺术家经常错误地把月牙描绘成是由圆弧组成的。

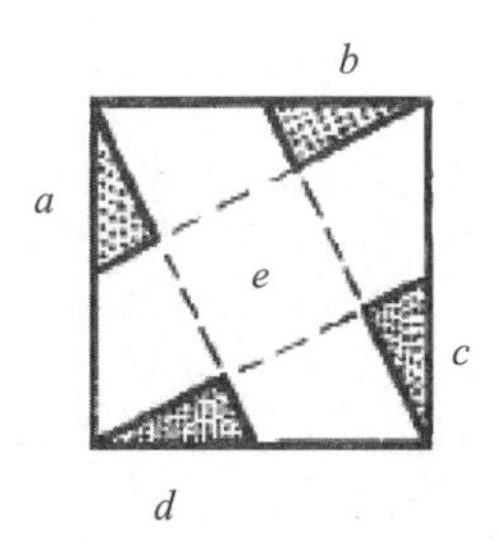

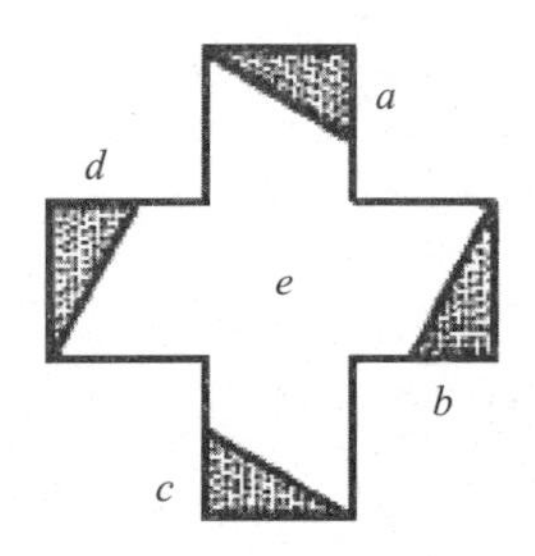

图78　将正方形转换为十字形

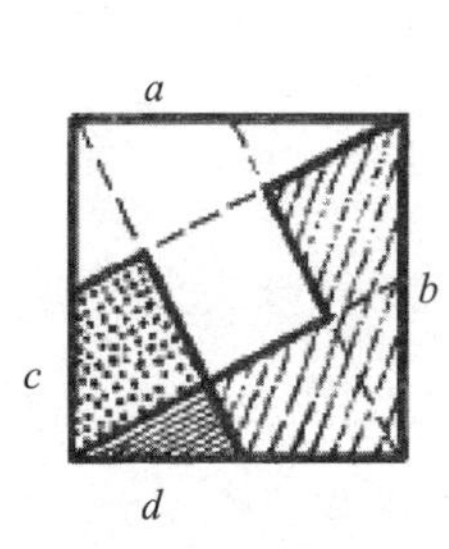

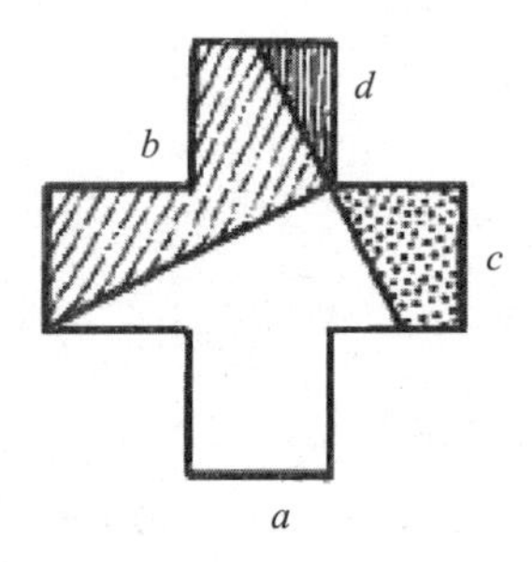

图79　另一种将正方形变成十字架的方法

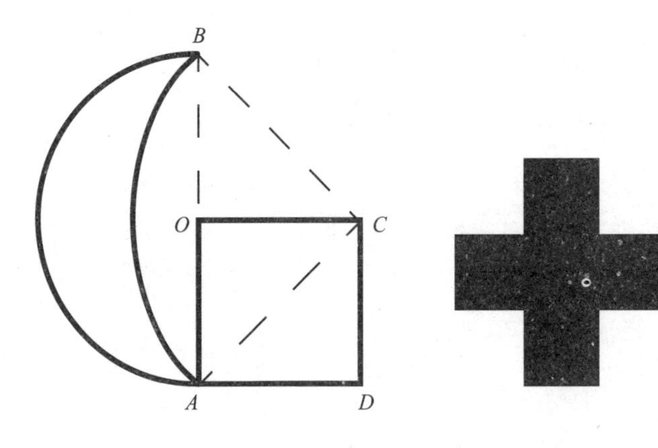

图80　和新月形面积相等的十字形

这就是构建把新月形转换成十字形的方法。新月形的两端A点和B点（见图80）由一条直线连接起来：直线的中点为O，$OB = OA$。将等腰三角形OAC补充为正方形$OADC$，用图78和图79中所示的方法将新月形转换为十字形。

29.我们来把中断的别内迪克托夫故事讲完：

“这道题很棘手。”女儿们去市场的时候，开始互相商量，二女儿和小女儿都打算听从大女儿的想法和建议。大女儿考虑了一下，然后说道：

“姐妹们，我们卖鸡蛋不要像现在这样一打十个，而是改成一打七个：七个鸡蛋一打地卖；正如母亲所说，七个鸡蛋按一个价格卖。说好啦，别放过一分钱！先把七个一打的每打卖3戈比，同意吗？”

“太便宜了。”二女儿说道。

“是的，”大女儿说，“但是把七个一打的卖完后，我们就可以提高篮子里剩下的鸡蛋的价格呀。我早就确认过了，除了我们以外，市场上没有其他卖鸡蛋的商人了，所以没人会降低价格。当有人对商品有需求，并且商品快卖完的时候，价格会上涨。我们剩下的鸡蛋在这里正好就赶上了。”

“那我们剩下的鸡蛋卖多少钱呢？”小女儿问道。

“每个鸡蛋卖3个3戈比。来吧，就这样吧。那些真正需要的人会给钱的。”

“这太贵了。”二女儿再次说道。

“是的，”大女儿说道，“但是开始的七个一打的鸡蛋便宜了很多呀，后面的只比前面的贵一点而已。”

三个人都同意了。

来到市场后，每个女儿分别坐在自己的位置上卖鸡蛋。买主因价格的便宜而欢欣鼓舞，小女儿有50个鸡蛋，它们都差不多被卖出去了。她七个一打地卖，总共得了7个3戈比，她的篮子里还剩下一个鸡蛋。二女儿有30个鸡蛋，每七个一打卖给了4个顾客，她的篮子里还剩下两个鸡蛋：她得到了4个3戈比。大女儿有10个鸡蛋，为此她卖了一打，得到了一个3戈比，她还剩下3个鸡蛋。

突然出现了一位女厨师，她被老爷派到市场来，必须要买10个鸡蛋。老爷的儿子们很快就要来做客了，他们很喜欢吃鸡蛋。女厨师在市场里来回奔波，到处的鸡蛋都被卖光了，只有市场里那三个商人那儿还剩6个鸡蛋：一个商人那儿有1个鸡蛋，另一个那儿有2个鸡蛋，第三个那儿有3个鸡蛋。

毫无疑问，女厨师首先看到的是大女儿剩下的3个鸡蛋，她卖七个一打只卖了一个3戈比。女厨师问道：

“你这3个鸡蛋怎么卖？”

大女儿回答道：

“每个鸡蛋卖3个3戈比。”

“什么？你是疯了吧！”厨师说道。

“那随你的便咯，”大女儿说道，“不能再便宜了。因为这些是最后几个了。”

女厨师跑到篮子里放了2个鸡蛋的筐前，问道：

“每个卖多少钱？”

“每个卖3个3戈比。价格是定好的。其他的都卖出去了。”

“你的这个鸡蛋卖多少钱？”女厨师问小女儿道。

她回答道：

“3个3戈比。”

没办法，女厨师不得不以这个令人难以置信的价格买这些鸡蛋。

“这里所有的鸡蛋我都买了。”

女厨师给大女儿的3个鸡蛋付了9个3戈比，所以她总共有10个3戈比；给二女儿的两个鸡蛋付了6个3戈比，由于她之前卖七个一打的时候获得了4个3戈比，所以她卖的钱也等于10个3戈比。小女儿从女厨师那里得到了3个3戈比，她之前卖七个一打的时候得到了7个3戈比，所以她的收入也是10个3戈比。

然后，女儿们回到了家里，每个人给了母亲10个3戈比，并告诉了母亲，她们是根据同样的价格把她们的10、30、50个鸡蛋卖成一样的收入的。

让母亲感到非常高兴的是，女儿们完全准确地履行了她交代的任务以及大女儿是如此的足智多谋，让她更高兴的是，女儿们的总收入为——30个3戈比即90戈比，这正好达成了她的期望。

[俄罗斯] 雅科夫·伊西达洛维奇·别莱利曼 著

郑倩华 译

北京理工大学出版社
BEIJING INSTITUTE OF TECHNOLOGY PRESS

图书在版编目（CIP）数据

孩子一读就懂的数学. 趣味代数学 / (俄罗斯) 雅科夫・伊西达洛维奇・别莱利曼著；郑倩华译. -- 北京：北京理工大学出版社, 2021.12

ISBN 978-7-5763-0018-5

Ⅰ. ①孩… Ⅱ. ①雅… ②郑… Ⅲ. ①代数－青少年读物 Ⅳ. ①O1-49②O15-49

中国版本图书馆CIP数据核字（2021）第133941号

出版发行 / 北京理工大学出版社有限责任公司
社　　址 / 北京市海淀区中关村南大街 5 号
邮　　编 / 100081
电　　话 / （010）68914775（总编室）
（010）82562903（教材售后服务热线）
（010）68944723（其他图书服务热线）
网　　址 / http: //www.bitpress.com.cn
经　　销 / 全国各地新华书店
印　　刷 / 三河市冠宏印刷装订有限公司
开　　本 / 880 毫米 × 710 毫米　1/16
印　　张 / 14
字　　数 / 190 千字
版　　次 / 2021 年 12 月第 1 版　2021 年 12 月第 1 次印刷
定　　价 / 148.00元（全 3 册）

责任编辑 / 陈莉华
文案编辑 / 陈莉华
责任校对 / 周瑞红
责任印制 / 施胜娟

图书出现印装质量问题，请拨打售后服务热线，本社负责调换

CONTENTS

目录

01 第五种数学运算

02 代数的语言

C O N T E N T S

目录

CONTENTS
目录

04 丢番图方程

05 第六种数学运算

06 二次方程

CONTENTS
目录

CONTENTS
目录

第七种数学运算

01

第五种数学运算

导读

刘月娟

在学习代数的过程中，我们最先接触的也最常接触的数学运算是加法、减法、乘法和除法这四种，不可否认这四种运算大大方便了我们的生活，但如果你认为只有这四种就可以满足我们的运算，那就大错特错了。正方体的体积该怎么计算呢？这里用到了三次方。球的体积又该怎么计算呢？同样也是三次方。这些数都还是比较小的，计算也相对简单。但如果是天文数字参与的运算，那么这些数字本身可能就会让你瞬间崩溃。

地球距离太阳的距离约为 150 000 000 000 米，且每天都围着太阳进行类似圆周的公转，那么利用圆的面积的计算公式，此时地球扫过的面积应该等于 π×150 000 000 000×150 000 000 000 平方米。看到这项数字你是否会仰天长叹："天呐，为何要这么折磨我呢？这简直就是天文数字啊！"别着急，为了解决此类问题，将引入第五种数学运算——乘方。我们首先从定义入手，"乘方"表示对一个数乘若干次后的形式，如 a 相乘 n 次后得到 a^n，读作 a 的 n 次幂，其中 a 叫作底数，n 叫作指数。在本章中会讲很多关于使用乘方的例子，通过乘方的运用，能帮助我们省去很多麻烦。那我们就一起来看看都有哪些例子吧！

1. 步入太空

我们都知道这样一个知识，在浩瀚的宇宙中，我们身处太阳系，太阳系的内行星含有八大行星，按照离太阳的距离从近到远，它们依次为水星、金星、地球、火星、木星、土星、天王星、海王星。地球到太阳的平均距离为 149 600 000 000 米，这是一个天文数字；每次看到月亮的时候感觉离我们好近，但实际上月球离地球的距离为 38 440 390 000 厘米，这些在计数的过程中常常会因为数字 0 过多而遗漏，为了便于书写和计算，我们将采用乘方的方法计数。也就是我们小学时期学习的简便计数，具体的介绍可以详看文章第一章节。

2. 化学燃烧

燃烧能制热，这是个常识问题，化学反应速率定律表明，温度每降低 10 ℃，反应速率（参加反应的分子数量）就降低一半。把这个定律应用到木材与氧气的结合反应，也就是木材燃烧过程中：假设在 600 ℃时每秒钟燃烧 1 克木材，那么在 20 ℃时，燃烧 1 克木材需要多少时间？在室温下木材能否燃烧呢？如果可以，又能燃烧多久呢？这里的计算就用到了乘方，而且结果会是一个令你吃惊的非常大的天文数字，在本章的第 4 节中，你将会找到答案。

3. 密码破译

现在越来越多的人开始使用密码箱放重要机密，有这么一个原始的密码箱，箱门的密码锁有 5 个圆圈，每个圆圈边缘上有 36 个字母，必须按照某个特定单词顺序组合。可是谁也不知道这个单词，为了不损坏密码箱，他们决定把箱门上字母所有的组合方式都试一遍。完成一个组合需要花 3 秒钟，是否有希望在 10 个工作日内打开密码箱？可想而知包含的组合有 36^5 种组合方式，这也是个天文数字，仔细算过就知道这将需要 20 年才能把所有的结果都试一遍。

4. 棋局奥秘

每天放学经过小卖部门前的时候总会看到一伙爷爷们在下棋，你有没有上前看过呢？你喜欢下棋吗？看着错综复杂的棋盘，你有想过共能出现多少种棋局吗？全部都下一遍又会需要多久呢？别急，本章中的小节将会带我们探究棋局的奥秘。

看到这些问题，会给你怎样的震撼呢？数学表示的形式千变万化，这些奥秘有没有激发你对代数的兴趣呢？上述提到的仅仅是本章的冰山一角，还有很多有趣的事情等着你去探索呢。

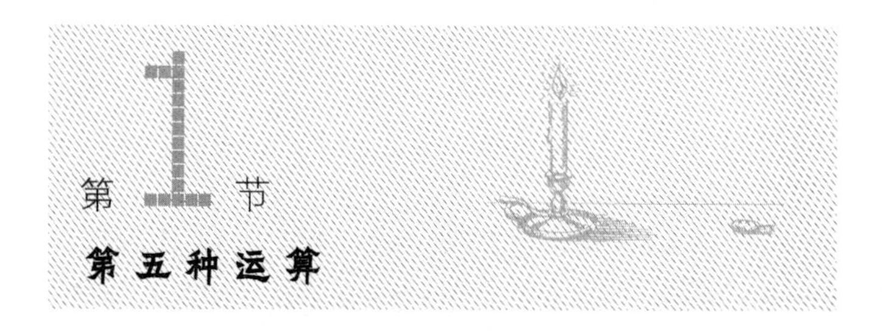

代数常常被称为“七种运算的算术”。除了我们熟知的加、减、乘、除四种运算，它还包括了另外三种运算，即乘方以及乘方的两种逆运算。

我们关于代数的学习之旅就从“第五种运算”——乘方开始。

在实际生活中需要用到乘方吗？当然，生活中经常会遇到需要使用乘方的情况。例如，在很多场合需要计算面积和体积，这时就要用到平方（二次方）和立方（三次方）。此外，如万有引力、电磁场、光线及声音的强弱都是和距离的平方成比例；行星围绕太阳转动的周期（以及卫星围绕行星转动的周期）与转动半径之间也是乘方关系——转动周期的平方与转动半径的立方成正比。

不过，不要因此就认为，实际中只需要使用平方和立方，在一些工程领域中更高次方也是经常应用的。比如，工程师在计算工程的坚固度时，就会用到 4 次方；计算蒸汽管道的直径时甚至需要用到 6 次方；在计算水流对石头的冲击力时，水利工程师也会用到 6 次方：假设一条河流的水流速度是另一条河流的 4 倍，那么前者水流对石头的冲击力是后者的 4^6 倍，也就是 4 096 倍。

在研究发光物体的温度和亮度关系的时候，还会用到更高次方。比如电灯泡中的灯丝，白炽状态下，温度升高时，亮度会以 12 次方的速度增加；红炽状态下，温度升高时，亮度会以 30 次方的速度增加（此处温度指绝对温度，即从零下 273 ℃算起的温度）。也就是说，当发光物体温度从 2 000 K 升到 4 000 K 时，温度升高到 2 倍，

而亮度增加到 2^{12} 倍，或 4 096 倍。这种独特的关联性对电灯泡的制造技术会有什么影响，我们之后还会讲到。

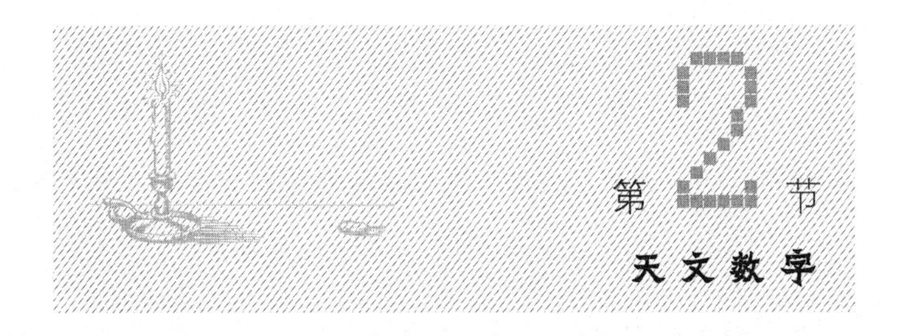

第2节 天文数字

天文学家运用第五种运算之多无人能及。研究宇宙时会遇到庞大的数据，这些数通常由一两位有效数字和一大串零组成，被称为“天文数字”实在是很恰当的。如果用平常的方法来写这些数会非常麻烦，特别是在数学运算中。比如，从地球到仙女座星云的距离，用平常的方法写是：95 000 000 000 000 000 000 千米。更何况，在天文计算中，距离通常以厘米为单位，而不是千米或更大的单位，那么写出来的数还要再多 5 个零，即 9 500 000 000 000 000 000 000 000 厘米。

恒星的质量写出来更大，尤其是在很多计算中需要以克为单位。例如，太阳的质量以克计算是：1 983 000 000 000 000 000 000 000 000 000 000 克。

可想而知，用如此巨大的数进行计算是多么困难，非常容易出现错误，更何况上述例子还远远不是最大的天文数字。

第五种运算为上面的问题提供了简便的方法。这一大串零都可以用 10 的多次方表示，例如：$100=10^2$，$1\ 000=10^3$，$10\ 000=10^4$ 等。

前面的例子因此可以写成：

第一个：$9\ 500\ 000\ 000\ 000\ 000\ 000\ 000\ 000=95\times10^{23}$

第二个：1 983 000 000 000 000 000 000 000 000 000 000 = $1\ 983\times10^{30}$

这样做不仅节省了空间，同时也使运算更简便。如果要计算这两个数的乘积，那么只需计算 $95\times1\ 983=188\ 385$，后面再接上 $10^{(23+30)}=10^{53}$ 即可，即

$$(95\times10^{23})\times(1\ 983\times10^{30})=188\ 385\times10^{53}$$

毫无疑问，这比先写 23 个零，再写 30 个零，最后再写 53 个零来得更简便，也更可靠，因为连续写几十个零的时候很可能会漏掉一两个零导致计算错误。

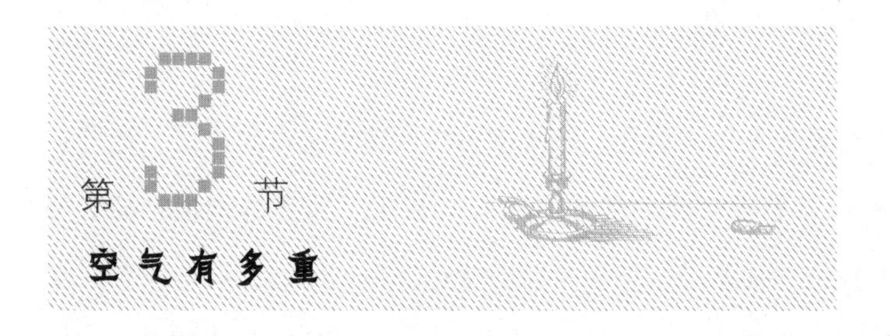

为了证明在巨大的数值中使用乘方会有多简便，我们来做以下计算：

确定地球质量比包围地球的所有空气的质量重多少倍。

我们知道，每平方厘米的地球表面会受到大约 1 000 克空气的压力。我们可以把整个地球的大气层看作是由很多个气柱组成，每平方厘米地表上就有一个气柱，它的质量是 1 000 克。地球表面有多少平方厘米，就有多少个气柱，大气层也就有多少千克重。查看一下参考资料可以得知，地球表面积是 5. 1 亿平方千米。

那换算成平方厘米是多少？1 千米等于 1 000 米，而 1 米等于 100 厘米，那么 1 千米就等于 10^5 厘米。因此，整个地球表面积就是：

$$51\times10^{7}\times10^{10}=51\times10^{17}\ (\text{平方厘米})$$

地球的大气层就是 51×10^{17} 千克重，换算成吨，得到：

$$51\times10^{17}\div1\ 000=51\times10^{17}\div10^{3}=51\times10^{17-3}=51\times10^{14}\text{（吨）}$$

而地球的质量约是 6×10^{21} 吨，那么地球的质量是大气层质量的多少倍呢？

$$6\times10^{21}\div(51\times10^{14})\approx10^{6}\text{（倍）}$$

也就是说，地球的质量大约是大气层质量的 100 万倍。

第4节 没有火焰和热度的燃烧

如果你问化学家，为什么木材或煤炭只有在高温下才会燃烧？他会告诉你，严格地说，在任何温度下都会发生碳和氧的结合，但是在低温下，这个过程非常缓慢（也就是说只有很少的分子参加反应），以至于我们都难以觉察。化学反应速率定律表明，温度每降低 10 ℃，反应速率（参加反应的分子数量）就降低一半。

把这个定律应用到木材与氧气的结合反应，也就是木材燃烧过程中：假设在 600 ℃时每秒钟燃烧 1 克木材，那么在 20 ℃时，燃烧 1 克木材需要多少时间？

我们已经知道，当温度下降了 580 = 58×10 ℃时，化学反应速度会降低到 $1/2^{58}$，也就是说，1 克木材需要的燃烧时间是 2^{58} 秒。

2^{58} 秒等于多少年？我们来粗略计算一下，不需要把 2 重复相乘 57 次，也不需要查看对数表。由于 $2^{10}=1\ 024\approx10^{3}$，因此，$2^{58}=2^{60-2}=2^{60}\div2^{2}=\frac{1}{4}\times2^{60}=\frac{1}{4}\times(2^{10})^{6}\approx\frac{1}{4}\times10^{18}$（秒）。一年约有 3 000 万秒，即 3×10^{7} 秒，那么，$\left(\frac{1}{4}\times10^{18}\right)\div(3\times10^{7})=$

$\frac{1}{12}\times10^{11}\approx10^{10}$，也就是100亿年！一克木材在没有火和热的情况下燃尽需要这么多时间。

因此，木材和煤炭在常温下也是在燃烧的，只是没有火焰。取火工具的发明使这一极其缓慢的过程加速了数十亿倍。

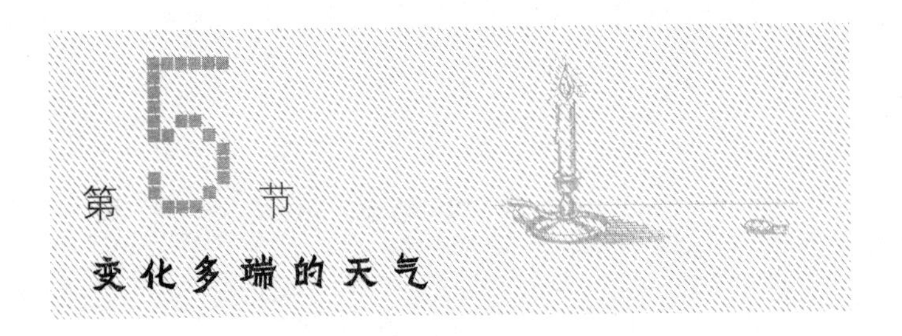

第5节 变化多端的天气

【题目】 假设我们只根据一种特征——有没有云来描述天气，即我们只把天气分为晴天和阴天两类，那么多长时间内的天气变化都不同呢？

粗略估计一下，一周只有晴天和阴天的组合，最多两个月，所有组合都会出现一遍，之后就会有重复的出现。

但真的是这样吗？我们可以准确计算一下可能有多少种组合，这就把我们引向了第五种运算。

【解答】 一周的第一天可能是晴天或阴天，即只有两种可能性。在两天内可能会出现以下晴天和阴天的交替组合：晴天和晴天，晴天和阴天，阴天和晴天，阴天和阴天。两天内总共会有4种不同的组合。如果是三天，前面两天的四种组合乘以第三天的两种组合，则组合的数量共有：$2^2\times2=2^3$。

如果是四天，则组合的数量共有：$2^3\times2=2^4$。

依此类推，五天——2^5，六天——2^6，一个星期内有：$2^7=128$ 种。

因此得出，晴天和阴天的不同组合形式可以不重复出现128周。经过 $128\times7=896$ 天之后，必然会重复出现之前的某种组合。当然，重复也可能会提前发生，但是在896天之后，重复肯定会发生。也就是说，有可能在长达两年多时间内（2年166天），每周的天气都不一样。

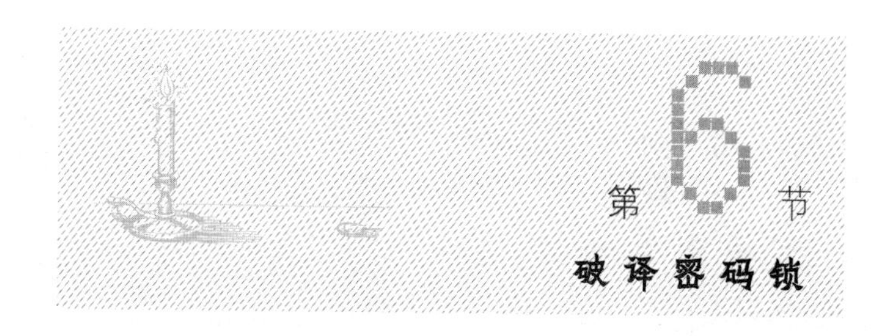

第6节 破译密码锁

【题目】苏联时期，某机构发现了一个革命前留下的密码箱，同时也找到了密码箱的钥匙，但是还得先破译密码箱密码才能使用钥匙。箱门的密码锁有5个圆圈，每个圆圈边缘上有36个字母，必须按照某个特定单词顺序组合。可是，谁也不知道这个单词是什么。为了不损坏密码箱，他们决定把箱门上字母所有的组合方式都试一遍。完成一个组合需要花3秒钟，是否有希望在10个工作日内打开密码箱？

【解答】我们可以计算总共需要尝试多少种组合。

第一个圆圈上有36个字母，每一个都可以和第2个圆圈上的36个字母中的任何一个字母组合，那么，2个圆圈的组合数量有：$36\times36=36^2$。这些数量中每一个又可以和第3个圆圈上的36个字母中的任何一个字母组合，那么，3个圆圈的组合数量有：$36^2\times36=36^3$。

同理，我们可以确定4个圆圈的组合方式有 36^4 种，5个圆圈的组合有 36^5 种，或

60 466 176种。完成一个组合需要3秒，要完成6 000多万个组合需要花费的时间是$3\times60\,466\,176=181\,398\,528$秒，这相当于5万多个小时，或将近6 300个八小时工作日，超过20年。这意味着在接下来的10个工作日内打开柜门的概率是$\frac{10}{6\,300}$，或$\frac{1}{630}$，这可是一个很低的概率。

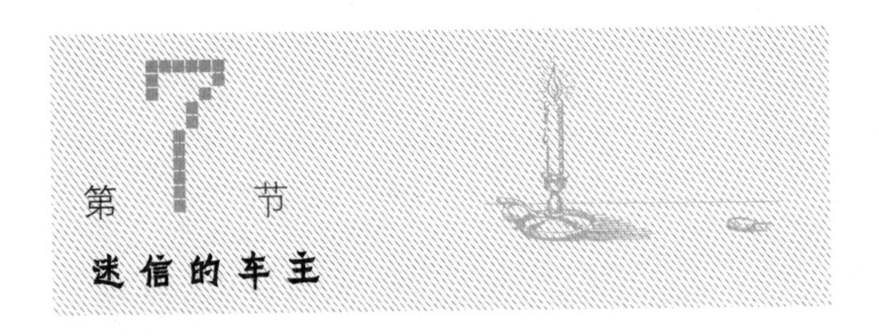

第7节 迷信的车主

【题目】 曾经有段时间，每辆自行车都要上牌照，牌照号码是六位数。

有个人买了一辆自行车，他是个非常迷信的人，他听说车牌号中如果含有数字8的话，车子可能会坏掉。因此，他希望自己得到的牌照中没有数字8。他这样安慰自己：总共有0~9十个数字，“不幸运”数字8只是其中一个，因此牌照中出现“不幸运”数字8的概率也只有十分之一。

他的结论正确吗？

【解答】 总共有999 999种牌照号码，从000001，000002，…，999999。我们先算一下其中有多少个“幸运”牌照。第一个数字可以是九个“幸运”数字0，1，2，3，4，5，6，7，9中的任何一个，第二个数字同样如此。因此，有$9\times9=9^2$种“幸运”两位数组合。第三位数字也可以是九个“幸运”数字中的任何一个，因此“幸运”的三位数组合就是$9^2\times9=9^3$种。

同理，我们可以确定六位数字的“幸运”组合数量是9^6。不过请注意，其中包括了000000的组合，这一般不会作为牌照号码。因此，“幸运”的牌照号码数量是$9^6-1=531\,440$，占所有牌照号码53%以上，而不是90%。

如果是七位数字的牌照，那么其中“不幸运”号码多于“幸运”号码，这个我们留给读者自己证明。

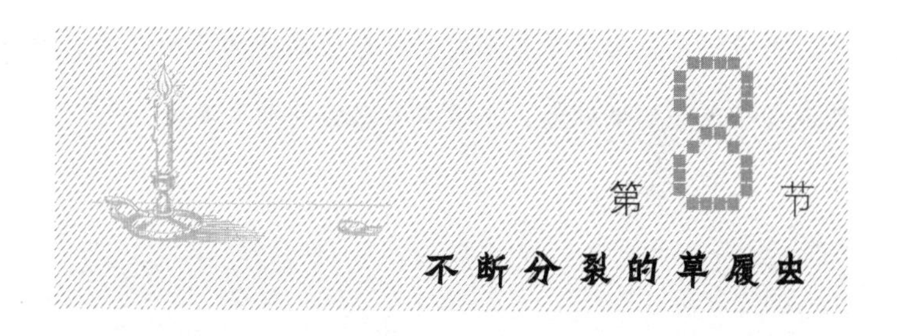

第8节 不断分裂的草履虫

一个很小的数在不断翻倍时会迅速变成一个很大的数，最生动的例子是国际象棋发明者的传奇故事。这里不再赘述，说说另一个例子。

【题目】一只草履虫平均每27小时会分裂成两个，如果所有分裂产生的草履虫后代都存活下来，那么一只草履虫分裂产生的后代的体积，达到和太阳的体积一样大，需要多长时间？

参考数据：第40代草履虫总共的体积是1立方米；太阳的体积约10^{27}立方米。

【解答】本题需要确定，为了达到10^{27}立方米，草履虫需要分裂多少次。$10^{27}=(10^3)^9\approx(2^{10})^9=2^{90}$（因为$2^{10}\approx1\,000$），所以第40代必须再分裂90次才能达到太阳的体积。若从第一代算起就是$40+90=130$次，很容易计算出这需要147天。

实际上，微生物学家梅塔尔尼科夫曾经观察到8 061次草履虫的分裂。读者可以自己计算一下，如果这些草履虫都存活下来，那么会占据一个多么庞大的体积。

这道题目也可以反向思考：

假设太阳也能一分为二，二分为四，依次类推，要使太阳分裂出来的颗粒大小和草履虫一样大，需要分裂多少次?

我们已经知道答案是130，这个数小得让我们吃惊。同样形式的题目还有：一张纸撕成两半，其中一半又分成两半，依次类推，要得到原子大小的纸颗粒需要分多少次?

假设一张纸的质量是1克，取原子质量为$1/10^{24}$克，那么只需要80次，就可以得到原子大小的纸颗粒，而根本不需要成千上万次。

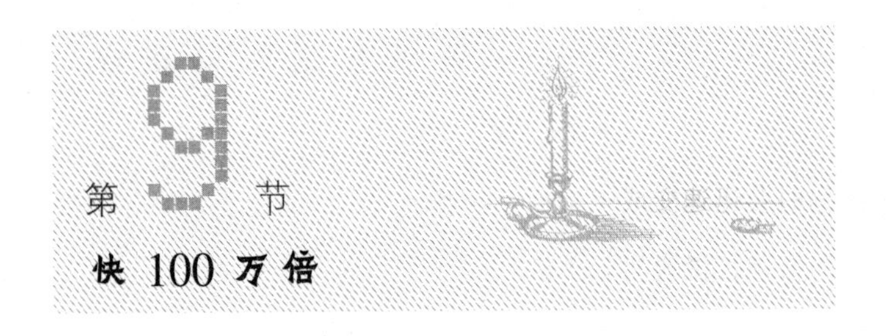

触发器是一种电子设备，它有两个电子管[1]（类似于收音机中的电子管）。电流在触发器中一次只能通过一根电子管，或左侧的或右侧的。

触发器的其中两个引脚用来接收外部短时电子信号（脉冲），另外两个引脚用来输出触发器发出的响应脉冲。当外部脉冲进入时，触发器就会转变状态，即发生翻转，电流已经流过的电子管被切断，脉冲进入另一侧电子管。当右侧电子管切断、左侧电子管打开时，触发器发出响应脉冲。

---

1 如果使用电子晶体管或所谓的固态（薄膜）电路代替电子管，本质不变。

让我们看看如果连续发送脉冲，触发器将如何工作。用右侧电子管来定义触发器的状态：如果电流没有通过右侧电子管，触发器在“状态 0”；如果电流正在通过右侧电子管，触发器则在“状态 1”。如图 1 所示。

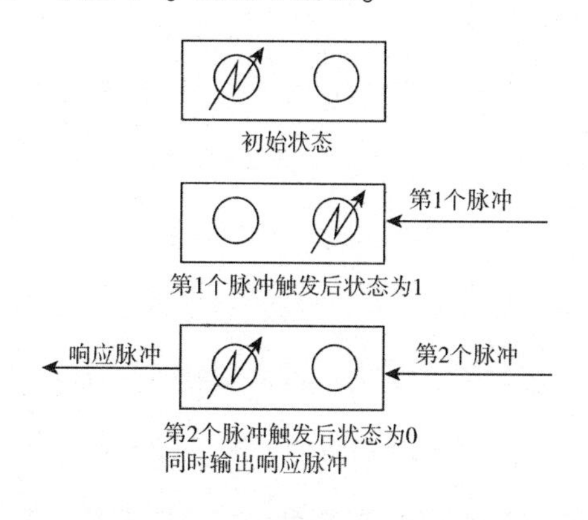

图 1

输入第 1 个脉冲后，右侧电子管打开，触发器翻转到“状态 1”。因为响应信号只有在右侧电子管切断时才会发出，因此这时触发器不会发出响应脉冲。

输入第 2 个脉冲后，左侧电子管打开，触发器翻转到“状态 0”，并同时发出响应脉冲。

输入两个脉冲后，触发器重新回到起始状态——“状态 0”。输入第 3 个脉冲后，触发器又翻转到“状态 1”（和第 1 个脉冲触发后一样）；输入第 4 个脉冲后回到“状态 0”，并同时发出响应信号。依次类推，每输入两个脉冲触发器状态就会重复一次。

现在，想象一下有数个触发器，外部输入的脉冲先到达第 1 个触发器，第 1 个触发器发出的响应脉冲到达第 2 个触发器，第 2 个触发器发出的响应脉冲到达第 3 个触发器，如图 2 所示。依次类推。

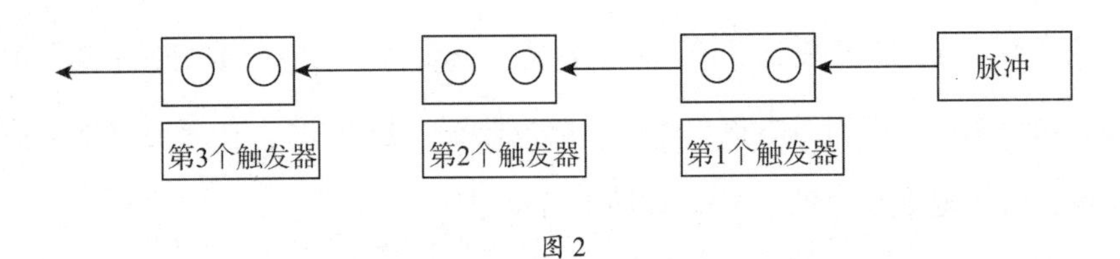

图 2

我们来看一下，这样的触发器链是如何工作的。首先让所有触发器都处于“状态0”，比如由 5 个触发器组成的链条，这时就会得到 00000 的组合。在输入第 1 个脉冲后，第 1 个触发器（最右侧的）处于“状态 1”，因为不会发出脉冲，所以其余的触发器还是处于“状态 0”，这样整个链条的组合是 00001；输入第 2 个脉冲后，第 1 个触发器被切断并翻转到“状态 0”，并同时发出响应脉冲，响应脉冲开启了第 2 个触发器，其余 3 个触发器留在“状态 0”，得到 00010 的组合；输入第 3 个脉冲后，第 1 个触发器被开启，其余触发器留在原位，得到 00011 的组合；输入第 4 个脉冲后，第 1 个触发器被切断，并发出响应脉冲，这个响应脉冲切断第 2 个触发器，第 2 个触发器同时也发出响应脉冲，这个响应脉冲开启了第 3 个触发器，得到 00100 的组合；可以继续类推：

第 1 个脉冲——组合为 00001；

第 2 个脉冲——组合为 00010；

第 3 个脉冲——组合为 00011；

第 4 个脉冲——组合为 00100；

第 5 个脉冲——组合为 00101；

第 6 个脉冲——组合为 00110；

第 7 个脉冲——组合为 00111；

第 8 个脉冲——组合为 01000。

我们看到触发器链“统计”了从外部输入的信号，并且以自身独特的方式“记录”了这些信号的数量。不难发现，输入脉冲的数量不是用我们熟悉的十进制记录的，而是用二进制记录的。

在二进制中，任何数都以 0 和 1 表示；相邻两个数位也不是十倍的关系，而是两倍的关系。二进制中第 1 个数位（最右边）的单位是基本单位。下一个数位（从右边起第 2 个）是第 1 个数位的 2 倍，再下一位是 4 倍，然后是 8 倍，依次类推。例如，19＝16+2+1，在二进制中写为 10011。

请注意，触发器状态翻转（即记录一个输入脉冲）只需要一亿分之几秒。现代触发计数器可以每秒记录数千万个脉冲。这比一个人不借助设备的计数快百万倍。对于人眼来说，连续信号只有间隔在 0.1 秒内，人眼才可以清晰分辨。

如果用 20 个触发器组成一个链条，这相当于在二进制中用 20 个数位来记录接收的信号数量，那么最多可以记录的信号数量是 $2^{20}-1$，大于 100 万。如果用 64 个触发器组成一个链条，那么用这个触发器链就足够记录著名的“象棋数量”（2^{64}）了。

在核物理实验中，需要每秒记录几百万个信号，例如统计原子衰变过程中放射出的各种粒子数量。在类似的研究中，触发器有十分重要的意义。

更厉害的是，触发器电路链条还可以进行运算。我们来看看触发器链是如何进行加法运算的。图 3 是 3 排触发器组成的电路。上层链条记录第 1 个数，中层链条记录第 2 个数，下层链条记录两个数相加之和。

设备通电时，处于“状态 1”的上层和中层链条会发出脉冲到下层链条。

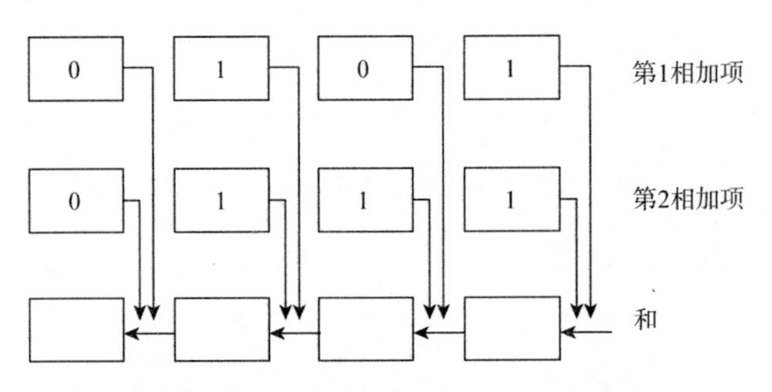

图 3

如图 3 所示，上层和中层触发器链分别记录了 0101 和 0111 两个数（二进制中）。当设备开启时，下层链条中第 1 个触发器（最右侧的）会接收到两个脉冲，分别是上层和中层链条的第 1 个触发器发出的。我们已经知道，由于接收到两个脉冲，第 1 个触发器会留在“状态 0”，但会发出响应脉冲到第 2 个触发器（下层链条中右起第 2 个）。此外，这个触发器还会接收到中层链条发出的一个脉冲信号，因此，也有两个脉冲到达第 2 个触发器，结果第 2 个触发器也留在“状态 0”，并向第 3 个触发器发送响应脉冲。此外，还有两个脉冲（来自上层和中层链条）到达第 3 个触发器。由于收到 3 个脉冲，第 3 个触发器将翻转到“状态 1”并发出响应脉冲；第 4 个触发器接收到响应脉冲，翻转到“状态 1”（第 4 个触发器只接收到 1 个脉冲）。因此，如图 3 所示，设备用“竖式”计算两个数的相加（二进制中）：

$$\begin{array}{r} 0\ 1\ 0\ 1 \\ +\ 0\ 1\ 1\ 1 \\ \hline 1\ 1\ 0\ 0 \end{array}$$

换算成十进制就是：5+7=12。下层触发器链发出的响应脉冲，就好比我们在进行竖式计算时，在心里记住要向前进1。

如果每个链条中不是4个触发器，而是有20个，那么就可以计算几百万个数的相加。触发器的数量越多，就可以进行越多数值的加法运算。

需要注意的是，实际用来处理计算任务的设备，要比图3的示意图复杂得多，设备中必须有特定的装置来实现信号的延迟。在图3中，设备开启时，两个数值的信号如果同时到达下层链条的第1个触发器，两个脉冲混在一起，被当成一个脉冲接收。为了避免这种情况，需要“延迟”其中一个脉冲，这导致触发器计算器处理脉冲信号会需要更多的时间。

通过改变电路，还可以指示设备执行减法、乘法、除法及其他运算（乘法可以看作连续的加法运算，因此通常需要比加法多几倍的时间）。

以上过程就是现代计算机的基本原理，这些计算机每秒钟可以执行数百次甚至数万次的运算。在不久的将来，将会出现每秒可以执行数百万次运算的计算机[1]。这种令人眩晕的速度乍看好像没有必要，因为计算一个15位数的平方需要万分之一还是十分之一秒，有多大区别呢？毕竟这两种速度都已经很快了。

但不要急于下结论。比如，一名优秀的棋手在下一步棋之前，会分析几十种甚至上百种可能性。假设分析一种需要花费几秒钟，那么分析上百种就需要几分钟或几十分钟。在复杂的棋局中，棋手经常会陷入“时间恐慌”，被迫快速下棋，因为在之前的棋步中耗费了太多的时间。如果让计算机来下棋会怎么样？计算机每秒可以进行几千次计算，能在很短时间分析所有的可能性，而不会陷入“时间恐慌”。

可能你会反对，计算是一回事——哪怕是非常复杂的计算，而下棋是另一回事，棋手在分析棋局的时候是在思考，而不是计算。关于这点我们先不争论，回头再讨论这个问题。

1 本书成书时间在1967年，这是当时的计算机水平。

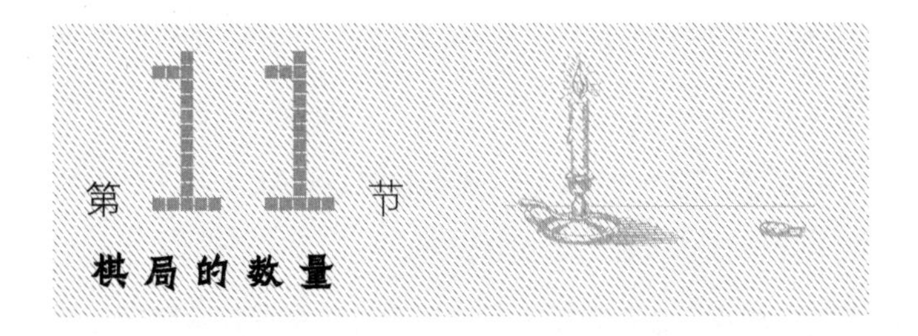

下国际象棋的时候通常会出现多少种不同棋局呢？这里介绍的是一种估算方法，而不是精确计算。比利时数学家莫里斯·克莱特契克在《数学消遣》一书中，写了以下计算：

第1步白棋有20种走法（8个兵，每个可以移动一格或两格，每个棋子可以移动一个或两个正方形；两个“马”，每个可以走两步）。白棋每走一步，黑棋也可以走一步，同样有20种走法。白棋和黑棋各走了一步时，可能出现20×20=400种棋局。

第1步后，可能的棋步又会增加。例如，白棋走的第1步是e2到e4，那么第2步就会有29种走法，接下来可以走的棋步还会更多。例如，在d5位置上的“后”下一步有27种走法（假设它周围所有的格子都是空的）。为了简化计算，我们采用以下平均数：

前5步，每步双方各有20种走法；接下来，每步双方各有30种走法。

此外，我们假设一盘棋的步数共40步，这样可能出现的不同棋局数量就是：

$$(20\times20)^5\times(30\times30)^{35}$$

为了估算这个表达式的计算结果，进行以下转换和简化：

$$(20\times20)^5\times(30\times30)^{35}=20^{10}\times30^{70}=2^{10}\times3^{70}\times10^{80}$$

用近似值1 000（10^3）替换2^{10}，且3^{70}可以表示成：

$$3^{70}=3^{68}\times3^{2}\approx10\times(3^{4})^{17}\approx10\times80^{17}=10\times8^{17}\times10^{17}=2^{51}\times10^{18}$$

$$=2\times(2^{10})^{5}\times10^{18}\approx2\times10^{15}\times10^{18}=2\times10^{33}$$

因此

$$(20\times20)^{5}\times(30\times30)^{35}\approx10^{3}\times2\times10^{33}\times10^{80}=2\times10^{116}$$

这个数值已经远远超过了象棋发明故事中小麦的数量（$2^{64}-1\approx18\times10^{18}$）。

如果全世界的人夜以继日地下棋，每秒钟下一步，那么要把 2×10^{116} 种棋局全部下一遍需要 10^{100} 个世纪！

第12节 自动下棋机的秘密

你听说过自动下棋机吗？棋局和棋步的数量这么多，自动下棋机如何应对呢？

自动下棋机是真的吗，还是人们被骗了？世界上曾经出现过的自动下棋机中，要属匈牙利机械师沃尔夫冈·冯·肯佩伦（1734—1804）发明的自动下棋机名气最大。当时，他带着下棋机在奥地利和俄国宫廷展示，之后又在巴黎和伦敦向公众展示。据说拿破仑一世曾经和这个机器下过棋，并且相信了这个机器的魔力。不幸的是这个著名的下棋机，于19世纪中叶在美国费城的一次火灾中被烧毁了。

其他的自动下棋机可能名气没这么大，不过在很长一段时间内，人们都相信自动下棋机是真的。

事实上，从前那些被人们津津乐道的自动下棋机没有一个是真的自动的，而是棋手藏在机器里面来移动棋子。下棋机是一个容量很大的箱子，里面装满了各种复杂的机械，箱子上面摆放着棋盘和棋子，由一个大型木偶的手臂来操控。开始下棋前，表演者会向观众展示，箱子里面除了机械什么也没有。其实，箱子里面留了足够的空间，给一个身材不太高大的人藏身（著名的棋手约翰·阿尔盖勒和威廉·刘易斯都曾经充当过这个藏在箱子里的人）。实际操作中，可能是表演者把箱子中不同部分依次打开展示给观众看，而藏在里面的棋手悄悄地移动到旁边可以藏身的部分。下棋机根本没有真的在下棋，而只是用来给真人棋手藏身。下棋机只是用来骗那些容易轻信的人，象棋并没有受到威胁。

但是，近些年这个结论受到了质疑。因为现在真的出现了会下棋的机器——每秒可以运算几千万次的计算机。它们是怎么下棋的呢？

计算机真正会做的事情只有计算，即根据预先设定好的程序进行计算。

国际象棋规则是基于博弈策略设定的。在这种规则下，每次一方棋手只能下一步棋（最佳的一步）。

下表是一个例子，不同的棋子代表不同的分值：

王	+200 分	兵	+1 分
后	+9 分	落后兵	−0.5 分
车	+5 分	孤兵	−0.5 分
象	+3 分	叠兵	−0.5 分
马	+3 分		

此外，国际象棋中以特定方式评估局面优势（如棋子的机动性、棋子距离中心的距离等）来计算分值。双方总得分的差值就可以说明双方在子力优势和局面优势上的差异。

计算机会算出接下来三步以内得分差异变化，并选择最佳的棋步。计算机下一步棋只需要很少的时间（取决于程序类型和计算机的运行速度），因此不用担心陷入“时间恐慌”。

当然，从只能“思考”三步以内的棋局这点来看，计算机目前还是个水平低下的“选手”。不过，毫无疑问，随着计算机技术的飞速发展，计算机很快就能学会更好地下棋。

关于计算机的下棋程序，本书无法详细介绍，在下一章中我们会以示意图介绍一些最简单的程序。

第13节 3个2组成的最大数

【题目】大家可能都知道如何用3个数字写一个最大的数。比如三个9按如下方式排列：9^{9^9} 也就是写三层9。

这个数大到没有任何参照物可以帮助我们理解它到底有多大。与之相比，可观测宇宙中的电子数量可以忽略不计。

这里再举另外一个例子：不用任何符号，用3个2写一个最大的数。

【解答】在3个9给你留下深刻印象后，你可能会也准备用一样的方法写3个2，即 2^{2^2}。

结果却出乎意料，这样写出来的数甚至比222还小。实际上，我们写出来的 2^{2^2} 就是16。

用 3 个 2 写出的最大的数不是 222，也不是 22^2（即 484），而是 $2^{22}=4\ 194\ 304$。

这个例子很有启发性。它说明在数学中机械地模仿是很危险的，很容易导致错误的结论。

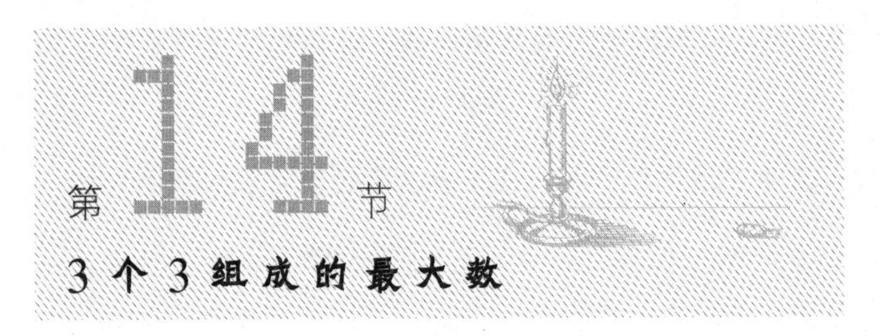

【题目】现在，你可能会更加谨慎地对待这道题：不使用任何符号，用三个 3 写一个最大的数。

【解答】把 3 个 3 写成 3 层在这里也不是正确答案，因为 3^{3^3} 就是 3^{27}，小于 3^{33}，3^{33} 才是本题的正确答案。

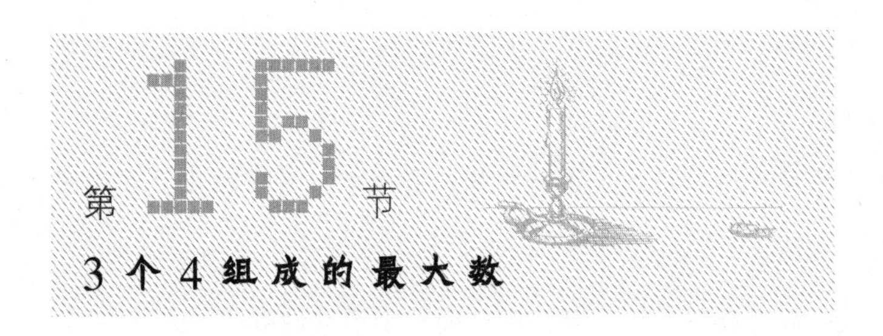

【题目】不使用任何符号，用 3 个 4 写一个最大的数。

【解答】如果模仿上一题，写成 4^{44}，那么又错了。

因为这次恰好是把三个 4 写成 4^{4^4} 是最大的。$4^4=256$，而 4^{256} 大于 4^{44}。

第16节 3个相同的数字组成的最大数

让我们深入探索一下这些令人困惑的数字。为什么有些数字写成3层的时候是最大的，而有些数字不是？我们来看看总体特征。

不使用任何符号，用3个相同的数字写一个最大数。

若用字母 a 表示数字，则 2^{22}、3^{33}、4^{44} 相应可以写成 a^{10a+a}，即 a^{11a}。

3个相同的数字写成3层就是 a^{a^a}。我们来看看，a 的数值多大时，a^{a^a} 大于 a^{11a}。

因为两种写法都是乘方，而且底数是相同的整数，所以指数越大，数值也就越大。以上问题归结为求解不等式：

$$a^a>11a$$

把不等式的两边各除以 a 得到：

$$a^{a-1}>11$$

a 只有大于3时，才满足 $a^{a-1}>11$，因为 $4^{4-1}>11$。

由此得出结论：当 a 为2或者3时，a^{11a} 的形式摆出的数最大；当这个数大于等于4时，用三层摆法得到的数最大。

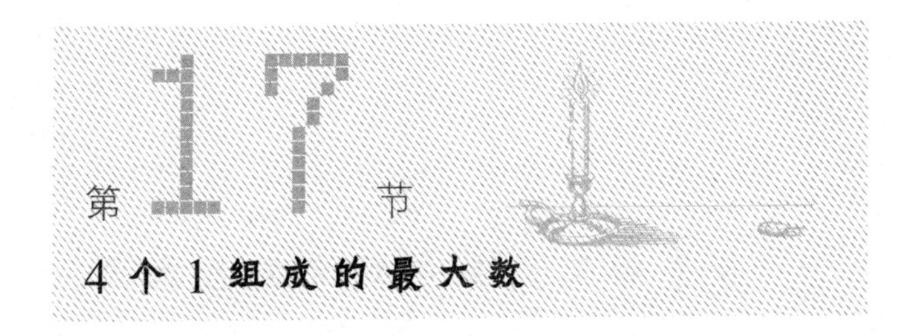

【题目】不使用任何符号，用4个1写一个最大数。

【解答】首先出现在脑海的可能是1 111，但这完全不是正确答案，因为11^{11}比1 111大得多。

可能没人有耐心把11相乘10次。所以，我们可以用对数表快速估算一下。11^{11}大于2 850亿，也就是说，11^{11}是1 111的25 000万倍之多。

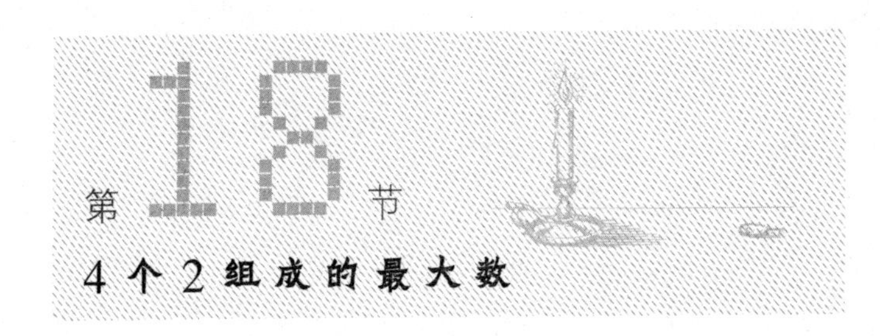

【题目】不使用任何符号，用4个2摆成的最大数是多少？

【解答】4个2可以有8种摆法：

$$2\,222,\ 222^2,\ 22^{22},\ 2^{222}$$

$$22^{2^2},\ 2^{22^2},\ 2^{2^{22}},\ 2^{2^{2^2}}$$

这些数中哪个最大？

我们先看第一排，即分为2层排列的数。第一个2 222，显然比其余3个小。

接下来比较222^2和22^{22}，把22^{22}转换成：

$$22^{22}=22^{2\times11}=(22^2)^{11}=484^{11}$$

毫无疑问，484^{11}大于222^2，因为它的底数和指数都更大。

现在比较22^{22}和2^{222}。我们发现，即使32^{22}也小于2^{222}，因为$32^{22}=(2^5)^{22}=2^{110}<2^{222}$，因此，$22^{22}$当然小于$2^{222}$。所以，第一行中的最大数是$2^{222}$。

现在我们比较剩下5个数的大小：

$$2^{222},\ 22^{2^2},\ 2^{22^2},\ 2^{2^{22}},\ 2^{2^{2^2}}$$

最后一个数相当于2^{16}，马上可以排除。22^{2^2}相当于22^4，小于32^4或2^{20}，因此也小于2^{22^2}和$2^{2^{22}}$。

剩下2^{222}、2^{22^2}和$2^{2^{22}}$，底数都是2，只需要比较三个指数的大小：222，484，$2^{22}=2^{20+2}=2^{10\times2}\times2^2\approx10^6\times4$。

因此，四个2组合得出的最大数就是$2^{2^{22}}$。

如果不借助对数表，我们可以用约等式估计这个数的大小：

$$2^{10}\approx1\ 000=10^3$$

$$2^{22}=(2^{10})^2\times2^2\approx4\times10^6$$

$$2^{2^{22}}\approx2^{4\times1\ 000\ 000}=(2^{10})^{400\ 000}\approx10^{1\ 200\ 000}$$

也就是说，这个数包含了一百多万位数字。

02

代数的语言

导读

刘月娟

“代数”二字为我们的生活提供了很大的便利。在古代，人们是通过结绳、书契、算筹和刻痕计数的，《易·系辞下》文献记载：“上古结绳而治，后世圣人易以书契，百官以治，万民以察。”大意是说古时候人们以结绳计数，后来圣人则以书契记数。百官利用此来治理政务，百姓通过此来知晓世情。书契的计数方法则主要是用来记录剩余粮食的重量；古代的算筹是用竹子、木头、兽骨等材料制成一些长短、粗细差不多的小棍子来计算数目，不用时则把它们放在小袋子里面保存或携带，这是算盘之前的雏形；而刻痕计数法就是在木头上划下不同数量的刻痕以方便计数。再后来，随着时代的不断发展，古印度人发明了阿拉伯数字，后由阿拉伯人传入欧洲，进而被世界人们所熟知和应用。

关于数的运算我们学习了加法、减法、乘法、除法以及乘方，你是否觉得掌握了这些运算就万无一失了，那可就错了，我们的生活涉及各个领域，而只是这些还不足以满足我们的需求。代数的语言是方程式，它能帮我们解决很多问题。本章会让我们好好了解一下方程。

方程是含有未知数的等式，是表示两个数学式之间相等关系的式子。方程思维的引入，大大方便了我们的生活，那么具体体现在哪些地方呢？

1. 列方程

代数的语言是方程式，因此将方程式列出来就变成了重中之重。先从一元一次（一个未知数，未知数的次幂是1）方程说起，如以下题目：

运送29.5吨煤，先用一辆载重4吨的汽车运3次，剩下的用一辆载重为2.5吨的货车运。还要运几次才能运完？

假设还要运x次才能运完：

$$29.5-3\times4=2.5x$$

$$x=7$$

因此还要运7次才能运完。

这是一个简单的例子，该例子很好地说明了利用方程思想可以以正向思维解决问题。当然也会有人说，这个题目根本就不需要列方程这么麻烦。是的，这个题目确实可以直接计算无须列式。但对于运算过程较为复杂的问题，列方程就成了首选的解决问题的方法。它的应用很广泛，比如说我们的日常花销、年龄问题、重量的问题等。文章中提到了丢番图的实际年龄、马和骡子所驮物体的重量、四兄弟各有多少钱、平均行驶速度等多个例子，你会发现并非所有的方程都有解。

2. 方程与计算机

说起计算机相信大家都不陌生，但是说起方程与计算机的关系，可能就有些摸不着头脑了，在你看来也许它们之间应该是互无联系的。不知你是否想过，当你在敲击键盘的时候，你敲击的内容为什么会显现出来？计算机的内部构造是什么样的？是如何运行的呢？这些好像我们都不清楚。不同于我们现在常用的十进制，计算机其实是二进制，即逢2进1。计算机的构造十分复杂，在其构造中，直接执行运算的这部分叫作运算器，此外还包括控制器和存储器，以及输入和输出数据的设备。当然对于这么复杂的运算原理，我们是不会在这里介绍的，因为解释不清楚，文中会在本章节的最后一个小故事中详细介绍计算机的工作原理。别着急，让我们一起慢慢地读一读吧！

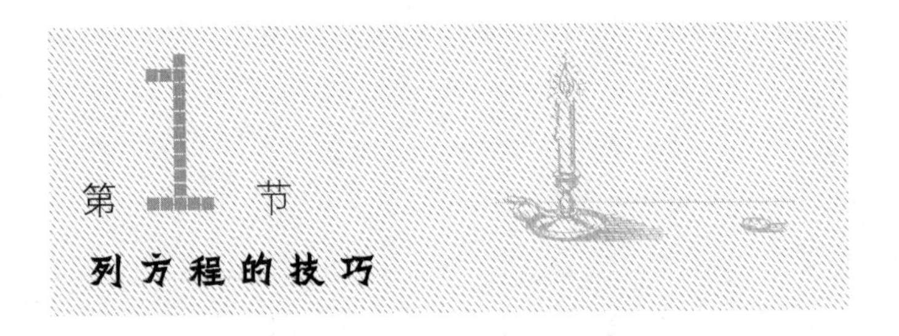

第1节 列方程的技巧

代数的语言是方程式。伟大的科学家牛顿在他的著作《通用算术》中写道："要解决与数字或数量的抽象关系有关的问题，只需将问题从自然语言'翻译'成代数语言。"如何从自然语言"翻译"到代数语言，牛顿给出了示范，来看下面的例子：

自然语言	代数语言
一个商人有一笔钱，	x
第一年他花了100磅，	$x-100$
剩下的钱他增加了$\frac{1}{3}$，	$(x-100)+\frac{(x-100)}{3}=\frac{(4x-400)}{3}$
第二年他又花了100磅，	$\frac{4x-400}{3}-100=\frac{4x-700}{3}$
剩下的钱他又增加了1/3，	$\frac{4x-700}{3}+\frac{4x-700}{9}=\frac{16x-2\ 800}{9}$
第三年他又花了100磅，	$\frac{16x-2\ 800}{9}-100=\frac{16x-3\ 700}{9}$
剩下的钱他也增加了1/3，	$\frac{16x-3\ 700}{9}+\frac{16x-3\ 700}{27}=\frac{64x-14\ 800}{27}$
现在他的钱比原来多了一倍。	$\frac{64x-14\ 800}{27}=2x$

为了知道商人一开始有多少钱，只需解出最后这个方程式。解方程通常都不难，列方程相对难一些。

现在你会发现，列方程的艺术的确可以归结为从自然语言转换成代数语言的能力。代数语言是非常简洁的，所以不是自然语言中的每个词都能对应，转换中会遇到各种困难，下面会举一些例子。

第2节 丢番图活了几岁？

【题目】关于古希腊数学家丢番图的生平，历史记载很少。我们所知道的信息，是他坟墓上的墓志铭。墓志铭是一道数学题，我们现在来看看。

自然语言	代数语言
这里埋葬着丢番图的骨灰。数字会讲述奇迹，它将告诉你他活了几岁。	x
他人生 1/6 是幸福的童年；	$\frac{x}{6}$
又过了人生的 1/12 后，他下巴上长出了胡子；	$\frac{x}{12}$
而后他结婚了，度过了人生的 1/7，没有孩子；	$\frac{x}{7}$
又过了 5 年，可爱的儿子出生了，他开心极了；	5
但是命运弄人，他痛失爱子，儿子只活了父亲年龄的一半；	$\frac{x}{2}$
在悲痛中，老人心如死灰，残喘度过了人生的最后 4 年。请问，他一生活了多少年？	$x=\frac{x}{6}+\frac{x}{12}+\frac{x}{7}+5+\frac{x}{2}+4$

【解答】解方程得出 $x=84$，由此我们也知道了丢番图人生的各阶段：21 岁结婚，38 岁成为父亲，80 岁时失去儿子，享年 84 岁。

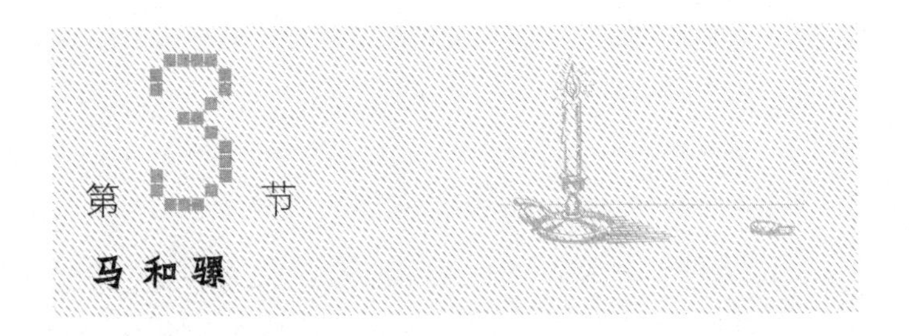

第3节 马和骡

【题目】马和骡并排走着，各自驮着沉重的行李。马抱怨自己东西太重了。“你有什么好抱怨的?”骡子答道，“要知道，如果我从你那里拿过来一包，我驮的东西就是你的两倍；如果你从我的背上拿走一包，你背的才和我一样重。”

聪明的读者们，请告诉我，马和骡各驮了几包行李?

【解答】

自然语言	代数语言
我从你那里拿过来一包，	$x-1$
我的重量，	$y+1$
是你的两倍；	$y+1=2(x-1)$
如果你从我的背上拿走一包，	$y-1$
你背的，	$x+1$
和我一样重。	$y-1=x+1$

我们用一个二元一次方程组来解题：

$$\begin{cases} y+1=2(x-1) \\ y-1=x+1 \end{cases} \text{即} \begin{cases} 2x-y=3 \\ y-x=2 \end{cases}$$

解题得出：$x=5$，$y=7$，即马驮了5包，骡驮了7包。

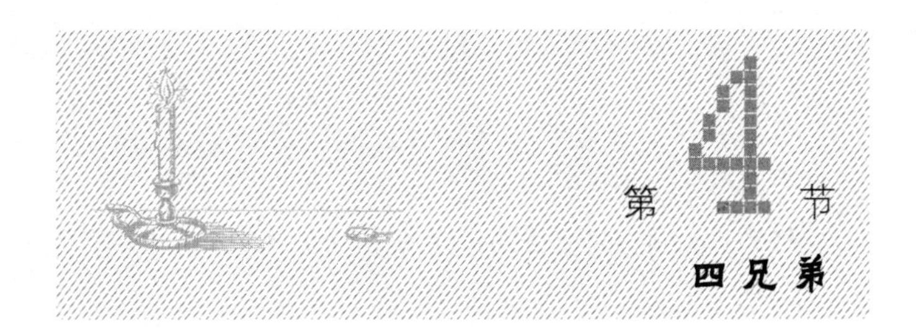

第4节 四兄弟

【题目】四个兄弟共有45卢布。如果大哥增加2卢布，二哥减少2卢布，三哥的钱增加一倍，四弟的钱减少一半，那么每个人的钱一样多。四兄弟每人各有多少钱？

【解答】

四兄弟有45卢布。	$x+y+z+t=45$
如果大哥增加2卢布，	$x+2$
二哥减少2卢布，	$y-2$
三哥的钱增加一倍，	$2z$
四弟的钱减少一半，	$\frac{t}{2}$
那么每个人的钱一样多。	$x+2=y-2=2z=\frac{t}{2}$

把最后一个方程分解成三个：

$$\begin{cases}x+2=y-2\\x+2=2z\\x+2=\dfrac{t}{2}\end{cases}$$

得出：

$$\begin{cases}y=x+4,\\z=\dfrac{x+2}{2}\\t=2x+4\end{cases}$$

代入第一个方程 $x+y+z+t=45$ 得：

$$x+x+4+\frac{x+2}{2}+2x+4=45$$

得出：$x=8$。相应得到：$y=12$，$z=5$，$t=20$。所以兄弟们的钱数分别是：8 卢布、12 卢布、5 卢布和 20 卢布。

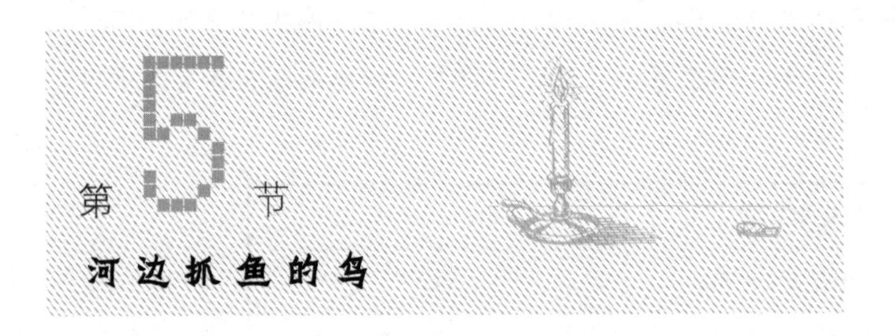

第5节 河边抓鱼的鸟

【题目】河边长了两棵棕榈树，彼此相对。一棵高 30 肘[1]，另一棵高 20 肘；两棵棕榈树之间水平距离是 50 肘。每棵棕榈树顶上都停了一只鸟。忽然间，两只鸟同时发现两棵树之间的河面上有一条鱼（见图 4）。它们立刻扑向河面，并同时到达。请问，鱼和高的棕榈树之间的水平距离是多少？

图 4

【解答】根据图 5 所示，使用勾股定理，我们可列出方程：

1 肘尺，古代长度单位，约 45 厘米，大约是从手肘到指尖的长度。

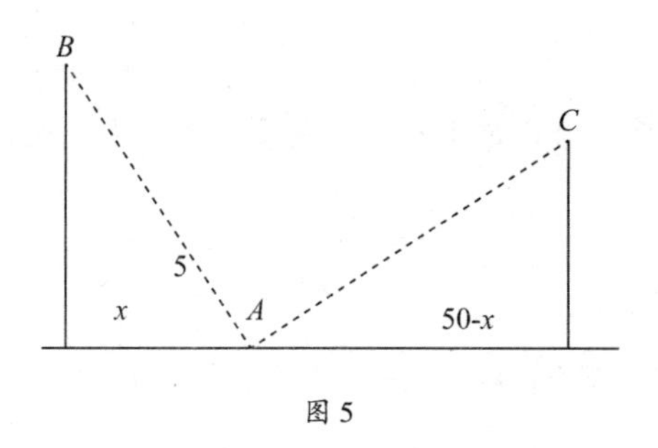

图 5

$$AB^2=30^2+x^2$$

$$AC^2=20^2+(50-x)^2$$

这里 $AB=AC$，因为两只鸟同时飞过这段距离。

去括号简化，得到一个一次方程：$100x=2\ 000$，得出 $x=20$。

也就是说，这条鱼距离30肘高的棕榈树的树根有20肘的距离。

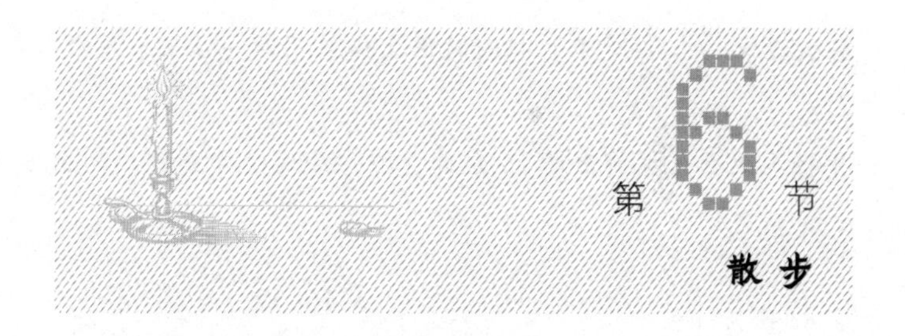

第6节 散步

【题目】有一天，一位年老的医生对他的年轻朋友说：

“明天你来我家做客吧。”

年轻人说：“谢谢，那我明天下午3:00出门。如果那会儿您也想散散步，那您可以在同一时间出门，我们在半路见面，再一块儿去您家。”

医生说：“别忘了我是老人，每小时只能走3千米路，你们年轻人每小时最少能走4千米路，慷慨一点总没错。”

年轻人说：“很公平，因为每小时我比您多走1千米，就把这1千米让给您，我提前15分钟出门。”

“非常感谢。”医生说。

于是第二天，年轻人下午2:45从家里出发，每小时走4千米。医生下午3:00整从家里出发，每小时走3千米。当他们相遇时，再掉头一起去医生家。

直到回到家后，年轻人才意识到，由于提前了一刻钟出发，他走的路程不是医生的2倍，而是4倍。

请问医生和年轻人两家相距多远?

【解答】 设两家相距 x 千米，年轻人来回走了一趟，即 $2x$ 千米；医生走的路程是他的$\frac{1}{4}$，即$\frac{x}{2}$千米；相遇时，医生走了自己总路程的一半，即$\frac{x}{4}$千米，年轻人走的路程就是$x-\frac{x}{4}=\frac{3x}{4}$千米。相遇时医生走路用时$\frac{x}{12}$小时，年轻人用时$\frac{3x}{16}$小时；此外，因为年轻人比医生提前出发15分钟，即$\frac{1}{4}$小时，于是可以列出方程：

$$\frac{3x}{16}-\frac{x}{12}=\frac{1}{4}$$

得出 $x=2.4$ 千米，也就是两家之间的距离。

第7节 割草队

俄国文豪托尔斯泰生前非常喜欢一道算术题，著名的物理学家齐格尔在他写的托尔斯泰回忆录中写了这道题目：

【题目】割草队（见图6）要割两块草地，一块比另一块大一倍。割草队先花了半天时间割较大这块草地。之后，割草队平均分成两批：一半人留在大草地，天黑前把草割完了；另一半人割小草地，天黑前还剩下一小块没割完，第二天由一位割草工把剩下的这块割完。割草队共有几人？

图6

【解答】这道题中，除了用 x 表示主要的未知数（割草工的数量）外，为了方便再引入一个辅助未知数 y，表示一个割草工一天内的割草面积。尽管题目中不用求 y，但是引入 y 会帮助我们更容易解出 x。

大草地 x 位割草工割了半天时间，割的草是：

$$x\times\frac{1}{2}y=\frac{xy}{2}$$

下午割草队的一半人继续在大草地，割的草是：

$$\frac{1}{2}x\times\frac{1}{2}y=\frac{xy}{4}$$

天黑前都割完了，所以大草地的面积是：

$$\frac{xy}{2}+\frac{xy}{4}=\frac{3xy}{4}$$

现在我们用 x 和 y 来表示较小的草地的面积，一半的工人割了半天的面积是：

$$\frac{x}{2}\times\frac{1}{2}y=\frac{xy}{4}$$

另一半人割小草地，天黑前还剩下一小块没割完，第二天由一位割草工把剩下的这块割完。那么小草地的面积是：

$$\frac{xy}{4}+y=\frac{xy+4y}{4}$$

第一个草地的面积是第二个草地的两倍，由此可列出方程式：

$$\frac{3xy}{4}\div\frac{xy+4y}{4}=2，或\frac{3xy}{xy+4y}=2$$

将方程式左侧除以 y，删除了辅助未知数 y，得出：

$$x=8$$

因此，割草队有 8 人。

《趣味代数》第一版出版后，齐格尔给我发了一条消息。他认为，这道题不是代数题，只是一道简单的算术题，只不过特殊的表达让题目看起来很难。

齐格尔告诉我，关于这道题目有个有趣的故事。他的舅舅是托尔斯泰的好朋友，当时在莫斯科大学数学系学习。在他们的同学中，有一位叫彼得罗夫的同学，他非常有才华和个性。这位彼得罗夫认为，学校代数课中题目和解题方法太刻板。为了证明自己的想法，他自创了一些古灵精怪的题目，这些题目甚至难倒了经验丰富的教师，其中就有“割草队”这道题。

经验丰富的老师会用方程式解这道题，但忽略了更简单的算术方法，比如这样解题：

如果一整个割草队花半天时间，再加上半个割草队花半天时间可以割完大草地，那么很明显，半个割草队半天时间可以割大草地的 1/3；小的草地没割完的那块就是 $\frac{1}{2}-\frac{1}{3}=\frac{1}{6}$。如果一个割草工一天割草面积是$\frac{1}{6}$，而第一天已经割完的草是$\frac{6}{6}+\frac{2}{6}=\frac{8}{6}$，所以割草队总共有 8 人。

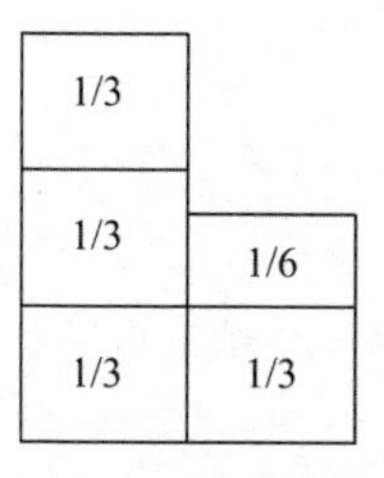

接下来我们还会遇到一些这样的题目，用一些“聪明”的算术方法，会比用代数方法更简单。

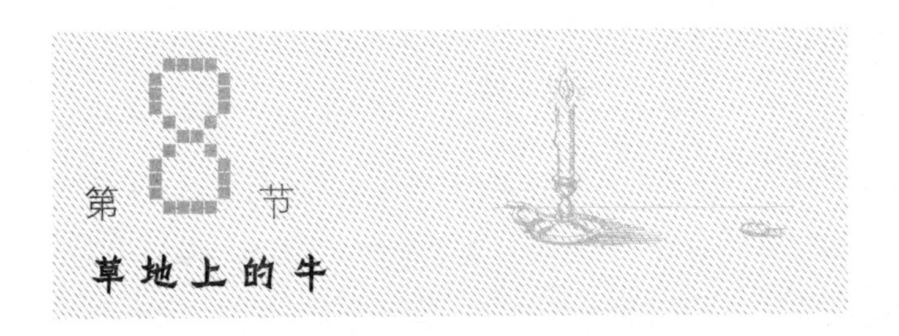

第8节 草地上的牛

【题目】牧场上的草均匀生长（见图7）。已经测试70头牛24天会把草吃光，30头牛60天会把草吃光。请问多少头牛在96天会把草吃光？

图7

可能有人会这样解题：

如果70头牛24天把草吃光，那么可以吃96天的就是70的$\frac{1}{4}$，即$17\frac{1}{2}$头牛，可是这样是不合理的。再根据题目中第二个条件，30头牛60天会把草吃光，那么可以吃96天的就是$18\frac{3}{4}$头牛，也同样不合理。另外，如果70头牛24天把草吃光，那么30头牛吃光草只需要56天，为什么是60天？

问题出现在哪里呢？问题出在这种解题思路没有考虑到草是在不断生长的。那么，怎样正确解题呢？

【解答】同样引入一个辅助未知数y，表示草地上存量草皮每日的增长量，那么24天的增长量是$24y$；设草地原始草皮的总量是1，那么24天牛群吃掉的草是：

$$1+24y$$

一天内牛群吃掉的草是：

$$\frac{1+24y}{24}$$

一头牛一天吃掉的草是：

$$\frac{1+24y}{24\times70}$$

同样，因为30头牛60天吃完同一块草地，所以一头牛一天吃掉的草还可以表示为：

$$\frac{1+60y}{30\times60}$$

一头牛每天吃掉的草量是不变的，所以：

$$\frac{1+24y}{24\times70}=\frac{1+60y}{30\times60}$$

$$y=\frac{1}{480}$$

知道草皮每天的增长量后，很容易得出一头牛一天内吃的草：

$$\frac{1+24y}{24\times70}=\frac{1+24\times\frac{1}{480}}{24\times70}=\frac{1}{1\ 600}$$

最后，我们列一个方程来解出最终答案，设未知牛群数量为 x，那么

$$\frac{1+96\times\frac{1}{480}}{96x}=\frac{1}{1\ 600}$$

$x=20$，20头牛96天内会把草吃光。

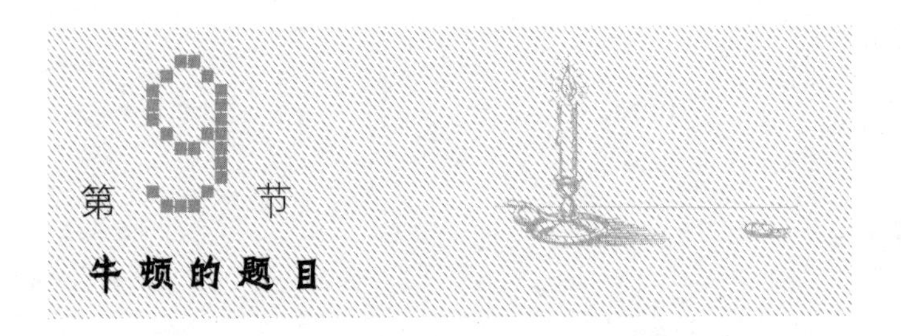

【题目】科学家牛顿也出过类似的题目，上面一题就是根据牛顿的题目模型设计的，他的题目是这样的：

三块草地面积分别为 $3\frac{1}{3}$ 公顷、10 公顷和 24 公顷，草地密度和生长速度都一样。第一块草地 12 头牛可以吃 4 周；第二块草地 21 头牛可以吃 9 周。请问第三块草地够几头牛吃 18 周？

【解答】同样引入一个辅助未知数 y，代表草地上 1 公顷草每周的生长量。那么，第一块草地 1 周内草的增长量是 $3\frac{1}{3}y$，4 周内增长量是 $3\frac{1}{3}y\times4=\frac{40}{3}y$，草地的总量是

$3\frac{1}{3}+\frac{40}{3}y$ 公顷。

所以，牛吃掉的草是 $3\frac{1}{3}+\frac{40}{3}y$ 公顷草地上的草。1 周内 12 头牛吃掉了总量 1/4，那么 1 头牛 1 周吃掉总量 1/48，即 $\left(3\frac{1}{3}+\frac{40}{3}y\right)\div48=\frac{10+40y}{144}$ 公顷。

同理，我们可以得到第二块草地上 1 头牛 1 周内吃掉的草量：

1 公顷草地 1 周内草的增长量是 y；

1 公顷草地 9 周内草的增长量是 $9y$；

10 公顷草地 9 周内草的增长量是 $90y$；

21 头牛 9 周内吃掉的草地面积是 $10+90y$ 公顷，1 头牛 1 周内吃掉的草地面积是 $\frac{10+90y}{9\times21}=\frac{10+90y}{189}$ 公顷。

两块草地上 1 头牛 1 周内吃掉的草量是相等的，因此：

$$\frac{10+40y}{144}=\frac{10+90y}{189}$$

$$y=\frac{1}{12}$$

所以，足够 1 头牛吃 1 周的草地面积为：

$$\frac{10+40y}{144}=\frac{10+40\times\frac{1}{12}}{144}=\frac{5}{54}$$

设未知牛群牛的数量为 x，则有：

$$\frac{24+24\times18\times\frac{1}{12}}{18x}=\frac{5}{54}$$

得出 $x=36$，即第三块草地足够 36 头牛吃 18 周。

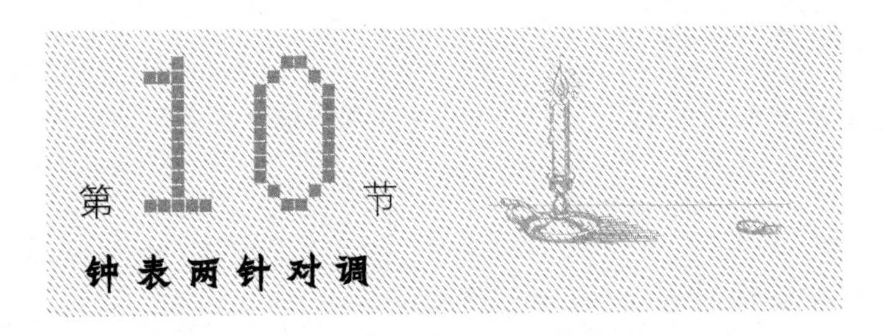

第10节 钟表两针对调

【题目】莫什科夫斯基——著名物理学家爱因斯坦的朋友兼传记作家，有一次去看望生病的爱因斯坦，为了帮助病人消磨时间，他出了这样一道题：

时钟的指针指向12点时，如果在这个位置把时针和分针交换，它们指示的时间还是准确的。但是在其他时间（比如6点钟），相互交换指针位置就不可以。那么哪些情况下把时针和分针对调后，还是能准确地指示某个时间呢？

爱因斯坦听完题目后回答道："对于一个因为生病而被迫卧床休息的人来说，这是一个好题目，既有趣又有挑战。不过估计这道题没办法帮我打发太多时间啊，我已经开始解题了。"

爱因斯坦在纸上画了一个题目的示意图（见图8）。这个问题怎么解呢？

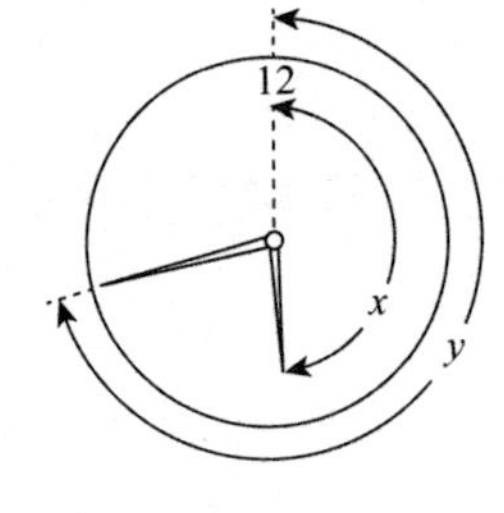

图8

【解答】我们从12点所在的位置开始，在圆形的60个等分格中，来测量时针和分针之间的距离。

假设时针和12的距离是x等分格，分针和12的距离是y等分格，我们可以得到需要的位置（即两针对调后仍然可以指示某个准确的时间）。由于时针在12个小时内会移动60格，即每小时5格，因此移动x格的时间是$\frac{x}{5}$小时，即指针距上次指向12点又过了$\frac{x}{5}$小时。分针移动y格需要y分钟，即$\frac{y}{60}$小时，即在$\frac{y}{60}$小时前分针指向12。

换句话说，两指针在 12 位置重合后，过去的整小时数为$\frac{x}{5}-\frac{y}{60}$，这个数是从 0 到 11 之间的整数，因为它代表 12 点之后过了几个小时。

当指针交换位置时，同理得出，指针的位置是在 12 点之后的$\frac{y}{5}-\frac{x}{60}$小时，这个数也是一个从 0 到 11 之间的整数。

于是得到一个方程组：

$$\begin{cases}\frac{x}{5}-\frac{y}{60}=m\\ \frac{y}{5}-\frac{x}{60}=n\end{cases}$$

其中 m 和 n 是 0 到 11 之间的整数。得出：

$$x=\frac{60(12m+n)}{143}$$

$$y=\frac{60(12n+m)}{143}$$

知道 0 到 11 之内的数值，我们就可以确定要找的指针位置。因为 m 所代表的数值，每一个都可以和 n 代表的数值组合，因此所有解的数量似乎是 $12\times12=144$。但实际上是 143，因为当 $m=0$，$n=0$ 或者 $m=11$，$n=11$ 时，表示的时间是相同的。

当 $m=11$，$n=11$ 时，$x=60$，$y=60$

即两针指向 12。在 $m=0$，$n=0$ 的情况下也是一样。

我不再一一列举所有的情况，就看下面两个例子。

第一个例子：

当 $m=1$，$n=1$ 时，$x=\frac{60\times13}{143}=5\frac{5}{11}$，$y=5\frac{5}{11}$，即时钟显示 1 小时 $5\frac{5}{11}$分钟，这时

两针是重合的，它们可以互换（其他所有两针重合的情况下也是如此）。

第二个例子：

当 $m=8$，$n=5$ 时，$x=\frac{60(5+12\times8)}{143}\approx42.38$，$y=\frac{60(8+12\times5)}{143}\approx28.53$。

相应的时间是 8 小时 28.53 分或 5 小时 42.38 分。

我们知道满足题目要求的时间共有 143 个，如果将它们全都标记在表盘上，会将时钟表盘的圆分成 144 份。

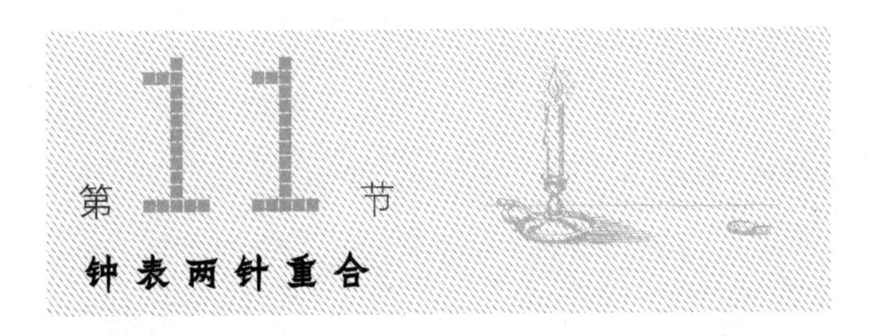

【题目】正常工作的钟表中，时针和分针重合的情况有多少种？

【解答】我们可以利用上一题中的方程。当时针和分针重合时，它们可以仅交换位置而不发生时间变化，并且，时针和分针在刻度盘上距离数值 12 是一样的，即 $x=y$。因此，可以得出：

$$\frac{x}{5}-\frac{x}{60}=m$$

$$x=\frac{60m}{11}$$

这里的 m 也是从 0 到 11 的整数。在 m 的 12 个可能性数值中（从 0 到 11），我们只能得到 11 种不同的指针位置，而不是 12 种，因为当 $m=11$ 时，$x=60$，两针都走过了 60 个刻度指向 12；当 $m=0$ 时同样如此。

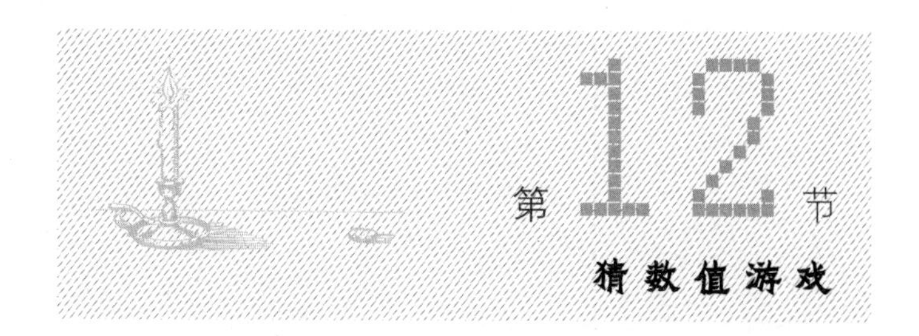

大家都玩过猜数值游戏吧。这类游戏通常是这样的：在心中默想一个数值，用这个数值加2，乘3，减5，再减去这个数值本身，乘2，减1。你能马上说出一开始的数值吗？

这个游戏的秘密也是方程，我们来看一下：

想一个数值	x
加 2，	$x+2$
乘 3，	$3x+6$
减 5，	$3x+1$
减去原来的数值，	$2x+1$
乘 2，	$4x+2$
减 1。	$4x+1$

通过表格中左右两列的对应关系可以看出，不管一开始想的是什么数值 x，最后得到的都是 $4x+1$。知道了这一点，要“猜出”开始数值就一点儿也不难了！

比如，最后得到数值 33，那么可以很快心算解方程 $4x+1=33$，$x=8$。或者，用最后得到的数值减去 1，再除以 4。

掌握这个游戏技巧后，你可以随意应对出题者，随意进行加、减、乘法（除法最好不要用，否则游戏难度会增加很多）。

假设对方是这样说的：

对方说的	你心算的
我想了一个数值，	x
把它乘以 2，	$2x$
再加 3，	$2x+3$
再加上我想的数值，	$3x+3$
再加 1，	$3x+4$
再乘以 2，	$6x+8$
减去我想的数值，	$5x+8$
再减去 3，	$5x+5$
减去我想的数值，	$4x+5$
再减去 2，	$4x+3$
再乘以 2，	$8x+6$
再加 3。	$8x+9$

最后对方说，结果是 49。你马上列好方程：$8x+9=49$。解这个方程式是小菜一碟，你马上就可以算出，对方开始想的数值是 5。

这样玩游戏会特别有趣，因为计算步骤不是你定的。

但是，有一种情况下游戏可能会失败。比如，经过一系列运算后，你得到 $x+14$，这时对方说："再减去我原来想的数值，现在得到了 14。" 这种情况下只剩下了一个数值，没有方程，也就解不出原先的数值了。遇到这种情况的话怎么办呢?

如果遇到这种情况，当对方刚说完"再减去我原来想的数值"，你发现方程没了，马上就打断他："不要说出结果，我能猜出来，结果是 14。" 如此这般，你就还是能达到游戏的效果。稍微练习一下，你就可以轻松地向朋友们展示这种猜数值"魔术"了。

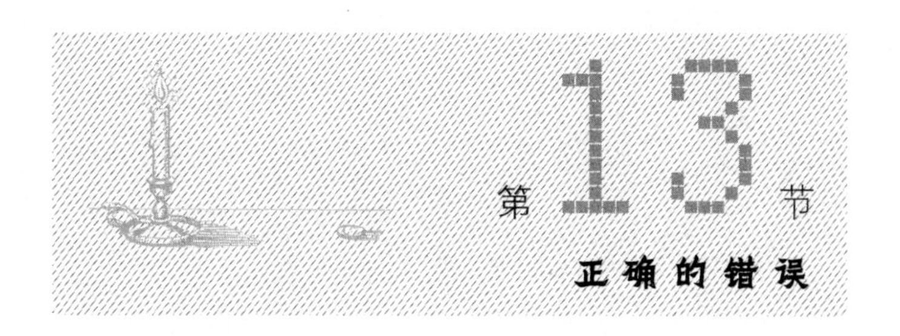

第13节 正确的错误

【题目】这道题目，乍看是很荒谬的：

如果 $8\times8=54$，那么 84 等于多少？

然而，这个奇怪的问题并不是毫无意义的，用方程可以解出答案。

我们来尝试破译它。

【解答】您可能已经猜到，这道题中的数值不是用十进制表示的，否则“84 等于多少？”这个问题完全不成立。假设未知的计数系统的基数为 x，那 $84=8x+4$，54 也就是 $5x+4$。得到方程：

$$8\times8=5x+4。$$

在十进制中，$64=5x+4$，$x=12$。

那么 $8x+4=8\times12+4=100$。因此，如果 $8\times8=54$，则 $84=100$。

同理，也可以求解同类型的另一个题目：

如果 $5\times6=33$，那么 100 等于多少？答案是 81（九进制）。

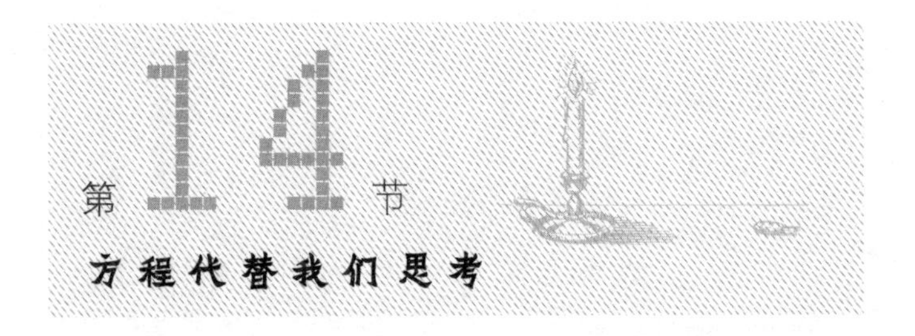

方程有时比我们大脑还严谨，如果你不信，可以看看下面这题：

父亲 32 岁，儿子 5 岁。几年后父亲的年龄会是儿子年龄的 10 倍?

设要经过 x 年后，这时父亲的年龄是 $32+x$，儿子的年龄是 $5+x$。父亲的年龄是儿子的 10 倍，即

$$32+x=10(5+x)$$

$$x=-2$$

“−2”表示 2 年前。当我们列方程时，并没有想到将来父亲的年龄永远不可能是儿子的 10 倍，这只能发生在过去。方程“考虑”得更周到，提醒了我们漏掉考虑的东西。

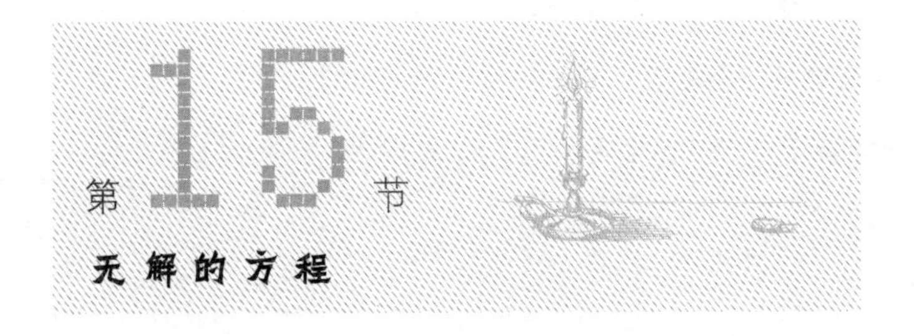

解方程，经验不足的同学有时会遇到困难，比如：

找出一个符合如下特点的两位数：十位数字比个位数字小 4，如果把十位数字和

个位数字交换顺序，得到的数减去原来的数得到 27。

设原来的两位数的十位数字是 x、个位数字是 y，可以轻松地列出方程式：

$$\begin{cases} x=y-4 \\ (10y+x)-(10x+y)=27 \end{cases}$$

把第一个方程代入第二个方程，得到：

$10y+y-4-[10(y-4)+y]=27$，化简后得出 $36=27$。

得到了 $36=27$，这说明什么呢？

这说明不存在满足题目中设定条件的两位数，因为两个方程实际上相互矛盾。

将第一个方程的两边各乘以 9，得到 $9y-9x=36$

把第二个方程去掉括号，合并同类项，得到 $9y-9x=27$

因为 $36\neq27$，所以这两个方程是相互矛盾的。

求解下面方程式也能发现同样的错误：

$$\begin{cases} x^2y^2=8 \\ xy=4 \end{cases}$$

将第一个方程除以第二个方程，得到：

$$xy=2$$

$xy=4$ 和 $xy=2$ 不可能同时成立，因此，不存在满足条件的数值。这类无解的方程组，称为不相容方程组。

如果我们稍微改变上一题中设定的条件，就会遇到另一种特殊情况。十位数字比个位数字小 3，其余条件不变。这个数是多少？

我们来列方程式。设十位数字是 x，那么个位数字是 $x+3$。根据题目条件得到：

$$10(x+3)+x-[10x+(x+3)]=27$$

化简后得到等式：$27=27$

这个等式肯定是对的，但是它没有提供任何关于 x 的信息。这是否也表示不存在满足题目条件的数呢?

恰恰相反，这说明所列的方程是一个恒等式，也就是说，x 是任何数值，方程都成立。很容易验证出来，是否每个两位数都符合题目中设定的条件：

$$14+27=41,\quad 47+27=74$$

$$25+27=52,\quad 58+27=85$$

$$36+27=63,\quad 69+27=96$$

再来看第三种情况。找到一个三位数，需要满足以下特点：十位数字是 7，百位数字比个位数字小 4。如果颠倒数字顺序，得到的数比原来的数大 396。

我们来列方程，设个位数字为 x，则有：

$$100x+70+x-4-[100(x-4)+70+x]=396$$

化简后得到：$396=396$

你应该已经知道，这个等式说明什么。没错，只要百位数字比个位数字小 3，那么颠倒顺序后得到的三位数，肯定都比原来的三位数大 396，和十位数字是多少没关系。

到目前为止，我们学过的题目都是偏理论的，和实际生活关系不大。目的是帮助大家掌握列方程和解方程的基本方法。有了理论基础，我们就可以来解决一些实际生活中的问题了。

第16节 理发店里的代数

【题目】 理发店里也需要用到代数吗？我碰到过这种情况。

某天在理发店时，一位理发师跑过来问我：

“有一个我怎么也解决不了的问题，您能帮帮我吗?”

“我们已经为此浪费了很多溶液!”另一个理发师说。

“是什么问题呢?”我问道。

“我们有两种过氧化氢溶液，浓度分别是30%和3%。如何把两种溶液混合出浓度是12%的新溶液呢？我们一直找不到合适的比例。”

我帮他们算出了所需的比例。那么要按照什么比例呢？

【解答】 为了得到浓度为12%的混合溶液，假设需要x克3%的溶液和y克30%的溶液，其中过氧化氢的净含量分别是$0.03x$和$0.3y$，总共就是$0.03x+0.3y$。混合后得到溶液质量是（$x+y$）克，其中过氧化氢的净含量是$0.12(x+y)$，于是得出方程式：

$$0.03x+0.3y=0.12(x+y)$$

从方程式中可以得出

$$x=2y$$

也就是说，混合溶液时3%的溶液要比30%溶液多一倍。

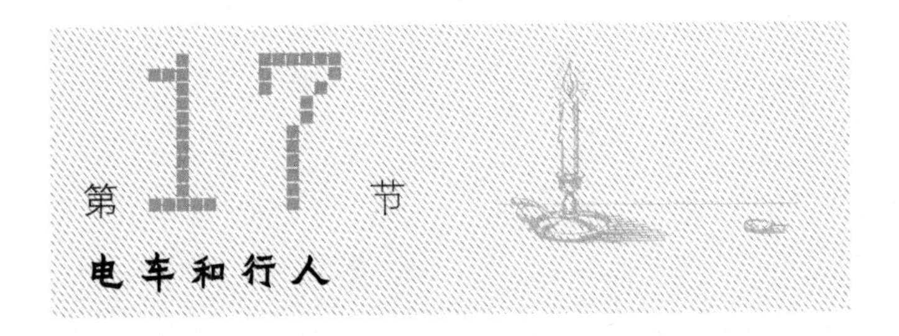

【题目】行人沿着电车轨道行走，每隔 12 分钟就有一辆电车从身后超过他，每隔 4 分钟会遇到一趟迎面驶来的电车，行人和电车都是匀速前进。电车每隔多长时间从起点站或终点站发出一趟？

【解答】设电车每隔 x 分钟从起点站或终点站发出一趟，那么在行人和电车相遇的地方，过 x 分钟会有另一趟电车经过。如果这趟电车是从身后开过来，那么行人在 12 分钟内行走的距离，电车行驶需要用时（$12-x$）分钟。因此，行人在 1 分钟内行走的距离，电车需要的行驶时间是 $\frac{12-x}{12}$分钟。

如果电车是迎面驶向行人，每隔 4 分钟会遇到一辆电车，行人在 4 分钟内行走的距离，电车行驶需要用时（$x-4$）分钟。因此，行人在 1 分钟内行走的距离，电车需要的行驶时间是$\frac{x-4}{4}$分钟。于是得出方程式：

$$\frac{12-x}{12}=\frac{x-4}{4}$$

解得 $x=6$，即电车每隔 6 分钟发车一趟。

也可以用算术方法来解这道题，不过会更复杂一点。设两趟行驶中电车之间的距离为 a，那么，行人和迎面驶来的电车之间的距离每分钟减少$\frac{a}{4}$；如果是从身后驶来的电车，那么行人和电车之间的距离每分钟减少$\frac{a}{12}$。现在假设行人向前走1分钟，然后转身又向后走了1分钟（即回到原来的位置）。那么，行人和迎面驶来的电车之间的距离，在第1分钟内减少了$\frac{a}{4}$，在第2分钟内减少了$\frac{a}{12}$。这时电车已经追上了行人，因此，在这2分钟内行人和电车之间的距离减少了$\frac{a}{4}+\frac{a}{12}=\frac{a}{3}$。现在假设行人一直站在原地，那么1分钟内电车行驶的距离是$\frac{a}{3}\div 2=\frac{a}{6}$，所以，整段距离$a$电车需要的行驶时间是6分钟。这也说明，电车每隔6分钟发车一趟。

第18节 轮船和木筏

【题目】从A市到位于河流下游的B市，轮船不间断行驶需要5小时；返程时轮船逆流而行，以同样速度不间断行驶需要7小时。从A市到B市木筏需要行驶几个小时？（木筏行驶速度和水流速度一样）

【解答】设从A市到B市在静止的河流中（即不考虑水流速度，只考虑轮船自身行驶速度）轮船需要的行驶时间为x小时，木筏需要的行驶时间为y小时。那么，一小时内，轮船行驶的距离是总距离的$\frac{1}{x}$，木筏行驶的距离是总距离的$\frac{1}{y}$；轮船在顺流时一小时行驶的距离是总距离的$\frac{1}{x}+\frac{1}{y}$，逆流时是$\frac{1}{x}-\frac{1}{y}$。从题中可以得知，轮船顺流和逆流行驶 1 小时的距离分别是总距离的$\frac{1}{5}$和$\frac{1}{7}$，列出方程组为：

$$\begin{cases}\frac{1}{x}+\frac{1}{y}=\frac{1}{5}\\ \frac{1}{x}-\frac{1}{y}=\frac{1}{7}\end{cases}$$

请注意，解这个方程组不需要求出分母，只需要把第一个方程减去第二个方程，得到$\frac{2}{y}=\frac{2}{35}$，$y=35$，即木筏从 A 市到 B 市需要 35 小时。

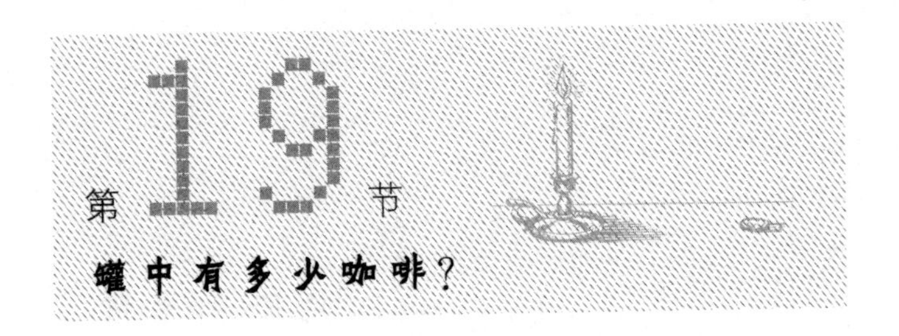

【题目】两个装满咖啡的咖啡罐，形状和材质相同，第一个重 2 kg，装的咖啡高 12 cm；第二个重 1 kg，装的咖啡高 9.5 cm。两个罐中的咖啡净重分别是多少？

【解答】设大罐中咖啡净重为 x，小罐中咖啡净重为 y，罐子本身的重量分别为 z 和 t，列出方程式：

$$\begin{cases}x+z=2\\ y+t=1\end{cases}$$

由于咖啡的重量与罐子的容积有关[1]，因此

$$\frac{x}{y}=\frac{12^3}{9.5^3}\approx 2.0\text{，或 } x=2.02y$$

空罐子的重量取决于它的表面积，因此

$$\frac{z}{t}=\frac{12^2}{9.5^2}\approx 1.60 \text{ 或 } z=1.60t$$

把 x 和 z 的值代入第一个方程，得到方程组：

$$\begin{cases}2.02y+1.60t=2\\ y+t=1\end{cases}$$

求解得出 $y\approx 0.95$，$t\approx 0.05$。相应的，$x\approx 1.92$，$z\approx 0.08$，即大罐咖啡净重 1.92 千克，小罐咖啡净重 0.95 千克。

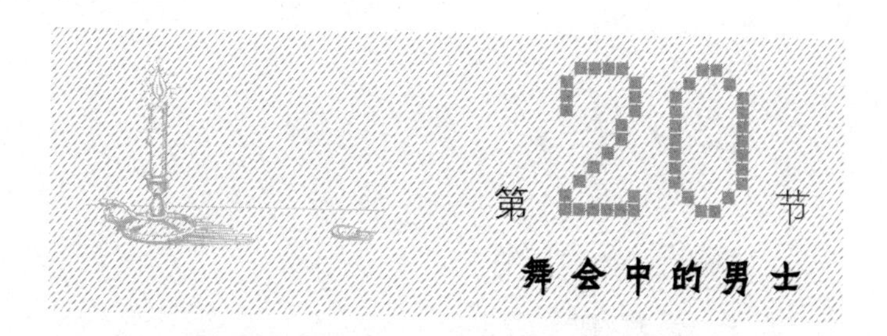

第20节 舞会中的男士

【题目】舞会中有 20 人在跳舞。玛丽亚和 7 位男士跳过舞，奥尔加和 8 位男士跳过舞，维拉和 9 位男士跳过舞，以此类推……妮娜和所有男士都跳过舞。请问，舞会中共有几位男士？

---

1 只有当罐壁不太厚时才可以使用这个比例，因为严格来说，罐子的内外表面积是不一样的，罐子的内外厚度也是不一样的。

【解答】 只要正确设定未知数，这道题解法很简单。我们不把男士数量设为 x，而是把女士数量设为 x。

第一位玛丽亚，和 6+1 位男士跳过舞；

第二位奥尔加，和 6+2 位男士跳过舞；

第三位维拉，和 6+3 位男士跳过舞；

……

第 x 位妮娜，和 $6+x$ 位男士跳过舞。

列方程：

$$x+(6+x)=20$$

$$x=7$$

因此，跳舞的男士人数就是 20−7=13 人。

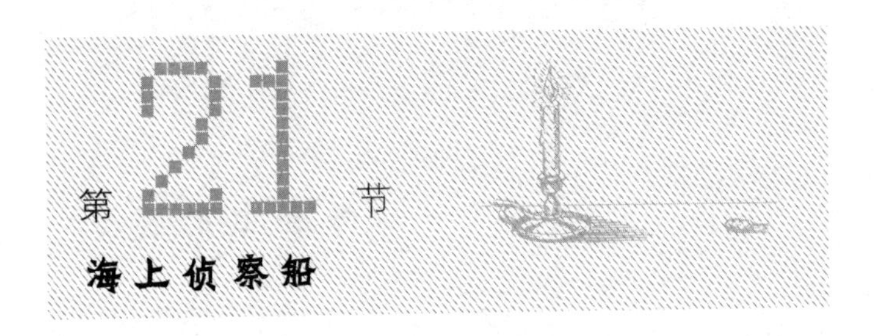

【题目一】 海上船队的侦察船（见图 9）奉命巡查前方 70 英里[1]的海域。船队的行驶速度是每小时 35 英里，侦察船的行驶速度是每小时 70 英里。侦察船要在出发多少时间后返航？

---

1 1 英里=1.6 千米。

图 9　海上侦察船

【解答】设需要求解的时间为 x，这段时间内船队行驶了 $35x$ 英里，侦察船行驶了 $70x$ 英里。侦察船向前行驶了 70 英里，而后返回一段距离，船队行驶了同一路线中其余的距离。它们总共行驶的距离是 $70x+35x$，也就是 2 个 70 英里，列方程：

$$70x+35x=140$$

$$x=\frac{145}{105}=1\frac{1}{3}\text{（小时）}$$

即侦察船在 1 小时 20 分钟后返回船队。

【题目二】

侦察船奉命巡查前方海域，侦察船需要在 3 小时内回到船队。如果侦察船的速度是每小时 60 海里，船队的速度是每小时 40 海里，侦查船需要在多长时间后开始返航?

【解答】设侦察船行驶了 x 小时后返航，那么它离开船队向前行驶了 x 小时，返航时向着船队行驶了 $3-x$ 小时。因为 x 小时内侦察船和船队朝同一方向行驶，所以在 x 小时后，侦查船距离船队的距离是 $60x-40x=20x$。

返航时，侦察船行驶了 $60(3-x)$，而船队行驶了 $40(3-x)$。船队和侦察船一起总共行驶了 $20x$，因此：

$$60(3-x)+40(3-x)=20x$$

$$x=2\frac{1}{2}$$

因此侦查船要在离开船队 2 小时 30 分钟后返航。

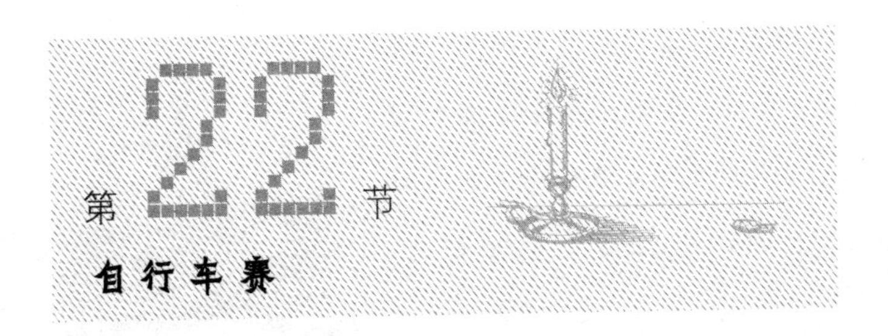

第22节 自行车赛

【题目】两名自行车骑手沿着环形赛道匀速骑行。当他们反方向骑行时，每隔10秒会相遇一次；当他们同方向骑行时，每隔170秒一位骑手会超过另一位骑手。如果环形赛道总长为170米，两名骑手的骑行速度分别是多少？

【解答】设一位骑手的车速是x米/秒，他在10秒内行驶$10x$米，当他们反方向骑行相遇时，另一位骑手骑行的距离是$170-10x$；设第二位骑手的车速是y米/秒，10秒内他骑行的距离是$10y$米。

$$170-10x=10y$$

如果他们同方向骑行，第一位骑手170秒内骑行距离是$170x$米，第二位骑行距离是$170y$米；如果第一位比第二位骑得快，那么从他们第一次相遇到第二次相遇，第一位骑手比第二位多骑行了一整圈：

$$170x-170y=170$$

化简方程：

$$x+y=17，x-y=1$$

得出$x=9$（米/秒），$y=8$（米/秒）。

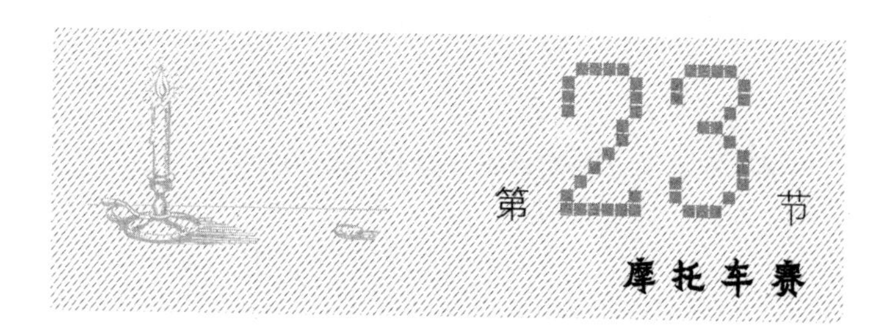

第23节 摩托车赛

【题目】摩托车比赛中，3 辆摩托车同时出发，不间断行驶。第 2 辆摩托车的车速比第 1 辆慢 15 千米/小时，比第 3 辆快 3 千米/小时；到达终点时比第 1 辆慢 12 分钟，比第 3 辆快 3 分钟。请问：

（a）比赛距离有多长？

（b）每辆摩托车的车速是多少？

（c）每辆摩托车的比赛用时是多少？

【解答】我们需要求解 7 个未知数，但解题时我们只需设定 2 个，用两个二元方程组来求解。

设第 2 辆摩托车车速为 x，第 1 辆的车速就是 $x+15$，第 3 辆的车速是 $x-3$，比赛距离为 y，那么比赛用时就是：

第 1 辆：$\frac{y}{x+15}$

第 2 辆：$\frac{y}{x}$

第 3 辆：$\frac{y}{x-3}$

已知第 2 辆用时比第 1 辆多 12 分钟（1/5 小时），则：

$$\frac{y}{x}-\frac{y}{x+15}=\frac{1}{5}$$

第3辆比第2辆用时多3分钟（1/20小时）：

$$\frac{y}{x-3}-\frac{y}{x}=\frac{1}{20}$$

第2个方程乘以4，再用第1个方程减去第2个方程，得到：

$$\frac{y}{x}-\frac{y}{x+15}-4\left(\frac{y}{x-3}-\frac{y}{x}\right)=0$$

把方程所有项除以y（已知y不等于0），简化后得到：

$$(x+15)(x-3)-x(x-3)-4x(x+15)+4(x+15)(x-3)=0$$

去掉括号，合并同类项得到：

$$3x-225=0,\ x=75$$

代入第1个方程有：

$$\frac{y}{75}-\frac{y}{90}=\frac{1}{5}$$

$$y=90$$

由上可知，3辆摩托车的车速分别是90千米/小时、75千米/小时和72千米/小时，比赛距离是90千米。比赛距离除以每辆摩托车的速度，得出比赛用时分别是1小时、1小时12分钟和1小时15分钟。

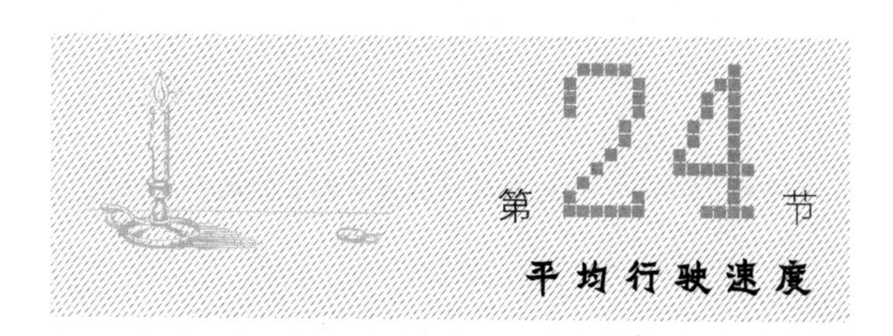

第24节 平均行驶速度

【题目】汽车行驶在两个城市间，去程时以每小时60千米行驶，回程时以每小时40千米行驶。汽车的平均行驶速度是多少？

【解答】这个简单的题目很有迷惑性，如果不仔细思考，很容易认为答案就是60和40的平均数50。

如果去程和回程用时相同，那这种简单的求解是对的。但是，回程的用时多于去程的用时（因为回程速度较慢），所以50是错误答案。

用方程求解会得出另一个答案。设汽车的平均速度为x，再引入一个辅助未知数l（城市间距离），列出方程：

$$\frac{2l}{x}=\frac{l}{60}+\frac{l}{40}$$

因为l不等于0，可以约去，得到：

$$\frac{2}{x}=\frac{1}{60}+\frac{1}{40}$$

$$x=\frac{2}{\frac{1}{60}+\frac{1}{40}}=48$$

因此，平均速度是48千米/小时。

如果我们用字母代替数值，设去程车速为a，回程车速为b，则有：

$$\frac{2l}{x}=\frac{l}{a}+\frac{l}{b}$$

可得 $x=\dfrac{2}{\dfrac{1}{a}+\dfrac{1}{b}}$，这个数值称为 a 和 b 的调和平均值。

因此，平均速度不是两个车速的算术平均值，而是调和平均值。a 和 b 都是正数时，调和平均值始终小于算术平均值，正如我们在本题中看到的一样。

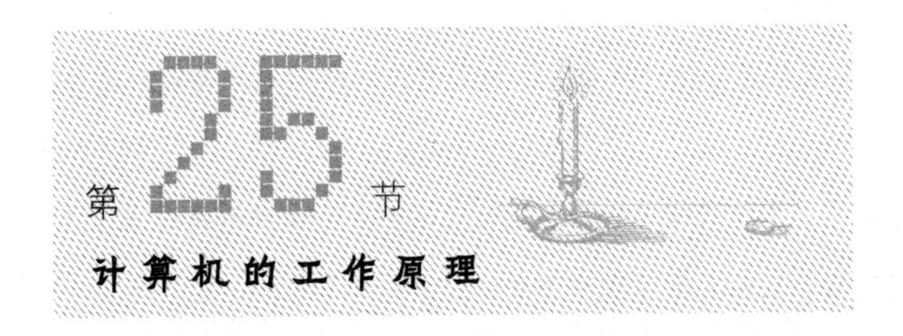

第25节 计算机的工作原理

除了前面已经说过的下棋，计算机还可以完成其他任务，比如翻译、编曲等。只要编写相应的程序，计算机就会根据程序运作。

我们在这不准备研究计算机下棋或翻译程序，这些程序十分复杂。这里只介绍两个很简单的程序。不过一开始，我们需要先了解一下计算机的构造。

在第 1 章中，我们讲过一些设备可以每秒运算几千次。计算机构造中，直接执行运算的这部分叫作运算器，计算机还包括控制器和存储器，存储器用于存放数据和标准信号；此外，计算机还包括输入和输出数据的设备。

众所周知，声音可以录在唱片上，之后再重新播放。不过，唱片只能录音一次，不能重复录音。另外一种存储声音的方法是借助磁带，同一张磁带上的旧声音可以“擦掉”再重新录新的声音。

计算机存储器的工作原理和磁带有些类似。数据和标准信号（电、磁或机械信号）被记录在磁鼓或者其他设备上，之后这些被记录的数据可以读取，而在不需要的时候，可以“擦掉”。计算机存储和读取数据或信号只需要百万分之几秒。

存储器可以包含几千个单元，每个单元又有几十个元件，例如磁性元件。

在二进制中，我们设定每个磁性元件代表数字 1，非磁性元件代表数字 0。假设 1 个存储单元有 25 个元件，或者说有 25 个二进制位数，并且第 1 个元件表示“+”号或“-”号，接下来的 14 个元件用于存储数值的整数部分，最后 10 个元件用于存储小数部分。图 10 表示存储器的 2 个单元，每个单元有 25 个元件，磁化元件用“+”表示，未磁化元件用“-”表示。

来看图 10 上面部分（第二条虚线表示小数点位置，第一条虚线把表示符号的第一位和其余位数隔开），这里记录的数是+1011.01（二进制）或 11.25（十进制）。

除了数字之外，存储单元中还记录了指令，这些指令组成了程序。我们来看看“三地址计算机”的指令（见图 10）：这里为了写入指令，会把存储单元分成四段，每段用虚线隔开。第一段表示操作，记录的是数值（号码）。例如：

加——操作Ⅰ；

减——操作Ⅱ；

乘——操作Ⅲ；

……

指令翻译出来是这样的：第一部分——操作号码；第二和第三部分——单元号码（存储数据的地址码），需要从中提取操作号码的地方；第四部分——地址码，即需要放入操作结果的地方。例如，在图 10 中的第 2 行中记录的二进制是 11，11，111，1011，（相当于十进制的 3，3，7，11），它们代表以下指令：对第 3 个和第 7 个存储单元执行操作Ⅲ，并把结果存储到第 11 个单元。

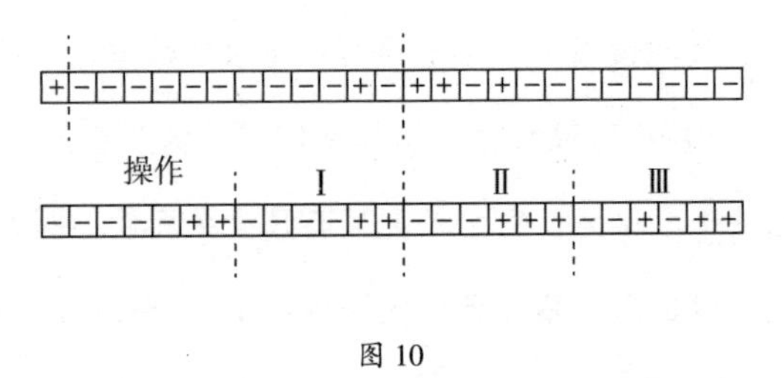

图 10

接下来我们直接用十进制来写数值和指令。例如，图 10 中第 2 行的指令，我们就写成：

乘　3 7 11

现在来看两个最简单的程序。

程序 1：

1）加　　4　5　4

2）乘　　4　4　→

3）控制转移　　1

4）0

5）1

我们来看前 5 个单元记录了以上程序的计算机是如何工作的。

第 1 个指令：把存储在第 4 个和第 5 个单元的数值相加，并把得到的结果存储回第 4 个单元。这样，计算机就把 0+1=1 存储到第 4 个单元。完成第 1 个指令后，第 4 和第 5 单元中的数值就变成了 1 和 1。

第 2 个指令：把存储在第 4 单元的数值和自己相乘（即平方）并把结果 1^2 写在卡片上（箭头代表输出结果）。

第 3 个指令：控制转移到第 1 单元。也就是说，从第 1 个指令开始，从头依次执行所有指令。

第 1 个指令：把第 4 和第 5 单元存储的数值相加，结果存储回第 4 单元，现在第 4 单元的数值变成了 1+1=2。

第 2 个指令：把第 4 单元的数进行平方，并把结果 2^2 写在卡片上。

第 3 个指令：控制转移到第 1 单元（又回到了第 1 个指令）。

如此重复。

我们看到，计算机是在一个接一个地进行整数的平方运算，并把每次结果写在卡片上。每次不需要手动拨号，计算机会自动连续拨号并进行平方运算。按照这个程序，计算机在几秒甚至几分之一秒内就可以进行从 1 到 10 000 的平方运算。

需要指出，实际中整数平方运算的程序要比这个复杂，主要是第 2 个指令会有所不同。因为把结果写在卡片上的时间比计算机执行一次操作的时间要多好几倍，因此，计算结果会暂时存储在存储器的空单元中，之后再“从容”地写到卡片上。这样，第 1 个计算结果先暂存在空出来的第 1 个单元中，第 2 个计算结果暂存在第 2 个空单元中，以此类推。上面举例的程序中没有包括这个步骤。

以下是实际中计算从 1 到 10 000 所有整数平方的程序：

程序 1（a）

1）	加	8	9	8
2）	乘	8	8	10
3）	加	2	6	2
4）	条件转移	8	7	1
5）	停止			
6）		0	0	1

7）10 000

8）0

9）1

10）0

11）0

12）0

……

前面两个指令和上面简化程序中的区别不大。完成这两个指令后，第 8、第 9、第 10 存储单元中的数值分别是 1，1，1^2。

第 3 个指令则比较有意思：把第 2 和第 6 单元中的数值相加，结果存储回第 2 单元。操作完成后第 2 单元中的指令变为：

2）乘　8　8　11

可以看出，完成第 3 个指令后，第 2 个指令相应也变了，准确地说是第 2 个指令中的一个地址发生了变化，后面我们会解释为什么。

第 4 个指令：控制转移（对应之前例子中第 3 个指令）。这个指令是这样的：如果第 8 单元中的数值小于第 7 单元中的数值，那么就转移到第 1 单元；反之，就执行下一个指令（第 5 个指令）。由于 1<10 000，因此转移到第 1 单元，这样就重复了第 1 个指令。

完成第 1 个指令后，第 8 单元中的数值是 2。

第 2 个指令现在的形式是：

2）乘　8　8　11

数值 2^2 要存储回第 11 单元。现在明白了，为什么之前要执行第 3 个指令：新的数值，也就是 2^2 不存储到第 10 单元，而是存到第 11 单元，因为第 10 单元已经满了。

完成第 1 和第 2 个指令后 8~11 单元中的数值为：

8） 2

9） 1

10） 1^2

11） 2^2

完成第 3 个指令后，第 2 单元中的指令变为：

2） 乘 8 8 12

也就是计算机要准备把新的结果存储到下一单元——第 12 单元。因为第 8 单元中的数值还是小于第 9 单元的，那么第 4 个指令意味着控制还是要转移到第 1 单元。

在完成第 1 和第 2 指令后，我们得到：

8） 3

9） 1

10） 1^2

11） 2^2

12） 3^2

计算机按照这个程序进行平方运算到何时停止呢？要一直进行到第 8 单元中的数值变成 10 000，也就是计算完从 1 到 10 000 所有整数的平方。这时，第 4 个指令就不再指示控制转移回到第 1 个指令（因为第 8 单元中的数值不是小于，而是等于第 7 单元中的数值），也就是说，计算执行完第 4 个指令后将执行第 5 个指令：停止。

我们再来看一个更复杂的例子：解决联立方程组。这里我们还是看简化程序，读者可以自己思考没有简化的完整程序是怎么样的。

假设以下的联立方程组：

$$\begin{cases} ax+by=c \\ dx+ey=f \end{cases}$$

这组方程组不难求解得出：

$$x=\frac{ce-bf}{ae-bd}, \quad y=\frac{af-cd}{ae-bd}$$

我们求解这样的方程（已知系数 a，b，c，d，e）一般需要几十秒，而计算机在一秒内可以求解几百个类似方程组。

我们来看一下相应的计算机程序。假设有很多个类似方程组（见图 11）：

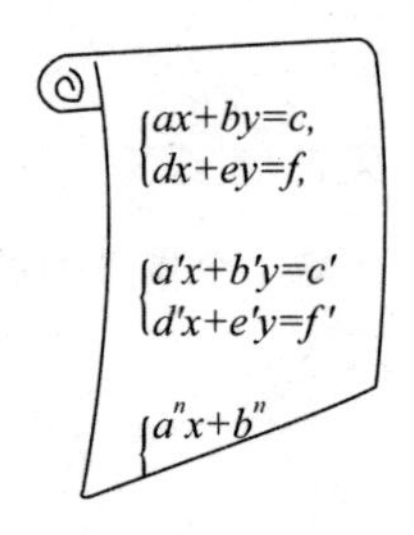

图 11

系数数值是 a，b，c，d，e，f，a'，b'，…

以下是相应的程序：

程序 2：

1）乘　28　30　20

2）乘　27　31　21

3）乘　26　30　22

4）乘　27　29　23

5）乘　26　31　24

6）乘　28　29　25

7）减　20　21　20

8）减　22　23　21

9）减 24 25 22

10）除 20 21 →

11）除 22 21 →

12）加 1 19 1

13）加 2 19 2

14）加 3 19 3

15）加 4 19 4

16）加 5 19 5

17）加 6 19 6

18）条件制转移 1

19） 6 6 0

20） 0

21） 0

22） 0

23） 0

24） 0

25） 0

26） a

27） b

28） c

29） d

30） e

31) f

32) a'

33) b'

34) c'

35) d'

36) e'

37) f'

38) a''

第 1 个指令：把第 28 和第 30 单元中的数值相乘，得到的结果存储到第 20 单元，即把 ce 存储到第 20 单元。

按照这样依次执行第 2 个到第 6 个指令。完成这些指令后，从第 20 到第 25 单元中有以下数值：

20) ce

21) bf

22) ae

23) bd

24) af

25) cd

第 7 个指令：从第 20 单元的数值中减去第 21 单元的数值，结果（即 $ce-bf$）存储回第 20 单元。

按照这样依次执行第 8 和第 9 个指令。结果在第 20~22 个单元中有以下数值：

20) $ce-bf$

21) $ae-bd$

22) $af-cd$

第 10 和第 11 个指令，进行除法得到：

$$\frac{ce-bf}{ae-bd} \text{ 和 } \frac{af-cd}{ae-bd}$$

并把结果写到卡片上（即输出结果），这就是第 1 个联立方程组的解。

第 1 个联立方程组已经求解完成，接下来的程序（第 12~19 单元）是让计算机准备求解第 2 个联立方程组。

第 12~17 个指令是：把第 19 单元中的内容补充到第 1~6 单元中，这样结果重新留在了第 1~6 单元中。那么，在完成第 17 个指令后前 6 个单元的形式如下：

1) 乘 34 36 20

2) 乘 33 37 21

3) 乘 32 36 22

4) 乘 33 35 23

5) 乘 32 37 24

6) 乘 34 35 25

第 18 个指令：控制转移到第 1 单元。

前 6 个单元中新存储的内容和原来存储的内容有什么区别呢？这 6 个单元中前两个地址的号码原来是 26~31，而新的是 32~37。也就是说，计算机将重复之前的运算，只是不再从第 26~31 单元中读取，而是从第 32~37 单元中读取第 2 个联立方程组系数。计算机解完第 2 个联立方程组后，再以同样的方式解第 3 个联立方程组。

通过以上内容可以了解，编写正确的程序有多么重要。因为计算机本身什么也不会，它只会执行设定好的程序。有各种各样的程序，比如计算开方、对数、正弦函数、解高次方程等。之前还提到过下棋的程序、翻译程序等。要解决的问题越复杂，相应的程序自然也就越复杂。

最后要指出，还有一种自动编程程序，借助于这种程序，计算机可以自动编写出所需要的程序。这大大减轻了繁重的编程工作。

03

代数帮助算术

导 读

刘月娟

“数”大家都不陌生，那么数的分类你清楚吗？最开始，我们接触数的顺序是0~10以内的整数，再到100以内，后又接触小数、分数、负数。慢慢地就开始学习数的分类，最大的数域是实数，你平常见到的数几乎所有的都是实数；实数又分为正数、零和负数，或者是有理数和无理数，在这章中，我们只讨论正数和负数。

1. 数的特征

数都会有一些自己的特征，这里只探究整数，比如可以被2整除的数，其必定以0、2、4、6、8结尾；可以被3整除的数，其所有位数之和必为3的倍数；那么可以被5整除的数的特征呢？这个留给正在阅读的你回答吧！还有一个最常用的——末位为5的数的平方，比如$15^2=225$，$25^2=625$，即原十位上的数字加1，再与本身相乘，写在前面，后面再加上25，即为得到的结果。你是否觉得只有2、3、5这些数可以找到能被其整除的数的特征呢？那就大错特错了，我们还可以找到被11、19整除的数的特征。具体的规律会分别在本章节“能被11整除的数”和“能被19整除的数”中发现。

关于数还有一个不得不说的知识，那就是质数（素数）与合数。那么什么是质数呢？在大于1的自然数中，除了1和它本身以外，不能再被其他自然数整除的数，就是质数。特别地，1不是质数。自然地，合数即为除了1和它本身以外还可以被其他自然数整除的数。基于以上定义，你是否能说出20以内的质数有哪些呢？最小的合数又是几呢？20以内的质数为2、3、5、7、11、13、17、19；最小的合数为4。你回答对了吗？你会发现在所有的质数中只有一个偶数，那就是2。但是我们讨论的这些数都是比较小的，也都是能数得过来的，并没有无穷的趋向。那么合数和质数的个数是有限的还是无限的呢？是否存在最大的质数呢？此刻你无须着急，你所疑惑的问题，即将在本章中揭晓。

2. 数的运算

我们学习了代数的加法、减法、乘法、除法以及在第 1 节提到的乘方。这些运算法则都是为了我们的计算更加便捷。当然在学习的过程中还会介绍它们的运算规律，比如乘法的交换律、结合律、分配率，不同的运算有不同的运算规律。当然印象最深刻的就是简便计算了，它会将看似复杂的计算简化。

99×101 的结果怎么算？在没有接触简便计算的时候，你一定会去列竖式，你会发现这样真的很麻烦。因此在此基础上我们可以将式子稍微改写为 $99\times101=(100-1)\times(100+1)$，改写成这样你是不是就觉得简单多了。诸如此类的例子还有很多，甚至有一些更复杂的，比如 988×988，你能否不用列竖式，利用简便方法计算出答案呢？我很期待你的解题思路。

3. 无理数

有人会说："数的应用这么广泛，那么它一定就是万能的了。"不是的，没有什么是万能的，有时候不用数会更加方便。π 这个数相信你应该见过，它等于 3.141 592 653 589 793…，是个典型的无限不循环小数，也就是无理数，涉及 π 的计算到底该带多少位数进入才合适呢？

除此之外还有一些带根号的式子，它们的化简也都是个难事。

数在我们的生活中千变万化，但唯一不变的是我们的先祖们为了解决问题而发现的规律，这些规律是在人类文明的发展中我们的伟人发现、总结、验证的，所以作为后世的我们才能够直接应用。生活中还有很多没有被发现的事物、奥秘，期待你成为下一个发现者哟。

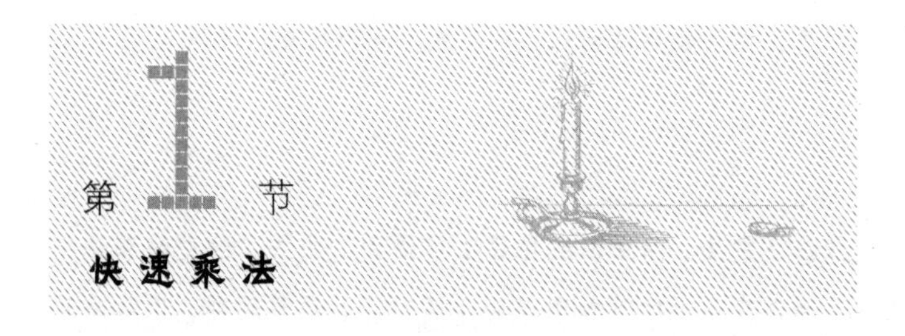

第1节 快速乘法

通过代数变形可以简化计算任务。例如，计算 988^2 的步骤如下：

$$988\times988=(988+12)\times(988-12)+12^2=1\ 000\times976+144=976\ 144$$

依据的是以下代数变形：

$$a^2=a^2-b^2+b^2=(a+b)(a-b)+b^2$$

这个公式在口算中很有用，例如：

$$27^2=(27+3)\times(27-3)+3^2=729$$

$$63^2=66\times60+3^2=3\ 969$$

$$18^2=20\times16+2^2=324$$

$$37^2=40\times34+3^2=1\ 369$$

$$48^2=50\times46+2^2=2\ 304$$

$$54^2=58\times50+4^2=2\ 916$$

986×997 可以按照下面方式计算：

$$986\times997=(986-3)\times1\ 000+3\times14=983\ 042$$

这个方法的根据是什么呢？我们来看看。

先把 986×997 变为：$(1\ 000-14)\times(1\ 000-3)$

根据代数规则把二项式展开：

$$1\ 000\times1\ 000-1\ 000\times14-1\ 000\times3+14\times3$$

再进行变形：

$$1\,000\times(1\,000-14)-1\,000\times3+14\times3=1\,000\times986-1\,000\times3+14\times3$$
$$=1\,000\times(986-3)+14\times3$$

如果两个三位数十位和百位数相同，个位数相加等于10，计算它们的乘积有一个有趣的方法，例如 783×787：

$$78\times79=6\,162,\ 3\times7=21$$

结果就是616 221。

从下面的变形中可以知道这个方法的依据：

$$(780+3)\times(780+7)=780\times780+780\times3+780\times7+3\times7=780\times780+780\times10+3\times7$$
$$=780\times(780+10)+3\times7=780\times790+21=616\,200+21$$

另一种方法更简单：

$$783\times787=(785-2)\times(785+2)=785^2-4=616\,225-4=616\,221。$$

以5结尾的数有一个特别简单的方法：

35^2：3×4=12，结果是 1 225；

65^2：6×7=42，结果是 4 225；

75^2：7×8=56，结果是 5 625。

这个方法的依据是这样的：

设十位数为 a，那么整个数值可以写成 $10a+5$，而

$$(10a+5)^2=100a^2+100a+25=100a(a+1)+25$$

规则就是把十位上的数字与比它大1的数字相乘，再乘以100，然后加上25。

用这个方法还可以快速计算带1/2的数，例如：

$$\left(3\frac{1}{2}\right)^2=3.5^2=12.25=12\frac{1}{4}$$

$$\left(7\frac{1}{2}\right)^2=56\frac{1}{4},\ \left(8\frac{1}{2}\right)^2=72\frac{1}{4}$$

…

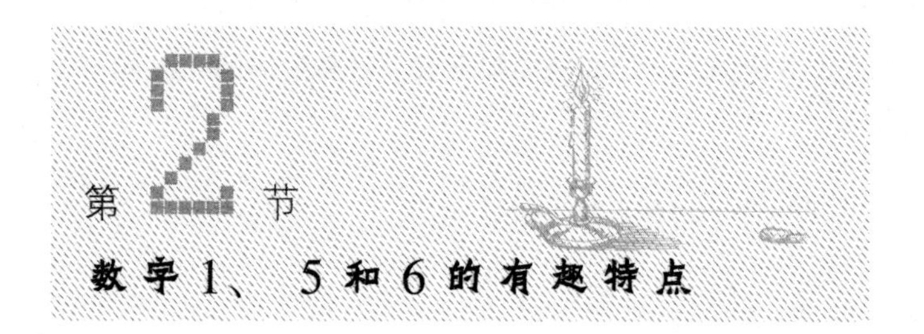

第2节 数字1、5和6的有趣特点

大家可能知道，以1或5结尾的数相乘，得到的结果也是以1或5结尾。此外，以6结尾的数相乘得到的数也是以6结尾的。

例如：$46^2=2\ 116$；$46^3=97\ 336$

这个有趣的特点，也可以通过代数解释。

以6结尾的数可以写成：$10a+6$、$10b+6$等，其中a和b是整数。

$$\begin{aligned}(10a+6)(10b+6)&=100ab+60b+60a+36\\&=10(10ab+6b+6a)+30+6\\&=10(10ab+6b+6a+3)+6\end{aligned}$$

可以看出，结果是10的倍数再加上6，所以6肯定会出现在结尾。

1和5也可以用同样的方法证明。

因此我们可以确定：

$386^{2\ 567}$结尾是6；

815^{723}结尾是5；

$491^{1\ 732}$结尾是1。

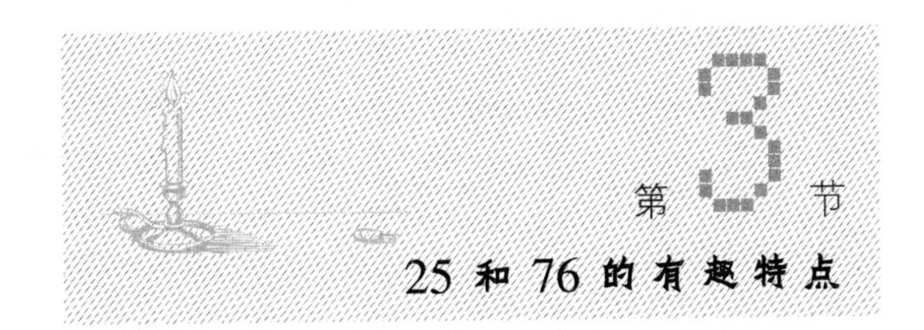

25和76的有趣特点

25和76也有同样的特点，我们来证明一下。

以76结尾的数可以表示为$100a+76$、$100b+76$等。而

$$\begin{aligned}(100a+76)(100b+76) &= 10\,000ab+7\,600b+7\,600a+5\,776\\ &= 10\,000ab+7\,600b+7\,600a+5\,700+76\\ &= 100(100ab+76b+76a+57)+76\end{aligned}$$

由此可知，以76结尾的数的任意次方，结尾也都是76，例如$376^2=141\ 376$，$576^3=191\ 102\ 976$等。

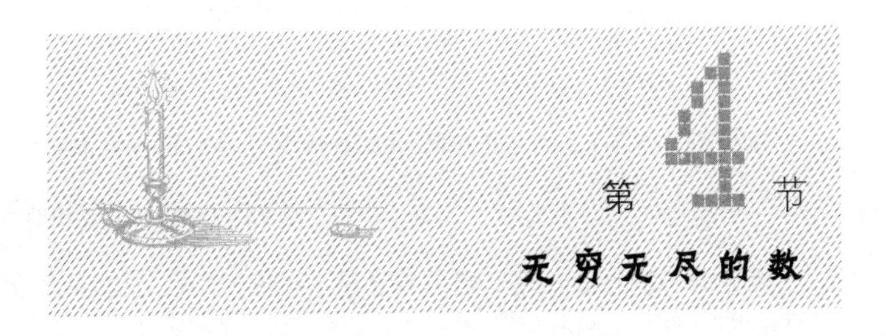

无穷无尽的数

还有更多的数有同样的特点，即末尾数相乘后不变，这样的数有无穷多，下面来证明一下。

已知25和76有这个特点，那么可以在76或25前面再加一个数字。设加上的数

字为 k，要找的三位数可以写成 $100k+76$。

末尾三位数是 $100k+76$ 的数值就可以表示为：

$1\,000a+100k+76$，$1\,000b+100k+76$，…

把它们相乘得到：

$1\,000\,000ab+100\,000ak+100\,000bk+76\,000a+76\,000b+10\,000k^2+15\,200k+5\,776$

除最后两项之外，其他项末尾至少有三个零。因此，如果 $15\,200k+5\,776$ 和 $100k+76$ 的差能被 1 000 除尽，那乘积末尾就是 $100k+76$。

$15\,200k+5\,776-(100k+76)=15\,100k+5\,700=15\,000k+5\,000+100(k+7)$

显然，只有 $k=3$ 时才满足，即三位数是 376 时，它的任意次方的末尾也都是 376。例如 $376^2=141\,376$。

如果要再找这样的四位数，那么在 376 前再加一个数字。设加的数字为 m，m 是多少时，$(10\,000a+1\,000m+376)(10\,000b+1\,000m+376)$ 末尾是 $1\,000m+376$ 呢？

展开括号，省去末尾包含 4 个及以上 0 的相加项，剩下

$$752\,000m+141\,376$$

如果

$$752\,000m+141\,376-(1\,000m+376)=751\,000m+141\,000$$
$$=(750\,000m+140\,000)+1\,000(m+1)$$

能被 10 000 整除，那么末尾肯定是 $1\,000m+376$。显然，只有 $m=9$ 时才能满足条件。

因此，求解的四位数就是 9 376。

四位数前面还可以再加数字，09 376、109 376、7 109 376，证明过程和上面一样。按这个方法可以无限地增加，得到一个无穷尽的“数”：

……7 109 376

在计算两个这样的数值相加或相乘时，也是从左到右依次计算每个数位上的数字，可以一直运算下去。

有趣的是，上面这个无穷尽的“数”，满足 $x^2=x$ 这个方程。

实际上，这个“数”的平方末尾是 76，因为每个乘数的末尾都是 76；同理，这个“数”的平方末尾同样包含 376、9 376 等。换句话说，一个数位接一个数位地计算这个无穷尽的“数”的平方，在每一个对应数位上都会得到和……7 109 376 同样的数值，所以 x^2 和 x 的数值是完全一样的。

用同样的方法来验证末尾是 5 的数，会得到以下数：

5，25，625，0 625，90 625，890 625，2 890 625，…

结果同样可以得到一个无穷尽的“数”：…2 890 625。

这个“数”同样满足 $x^2=x$。

这个有趣的结果用文字描述就是：在十进制中，方程式 $x^2=x$（除去 $x=0$ 和 $x=1$）有且只有两个“无穷解”，即 $x=\cdots7\ 109\ 376$ 和 $x=\cdots2\ 890\ 625$。

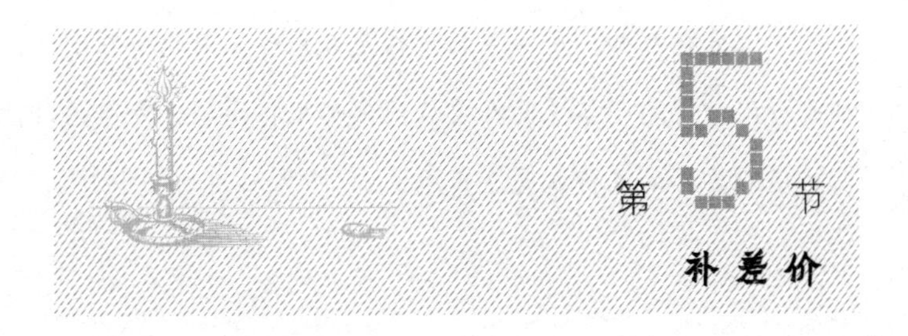

补差价

【题目】两个牲口贩子去卖牛，每头牛卖的价格数目和牛的总数一样。他们用卖牛的钱买了一群大羊和一只小羊羔，每只大羊的价格为 10 卢布。羊群两人平均分，一人多得了一只大羊，另一人得到小羊羔以及补的差价。请问补的差价是多少？（假设差价只能是整

数）

【解答】 这道题目无法直接列方程，解题要用特殊方法。

因为牛的价格和牛的数量一样，设为 n，所以卖牛的钱是 n^2。其中一人多得了一只大羊，所以大羊的数量是奇数，因为一只大羊 10 卢布，那么，n^2 中十位数的数字也是一个奇数，那个位数是多少呢？

我们可以证明，完全平方数中，如果十位数是奇数，那个位数只能是 6。

任何由十位数 a 和个位数 b 构成的数的平方 $(10a+b)^2$ 等于：

$$100a^2+20ab+b^2=(10a^2+2ab)\times10+b^2$$

十位数一部分在 $10a^2+2ab$，另一部分在 b^2。因为 $10a^2+2ab$ 可以被 2 除尽，所以是偶数，因此，b^2 中包含的十位数必然是奇数，而且又是个位数的平方，也就是以下数中的一个：

0，1，4，9，16，25，36，49，64，81

其中十位数上是奇数的只有 16 和 36，都以 6 结尾。因此，完全平方数只有以 6 结尾时，十位数上才可能是奇数。

由上分析可知，小羊羔的价格是 6 卢布，因此得到小羊羔的人亏了 4 卢布。为了公平分配，得到小羊羔的人要从同伴那里再得到 2 卢布的补偿。

所以要补的差价就是 2 卢布。

第6节 能被11整除的数

代数可以帮助我们更快地找到一些数的特征，通过这些特征，不需要具体的除法运算，就可以很快地确定一个数是否能够被另一个数整除。我们已经知道能被2、3、4、5、6、8、9、10整除的特征，现在来看能被11整除的特征，这个特征非常简单实用。

设一个多位数N，个位数是a，十位数是b，百位数是c，千位数是d，……即

$N=a+10b+100c+1\,000d+\cdots=a+10(b+10c+100d+\cdots)$，其中省略号代表后面数字的总和；

用N减去$11(b+10c+100d+\cdots)$，差是$a-b-10(c+10d+\cdots)$；

这个数除以11得到的余数和N除以11的余数是一样的。再加上一个11的倍数$11(c+10d+\cdots)$，得到：

$$a-b+c+10(d+\cdots)$$

这个数除以11得到的余数也等于N除以11得到的余数。

我们用这个数再减去11的倍数$11(d+\cdots)$，最后得到：

$$a-b+c-d+\cdots=(a+c+\cdots)-(b+d+\cdots)$$

这个数除以11得到的余数也是等于N除以11得到的余数。

因此我们可以得出能否被11整除的判断方法：

从所有奇数位数字的总和减去所有偶数位数字的总和，如果差等于0，或者是一

个 11 的倍数（不论正负），那么这个数就是 11 的倍数；反之，则说明这个数不能被 11 整除。

我们找一个例子验证一下：

数值 87 635 064：

$$8+6+5+6=25,$$

$$7+3+0+4=14,$$

$$25-14=11$$

所以，这个数可以被 11 整除。

还有另外一种判断方法，对不是很长的数这个方法用起来比较简单。把要验证的数从右到左每两个数位分成一节，最后把所有节的数字相加，得到的和可以被 11 整除的话，那么这个数也是 11 的倍数。例如数值 528，分成两节（5 | 28），然后相加：

$$5+28=33$$

33 可以被 11 整除，所以 528 也是 11 的倍数：

$$528/11=48$$

我们来证明一下这个判断方法。把一个多位数 N 按照每两个数字一节分开，每节的数字用 a、b、c（从右到左）表示，那么数 N 可以表示成：

$$N=a+100b+10\ 000c+\cdots=a+100(b+100c+\cdots)$$

N 减去 11 的倍数 $99(b+100c+\cdots)$ 得到：

$$a+b+100(c+\cdots)$$

这个数除以 11 得到的余数等于 N 除以 11 的余数，再把这个数减去 11 的倍数 $99(b+100c+\cdots)$，如此继续。最后我们得到，N 除以 11 的余数等于 $a+b+c\cdots$ 除以 11 的余数。

【题目】三名数学专业的学生在城市中散步时发现一辆汽车在行驶中违反了交通规则。学生们谁都没有记住四位数的车牌号，但出于专业训练，每个人都注意到了这个四位数的某些特征。第一个学生记得前两位数字是一样的；第二个学生记得后两位数字也是一样的；第三位学生记得整个数是一个完全平方数。根据这些信息能找出车牌号吗?

【解答】第一位数字和第二位数字各用 a 表示，第三位数字和第四位数字各用 b 表示，则整个数等于：

$$1\ 000a+100a+10b+b=1\ 100a+11b=11(100a+b)$$

可以判断出这个数能被 11 整除，而且因为是完全平方数，那么也可以被 11^2 整除；或者说，$100a+b$ 可以被 11 整除。对照能被 11 整除的数的两个特征，可以得出数 $a+b$ 可以被 11 整除，这就是说 $a+b=11$(因为数字 a、b 都小于 10)。

如果一个数是完全平方数，那么末尾数字 b 只能是 0，1，4，5，6，9 的其中之一。

因此，数字 a（即 $11-b$），可能是 11，10，7，6，5，2 的其中之一。

前两个数字不符合，剩下的选项是：

$$b=4,\ a=7;$$

$$b=5,\ a=6;$$

$$b=6,\ a=5;$$

$$b=9,\ a=2$$

也就是在以下四组数中确定车号：7 744，6 655，5 566，2 299。

后面三组数不是完全平方数，因为 6 655 可以被 5 整除，但不能被 25 整除；5 566 可以被 2 整除，但不能被 4 整除；2 299 = 121×19，也不是完全平方数。这样就只剩下最后一组数 $7\,744=88^2$，正是本题答案。

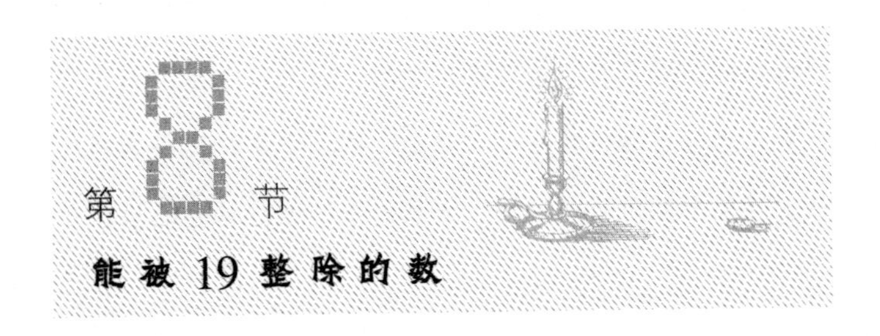

【题目】 能被 19 除尽的数的充分必要条件是：个位数字的两倍与十位数字相加之和是 19 的倍数。下面来证明一下。

【解答】 任何数 N 都可以表示为：

$$N=10x+y$$

这里的 x 代表这个数中所包含的 10 的倍数，y 代表个位数字。我们需要证明，当且仅当 $N'=x+2y$ 是 19 的倍数时，N 也是 19 的倍数。N' 乘以 10 再减去 N，得到：

$$10N'-N=10(x+2y)-(10x+y)=19y$$

因此，如果 N' 是 19 的倍数，那么 $N=10N'-19y$ 可以被 19 整除；反之，如果 N 可以被 19 整除，那么 $10N'=N+19y$ 是 19 的倍数，并且 N' 也可以被 19 整除。例如，想确定 47 045 881 是否可被 19 整除，就依次使用被 19 整除的数的特点：

```
  4704588|1
        +2
  47045|90
     +18
  4706|3
    +6
  471|2
   +4
  47|5
 +10
   5|7
+14
  19
```

19可以被19整除，所以57，475，4 712，47 063，470 459，4 704 590，47 045 881也都是19的倍数。

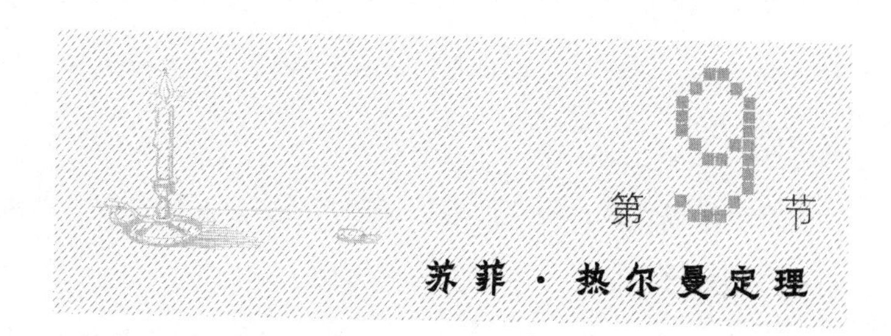

第9节 苏菲·热尔曼定理

【题目】法国著名数学家苏菲·热尔曼曾经提出这个命题：每一个形式是a^4+4的数都是合数（如果a不等于1）。

【解答】把a^4+4进行如下转换：

$$a^4+4=a^4+4a^2+4-4a^2=(a^2+2)^2-4a^2=(a^2+2)^2-(2a)^2=(a^2+2-2a)(a^2+2+2a)$$

如上所示，a^4+4可以分解成两个不等于自身且不等于1[1]的因数的乘积，所以它

1 如果$a\neq1$，那么$a^2+2-2a=(a^2-2a+1)+1=(a-1)^2+1\neq1$。

是合数。

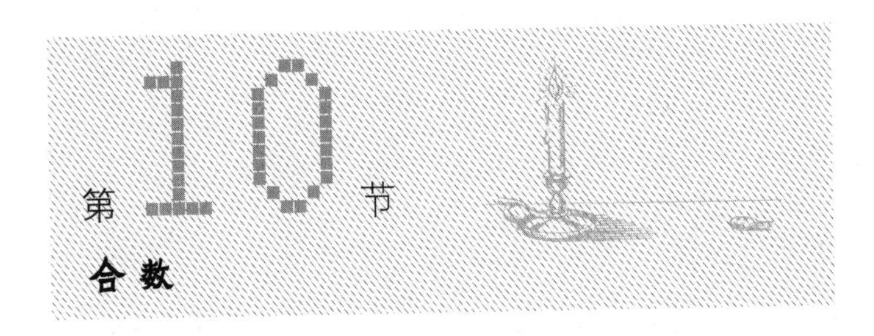

第10节 合数

质数是指在大于1的自然数中，除了1和它本身以外不再有其他因数的自然数。质数的个数是无穷的。

从2、3、5、7、11、13、17、19、23、29、31……开始无穷无尽。质数穿插在合数之间，把自然数分成或长或短的合数数列。这些数列有多长？有连续上千个合数的情况吗？

尽管难以置信，但我们可以证明，质数之间的合数数列可以是任意长度，连续的合数个数可以是一千、一百万、一万亿。

为了方便起见，我们用符号$n!$表示从1到n（包括1和n）的所有数的乘积。例如：$5!=1\times2\times3\times4\times5$。

现在来证明$[(n+1)!+2]$、$[(n+1)!+3]$、$[(n+1)!+4]$…、$[(n+1)!+n+1]$这个数列包含n个连续的合数。

这些是连续的自然数，因此后一个数都比前一个数大1，需要证明的是它们都是合数。

第一个数$(n+1)!+2=1\times2\times3\times4\times5\times6\times7\times\cdots\times(n+1)+2$是偶数，因为它的两个加数都是2的倍数，而所有大于2的偶数都是合数。

第二个数 $(n+1)!+3=1\times2\times3\times4\times5\times\cdots\times(n+1)+3$ 有两个加数，每个加数都是 3 的倍数，因此，第二个数也是合数。

第三个数 $(n+1)!+4=1\times2\times3\times4\times5\times\cdots\times(n+1)+4$ 由 4 的倍数组成，可以被 4 整除，同样也是偶数。

$(n+1)!+5$ 是 5 的倍数。换言之，这个序列中的每个数都包含一个既不是 1 也不是自身的因数。因此，它们都是合数。

如果想要写 5 个连续合数的数列，只需用 5 代替 n，得到

722、723、724、725、726

但这并不是唯一符合条件的数列，还有其他的数列，例如 62、63、64、65、66 以及更小的数构成的数列 24、25、26、27、28。

【题目】 现在尝试写出 10 个连续的合数。

【解答】 根据上述内容，我们可以用下面的数值作为十个合数中的第一个数

$1\times2\times3\times4\times\cdots\times10\times11+2=39\ 916\ 802$。

因此，所求的合数数列可以是：39 916 802、39 916 803、39 916 804…

不过，其实还有更小的数构成的数列，比如，在 100~200 之间就能找出 13 个连续的合数：

114、115、116、117、…、126。

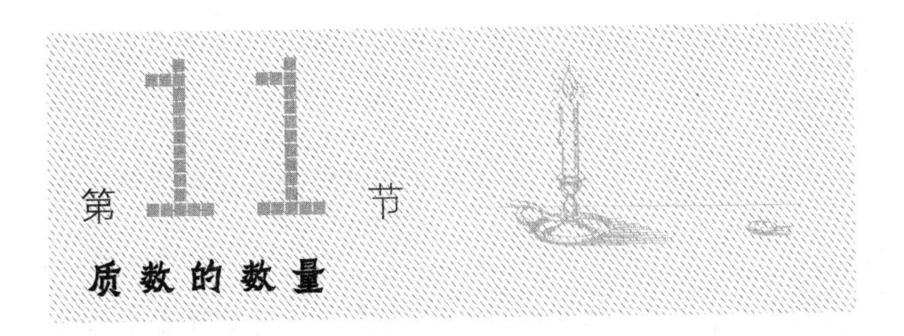

合数的数量是无穷的，那么质数的数量也是无穷的吗？古希腊数学家欧几里得在著名的《几何原本》中证明了这点。他用的是反证法。假设，质数是有限的，并且最大的质数是 N，那么 $1\times2\times3\times4\times5\times6\times7\times\cdots\times N=N!$。

$N!+1$ 不是质数，就是合数。如果 $N!+1$ 是质数，那就得到了一个比质数 N 还要大的质数，这与质数 N 是最大质数的假设矛盾；如果 $N!+1$ 是合数，那么它至少有一个质数因子，但是，$N!+1$ 被从小于等于 N 的任何一个质数除，都不能被整除，余数都是 1，这说明存在一个比质数 N 更大的质数，这与 N 是最大的质数的假设矛盾。因此，无论我们在一系列自然数中遇到多么长的合数数列，我们都可以确信，后面仍然有无数个质数。

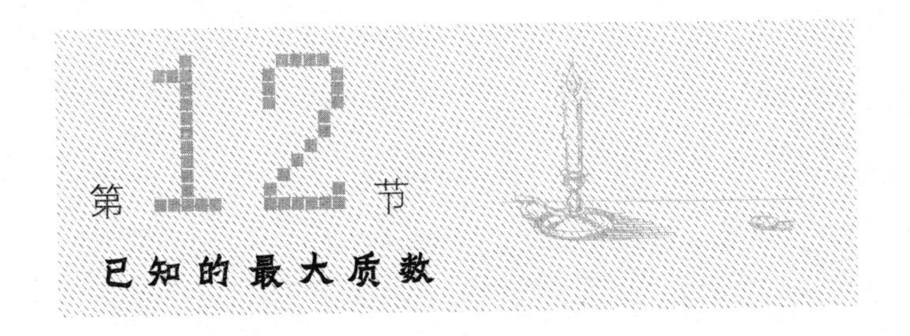

一方面，我们知道质数是无穷的；另一方面，哪些数是质数仍然需要确定。一个自然数越大，要确定它是否为质数需要的计算工作量也越大。借助于现代计算机，确定目前已知的最大的质数为 $2^{2\,281}-1$，如果换算成十进制，它大概有 700 多位。

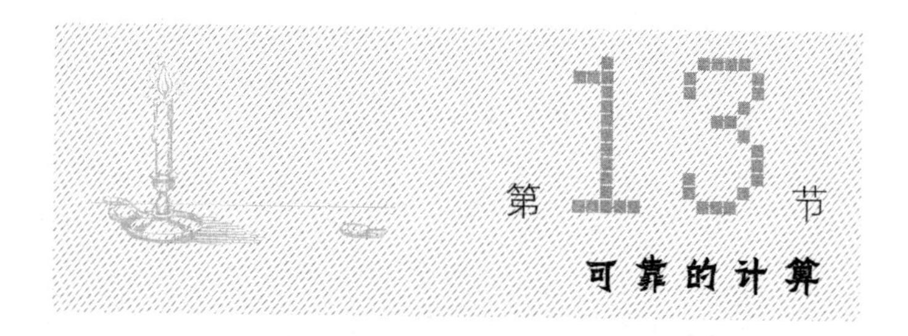

在实际计算中，如果不借助代数方法，有些算术运算是非常复杂的。例如，计算：

$$\frac{2}{1+\frac{1}{90\ 000\ 000\ 000}}$$

之所以要计算这个式子，是为了确定经典力学中的速度相加定理是否还适用于相对论力学当中。根据经典力学，如果一个物体参与同方向上的两种运动，两个速度分别为 v_1 千米/秒和 v_2 千米/秒，那么总的速度就是（v_1+v_2）千米/秒。但在相对论力学中物体的速度为：

$$\frac{v_1+v_2}{1+\frac{v_1 v_2}{c^2}}\text{千米/秒}$$

其中，c 是真空中的光速，约等于 300 000 千米/秒。按照经典力学，如果物体在同方向的两个运动速度都是 1 千米/秒，那么物体总速度就是 2 千米/秒，然而根据现代力学，其总速度是：

$$\frac{2}{1+\frac{1}{90\ 000\ 000\ 000}}\text{千米/秒}$$

两种结果相差多少？最精确的测量仪器能否测出这种差异？

我们分别用普通的算术方法和代数方法来计算。其实，只需要看一眼这个数的长度，就可以知道代数方法肯定更简单。

对于算术方法，首先我们去掉分母中的分数：

$$\frac{2}{1+\frac{1}{90\ 000\ 000\ 000}}=\frac{180\ 000\ 000\ 000}{90\ 000\ 000\ 001}$$

然后用分子除以分母：

```
                          1.999 999 999 97…
90 000 000 001 ) 180 000 000 000
                  90 000 000 001
                  89 999 999 999 0
                  81 000 000 000 9
                   8 999 999 998 10
                   8 100 000 000 09
                     899 999 998 010
                     810 000 000 009
                      89 999 998 001 0
                      81 000 000 000 9
                       8 999 998 000 10
                       8 100 000 000 09
                         899 998 000 010
                         810 000 000 009
                          89 998 000 001 0
                          81 000 000 000 9
                           8 998 000 000 10
                           8 100 000 000 09
                             898 000 000 010
                             810 000 000 009
                              88 000 000 001 0
                              81 000 000 000 9
                               7 000 000 000 10
                               6 300 000 000 07
                                 700 000 000 03
```

这个计算困难又枯燥，一不小心就会算错，需要准确知道数字 9 会在哪里中断，哪里会出现其他数字。

现在来看看代数方法有多简单。使用近似公式：如果 a 的数值很小，那么

$$\frac{1}{1+a} \approx 1-a \text{（≈表示约等于）}$$

要证明这个公式也很简单，把约等式转换成

$$1=(1+a)(1-a),$$

$$1=1-a^2$$

因为 a 是非常小的分数（例如 0.001），所以 a^2 是更小的分数（0.000 001），可以忽略不计。

将上述内容应用于计算[1]：

$$\frac{2}{1+\frac{1}{90\ 000\ 000\ 000}}=\frac{2}{1+\frac{1}{9\times10^{10}}}\approx 2\times(1-0.111\cdots\times10^{-10})$$

$$=2-0.0\ 000\ 000\ 000\ 222\cdots=1.9\ 999\ 999\ 999\ 777\cdots$$

我们能得出与上面相同的结果，但是方法要简单很多。

读者可能想知道获得的结果在力学领域有什么意义。这个结果表明，当研究的速度与光速相比很小时，经典力学中速度相加定理的偏离基本可以忽略不计。即使在 1 千米／秒的高速下，影响到的也不过是某个数的小数点后的第 11 位数字，而在日常

1 使用约等式 $\frac{A}{1+a}\approx A(1-a)$。

技术中，我们对精度的要求一般都不会超过小数点后 4~6 位数字。因此，相对论力学实际上对低速（相对于光速而言）运动的计算没有什么影响。不过航天领域例外，目前航天领域飞行已经达到了极高的速度（卫星和火箭的运行）。

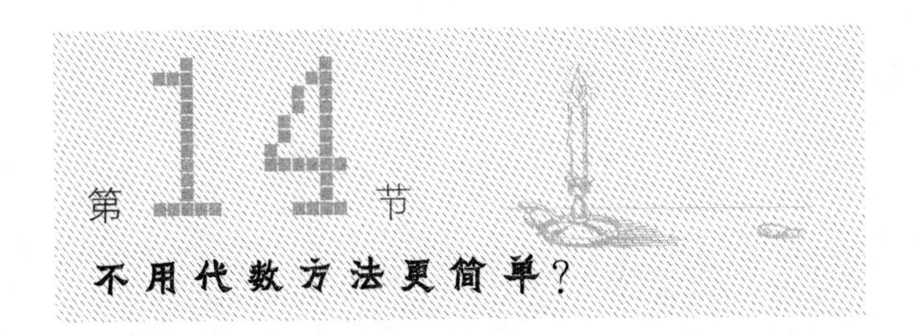

很多情况下，使用代数方法可以大大简化运算。但是，也存在某些情况，代数方法会对运算造成干扰，引起不必要的麻烦。数学的真谛在于，永远选择最简单可靠的方法，无论这种方法属于算术、代数还是几何方法。因此，熟悉一些用了代数方法会适得其反的情况，也是很有好处的。下面就是一个很有启发性的例子。

请问这个满足以下条件的最小数是多少?

除 2 余 1，

除 3 余 2，

除 4 余 3，

除 5 余 4，

除 6 余 5，

除 7 余 6，

除 8 余 7，

除 9 余 8。

【解答】有人问我，你会怎么解这个题目？要列的方程太多了，完全无从下手。

其实，解这道题不需要任何方程。

把求解的数加 1，那么除 2 的余数是 1+1=2，也就是可以被 2 整除。

同理，求解的数加 1 后也可以被 3、4、5、6、7、8、9 整除，所以满足上述条件的最小数就是 9×8×7×5=2 520。2 520−1=2 519，就是我们要找的数。

04

丢番图方程

导读

刘月娟

与数的运算密切相关的就是方程，常见的有一次、二次、多元方程。今天我们就好好唠一下方程，你觉得什么是方程呢？方程的解是什么呢？一个方程有多少个解呢？其实方程就是含有未知数的等式，方程的解就是使方程等式成立时未知数的取值。关于解的个数，一次方程 $ax+b=0$（$a\neq0$）有一个解；二次方程 $ax^2+bx+c=0$（$a\neq0$）的解的个数可能为一个或两个。这两个方程都只含有一个未知数，只是未知数的次幂不同，而仅仅这两种方程是满足不了我们实际生活的。在本章中，我们会主要讨论多元一次方程，即多个未知数且次幂为 1 的方程。下面先给大家看看什么叫勾股数和勾股数与方程的关系，以及方程的求解问题。

1. 勾股数

在数学中，勾 3 股 4 弦 5，是一组最常见的勾股数，而以这三个值为边长的三角形为直角三角形。有三个正整数，如果其中的两个数的平方和等于第三个数的平方，那么这三个正整数为勾股数，即可以构成直角三角形，两个较小的数是直角边的边长，最大的数为斜边的边长，可以用符号表示为 $a^2+b^2=c^2$，其中 a、b 为直角边，c 为斜边。那么勾股数一定满足3∶4∶5吗？答案是否定的，因为还有一组较为常见的5、12、13，这又是一组新的比例关系。你还能举出哪些勾股数的例子呢？能否总结出勾股数的规律？别着急，在本章的“勾股数”一节中你会见到详细的解释。

2. 方程的求解

我们在初高中会学习一次方程、二次方程的求解问题，除此之外二元一次、三元一次方程也是比较常见的。二元一次方程组是我们最常接触的，如果两个方程有两个未知数，那么方程就有唯一的解，但当方程的个数小于未知数的个数时，方程就会有无穷多解。考虑到实际问题，比如取值为正整数的情况，总是会有有限的解。例如下面这个方程 $3x-5y=19$，其中若 x、y 只能取正整数，显然它有无限种可能，比如 $x=8$，$y=1$ 或 $x=13$，$y=4$，这两组数据还比较小，我们可以很轻易地计算出来，但是其他的取值该怎么获得呢？在这个过程中用到了什么方法呢？这些都是值得思考的问题。

本章除了以上提到的两个问题以外，还有一些生活中的实际案例，它们都涉及了数学运算。由此可见数学在生活中应用广泛，且涉及生活的方方面面，同样，解决问题的方法也是多种多样的。只要你多钻研，用心思考，总会有所收获。

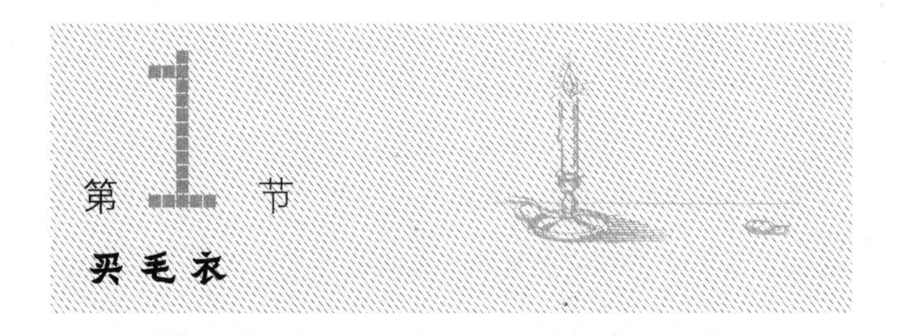

第1节 买毛衣

【题目】 在商店买一件毛衣要付19卢布，顾客只有3卢布面值的钞票，收银员只有5卢布面值的钞票。请问买毛衣要怎么付钱？

顾客要付给售货员几张3卢布面值的钞票？收银员又要找给顾客几张5卢布面值的钞票？

设顾客支付3卢布面值钞票x张，找回5卢布面值钞票y张，根据已知条件只能列出一个方程：

$$3x-5y=19$$

一个包含两个未知数的方程理论上有无数个解，不过还不确定，这些解中是否有正整数解，这也是为何代数中有专门的方法来解决不定式方程的原因。

第一个把不定式方程引入代数的是古希腊数学家丢番图，不定式方程也称为丢番图方程。

【解答】 我们来看怎么解不定式方程。

$3x-5y=19$，已知x和y是正整数，求x和y的值。

$$3x=19+5y,$$

$$x=\frac{19+5y}{3}=6+y+\frac{1+2y}{3}$$

因为x、y、6都是整数，所以只有$\frac{1+2y}{3}$也是整数时，等式才成立。用t表示$\frac{1+2y}{3}$，

得出：

$$x=6+y+t,$$

$$3t=1+2y,$$

$$2y=3t-1$$

由于 y 和 t 都是整数，因此 $y-t=\dfrac{t-1}{2}$ 也是某个整数，假设是 t_1，那么：

$$y=t+t_1,$$

$$t_1=\frac{t-1}{2},$$

$$2t_1=t-1，\ t=2t_1+1$$

把 $t=2t_1+1$ 代入前面的等式：

$$y=t+t_1=(2t_1+1)+t_1=3t_1+1$$

$$x=6+y+t=6+(3t_1+1)+(2t_1+1)=8+5t_1$$

于是 x 和 y 可以表示为[1]：

$$\begin{cases}x=8+5t_1\\y=1+3t_1\end{cases}$$

已知，x、y 是正整数，也就是大于 0，因此：

$$\begin{cases}8+5t_1>0\\1+3t_1>0\end{cases}$$

得出：

1 严格地说，我们只是证明了 $3x-5y=19$ 的所有整数解都可以表示为 $x=8+5t_1$，$y=1+3t_1$，这里 t_1 是某个整数，反过来并不成立（当 t_1 是某个整数时，方程 $3x-5y=19$ 并非必然成立），这点很容易通过反证法或者把 x 和 y 的值代入原始方程来验证。

$$5t_1 > -8，即\ t_1 > -\frac{8}{5}$$

$$3t_1 > -1，即\ t_1 > -\frac{1}{3}$$

这样 t_1 的值就存在条件限制了，$t_1 > -\frac{1}{3}\left(并且 > -\frac{8}{5}\right)$。由于 t_1 为整数，所以只能是以下数值：

$$t_1 = 0，1，2，3，4\cdots$$

x 和 y 的对应值如下：

$$x = 8+5t_1 = 8，13，18，23\ \cdots$$

$$y = 1+3t_1 = 1，4，7，10\ \cdots$$

现在就知道付钱方式了：

付 8 张 3 卢布面值，找回 1 张 5 卢布面值：

$$8\times3-5 = 19$$

或者 13 张 3 卢布面值，找回 4 张 5 卢布面值：

$$13\times3-4\times5 = 19，等等$$

理论上，这道题目有无穷解。但实际上，解是有限的，因为顾客和收银员都不可能有无穷多的钞票。假设每个人各只有 10 张钞票，那么只能用一种方式：付 8 张 3 卢布面值，找回 1 张 5 卢布面值。所以，不定式方程实际上可以有一个确定的答案。

再来看这道题的另一种版本：顾客只有 5 卢布面值的钞票，而收银员只有 3 卢布面值的钞票。答案是：

$$x = 5，8，11\ \cdots$$

$$y = 2，7，12\ \cdots$$

因为：

$$5\times5-2\times3=19$$

$$8\times5-7\times3=19$$

$$11\times5-12\times3=19$$

我们可以借助第一种版本求解。可以把支付5卢布和收到3卢布看成“收到负的5卢布”和“支付负的3卢布”，所以，还是用原来的方程 $3x-5y=19$，只是这里 x 和 y 为负数，且

$$\begin{cases}x=8+5t_1\\y=1+3t_1\end{cases}$$

由 $x<0$ 和 $y<0$，得出：

$$\begin{cases}8+5t_1<0\\1+3t_1<0\end{cases}$$

$$t_1<-8/5$$

取 $t_1=-2$，-3，-4 代入，得到 x 和 y 的值：

$$x=-2，-7，-12$$

$$y=-5，-8，-11$$

第一组答案 $x=-2$，$y=-5$，表示顾客“支付2张负的3卢布钞票”和“收到5张负的5卢布钞票”，用正常语言表述就是：支付5张5卢布的钞票，找回2张3卢布的钞票。其他几组同理。

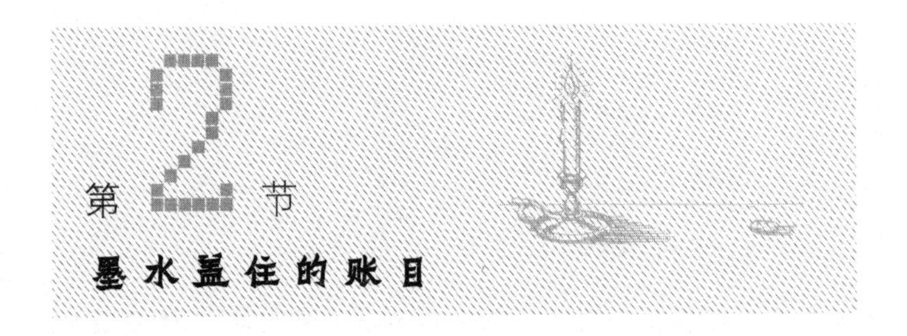

墨水盖住的账目

【题目】 在审计一家商店的交易账簿时发现，有一条账目沾上了墨水（见图 12），只能看出下面的内容：

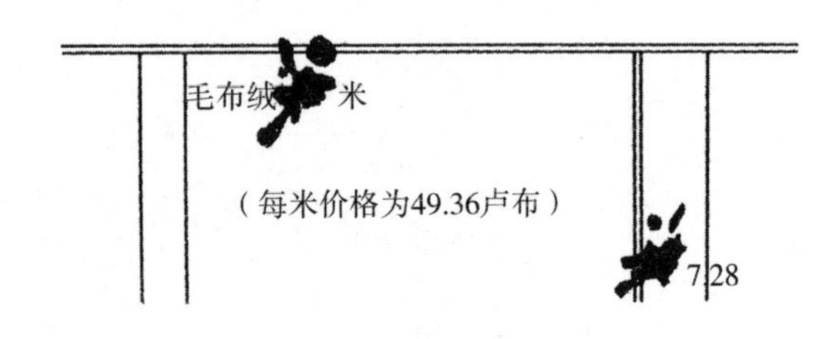

图 12

看不清楚到底卖出了几米布，但是可以肯定是整数。收入只能看清楚最后 3 位数字，不过可以确定前面还有 3 个数字。

能根据已知信息复原这条账目吗？

【解答】 设卖出 x 米布，那么营业收入（以戈比为单位，1 卢布 = 100 戈比）就是 $4\,936x$ 戈比。

在收入中，被墨水遮盖的 3 个数字用 y 表示，于是收入用戈比可以表示为：

$$1\,000y+728$$

可以列出方程为：

$$4\,936x=1\,000y+728$$

两边都除以8，得到

$$617x-125y=91$$

x和y都是大于0的整数，并且y不能大于999，因为y只有3位数字。用前面讲过的方法来解这个不定式方程。

$$125y=617x-91,$$

$$y=5x-1+\frac{34-8x}{125}=5x-1+\frac{2(17-4x)}{125}=5x-1+2t$$

（为了简便，需要尽可能缩小余数，把$\frac{617}{125}$转换为$5-\frac{8}{125}$。）分数$\frac{2(17-4x)}{125}$是一个整数，并且由于2不能被125整除，因此$\frac{17-4x}{125}$应该是一个整数，设为t。由

$$\frac{17-4x}{125}=t$$

得到：

$$17-4x=125t,$$

$$x=4-31t+\frac{1-t}{4}=4-31t+t_1$$

上式中，令$t_1=\frac{1-t}{4}$，所以：

$$4t_1=1-t,$$

$$t=1-4t_1,$$

$$x=125t_1-27,$$

$$y=617t_1-134$$

因为$100\leqslant y<1\ 000$，所以$100\leqslant 617t_1-134<1\ 000$，得出：

$$\frac{234}{617} \leqslant t_1 < \frac{1\ 134}{617}$$

显然，t_1 只有一个整数解，即 $t_1=1$，因此

$$x=98,\ y=483$$

所以，实际卖出了 98 米布，收入是 4 837 卢布 28 戈比，账目恢复了。

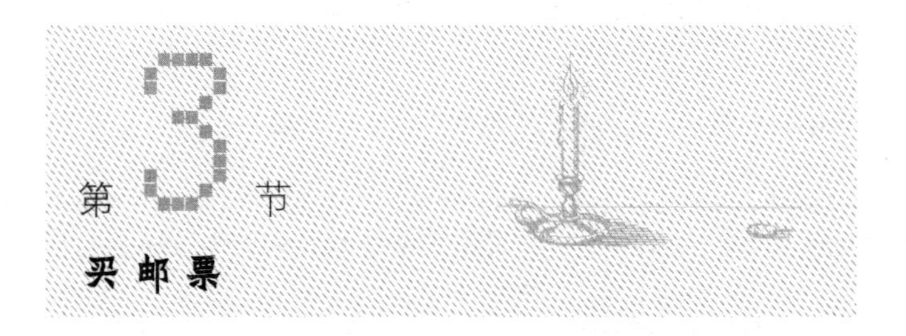

【题目】 用 1 卢布买 40 张邮票，邮票面值分别是 1 戈比、4 戈比和 12 戈比。每种邮票可以各买几张？

【解答】 根据已知条件，可以列出包含三个未知数的方程组：

$$\begin{cases} x+4y+12z=100 \\ x+y+z=40 \end{cases}$$

其中，x 表示 1 戈比邮票的数量，y 表示 4 戈比邮票的数量，z 表示 12 戈比邮票的数量。

把第一个方程代入第二个方程，得到：

$$3y+11z=60$$

$$y=20-\frac{11z}{3}$$

显然，$\frac{z}{3}$应该是整数。

设$\frac{z}{3}$为 t，得到：

$$y=20-11t$$

$$z=3t$$

把 y 和 z 代入方程组中的第二个方程，得到：

$$x+20-11t+3t=40$$

得出：

$$x=20+8t$$

由于 $x\geqslant0$，$y\geqslant0$ 及 $z\geqslant0$，可以确定 $0\leqslant t\leqslant1\frac{9}{11}$，得出 t 只能是两个整数：$t=0$ 或 $t=1$。

当 $t=0$、$t=1$ 时，x、y 和 z 的对应值如下：

$t=$	0	1
$x=$	20	28
$y=$	20	9
$z=$	0	3

验证一下：

$$20\times1+20\times4+0\times12=100$$

$$28\times1+9\times4+3\times12=100$$

因此，只能用这两种方式买邮票（如果要求每种面值的邮票至少买 1 张，则只能用第二种方式）。

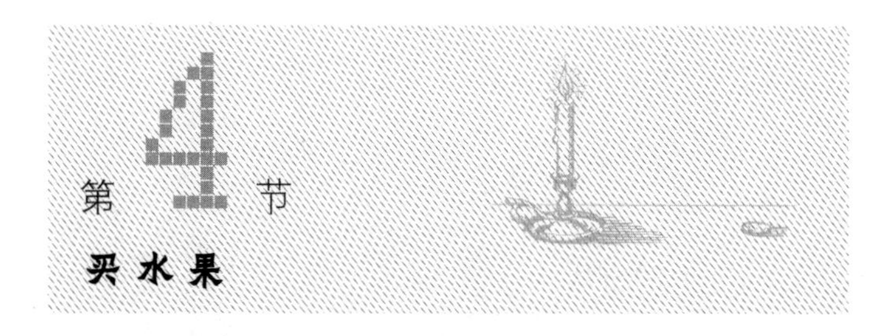

第4节 买水果

【题目】 用5卢布买100个水果。水果的价格分别是：西瓜每个50戈比，苹果每个10戈比，李子每个1戈比。请问每种水果可以各买几个？

【解答】 设买x个西瓜、y个苹果、z个李子，列出方程组为：

$$\begin{cases} 50x+10y+z=500 \\ x+y+z=100 \end{cases}$$

得到：

$$49x+9y=400,$$

$$y=\frac{400-49x}{9}=44-5x+\frac{4(1-x)}{9}=44-5x+4t,$$

其中，

$$t=\frac{1-x}{9},$$

则

$$x=1-9t,$$

$$y=44-5(1-9t)+4t=39+49t$$

根据不等式$1-9t\geqslant 0$和$39+49t\geqslant 0$可以确定：

$$1/9\geqslant t\geqslant -39/49$$

因此 $t=0$，$x=1$，$y=39$。

将 x 和 y 值代入方程组中的第一个方程，得到 $z=60$。

因此，只能是买 1 个西瓜，39 个苹果和 60 个李子。

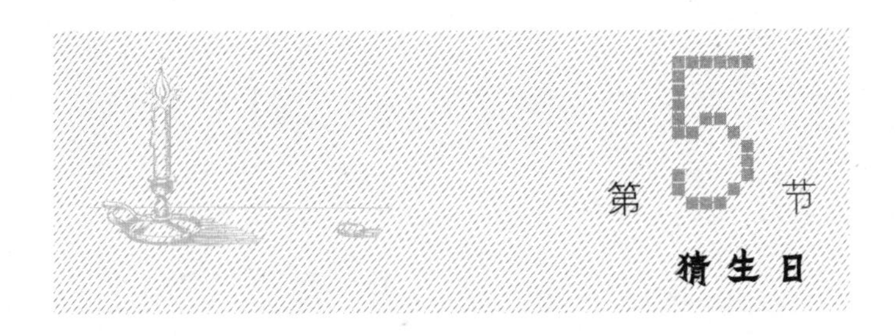

第5节 猜生日

【题目】学会了解不定式方程，你就可以表演下面这个数学“魔法游戏”了。

请一位朋友把他生日的日期乘以 12，再把生日的月份乘以 31，然后把两个乘积相加的结果告诉你，由你来算出他的生日。

假设，朋友生日是 2 月 9 日：

$$9\times12=108,\ 2\times31=62,\ 108+62=170$$

他只告诉你最后那个数 170，怎么算出他的生日呢？

【解答】这道题也属于不定式方程，列出方程为：

$$12x+31y=170$$

x 和 y 都是正整数，而且 x 不大于 31，y 不大于 12。

$$x=\frac{170-31y}{12}=14-3y+\frac{2+5y}{12}=14-3y+t,$$

其中，

$$t=\frac{2+5y}{12}$$

则

$$2+5y=12t,$$

$$y=\frac{-2+12t}{5}=2t-2\times\frac{1-t}{5}=2t-2t_1,$$

其中，

$$t_1=\frac{1-t}{5}$$

则

$$1-t=5t_1,\ t=1-5t_1,$$

$$y=2(1-5t_1)-2t_1=2-12t_1,$$

$$x=14-3(2-12t_1)+1-5t_1=9+31t_1$$

因为 $31 \geqslant x > 0$，$12 \geqslant y > 0$，可以确定 t_1 的范围是：

$$-\frac{9}{31}<t_1<\frac{1}{6}$$

因此

$$t_1=0,\ x=9,\ y=2$$

生日也就是2月9日。

我们也可以用另一种方法求解，不需要使用方程。假设 $a=12x+31y$。因为 $12x+24y$ 能被12整除，则 $7y$ 和 a 除以12的余数是一样的。把 $7y$ 和 a 乘以7，得到 $49y$ 和 $7a$，这两个数除以12的余数也是一样的。$49y=48y+y$，而 $48y$ 可以被12整除，因此，y 和 $7a$ 除以12余数是一样的。换言之，如果 a 不能被12整除，那么 y 就是 $7a$ 除以12的余数；如果 a 可以被12整除，那么 $y=12$。所以，y 是可以确定的，x 相应也就可以确定了。

一个小技巧：在计算 $7a$ 除以 12 的余数时，先用 a 除以 12 的余数来代替数字 a 会让计算更简单。例如，如果 $a=170$，那么：

$$170=12\times14+2\ （余数是2）；$$

$$2\times7=14；\ 14=12\times1+2\ （所以\ y=2）；$$

$$x=\frac{170-31y}{12}=\frac{170-31\times2}{12}=\frac{108}{12}=9$$

现在，你可以告诉朋友他的生日是2月9日。

这个魔法总能奏效，也就是说，方程始终只有一个正整数解。用 a 代表你朋友说的那个数，因此，算出他的生日其实就是解方程：

$$12x+31y=a$$

我们用“反证法”。假设这个方程有两组不同的正整数解，分别是 x_1、y_1 和 x_2、y_2，其中 x_1 和 x_2 不大于 31，y_1 和 y_2 不大于 12。列出两个方程：

$$12x_1+31y_1=a$$

$$12x_2+31y_2=a$$

用第一个等式减去第二个等式，得到：

$$12(x_1-x_2)+31(y_1-y_2)=0$$

从等式得出，$12(x_1-x_2)$ 可以被 31 整除。由于 x_1 和 x_2 是不大于 31 的正数，它们的差 x_1-x_2 小于 31。因此，只有 $x_1=x_2$ 时，$12(x_1-x_2)$ 才能被 31 整除。这和有两组解的假设是自相矛盾的。

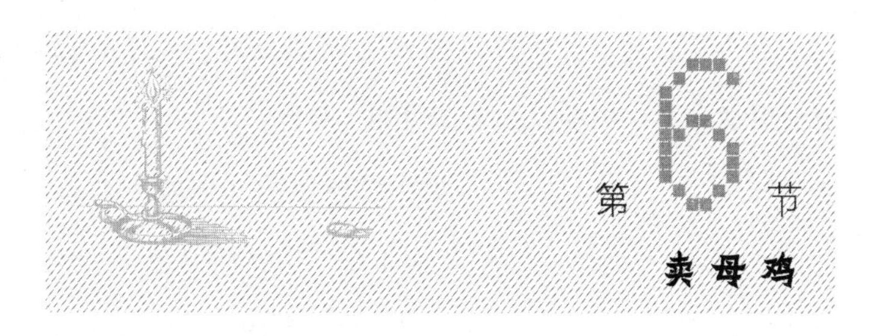

【题目】三姐妹去市场上卖母鸡，三人分别带了 10 只、16 只和 26 只母鸡。到中午她们各自卖出了几只鸡，每只鸡的售价相同。因为担心卖不完，下午她们降价卖完了剩下的母鸡。最后每人的收入都是 35 卢布。

请问上午和下午母鸡的售价分别是多少？

【解答】设上午每人卖出的母鸡数量分别是 x、y、z，那么下午她们卖出的母鸡数量分别是 $10-x$、$16-y$、$26-z$。设上午母鸡的价格为 m，下午母鸡的价格为 n。

数量				价格
上午	x	y	z	m
下午	$10-x$	$16-y$	$26-z$	n

第一位的收入：$mx+n(10-x)=35$；

第二位的收入：$my+n(16-y)=35$；

第三位的收入：$mz+n(26-z)=35$。

转化方程式为：

$$\begin{cases}(m-n)x+10n=35\\(m-n)y+16n=35\\(m-n)z+26n=35\end{cases}$$

用第三个方程减去第一个方程，再用第三个方程减去第二个方程，得到：

$$\begin{cases}(m-n)(z-x)+16n=0\\(m-n)(z-y)+10n=0\end{cases}$$

或

$$\begin{cases}(m-n)(x-z)=16n\\(m-n)(y-z)=10n\end{cases}$$

用第一个方程除以第二个方程：

$$\frac{x-z}{y-z}=\frac{8}{5}\text{，或}\frac{x-z}{8}=\frac{y-z}{5}$$

因为 x、y、z 都是整数，所以 $x-z$、$y-z$ 也是整数。因此，如果要使等式 $\frac{x-z}{8}=\frac{y-z}{5}$ 成立，必须满足 $x-z$ 可以被 8 整除，$y-z$ 可以被 5 整除。因此 $\frac{x-z}{8}=t=\frac{y-z}{5}$，得出：

$$x=z+8t$$

$$y=z+5t$$

请注意，数字 t 不仅是整数，而且是正数，因为 $x>z$（否则，第一位的收入不可能等于第三位）。

由于 $x<10$，所以 $z+8t<10$。

当 z 和 t 都是正整数时，只有 $z=1$，$t=1$ 时，不等式 $z+8t<10$ 才成立。把这两个值代入方程式：

$$x=z+8t$$

$$y=z+5t,$$

得出：

$$x=9,\ y=6$$

把 x、y、z 代回原始方程：

$$mx+n(10-x)=35$$

$$my+n(16-y)=35$$

$$mz+n(26-z)=35$$

得到 $m=3\frac{3}{4}$ 卢布，$n=1\frac{1}{4}$ 卢布，所以，上午和下午母鸡的价格分别是 3 卢布 75 戈比和 1 卢布 25 戈比。

上一道题包含 3 个方程和 5 个未知数，我们将以同样的方式来解下面的题，更多地了解二元不定式方程。

【题目】 对两个正整数分别进行以下四次运算：

1）相加；

2）相减（大数减去小数）；

3）相乘；

4）相除（大数除以小数）。

将得到的四个结果相加得到 243，求这两个数。

答】设大数为 x，小数为 y，则有：

$$(x+y)+(x-y)+xy+\frac{x}{y}=243$$

把这个方程乘以 y、去括号、合并同类项，得到：

$$x(2y+y^2+1)=243y$$

因为 $2y+y^2+1=(y+1)^2$，所以：

$$x=\frac{243y}{(y+1)^2}$$

由于 x 是整数，所以分母 $(y+1)^2$ 也必须是 243 的除数之一（因为 y 不可能和 $y+1$ 有一样的公约数）。由于 $243=3^5$，所以 243 只能被 1、3^2、9^2 整除，因此 $(y+1)^2$ 等于 1、3^2 或 9^2，而 y 是正数，所以 y 等于 8 或 2。那么 x 等于：

$$\frac{243\times 8}{81} \text{ 或 } \frac{243\times 2}{9}$$

因此，要找的两个数是 24 和 8，或 54 和 2。

【题目】已知矩形的边长是整数，边长等于多少时，矩形的周长和它的面积在数值上相等？

【解答】设矩形的边长为 x 和 y，列出方程为：

$$2x+2y=xy,\ x=\frac{2y}{y-2}$$

由于 x 和 y 都必须是正数，因此 $y-2$ 也必须是正数，即 y 必须大于 2。

把方程进行变形：

$$x=\frac{2y}{y-2}=\frac{2(y-2)+4}{y-2}=2+\frac{4}{y-2}$$

x 必须是整数，因此 $\frac{4}{y-2}$ 也必须是整数。$y>2$ 时，只有 y 等于 3、4 或 6 时，$\frac{4}{y-2}$ 才是整数，相应的 x 值为 6、4、3。

所以，矩形的边长是 3 和 6，或者是两条边长等于 4 的正方形。

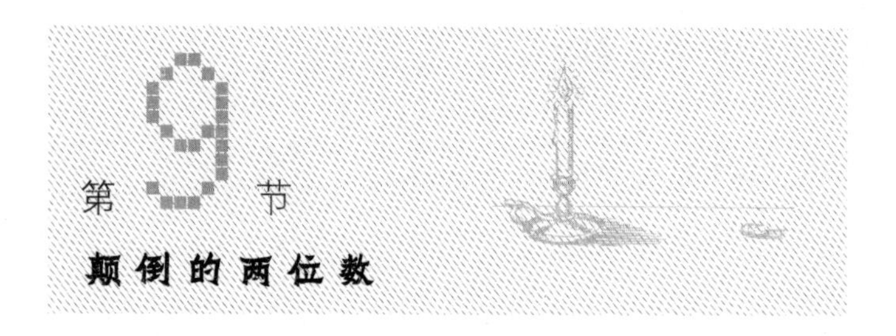

第9节 颠倒的两位数

【题目】46 和 96 有一个有趣的特点：如果重新排列数字，它们的乘积不变：

$$46\times96=4\ 416=64\times69$$

还有其他两位数有相同的特点吗？怎么找到全部这类数？

【解答】设要找的一组数的十位数字和个位数字分别是 x 和 y，z 和 t，可列方程：

$$(10x+y)(10z+t)=(10y+x)(10t+z)$$

去括号，简化得到：

$$xz=yt$$

因为 x、y、z、t 都是小于10的整数，我们把10以内所有乘积相等的组合都列出来：

$$1\times4=2\times2 \quad 2\times8=4\times4$$

$$1\times6=2\times3 \quad 2\times9=3\times6$$

$$1\times8=2\times4 \quad 3\times8=4\times6$$

$$1\times9=3\times3 \quad 4\times9=6\times6$$

$$2\times6=3\times4$$

总共有9个等式，从每个等式中我们可以组成一到两组数。例如，从 $1\times4=2\times2$ 可以找到一组答案：

$$12\times42=21\times24$$

从 $1\times6=2\times3$ 可以找到两组答案：

$$12\times63=21\times36,$$

$$13\times62=31\times26$$

总共可以找到14组答案：

$$12\times42=21\times24 \quad 23\times96=32\times69$$

$$12\times63=21\times36 \quad 24\times63=42\times36$$

$$12\times84=21\times48 \quad 24\times84=42\times48$$

$$13\times62=31\times26 \quad 26\times93=62\times39$$

$$13\times93=31\times39 \quad 34\times86=43\times68$$

$$14\times82=41\times28 \quad 36\times84=63\times48$$

$$23\times64=32\times46 \quad 46\times96=64\times69$$

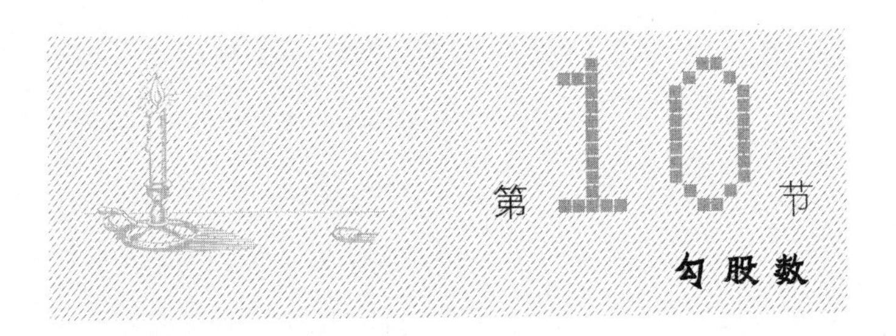

第10节 勾股数

土地测量员在画垂直线时，可以采用一种简单而准确的方法，如下：要求经过 A 点画一条与 MN 垂直的线（见图 13）。先从 A 沿 AM 画三段线段 a，a 可以是任何长度，然后在绳子上打三个结，结点所在的位置分别是 $4a$ 和 $5a$，把结点和 A 点、B 点相连，从中间结点把绳索拉成了三角形，其中 A 就是直角。

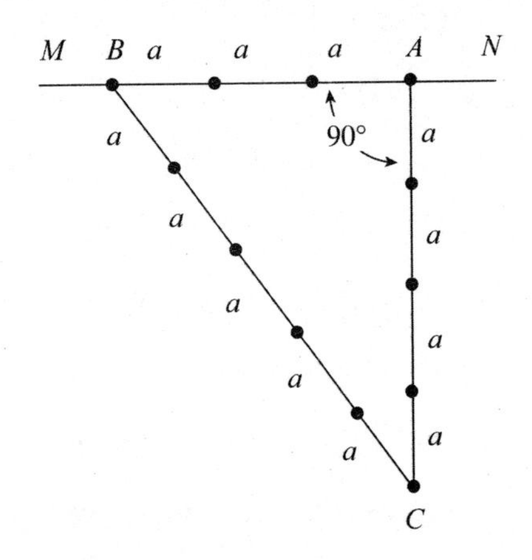

图 13　经过 A 点画一条与 MN 垂直的线

这种古老的方法可以追溯到几千年前埃及金字塔的建造，它的原理是众所周知的毕达哥拉斯定理：如果三角形的三条边之比为 3 : 4 : 5，即为直角三角形。

$$3^2+4^2=5^2$$

除 3、4、5 外，还有无数个正整数 a、b、c 也满足这种相互关系：

$$a^2+b^2=c^2$$

这些数被称为勾股数。根据毕达哥拉斯定理，这些数可以构成直角三角形的边长，a 和 b 称为直角边，c 称为斜边。

显然，如果 a、b、c 是勾股数，那么 pa、pb、pc 也是勾股数（其中 p 是整数）；反之，如果一组勾股数有一个公约数，那么除以公约数后得到的数也仍然是勾股数。所以一开始我们只讨论最简单，即互质的勾股数。

证明勾股数 a、b、c 中，两个直角边的数值必须一个是偶数，一个是奇数。

我们用反证法证明。如果两个直角边 a 和 b 都是偶数，那么斜边 a^2+b^2 也是偶数。但是，这样 a、b、c 就有了公约数 2，这和 a、b、c 互质相矛盾。因此，直角边 a、b 中至少有一个是奇数。

那两条直角边都是奇数，而斜边是偶数有可能吗？这也是不成立的。如果直角边的形式是 $2x+1$ 和 $2y+1$，那么它们的平方和是：

$$4x^2+4x+1+4y^2+4y+1=4(x^2+x+y^2+y)+2$$

这个数除以 4 的余数为 2。但是，任何偶数的平方都可以被 4 除尽。因此，两个奇数的平方之和不可能是偶数的平方，也就是说，这三个数不是勾股数。

因此，直角边 a 和 b 只能一个是偶数，另一个是奇数；a^2+b^2 是奇数，所以斜边也是奇数。

为了表达方便，我们假设 a 是奇数，b 是偶数。从等式 $a^2+b^2=c^2$ 中可以很容易得出：

$$a^2=c^2-b^2=(c+b)(c-b)$$

等式右边的因子 $c+b$ 和 $c-b$ 是互质数。

可用假设法证明：

如果这两个数不是互质数，也就是还有除 1 之外的公约数，那么这个公约数也是这两个数的和、差以及乘积的公约数。

$$(c+b)+(c-b)=2c$$

$$(c+b)-(c-b)=2b$$

$$(c+b)(c-b)=a^2$$

也就是说 $2c$、$2b$ 和 a 有公约数。由于 a 为奇数，所以公约数不可能是 2，所以 a、b、c 不可能有公约数。这与 $c+b$ 和 $c-b$ 不是互质数相矛盾。

但是，如果互质数的乘积是完全平方，那么每个互质数也是平方数，即：

$$\begin{cases} c+b=m^2 \\ c-b=n^2 \end{cases}$$

解方程，得到：

$$c=\frac{m^2+n^2}{2}，\ b=\frac{m^2-n^2}{2},$$

$$a^2=(c+b)(c-b)=m^2n^2，\ a=mn$$

因此，这组勾股数形式如下：

$$a=mn，b=\frac{m^2-n^2}{2}，\ c=\frac{m^2+n^2}{2}$$

其中，m 和 n 是互质的奇数。大家自己可以很容易证明相反结论：在任何奇数类型的情况下，所写公式给出了三个毕达哥拉斯数。

以下是几组不同类型的勾股数：

$m=3$，$n=1$ 时，$3^2+4^2=5^2$

$m=5$，$n=1$ 时，$5^2+12^2=13^2$

$m=7$，$n=1$ 时，$7^2+24^2=25^2$

$m=9$，$n=1$ 时，$9^2+40^2=41^2$

$m=11$，$n=1$ 时，$11^2+60^2=61^2$

$m=13$，$n=1$ 时，$13^2+84^2=85^2$

$m=5$，$n=3$ 时，$15^2+8^2=17^2$

$m=7$，$n=3$ 时，$21^2+20^2=29^2$

$m=11$，$n=3$ 时，$33^2+56^2=65^2$

$m=13$，$n=3$ 时，$39^2+80^2=89^2$

$m=7$，$n=5$ 时，$35^2+12^2=37^2$

$m=9$，$n=5$ 时，$45^2+28^2=53^2$

$m=11$，$n=5$ 时，$55^2+48^2=73^2$

$m=13$，$n=5$ 时，$65^2+72^2=97^2$

$m=9$，$n=7$ 时，$63^2+16^2=65^2$

$m=11$，$n=7$ 时，$77^2+36^2=85^2$

（其他所有的勾股数都有公约数，或者包含大于 100 的数。）

勾股数有很多有趣的特征，比如：

其中一条直角边对应的数必须是 3 的倍数；

另一条直角边对应的数必须是 4 的倍数；

其中一个数必须是 5 的倍数。

读者可以通过上面举例的勾股数来验证这些特征。

第11节 三次不定式方程

据说，柏拉图对一种数值关系十分感兴趣：3 个整数的立方和可能等于第 4 个数的立方。例如 $3^3+4^3+5^3=6^3$，相当于一个边长为 6 cm 的立方体等于边长为 3 cm、4 cm 和 5 cm 的立方体的体积之和（见图 14）。

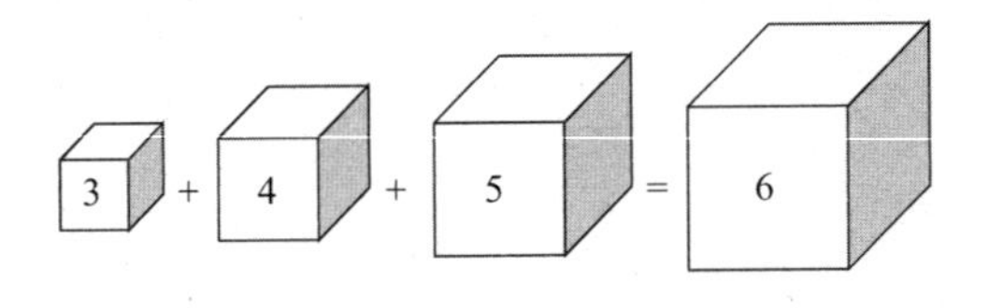

图 14

还有满足这个特征的其他数吗？也就是方程 $x^3+y^3+z^3=u^3$ 有哪些解？

为了方便，我们把 $-u$ 设为 t，那么 $x^3+y^3+z^3+t^3=0$。

假设两组数 a、b、c、d 和 α、β、γ、δ 都满足上面方程，把第二组数乘以 k，再依次和第一组数相加：$a+k\alpha$、$b+k\beta$、$c+k\gamma$、$d+k\delta$。

新的这一组数也满足原来的方程式，即

$$(a+k\alpha)^3+(b+k\beta)^3+(c+k\gamma)^3+(d+k\delta)^3=0$$

因为 $a^3+b^3+c^3+d^3=0$，$\alpha^3+\beta^3+\gamma^3+\delta^3=0$，去括号，得到：

$$3a^2k\alpha+3ak^2\alpha^2+3b^2k\beta+3bk^2\beta^2+3c^2k\gamma+3ck^2\gamma^2+3d^2k\delta+3dk^2\delta^2=0$$

或

$$3k[(a^2\alpha+b^2\beta+c^2\gamma+d^2\delta)+k(a\alpha^2+b\beta^2+c\gamma^2+d\delta^2)]=0$$

只有至少其中一个乘数为 0 时，乘积才等于 0。每个乘数分别为 0 时，可以得出 k 的两个值。

第一种情况：$k=0$，不是我们想求解的答案，因为它代表的是 a、b、c、d 保持不变。

第二种情况：$k=-\dfrac{a^2\alpha+b^2\beta+c^2\gamma+d^2\delta}{a\alpha^2+b\beta^2+c\gamma^2+d\delta^2}$

因此，知道满足原始方程的两组数后，就可以找到新的一组数。

应用这个方法，首先需要知道满足原始方程的两组数，已知第一组数 3、4、5、6，如何得到第二组数呢？

方法也很简单，设第二组数为 r、$-r$、s、$-s$，这些数显然满足原始方程。由

$$a=3,\ b=4,\ c=5,\ d=-6$$

$$\alpha=r,\ \beta=-r,\ \gamma=s,\ \delta=-s$$

得出：

$$k=-\frac{-7r-11s}{7r^2-s^2}=\frac{7r+11s}{7r^2-s^2}$$

$a+k\alpha$、$b+k\beta$、$c+k\gamma$、$d+k\delta$ 分别等于：

$$\frac{28r^2+11rs-3s^2}{7r^2-s^2}、\frac{21r^2-11rs-4s^2}{7r^2-s^2}、\frac{35r^2+7rs+6s^2}{7r^2-s^2}、\frac{-42r^2-7rs-5s^2}{7r^2-s^2}$$

这些表达式分母相同，可以去掉分母（即分子也满足所讨论的方程式）。因此，以下数都满足（对于任何 r 和 s）原始方程式 $x^3+y^3+z^3+t^3=0$，于是

$$x=28r^2+11rs-3s^2$$

$$y=21r^2-11rs-4s^2$$

$$z=35r^2+7rs+6s^2$$

$$t=-42r^2-7rs-5s^2$$

把这些数的立方相加可以进行验证。当 r 和 s 取不同的整数值时，可以求得一系列整数解，如果这些数还有公约数，还可以除以公约数。例如，当 $r=1$，$s=1$ 时，得到 x、y、z、t 的值是 36、6、48，-54，除以 6 得到 6、1、8，-9。因此，$6^3+1^3+8^3=9^3$。

以下是一些相同类型的等式（除以公约数后）：

当 $r=1$，$s=2$ 时，$38^3+73^3=17^3+76^3$

当 $r=1$，$s=3$ 时，$17^3+55^3=24^3+54^3$

当 $r=1$，$s=5$ 时，$4^3+110^3=67^3+101^3$

当 $r=1$，$s=4$ 时，$8^3+53^3=29^3+50^3$

当 $r=1$，$s=-1$ 时，$7^3+14^3+17^3=20^3$

当 $r=1$，$s=-2$ 时，$2^3+16^3=9^3+15^3$

当 $r=2$，$s=-1$ 时，$29^3+34^3+44^3=53^3$

请注意，如果 3、4、5、-6 交换顺序，那又会得到一组新的答案，例如，当 $a=3$，$b=5$，$c=4$，$d=-6$，得到 x、y、z、t 的值为：

$$x=20r^2+10rs-3s^2$$

$$y=12r^2-10rs-5s^2$$

$$z=16r^2+8rs+6s^2$$

$$t=-24r^2-8rs-4s^2$$

因此，r 和 s 在不同值时，会得到新的等式：

当 $r=1$，$s=1$ 时，$9^3+10^3=1^3+12^3$

当 $r=1$，$s=3$ 时，$23^3+94^3=63^3+84^3$

当 $r=1$，$s=5$ 时，$5^3+163^3+164^3=206^3$

当 $r=1$，$s=6$ 时，$7^3+54^3+57^3=70^3$

当 $r=2$，$s=1$ 时，$23^3+97^3+86^3=116^3$

当 $r=1$，$s=-3$ 时，$3^3+36^3+37^3=46^3$

这样，我们就可以得到原始方程式的无穷多解。

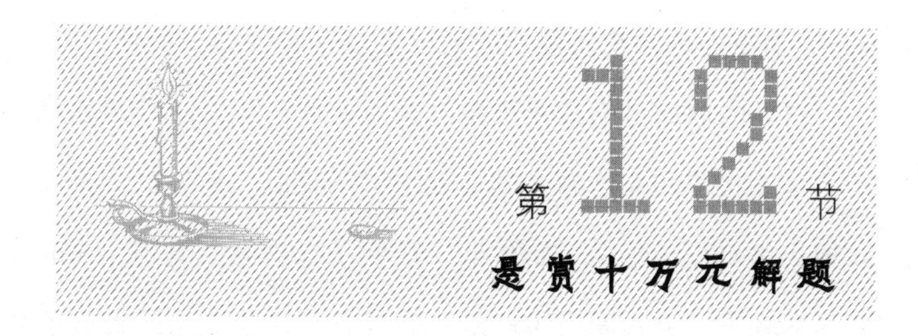

第12节 悬赏十万元解题

在不定式方程中，有一道题特别出名，历史上曾经有人悬赏十万马克找解法，这就是著名的费马大定理：

两个整数的相同次幂之和不可能等于另一个整数的相同次幂，唯一例外的是二次幂。换言之，必须证明等式 $x^n+y^n=z^n$ 在 $n>2$ 时不成立。

下面具体解释一下。我们知道，方程 $x^2+y^2=z^2$，$x^3+y^3+z^3=t^3$ 有无穷解，但是方程 $x^3+y^3=z^3$ 找不到 3 个数都是正整数的解。

在 4 次方、5 次方、6 次方的情况下同样如此。需要证明在任何次方下，$x^n+y^n=z^n$ 都不可能有 3 个正整数解。

费马大定理提出之后三百多年，数学家们都没找到证明方法[1]。

1 英国数学家安德鲁·怀尔斯（Andrew John Wiles）及其学生理查·泰勒（Richard Taylor）于 1995 年证明了费马猜想，费马猜想因此也成了“费马最后定理”。

世界上许多一流的数学家都曾经尝试过，但也只是证明了在某一幂方或一组幂方中等式无法成立，即无法找到一个适用 n 次幂的通用证明方法。

费马（1603—1665）并不是一位职业数学家，他学的专业是法律，曾经担任议员，数学只是他的业余爱好。不过，这并不妨碍他做出了一系列重要的发现。和当时许多人一样，他并没有公开发表他的工作成果，而是写信告诉了自己的学术朋友，包括帕斯卡尔、笛卡儿、惠更斯、罗贝瓦勒等。

据说，**费马**本人曾经找到过证明方法，但是方法没有流传下来。这位17世纪的天才数学家在阅读一本丢番图的著作时曾经在旁边写道："我确信我找到了一种很好的证明方法，可惜这里的空白处太小写不下。"遗憾的是，在他留下的笔记中没有发现这个记录。

费马的后继者们只能靠自己努力。这些努力的成果包括：欧拉（Euler，1797年）证明了3次幂和4次幂；热尔曼（Germain，1823年）证明了5次幂；莱姆（Lame）和勒贝格（Lebesgue，1840年）证明了7次幂；库默（Kummer，1849年）证明了一系列的幂方，包括所有100以下的幂方。这些成果已经远远超过费马当时能够掌握的数学领域，因此，费马当时是如何证明出定理的，就变得更加神秘。也有可能是他弄错了。对费马猜想感兴趣的人可以读一读其他相关书籍。

05

第六种数学运算

导 读

刘月娟

在我们最熟悉的数学运算——加、减、乘、除中，你有没有发现什么有趣的规律？加法是对两个数求和，减法是对两个数求差，这两种运算从本质上说是完全相反的一种运算，我们把它叫作逆运算。同样的，乘法是对两个数求积，除法是对两个数作商，这也是两种互逆的运算。在本章中我们会讲第六种数的运算，那第五种运算我们什么时候学过呢？没错就是在第一章中讲到的乘方。乘方是对相同因式求积，那么它有没有逆运算呢？有的，就是我们要讲的第六种数学运算——开方。

1. 开方

开方是指求一个数方根的运算。以 $2^3=8$ 为例，2^3 是一个指数形式的，其中 2 是底数，3 是指数，相对于加法、乘法满足交换律，乘方中的底数、指数满足交换律吗？显然是不满足的。那么如何求解指数呢？在此之前要先介绍根号的概念。什么是根号呢？它是指对一个数或者一个代数式进行开方运算的符号。当然开方不仅仅是指开平方，还有开三次方、四次方等。如 $2^3=8$，所以 $\sqrt[3]{8}=2$，由此可知乘方和开方是完全互逆的两种运算。

2. 比较数的大小

知道了开方的定义，那怎么利用开方去比较数的大小呢？开方的结果有的是有理数

（整数、分数，其中有的分数可以化成无限循环小数），有的是无理数（无限不循环小数、非完全平方的平方根），但无论它是以怎样的形式出现，都是实数，既然是实数就有大小的区别。这种比较大小并非我们之前学过的3>2这种很简单的。比如$\sqrt[5]{5}$和$\sqrt{2}$这两个数哪个更大一些呢？通过计算我们知道$\sqrt{2}=1.414\cdots$，折合成小数这个是很容易看出来的，那$\sqrt[5]{5}$这个无理数对应的小数是多少呢？其实如果不用计算器我也不知道具体是多少。你能想到什么好的解决办法吗？先想一想，看看是否和文中提到的方法一样呢？当然别偷偷使用计算器哦。

3. 平方根与算数平方根

2的平方是4，那−2的平方是多少呢？刚好也是4。那么对4开平方到底又是几呢？这就要看你怎么表述了。4的平方根是±2，算数平方根只有2，我们常说一个数的平方，是指在实轴上该数与0的距离的平方，所以会存在于0的两侧，基于此我们可以得出16的平方根是±4。换句话说，如果两个数的平方相等，那么这两个数一定相等吗？答案是否定的，因为它忽略了两数互为相反数的情况。反过来想，如果一个数的平方是3，那么这个数是几呢？当然一定会有人说是$\sqrt{3}$，那么请问$-\sqrt{3}$的平方是什么呢？你会很突然地发现它的平方也是3。所以考虑问题一定要全面。了解清楚这一点，将会在以后的数学计算中避免踩雷。

初中的数学重运算，高中的数学重应用，根式与开方的概念就是在高一学的，在高中伊始学习这个知识点，做题的时候出现开方就显得稀松平常了，而开方这种运算也将伴随你的整个高中生涯。

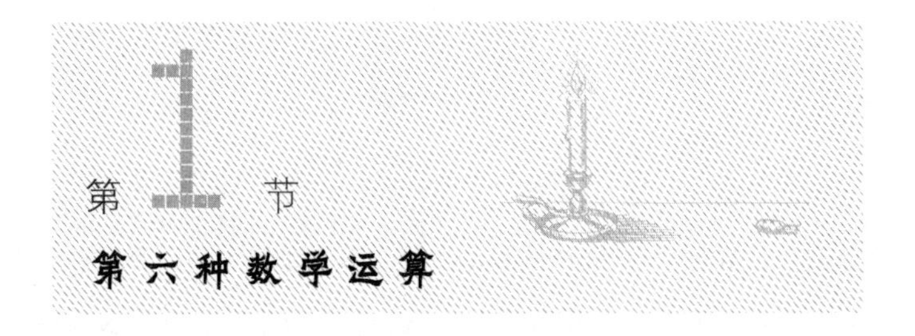

第1节 第六种数学运算

加法和乘法都只有一种逆运算，即减法和除法；第五种数学运算乘方，则有两种逆运算，即求底数和求指数。求底数是第六种数学运算，也被称为开方；求指数是第七种数学运算，也被称为取对数。加法和乘法只有一种逆运算，这不难理解：因为两个加数是可以交换位置的，两个乘数也是；但是乘方中底数和指数是不能交换位置的（例如，$3^5 \neq 5^3$）。因此，求解加法或乘法中的任意一个加数或乘数，方法是一样的；但是，求解乘方中的底数或指数，方法则是不一样的。

第六种运算中根式开方用符号 $\sqrt{\ }$ 表示。可能不是每个人都知道，$\sqrt{\ }$ 是由拉丁字母 *r* 演变而来的，*r* 在拉丁语中的意思就是“根”。16 世纪时，用 *r* 的大写字母 *R* 表示根号，旁边再写上拉丁字母“*q*”（square）或“*c*”（cubic）代表平方根或立方根。例如，用 *R. q.* 4352 代替现在的写法 $\sqrt{4\ 352}$。

那时甚至连加号和减号也没有，而是用字母“*p*”（plus）和“*m*”（minus）表示。括号用⌊　⌋表示，用现在的眼光会觉得很奇怪。

下面是古代数学家邦贝利（Bombelli）（1572）著作中的一个例子：*R. c.* ⌊ *R. q.* 4352*p.* 16⌋*m. R. c.* ⌊ *R. q.* 4352*m.* 16⌋。

改成现在的写法是：

$$\sqrt[3]{\sqrt{4\ 352}+16}-\sqrt[3]{\sqrt{4\ 352}-16}$$

除了$\sqrt[n]{a}$，$a^{\frac{1}{n}}$也表示同样的意思，这个符号很清楚地表示，开方根就是指数是分数的幂，它是由 16 世纪杰出的荷兰数学家史蒂文提出的。

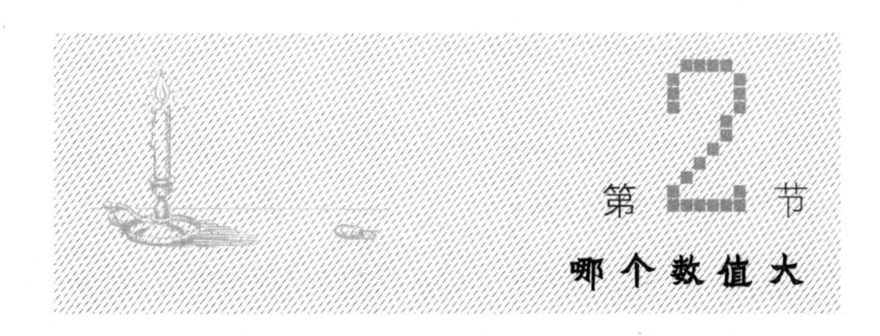

哪个数值大

【题目一】 $\sqrt[5]{5}$和$\sqrt{2}$，哪一个更大？

要求比较带根号的数的大小，可以不必算出它们的数值，用代数方法进行解答。

【解答】 把两个数值都进行 10 次方，得到：

$$(\sqrt[5]{5})^{10}=5^2=25,(\sqrt{2})^{10}=2^5=32$$

由于 32>25，因此

$$\sqrt{2}>\sqrt[5]{5}$$

【题目二】 $\sqrt[4]{4}$和$\sqrt[7]{7}$，哪一个更大？

【解答】 把两个数都进行 28 次方，得到：

$$(\sqrt[4]{4})^{28}=4^7=2^{14}=2^7\cdot 2^7=128^2$$

$$(\sqrt[7]{7})^{28}=7^4=7^2\cdot 7^2=49^2$$

由于 128>49，因此

$$\sqrt[4]{4}>\sqrt[7]{7}$$

【题目三】 $\sqrt{7}+\sqrt{10}$和$\sqrt{3}+\sqrt{19}$，哪一个更大？

【解答】把两个数进行平方，得到：

$$(\sqrt{7}+\sqrt{10})^2=17+2\sqrt{70}$$

$$(\sqrt{3}+\sqrt{19})^2=22+2\sqrt{57}$$

两边各减去 17，剩下：

$$2\sqrt{70}\text{ 和 }5+2\sqrt{57}$$

再进行平方，得到：

$$280\text{ 和 }253+20\sqrt{57}$$

两边各减去 253，剩下：

$$27\text{ 和 }20\sqrt{57}$$

因为 $\sqrt{57}$ 大于 2，所以 $20\sqrt{57}>40$，因此，

$$\sqrt{3}+\sqrt{19}>\sqrt{7}+\sqrt{10}$$

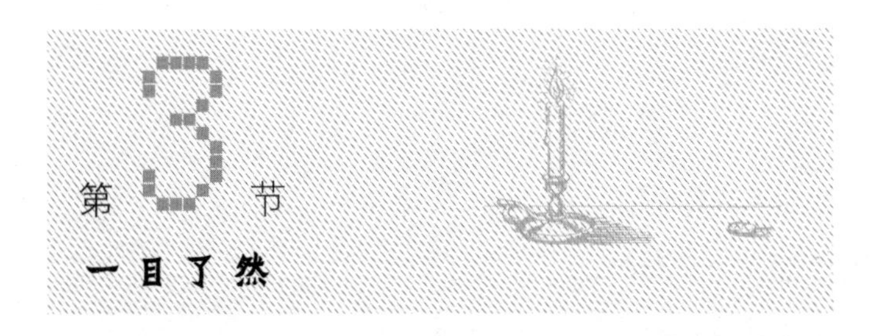

【题目】仔细看这个方程 $x^{x^3}=3$，能马上说出 x 等于多少吗？

【解答】每个熟悉代数符号的人都能看出 $x=\sqrt[3]{3}$。

当 $x^3=(\sqrt[3]{3})^3=3$ 时，$x^{x^3}=x^3=3$。

对于不能做到一目了然的人，用以下方法求解也比较简单：

设 $x^3=y$，因此 $x=\sqrt[3]{y}$，代入原方程，得到：

$$\left(\sqrt[3]{y}\right)^{y}=3$$

两边都进行 3 次方得到：

$$y^{y}=3^{3}$$

显然 $y=3$，因此 $x=\sqrt[3]{y}=\sqrt[3]{3}$。

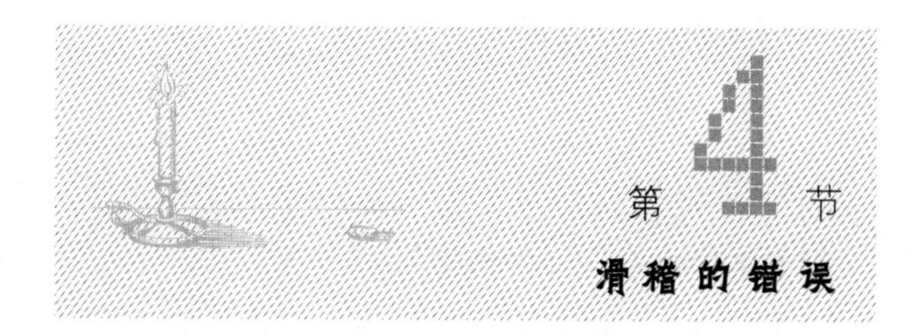

【题目一】

在第六种数学运算中，有时会出现一些滑稽的情况，比如 $2=3$，$2\times2=5$ 等，这是由于犯了一些“低级”错误。我们来看两个例子。

错误 1：$2=3$。

首先我们列出一个没有任何争议的等式：

$$4-10=9-15$$

然后两边各加上 $6\frac{1}{4}$，得到：

$$4-10+6\frac{1}{4}=9-15+6\frac{1}{4}$$

再进行等式变形：

$$2^2-2\times2\times\frac{5}{2}+\left(\frac{5}{2}\right)^2=3^2-2\times3\times\frac{5}{2}+\left(\frac{5}{2}\right)^2,$$

$$\left(2-\frac{5}{2}\right)^2=\left(3-\frac{5}{2}\right)^2$$

开平方得到：

$$2-\frac{5}{2}=3-\frac{5}{2}$$

两边各加上$\frac{5}{2}$，得到

$$2=3$$

错误在哪？

【解答】错误在于这个结论：

由$\left(2-\frac{5}{2}\right)^2=\left(3-\frac{5}{2}\right)^2$，得到$2-\frac{5}{2}=3-\frac{5}{2}$。

实际上，两个数值的平方相等并不能得出这两个数值也相等。因为$(-5)^2=5^2$，但是-5不等于5。两个数值是相反数时，它们的平方也是相等的，本题中的例子正是这种情况。

$\left(-\frac{1}{2}\right)^2=\left(\frac{1}{2}\right)^2$，但是$-\frac{1}{2}$不等于$\frac{1}{2}$。

错误2：$2\times2=5$。

和上一题的错误很相似。

首先给出正确的等式：

$$16-36=25-45$$

两边各加上相同的数值（见图15）：

图15

$$16-36+20\frac{1}{4}=25-45+20\frac{1}{4}$$

等式变形为：

$$4^2-2\times4\times\frac{9}{2}+\left(\frac{9}{2}\right)^2=5^2-2\times5\times\frac{9}{2}+\left(\frac{9}{2}\right)^2$$

得到：

$$\left(4-\frac{9}{2}\right)^2=\left(5-\frac{9}{2}\right)^2$$

然后经过一个不合理的推理得到：

$$4-\frac{9}{2}=5-\frac{9}{2}$$

从而得到：

$$4=5$$

即：

$$2\times2=5$$

在学习代数过程中，经验不足的同学在处理包含未知数的根号时，要警惕避免出现这类错误。

二次方程

导读

刘月娟

看完前五章你是不是对方程有了一个大致的了解，但是只知道之前提过的丢番图方程是不能满足我们计算的需求的，所以为了解决实际问题，数学家们又引入了一种新的方程——一元二次方程，后面就简称二次方程。什么是一元二次方程呢？即只有一个未知数，且未知数的最高次幂为 2 的方程，形如 $ax^2+bx+c=0$ （$a\neq0$） 的式子，其中 a、b、c 分别被称作二次项系数、一次项系数和常数项。你是否会觉得我介绍得啰唆呢？别急，这个介绍有着至关重要的作用。

1. 列方程式

利用二次方程解决问题最关键的一步就是列方程，要根据实际问题将方程列出来，这也是要考验你的理解能力的。既然是方程就要设出未知数，我们一般用 x 表示。下面来看一个这样的问题：参加会议的人中两人相互握手，有人统计出总共握手 66 次，请问共有多少人参加会议？你能从中提取什么信息出来呢？这种题目问谁就要设谁，同时要区分情况，如在此例中甲与乙握手和乙与甲握手这只能算是一种情况。这样就好办了，方程自然就为

$$\frac{x(x-1)}{2}=66 \qquad ①$$

记为①式。现在的问题是方程列出来了，如何求解又成了一个难题。

下面我们介绍一般形式的二次方程求解问题，以 $ax^2+bx+c=0$ （$a\neq0$） 为例。关于它的求解过程要用到完全平方公式和开方的知识，所以它的推导过程在这里就不一一解释了，这里只给出一个万能的求根公式：

$$x=\frac{-b\pm\sqrt{b^2-4ac}}{2a}$$

其中 a、b、c 为每个方程对应的系数，根号里的值要大于等于 0。根据实际问题列出的方程，其设的未知数都有实际意义。所以解决问题一定要从实际出发。针对方程式①，我们先进行化简得：

$$x^2-x-132=0 \qquad ②$$

剩下的求解就是带入上面提到的求根公式了，对于刚接触这个知识的你来说可能稍微有点难了，不过别着急，咱们慢慢来。因为涉及了开根号，所以一定要想办法将20以内整数的平方数记熟了。带入以上公式得到的最后的结果是 $x_1=12$，$x_2=-11$，因为 x 设的是人数，所以最后结果只能是正整数，故有 12 人参加会议。

这里只说了一个二次方程的应用，对应本章节的“握手问题”，接下来本章中的“蜂群”“猴群”问题与这个问题有异曲同工之妙，你可以继续研究啦。

2. 物理中的二次方程

大家都说“学好数理化，走遍天下都不怕”，所以数学好的人物理也一定差不了。这到底是为什么呢？那是因为物理问题好多都需要数学思维解决。以本章的主题二次方程为例。在没有空气阻力时，向上抛的物体距离地面的高度、起始速度、重力加速度和时间的关系是：

$$h=vt-\frac{1}{2}gt^2$$

其中，h 代表 t 时刻时物体的高度，v 是初始速度，g 是重力加速度（是个常数，约为 $9.8\ m/s^2$）。当 h 为某个定值的时候，根据二次方程的定义可以知道 h 是关于 t 的二次方程。同样的，还有太空中的一些问题也可以用二次方程求解。如寻找火箭运行中距离地球和月球之间的引力相等的点。当然这个问题的求解离不开牛顿定律，即两个物体之间的引力和它们之间质量的乘积成正比，和它们之间距离的平方成反比。这也是二次方程的应用。

除了以上两类问题用到了二次方程，它的应用还有很多方面，比如本章最后一节的“3 个连续的数”的问题。二次方程会贯穿整个数学学习的知识点，所以一定要好好了解。

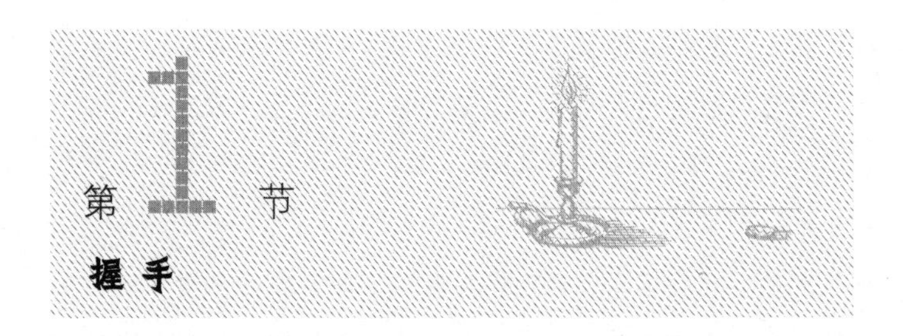

【题目】 参加会议的人相互握手，有人统计出总共握手66次，请问共有几人参加会议？

【解答】 用代数方法解题非常简单。设共有x人参加会议，那么每人握手的次数是$x-1$，因此总共的握手次数是$x(x-1)$，这样对吗？

必须考虑到，当甲和乙握手时，乙也是同时和甲握手，所以这两次握手应该看作是一次。所以，总共的握手次数是$x(x-1)$的一半，列出方程为：

$$\frac{x(x-1)}{2}=66$$

转换后为：

$$x^2-x-132=0$$

得出：

$$x=\frac{1\pm\sqrt{1+528}}{2}$$

$$x_1=12,\ x_2=-11$$

负数根在这里是没有意义的，所以只剩下一个解$x=12$，即共有12人参加会议。

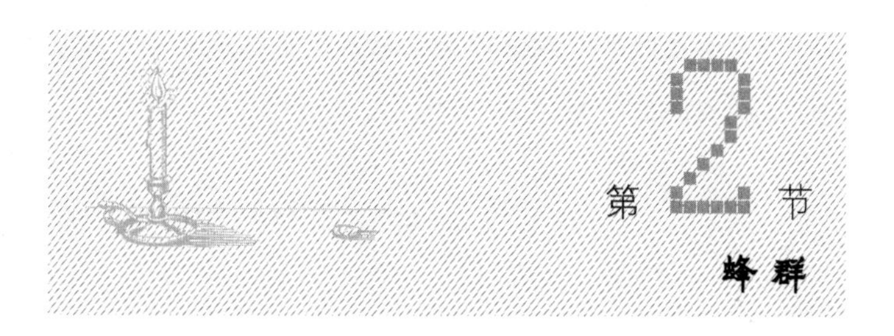

第2节 蜂群

【题目】古印度曾经流行一种智力竞赛，其中有一道比赛的题是：

有几只蜜蜂停在茉莉花丛中，这些蜜蜂的数量是蜜蜂总数的一半的平方根；剩下的蜜蜂是蜜蜂总数的8/9，还有一只蜜蜂被另一只蜜蜂的嗡嗡叫声吸引，飞到了荷花旁。请问蜂群共有多少只蜜蜂？

【解答】设蜂群中蜜蜂的总数为 x，列出方程为：

$$\sqrt{\frac{x}{2}}+\frac{8}{9}x+2=x$$

我们引入一个辅助未知数 y 来化简方程，令

$$y=\sqrt{\frac{x}{2}}$$

那么，$x=2y^2$，上面方程变为：

$$y+\frac{16y^2}{9}+2=2y^2 \quad 或 \quad 2y^2-9y-18=0$$

解方程，得到：

$$y_1=6, \ y_2=-\frac{3}{2}$$

x 对应值分别是

$$x_1=72, \ x_2=4.5$$

因为蜜蜂的数量必须是正整数，所以只有第一个解符合条件，即蜜蜂的总数是72。我们来验证一下：

$$\sqrt{\frac{72}{2}}+\frac{8}{9}\times72+2=6+64+2=72$$

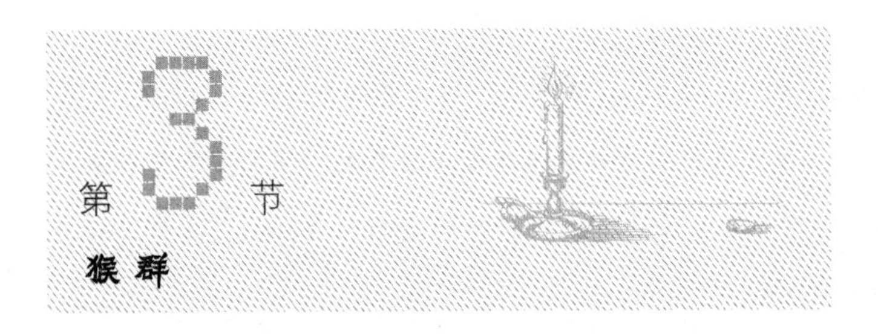

猴群

【题目】下面是一道计算猴群数量的题目：

一群猴子分成两队在树林中玩耍，一队是猴子总数的1/8的平方数，另一队是12只猴子。请问猴子有多少只？

【解答】设猴子的总数为x，列出方程为：

$$\left(\frac{x}{8}\right)^2+12=x$$

得出：

$$x_1=48，x_2=16$$

得到两个正整数解，这两个答案都符合，猴子的总数是48只或16只。

第4节 “富有远见”的方程

在前面的题目中，当得到两个解时，我们根据具体情况作了不同处理。第一种情况，去掉了负数；第二种情况，去掉了分数；第三种情况中，保留了两个根。同时有两个解提供的不仅仅是答案，有时候还能提供更多的信息，来看下面这个例子。

【题目】 以25米/秒的速度向空中抛球，请问在几秒后球距离地面20米？

【解答】 在没有空气阻力时，向上抛的物体距离地面的高度、起始速度、重力加速度和时间的关系是：

$$h = vt - \frac{gt^2}{2}$$

在这道题中，空气阻力可以忽略不计，因为速度较小时空气阻力也很小。为了化简计算，我们取 $g=9.8\ \mathrm{m/s^2}$ 的近似值 $10\ \mathrm{m/s^2}$（误差仅0.2%）。列出方程为：

$$20 = 25t - \frac{10t^2}{2}$$

化简得：

$$t^2 - 5t + 4 = 0$$

解方程得：

$$t_1 = 1\ （秒），\ t_2 = 4\ （秒）$$

球会在两个时间达到20米高度，即1秒和4秒时。

乍看好像不可能，怎么会在两个时间都达到 20 米？其实这是正确的，球确实两次到达了 20 米高度，第一次是在向上飞时，第二次是在向下落时。以 25 米/秒的初始速度抛起的球，上升 2.5 秒到达 31.25 米的高度，也就是抛出 1 秒后达到 20 米时，球会继续上升 1.5 秒，然后下落 1.5 秒后又到达 20 米高度，然后再经过 1 秒后到达地面。

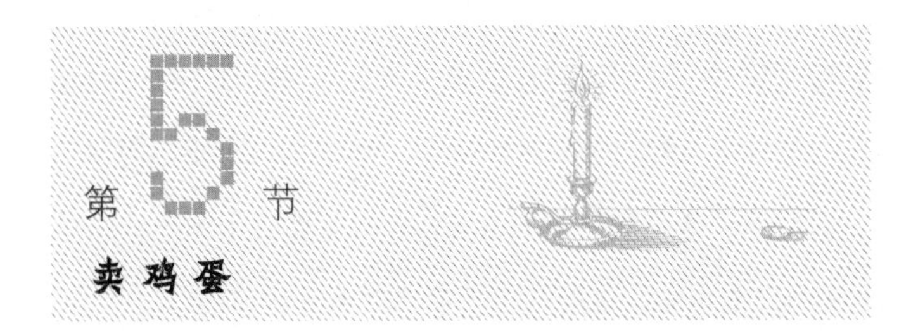

第 5 节 卖鸡蛋

数学家欧拉编写的《代数引论》这本书中，有这样一道题：

【题目】 两位农妇共带了 100 枚鸡蛋去市场卖，其中一人带的鸡蛋比另一人多，但最后挣的钱一样多。第一位对第二位说：如果我来卖你的鸡蛋，可以挣到 15 元；第二位回答：如果我来卖你的鸡蛋，只能挣到 $6\frac{2}{3}$ 元。请问每位农妇各有多少枚鸡蛋？

【解答】 设第一位农妇的鸡蛋数量是 x，第二位农妇的鸡蛋数量是 $100-x$。如果第一位农妇来卖 $100-x$ 枚鸡蛋，可以挣到 15 元，所以，她每枚鸡蛋卖的价格是：

$$\frac{15}{100-x}$$

同理，第二位农妇每枚鸡蛋卖的价格是：

$$6\frac{2}{3}/x=\frac{20}{3x}$$

那么，她们各自卖鸡蛋实际挣得的钱是：

第一位：$x\times\frac{15}{100-x}=\frac{15x}{100-x}$

第二位：$(100-x)\times\frac{20}{3x}=\frac{20(100-x)}{3x}$

因为两人挣的钱一样，所以：

$$\frac{15x}{100-x}=\frac{20(100-x)}{3x}$$

将上式化简为：

$$x^2+160x-8\ 000=0$$

得出：

$$x_1=40\ (\text{枚}),\ x_2=-200\ (\text{枚})$$

负数在这道题中没有意义，因此只剩下一个解，第一位农妇带了 40 枚鸡蛋，第二位带了 60 枚鸡蛋。

还能用另一种更简便的方法解这道题，这种方法很巧妙，不过不容易想到。

假设第二位农妇的鸡蛋是第一位的 k 倍，因为两人挣的钱一样多，这说明第一位卖的鸡蛋价格是第二位的 k 倍。如果在卖鸡蛋之前她们相互交换鸡蛋，那么第一位卖鸡蛋挣得的钱数是第二位的 k^2，于是可得出：

$$k^2=15:6\frac{2}{3}=\frac{45}{20}=\frac{9}{4}$$

$$k=\frac{3}{2}$$

把 100 枚鸡蛋按照 3 : 2 分配，就可以得出第一位有 40 枚，而第二位有 60 枚。

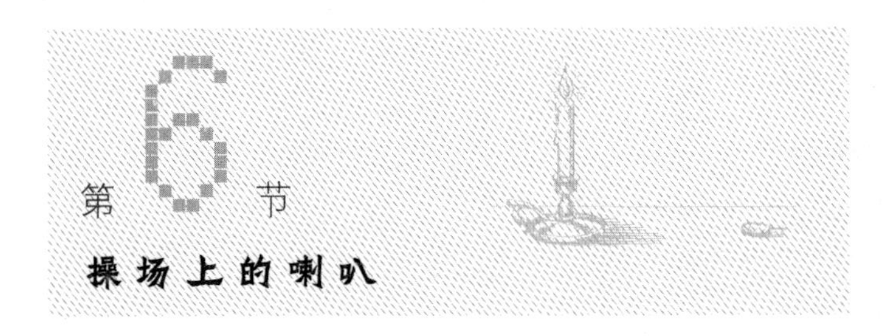

【题目】操场上装了 5 个喇叭，一侧有 2 个，另一侧有 3 个。两侧喇叭距离 50 米。请问，站在操场什么位置点，听到两侧喇叭的音量是一样的？

【解答】设我们需要寻找的位置点距离 2 个喇叭这一侧为 x 米，那么距离另一侧就是 $50-x$ 米（见图 16），因为声音的音量大小和距离的平方成反比，于是可得出：

$$\frac{2}{3}=\frac{x^2}{(50-x)^2}$$

可化简为：

$$x^2+200x-5\ 000=0$$

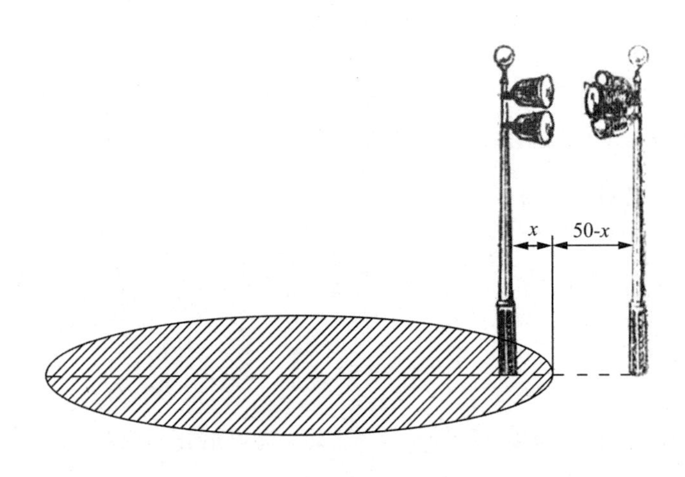

图 16

解得：

$$x_1 \approx 22.5$$

$$x_2 \approx -222.5$$

正数解很好理解：要找的点位于距离一侧（2个喇叭侧）为22.5米，距离另一侧（3个喇叭侧）则为27.5米。

那么负数解在这里有意义吗？

负数解说明第二个点位于和第一个点相反的方向上，也就是在喇叭安装点连接线的相反方向的位置点上。这个点距离一侧（2个喇叭侧）为222.5米，距离另一侧（3个喇叭侧）就是222.5+50=272.5米。

两个点都位于连接两侧喇叭安装点之间的直线上，但是在直线外还存在这样的位置点。以x_1和x_2两点之间距离为直径画圆，符合题目要求的位置点都落在圆周上，在圆圈内的位置点听到2个喇叭侧的声音更大，在圆圈外的位置点上听到3个喇叭侧的声音更大。

第7节 飞向月球

用和上面一题同样的解答方法，可以找到火箭运行中距离地球和月球之间的引力相等的点。

根据牛顿定律，两个物体之间的引力和它们之间质量的乘积成正比；和它们之间距离的平方成反比。假设地球的质量为 M，火箭和地球的距离为 x，那么地球和火箭每克之间的引力是$\frac{Mk}{x^2}$（k 代表两个质量各自为 1 克的物体在相距 1 厘米时相互的引力）。

月球和位于这个位置点的火箭每克之间的引力是$\frac{mk}{(l-x)^2}$，m 是月球的质量，l 是月球和地球之间的距离（l 约等于 384 000 千米），火箭位于连接地球中心和月球中心的直线上。

要求满足等式 $\frac{Mk}{x^2}=\frac{mk}{(l-x)^2}$ 或 $\frac{M}{m}=\frac{x^2}{l^2-2lx+x^2}$

在天文学中，$\frac{M}{m}$约等于 81.5，所以：

$$\frac{x^2}{l^2-2lx+x^2}=81.5$$

解方程，得到：

$$x_1=0.9l,\ x_2=1.12l$$

和上题一样，我们找到两个位置点，在这两个点上火箭受到两个星体的引力是一样的，两个点分别在距离地心 $0.9l$ 和 $1.12l$ 的位置，也就是在距离地心 346 000 千米和 430 000 千米的位置上。

通过上一道题我们已经知道，以这两点间的直线为直径画圆，圆周上所有的点都符合这个特点（即受到地球和月球的引力是相等的）。如果再以地心和月心之间的直线为轴旋转这个圆，会得到一个球面，球面上所有的点也都符合这个特点（见图 17）。

这个球体的直径被称为“月球的引力范围”，等于 $1.12l-0.9l=0.22l\approx 84\ 000$ 千米。

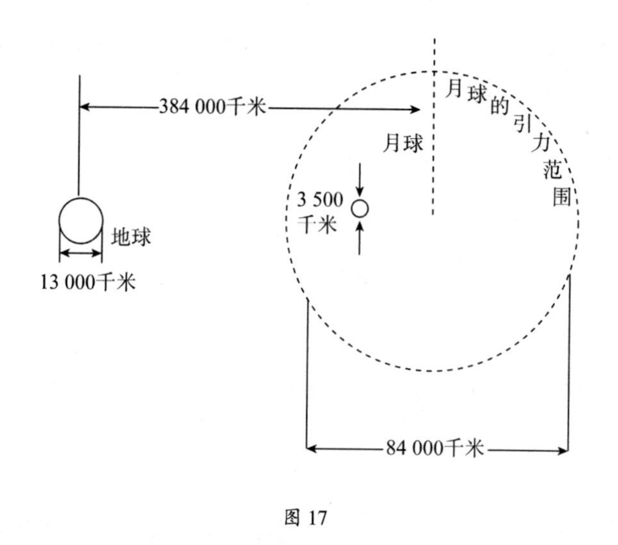

图 17

容易出现的错误想法是，火箭只要进入月球的引力范围，就可以抵达月球：因为月球对火箭的引力超过了地球对火箭的引力，只要火箭速度并不太快，那么一旦进入月球引力范围，就肯定会降落到月球表面。如果真是这样，那么飞到月球就会简单得多，因为这样我们对准的目标就不是月球本身（直径在天空中所张的角度只有0.5°），而是一个直径为84 000千米的球体，在天空中所张的角度有12°。

要证明这种观点是错误的也不难。假设从地球发射了一枚火箭，由于地球引力火箭的速度不断下降，当到达月球引力范围时，速度刚好降为0，火箭还能降落到月球表面吗？肯定不能。

首先，在月球引力范围内，地球引力依然在起作用。因此，火箭受到的不只是月球的引力，而是地球引力、月球引力形成的合力，合力的方向根据平行四边形法则确定（只有火箭位于地心和月心之间的直线上时，合力方向才正对月球）。

其次，也是关键的，即月球本身并不是静止的。如果我们想知道火箭相对于月球的运行情况，那么需要考虑火箭对月球的相对速度。这个速度肯定不会是0，因为月球本身以1千米/秒的速度围绕地球转。因此，火箭相对于月球的速度太大，月球无法对火箭产生足够的引力，将其作为一颗卫星吸引到自己的引力范围。

只有当火箭进入月球引力范围时，月球引力才能真正起作用。在空间运行中，一般只有在进入半径为66 000千米的月球作用范围时，才开始计算月球引力。这时可以不再考虑地球引力，只考虑火箭受到月球的影响。可见，火箭要降落到月球表面并不仅仅是落在一个半径为84 000的球体上这么简单，月球的作用范围必须和火箭的运行轨迹有交叉。

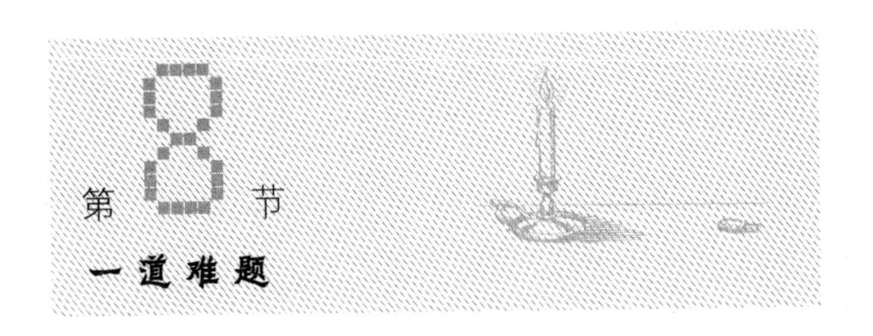

【题目】 请看图18中的题目，要求用口算快速算出$\frac{10^2+11^2+12^2+13^2+14^2}{365}$的结果。

这道题的确不容易，但是如果掌握了一些数的特点，就可以很快解出。

数10、11、12、13、14有一个有趣的特点：$10^2+11^2+12^2=13^2+14^2$。因为$100+121+144=365$，所以用口算就很容易算出，答案是2。

我们可以进行延伸思考：是否还有其他5个连续的数，前3个数的平方和等于后2个数的平方和呢？

图 18

【解答】 设求解的这组数的第一个数为 x，列出方程为：

$$x^2+(x+1)^2+(x+2)^2=(x+3)^2+(x+4)^2$$

更简单的方法是设第二个数为 x，这样列出的方程会更简单：

$$(x-1)^2+x^2+(x+1)^2=(x+2)^2+(x+3)^2$$

去括号，化简：

$$x^2-10x-11=0$$

得出：

$$x_1=11,\ x_2=-1$$

因此，有 2 组这样的数：

10、11、12、13、14 和−2、−1、0、1、2。

第9节 3个连续的数

【题目】找到3个连续的数，要求中间一个数的平方比前后两个数的乘积大1。

【解答】设第一个数为 x，列出方程为：

$$(x+1)^2=x(x+2)+1$$

去括号，得到：

$$x^2+2x+1=x^2+2x+1$$

根据这个等式无法确定 x 的值，这说明这个等式是一个恒等式，x 在任何值时都成立，比如17、18、19三个数：$18^2-17\times19=324-323=1$

如果设第二个数为 x，列出方程：

$$x^2-1=(x+1)(x-1)$$

很明显能看出这是一个恒等式。

07

最大值和最小值

导读

刘月娟

你一定听过别人这么夸你“你是最棒的!”那么什么是最呢?就是会达到一个极限。那么数的“极限”是什么呢?就是我们今天要研究的最值。比如买东西的时候讨价还价,你会问老板“最低”多少钱?卖东西的时候你又会问“最高”能出价多少?这些都是我们用到的最值问题。在这一章中,会有很多实际的最值问题,我们先简单看一下。

1. 行路最值

试想一下,如果你开车回家,你可能会想走哪条路所需的花销最少。此时需要考虑油费和过路费等问题。再想一下,你如果坐过火车,火车的轨道错综复杂,总是会碰到两辆火车在相近的时间经过一个交叉点的问题,你可以思考一下两列火车车头相距的最短距离是多少。没坐过火车的人,可能会想象不出来;坐过的人可能列式子还是个问题。你不妨往后面读一读,看看能不能总结一下解决此类距离问题的方法。

在物流业如此发达的今天,物流运输的方式也是多种多样的,有陆路火车、汽车,还有水路,它们各自的运输速度不同,如果你为了使得商品的运输速度最快,耗时最少,又该选取怎样的运输方式呢?如果让你设计一条路线,需不需要中转站?如果需要,中转站的位置又该设在哪里呢?此类问题分别会在本章的“两列火车”“站点设在哪里”“公路的线路”小节中给出详细的解答,你可以先思考一下,如果你是位决策者,你会怎样设计路线呢?

2. 几何最值

说起最值有一个基本不等式的口诀“和定积最大，积定和最小”，意思是：如果两个数的和为定值，则它们的乘积就有最大值；同样的，如果两个数的积为定值，则它们的和就有最小值。数学知识总是说起来容易，用起来难。

最值问题什么时候会用到呢？我们来看看以下问题：面积不变的矩形地块是什么形状时，围绕地块的篱笆长度最小？篱笆长度不变的矩形地块是什么形状时，它的面积最大？这两个问题乍一看是不是感觉挺像的，但实际它们有本质的区别。面积不变即积为定值，问的是周长，也就是对边长的求和，根据口诀可以知道和必有最小值；篱笆长度不变即和为定值，求的是面积，自然积也会有最大值。先确定了有无最值，接下来就需要去求最值了。最值怎么求呢？这个疑问我们先留在这里，看你能想到多少。

关于最值的实际问题有很多，一个扇形的风筝，周长固定不变。扇形是什么形状时面积最大？或者两个数何时相乘才会最大，这些都是“最值”问题。在高中以后的学习中，最值问题往往会和单调性相结合，其中最常见的就是构造二次函数，求其最大值或最小值问题，而应用最广泛的就是求最大收益、最小花费这类问题。

“最值”是代数上的一个基础知识点。想要达到我们所谓的“最”，那就细细品味这一章吧！

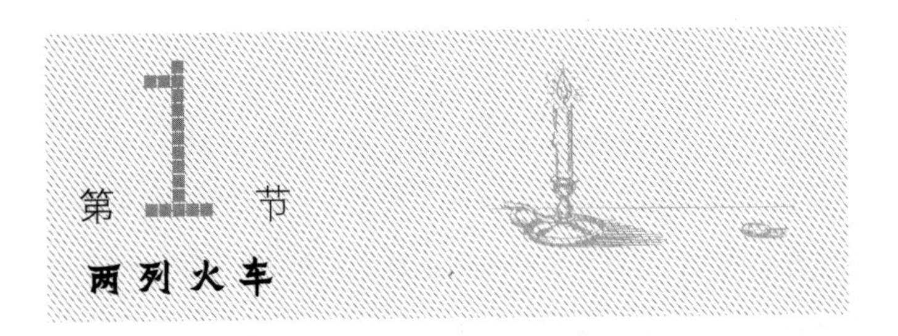

【题目】两条十字交叉的铁轨上，两列火车分别沿着铁轨同时向交叉点行驶，一列火车从距离交叉点 40 千米的站点出发，速度是 800 米/分钟；另一列从距离交叉点 50 千米的站点出发，速度是 600 米/分钟。

从出发起多少分钟之后，两列火车的车头之间的距离最短？距离是多少？

【解答】我们先根据题中条件画出两列火车行驶的示意图，如图 19 所示。设两条铁轨线为 AB 和 CD，交叉点为 O，站点 D 距离交叉点 50 千米，站点 B 距离交叉点 40 米。假设火车发车经过 x 分钟后车头 M 和 N 距离最短，令 $MN=m$。

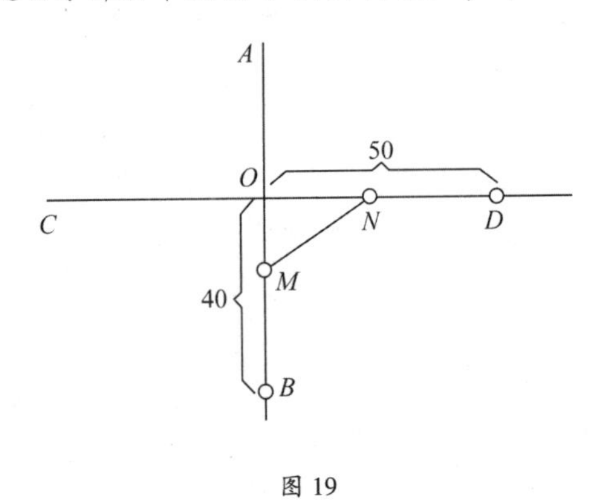

图 19

从站点 B 发出的火车行驶的距离是 $BM=0.8x$。相应的，$OM=40-0.8x$，$ON=50-0.6x$。根据勾股定理：

$$MN=m=\sqrt{(OM)^2+(ON)^2}=\sqrt{(40-0.8x)^2+(50-0.6x)^2}$$

两边平方并化简，得到：

$$x^2-124x+4\ 100-m^2=0$$

解方程，得出：

$$x=62\pm\sqrt{m^2-256}$$

因为 x 代表时间，不可能是虚数，所以 m^2-256 大于等于 0。由题意可知，在 $m^2=256$，即 $m=16$ 时，m 的值最小。

显然，m 不可能小于 16，否则 x 就成了虚数。

当 $m^2-256=0$ 时，$x=62$。

因此，在经过 62 分钟后，火车头相距最近，距离是 16 千米。

我们来确定车头的位置。先计算 OM 的长度：

$$OM=40-62\times0.8=-9.6\ (\text{千米})$$

负数表示火车头驶过了交叉点 9.6 千米。

ON 等于 $50-62\times0.6=12.8$（千米），也就是说第二列火车距离交叉点还有 12.8 千米。

可见，两列火车的位置和我们一开始在示意图中画的完全不同。方程有一定的容错空间，虽然我们一开始画的示意图不正确，但通过方程式还是求解出了正确答案，这也是基于代数中的符号规则。

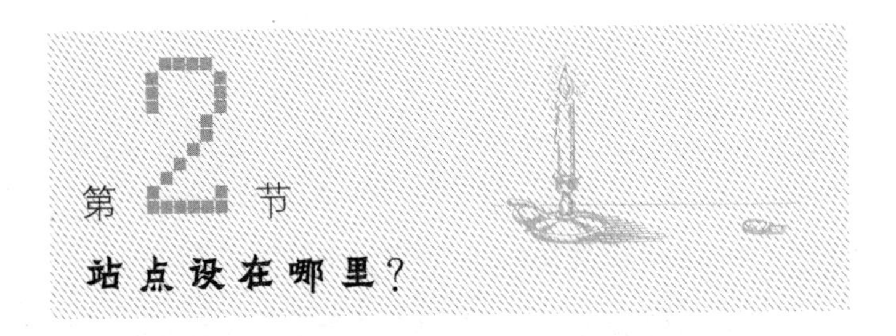

第2节 站点设在哪里？

【题目】在距离直线铁路20千米的地方有一个村庄B（见图20）。现在要新设一个站点C，从A到B，先走铁路段AC，再走公路段CB，请问C点设在哪里，从A到B的用时最短？已知在铁路段的行驶速度为0.8千米/分钟，在公路段的行驶速度为0.2千米/分钟。

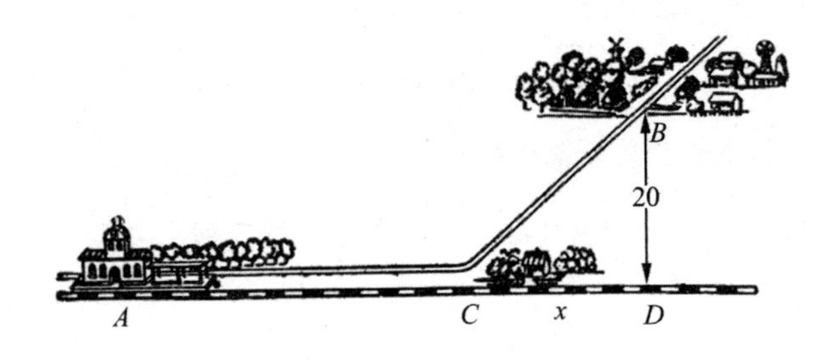

图20

【解答】设AD之间的距离为a，CD之间的距离为x，可列出方程：

$$AC=AD-CD=a-x$$

$$CB=\sqrt{CD^2+BD^2}=\sqrt{x^2+20^2}$$

在AC铁路段行驶需要的时间是：

$$\frac{AC}{0.8}=\frac{a-x}{0.8}$$

在BC公路段行驶需要的时间是：

$$\frac{CB}{0.2}=\frac{\sqrt{x^2+20^2}}{0.2}$$

从 A 到 B 总共需要的时间是：

$$\frac{a-x}{0.8}+\frac{\sqrt{x^2+20^2}}{0.2}$$

由于这个总时间（设为 m）需要是最小值的，可设方程

$$\frac{a-x}{0.8}+\frac{\sqrt{x^2+20^2}}{0.2}=m$$

可以转换成：

$$-\frac{x}{0.8}+\frac{\sqrt{x^2+20^2}}{0.2}=m-\frac{a}{0.8}$$

两边乘以 0.8，得到：

$$-x+4\sqrt{x^2+20^2}=0.8m-a$$

设 $k=0.8m-a$，去掉根号，得到二次方程：

$$15x^2-2kx+6\ 400-k^2=0$$

得出：

$$x=\frac{k\pm\sqrt{16k^2-96\ 000}}{15}$$

因为 $k=0.8m-a$，所以 m 最小时，k 也是最小的；反之亦然。

不过，为了满足 x 是实数，$16k^2$ 不能小于 96 000。也就是说 $16k^2$ 的最小值是 96 000。因此，当 $16k^2=96\ 000$ 时，m 是最小值。此时

$$k=\sqrt{6\ 000}$$

$$x=\frac{k\pm0}{15}=\frac{\sqrt{6\ 000}}{15}\approx5.16\text{（千米）}$$

站点应该设在距离 D 点约 5.16 千米的位置，不论 AD 之间的距离 a 是多少。

不过，只有 $x<a$ 时，答案才有实际意义，因为在方程中，$a-x$ 默认是正数。

如果 $x=a\approx5.16$，那么站点根本不需要设立，直接走公路就可以。a 小于 5.16 时同样如此。

这道题中，我们好像比方程式更有“预见性”。如果我们盲目地相信方程，就会在铁路线之外设立一个站点，这时 $x>a$，而行驶时间 $\frac{a-x}{0.8}$ 是负数。

所以，在使用数学工具时，需要谨慎对待答案。答案必须符合实际情况才有意义，否则数学工具就失去了存在的基础。

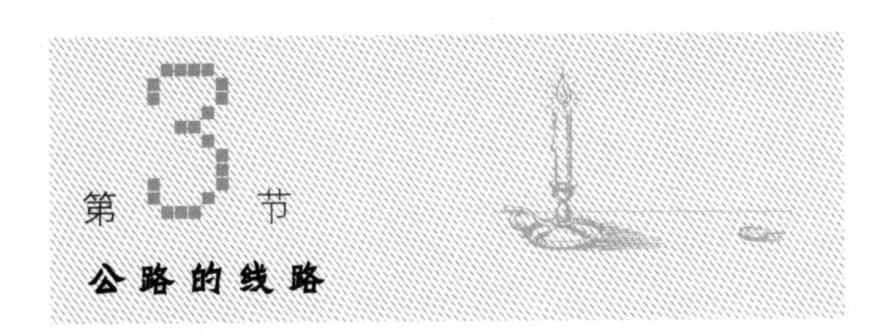

第3节 公路的线路

【题目】 从河滨城市 A 运输货物到下游 a 千米处的 B 点，B 点距离河岸 d 千米（见图 21）。如果每吨货物每千米的水路运费比公路运费便宜一半，那么公路

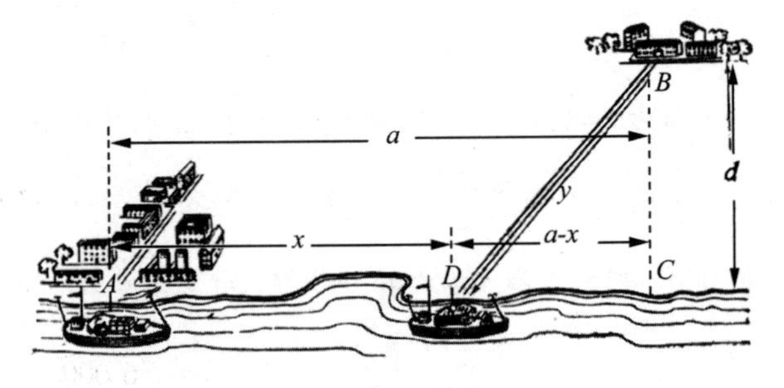

图 21

的线路如何设计，才能使每吨货物从 A 到 B 的运费最低？

【解答】 设 AD 之间的距离为 x，DB 之间的距离为 y。已知 AC 的长度等于 a，BC 的长度等于 d，因为每吨货物每千米的公路运费比水路运费贵一倍，因此每吨货物的总运费 $x+2y$ 需要是最小值。设 $x+2y=m$，因为 $x=a-DC$，而 $DC=\sqrt{y^2-d^2}$，于是可得：

$$a-\sqrt{y^2-d^2}+2y=m$$

去掉根号得：

$$3y^2-4(m-a)y+(m-a)^2+d^2=0$$

解方程得：

$$y=\frac{2}{3}(m-a)\pm\frac{\sqrt{(m-a)^2-3d^2}}{3}$$

由于 y 是实数，所以 $(m-a)^2$ 不能小于 $3d^2$，即 $(m-a)^2$ 的最小值等于 $3d^2$，所以：

$$m-a=\sqrt{3}d，y=\frac{2(m-a)+0}{3}=\frac{2\sqrt{3}}{3}d$$

由于 $\sin\angle BDC=\frac{d}{y}$，即：

$$\sin\angle BDC=\frac{d}{y}=\frac{d}{\frac{2\sqrt{3}d}{3}}=\frac{\sqrt{3}}{2}$$

也就是说，不论 AC 段距离是多少，公路的线路应该和河流成 $60°$ 角。

这里我们又遇到和上一题中相同的特点，也就是说答案要在特定条件下才成立。当公路的线路与河流成 $60°$ 角时，这时如果 D 点的位置在 A 点的左侧，那么根本不需要经过河流运输，而应该在 A 和 B 之间直接修一条公路。

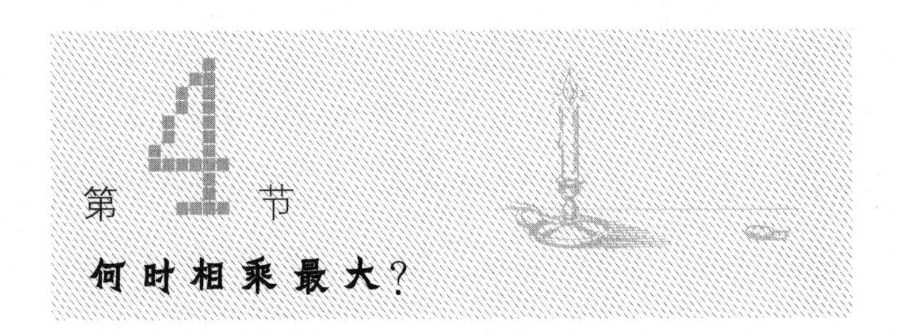

第4节 何时相乘最大？

在解决很多“最大或最小”的问题时，可以利用一个代数定理，我们来看看。

【题目】 一个数分成两部分后再相乘，怎么分才能使乘积最大？

【解答】 设这个数为 a，拆分成的两个数是$\frac{a}{2}+x$和$\frac{a}{2}-x$，x可以说明拆分后得到的数比 a 的一半相差多少。

两个数的乘积是$\left(\frac{a}{2}+x\right)\left(\frac{a}{2}-x\right)=\frac{a^2}{4}-x^2$。

显然，x 越小，乘积越大；当 $x=0$ 时，乘积是最大的。所以可以得出结论，一个数平均分成两部分后相乘，得到的乘积最大。

【题目】 如果一个数分成三个数后再相乘，怎么分才能使乘积最大？

【解答】 方法和前面一样。

设这个数为 a，先假设拆分后的 3 个数都不等于$\frac{a}{3}$，其中肯定有一个大于$\frac{a}{3}$（不可能三个都小于$\frac{a}{3}$），设为$\frac{a}{3}+x$，肯定有另一个小于$\frac{a}{3}$，设为$\frac{a}{3}-y$。

x 和 y 都是正数，剩下的一个就是$\frac{a}{3}+y-x$。$\frac{a}{3}$和$\frac{a}{3}+x-y$之和等于前两个数之和，其之差 $x-y$ 小于前面两部分之差 $x+y$，从上一题的经验可以得出，$\frac{a}{3}\left(\frac{a}{3}+x-y\right)$大于前

两部分乘积。因此，如果把前两部分中的 a 换成$\frac{a}{3}$和$\frac{a}{3}+x-y$，第三部分保持不变，那么乘积就增大了。

现在，假设其中一部分等于$\frac{a}{3}$，另两部分等于$\frac{a}{3}+z$和$\frac{a}{3}-z$。

如果用$\frac{a}{3}$替换后两部分，那么乘积又增加了：

$$\frac{a}{3}\times\frac{a}{3}\times\frac{a}{3}=\frac{a^3}{27}$$

至此可以看出，不是均分的三部分的乘积小于均分的三部分的乘积。

同样的方法可以证明一个数分成四个、五个等的情况。

现在我们再来看更加普遍的情况。

【题目】 如果 $x+y=a$，x 和 y 等于多少时，$x^p y^q$ 最大？

【解答】 其实要求解的就是：什么时候 $x^p(a-x)^q$ 最大？

把表达式乘以$\frac{1}{p^p q^q}$得到：

$$\frac{x^p}{p^p}\times\frac{(a-x)^q}{q^q}$$

再进行如下转换：

$$\underbrace{\frac{x}{p}\cdot\frac{x}{p}\cdot\frac{x}{p}\cdot\frac{x}{p}\cdots}_{p\text{次}}\underbrace{\frac{a-x}{q}\cdot\frac{a-x}{q}\cdot\frac{a-x}{q}\cdot\frac{a-x}{q}\cdots}_{q\text{次}}$$

所有乘数的和等于：

$$\underbrace{\frac{x}{p}+\frac{x}{p}+\frac{x}{p}+\cdots}_{p\text{倍}}\underbrace{\frac{a-x}{q}+\frac{a-x}{q}+\cdots}_{q\text{倍}}=\frac{px}{p}+\frac{q(a-x)}{q}=x+a-x=a$$

是一个常数。

根据之前的结论，我们可以得出，在所有各项乘积相等时

$\frac{x}{p}\cdot\frac{x}{p}\cdot\frac{x}{p}\cdot\cdots\cdot\frac{a-x}{q}\cdot\frac{a-x}{q}\cdot\frac{a-x}{q}\cdots$也就是当$\frac{x}{p}=\frac{a-x}{q}$时，乘积是最大的。

把 $a-x=y$ 代入，得到比例式$\frac{x}{y}=\frac{p}{q}$。

如果 $x+y$ 的和不变，那么当 $x:y=p:q$ 时，$x^p y^q$ 最大。

同样的方法可以证明，在 $x+y+z$、$x+y+z+t$ 等固定不变时，当 $x:y:z=p:q:r$，$x:y:z:t=p:q:r:u\cdots$时，$x^p y^q z^r$、$x^p y^q z^r t^u$ 等的乘积最大。

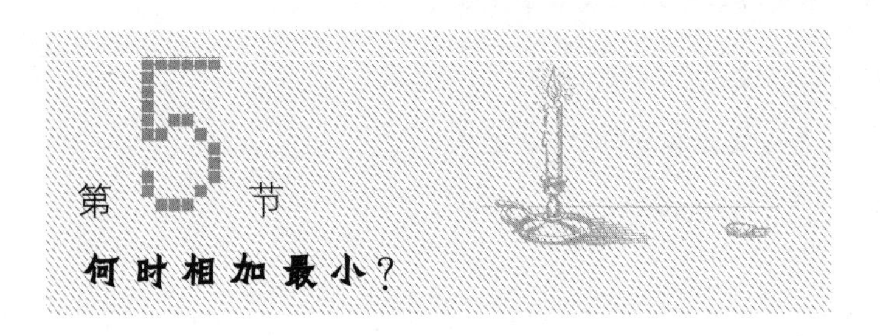

第5节 何时相加最小？

读者们可以自己尝试证明以下命题，来检查一下自己的代数能力。

1. 两个数的乘积不变时，这两个数相等时相加之和最小。

例如，乘积为 36 的两个数相加。

2. 几个数的乘积不变时，这几个数相等时相加之和最小。例如，乘积为 216 的三个数相加。

后面看一些例子，说明这些定理在实际中的运用。

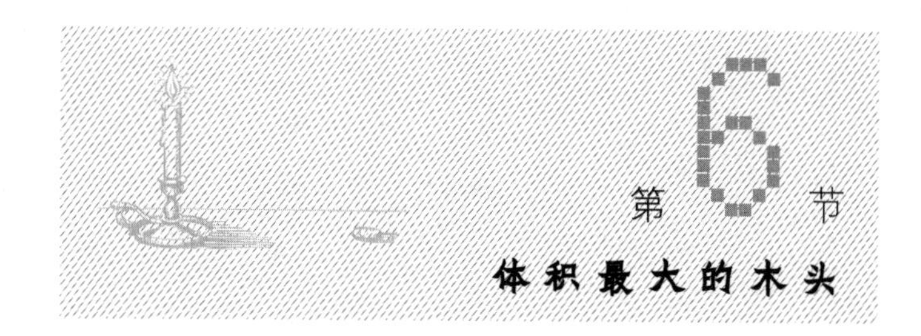

体积最大的木头

【题目】把一个圆柱形的原木截成矩形木块，横截面是什么样时，木块的体积最大？（见图 22）

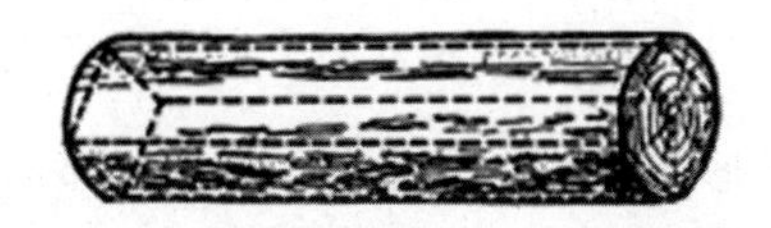

图 22

设矩形截面的边长为 x 和 y，根据勾股定理有 $x^2+y^2=d^2$。

这里 d 就是圆木横截面的直径。当方木横截面最大时，也就是 xy 值最大时，方木的体积也最大。如果 xy 最大，x^2y^2 也最大。

因为 x^2+y^2 是不变的，那么按照之前的证明，$x^2=y^2$，即 $x=y$ 时，x^2y^2 最大。所以，木块的横截面应该是正方形。

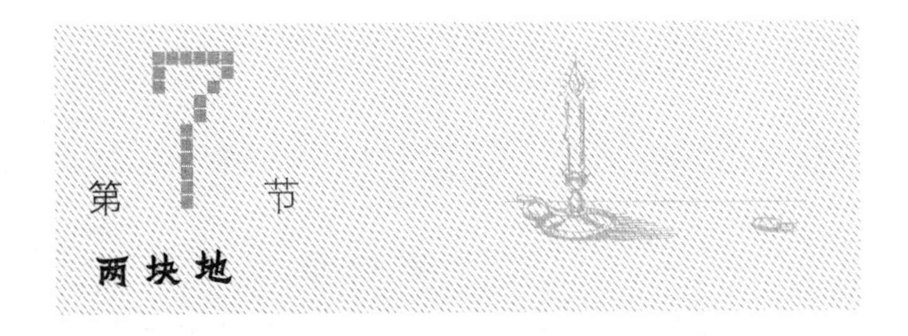

【题目】

1. 面积不变的矩形地块是什么形状时，围绕地块的篱笆长度最小?

2. 篱笆长度不变的矩形地块是什么形状时，它的面积最大?

【解答一】 矩形地块的形状是由它的边长 x 和 y 的比例决定的。设地块的边长为 x 和 y，那么面积为 xy，篱笆长度为 $2x+2y$。当 $x+y$ 最小时，篱笆的长度也最小。

当 xy 的乘积不变时，$x=y$ 时，$x+y$ 的和最小，所以地块应该是正方形。

【解答二】 设地块的边长为 x 和 y，那么面积为 xy，篱笆长度为 $2x+2y$。当 $2x\times2y$ 即 $4xy$ 最大时，xy 的乘积最大；$2x+2y$ 不变，所以当 $2x=2y$ 时，xy 的乘积最大，即地块是正方形。

根据正方形的几何特点，可以得出如下定理：矩形面积不变时，当形状是正方形时周长最短；矩形周长不变时，形状是正方形时面积最大。

第8节 风筝

【题目】一个扇形的风筝，周长固定不变。扇形是什么形状时面积最大？

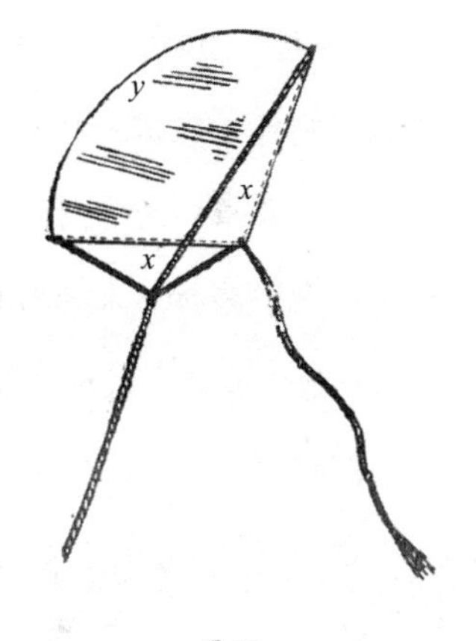

图 23

【解答】题目的要求是确定扇形的半径和弧长的比例为多少时，扇形面积最大。设扇形的半径为 x，弧长为 y（见图 23），那么周长 l 和面积 S 为：

$$l=2x+y$$

$$S=\frac{xy}{2}=\frac{x(l-2x)}{2}$$

当 $2x(l-2x)$（即面积的四倍）最大时，S 也最大。因为 $2x+(l-2x)=l$ 是不变的，所以当 $2x=l-2x$ 时，$2x(l-2x)$ 最大。

得出：

$$x=\frac{l}{4}$$

$$y=l-2\times\frac{l}{4}=\frac{l}{2}$$

因此，周长不变的扇形，半径等于弧长的一半时，扇形面积最大，此时扇形的圆心角≈115°。

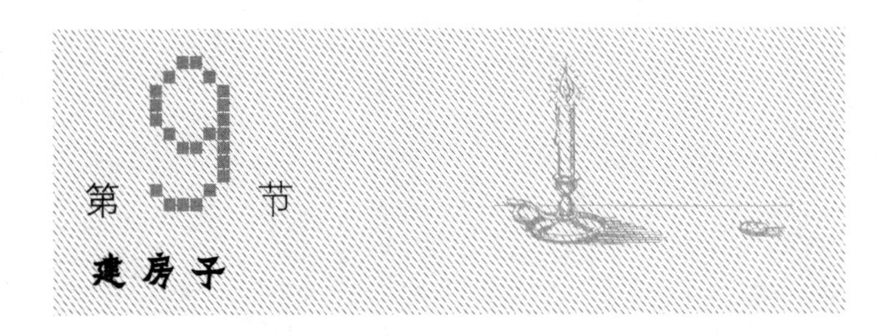

【题目】破损的房屋只剩下一堵旧墙，现在准备在原处修盖新房子。墙的长度是12米，新房子规划面积是112平方米。工程预算如下：

1. 维修旧墙的费用是修盖新墙的25%；

2. 把旧墙拆下来的材料用来翻修新墙，费用是修盖新墙的50%。

请问用什么方式利用旧墙最合理？

【解答】如图24所示，设旧墙保留 x 米，拆掉 $12-x$ 米，拆下来的材料用来翻修新墙。设用新材料盖新墙的费用是每米 a 元，那么维修 x 米旧墙的费用就是$\frac{ax}{4}$元，用旧材

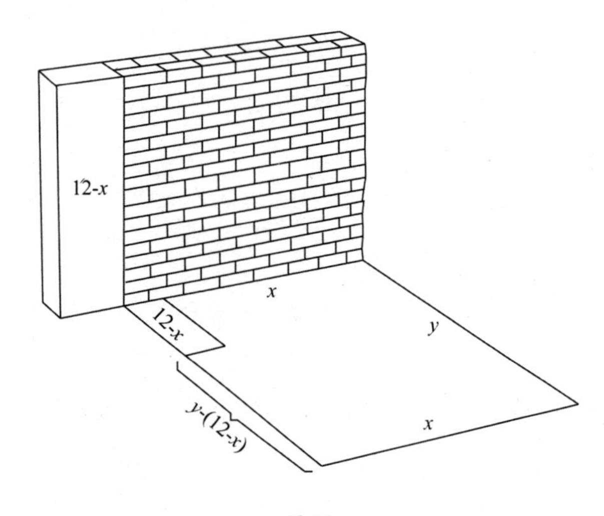

图24

料翻修 $12-x$ 米的新墙的费用就是$\frac{a(12-x)}{2}$，其余部分的费用是 $a[y-(12-x)]$，即 $a(y+x-12)$；第三面墙的费用是 ax，第四面墙的费用是 ay，全部工程的费用预算是：

$$\frac{ax}{4}+\frac{a(12-x)}{2}+a(y+x-12)+ax+ay=\frac{a(7x+8y)}{4}-6a$$

当 $7x+8y$ 最小时，上面式子也是最小。

已知新房子的规划面积 $xy=112$，所以 $7x\times 8y=56\times 112$。

在乘积不变时，当 $7x=8y$ 时，$7x+8y$ 的和最小。

将 $xy=112$ 代入方程，得到：

$$\frac{7}{8}x^2=112,\ x=\sqrt{128}\approx 11.3$$

由上可知，旧墙原来长度是 12 米，保留了 11.3 米，拆掉了 0.7 米。

第10节 别墅地块

【题目】要围一块土地盖别墅，现有的材料可以做成 l 米长的围栏，此外，还可以用之前建好的一面篱笆作为其中一面围栏（见图 25）。如何利用这些条件围一块面积最大的地块？

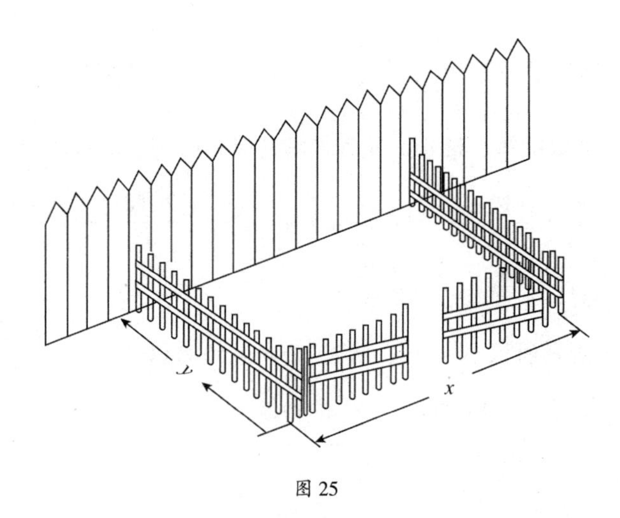

图 25

【解答】设篱笆的围墙长 x 米，围墙另一边（和篱笆垂直的一条边）宽 y 米，那么用新材料 l 米修的围栏长 $x+2y$ 米，地块面积 $S=xy=y(l-2y)$。

如果 S 值最大，那么 S 的 2 倍即 $2y(l-2y)$ 也是最大的；而 $2y+(l-2y)$ 是 l，为定值，所以当 $2y=l-2y$ 时，面积最大。

得出：$y=\dfrac{l}{4}$，$x=l-2y=\dfrac{l}{2}$

或者说 $x=2y$，即围墙的长度是宽度的两倍时所围成的地块面积最大。

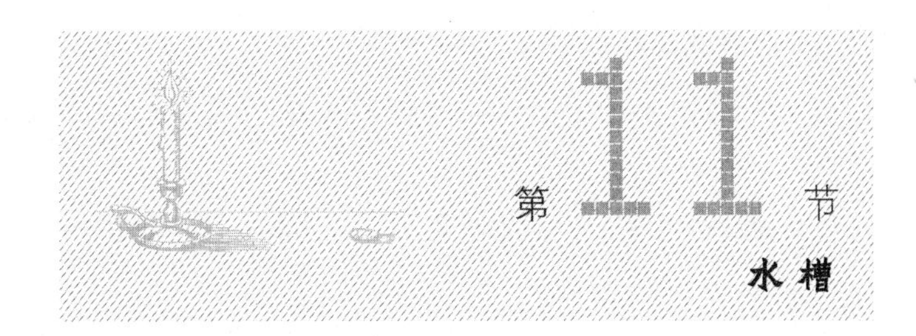

第11节 水槽

【题目】 用矩形的金属板（见图26）做成横截面是等腰梯形的水槽，可以做成各种形状的（见图27）。请问斜边与底边所成角是多少时，水槽的横截面面积最大（见图28）？

【解答】 设金属板的宽度为 l，梯形的斜边长为 x，梯形的下底边长为 y，再增加一个未知数 z（见图29）。

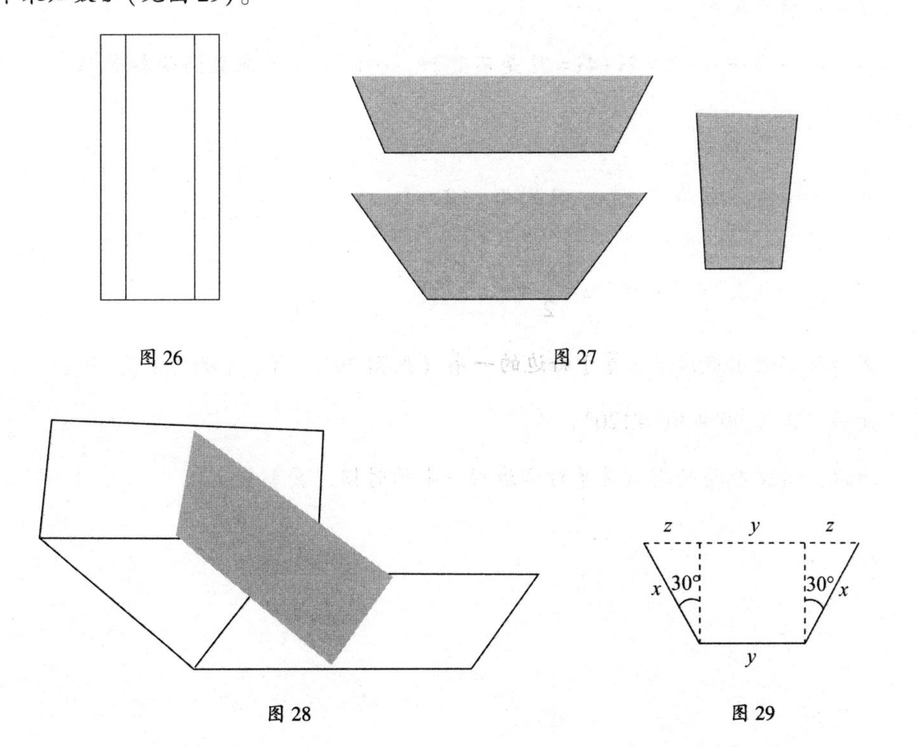

图26

图27

图28

图29

水槽横截面的梯形面积为：

$$S=\frac{(z+y+z)+y}{2}\sqrt{x^2-z^2}=\sqrt{(y+z)^2\ (x^2-z^2)}$$

要使 S 的值最大，需要确定 x、y、z 的大小；其中 $2x+y$ 等于 l（金属板的宽度）是不变的。

我们可进行如下的转换：

$$S^2=(y+z)^2(x+z)(x-z)$$

当 x、y、z 的值最大时，S^2 也是最大的，$3S^2$ 也是最大的。$3S^2$ 可以表示为：

$$(y+z)(y+z)(x+z)(3x-3z)$$

这 4 个乘数的和：

$y+z+y+z+x+z+3x-3z=2y+4x=2l$ 是不变的，所以当 4 个乘数两两相等时，它们的乘积也是最大的。

从 $y+z=x+z$ 方程得出 $x=y$，又因为 $y+2x=l$，所以 $x=y=\frac{l}{3}$。

从 $x+z=3x-3z$ 方程得出：$z=\frac{x}{2}=\frac{l}{6}$。

因为梯形的上底边长 z 等于斜边的一半（见图 29），可得 z 的对角为 30°，所以梯形下面的内角为 90°+30°=120°。

所以，当横截面的形状是平行六边形一半的时候，面积最大。

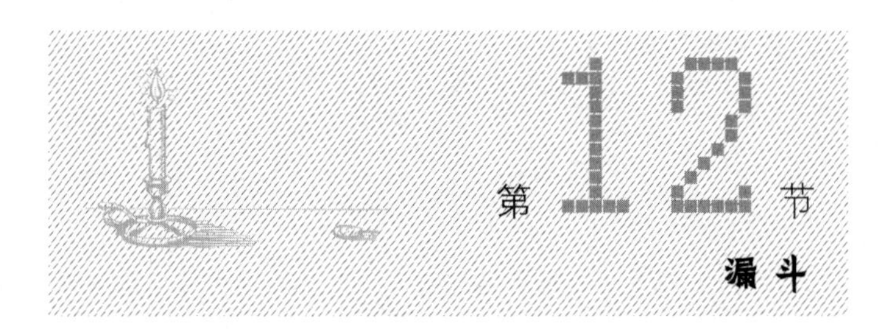

第12节 漏斗

【题目】用一块圆铁片做一个圆锥形的漏斗，需要把圆铁片裁去一块，剩下的卷成圆锥（见图30）。请问裁掉的一块弧度是多少时可以使圆锥的容量最大？

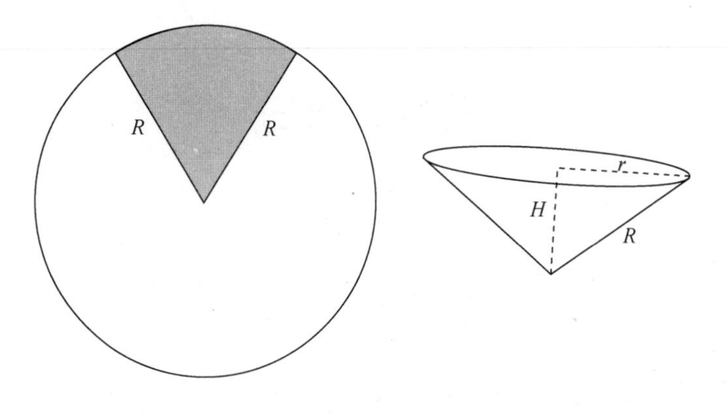

图 30

【解答】设裁掉后剩下部分的弧长为 x，也就是圆锥的周长。圆铁片原来的半径 R 也就是圆锥的母线。圆锥底面的半径可以用以下等式计算出来：

$$2\pi r=x,\ r=\frac{x}{2\pi}$$

用勾股定理可以计算出圆锥的高（见图30）：

$$H=\sqrt{R^2-r^2}=\sqrt{R^2-\frac{x^2}{4\pi^2}}$$

圆锥的容积是：

$$V=\frac{\pi}{3}r^2H=\frac{\pi}{3}\left(\frac{x}{2\pi}\right)^2\sqrt{R^2-\frac{x^2}{4\pi^2}}$$

$\left(\frac{x}{2\pi}\right)^2\sqrt{R^2-\frac{x^2}{4\pi^2}}$或者其平方$\left(\frac{x}{2\pi}\right)^4\left[R^2-\left(\frac{x}{2\pi}\right)^2\right]$最大时，圆锥的容积也最大。

因为$\left(\frac{x}{2\pi}\right)^2+R^2-\left(\frac{x}{2\pi}\right)^2=R^2$是不变的，所以当$\left(\frac{x}{2\pi}\right)^2:\left[R^2-\left(\frac{x}{2\pi}\right)^2\right]=2:1$时，最后一个乘积也最大。

得出：

$$\left(\frac{x}{2\pi}\right)^2=2R^2-2\left(\frac{x}{2\pi}\right)^2$$

$$3\left(\frac{x}{2\pi}\right)^2=2R^2$$

$$x=\frac{2\sqrt{6}\pi}{3}R\approx 5.15R$$

扇形的弧度约等于295°，所以裁掉部分弧度应该是360°-295°=65°。

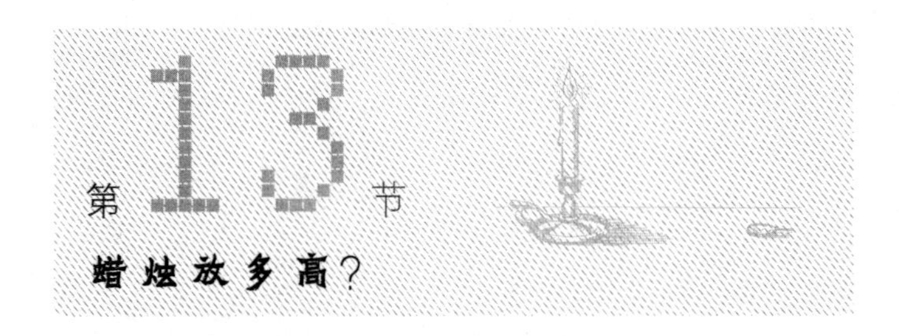

第13节 蜡烛放多高？

【题目】蜡烛放置多高时，可以把桌上的硬币照射得最亮（见图31）？

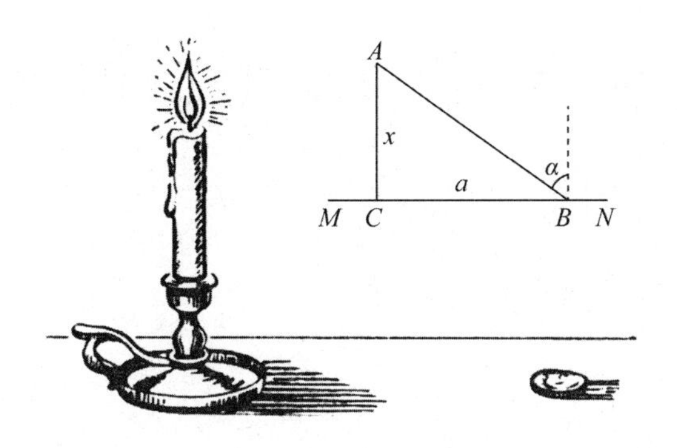

图 31

【解答】有人可能会觉得，把蜡烛放得越低，硬币会被照得越亮，其实不然。当蜡烛放得太低时，光线会很倾斜；当蜡烛放得太高时，光源又离得太远。所以，需要找到一个高度适中的地方。

设蜡烛距离桌面的高度为 x，硬币 B 与蜡烛和桌面的垂直交叉点 C 之间的距离为 a。如果蜡烛火焰的亮度为 i，根据光学定理可以列出：

$$\frac{i}{AB^2}\cos\ \alpha=\frac{i\cos\ \alpha}{\left(\sqrt{a^2+x^2}\right)^2}=\frac{i\cos\ \alpha}{a^2+x^2}$$

其中 α 是蜡烛光线 AB 的入射角。因此：

$$\cos\ \alpha=\cos\ \angle A=\frac{x}{AB}=\frac{x}{\sqrt{a^2+x^2}}$$

那么亮度是：

$$\frac{i}{a^2+x^2}\cdot\frac{x}{\sqrt{a^2+x^2}}=\frac{ix}{(a^2+x^2)^{\frac{3}{2}}}$$

当这个数的平方 $\frac{i^2x^2}{(a^2+x^2)^3}$ 最大时，这个数也最大。

其中乘数 i^2 是不变的，可以忽略不计。其余部分可以转换成：

$$\frac{x^2}{(a^2+x^2)^3}=\frac{1}{(x^2+a^2)^2}\left(1-\frac{a^2}{x^2+a^2}\right)=\left(\frac{1}{x^2+a^2}\right)^2\left(1-\frac{a^2}{x^2+a^2}\right)$$

当$\left(\frac{a^2}{x^2+a^2}\right)^2\left(1-\frac{a^2}{x^2+a^2}\right)$最大时，$\frac{x^2}{(a^2+x^2)^3}$也最大。

a^4 是不变的，对 x 没有影响。又因为：

$$\frac{a^2}{x^2+a^2}+\left(1-\frac{a^2}{x^2+a^2}\right)=1$$

所以，当$\frac{a^2}{x^2+a^2}:\left(1-\frac{a^2}{x^2+a^2}\right)=2:1$时，乘积最大。

可列方程：

$$a^2=2x^2+2a^2-2a^2$$

解方程得：

$$x=\frac{a}{\sqrt{2}}\approx 0.71a$$

所以，当蜡烛的火焰和桌面的高度是火焰距离硬币距离的 0.71 倍时，硬币被照射得最亮。在工作场所设置照明亮度时这点会很有帮助。

08

级数

导读

刘月娟

你是否清楚 1+2+3+…+100 的结果是多少呢？你是不是用 1+2=3，3+3=6，…如此往复计算呢？这个运算看起来挺简单，但是计算量相对较大。这种看似简单的问题实则蕴含着一个新的数学知识——级数。我们首先给出级数的定义：在数学中，一个有穷或无穷的序列的元素和的形式称为级数，序列中的项称作级数的通项。级数的某一项可以是常数，也可以是变量。那级数是如何演变来的呢？级数什么时候可以应用到生活当中呢？你能不能想到一些例子呢？下面我们就来简单介绍一下。

1. 等差级数

所谓等差级数就是后一项与前一项的差为定值，这是我们将要在高中学习到的知识点，等差级数按其定义可以分成递增级数、递减级数和常数级数。针对递增级数而言，我们来看这样一个问题：5 人分 100 个面包，要求第 2 人比第 1 人多一定数量的面包，第 3 人比第 2 人多同样数量的面包，第 4 人比第 3 人多同样数量的面包，第 5 人比第 4 人多同样数量的面包，第 1 人和第 2 人得到的面包数量之和是另外 3 人得到的面包数量之和的 1/7，问每人得到多少面包？看到这个题目你能否将式子列出来呢？你可以先自己拿出纸笔写一写，详细的解析会在本章的第一节中出现。根据我们的讨论会得出这样一个结论：等差级数的级数和的两倍等于“（首项+尾项）×项数”，你是否可以根据这个结论求出 1+2+3+…+100 的结果呢？弄明白以后你就可以解决本章的第 1~5 节的问题啦！

2. 等比级数

掌握了等差级数是否就可以应对我们复杂多变的生活实例呢？当然是不行的，相对于等差级数而言，更复杂一些的知识是等比级数。所谓等比级数就是后一项除以前一项的商为定值，这也是高中时期要学习的知识点。讨论等比级数，那它的级数和又是一个不能逃脱的话题。等比级数有什么用呢？如何对等比级数求和呢？例如拿一根1米长的绳子进行对折，每对折一次记录一次长度数据，如此对折5次，你会得到怎样的一组数据呢？1，$\frac{1}{2}$，$\frac{1}{4}$，$\frac{1}{8}$，$\frac{1}{16}$，$\frac{1}{32}$，这组数据就是等比级数，那这组数据如何求和呢？我知道肯定有人会去一个个相加进行运算，但实际上并不需要如此麻烦。本章的最后两个小问题就是等比级数应用的实例，所以接下来就要看你能否在阅读的过程中将等比级数的数列求和公式提炼出来。

级数以及级数求和，这两个概念你也许还没有听过，但是它们的运算、应用都是需要掌握的，尤其是到了高中，等差、等比级数是一个重点内容。数学学习没有什么是一成不变的，数学思维也不是固化的，我们要学会在生活中学习，在学习中提高，举一反三，这样才能更好地掌握知识。

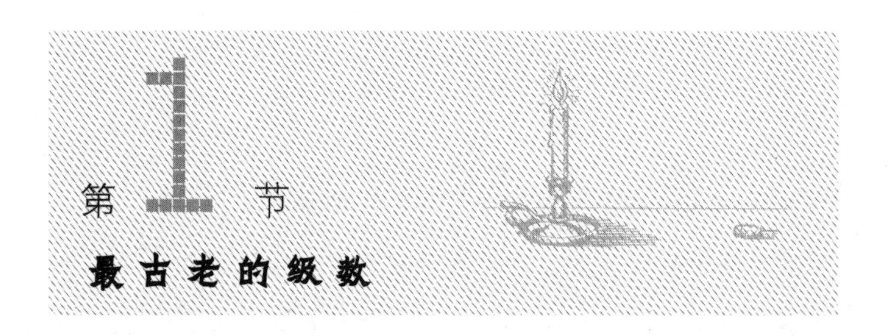

第1节 最古老的级数

【题目】关于级数最古老的记载，出现在古埃及著名的《莱因德纸草书》中，由苏格兰古董收藏家莱因德（Rhind Papyrus）在19世纪末发现。这本数学著作形成于公元前2000年，里面提到了更古老的公元前3000年的数学著作。书中记录了各种算术、代数和几何题目，其中有一道题是这样的：

5人分100个面包，要求第2人比第1人多一定数量的面包，第3人比第2人多同样数量的面包，第4人比第3人多同样数量的面包，第5人比第4人多同样数量的面包，第1人和第2人得到的面包数量之和是另外3人得到的面包数量之和的1/7，请问每人得到多少面包？

【解答】显然，每人得到的面包数量是一组递升级数（见图32）。设级数的第1项为x，每项相差y，那么：

第1人的面包数量是x；

第2人的面包数量是$x+y$；

第3人的面包数量是$x+2y$；

第4人的面包数量是$x+3y$；

第5人的面包数量是$x+4y$。

图32

根据已知条件，列出下面两个方程：

$$\begin{cases} x+(x+y)+(x+2y)+(x+3y)+(x+4y)=100 \\ 7[x+(x+y)]=(x+2y)+(x+3y)+(x+4y) \end{cases}$$

化简后得到：

$$\begin{cases} x+2y=20 \\ 11x=2y \end{cases}$$

解方程组，得到：

$$x=1\frac{2}{3}，\ y=9\frac{1}{6}$$

面包被分成如下 5 份：

$$1\frac{2}{3}，10\frac{5}{6}，20，29\frac{1}{6}，38\frac{1}{3}$$

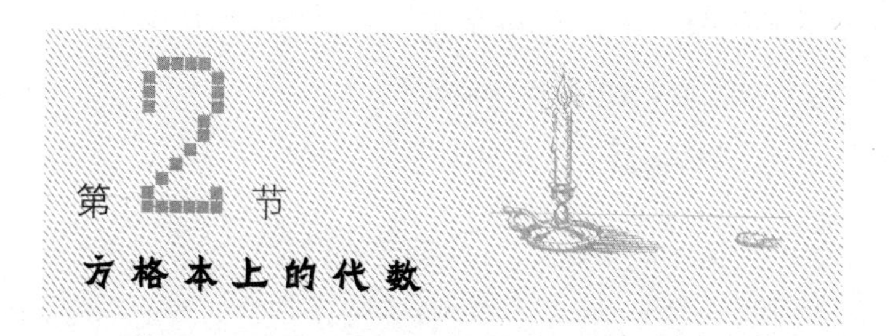

第2节 方格本上的代数

算术级数的求和公式可以很容易通过方格本推导出来。在方格本上任何一项算术级数都可以用阶梯状的图形描绘出来。例如，图 33 中描绘的级数是 2、5、8、11、14。

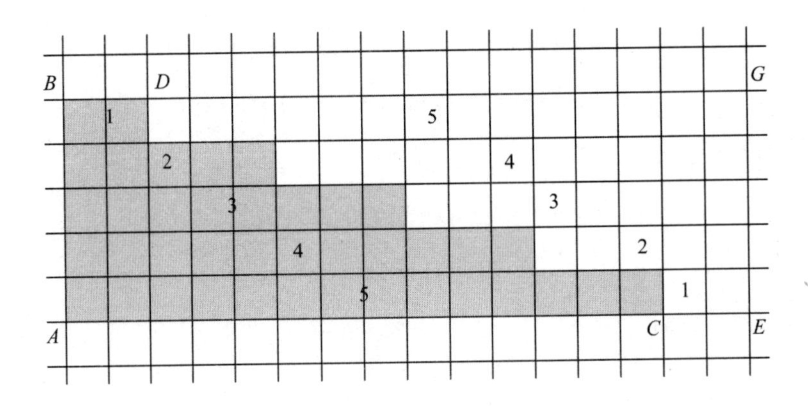

图 33

为求各项之和，我们再补充成一个矩形 $ABGE$，这个矩形分成 2 个相同的图形 AB-DC 和 $DGEC$，1 个图形面积就是级数各项之和，即级数各项之和是矩形 $ABGE$ 面积的一半，也就是（$AC+CE$）×AB。

因为 $AC+CE$ 是第 1 项和第 5 项级数之和，而 AB 是级数各项的数目，所以：

$2S=$(第 1 项+最后 1 项)×项数

$S=$(第 1 项+最后 1 项)×项数/2

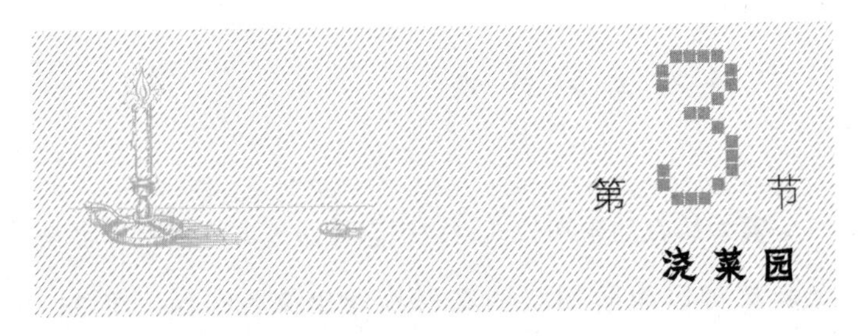

第 3 节 浇菜园

【题目】菜园共有 30 垄，每垄长 16 米，宽 2.5 米。园丁从菜园旁边 14 米处的井里取水，沿着每垄周围走着浇灌菜地，每趟提的水只够浇一垄菜地。请问园丁浇完整个菜园需要走多少路？路程的起点和终点都是水井。

【解答】浇第一垄菜地需要走的路程是：

$$14+16+2.5+16+2.5+14=65\ (米)$$

浇第二垄需要走的路程是：

$$14+2.5+16+2.5+16+2.5+2.5+14=65+5=70\ (米)$$

浇每垄走的路程都比上一次多出 5 米，于是我们可以得到一个级数：

$$65,\ 70,\ 75,\ \cdots,\ 65+5\times29$$

各项之和等于

$$\frac{(65+65+29\times5)\times30}{2}=4\ 125\ (米)$$

因此园丁总共要走 4.125 千米。

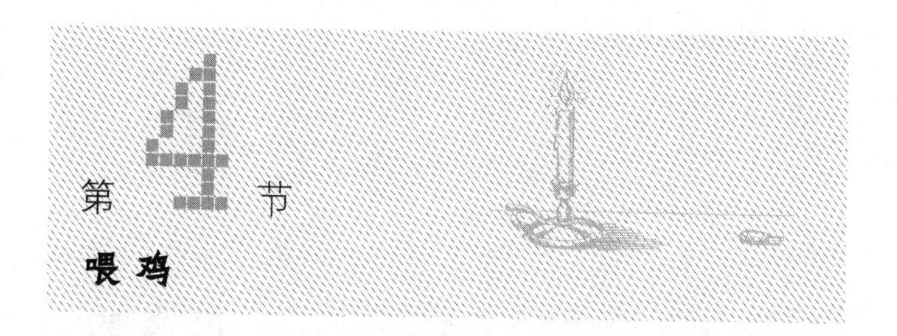

【题目】鸡场储存了一批饲料，因为喂养了 31 只鸡，这些饲料够每只鸡每周吃一斗[1]。但是，鸡每周会减少 1 只，于是原本储存的饲料能吃的时间增加了一倍。请问原来储存了所少饲料？计划吃多长时间？

【解答】设储存的饲料为 x 斗，计划吃 y 周，因为这些饲料足够 31 只鸡每只鸡每

1 旧时的容积单位，1 斗=1 升。

周吃1斗，那么：

$$x=31y$$

第一周吃了31斗，第二周30斗，第三周29斗……直到最后一周吃了（$31-2y+1$）斗，所以原本的储存量是：

$$x=31y=31+30+29+\cdots+(31-2y+1)$$

这个级数总共有$2y$项，第一项是31，最后一项是$31-2y+1$，总和等于：

$$31y=\frac{(31+31-2y+1)2y}{2}=(63-2y)y$$

由于y不等于0，所以可以把等式两边的y约去，得到：

$$31=63-2y$$

$$y=16,\ x=31y=496$$

所以原本储存了496斗饲料，计划吃16周。

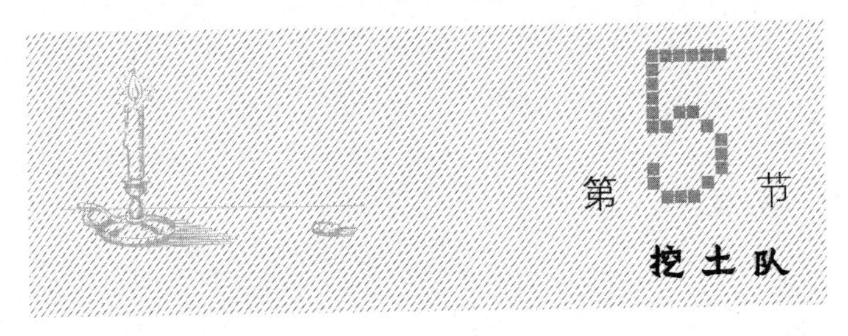

第5节 挖土队

【题目】高年级同学组成了一个挖土队，在学校里挖一条沟渠。如果挖土队所有人同时工作，需要24小时挖好沟渠。不过，实际上一开始只有1位同学在挖，过了一些时间来了第2位，又过了同样的时间来了第3位……直到最后一位同学也加入。统计后发现，第1位同学的工作时间是最后一位的11倍。请问最后一位同学工作了多少时间？

【解答】设最后一位同学工作了 x 小时，那么第一个同学工作了 $11x$ 小时。设挖土队的总人数为 y，每个人的工作时间就是一个递减级数。级数第 1 项是 $11x$，最后一项是 x，总共有 y 项，所以总工作量为：

$$\frac{(11x+x)y}{2}=6xy$$

此外，已知如果全员同时开始挖，24 小时就可以完成，所以全部工作量是 $24y$。

$$6xy=24y$$

由于 y 不可能是 0，所以方程两边可以约去 y，得到：

$$6x=24，x=4$$

因此最后一位同学工作了 4 小时。

我们已经解答出了题目，但是无法确定整个挖土队的人数，虽然一开始把挖土队人数设为 y，要求出挖土队的人数题目中已知条件不够充分。

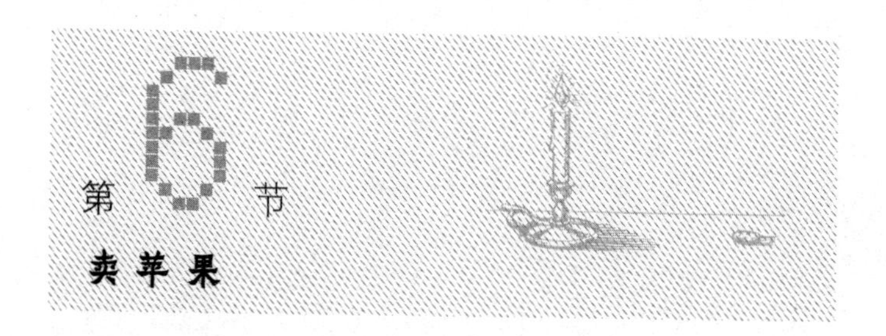

第6节 卖苹果

【题目】果园卖苹果给顾客，卖给第 1 位顾客的苹果是所有苹果的一半再加半个，卖给第 2 位剩下的苹果的一半再加半个，卖给第 3 位也是剩下的一半再加半个等，按此规律，直至第 7 位买光了所有苹果。请问原来有多少苹果？

【解答】设原有的苹果数量为 x，那么第 1 位顾客买的苹果数量是：

$$\frac{x}{2}+\frac{1}{2}=\frac{x+1}{2}$$

第 2 位顾客买的苹果数量是：

$$\frac{1}{2}\left(x-\frac{x+1}{2}\right)+\frac{1}{2}=\frac{x+1}{2^2}$$

第 3 位顾客买的苹果数量是：

$$\frac{1}{2}\left(x-\frac{x+1}{2}-\frac{x+1}{4}\right)+\frac{1}{2}=\frac{x+1}{2^3}$$

依次类推，第 7 位顾客买的苹果数量是：

$$\frac{x+1}{2^7}$$

可列方程为：

$$\frac{x+1}{2}+\frac{x+1}{2^2}+\frac{x+1}{2^3}+\cdots+\frac{x+1}{2^7}=x$$

或

$$(x+1)\left(\frac{1}{2}+\frac{1}{2^2}+\frac{1}{2^3}+\cdots+\frac{1}{2^7}\right)=x$$

计算括号中几何级数的各项之和，得到：

$$\frac{x}{x+1}=1-\frac{1}{2^7}$$

$$x=2^7-1=127$$

因此原有的苹果数量是 127 个。

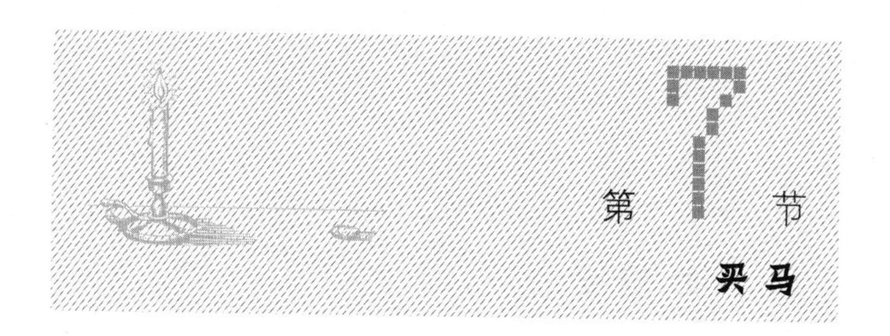

第7节
买马

【题目】有人卖了一匹马，得了156卢布。买家过后又反悔了要求退货："我买这匹马不划算，这匹马不值这么多钱。"

于是卖家又开了新的条件："如果你觉得马的价格太高，可以只买马蹄上的钉子，马免费赠送。每个马蹄上有6个钉子，第一个钉子$\frac{1}{4}$戈比（1卢布等于100戈比），第二个$\frac{1}{2}$戈比，第三个1戈比，以此类推。"

听到钉子这么便宜，还能白得一匹马，买家受到了诱惑，答应了这个条件，他心想：买钉子总共不会超过10卢布。请问买家最后要付多少钱？

【解答】24个铁钉总共要花$\frac{1}{4}+\frac{1}{2}+1+2+2^2+2^3+\cdots+2^{24-3}$戈比，即$\frac{(2^{21}\times 2)-\frac{1}{4}}{2-1}=2^{22}-\frac{1}{4}=4\ 194\ 303\ \frac{3}{4}$戈比，约等于42 000卢布，在这样的条件下卖家当然乐意了。

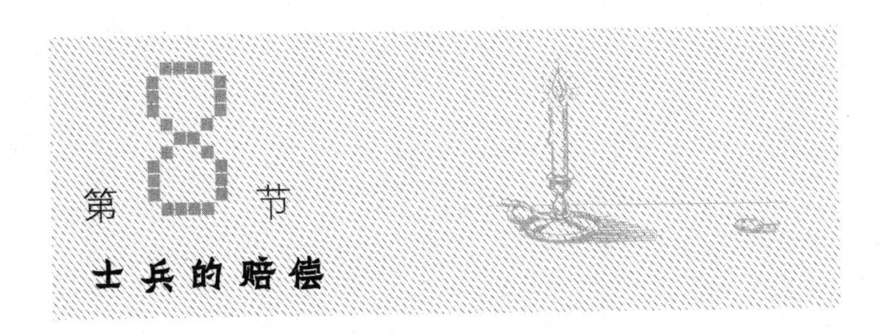

【题目】古时候，士兵如果在战斗中受伤了，可以得到相应的补偿。第1次受伤补偿1戈比，第2次2戈比，第3次4戈比等。有一个士兵总共得到了655卢布35戈比的补偿，请问他受伤了几次？

【解答】设这位士兵受伤了x次。列方程：

$$65\,535=1+2+2^2+2^3+\cdots+2^{x-1}$$

$$=\frac{2^{x-1}\cdot 2-1}{2-1}=2^x-1$$

得到：

$$2^x=65\,536，x=16$$

所以士兵共受伤了16次才得到这么多赔偿。

09

第七种数学运算

导读

刘月娟

对于形如 $a^b=c$ 的指数来说，我们在第 5 章介绍了第六种数学运算——求指数 b 的运算，即开方；那么你有没有想过底数 a 该怎么计算呢？为了求出 a，我们将引入第七种数学运算：取对数。对数对你来说是一个全新的概念，是将在高一年级学习的知识，即使是到了高中时期，对数的运算也常常使人头痛不已，因此在这里只介绍简单的对数引入及应用。

对数是求指数幂的逆运算，符号记为 log。但是对数的由来可远没有我们现在学习起来这么简单，毕竟每个知识能得以传授，需要经过无数前辈们在不断地出错、验证、再出错、再验证的过程中得到最终的结论。最初，在人们发明对数之前，为了加快计算，产生了四分之一平方表，用减法而不是加法来代替乘法。后来为了进一步精确计算对数，还演变出了许多其他形式的对数表，比如 3 位对数表、4 位对数表、5 位对数表和 14 位对数表。其实，3 位数的对数表就可以满足大部分计算需求，因为日常生活中很少会涉及 3 位以上的对数运算。单纯的文字描述是不是让你看得挺蒙的，那赶快往后面翻翻看吧。

现在我们直接应用现有的结论介绍一下生活中的对数。先来看一个简单的对数运算，如果 $2^3=8$，由对数的定义可知 $3=\log_2 8$，我们将对数记为 $\log_a N$，将 a 称作底数，N 称作真数，并且 $a>0$，$a\neq1$，$N>0$，且将以 10 为底数的对数称为常用对数，以 e 为底数的对数称作自然对数，这些都是对数中常用的知识。当然对数也有很多运算性质，在这里就不一一介绍了。为了便于理解本章内容，阅读的时候要注意看注释。

单单这么去介绍，你应该想不到有哪些实例用到的是对数吧？计算一个35位数的31次方根，是不是觉得这是个无法解决的问题，但实际上你甚至都不需要知道这个35位的数是多少，就能马上给出答案——13。奥秘在于，31次方是35位数的整数只有一个，就是13。那么具体计算是怎么样的呢？这个题目也不是太难，就怕你被如此庞大的数吓住了。首先需要记住15至20个数的对数表，记住这些数的对数并不是很难，只要记住这条规律：合数的对数等于它的质因数的对数之和。这种看似复杂的问题只要理清思路，找准规律就可以解决了。

除此之外，天体知识中也含有对数，星等就是恒星亮度的对数，例如，一等星的亮度是三等星的 2.5^{3-1} 倍，这就是对数的体现。另外噪声响度也可以用对数测量，连续的响度——1贝尔、2贝尔等（实际生活中更多使用10分贝、20分贝）在听觉上是以算术级数连续提高的，但实际上物理强度（或能量）是以分母为10的几何级数增加的。响度相差1贝尔的噪声，强度相差10倍。也就是说，以贝尔为单位的噪声响度，是它的强度的常用对数。

当然，除了上述例子，还会有很多，在本章中会有具体的展示和解答。

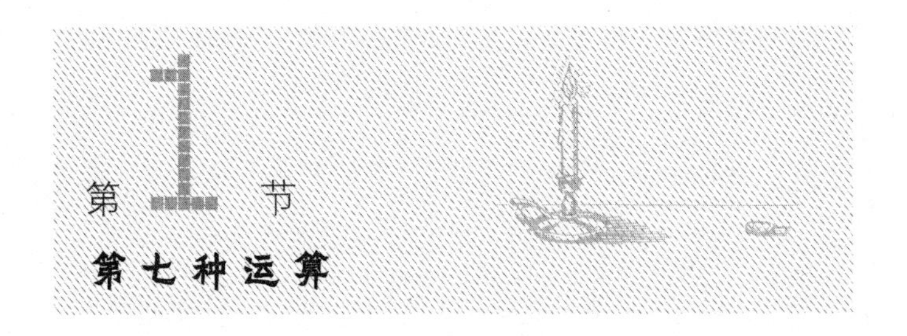

第1节 第七种运算

我们提到过，第五种运算有两种逆运算，比如 $a^b=c$ 中，求 a 是一种逆运算，即开方；求 b 是另一种逆运算，即取对数，这是第七种运算。本书的读者大概都已经掌握了对数的基础知识，因此不难理解式子 $a^{\log_a b}$。

如果把对数的底数 a 进行乘方，乘方的次数是 b 的对数，那计算结果就是 b。

为什么要发明对数这个概念呢？当然是为了计算更简便。第一个对数表的发明者耐普尔这样讲述自己的初衷："很多人学数学时都被困难和枯燥的计算吓住了，我要尽我所能来减少这些。"

的确，对数不仅极大地加快了运算，而且没有对数有些运算会变得非常困难（如任意指数的开方）。

拉普拉斯（Pierre-Simon Laplace，1749—1827），法国数学家、物理学家。

难怪**拉普拉斯**说，对数的发明，使得原来需要几个月的计算缩短到几天，这简直就是延长了天文学家的寿命。之所以说到天文学家，是因为他们通常需要做特别复杂的计算，其实这番话也可以形容任何涉及大量数值计算的工作。对数给计算带来的简便，我们已经司空见惯，可能很难想象对数刚出现时引发的惊叹。耐普尔同时代的数学家**布里格斯**在见到耐普尔的著作后写道："新奇的对数让我手脑并用更加努力工作，我希望夏天能见到耐普尔一面，之前从未有过一本书让我如此喜爱和赞叹。"布里格斯确实去苏格兰拜访了耐普尔，见面时他说："我千里迢迢来见您是想知道，您

布里格斯（Henry Briggs，1561—1630），英国数学家，发明了常用对数表。

是运用怎样的聪明才智想到了对数这个对于天文学来说超凡的方法。但是，现在我更惊诧的是，这个方法如此简单，之前竟然没有人想到它。”

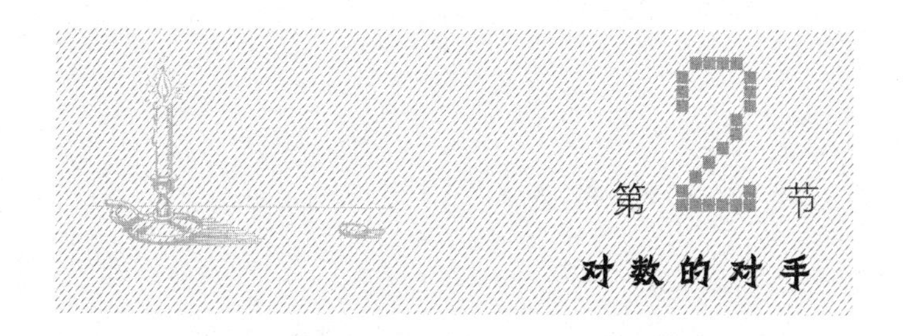

对数表发明之前，为了加快计算过程，采用的是另一种四分之一平方表，用减法而不是加法来代替乘法。这种四分之一平方的依据是恒等式：

$$ab=\frac{(a+b)^2}{4}-\frac{(a-b)^2}{4}$$

要证明等式很简单，去掉括号就可以。

根据这个等式，不用做乘法，就可以知道两个数的乘积，只需要用这两个数和的平方的 1/4 减去差的平方的 1/4。这种方法也可以简化乘方和开方运算，和倒数表一起使用还可以简化除法运算。

和对数表相比，四分之一平方表的优点是可以计算出准确结果，而不仅仅是近似结果；不过，在实用性方面就远远不如对数表了。首先，这种方法只能用于两个数的相乘，而对数表一次可以算出多个数的乘积；其次，对数还可以计算整数或分数的任何次方的乘方和开方，例如计算复利。

对数还有其他的更年轻的“竞争对手”，就是各类技术参考书中的计算表，包括 2~1 000 的平方表、立方表、开平方表、开立方表、倒数表、圆形周长和面积表。对于很多技术问题这些表格很方便，但是它们的应用范围都不如对数表广泛。

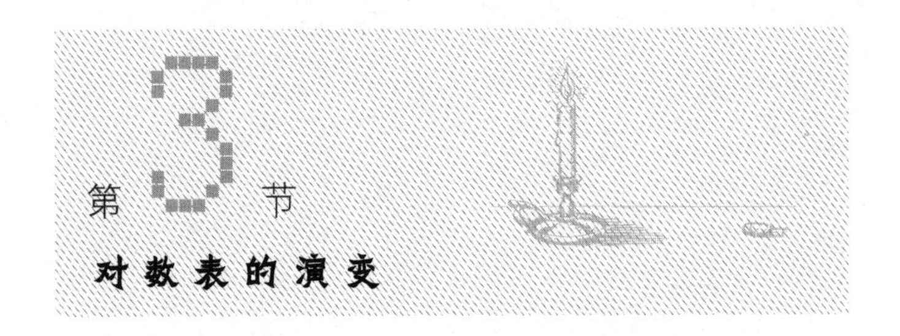

第3节 对数表的演变

在学校教材中，曾经使用过5位数的对数表，后来采用了4位数的对数表。其实，3位数的对数表就可以满足大部分计算需求，因为日常生活中很少会涉及3位以上的对数运算。

在对数表的历史上，还有过14位的对数表，由英国数学家布里格斯在1624年编写；几年后出现了荷兰数学家弗拉克编写的10位对数表，之后又出现了7位对数表。

所以，对数表的演变大体是尾数从多到少的过程，这有两方面的影响：一方面，对数表的篇幅大大缩减了，曾经7位数的对数表有200页，5位数的对数表有30页，4位数的对数表就只剩下3页了，而3位数的对数表可以写在一页纸上；另一方面，借助于对数表的计算也更简单了，例如使用5位数的对数表比使用7位数的节省一半时间。

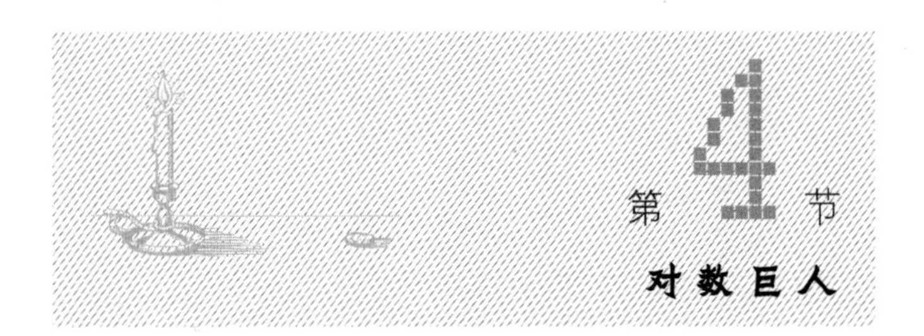

第4节 对数巨人

一方面，3 位或 4 位数的对数表就足以应付日常生活或一般技术问题需求；另一方面，科研工作中有时需要比 14 位数还多的对数表[1]。对数在大多数情况下都是无理数，无论用多少位尾数都无法完全准确表示，尾数越多，数值也越准确。从对数表发明至今已出现过 500 多种不同的对数表。例如，法国的**加莱**于 1795 年编写了从 2 到 1 200 的 20 位数的对数表，以下是更多的"对数巨人"（所有这些都是自然对数[2]，而不是十进制对数）：

加莱（Jean-Francois Callet），1744—1798，法国数学家。

沃尔佛兰姆编写的 10 000 以内的 48 位数对数表；

沙尔普的 61 位数对数表；

帕尔科赫斯特的 102 位数对数表；

亚当斯的 260 位数对数表。

最后这个其实不是表，而是 2、3、5、7、10 这 5 个自然对数和一个 260 位数的转换因数（用来转换成十进制对数）。不难理解，知道这 5 个数的对数后，可以用简单的加法或乘法得出很多合数的对数，例如 12 的对数等于 2、2、3 的对数相加之和。

在这些对数的巨人中还可以加入对数尺，这种工具根据对数原理设计，不过用法更简单，使用者甚至可以不懂对数。

---

1 布里格斯的 14 位对数表实际上包含的是从 1 到 20 000 和从 90 000 到 101 000 各数的对数。

2 自然对数是以常数 e，即 2.718……为底数的对数。

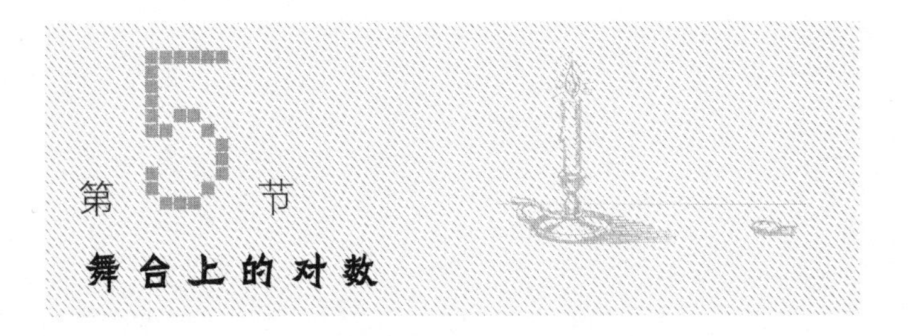

第5节 舞台上的对数

速算大师可以表演令人惊讶的计算，比如计算一个35位数的31次方根。他甚至都不需要知道这个35位数是多少，就能马上给出答案——13。奥秘在于，31次方是35位数的整数只有一个，就是13。那么具体计算是怎么样的呢？

首先，他需要记住前面15至20个数的对数表，记住这些数的对数并不是很难，只要记住这条规律：合数的对数等于它的质因数的对数之和。牢记2、3和7[1]的对数，就相当于记住了前面10个数的对数；再记住4个数的对数就可以记住第11~19的对数。

速算大师需要在心里记住这个对数表：

2	0.30	11	1.04
3	0.48	12	1.08
4	0.60	13	1.11
5	0.70	14	1.15
6	0.78	15	1.18
7	0.85	16	1.20
8	0.90	17	1.23
9	0.95	18	1.26
10	1	19	1.28

1 提示：$\lg 5=\lg 10/2=1-\lg 2$。

计算的关键在于:

$$\lg \sqrt[31]{(35\text{ 位数})} = \frac{34.\cdots}{31}$$

因此，所求的对数介于$\frac{34}{31}$和$\frac{34.99}{31}$，也就是 1.09 和 1.13 之间，这个范围内的对应整数只有 13。

熟记并运用这个对数表，你也可以进行速算表演，例如:

计算一个 20 位数的 64 次方根。

你也不需要知道这个 20 位数是多少，就可以说出答案——2。因为

$$\lg \sqrt[64]{(20\text{ 位数})} = \frac{19\cdots}{64}$$

介于$\frac{19}{64}$和$\frac{19.99}{64}$之间，也就是介于 0.29 和 0.32 之间，这样的整数只有一个——2，对数就是 0.30。而这个 20 位数就是 2^{64} = 18 446 744 073 709 551 616，也就是著名的“国际象棋数”。

第6节 饲养场的对数

【题目】我们假设，维持一头牲畜基本消耗的食物量与牲畜的体表面积成正比。

已知一头630千克的牛维持基本消耗需要13 500卡[1]热量的食物。请问420千克的牛维持基本消耗需要多少卡热量的食物?

【解答】要解决这个问题，除了代数，还需要用到几何。根据已知条件，设420千克的牛需要x卡的食物，牛的体表面积为s，x和s成正比：

$$\frac{x}{13\ 500}=\frac{s}{s_1},$$

s_1是体重630千克的牛的体表面积，根据几何定理，我们知道，物体的表面积和它的长度的平方成正比，物体的体积（或质量）和它的长度的立方成正比，因此：

$$\frac{s}{s_1}=\frac{l^2}{l_1^2},\ \frac{420}{630}=\frac{l^3}{l_1^3},\ \text{或}\frac{l}{l_1}=\frac{\sqrt[3]{420}}{\sqrt[3]{630}}$$

得出：

$$\frac{x}{13\ 500}=\frac{\sqrt[3]{420^2}}{\sqrt[3]{630^2}}=\sqrt[3]{\left(\frac{420}{630}\right)^2}=\sqrt[3]{\left(\frac{2}{3}\right)^2}$$

$$x=13\ 500\sqrt[3]{\frac{4}{9}}$$

利用对数表得到：$x=10\ 300$（卡）

所以420千克的牛需要10 300卡的食物。

1 能量单位，“卡路里”的简称。1卡≈4.2焦耳。

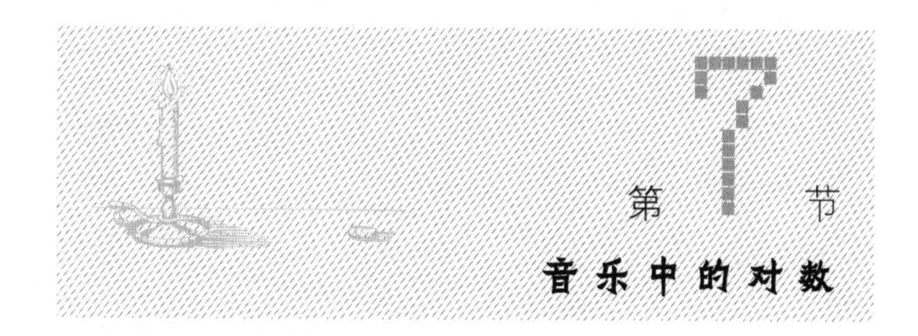

第7节 音乐中的对数

可能很少有音乐家喜欢数学，他们大多数都对数学敬而远之。但是，音乐家接触数学的机会却比他们自己想象的要多，而且还会经常接触到对数这个“奇怪”的东西。在这里转述一个故事：

我的一位中学同学很喜欢弹钢琴，但是不喜欢数学。他曾经不屑一顾地说，音乐和数学没有相通之处。“没错，数学家毕达哥拉斯发现了音乐频率之间的关系，不过，毕达哥拉斯音阶在音乐中已经用不着了。”当我向这位同学证明，他每次弹钢琴弹的都是对数时，他非常不愿意承认。事实上，在十二平均律音阶中，每个音不是按照它的音频，也不是按波长排列的，而是按照对数关系排列的，只不过这种对数的底数是2，而不是常用的10。

假设最低八度音中的do每秒振动 n 次，那么下一个八度音中的do每秒振动 $2n$ 次，直到第 m 个八度音中的do每秒振动 $n\times2^m$ 次。我们用符号 p 来表示钢琴音阶中的音调，设do是第0个，那么sol就是第7个，la是第9个等；第12个音也是do，不过比上一个do高了八度。因为在十二平均律音阶中，每个音都比上一个音的频率大 $\sqrt[12]{2}$ 倍，所以任意一个音（第 m 个八度中的第 p 个音）的频率都可以表示为：

$$N_{pm}=n\cdot2^m\left(\sqrt[12]{2}\right)^p$$

等式两边各取对数，得到：

$$\log_2 N_{pm} = \log_2 n + m\log_2 2 + p\,\frac{\log_2 2}{12}$$

或

$$\log_2 N_{pm} = \log_2 n + \left(m + \frac{p}{12}\right)\log_2 2$$

把最低八度的 do 的频率设为 1，即 $n = 1$，因为底数是 2，即 $\log_2 2 = 1$，那么上面等式可以表示为：

$$\log_2 N_{pm} = m + \frac{p}{12}$$

由此可以看出，钢琴键盘的号码就是对应音调的频率的对数（要乘以 12）；也就是说，m 是对数的首数，而 p 是对数的尾数（要除以 12）。例如，第三个八音度中 sol 音的频率，就是在 $3 + \frac{7}{12}$（≈3.583），3 是这个音频以 2 为底数的对数的首数，而 $\frac{7}{12}$（≈0.583）是尾数。因此，它的频率是最低八度中 do 音频率的 $2^{3.583}$ 倍，即 11.98 倍。

第8节 恒星、噪声和对数

标题中的几样事物乍看没有什么联系，其实它们都可以用对数来衡量。

天文学家根据肉眼可见亮度把恒星分为一等星、二等星、三等星，这是一个连续的算术级数，但它们实际上的可视亮度（视星等）是按另一种规律变化的：分母为 2.5 的几何级数。不难理解，星等就是恒星亮度的对数，例如，一等星的亮度是三等星的 2.5^{3-1} 倍，即 6.25 倍。简单地说，天文学家在衡量恒星的视星等时，使用底数是 2.5 的对数表。这里就不详细展开叙述了，感兴趣的读者可以看本系列的另一本书《趣味天文学》。

噪声响度也是用类似方法测量的。工业噪声对工人的健康和劳动效率都有不良影响，这促使人们找到能准确测量噪声的方法。噪声响度的单位称为"贝尔"，实际上使用的是十分之一的贝尔单位，也称"分贝"。连续的响度——1 贝尔、2 贝尔等（实际生活中更多使用 10 分贝、20 分贝）在听觉上是以算术级数连续提高的，但实际上物理强度（或能量）是以分母为 10 的几何级数增加的。响度相差 1 贝尔的噪声，强度相差 10 倍。也就是说，以贝尔为单位的噪声响度，是它的强度的常用对数。

以下几个例子可以帮助读者更好地理解这点。

树叶的沙沙响声，响度是 1 贝尔；大声说话的声音响度是 6.5 贝尔；狮子的吼叫声是 8.7 贝尔。在强度上，大声说话声是树叶沙沙声的 $10^{6.5-1}=10^{5.5}=316\ 000$ 倍，狮子的吼叫声是大声说话声的 $10^{8.7-6.5}=10^{2.2}=158$ 倍。

响度大于 8 贝尔（80 分贝）的噪声被认为对人体是有害的。可是很多工厂中的噪声都超过这个标准，比如锤子敲打钢板的噪声可以达到 11 贝尔，从强度来说，是安全噪声的 1 000 倍，是尼亚加拉瀑布最响的地方（9 贝尔）的 100 倍。

恒星亮度和噪声响度都可以用对数来衡量，这是偶然吗？不是，这两者都可以归结为一个定律，称为"韦伯-费希纳定律"，即主观的感觉强度与刺激强度的改变，两者间呈对数的关系，或者说，刺激强度如果按几何级数增加，而引起的感觉强度却只按算术级数增加。这么一来，对数又和心理学产生了联系。

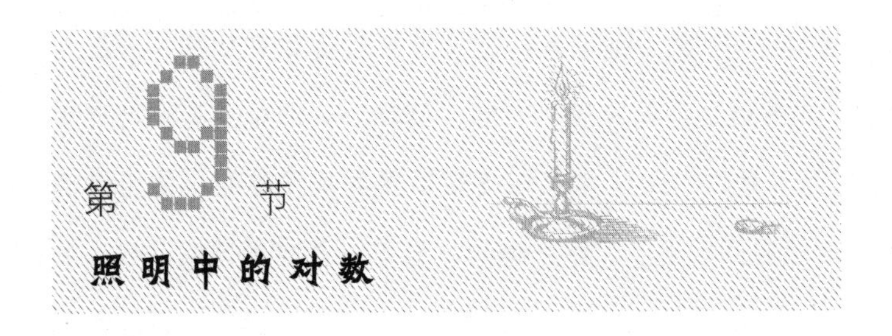

第9节 照明中的对数

【题目】同样金属丝材料做成的灯泡，充气的比真空的更亮，原因在于两种条件下灯丝的温度不同。按照物理学定律，物体在白炽状态下发射的光总量和绝对温度的12次方成正比。了解这一点，我们就可以进行如下计算：灯丝的绝对温度是2 500 K（0 K即-273 ℃）的充气灯泡，比灯丝绝对温度是2 200 K的真空灯泡发射的光亮多少倍？

【解答】设所求的比为x，可列出方程为：

$$x=\left(\frac{2\ 500}{2\ 200}\right)^{12}=\left(\frac{25}{22}\right)^{12}$$

得到：

$$\lg x=12(\lg 25-\lg 22)$$

$$x=4.6$$

充气灯泡发出的光比真空灯泡亮4.6倍。也就是说，同一条件下，真空灯泡如果发出50烛光，充气灯泡可以发出230烛光。

我们再做另一个计算：若将灯泡的亮度增加一倍，那么绝对温度增加多少（以百分比算）？

【解答】设绝对温度增加x，可列出方程为：

$$(1+x)^{12}=2$$

得出：

$$\lg(1+x)=\frac{\lg 2}{12}$$

$$x=6\%$$

最后来看第三个计算：如果灯丝的绝对温度增加1%，那么灯泡的亮度增加多少呢？（以百分比算）

【解答】 利用对数来求解：

$$x=1.01^{12}=1.13$$

也就是说亮度增加了13%。如果温度增加2%，亮度则增加27%；温度增加3%，亮度则增加43%。难怪在灯泡制造中要千方百计提高灯丝的温度，哪怕是提高一两度。

第10节 富兰克林的遗嘱

国际象棋发明者的故事大家都耳熟能详了，说的是一个很小的数值不断地翻倍时，很快会变成一个巨大的数值。其实，不用翻倍，而只是以更小的倍数增长，一个小数也会意想不到地变大。例如，一笔资金的利息是5%，那么每年增长到1.05倍，这并不是多大的变化，不过如果时间足够长，这笔资金就会变成一个大数。美国前总统富兰克林的一份遗嘱就是一个有趣的例子：

我把1 000英镑赠送给波士顿的居民，并从中挑选一些人来管理这笔钱，他们需要按照5%的年利率把钱借出去；100年后，1 000英镑将成为131 000英镑。我计划把其中的100 000英镑用来建立一所公共建筑物，剩下的31 000英镑继续借出去赚利息。再过100年，这31 000英镑会增加到4 061 000英镑，其中1 061 000英镑还是赠送给波士顿居民，其余的3 000 000英镑交给马萨诸塞州。

富兰克林只留下了1 000英镑，最后却在分配几百万英镑，这可能吗？他没有错，数学计算可以证明。1 000英镑每年增加5%，过了100年就变成：

$$x=1\ 000\times 1.05^{100}$$

用对数计算：

$$\lg x=\lg 1\ 000+100\lg 1.05\approx 5.11\ 893$$

得出：

$$x=131\ 000$$

31 000英镑再经过100年，变成：

$$y=31\ 000\times 1.05^{100}$$

还是用对数计算，得出：

$$y=4\ 076\ 500$$

这个数和遗嘱中的数值差不多。

银行中存款的利息会定期放回到本金中，如果利息放回到本金中的次数越多，那么资金增长就越快，因为本金变多了，产生的利息也相应增多。举个例子，假设一笔100元的资金，年利率是100%，如果利息只有在年末才放回到本金中，那么年末100元变成200元。但是，如果每隔半年就把利息放回到本金，到年末资金总共有多少呢？

100元过半年则会增加到：

$$100\text{ 元}\times 1.5=150\text{ 元}$$

再过半年则会增加到：

$$150\text{ 元}\times 1.5=225\text{ 元}$$

如果每4个月利息就放回到本金，那么100元到年底会变成：

$$100\text{ 元}\times\left(1\frac{1}{3}\right)^{3}\approx 237\text{ 元 }3\text{ 分}$$

假设合并本金和利息的时间不断缩短，如0.1年、0.01年、0.001年等，那么一年后100元变成：

$100\text{ 元}\times 1.1^{10}\approx 259\text{ 元 }3\text{ 角 }7\text{ 分}$

$100\text{ 元}\times 1.01^{100}\approx 270\text{ 元 }4\text{ 角 }7\text{ 分}$

$100\text{ 元}\times 1.001^{1\,000}\approx 271\text{ 元 }6\text{ 角 }9\text{ 分}$

如果时间再不断缩短，资金并不是会无限增长下去，而是会接近一个极限，大约等于 271. 83 元。也就是说一笔钱按照 100%的年利率计算，即便每时每刻生成的利息立即放回本金，到年底也不可能超过 2. 718 3 倍。

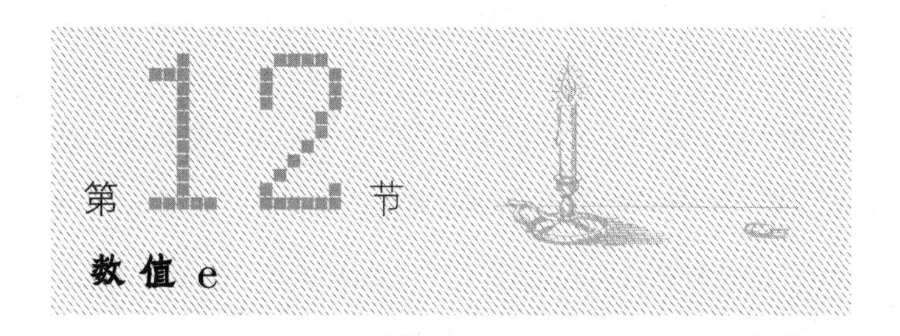

第12节 数值 e

刚刚得出的数 2. 718 3……在高等数学中有很多的作用，也许其作用不亚于另一个著名的数值 π。这个数字也有一个专门的符号：e。

e 是一个无理数，无法用数字完全写出来，只能用级数计算出它的近似值：

$$1+\frac{1}{1}+\frac{1}{1\cdot 2}+\frac{1}{1\cdot 2\cdot 3}+\frac{1}{1\cdot 2\cdot 3\cdot 4}+\frac{1}{1\cdot 2\cdot 3\cdot 4\cdot 5}+\cdots$$

从上面本金生利息的例子可以看出，e 是 $\left(1+\frac{1}{n}\right)^n$ 中 n 无限大时的极限。

在对数中，把 e 作为底数有很多好处（这里无法一一叙述），e 作为底数的对数表（自然对数表）在科学技术中被广泛使用。前面提到过的 48 位、61 位、102 位以及 260 位数的对数表就是以 e 作为尾数的。

数值 e 常常出现在意想不到的地方，例如：

把数 a 分成若干项，要求各项乘积最大，应该怎么分？

我们已经知道，若干项之和不变时，各项等分时乘积最大。显然，a 要分成相等的若干项，但是要分成几项呢？两项、三项、还是十项？用高等数学的方法可以证明，当分成的每一项和 e 最接近时，乘积最大。

例如，将数值 10 分成相等的若干项，如果每项尽可能接近 2.718，那么：

$$\frac{10}{2.718\cdots}=3.678\cdots$$

因为无法把一个数分成 3.678…份，所以只能取最接近的整数 4，这样各项就等于 2.5，因此把 10 进行等分后相乘得出的最大数是 $(2.5)^4=39.0625$。可以验证一下，把 10 等分成三项或五项，得出的乘积都比 39.062 5 小：

$$\left(\frac{10}{3}\right)^3=37$$

$$\left(\frac{10}{5}\right)^5=32$$

要得到数值 20 等分后的最大乘积，就要分成 7 等份：

$$20:2.718\cdots\approx7.36\approx7$$

50 则要分成 18 等份，而 100 要分成 37 等份：

$$50:2.718\cdots\approx18.4$$

$$100:2.718\cdots\approx36.8$$

数值 e 在数学、物理学、天文学以及其他学科中都有很大作用。比如：

①气压公式（高度升高气压降低）；

②欧拉公式（注释：具体可以参考本系列丛书中的《趣味物理学》）；

③物体冷却规律；

④放射性衰变和地球年龄；

⑤钟摆的摆动；

⑥火箭速度计算公式（齐奥尔科夫斯基公式）；

⑦电感线圈中的电磁振荡；

⑧细胞的增长。

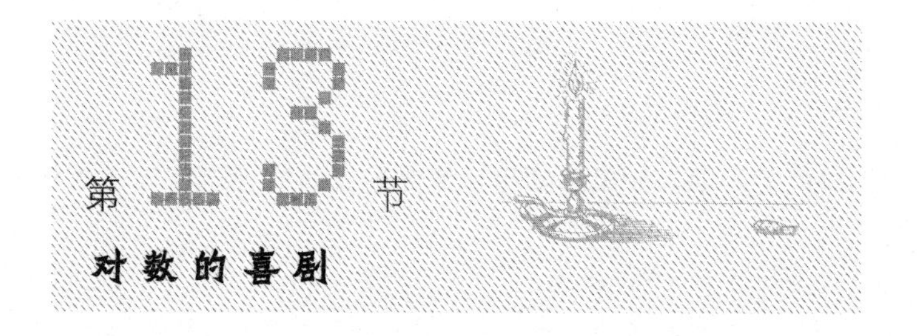

【题目】在第5章中，我们介绍过代数中一些有趣的例子。这里再介绍一个对数的有趣例子：

证明2>3。

首先来看不等式：

$$\frac{1}{4}>\frac{1}{8}$$

这肯定是正确的。若将其进行变形：

$$\left(\frac{1}{2}\right)^2>\left(\frac{1}{2}\right)^3$$

这也没有疑问，根据较大的数的对数也更大，因此有：

$$2\lg\left(\frac{1}{2}\right)>3\lg\left(\frac{1}{2}\right)$$

两边去掉$\lg\left(\frac{1}{2}\right)$，得到2>3，这个证明错在哪？

【解答】错误在于去掉$\lg\left(\frac{1}{2}\right)$时,没有把“>”改成“<”。因为$\lg\left(\frac{1}{2}\right)$是一个负数。如果对数的底数不是10，而是小于$\frac{1}{2}$的数$\left(\text{假设为 } a\text{，且 } 0<a<\frac{1}{2}\right)$作为底数，那么$\log_a\frac{1}{2}$虽然是正数，但是我们还是不能说，较大的数的对数也更大，因为事实恰恰相反，较大的数的对数更小。

第14节 3个2表示任意数

【题目】最后我们以一道巧妙的代数谜语来结束本书的学习：

用3个2以及数学符号来表示任意一个正整数。

【解答】首先来看某个具体情况，假设要表示数值3，那么答案就是：

$$3=-\log_2\log_2\sqrt{\sqrt{\sqrt{2}}}$$

要证明这个等式很容易，因为：

$$\sqrt{\sqrt{\sqrt{2}}}=\left[\left(2^{\frac{1}{2}}\right)^{\frac{1}{2}}\right]^{\frac{1}{2}}=2^{\frac{1}{2^3}}=2^{2^{-3}}$$

$$\log_2 2^{2^{-3}}=2^{-3}，\ -\log_2 2^{-3}=3$$

如果要表示数值5，我们也可以用同样的方法：

$$5=-\log_2\log_2\sqrt{\sqrt{\sqrt{\sqrt{\sqrt{2}}}}}$$

在这里我们利用了写平方根时不需要写根指数这一点。

所以这道题的通用答案就是，如果要表示N，那么：

$$N=-\log_2\log_2\underbrace{\sqrt{\sqrt{\sqrt{\cdots\sqrt{2}}}}}_{N层根号}$$

并且根号的数量等于要表示的数值。

孩子一读就懂的

数学

趣味几何学

[俄罗斯] 雅科夫·伊西达洛维奇·别莱利曼 著

王艺运 译

北京理工大学出版社
BEIJING INSTITUTE OF TECHNOLOGY PRESS

图书在版编目（CIP）数据

孩子一读就懂的数学. 趣味几何学 / (俄罗斯) 雅科夫·伊西达洛维奇·别莱利曼著；王艺运译. -- 北京：北京理工大学出版社, 2021.12

ISBN 978-7-5763-0018-5

Ⅰ. ①孩… Ⅱ. ①雅… ②王… Ⅲ. ①几何学—青少年读物 Ⅳ. ①O1-49②O18-49

中国版本图书馆CIP数据核字（2021）第133943号

出版发行 / 北京理工大学出版社有限责任公司
社　　址 / 北京市海淀区中关村南大街 5 号
邮　　编 / 100081
电　　话 / （010）68914775（总编室）
（010）82562903（教材售后服务热线）
（010）68944723（其他图书服务热线）
网　　址 / http: //www.bitpress.com.cn
经　　销 / 全国各地新华书店
印　　刷 / 三河市冠宏印刷装订有限公司
开　　本 / 880 毫米 × 710 毫米　1/16
印　　张 / 21
字　　数 / 280 千字
版　　次 / 2021 年 12 月第 1 版　2021 年 12 月第 1 次印刷
定　　价 / 148.00元（全 3 册）

责任编辑 / 陈莉华
文案编辑 / 陈莉华
责任校对 / 周瑞红
责任印制 / 施胜娟

图书出现印装质量问题，请拨打售后服务热线，本社负责调换

CONTENTS

目录

01 森林中的几何学

02 河流几何学

CONTENTS
目录

03 广阔天地中的几何学

04 路上的几何学

CONTENTS

目录

05 不用公式和函数表的野外几何学

06 地平线几何学

CONTENTS

目录

07 鲁滨孙漂流记中的几何学

08 黑暗中的几何学

CONTENTS

目录

09 关于圆的新旧概念

10 无须测量和计算的几何学

CONTENTS

目录

11 几何学中的大与小

12 几何学经济

01 森林中的几何学

导 读

刘月娟

几何学在我们的生活中有很多的应用，比如测量大树的高度、测量两棵大树之间的距离等，都会用到几何学的知识。在这一章中，我们会讲到几何学在森林中的应用。

1. 用影子测树高

要想直接测量森林中高高的大树的高度，对我们来说，真是一个难题。不过，我们可以采用影长的性质来计算树高，此时利用的是相似三角形的知识。相似三角形，是指对应三角分别相等、三边成比例的两个三角形。可知，人的身高：人的影长=树高：树影。如果在自己的影长无法直接测量时，可以用大头针量具，甚至是我们随身携带的笔记本或者镜子来做量具测量树高。这些方法看似简单，但能帮我们估算出大树的高度。具体又该如何操作呢，在本章中会有详细的操作方法，不妨往后翻翻看看详解。

相似三角形是几何中重要的证明模型之一，是全等三角形的推广。这个知识会在九年级的上学期学到哦，可以看出书本上的知识是很重要的，数学源于生活，又应用于生活。

2. 测体积

为了估算森林中有多少单位的木材，就需要计算出树干的体积。之后我们会学到棱柱、棱锥、圆柱、圆锥、圆台的体积计算公式，但是树干不是规则的几何体，因此体积的计算就又遇上了坎儿。准确来说体积的计算需要用到积分学和几何学，这是大学时期高等数学和解析几何的内容，但我们在这里并不会考虑这么难的计算方法。我们可将树干的体积划分为三个部分，中间部分是个截圆锥、顶端是个整圆锥、底部是个圆柱，这样计算会简单许多。

3. 万能公式

在学习计算各类几何体的体积时，有许多不同的公式，在计算的时候如果只需要记一个公式就好了。因此我们引入了万能公式，这个公式适用于圆柱、圆锥、截锥体、棱柱、三角锥和截锥，甚至球体也同样适用，它就是完美的著名数学公式——辛普森通用公式：

$$V=\frac{h}{6}\left(b_1+4b_2+b_3\right)$$

式中　h——物体的高度；

b_1——底部面积；

b_2——中间截面面积；

b_3——顶端截面面积。

还有一个值得一提的有趣现象，就是这个通用公式同样也适用于平面图形面积的计算，像平行四边形、梯形和三角形，此时其中的参数所代表的意义也会发生变化。通用公式具有普遍的适用性，因此也叫作万能公式。这是一个应用广泛的公式，因此需要去着重记忆。

4. 测质量

在物理学中，质量=密度×体积，我们可以用这个公式来测量大树的质量。根据公式，我们知道质量的计算需要首先计算出树干的体积。在测量大树的体积时，利用万能公式的计算过程中，中间截面的面积计算较为困难，但可以利用麻绳来测量中间截面的周长，然后再利用圆的周长公式算出直径。可是这种计算方法不适用于正在生长中的大树，于是专家们使用了一个叫胸高形数的表格来解决该问题。胸高形数也就是一个能够反映待测树木的体积与同一直径和高度的圆柱体体积之间的比值，通常会选取成年人胸口位置处的树干直径，也就是大约在 130 cm 高处树干的直径。当然质量的计算还需要清楚一个量，那就是密度，树木的密度并不难求，只需要知道 1 m^3 的树木的质量就可以了，有了体积和密度就能利用“质量=密度×体积”公式测量出大树的质量。

数学源于生活，又应用于生活。为了更好地发现生活中的数学，一定要善于用发现的眼睛去观察生活。介绍完这几部分内容，是不是对几何充满了兴趣，想要充分去了解一下呢？当然，本章节的内容还远远不止上面所提到的这些哦，还有更多好玩的问题等你去探索，相信在你看完本章节后一定会大有收获。

第1节 利用影长测高度

依旧清晰地记得，第一次看到头发灰白的守林员，站在高大的松树旁用袖珍的量具测量松树的高度时，我有多么吃惊！我本想等着看守林员爬上松树，然后用链尺来测量树的高度，但老人并没有这样做，只是用方形小木板对准松树顶端，就把量具放回了口袋，并告诉我测量已经结束。而我以为，测量还没开始……

既无须砍伐树木，也不必爬到树顶，这种测量树木高度的方法，在当时年幼的我看来简直就是一个奇迹。后来，在我接触了几何学基础原理之后，才明白要实现这个奇迹非常简单！几何学中蕴含大量不同的测量方法，有些测量需要借助简单仪器来完成，而有些测量不需要使用任何仪器。

最简单、古老的测高方法，可以追溯到公元前6世纪。古希腊哲人泰勒斯利用自己的影长测出埃及金字塔的高度。一开始，在金字塔下汇集的法老和祭司们对泰勒斯充满了质疑，不相信这个来自北方的外国人，仅凭影子就能测出如此庞大的金字塔的高度。自信的泰勒斯只用了半天的时间——他找到了自己的影子长度和身高相等的时刻，此时金字塔的高度也就等于它的影子长度[1]。这是人类第一次发现自己影子的奥秘。

古希腊哲人泰勒斯的测量方法在现代人眼里显得十分简单，但值得一提的是，在

1 当然，影子长度应该从金字塔底部正方形的中心算起，底部正方形的宽度可以通过直接测量得到。

泰勒斯提出利用影长测量庞大建筑高度的基础上，诞生了几何学原理。公元前 300 年，古希腊数学家欧几里得在泰勒斯的基础上写出了举世闻名的数学著作，这本书在他逝世后的两千年间里，一直被学校当作教材典范，其中蕴含的原理，如今已被广大中学生熟知。想要利用影子测量金字塔的高度，需要知道如下两个三角形的几何特性（第一点是泰勒斯发现的）：

1）在等腰三角形中，两腰与底边的夹角大小均相等；反之亦然，有两个内角相等的三角形是等腰三角形，两个角对应两边边长相等。

2）任何三角形的内角之和等于 180°。

学识渊博的泰勒斯得出这样的结论：当自己的影长等于身高时，太阳光线与水平地面形成一个 45° 的夹角，相应地可以得出，此时金字塔的高度与其在地面形成的影长构成等腰三角形。

这个测量树高的方法看起来简易便捷，实际还需要满足以下几个条件：

1）测量对天气的要求很高，只能在阳光灿烂的白天进行。

2）对树木生长环境有一定的要求，树木只能独自伫立在空旷的空地，以确保树在地面形成的影子不会和近旁其他树的影子相互重叠。

3）除此之外，我们所处的纬度较高，太阳高度角比较小，测量起来也不像在埃及那样简单。在我们这儿物体高度与其在太阳光线投下的影子只有在夏日正午时才有可能相等。

因此上面提到的泰勒斯测高法并不是在任何情况下都适用。

但我们可以换一种思路理解这个方法，在晴天我们可以用自己的身高或任意一根杆作为参照物，利用身高与自己的影长所成的比例或杆的长度与杆的影长所成的比例构建比例式，从而通过如下比例式算出未知的树高（见图 1）

$$AB : ab = BC : bc$$

树高是参照物高度的多少倍，相应地，树的影长就是参照物影长的多少倍。这是△*ABC* 与△*abc* 相似的特性决定的。

可能有些读者会提出异议，树高是参照物高度的多少倍，树的影长也是参照物影长的多少倍，这根本不需要用到几何知识就能理解。但是，结果并不是他们想的那么简单。如果把这个影子原理运用于路灯或电灯的场景下，就无法得到证实。从图 2 中我们可以看到，长杆 *AB* 的长度约是短柱 *ab* 的 2 倍，但是长杆的影长（*BC*）几乎是短柱影长（*bc*）的 8 倍，你能解释为什么在这种情况下，影子与物体高度的等比式行不通吗?解释这个问题必须得用到几何学。

图 1　通过影子测量树高

图 2　影子测量法行不通的示例

【题目】

请仔细观察，太阳光线和路灯（电灯）的光线有什么区别呢? 根本的区别就在于太阳散发的光线是平行的，而路灯（电灯）照射的光线是不平行的。那我们为什么能认为太阳光线是平行的呢?

【答案】

我们能把散向地面的太阳光线当作是平行的，是因为太阳光线之间的夹角很小，几乎可以忽略不计。用几何计算的方式来看就很容易理解。想象一下，从太阳上某点发散出两束光线到地面，假设照射在地面上的两点之间相隔 1 km，如果以太阳光线的发射点为圆心，以太阳到地球的距离，也就是 1.5 亿 km 为圆周半径画圆，可以得到圆的周长约为（$\pi\approx3.14$）：

$$2\pi\times150\ 000\ 000\approx940\ 000\ 000\ (\mathrm{km})$$

由此可得圆周上 1°圆心角所对应的弧长就约为 $940\ 000\ 000\times\frac{1}{360}\approx2\ 600\ 000$（km）。1′圆心角所对应的弧长就约为 $2\ 600\ 000\times\frac{1}{60}\approx43\ 000$（km）。而 1″圆心角所对应的弧长就约为 $43\ 000\times\frac{1}{60}\approx720$（km）。我们刚才假设地面上的两点相隔 1 km，也就是这两点构成的圆心角约为 $\left(\frac{1}{720}\right)''$，即便用非常精密的天文仪器都很难测出这么小的角度，因此在实践中我们就可以把这个角度忽略不计，从而将太阳发散到地球的光线视为平行的[1]。

如果我们没有几何概念，就无法论证影子测高法中存在的争议。

尝试将影子测高法运用到实际中，很快就会发现这种方法的不准确性。首先，对于影子本身并没有一个清晰的界定，不能保证我们在测量过程中精确地测出影长。每个影子都是由太阳光投射形成，具有隐约可辨的灰色边缘轮廓，这个轮廓就是半影。半影使影子的边界变得模糊，具有不确定性。这是因为太阳并不是一个点光源，而是

---

1 另外一种情况是，当太阳从某点照射到地球直径的两端时，这时形成的夹角是可以测量出来的，约为 17″，天文学家也是用这个角度才算出地球与太阳之间的距离的。

一个巨大的发光体，从各个点散发出无数的光线。举例来说，从图 3 中可以看到，树的影子 BC 还有一段多出来的半影 CD，半影会渐渐消失不见。当半影最长时，它的两端点 C 和 D 与树的顶端形成的夹角 $\angle CAD$，就等于我们看到日光环的角度，也就是 $0.5°$。当我们没法准确辨别影子和半影时，即使太阳高度不是特别低，也会产生至少 5% 的误差，甚至更大。这个 5% 的误差加上一些其他无可避免的误差，比如说地面不平坦产生的误差，就会导致最终的测量结果不准确。故影子测高法在凹凸不平的山区是完全没法使用的。

图 3　半影是怎么形成的

第 2 节

另外两种测高方法

除了影子测高法，还有其他办法可以测量高度，我们先从最简单的开始介绍吧。

首先，我们利用等腰直角三角形的性质。准备一块小木板和三根大头针，任何形状的木板都可以，甚至树皮都行，只要它有一个光滑的平面，能够按照图 4 的指示固定三个点，在三个点分别垂直地插入大头针，构成一个等腰直角三角形即可。即便你身边没有能构建直角三角形的绘图工具，也没有能截取等边的圆规，你可以随便找一张纸，翻折一次，然后再沿折痕对折一次，使得第一次的折痕相互重叠，这样直角就有了。同样地，这张纸还可以代替圆规，截取相等的边长。

可以看到，图 4 中的量具完全可以在户外的环境中临时准备。

这个方法操作起来并不复杂，首先在大头针的顶端系一个铅垂线，来确保三角形的一个直角边与地面保持垂直，然后你只需要拿着量具开始移动，无论是靠近树一点或远离树一点，你总能够找到一个位置，如图 5 中的 A 点，从 A 点沿着自制量具上的三角形斜边 ac 看向树顶 C 点，使得 C 点在三角形斜边 ac 的延长线上。很明显，此时 $\angle a=45°$，所以此时 aB 的距离就等于 CB 的距离。最后量出 aB 的距离，或者直接测量与 aB 平行的 AD 之间的距离，再加上 BD 的长度（也就是眼睛离地面的高度 aA），就可以求出树高了。

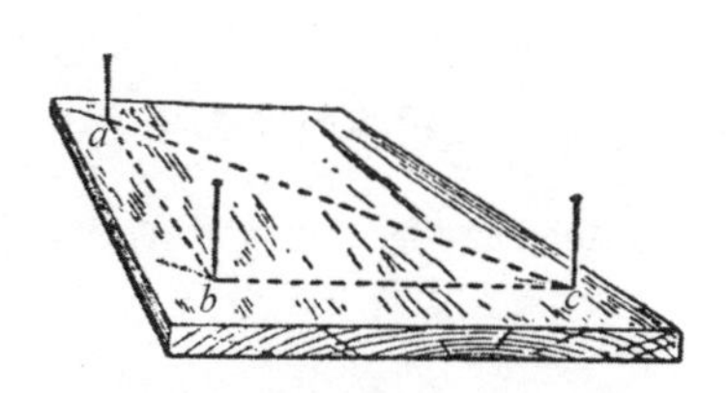

图 4　测量高度的大头针量具

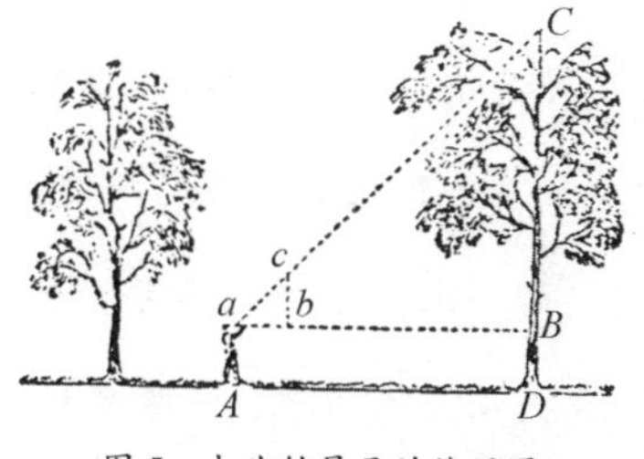

图 5　大头针量具的使用图

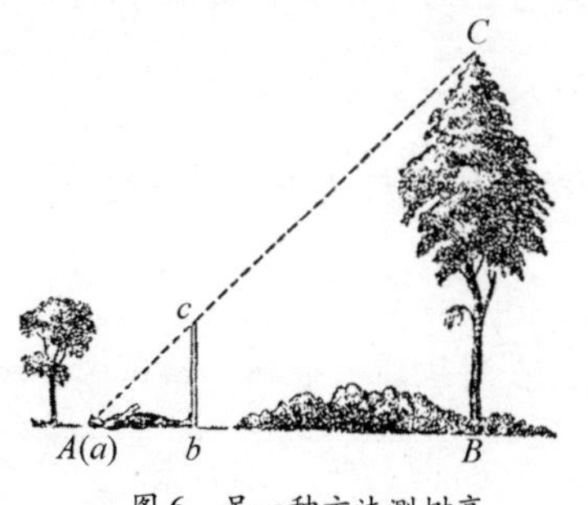

图 6　另一种方法测树高

另外一种方法甚至连大头针量具都不用。这里就只需要找到一个点垂直插入一根木杆，使木杆露出地面的高度与你的身高相等。怎么找到木杆插入的点呢？方法很简单，按照图 6 中的指示，当你躺在地面往上看时，木杆的顶端 c 与树的顶端 C 形成一条直线时，这个插入点就找到了。这样△*abc*就形成了一个等腰直角三角形，$\angle A = 45°$，因此 $AB = BC$，这样就可以得出树的高度了。

第3节 儒勒·凡尔纳的测高方法

在儒勒·凡尔纳的著名小说《神秘岛》中有关于测量大型物体高度的描述。

“今天我们要测量花岗岩山崖的高度。”工程师说。

“您需要什么测量工具呢?”赫伯特问。

“我不需要任何工具，今天我们换一种相对更简单、更精确的方式测量。”

赫伯特是个求知上进的青年，想要抓住一切学习的机会，就紧紧跟在工程师身后，从花岗岩山崖上下来，一路来到岸边。

工程师手拿一根笔直的木杆，长约12英尺[1]，工程师尽最大可能精确地测量了木杆长度，并用自己的身高验证了测量结果，因为他对自己的身高再熟悉不过了。赫伯特拿着工程师交给他的铅垂线，铅垂线底部系上了一块石头。

在离围墙不到500英尺的地方，工程师将木杆插入沙地约2英尺深，将其加固，并利用铅垂线使木杆与地面垂直。

然后工程师继续往远离花岗岩山崖的方向移动，直到找到一个点，躺在这个点上

1 1英尺≈0.3048米。

可以看到木杆的末端和山崖的顶端在一条直线上，这时他用地钉仔细地标记了这个点，如图7所示。

图7 儒勒·凡尔纳作品中描绘的测量山崖高度的方法

“你学过几何学吗?”工程师一边站起来，一边问赫伯特。

“是的，学过一些。”

“那你知道相似三角形有什么性质吗?”

“相似三角形的对应边成比例。”

“没错！刚才我构建了两个相似的直角三角形，小三角形的两个直角边分别为垂直的木杆和木杆到地钉的距离，斜边就是我的眼睛到木杆顶端的距离，另一个直角三角形的两直角边分别为未知的山崖高度和地钉到山崖底端的距离，同样地，斜边是我的眼睛到山崖顶端的距离。”

“哦！我明白了！”赫伯特惊呼，“也就是地钉到木杆的距离与地钉到山崖底端的距离所成的比例等于木杆的长度与山崖的高度所成的比例。”

“是的。实际上我们只需要测量地钉分别到木杆和山崖的距离即可，因为木杆的高度我们已经知道了，现在马上就可以列出含有一个未知数的等式，来求出山崖的高度。”

“地钉到木杆的距离和地钉到山崖底端的水平距离分别为15英尺和500英尺”。赫伯特测量完之后，工程师根据测量结果列出了如下公式：

$$15:500=10:x,$$

$$15x=10\times500,$$

$$x=5\ 000\div15\approx333.3$$

这样就得出了花岗岩山崖的高度约为333英尺。

第4节 老中士的测量方法

上面介绍的几个测高的方法，都有一个必要条件，就是测量必须在地面上完成。如果没法满足在地面上进行测量的条件，是否还有其他方法呢?

伟大的卫国战争期间，曾有一个在前线使用并流传至今的测量方法。中尉分队接到横跨山和河修建大桥的命令，法西斯就驻守在河对岸。为了寻找适合修建大桥的位置，中尉派出以老中士为首的勘探小组。勘探小组在附近的林区选取了用来搭桥的理想树木，并测出树木的直径和高度，同时计算了修建桥可用的树木总量。

勘探小组测量树高的方法如图 8 所示。这个测高法遵循如下步骤：首先记下杆长超过身高的部分，走到离待测树木一定距离的位置，将杆垂直插入地面，沿着远离树木的方向继续向前，来到 Dd 的延长线上的 A 点，从这个点看过去，树的顶端 B 与杆的顶端 b 在同一条直线上。与此同时，不要转动头的方向，让目光与水平地面保持平行，看向木杆和树木，目光与木杆和树分别交于 c 和 C 点，可以找一个助手来协助完成这些点的观察和标记。剩下的就是运用相似三角形原理进行计算了。

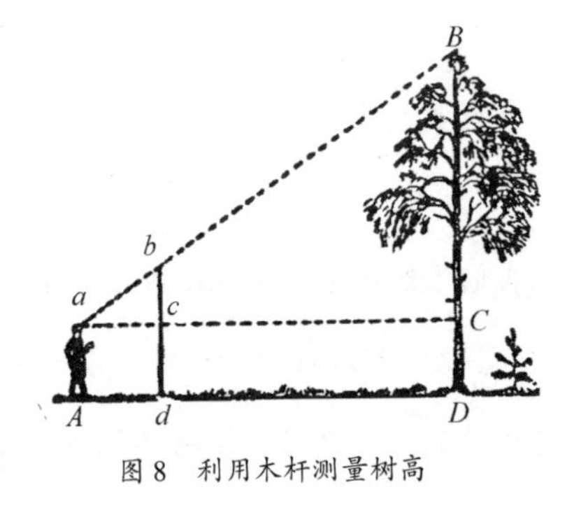

图 8　利用木杆测量树高

$$BC : bc = aC : ac$$

bc、aC 和 ac 之间的距离通过直接测量很容易得到，求出的 BC 的值还需要加上 CD

的距离（CD 的距离也是可以直接测量得到）才是未知树木的树高。

在勘探小组搜集到的数据的基础上，中尉分队确定了需要在哪儿，建造什么样的大桥。最终大桥按期完成搭建，战斗任务圆满结束。

第5节 笔记本测量法

如果你身边刚好有一本迷你笔记本和一支铅笔，就可以把笔记本作为很好的估算工具。笔记本能帮你在空间里构建两个相似三角形，这样就可以求出未知的高度。按照简化图（见图9）展示的方式将笔记本拿到眼睛旁，视线从 a 点出发，看向树的顶端 B 点，慢慢向上推出铅笔，直至铅笔顶点在 Ba 直线上时，相似三角形（$\triangle abc$ 和 $\triangle aBC$）就形成了，BC 的高度就可以由下列比例式得出：

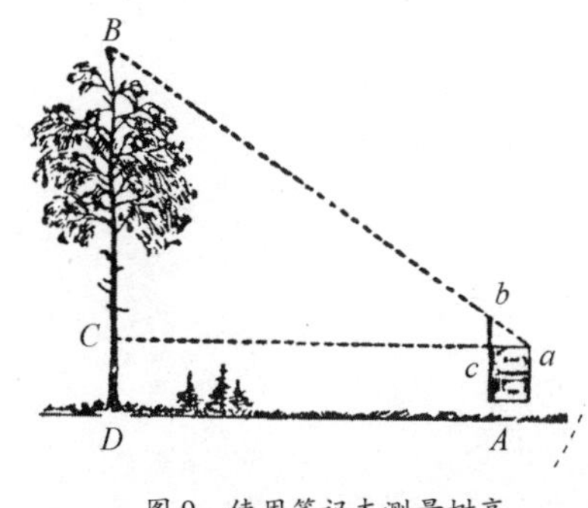

图9　使用笔记本测量树高

$$BC : bc = aC : ac$$

bc、ac 和 aC 的距离都可以直接测量出来。得到 BC 的值以后，还需要加上 CD 的长度才是完整的树高，而 CD 的长度就刚好等于眼睛离地面的高度。

笔记本的宽 ac 是不变的，如果你和大树之间的距离也不变，假设为 10 米，那么铅笔可抽拉的部分 bc 就决定了大树的高度。因此，你可以提前算出铅笔推出的部分所对应的树高，并将相应的值刻在铅笔上。这样一来，笔记本就变成了一个简易的测高仪，在下一次测量时就无须任何计算，可以直接读出树高。

第6节 不走近大树，就能测量树高的巧妙方法

如果条件受限，不方便靠近大树，仍然需要测量大树的高度，我们该怎么办呢？别担心，我们还是有办法可以求出树的高度的。

针对这种情况，还是跟之前一样，我们可以自制一个简单的测高仪来测量。准备两块木条，将木条 ab 和 cd 固定成直角，如图 10 所示，要求 $ab = bc$，且 $bd = \frac{1}{2}ab$。这样简易测高仪就做好了。为了测量高度，我们需要让木条 cd 垂直于水平地面放置，还是和之前一样，可以用铅垂线来确保 cd 与地面垂直。接着，就要分别来找测高仪放置的两个点 A 和 A' 了。

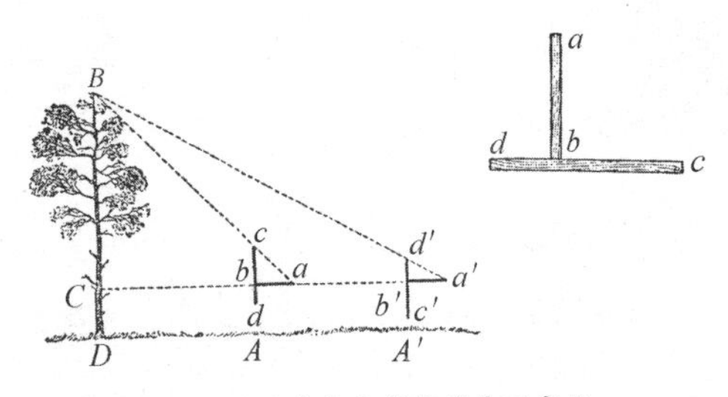

图 10 用两块木条制作简易测高仪

A 点该怎么选择呢？只需让测高仪末端 c 朝上，从量具 a 点看向 c 点，它们的延长线与树顶端 B 在同一条直线上。A' 点的选择方法也是同样的，只是需要让量具的末端 d（也就是图中的 d'）朝上，从 a' 点看向 d' 点，树顶端 B 在 $a'd'$ 的延长线上。这样就分别找到了 A 和 A' 点[1]。

由此可得，所求树高 BC 等于 A 点和 A' 点之间的距离。为什么这么说呢？根据已

1 这些点一定要与树的底端在同一平行水平面上。

知的几何关系可以得出 $aC=BC$，而 $a'C=2BC$，也就是说

$$a'C-aC=BC$$

这样，我们就不用靠近大树，通过这个简易的测高仪就能测出我们想知道的树高。如果我们能走近大树，则只需要找到 A 点或 A' 点中的一个就足够求出树高了。

如果觉得木条测高仪制作起来不方便，我们也可以选用四个大头针，在硬纸板上按照上述方法分别用大头针固定好 $abcd$ 四个点，原理也是同样的。

第7节 林业专家使用测高仪的原理

专业的林业工作者们通常会用测高仪来测量树高，现在就让我们来揭开测高仪器的真正秘密吧！下面讲述一种我们稍加改动就可以自己动手准备的测高仪，与专业的测高仪十分相似。

从图 11 可以看出测高仪的使用原理。像图中展示的那样手持硬纸板制或木制矩形 $abcd$，顺着 ab 边向树顶端 B 看过去，使三个点在同一条直线上。在矩形的 b 点挂上一个测锤 q，将测锤与矩形 cd 边相交的点 n 标记出来，可得△bBC 和△bnc 相似，因为两个直角三角形具有相等的锐角，即 $\angle BbC=\angle nbc$（由同角的余角相等得出），于是我们可以列出如下的几何比例：

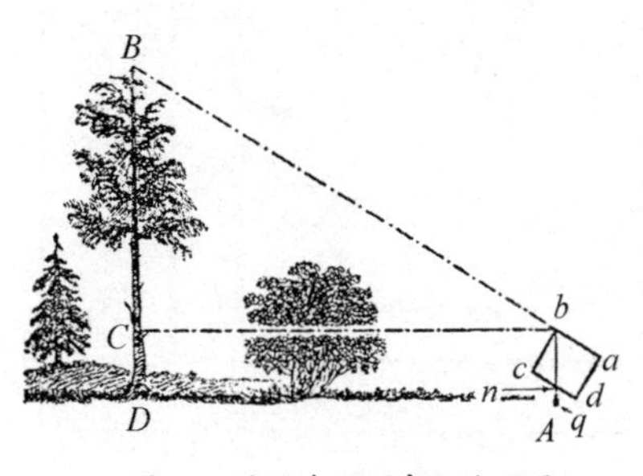

图 11　林业专用测高仪使用图

$$BC : nc = bC : bc$$

从而得出

$$BC = bC \cdot \frac{nc}{bc}$$

由于 bC、nc 和 bc 可以通过直接测量得到，这样我们就很容易求出未知数 BC，然后再加上 CD 的距离（也就是 b 点离地面的高度），就可以知道树高啦！再补充一些细节：如果矩形的边长 bc 确定，假设 $bc=10$ cm，在 dc 边上画出厘米刻度，就可以看到 $\frac{nc}{bc}$ 的比值将一直呈现出一个十进分数，也就是 BC 与 bC 的比值。如果当线落在数字 7 的厘米刻度上（也就是 $nc=7$ cm），也就意味着从我们眼睛水平位置向上部分的树高是我们观测点离大树距离的 0.7 倍。

如图 12 所示，为了便于顺着直线 ab 观察，我们可以在矩形硬纸板上面的两个角分别折出两个带钻孔的小正方形，其中靠近眼睛位置的钻孔小一点，瞄准树顶的钻孔大一点。

做好的仪器就几乎与图 12 中所展示的大小一样。测高仪的制作既简单又快捷，也不要求要做得多么精致美观。它可以随时放在口袋，当我们去郊游遇到需要测高的物体，比如树、柱子和建筑物时，就可以很快地测出它们的高度。

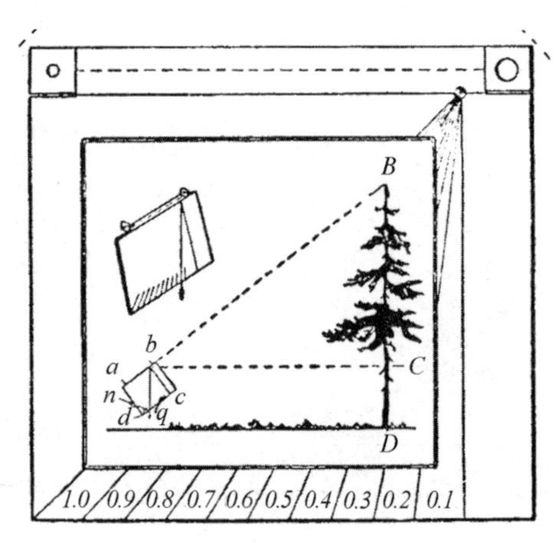

图 12　林业专家的测高仪

【题目】

是否可以利用本节中自制的测高仪，不走近树来测量树高呢？如果可以，那么我们该怎么操作呢?

【答案】

我们可以像图 13 所示，分别在 A 点和 A' 点将自制的测高仪对准树顶 B 点。假设在 A 点测得 $BC=0.9AC$，在 A' 点测得 $BC=0.4A'C$。由此可得：

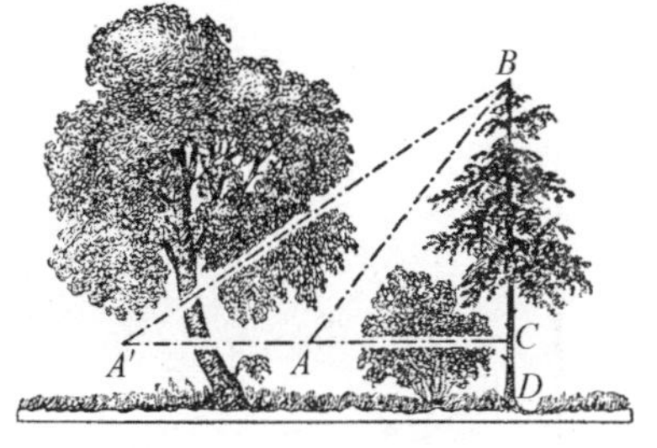

图 13 如果不走近树，如何测树高

$$AC=\frac{BC}{0.9},\ A'C=\frac{BC}{0.4},$$

$$A'A=A'C-AC=\frac{BC}{0.4}-\frac{BC}{0.9}=\frac{25}{18}BC$$

则

$$BC=\frac{18}{25}A'A=0.72A'A$$

因此，只要测出 A 点和 A' 点的距离然后再乘以 0.72，将所得值加上 CD 的距离，即可得到我们要找的树高。

第 8 节 借助镜子测树高

还有一种非常独特的测量方法，就是借助镜子测树高。如图 14 所示，在距离大树一定距离的平坦地面上，在 C 点水平放置一面镜子，然后继续向远离大树的方向往前走，直到找到点 D，站在 D 点可以从镜子里清晰地看到树的顶端 A 点。此时树高 AB 是观测者眼睛高度 ED 的多少倍，那么从大树底端到镜子 C 的距离就是观测者到镜

子 CD 之间距离的几倍，这是为什么呢？

这个方法利用了光的反射原理。树的顶端 A 点（见图 15），其关于 BC 的对称点为 A'，因为 $AB = A'B$，由 $\triangle BCA'$ 和 $\triangle DCE$ 相似可得如下比例关系：

$$A'B : ED = BC : CD$$

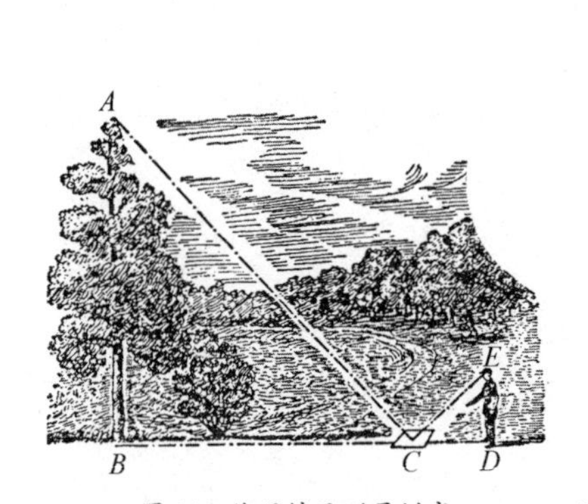

图 14　使用镜子测量树高

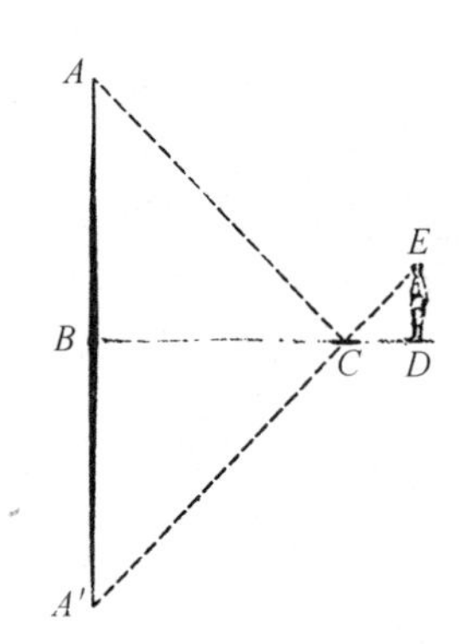

图 15　借助镜子几何构建法来测量高度

把比例式中的 $A'B$ 换成与之相等的 AB，就可以论证开始处的比例关系。

这个方法十分方便，又不费事，可以在任何天气下使用，但不适合在茂密的林带中使用，更加适合测量单独伫立树木的树高。

【题目】

如果没办法靠近所需测量的树木，我们该如何使用镜子测树高呢？

【答案】

这是一个古老的问题，算起来已经超过 500 多年。中世纪的意大利数学家克雷莫纳在自己的文章《实用土地测量》中就讨论过这个问题。

要想解答这道题，只需将上述的方法使用两次，将镜子放在两个地方进行测量（这两个地方与大树在一条直线上），分别进行相应的几何构造，根据相似三角形的性质可以得出：

$$所求的树高=观察者眼睛的高度\times\frac{镜子两个位置之间的距离}{镜子的两个位置到观察者距离之间的差}$$

下面再来看一个森林中测树高的例子。

第9节 两棵松树顶端之间的距离

两棵相距40 m的松树，已知两棵松树的高度，其中一棵高31 m，另外一棵高6 m。是否可以算出从大树顶端到小树顶端的距离？

要想知道如图16中两棵松树顶端之间的距离，我们可以根据勾股定理得出：

$$\sqrt{40^2+(31-6)^2}\approx47\ (\text{m})$$

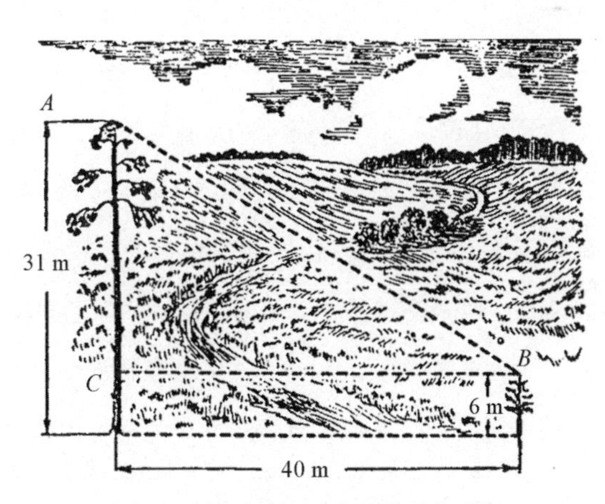

图16 两棵松树顶端之间的距离测量

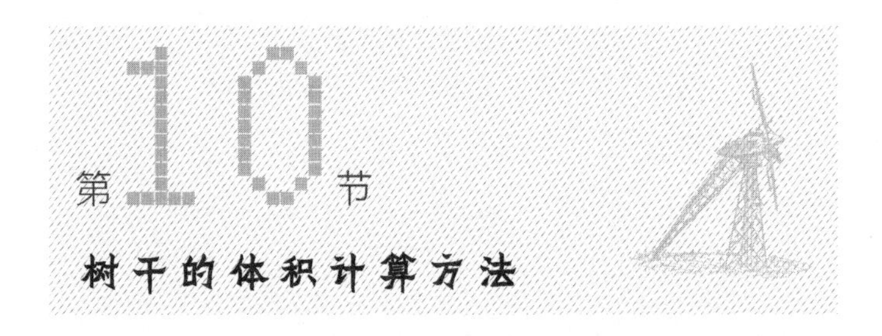

好了，现在你已经掌握了这么多测量树高的方法，当你在林中散步的时候就可以从中随意挑选一个来试验一下了！除此之外，不知道你是否好奇树干的体积大小，从而来计算出树林中有多少立方米的木材，并对木材进行称重，以便了解这些木材是否能放上一辆大卡车？上面的两个问题已经不再像测量树高这么简单了，专家们到现在也尚未找到准确解决这些问题的方法，并且对或多或少的近似值已经感到满意了。甚至当树木被砍伐下来，剥去树枝的皮，就这样放在你面前，想要解决上述问题都不是那么简单。

即便是一根笔直的树干，上面没有任何的凹凸不平，我们也不能把树干看作任何一种规则几何物体，用已知的公式来计算。我们既不能把它看作是圆柱，因为树干从下往上逐渐变窄，林业术语把这叫作“尖削度”；也不能把树干看作圆锥，因为圆锥的母线是直线，而树干顶部则是曲线，这种曲线不是圆弧，而是某种向树轴中心弯曲的曲线。[1]

因此，要想精确地计算出树干的体积就要用到积分学。读者朋友们可能会感到奇怪，为什么简单的圆木测算会涉及高等数学。许多人认为高等数学只跟某些特定的科目有关，在日常生活中只会用到初等数学，这个看法完全是错误的。比如说，计算星体和行星的体积就会用到基础几何学，而准确计算长圆木和酒桶的体积则会用到解析几何学

1 这条曲线最接近半立方抛物线（$y^2=ax^3$），这个曲线又称为尼尔曲线，是以数学家尼尔的名字命名的，因为尼尔发现了确定这种曲线弧长的方法。在森林中生长的树的树干的形状接近尼尔曲线，尼尔曲线体积的计算就需要借助高等数学知识来完成。

和积分学。不过本书不打算涉及高等数学，因此只能满足对树干体积的估算。

我们可以将树干的体积划分为三个部分，树干中间部分的体积在一定程度上和截圆锥[1]的体积相近，可以把树的顶端看作一个完整的圆锥，把树干底部看作圆柱，这样树干的体积就很容易计算了。是否能为这个形状的物体找到一个统一的体积计算公式，让我们能够迅速将上述三部分的体积近似值求出来，而无须再分别求圆柱、截圆锥和圆锥的体积呢？

第11节 万能公式

可能有人要问，是否有这样一个通用公式不仅能够用来算圆柱、圆锥和截锥体的体积，任何的棱柱、三角锥和截锥，甚至球体也同样适用呢？这个公式是存在的，它就是完美的著名数学公式——辛普森通用公式：

$$V=\frac{h}{6}(b_1+4b_2+b_3)$$

式中 h——树干的高度；

b_1——底部面积；

b_2——中间截面面积；

b_3——顶端截面面积。

---

1 截圆锥是指平面截圆锥所得的几何体。根据平面和圆锥底面的关系，可分为平截圆锥体与斜截圆锥体，这里所说的是平截圆锥，即截面与圆锥底面平行。

为了验证这个通用公式的正确性，可以简单地将这个公式运用于上述的所有物体，然后我们就可以得到下面棱柱和圆柱的体积算法，如图 17（a）所示：

$$V=\frac{h}{6}(b_1+4b_1+b_1)=b_1h$$

三角锥和圆锥的体积算法，如图 17（b）所示：

$$V=\frac{h}{6}\left(b_1+4\cdot\frac{b_1}{4}+0\right)=\frac{b_1h}{3}$$

截圆柱的体积算法（截圆锥的体积算法与截圆柱类似）如图 17（c）所示，有：

$$V=\frac{h}{6}\left[\pi R^2+4\pi\left(\frac{R+r}{2}\right)^2+\pi r^2\right]$$

$$=\frac{h}{6}(\pi R^2+\pi R^2+2\pi Rr+\pi r^2+\pi r^2)$$

$$=\frac{\pi h}{3}(R^2+Rr+r^2)$$

球体的体积算法，如图 17（d）所示：

$$V=\frac{2R}{6}(0+4\pi R^2+0)=\frac{4}{3}\pi R^3$$

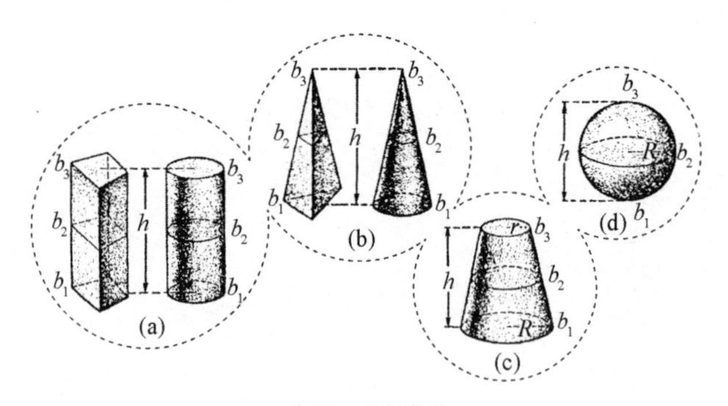

图 17　几何物体

【题目】

还有一个值得一提的有趣现象，就是这个辛普森通用公式同样也适用于平面图形面积的计算，比如平行四边形、梯形和三角形，其中：

h——圆形高度；

b_1——底边边长；

b_2——中间边长；

b_3——顶端边长。

那么，怎样才能证明呢？

【答案】

通过辛普森通用公式，我们可以得到平行四边形（包括正方形和矩形）的面积算法，如图 18（a）所示：

$$S=\frac{h}{6}(b_1+4b_1+b_1)=b_1h$$

梯形的面积算法，如图 18（b）所示：

$$S=\frac{h}{6}\left(b_1+4\cdot\frac{b_1+b_3}{2}+b_3\right)=\frac{h}{2}(b_1+b_3)$$

三角形的面积算法，如图 18（c）所示：

$$S=\frac{h}{6}\left(b_1+4\cdot\frac{b_1}{2}+0\right)=\frac{b_1h}{2}$$

由此可见辛普森通用公式具有普遍的适用性，因此也叫作万能公式。

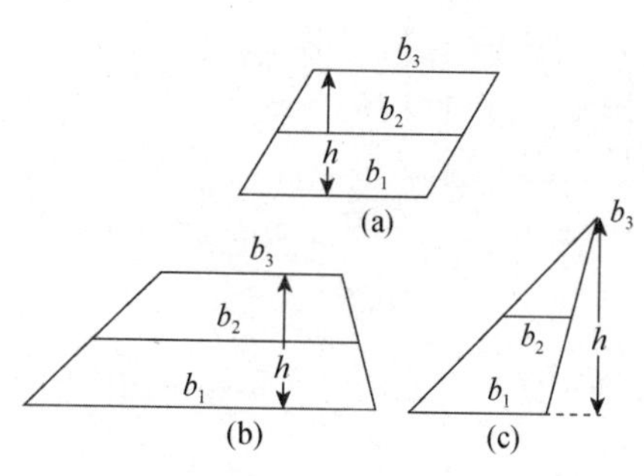

图 18 套用通用公式对平面图形面积计算

第12节 如何测量生长的大树的体积和质量

通用公式有了，我们可以通过这个通用公式近似地计算出需要砍伐树干的体积。但是你是否想过，这个树干到底是像什么几何物体呢？是圆柱、圆锥，还是截圆锥呢？为了弄清楚这个问题，我们需要进行四项测量：树干的长度，底面横截面的直径，顶端横截面的直径和中间横截面的直径。底面和顶端横截面的直径很好测量，但是中间的横截面直径如果不借助专业的测量仪器——叉形测径仪（见图 19 和图 20），恐怕很难实现。

图 19　叉形测径仪测量直径

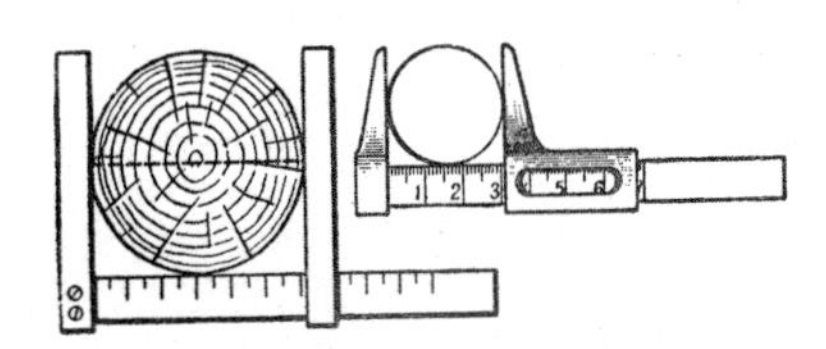

图 20　叉形测径仪（左）和滑动径规（右）

我们有个好方法可以避开测量树干中间直径的不便，那就是用麻绳测量树干的周长，然后用这个值除以 $3\frac{1}{7}$，就能得到直径了[1]。

---

1 因为圆周长 $C = 2\pi r = \pi d$，所以周长与直径的比值为 π，也就近似于 $3\frac{1}{7}$。

测算出需要砍伐树木体积的近似值，已经能够满足很多的实际用途了。还有一种估算树干体积的方法，就是将树干看成圆柱体，底面直径就等于树干中间截面的直径，在这种情况下得到的结果，有时可能会比实际体积少12%。但如果我们在心里将树干截断成若干个2 m长的圆柱体，分别计算每个圆柱的体积，然后将这些小圆柱体的体积相加，得到的整体结果就会好很多，这个方法产生的误差通常不超过2%~3%。

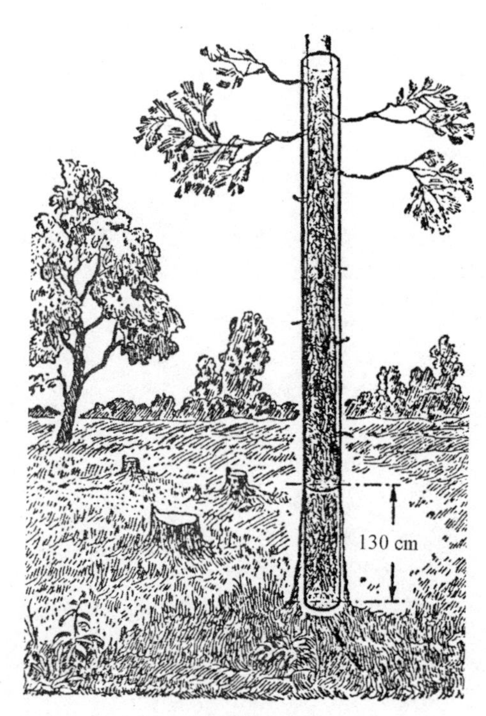

图21　胸高形数的定义

但上述的测量方法不适用于还在生长中的大树。如果你不打算将树砍伐下来测量，最多只能测量到大树底部的直径。这种情况下，只能得出非常粗略的估算值。令人欣慰的是，林业专家们也是采用类似的方法进行估算的。

专家们会使用一个叫胸高形数的表格，胸高形数也就是一个能够反映待测树木的体积与同一直径和高度的圆柱体体积之间的比值。通常会选取成年人胸口位置处的树干直径，也就是大约在130 cm高处树干的直径，因为这个高度比较容易测量。图21直观地说明了上述的胸高形数。当然，由于树干形状的差异，不同品种和高度的树木胸高形数也不一样，但这个波动变化并不显著。对长在浓密丛林里的松树和云杉来说，一般胸高形数在0.45~0.51，也就约等于0.5。

如果我们要测生长在地上的针叶树木的体积，可以先测量出胸高处（1.3 m处）

树干的直径，针叶树的体积就等于这个以这个直径为底面圆柱体积的一半。当然，我们已经说过，这只是一个近似的估算，但是并不会和实际树干的体积偏差太大，结果的误差通常在2%至10%之间[1]。

现在还有一个问题没解决，那就是估算整个树的质量。已知1 m^3 松树或云杉的质量为600~700 kg。假设，你站在一棵高28 m的云杉旁边，和你胸口平齐处的树干周长为120 cm，那么圆的面积为 $\pi r^2=\pi\left(\frac{120}{2\pi}\right)^2\approx 1\,100$（$cm^2$），即0.11 m^2。由此可得树干的体积为 $\frac{1}{2}\times 0.11\times 28\approx 1.5$（$m^3$）。如果取1 m^3 的云杉质量为650 kg，那么1.5 m^3 的云杉质量约为 $650\times 1.5=975$（kg）。

第13节 叶片中蕴含的几何学

在银白杨的影子下，从根部发出一片新芽，摘下它的叶子，你会发现这个新芽的叶片比银白杨叶片大，尤其是比长在向阳面的叶子大很多。长在背阴面的叶子没有足够的阳光，为了吸收更多的阳光进行光合作用，叶片面积就会比较大。说到这里，你可能觉得这是植物学家应该研究的问题，但实际上几何学家在这里也是可以表达自己

1 需要注意的是，胸高形数只适用于生长在森林中、高且笔直、平整且没有过多分支的树。对于单独生长且枝繁叶茂的树，则无法使用上述的通用准则来计算体积。

的观点的，几何学家可以算出新芽的叶片面积是银白杨叶片面积的多少倍。这个问题该怎么解决呢?

首先，可以单独确定每一片叶子的面积并明确它们间的比例关系。可以用带有格子的透明纸盖在叶片上，每个方块的面积，例如等于 4 mm^2。这个带方格的透明纸是用来测量相似图形的面积的，叫作模板斜面面积计。虽然这个方法是完全正确的，但是需要极其细心和极大的耐心才能完成测量。[1]

在这个方法的基础上衍生出一个简便方法，两片不同大小的叶子，具有相同的形状或是相似的形状，换句话说，这些形状在几何特性上是相似图形。关于几何图形的面积，我们已经知道它等于图形线性尺寸的平方，也就是说我们只需要知道其中一片叶子的长度或者宽度是另一片叶子的多少倍，然后把这个数值平方之后就可以得到叶片面积的比例了。假设新芽的叶片长度为 15 cm，而银白杨树枝上的叶片长仅有 4 cm，那么两片叶子的线性尺寸的比例就为$\frac{15}{4}$，也就意味着叶片的面积比例为$\frac{225}{16}$，也就是约 14 倍，化成整数之后，我们可以说新芽的叶片面积大约是银白杨的叶片面积的 15 倍（这里我们只能给出约数，因为完全的精确是不可能的）。

【题目】

长在背阴面的蒲公英，叶面长约 31 cm，而长在向阳处的另一棵蒲公英叶面只有 3. 3 cm，那么阴面的蒲公英叶面面积是阳面的蒲公英叶面面积的多少倍呢?

【答案】

跟之前一样，蒲公英面积比例等于

---

1 这个方法有它的优点，可以用来比较叶片面积。但是这个方法的使用前提是，两个叶片的形状必须要相似，不然，就不能使用这个方法了。

$$\frac{31^2}{3.3^2}=\frac{961}{10.89}\approx 88$$

也就意味着背阴面的蒲公英叶面面积大约是阳面蒲公英的 90 倍。

不难在森林里找到大量同样形状的叶子，但是它们的大小上有差别，因此可以用这种方式来搜集一些有趣的材料，来解决相似图形面积比率的几何问题。有一个很奇怪的现象，就是在长度和宽度的相对差距较小的两片叶子，在面积上会有很明显的差别。比如说，有两片具有相似几何图形的叶子，其中一片叶子的长度比另一片叶子长 20%，那么两片叶子的面积比例关系就等于

$$1.2^2\approx 1.4$$

也就是说它们之间的面积相差 40%。如果两片叶子的宽度相差 40%，那么其中一片叶子的面积就是另外一片叶子的几乎两倍：

$$1.4^2\approx 2$$

【题目】

建议读者朋友们尝试着求以下图中（见图 22 和图 23）这些叶片面积的比例关系。

图 22　确定图中叶片的面积比

图 23　确定图中叶片的面积比

第14节 蚂蚁大力士的奥秘

说起来，蚂蚁可真是一种神奇的存在，它能够用颌骨顶着比自己微小躯干重数倍的物体，灵活地爬上植物细枝顶端（见图24）。蚂蚁的这个行为给读者们留下了一个疑惑的难题：这种昆虫到底是哪来的力气，毫不费力地就能将比自己重十倍的东西拖走？蚂蚁能够搬运超过自身体重十倍的东西，相当于一个人能够在肩上扛起一台钢琴。这对普通人来说绝不可能！按照这个理论，是不是可以说蚂蚁比人要强壮得多呢？

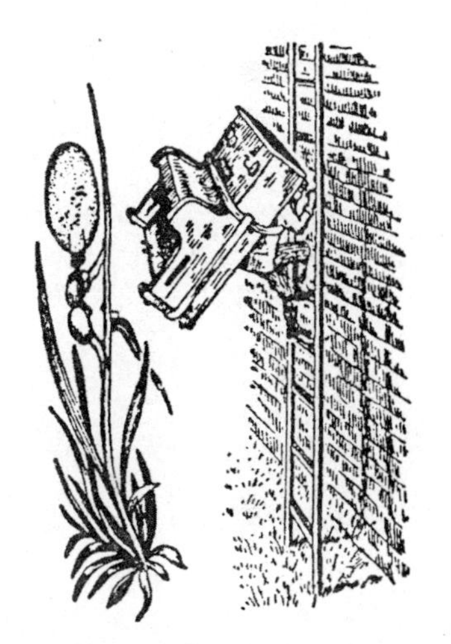

图24　六条腿的大力士

如果用几何学来解释这个现象，就很容易理解了。专家勃兰特曾说过，这个问题首先关乎肌肉的力量，其次才关乎昆虫和人之间力量对比的问题。灵活的肌肉和有弹力的细绳很像。实际上肌肉的收缩并不以弹性为基础，而是在神经刺激和生理反应的影响下表现出来的，这是通过向相应的神经或直接向肌肉本身施加电流来实现的。

我们可以进行一个简单的实验，从死去的青蛙身上取下一块肌肉——之所以取青蛙的肌肉，是因为冷血动物的肌肉在常温下完全可以离体保持自己的生命体征。实验的形式很简单，从青蛙身上切下一块主要的后腿屈肌，也就是小腿肌肉，截取的位置从股骨开始，一直到跟腱。这块肌肉不论在大小、形状还是可取性方面都是最为合适的标本。将肌肉沿着股骨切面悬挂在架子上，然后将一根钩子穿过肌腱，并在上面钩上挂一个砝码。如果用原电池的金属导线碰一下这块肌肉，它会迅速收缩，缩短的同时将砝码抬高。按照这样的方式不断增加砝码的重量，很快就能确定肌肉能够抬起的最大重量。接着我们需要增加肌肉的长度，在之前的肌肉下面分别挂上两块、三块，甚至四块相同部位的肌肉，这样肌肉在长度上就增加了。用同样的方式刺激肌肉，通过对照实验我们发现，随着肌肉长度的增加，抬起的重量并没有增加，仅仅是将砝码抬得更高了，砝码被抬起的高度等于每块肌肉分别能够抬起重量的高度的总和。但是，如果将增加的两块、三块甚至四块肌肉捆绑成一束，整个系统在刺激的作用下抬起的总重是不断增加的。通过这个实验结果，可以很明显地看到，只有当肌肉之间相互结合在一起的时候，抬起的重量才会更大。因此我们可以确信，肌肉能够举起的重量并不取决于肌肉的长度或是重量，而是取决于肌肉的厚度，也就是我们所说的横截面积。

在这个小插曲之后我们言归正传，开始转向比较肌肉结构相同、几何相似但大小不同的动物。假设有两只动物，在所有线性测量中将长度设为原始值的 2 倍，使第二只动物身体的体积和重量扩大至 8 倍，同样每个身体部位都扩大至 8 倍；但是，通过相应的平面测量，其肌肉的横截面仅扩大至 4 倍。事实证明，当动物身长增至 2 倍，体重扩大至 8 倍时，肌肉力量只会增至 4 倍，也就是说，肌肉力量变得相对弱了一半。在此基础上，我们可以推出身长 3 倍的动物，虽体重扩大至 27 倍，但肌肉力量最多扩大至 9 倍，肌肉力量将变得比之前相对弱$\frac{2}{3}$，身长 4 倍的动物则力量弱$\frac{3}{4}$，依此类推。

动物体积、重量与肌肉强度不成等比增加的定律，解释了我们在蚂蚁、黄蜂等昆虫身上观察到的现象，也是为什么这些昆虫可以抬起相当于自己体重 30 倍甚至 40 倍的重物，而人类只能举起体重大约$\frac{9}{10}$的重物（这里不包括体操运动员和重物搬运工），在古代被人类视作交通工具的马，它所能抬起的重量比人类更少，只有自身体重的$\frac{7}{10}$。

解释完上面这些现象后，现在我们就知道蚂蚁勇士的秘密了。克里洛夫曾用嘲笑的口吻这样写过：

我们居然不知道蚂蚁的力量有多大，

而伟大的历史学家早就说过，

它可以轻松抬起两粒硕大的大麦种子。

02 河流几何学

导读

刘月娟

我国是一个河流数量众多的国家，大大小小的河流不计其数，比如长江、黄河、珠江、松花江、澜沧江等。现在这些河流的长度、宽度、深度都可以在网上准确查到具体的数据，但如果当你遇到一条不知名的小河时，又该怎么测量它的宽度、水流速度和水深呢？下面我们就来简单介绍一下。

1. 宽度测量

在介绍测量河流宽度之前，先做一下知识点补充：①两点确定一条直线，因此在两个点固定的前提下，可以利用眼睛的视线确定另外一点是否在直线上。②三角形全等：能够完全重合的两个三角形是全等三角形，判定三角形全等的方法有：三条边相等（SSS）；两条边及其夹角相等（SAS）；两个角对应相等，且两个角夹边也对应相等（ASA）；两个角对应相等，且对应相等的角所对应的边也对应相等（AAS）；在直角三角形中的直角边和斜边对应相等（HL）。本章中三角形全等的性质主要用到的是，对应边、对应角相等。③三角形相似：两条对应边成比例且夹角相等；三条边对应成比例；两（三）个对应角相等。基于此我们来讨论确定河流宽度的方法。

在本章中，利用帽檐测量河宽的小节中为什么人到那个顺着帽檐能够看到的最远点之间的距离就是大概的河宽呢？这是因为当人转动方向时，视线就像圆规的一个脚在画圆，因为圆的半径相等，所以得到的就是大概的河宽度。

在测量河中岛的长度一节中，主要是应用了全等三角形的性质来测量的。

此外，在本章中，还有相似三角形的应用，例如第 4 节。三角形的性质能帮助我们解决很多问题，掌握这些知识解决问题就会轻松很多。

2. 水流流速

有这么一句古话："逆水行舟，不进则退"，这句话体现出了河水本身的流速。那该怎么测量水流流速呢？此时就用到了平均速度的概念，由于速度=路程÷时间，因此需要测量出一定时间内水流过的路程。为了便于计算，我们可以动手制作浮标，在瓶中装半瓶水，塞紧瓶盖并在上面插上小旗，这样浮标就做好了，选取河流的直线部分，记录一定时间内浮标移动的距离，即可得出水流流速。另外一种测量表层水流流速的方法，相较第一种方法准确性要差一点，可以利用顺水速度和逆水速度来确定。

本章中还提到了许多测量问题，比如水中机油形成的彩虹薄膜的厚度、石子落入水中为何会形成圆形的水波涟漪、炮弹炸裂后碎片下落形成的轨迹、池塘水的深度、跨河桥梁的修建问题等，在这里就不一一详细说明了，这些问题的共同点就是利用几何知识解决问题。你会发现生活中毫不起眼的问题处处包含着几何知识。直线、全等、相似的知识点会在初中时学习到，这些知识点能帮助我们解决很多生活中的实际问题。

第1节 不渡河如何测量河宽

不渡河，如何测量未知河流的宽度？对于了解几何的人来说，测量河流宽度，就像测量树的高度而无须爬上树顶一样容易。测量未知的距离与测量无法企及的高度，我们使用的方法基本是相同的。在两种情况下，求未知距离的问题，都可以换成测量另一个容易直接测量的距离来代替。

这个问题有很多种解决方法，下面我们来看几个最简单的方法。

1. 第一种方法

该种方法需要用到我们已经熟知的大头针量具，用三个大头针固定一个等腰直角三角形的三个顶点（见图25）。

图25　用大头针量具测量河宽

假设需要测量的河宽为 AB（见图26），不需要渡过河到对岸，只需在 B 点的岸边测量即可。在岸边找到某个 C 点，在 C 点将大头针量具靠近眼睛，沿着大头针量具的两个点看向河对岸，这时大头针量具上的两点刚好能够同

图26　确定大头针量具的第一个测量点

时挡住 B 点和 A 点。当你找到 C 点时，你会发现这一点将刚好落在 AB 的延长线上。然后在 C 点不要移动大头针量具的位置，沿着量具上的另外两点看过去，也就是与之前 AB 垂直的方向上标注某个 D 点，刚好跟量具上的另外两点 bc 在一条直线上。在 C 点处插入测标杆，拿着大头针量具沿着 CD 的方向远离 C 点，直到在 CD 上找到一点，在这个点上沿量具上的直角顶点与 C 点在一条直线上，并且斜边的两点与河对岸 A 点在同一条直线上，我们把这个点标记为 E 点，如图 27 所示。这时你就成功地在岸边找到了等腰直角三角形 ACE，$\angle C$ 为直角，而 $\angle E=45°$，很明显可以得到，$\angle A=45°$，所以 $AC=CE$。如果用步数测量 CE 的距离，很快就可以知道 AC 的距离，然后减去 BC 的距离，很容易就能知道河宽了。

图 27　确定大头针量具的第二个测量点

实际上，要用手拿住大头针测量仪一直不动实属不易，因此最好将仪器的纸板固定在带尖端的棍子上，便于直接垂直插入地面。

2. 第二种方法

第二种测量方法和第一种很相似。同样是借助大头针量具在 AB 的延长线上找到 C 点，并用量具确保 CD 和 CA 构成直角。接下来的操作就和第一种方法有所不同了（见图 28）。在线段 CD 上量出任意等长的距离 CE 和 EF，并

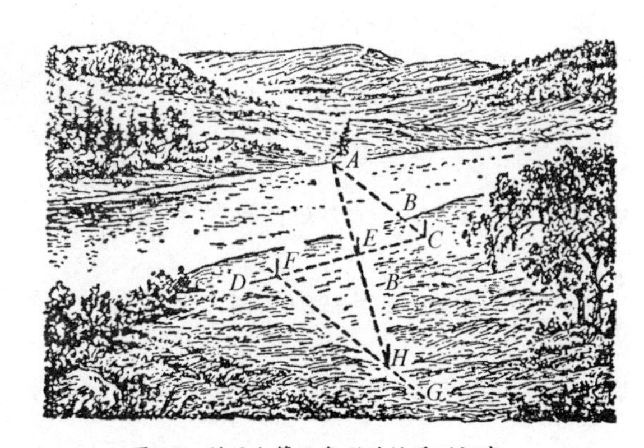

图 28　利用全等三角形的性质测河宽

在 E 点和 F 点插入测量杆。然后拿着大头针量具走到 F 点，找到与 CD 相垂直的方向 FG，沿着 FG 的方向找到 H 点，从 H 点看向 E 点的测量杆，此时测量杆刚好可以挡住 A 点，也就是说，H 点、E 点和 A 点在同一条直线上。接下来就可以来解题了。F 点和 H 点之间的距离就等于 AC 的距离（这里不用说，大家应该已经知道为什么 $FH=AC$ 了吧），然后用 AC 的距离减掉 BC 的距离就可以得到所求的河宽了。

这个方法跟第一种方法相比需要更大的测量空间，如果地方条件允许，最好把两个测量方法都实践一下，可以用其中一种方法来检验另外一种测量结果，比较两个测量结果是否一致。

3. 第三种方法

第三种测量方法可以称作是第二种方法的变形版本。这个方法中我们不需要在直线 CD 上量取任意等长的两段，而是量取其几分之一的一小段。如图 29 所示，比如我们量取的部分 FE 是 EC 的$\frac{1}{4}$，接下来的操作就跟第二种方法一样了。朝着 FG 的方向，与 FC 保持垂直，用同样的方法找到 H 点，E 点的测标杆刚好和 A 点、H 点处于一条直线上。此时，FH 和 AC 就不相等了，而是 FH 的距离是 AC 的$\frac{1}{4}$。这是根据 $\triangle ACE$ 与 $\triangle HFE$ 相似得到的，两个三角形具有相等的三个角和不等的边长。由相似三角形成比例的特性可以得出下面的比例等式：

图 29 相似三角形性质的运用

$$AC:FH=CE:EF=4:1$$

也就是说，测量 FH 的距离，然后乘以 4 就可以得到 AC 的距离，再减去 BC 的距离就能得到未知的河宽。

这个方法需要的空间比较小，比第二种测量方法更方便实现。

4. 第四种方法

第四种测量方法是建立在直角三角形特性的基础上的。如果直角三角形有一个锐角等于 30°，那么 30°角所对应的直角边的边长等于斜边边长的一半。想要证明这个理论非常容易。如图 30（a）所示，假设 $\triangle ABC$ 中，$\angle B=30°$，我们要证明在这个情形下 $AC=\frac{1}{2}AB$。将 $\triangle ABC$ 沿着 BC 边翻转 180°，得到 $\triangle DBC$，则 $\triangle DBC$ 与 $\triangle ABC$ 对称（见图 30（b）），形成新的 $\triangle ABD$。因为 C 点和两边构成的角都是直角，因此 A、C 和 D 点在同一条直线上。在 $\triangle ABD$ 中，$\angle A=60°$，$\angle ABD$ 是由两个 30°的角构成，因此 $\angle ABD=60°$，$\triangle ABD$ 的三个角分别等于 60°，由于等边三角形三边长相等，即 $AD=BD=AB$。由 $AC=\frac{1}{2}AD$，可得 $AC=\frac{1}{2}AB$。

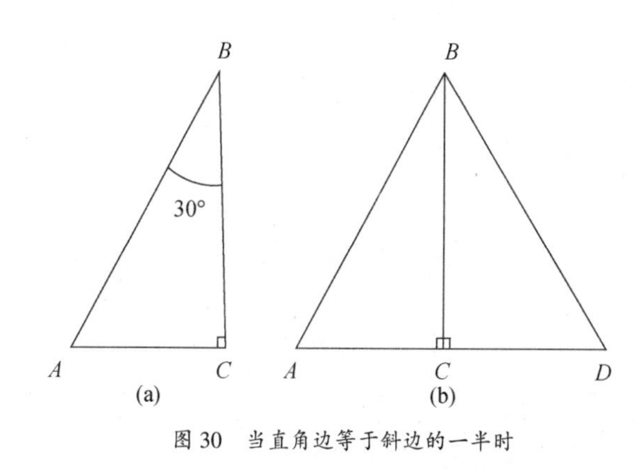

图 30　当直角边等于斜边的一半时

想要运用三角形的这个特性，我们需要在硬纸板上用大头针制作一个直角三角形，使其中一个直角边的边长是斜边边长的一半。拿着这个我们制作好的量具放到 C 点（见图 31），使 AC 恰好和大头针上的直角三角形斜边相重合。再沿着三角形直角边朝 CD 方向找到 E 点，E 点满足 EA 方向与 CD 垂直，这个操作也要借助大头针量具。很容易理解，CE 是 30°角对应的直角边，等于 AC 的一半，也就是只需要测量 CE，将这个距离加倍之后再减去 BC，我们就可以得到未知的河宽 AB。

上述就是四种操作简易并且不用渡河就可以测量河宽的方法，得到的未知的河宽数据也是比较准确的。这里就不再继续讨论使用更加复杂量具测量的方法了。

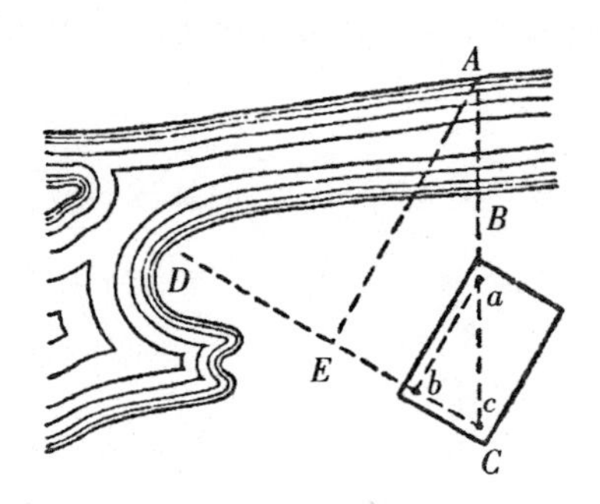

图 31　有一个锐角为30°的直角三角形运用方法

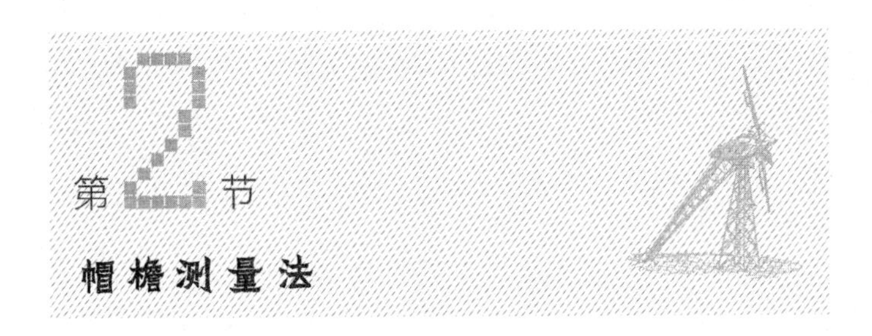

第2节 帽檐测量法

库普里扬诺夫老中士在前线作战时曾用过一种帽檐测量方法。老中士的小分队收到测量将要横渡河流宽度的任务。

小分队悄悄靠近河边的灌木林，利用灌木林作掩护，库普里扬诺夫和士兵卡尔波夫则移到了更靠近河边的地方，那里可以很清晰地看到对岸被法西斯占领的地盘，在这种情况下测量河宽只能靠眼睛。

“怎么样，卡尔波夫，多宽?”库普里扬诺夫问。

“我认为，河宽应该在100~110米。”卡尔波夫答道。

库普里扬诺夫十分认同自己的侦察兵给出的结果，但是为了进一步检查估算结果，老中士就开始用帽檐测量法估算河宽了。

这个方法具体的操作如下。首先面向河流，把帽檐拉下遮住眼睛，使帽檐下边缘与对岸重合在同一直线上，然后继续保持头部的位置，将身体向左或者向右转动，甚至可以向后（往更加平坦并且可以测量距离的地方），然后标记出顺着帽檐能够看到的最远的点。如果没有帽子也可以用手掌或者笔记本代替，将手掌和笔记本的一侧边缘贴在额上即可。人到这个最远的点之间的距离就是大概的河宽。

这个就是库普里扬诺夫使用的测量法。他迅速地在灌木丛中站起来，将笔记本贴近额头，同样迅速地转身然后锁定最远处的点。然后卡尔波夫匍匐前进到这个点，用绳子测量距离，得到河宽为 105 米。

库普里扬诺夫立刻向指挥部汇报了得到的测量数据，任务圆满结束。

【题目】

用几何原理解释帽檐测距法。

【答案】

与帽檐（手掌或笔记本）边缘接触的视线，最开始与对岸某点形成了一条直线（见图 32），当人转动方向时，视线就像圆规的一个脚在画圆，由于圆的半径相等，从而得到：$AC=AB$（见图 33）。

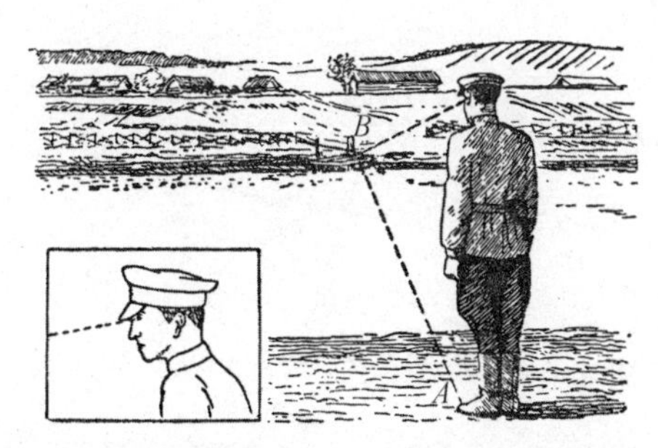

图 32　帽檐测量法需要在河对岸标记一个点

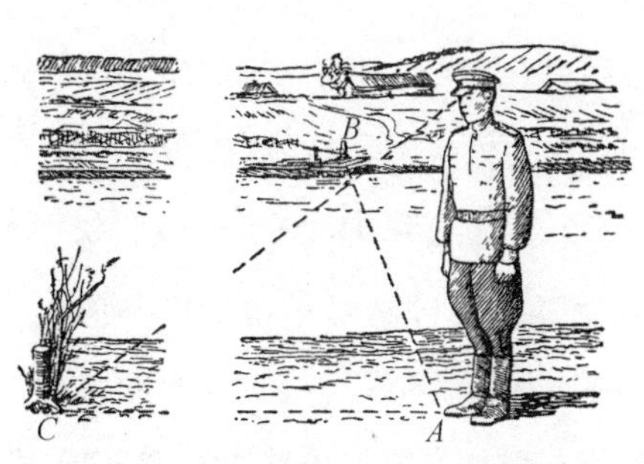

图 33　在自己所在的岸边标记出最远的点

第3节 岛的长度

【题目】

图 34　河中需测量长度的小岛

现在有个更复杂的问题要来了。站在岸边你可以看到河或湖中有一座小岛（见图 34），如果这时你想测量小岛的长度，但是又不能离开岸边，你要怎么完成测量呢？

尽管我们没法靠近需要测量线段的两端，但是就算不借助复杂的测量仪器，我们仍然可以很好地解决这个问题。

【答案】

假设我们想知道河中岛的长度 AB（见图 35），但只能站在岸边测量。在岸边选取任意的两点 P 和 Q，将测标杆插在两点的位置，并在直线 PQ 上找到两点 M 和 N，使 AM、BN 与 PQ 成直角（使用大头针量具）。在 MN 的中点 O 处插一个测标杆，并在直线 AM 的延长线上找到点 C，从 C 点看 O 点的测标杆刚好可以挡住岛的一个端点 B。同理，在直线 BN 的延长线上也找到点 D，从 D 点看 O 点的侧边杆恰好可以挡住岛的另一个端点 A。这样，CD 的距离便是所求岛的长度。

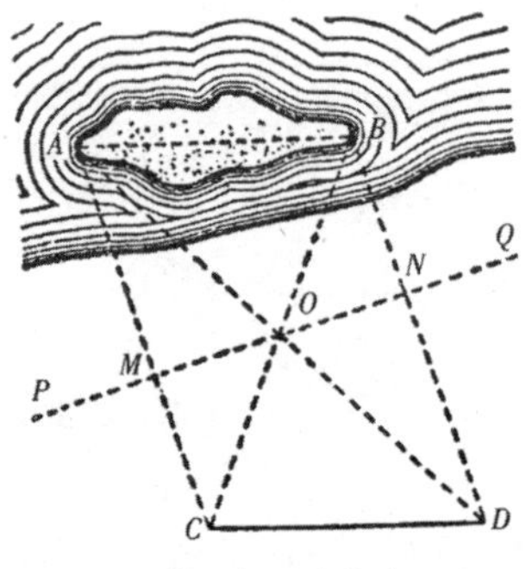

图 35　全等三角形的特性运用

要证明 CD 的长度就是所求岛的长度并不难。请看直角$\triangle AMO$ 和直角$\triangle DNO$，它们的直角边 $MO=NO$，除此之外，$\angle AOM=\angle NOD$，因此直角$\triangle AMO$ 和直角$\triangle DNO$ 是全等三角形，所以 $OA = OD$ 。用类似的方法可以证明 $BO = OC$ ，从而得到$\triangle ABO$ 和$\triangle DCO$ 是全等三角形，所以 $AB = CD$ 。

第4节 对岸的行人距离多远

【题目】

岸边有很多行人沿着河岸边行走。你在河对岸可以清晰地看清他们的脚步。你是否可以在原地确定他们和你之间的大概距离呢？注意：你的手边没有任何可以使用的工具或量具。

图 36　怎样测量你与河对岸行人之间的距离

【答案】

虽然你手上没有任何测量工具，但是还有手和眼睛可以用，这样就足够了！朝着行人的方向，向前伸出手。如果行人往你的右手边方向走，你就用右眼看向手指指尖，如果行人往你的左手边方向走，你就用左眼看向手指指尖。当手指完全可以挡住行人的时候（见图 36），就闭上正在观察的眼睛，而睁开另外一只眼睛。行人看起来就像是向后退了几步，你可以数一下，在下一次手指和行人重合时，他一共走了多少步。这样测量大概距离所需的数据就采集完了。

下面就来解释一下这些数据要怎么运用。假设像图 36 中构建的几何图形所示，a 点和 b 点是你的眼睛的位置，点 M 是伸出手的指尖，A 点是行人的第一个位置，B 点则是行人的第二个位置。$\triangle abM$ 和 $\triangle ABM$ 是相似三角形，但这么说得满足一个条件，就是当你需要转向行人，尽量让眼睛 ab 的移动近似地平行于行人的运动轨迹。因此可以得出 $BM : bM = AB : ab$。在这个比例中只有 BM 这一段是未知的，其他的量都可以直接测量得到。其中 bM 就是你眼睛到手指尖的距离，ab 就是你两眼瞳孔之间的距离，AB 是用行人步数测出的大概距离$\left(\text{每一步平均是}\frac{3}{4}\ \text{m}\right)$。相应地可以得出，你和河对岸行人之间未知的距离为

$$MB = AB \cdot \frac{bM}{ab}$$

举个例子，比如说你两眼之间的瞳距 ab 为 6 cm，伸出的手末端到眼睛之间的距离 bM 为 60 cm，而行人从 A 点走到了 B 点，一共走了 14 步，也就是说这个对岸的行人与你之间的距离为 $MB = 14 \times \frac{60}{6} = 140$（步），也就是 105 m$\left(140 \times \frac{3}{4} = 105\right)$。

通常，你可以提前为测量做好准备，量好你两眼之间的瞳距和伸出的手的末端到眼睛的距离 bM，并将这两个距离的比例关系记录下来，这样就可以快速确定远方物体的距离。接下来就只需要用这个比例关系乘以 AB 的值就可以了。对大部分人来说，$\frac{bM}{ab}$ 的平均值应该在 10 左右小幅度波动。真正难的其实是用怎样的方式确定 AB 的距离，我们使用的是行人所走的步数。这个方法也可以在其他方面付诸实践，比如说，你想测量和远处货物列车之间的距离，那么此时 AB 就可以根据货车车厢的长度进行估算，一般来说，货车车厢长 8 m 左右。如果想测量到房子的距离，那么 AB 就可以根据砖块的长度或窗子的宽度进行估算，诸如此类的还有很多。

同样地，这个方法还可以运用于测量远方物体的体积大小，当然必须满足物体和观测者之间的距离已知。为了完成这个测量体积的目的，我们接下来要讲一下另外一种测距仪的使用。

第5节 简易测距仪

在第1章我们曾提到过一个简易的测高仪可以帮助我们测出未知的高度，现在介绍一种可以轻松测出未知距离的简易测距仪。这个测距仪可以用非常普通的火柴制作。可以在火柴的其中一面标上毫米刻度，为了清晰地展现刻度，可以采用如图37所示的黑白相间的标示方法。

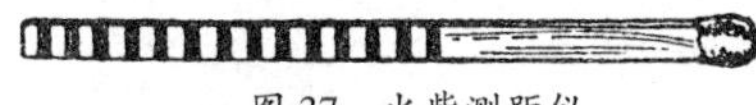
图37 火柴测距仪

在已知物体高度或长度的情况下，可以使用这个简易的测距仪判定远方物体和你之间的距离（见图38）。当然，就算选用任何其他更加先进的测距仪，也是需要知道物体的高度或长度的。假设你看到远处有一个人，然后心中产生了一个疑惑：这个人离自己有多远呢？火柴测距仪就可以帮你解开这个疑惑！用伸出的手握住火柴并用单眼（任意一只眼睛）看向它，当远处人的头顶与火柴的顶端相重合时，用大拇指指甲沿着火柴刻度慢慢移动，当指甲的投影点与

图38 使用火柴测距仪测量距离

远处人的脚底重合时，停止移动。接下来将火柴拿近，看看指甲停留处的刻度。此时你就具有了解决疑惑需要的所有数据。

很容易得出下面的这个比例等式：

$$\frac{\text{所求的距离}}{\text{眼睛到火柴的距离}}=\frac{\text{人的平均身高}}{\text{火柴测量部分的长度}}$$

从上面这个公式我们不难算出未知的距离。假使眼睛到火柴的距离为 60 cm，人的身高为 1.7 m，火柴的测量部分为 12 mm，那么我们就可以确定位置的距离为

$$60\times\frac{170}{1.2}=8\ 500\ (\text{cm})\ =85\ (\text{m})$$

为了能够更熟练地使用这个测距仪，我们可以先量一下你某个同学的身高，让他往远处走一段距离，尝试确定他在这段距离里走了多少步。

用同样的方法还可以确定与骑马者之间的距离（人和马的平均高度为 2.2 m）、与自行车骑行者的距离（自行车车轮直径 75 cm）、与铁路沿线电线杆的距离（电线杆高 8 m，相邻电线杆绝缘体之间的距离为 90 cm）、与火车的距离、与砖房或是类似物体的距离，只要物体的大小不难判定即可。这些方法在我们远足时常常有机会实践。

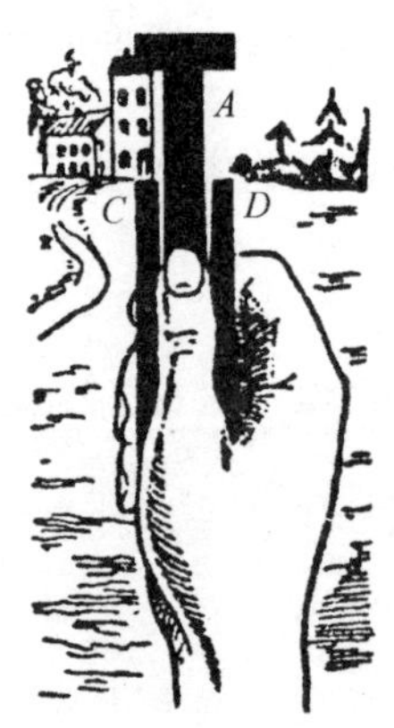

图 39　可抽拉式测距仪的使用

对于善于动手的人来说，自己做一个更方便的同类型测距仪是很容易的，制作这个测距仪的目的是为了根据远处物体的形态来估算距离。

我们可以很清晰地从图 39 和图 40 中看到这个测距仪。观测的物体刚好落于测量仪可以推起的部分 A 段之间。A 段推起

的值很容易由 C 和 D 两块小板条上的刻度确定。为了避免没必要的复杂计算，我们可以在小板条 C 上直接标出相应距离的刻度，如果观察的物体是人，仪器离眼睛的距离就是伸直手臂的长度。在右侧小板条 D 上也可以标注一些距离刻度。比如，高度为 2.2 m 的骑马者、高度为 8 m 的电线杆、翼展长 15 m 的飞机等。这样我们就得到了图 40 所展示的测距仪。

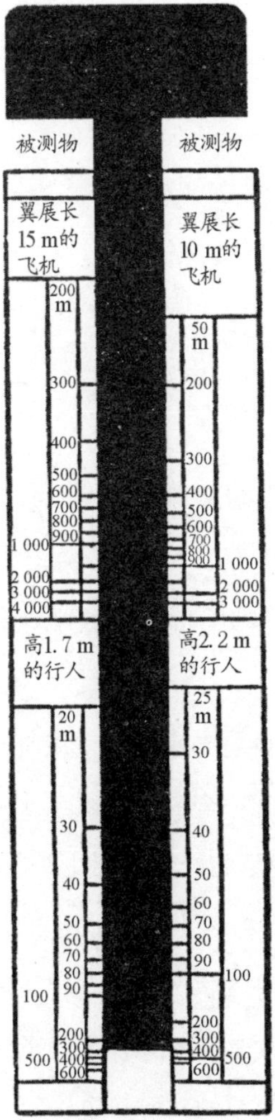

图 40 推拉式测距仪

当然，这个距离的估算准确性不算高，因此只能叫估算，不能算得上精确测量。在之前的例子里，假设用火柴测距仪测出远处的人距离你 85 m，火柴测量部分的刻度为 12 mm，这就决定了，火柴每 1 mm 的测量误差对结果的影响大约是 7 m$\left(\frac{1}{12}\times 85\right)$。但是如果远方的人离你的距离增加到原来的 4 倍，也就是说假设远处的人的距离变为 340 m，这时我们在火柴上看到的刻度就不是 12 mm，而是 3 mm，此时火柴上每 1 mm 的测量误差对结果的影响就变成了约 114 m$\left(\frac{1}{3}\times 340\right)$。从这个测远处人距离我们有多远的例子中，我们可以看出火柴测量法在测量相对比较近的距离（100~200 m）时是比较可靠的，估算远距离时则需要选高度或长度更大一点的物体进行测量。

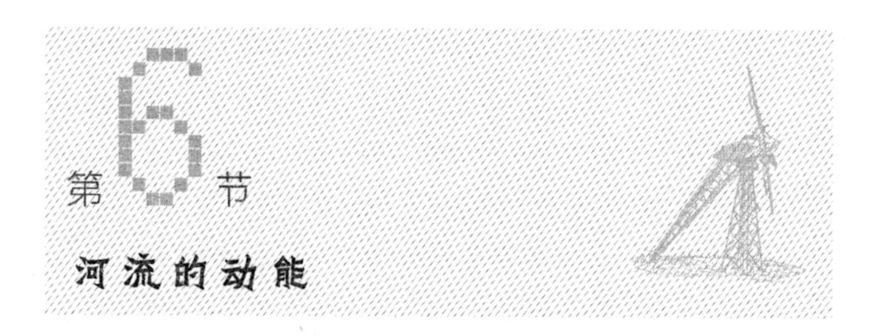

这片土地上万物都有着自己的风貌

小河流淌，水面澄净，泛起银色波光

微风轻拂，草原上的针茅随风摇曳

小村庄隐匿在樱桃林里，若隐若现

——托尔斯泰

我们通常会认为，不超过 100 km 长的河流是一条小河。你知道苏联时期一共有多少这样的小河吗？这样的小河多达四万三千条！

如果这些河流一字排开连成一条线，这条线的长度可达 1.3×10^6 km，可绕地球赤道超过 30 圈（赤道长约 4×10^4 km）。

这些河流缓缓流淌，但在平静之下却隐藏着无穷无尽的能量。专家提出，将所有流经我们祖国大地的小河中所蕴藏的潜在动能相加，我们将得到一个惊人的数字——3 400 万千瓦！这种大自然馈赠的能源必须广泛用于近河流域的乡村经济电气化。

河流动能的运用是通过水力发电站实现的，在修建小型水力发电站的准备工作中，你也可以提供一些有用的帮助。水力发电站的修建者会对河流状况的所有相关信息都感兴趣，比如河流宽度、水流流速、河床横截面积（横断面）以及河岸所能承受的水压大小等。所有这些数据都可以通过测量得到，属于相对简单的几何问题。

如何为修建大坝挑选合适的位置呢？专家、工程师亚罗什和费奥多罗夫提出了一些实用的建议，他们建议将发电功率在 15~20 kW 的小型水力发电站，建在距离村庄 5 km 之内。

水电站大坝必须在距河源超过 10~15 km 且不超过 20~40 km 的范围内建造，因为离源头太远会导致水流大量涌入，需要修建的大坝高度必须抬升。如果大坝离源头的距离小于 10~15 km，则由于涌入的水量少和压力不足，水力发电站将无法提供所需的发电功率。除此之外，修建大坝的河段深度不能过大，因为太深就需要更重更坚实的基地，这样会增加水坝的建造成本。

在村落和山涧小树林之间

有一条小河蜿蜒流淌

——费特（俄国诗人）

你有想过昼夜之间流过一条河的水量有多少吗？想知道这个并不难，我们首先需要测量水流流速，两个人合作就可以完成这项任务。其中一个人带一块表，另外一个人带一个足够显眼的浮标。我们可以自己动手制作浮标，在瓶中装半瓶水，塞紧瓶盖并在上面插上小旗，这样浮标就做好了。我们选取河流的直线部分，并在岸上用标杆标记与河岸平行的两点 A 和 B，假设两点之间相距 10 m（见图 41）。

在与 AB 直线垂直的方向上找到与 A 和 B 对应的两点 C 和 D，并插入标杆。让其

图 41　测量水流流速

中带表的测量者到标杆 D 后面，另一个拿浮标的测量者到 A 点上游一点的位置，将浮标扔到河里，然后迅速到标杆 C 后侧去。两个观测者分别沿着 CA 和 DB 的方向看向河面。当浮标越过 CA 的延长线时，第一个观测者就挥起手，看到这个信号之后第二个观测者就按下表开始计时，当浮标穿过 DB 的延长线时，再次按下表结束计时。

假设时间读数的差为 20 s，那么水流流速就等于$\frac{10}{20}=0.5$（m/s）。

通常将这个测量重复进行 10 次，将浮标在河面的不同点丢进水中[1]。之后将收集到的这些数据相加再除以测量的次数，这样我们就得到了河流表层平均水流流速。

河流深层的水流流速会慢一点，整个河流平均流速大约等于表层水流流速的$\frac{4}{5}$，因此在上述的例子中，整个河流的平均流速为 0.4 m/s。

还有另外一种测量表层水流流速的方法，相较第一种方法准确性要差一点。

首先，提前在岸上测出 1 000 m 并标记出来，我们乘小船逆流划行这 1 000 m，然

1　如果嫌丢 10 次浮标太过麻烦，也可在河面不同位置距离一次性丢十个浮标。

后再顺流划行，尽量让划船的全过程保持使用同样大小的力气。

假设逆流划行这 1 000 m 用了 18 min，而顺流用了 6 min。将要求的河流流速设为 x，将你在静止的水流中划行的速度设为 y，这样就可以得到如下方程式：

$$\frac{1\,000}{y-x}=18,\ \frac{1\,000}{y+x}=6$$

解二元一次方程可得 $2x\approx110$，$x=55$（m/min）。

也就是说表层水流流速等于 55 m/min，相应地可以得出整个河流平均流速大约为 44 m/min。

第8节 河中流过多少水

不管你选择什么方式，总是有办法可以确定水流流速和流向。但是确定河里流过多少水，就需要做大量的准备工作了。计算出流水量，需要确定河床截面积，这项工作更加困难。为了找到该值（通常称为河流的“横断面”），我们需要绘制出该区域的截面图。完成这个任务可以通过如下几个方式。

1. 第一种方法

在你曾经测量过宽度的小河两岸分别钉上小标桩，然后和你的同伴划船从一个标桩到另外一个标桩，过程中尽量沿着两个小标桩连成的直线前行。如果是缺乏经验的桨手会很难胜任这个任务，尤其在河流流速湍急的时候。因此你的同伴必须是个技术高超的桨手，除此之外，第三个参与者还需要站在岸边观察，帮助你的同伴，当船的行驶方向偏离既定的轨迹时，岸上的观察者能够给桨手一些信号指示，以便桨手及时调整方向。在第一次横渡时，我们只需要数出渡河一共划了多少桨，以及划多少次桨可以使船向前移动 5 m 或者 10 m。当第二次渡河时，这次拿着带有刻度标记并且足够长的水位尺，每 5~10 m（用划桨的次数来衡量）将水位尺插入水中，垂直到底，然后在这些地方记录河流的深度。

上述的方法只能测量小河的流动断面，而对于那些流域宽广、水量充足的大河就需要更加复杂的方法了，这项工作通常交由专家来完成。业余爱好人士只能选择用简单的测量方法解决能力范围内的任务。

2. 第二种方法

测量窄而浅的小河也可以不用小船。

在两岸的小标桩之间拉紧一根连接索，确保连接索与水流方向垂直。在连接索上每隔 1 m 用结扣做上标记，在连接索上每一个结扣处插入水位尺，测量河床的深度。

当所有的测量结束后，首先需要在毫米方格纸上或带格子的笔记本上，画出河流的横向剖面图。绘画完毕后将得到一个如图 42 所示的图形。该图形的面积非常容易确定，因为它可以被看作是多个梯形和两个边缘的三角形相加构成，梯形、三角形的底边和高都已知。如果图形的比例尺为 1∶100，那么我们很快就能得到以平方米为单位的结果。

图 42　河流横断面

现在，用于计算流水量的所有数据都具备了。显然，每秒有大量的水流过河流的“横断面”，这些水的体积就相当于棱柱的体积，截面即为棱柱的底面，平均每分钟水流速度即为棱柱的高。比如，河流中水流的平均速度为 0.4 m/s，而“横断面”的面积为 3.5 m^2，则每秒流过截面的水量即为

$$3.5\times 0.4=1.4\ (m^3)$$

或者可以说 1.4 吨（1 m^3 水的质量是 1 吨，1 吨等于 1 000 kg）；

由此可得每小时流过截面的水量为

$$1.4\times 3\ 600=5\ 040\ (m^3)$$

而一昼夜流过的水量就为

$$5\ 040\times 24=120\ 960\ (m^3)$$

一条横断面积为 3.5 m^2 的小河，也就是说这条小河仅宽 3.5 m，深 1 m，随便就可以趟过去的小河，一天之间的流水量竟然超过 1×10^5 m^3。可想而知，它隐藏了多少可以转化成强大电力的能量。想象一下，像涅瓦河这样的大长河，一天之间的流量有多少？涅瓦河每秒流过横断面的水量为 3 300 m^3，这是列宁格勒附近涅瓦河的“平均径流量”，而基辅附近第聂伯河的“平均径流量”则为 700 m^3/s。

年轻的勘探者和将来水力发电站的建设者还需要知道一项关键信息——河岸所能承受的水压，即修建大坝后可以产生的水位差（见图 43）是多少。为此，我们需要在河的两岸 5~10 m 处，在垂直于河流方向的直线上插入两根木桩，然后沿着这条线移动到河岸上有明显断层的位置，再插入一个小标杆（见图 44）。借助带有刻度线的水准标尺测量小标杆比低处的木桩高出多少并测出它们之间的距离。根据测量结果可以绘制出与我们构建出的河床轮廓类似的河岸断面图。

图 43 布尔玛金斯基地区集体农庄发电量为 80 kW 的发电站

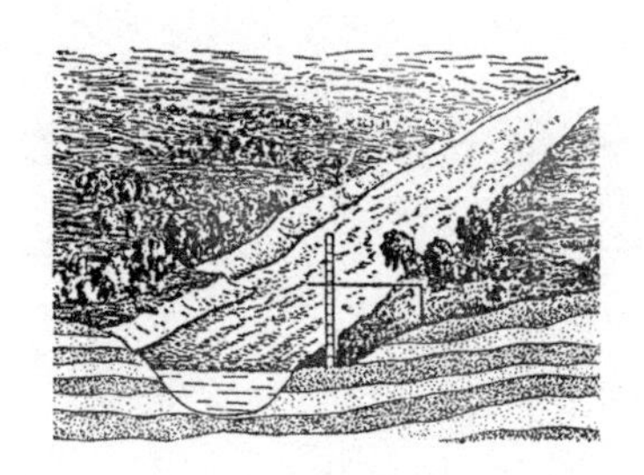

图 44 测量河岸断面

根据河岸断面图我们就可以判定河岸能够承受的水压值。

假设水位可以被大坝抬升 2.5 m，在这种情况下你可以粗略估算一下，将要修建的水电站可能的发电量。要解决这个动力学问题，我们可以使用如下计算：

$$1.4\times2.5\times6=21\ (\text{kW})$$

其中 1.4 是每秒河流的流量，2.5 是河流的水位高度，6 是根据机器能量损耗而变化的系数。这样我们就可以得出即将修建的水电站的发电量约为 21 kW。

由于河流水位和流量一年四季中都是不断变化的，为了便于计算，我们这里采用的是一年中大部分时间下的流量。

第9节 水轮机如何旋转

【题目】

带桨叶的水轮机通常放置在河底，使之容易转动的位置。你知道如果水流从右往左流动，那么水轮的转动方向是怎么样的吗？(参见图 45)

【答案】

水轮将逆时针方向旋转。因为深层的水流流速比表层水流流速要慢，相应地水轮机上方的叶片受到的压力比下方受到的压力要大。

图 45　水轮机朝哪边转动呢?

第10节 彩虹薄膜有多厚

如果平常注意观察，那么在工业废水的排水口附近能看到美丽的七彩溢流。当混有机油的工业废水排入水中时，可以看到机油很容易在水面四散蔓延，直至变为薄薄的一层。我们能否测量或是近似地估算这层薄膜的厚度呢?

这听起来是个很复杂的问题，但是要想得到问题的答案并不难。当然，我们不需要直接测量薄膜的厚度，而是通过间接的计算来达到目的。

首先取一定质量的机油，比如 20 g，然后将机油倒入水中，当机油在水中四散蔓延，最后仍然可以清晰地看到机油还是呈现出圆形，这时我们只需要测量出这个圆点的直径即可。因为知道直径之后我们就可以得到圆形面积，而且我们很容易根据机油的质量和密度得出机油的体积，最后就能够求出未知薄膜的厚度了。下面来看一个例子。

【题目】

已知将 1 g 煤油倒入水中，展开后的直径为 30 cm，那么水中煤油薄膜的厚度为多少呢？（1 cm^3 的煤油质量为 0. 8 g）

【答案】

由上述 1 cm^3 的煤油质量为 0. 8 g，我们能够得知 1 g 煤油的体积为 $\frac{1}{0.8}=1.25$（cm^3），即 1 250 mm^3，圆柱底面积直径为 30 cm，即 300 mm，底面面积约为 70 000 mm^2（$S=\pi r^2$），则煤油的厚度为

$$\frac{1\ 250}{70\ 000}\approx 0.018(\mathrm{mm})$$

得出了煤油的厚度为 0. 018 mm，小于五十分之一毫米，如果用普通的方法直接测量这样的厚度是不可能的。油和肥皂在水中的薄膜甚至更薄，只有 0. 000 1 mm 或者更小。英国物理学家鲍里斯在他的书中写过，在池塘里做肥皂泡沫的实验：将一勺橄榄油倒在池塘水面上，橄榄油扩散形成了更大的点，直径在 20~30 m，因为池塘空间变大，橄榄油点比在勺子上时的宽度和长度都扩大了几千倍。这时水面表层油的厚度大约只有在勺子上的百万分之一，接近 0. 000 002 mm。

第11节 圆形涟漪

【题目】

图 46　水波纹

你肯定尝试过往平静的湖里扔石子游戏，这时水面产生的涟漪像图 46 中那样呈圆形，你有想过这是什么原因吗？千万不要为解释这个奇妙的自然现象而感到为难，原因是这样的：波纹是从某个起始点以相同的速度向各个方向扩散，因此每个时刻所有波纹到达的点都应该与产生波纹的起点距离相同，也就相当于所有扩散的波纹都处在同一个圆周上。

如果将石子丢入快速流动的河中，情况又会是怎样的呢？水波从石子落下水的点，同样还会形成圈圈圆形涟漪，还是这个圆形会被拉长呢？

第一反应你可能会觉得，在水流快速流动的河中，这个圆形的涟漪应该被水流带走，朝着河流流动方向被拉长。顺着水流方向的波纹应该比逆着水流方向或是侧面的波纹传播得快，因此河面上起的波纹应当呈现某种歪斜的闭合图形，无论如何也不可能是圆形了。

事实则完全相反。我们尝试在湍急的河流中丢入石子，可以看到，涟漪仍然是完整的圆形，和在平静河流中形成的圆形一样。这是为什么呢?

【答案】

接下来将做如下推理。假设河中的水流是静止的，河面上会形成圆形的水波纹。那么水流的流动会使圆形水波纹发生怎样的变化呢？如图 47 中左边图形所示，用箭头表示水流，水流会冲向圆形水波纹上的每个点，所有的点都会以相同的速度沿着平行直线移动，因此这些点移动的距离是相等的，也就是圆形水波纹仅发生了平行位移，并没发生任何形状的改变。我们可以从图 47 中右边的图形看到，事实上，原圆形水波纹上的点 1 平移到点 1′，而点 2 平移到点 2′。原四边形 1234 变成与之全等的四边形 1′2′3′4′，并且很容易看出 122′1′、233′2′、344′3′构成平行四边形。如果我们在圆周上取的不是四个点，而是更多的点，就会得到全等的多边形；如果我们取圆上的无数个点，那么就能得到平行位移的圆形。

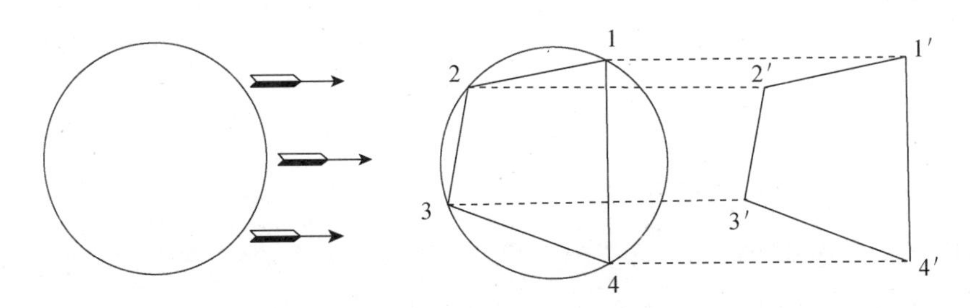

图 47　水流不会改变波纹的形状

这就是为什么波纹的形状并不会随着水流流动改变，在流动的河流中仍然保持圆形的原因。唯一的差别是，平静的湖面上形成的圆形水波纹的圆心是固定的，不会发生位移，而流动的河面上的圆圈水波纹的圆心是带着水流的速度而移动的。

第12节 炮弹炸裂的形状

【题目】

炮弹的炸裂问题，看起来和上一节中的水波纹问题毫无关联，而实际上，炮弹的炸裂与水波纹之间有着十分紧密的内在联系。

想象一下，在空中高速下落的榴霰弹，瞬间凌空爆炸，炸裂的弹片四处飞散。假设这个过程中，炸飞的弹片带有相同的作用力并且未受到来自任何方向上的阻力。那么从弹片爆炸的瞬间，又未落到地面之前的这段时间，它的运动轨迹是怎样的呢？

【答案】

这个问题和水波纹的问题类似。你可能会认为四处飞散的弹片在下落过程中会形成某种向下拉长的几何图形，因为向上飞出的弹片会比向下落的弹片速度慢。不难证明，榴霰弹爆炸的一瞬间，在不受到重力的影响下，所有炸出的弹片从爆炸点向各个方向飞出一段相等的距离，这样弹片自然就构成了一个球曲面。这时我们再加入重力分析，受重力的影响弹片迅速朝下落，所有弹片受到相同的重力，以相同的速度朝下降落[1]，从而一瞬间向下移动的距离也相同，就相当于弹片发生了平行位移。平行位移并不改变物体的形状，所以球曲面在平行位移之后仍然是球曲面。

由此可见，我们想象的榴霰弹弹片在爆炸瞬间的运动轨迹形成的几何图形，应该和向下做自由落体运动的气球一样。

---

1 速度不同的差异是由于空气阻力造成的，而这个分析中我们已经排除了空气阻力的影响。

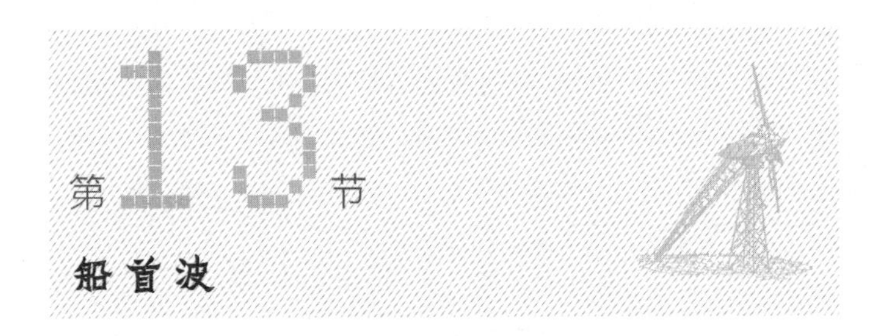

第13节 船首波

现在让我们重新回到河流的主题上来。当你站在桥上观察河中快速前行的船只时，你会发现船快速行驶过的水面会留下船行波。船行波分为船首波和船尾波。这里我们着重关注船首波。从图 48 中可以清楚地看到，船头将河水以一定角度分开，并形成两个波峰。

船首波是怎么产生的呢？为什么两个散开的波峰之间的角度越小，船行的速度就越快呢？

图 48　船首波

为了弄清船行波峰出现的原因，我们要再回顾一下往河里丢石子时，在水面激起的圆形涟漪。

每隔一段时间往水里丢小石子，会看到水面会形成层层大小不同的圆形水波纹，并且水波纹的产生有一定的规律性，越晚丢进去的石子产生的圆形水波纹就越小。如果沿着同一条直线每隔一段时间丢石子，那么最终形成的一串圆形水波纹就很像船头激起的浪，所用的石子越小，丢石子的频率越高，这个相似性就越显著。这时我们将一根小棍浸入水中，并沿水面划出一条线，就可以看到不断掉落的石子产生的层层波浪，这与船头产生的船首波一样。

还要为这个示例补充一点，使之更加清晰完整。在水中行驶的船，船头激起船首波的每个瞬间，都跟丢下的石子激起的水波纹是一样的。圆形波纹向四面扩大，但随着船向前行驶，很快就激起第二个、第三个波浪。石子间歇激起的圆形波纹被不断出现的新波纹所取代，这样就得到了如图 49 左图所示的图形。两个相邻的波峰相遇时，彼此碰撞，只留下了两个圆形波纹外侧的一小部分，保留下来的部分相互融合，从而在圆形波外切线的位置形成两个连续的波峰，如图 49 右图所示。

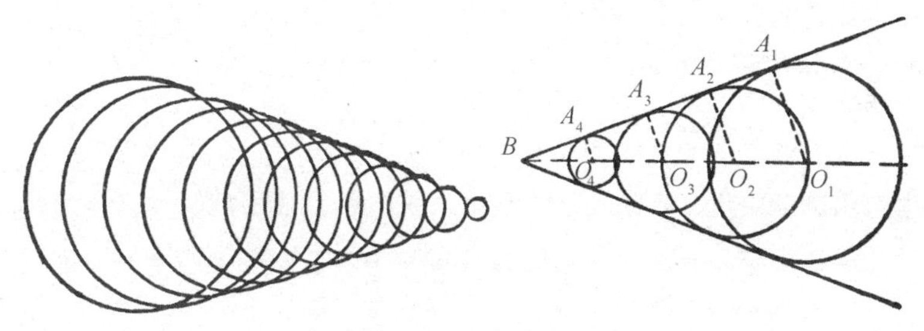

图 49　船行波的形成

但值得注意的是，这个现象产生的另外一个必要条件就是物体的运动速度要快，物体运动得越快，水波峰就会越大越清晰。如果只是拿着小棍在水中缓慢地划动，你就不会看到波峰了，只能看到圆形水波纹一个接一个，圈圈相扣，水波之间也不再会拥有公共的外切线。

当物体在水面静止时，河水的快速流动，也会产生船首波。只要河流的流速够快，相似的水波峰也会形成。比如，在桥墩附近水面形成的水波峰会比轮船驶过激起的水波峰更加清晰，因为这种情况下少了轮船螺旋桨的干扰。

我们已经从几何的角度分析过了，现在尝试做个题目吧。

【题目】

船首波分开的两个支流构成的波峰夹角大小由什么决定呢?

【答案】

用图 49 右图举例，从船首波的每个圆心向对应部分的线性波峰绘制半径，将这些点连起来我们就得到了这些圆形波的公共切线。可以设想一下，O_1B 是一段时间内船首波的前部的运动轨迹，O_1A_1 是相同时间下水波扩散的距离，$\frac{O_1A_1}{O_1B}$的关系形成一个正弦角$\angle O_1BA_1$，同时也就是水波传播速度与船行速度之间的比值。这也就意味着两个支流构成波峰的夹角$\angle B$ 刚好是正弦角$\angle O_1BA_1$ 的 2 倍，即水波行进速度与船行速度比值的 2 倍。

圆形波在水中传播速度并不取决于是什么样的船在水中行驶，因此船行波角度的差别主要由船的速度决定，夹角$\angle B$ 的半角正弦与船行速度成反比。反过来，根据角度的大小，我们可以判断船行速度是水波传播速度的多少倍，假设一艘普通的客货两用船在水面航行，在水面激起的水波峰夹角为 30°，那么半角的正弦（sin15°）约等于 0. 26，这就意味着船行速度大约是水波行进速度的$\frac{1}{0.26}$，也就是大约 4 倍。

第14节 炮弹飞行的速度

【题目】

在空中飞行的子弹或是炮弹所激起的空气波和我们看到的船行波很像。

有多种方法可以拍摄飞行中的炮弹，图 50 高度还原了两个以不同速度飞行的炮弹的拍摄图片。图片中我们可以清晰地看到，飞行的炮弹在空气中产生了涟漪。这个空气涟漪产生的原因和船头波产生的原因一样，并且几何关系在这里也一样适用，即空气波分散开的半角正弦等于空气波在空气中的传播速度与炮弹自身飞行速度的比值。已知空气波在空气介质的传播，与声波的传播速度几乎相同，约为 330 m/s，我们要如何确定图 50 中两个子弹的飞行速度呢?

图 50　飞行的炮弹在空中产生的空气波

【答案】

量一下图 50 左图的空气波夹角约为 80°，而右图的空气波夹角约为 55°。图中两个夹角的半角分别为 40°和 27.5°。$\sin 40° \approx 0.64$，而 $\sin 27.5° \approx 0.46$。空气波的传播速度约为 330 m/s，所以左图的子弹飞行速度为$\frac{330}{0.64} \approx 520$ m/s，右图的子弹飞行速度为$\frac{330}{0.46} \approx 720$（m/s）。

由上面的例子可以看出，借助某些物理学原理，构建出简单的几何图形能够帮助我们很好地解决第一眼看上去十分复杂的难题，比如说根据飞行炮弹的轨迹图片来判断炮弹飞行速度。当然，这里我们只能说得到的值是近似的，因为此处并未考虑一些其他的次要因素。

【练习题】

为了帮助大家加深理解和巩固知识点，图 51 为大家提供三张子弹飞行的图片，可以自主独立完成类似计算。

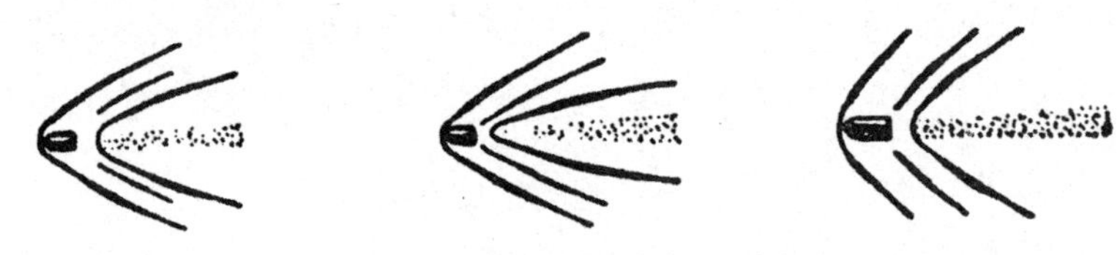

图 51　飞行的子弹在空中产生的空气波

水波纹的分析将我们引入了炮弹的领域，现在是时候重回河流的讨论。下面让我们看一下印度人如何用莲花解题的。

在古印度有一个习惯，会把问题和原理藏在诗文中，下面请看这首诗：

平静湖水清可见，

莲花亭亭独自立，高出水面足半尺。

忽然一阵疾风降，莲花倾倒向一边。

初春赏莲渔人知，莲花被吹离两尺远。

谁人能知湖水深？

图 52 展示了诗文中所蕴含的几何原理，将所求池塘深度 CD 设为 x，那么根据勾股定理可得：

$$BD^2 - x^2 = BC^2$$

也就是 $\left(x + \frac{1}{2}\right)^2 - x^2 = 2^2$。

从而得出 $x^2 + x + \frac{1}{4} - x^2 = 4$，解得 $x = 3\frac{3}{4}$。

即所求的池塘深度为 $3\frac{3}{4}$ 英尺。

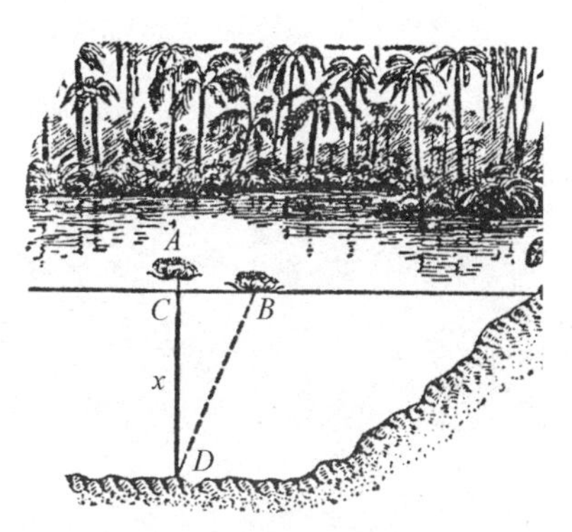

图 52　印度人的莲花解题法

在近河岸或是浅水池塘，我们完全可以利用水生植物来解决类似的现实问题。根本不需要借助任何仪器，甚至不需要沾湿手就可以轻易知道池塘有多深。

第 16 节　河中倒映的星空

潺潺流水和夜空的组合，给几何学家提出了一个很好的几何问题。

俄国著名作家果戈理在作品中有这样一段描述：群星闪耀点亮夜空，星空倒映在第聂伯河中，瞬间星河璀璨。第聂伯河将整个星空藏在自己夜色的怀抱中，没有一颗星星能够逃出它的怀抱，直至消失。实际上，当你站在宽广的河边，会有一种感觉，好像水面反射出了整个星空苍穹。这个现象是怎么产生的呢？是不是天上的所有星星都反射到了河里呢？

我们来画个草图，请看图53，观测者站在陡岸边缘，A 点为观测者眼睛的位置，MN 为水面，观测者能从 A 点看到什么样的星星呢？

为了解开这个谜题，我们从 A 点，与水面 MN 垂直方向向下延伸，A 点与水面 MN 的延长线相交于 D 点，继续向下延伸找到 A' 点，使 $AD=A'D$。假设观测者的眼睛位置在 A' 点，他能看到包含在角 $\angle BA'C$ 之内的部分星空，因为 A' 点的视野作用范围与 A 点是一样的。角度之外的群星是不能被观测者看到的，它们的反射光会从观测者眼旁边经过。

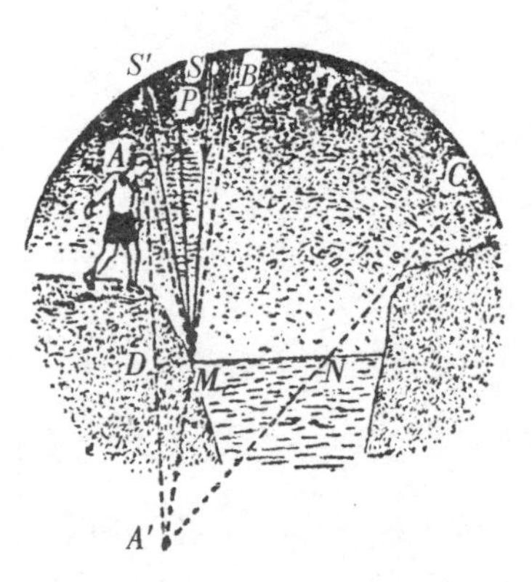

图53　在水面的倒影里能看到星空的哪一部分

这个说法可靠吗？如何证明这一点呢？例如星星 S 位于 $\angle BA'C$ 外侧，我们的观测者在水面的倒影里能看到这颗星星吗？

让我们把目光落到近岸的 M 点，MP 与水面 MN 垂直，根据物理反射原理，$\angle SMP$ 关于对称轴 MP 的反射角与它本身相等，但是这个反射角小于 $\angle PMA$，利用 $\triangle ADM$ 与 $A'DM$ 全等很容易证明这一点。综上，星星 S 的反射光线应该从 A 点眼睛位置旁边经过，并且星星 S 的光线能够进入观察者的眼睛时，反射点应该在比图上 M 点更远的位置。

这么看来，果戈理的描写内容实属夸大，第聂伯河里能倒映的星空远远没有我们实际看到的星空包含那么多的星星。

在什么地方修建跨河桥距离最短

【题目】

A 点和 *B* 点之间有一条两岸近乎平行的河，详见图 54。现在我们要在这两点之间建造与河岸垂直的跨河桥，应该怎么选择建桥点，才能使 *A* 点到 *B* 点之间的距离最短呢？

【答案】

请看图 55，经过 *A* 点，沿与两河岸垂直的方向划一条直线，使线段 *AC* 刚好等于河宽，然后将 *C* 点和 *B* 点连接起来。*BC* 经过的 *D* 点就是最适合修建跨河桥的位置，能够使 *AB* 之间距离最短。

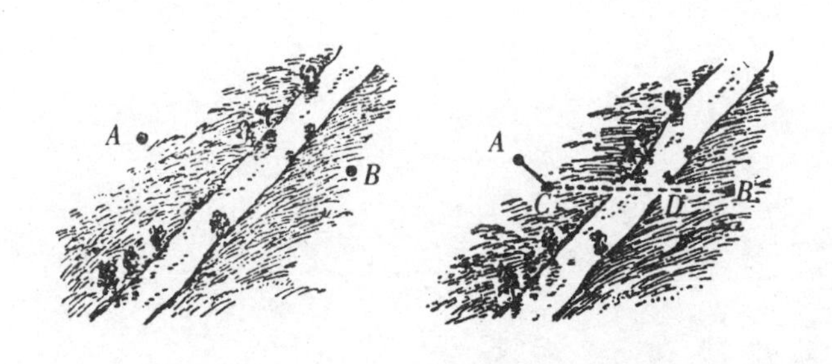

图 54　河岸　　　　图 55　选择建桥的最佳点

修建好跨河桥 *DE* 后（见图 56），将 *E* 点和 *A* 点相连，我们就得到一条路径 *AEDB*，其中 *AE* 与 *CD* 平行，因为 *AEDC* 是一个平行四边形，它的对边 *AC* 与 *ED* 相等且平行。因此 $AEDB$ 这条路径在长度上等于路径 ACB。很容易从图中看出，任何一条路径都会比这两条路径长。如果你心存怀疑，那么我们来举个例子。假设路径 $AMNB$（见图 57）比路径 $AEDB$ 短，我们将 C 点和 N 点相连，$CN=AM$。也就是 $AMNB=ACNB$。但是 CNB 明显要比 CB 长，也就是说路径 $ACNB$ 比 ACB 要长，从而可以推出 $ACNB$ 比 $AEDB$ 要长，则 $AMNB$ 也比 $AEDB$ 要长，假设显然不成立。

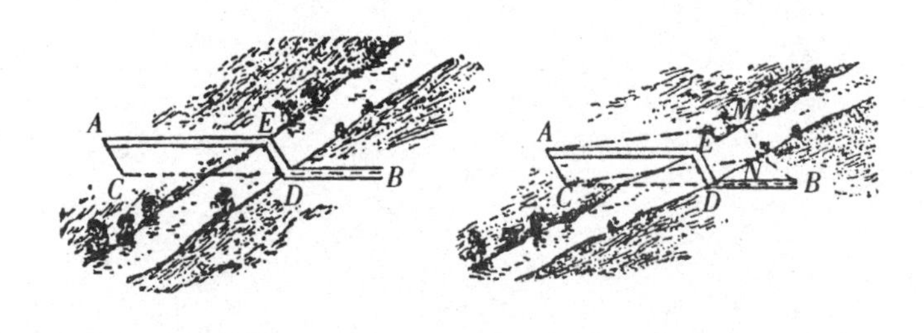

图 56　建桥　　图 57　$AEDB$ 是最短路径的证明

这个结论可以运用于河岸上的任何一个位置，不仅限于 M，即在其他上任意一点建桥，距离都要比路径 $AEBD$ 长。

第18节　如何修建两座跨河桥最佳

【题目】

再来看一种更加复杂的情况，如图 58 所示，同样需要找到 A 点与 B 点之间跨河的最短路径，但 A 点和 B 点之间跨越了两条河，这就意味着两座跨河桥必须分别与两条河岸成直角并交叉两次，这时我们该怎么选址建桥呢?

【答案】

我们与之前一样，需要从 A 点引一条线段 AC 垂直于第Ⅰ条河，并且 AC 的长度等于第Ⅰ条河的河宽。同样地，从 B 点引一条线段 BD 垂直于第Ⅱ条河，并且 BD 的长度等于第Ⅱ条河的河宽。将 C 点和 D 点连成线段，这条线段经过第Ⅰ条河的 E 点和第Ⅱ条河的 G 点。我们分别在 E 点建桥 EF 和 G 点建桥 GH，那么 $AFEGHB$ 就是我们要找的 A 点和 B 点之间的最短路径。

读者朋友们若想证明这个推断，可以参照上一节中同样的方法进行验证。

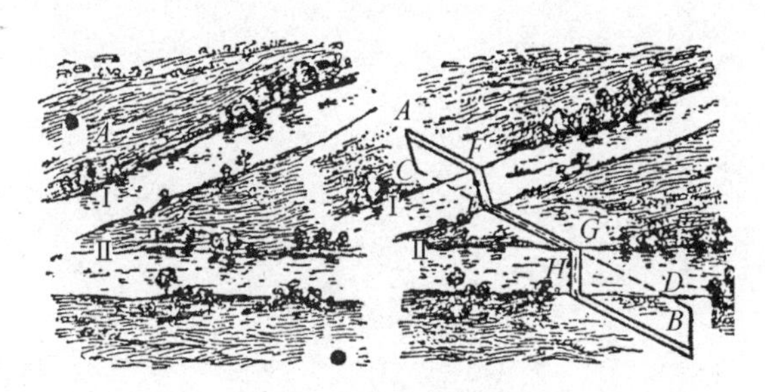

图 58　修建两座跨河桥

03

广阔天地中的几何学

导读

刘月娟

在我们的生活中，处处体现着几何学的问题，在本章中，就有很多实例，比如举起你的手，对着月亮比一个“OK”的手势，然后前后伸缩你的手臂，你会发现一个奇怪的现象，有时月亮在你的“OK”圈里，有时比圈小、有时比圈大。这到底是怎么造成的呢？你是不是会纳闷，月亮到底有多大呢？其实这是距离和角度的变化引起的。下面我们就简单看一下关于角度和距离的知识。

1. 距离和角度

钟表可以准确地反映出角度问题，比如说3点整的时刻，时针和分针的夹角是90°，每经过1 min，分针转过6°，那么1°该怎么刻画呢？因此大角度可以利用钟表的刻度进行估算，当看比较小或单独的物体时，视角通常会很小，所以很难估计。那该选择何种方法估算呢？你可以在文中找到答案。

观察一个有刻度量筒内的有色液体的刻度时，从比量筒高的角度观察和从较低的位置观察的刻度是不同的；从不同的距离观察同一个物体，你会发现物体呈现出的大小不同。这两个简单的例子说明，观察物体的角度和距离都会影响物体呈现出的大小，确切地说，距离可以影响视角。距离对视角的影响比我们想象中要大得多。

手握一个苹果，将胳膊伸直，用苹果不仅可以挡住月亮，还可以挡住一大部分天空。把苹果挂在细绳上，然后渐渐远离苹果，直到苹果刚好可以盖住满月，这时你所在的位置看到的苹果和月亮具有相同的视角，因此看起来大小相同。

还有我们在影院里观看电影的时候，总是有如下场景出现：比树还高的昆虫、硕大的水滴、堆雪如山的照片、相撞的火车，这些难道都是实景吗？答案是否定的。其实只要采用拉近距离和特别的小视角拍摄手法，就可以得到这些景象。

2. 量角器

几何学中有一个工具很重要，就是量角器，它可以帮助我们测量图形的角度，但它只适用于在纸上作图。当你身处野外时，买到的文具量角器就不适用了，但是我们可以制作“活量角器”，有一种活量角器，就在我们身边——借助自己的手指来充当量角器。为了能够很好地使用手指来进行视角的近似估算，我们需要事先做一些测量和计算。知道一些基本的数据以后，就方便我们的测量了。具体的测量方法，在本章的第 6 小节中会讲到。第一次听到这种测量方法的人会觉得不可思议，你可以根据文中的内容动手测量一下，会发现在没有工具的情况下，这是一个很好的方法。譬如测量角度，不仅可以利用指甲，还可以用大拇指指节。对于文中提到的测量方法就不再一一介绍了，期待在你读书的时候一一发现。

第1节 我们看到的月亮有多大

空中的满月像什么呢？不同的人听到这个问题可能会有不同的回答。

你或许会听到，满月像盘子、像苹果、像脸庞等不同的比喻。这些答案都是极其含糊的，这就说明了受访者根本没有认识到问题的实质。

只有当你真正了解问题问的是什么，才能够给出准确的回答，而我们通常给出的答案则是好像……看起来……

很少有人能够准确地说出满月像什么这个问题，其实是与某种角度相关，而这个角度由所观测物体两端发出的两条光线在眼睛处相交而形成，我们通常称之为“视角”，如图59所示。

图59 视角是什么

在判断天空中的月亮看起来有多大时，把月亮的大小与盘子或苹果的大小进行比较，这样的回答完全是未经思考的，我们应该说月亮在某种视角下看起来像盘子或者苹果。但是这种说明本身仍不够准确，因为视角会随着盘子或苹果与我们之间的距离变化而不同。如果将盘子和苹果拿近一点，视角就会变大，拿远一点，视角就会变小。为了更加准确，我们还必须指出盘子或苹果与我们之间的距离。

将远处的物体与某些其他物体的大小作比较，而不指出它们之间的距离，这是一种惯用的文学手法，一流作家们也常常会使用。这种手法与大多数人的惯常心理相近，因此会给人留下深刻的印象，但其中并不包含清晰形象。这里有个例子，莎士比亚著名戏剧《李尔王》中，描述了埃德加从海边的悬崖峭壁上眺望的景色：

“太可怕了！简直让人头晕！完全不敢低头往下看！在半空中盘旋的寒鸦和乌鸦，看起来还不及苍蝇大；采海藻的人看起来比自己的头还要小；在岸边行走的渔夫，像老鼠一样小；在岸边停泊的舰艇，看起来像小船一样；而小船则变成了一个浮点。视野范围内的东西都变得太小了”。

如果上述比较对象（苍蝇、自己的头、老鼠、小船等）能够指明距离程度，那么这些比较就能给出关于距离的清晰概念。同样地，当我们将月亮的大小与盘子或苹果进行比较时，也需要说明这些物品距眼睛多远。

距离对视角的影响比我们想象中要大得多。手握一个苹果，将胳膊伸直，用苹果不仅可以挡住月亮，还可以挡住一大部分天空。把苹果挂在细绳上，然后渐渐远离苹果，直到苹果刚好可以盖住满月，这时你所在的位置看到的苹果和月亮具有相同的视角，因此看起来大小相同。经过实践证明，你离苹果的距离大约应该是 10 m，这是你需要将苹果移开的距离，以便它看起来确实与天空中的月亮大小相同。如果这里换成盘子，那么你需要将盘子移开约 30 m，也就是约 50 步。

上面的内容对于第一次听到这种说法的人来说可能难以置信，但这是不可否认的事实，因为我们看月亮的视角大约是半度。[1]在日常生活中我们几乎不会遇到角度的估算，因此大部分人（这里除去测量员、绘图员和一些其他常常在实践中测量角度的专家）对像 1°、2°和 5°这样的小角度，有着十分模糊的认识。只有当遇到大角度的时

---

1 实际上，我们看到的月亮的直径，或者说我们看月球的视角并不是恒定不变的。月球在轨道上不停转动，它与地球的距离从 354 000 千米到 406 000 千米不断变化，相应地，月亮的视角也是从 33′40″到 29′24″之间变化。

候，才能进行大致估算。我们可以借助钟表指针之间的角度来估算。众所周知，三点时，时针和分针的夹角为 90°；两点时，时针和分针夹角为 60°；一点时，时针和分针夹角为 30°；而四点和五点时，分针和时针的夹角分别为 120°和 150°。我们甚至不需要数字刻度，就可以根据指针之间的角度来判断时间。但是我们看比较小或单独的物体时，视角通常会很小，所以很难估计。

下面来看个直观的例子。一个身高 1.7 m 的人距离你多远时，看向他的视角为 1°呢？用几何语言来说就是，已知 1°圆心角所对应的弧长为 1.7 m，我们需要计算圆的半径。严格地说来这里的弧长应该是弦长，但是由于角度过小，对应的弧长和弦长之间的差别也十分微小。所以这里就可以把弦长看作弧长。

如果 1°视角所对应的弧长为 1.7 m，那么 360°的圆周长就为 1.7×360=610（m），圆的周长为 $2\pi r$，如果这里取 π 的值为$\frac{22}{7}$，那么圆的半径就为：

$$610 : \frac{44}{7} \approx 97 \text{（m）}$$

图 60 在 1°视角下看到的几百米远处的人

这样，我们就可以知道身高 1.7 m 的人在距离你约 100 m 时，看他的视角为 1°（见图 60）。如果人走远到 200 m 处，那么此时你看他的视角则为 0.5°，如果人走近到 50 m 处，那么视角就会增加到 2°。

综上所述，不难算出 1 m 长的木棍在 1°视角下的距离应该是 $360:\frac{44}{7}\approx 57$ m。我们就可以认为 1°视角下 1 cm 的物体距离我们 57 cm，1 km 的物体距离我们 57 km。总之，任何物体直径长度的 57 倍距离下形成的视角为 1°。我们可以记住 57 这个数字，这样就可以简单快速地计算出与物体角度值相关的结果。

例如：我们想要确定应将横截面直径为 9 cm 的苹果拿多远时，视角为 1°？我们可以非常简单地用 9×57，就可以知道应该将苹果拿到约 510 cm 处，也就是大约距我们 5 m 处。如果将苹果拿到 5 m 的 2 倍远，即 2×5＝10 m 远处，那么此时的视角就缩小$\frac{1}{2}$，即 0.5°，也就是看起来和月亮一样大小时的视角。

用这种方式我们可以测算任何物体，当他们看起来和满月一样大小时离我们的距离。

第3节 月亮和盘子

【题目】

当直径为 25 cm 的盘子看起来和空中的月亮一样大时，需要将盘子拿到离自己多远处？

【答案】

25×57×2＝2 850（cm）≈28（m）

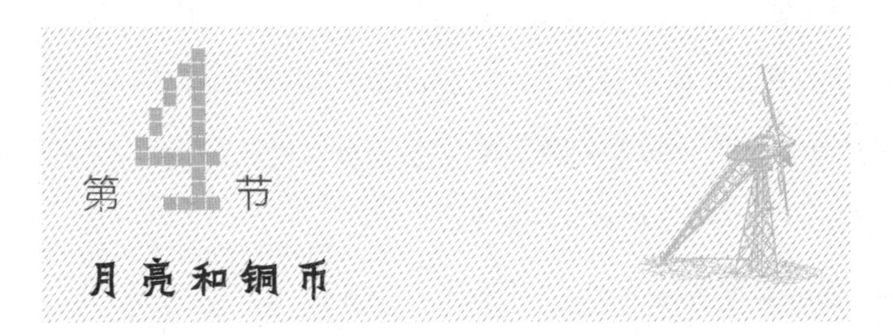

【题目】

需要将五分（直径 25 mm）的硬币和三分（直径 22 mm）的硬币放在多远，使之看起来和空中的月亮一样大?

【答案】

0.025×57×2≈2.8（m）

0.022×57×2≈2.5（m）

月亮比在四步左右的距离看上去的五分硬币小，比在 80 cm 左右的距离看上去的铅笔的截面还要小，这是不是让人难以置信？将拿铅笔的手臂伸直，对准满月，你可以看到铅笔轻松地挡住了月亮，甚至绰绰有余。不用觉得奇怪，实际上更加适合与月亮比大小的物体并不是盘子、苹果或樱桃，而是豌豆粒和火柴头！如果要拿满月与盘子和苹果作比较，需要将它们移开非常远的距离。拿在手上的苹果和餐桌上的盘子看起来应该是满月大小的 10~20 倍。而当我们把火柴头拿到离眼睛 25 cm 左右（最佳视距）观察，此时看火柴头的视角约为 0.5°，刚好和看月亮的视角一样。

满月在大多数人的眼中会虚幻地放大10~20倍，这是由错觉造成的。这种错觉来源于挂在天空的月亮散发出皎洁柔和的光，看起来远比身边的盘子、苹果、钱币和其他比较对象显得更鲜明和印象深刻。[1]

这种幻觉迫使我们相信，眼睛所看到的就是月亮真实的大小。即便是眼力异于常人精准的画家们，也没能逃过这种幻觉的影响，他们在自己的绘画作品中会把月亮画得比实际观察到的更圆。只需将画家绘制的月亮与月亮的摄影图片进行比较，便可以轻易比较出这一点。

以上所说的也适用于我们从地球以相同角度——约0.5°看到的太阳：尽管太阳的真实直径比月球大400倍，但太阳与地球的距离也比月球远400倍。[2]

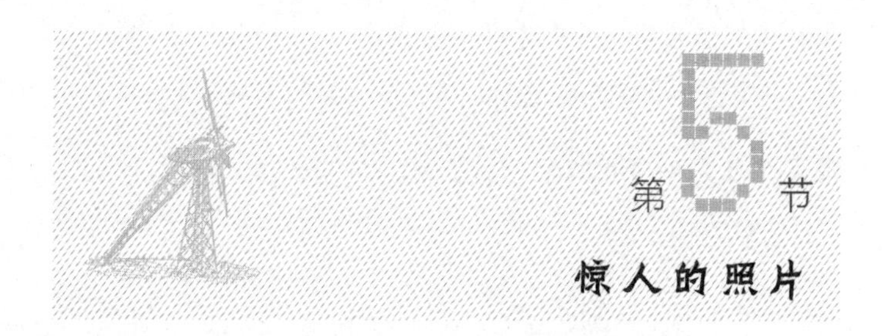

第5节 惊人的照片

为了让大家理解视角的重要性，我们暂时偏离一下几何学的主题，举几个拍摄领域的例子。

---

1 按照相同的理论，发光发热的电灯灯丝，看起来比在冷的、不亮的状态下要粗，也是这个道理。

2 从地球看太阳的平均角直径约为32′。

在电影院里，你一定看过火车相撞发生事故的场景，或者汽车在海底行驶的这类画面。

让我们回顾一下电影《格兰特船长的儿女》中的片段，哪些场景最让你印象深刻？是船在暴风雨中覆没的情景，还是陷入沼泽的男孩被恐龙围住的场面？你可能想不到，这些场景都是直接从自然中取景拍摄的，那到底是怎么拍出来的呢？

下面的插图来帮我们揭开谜底。从图 61 中可以看到，火车事故只是发生在玩具布景下，两个玩具火车之间的碰撞。

从图 62 中可以看到，玩具汽车在舞台布景和水箱中间，被线拉着前行。这就是我们所说的天然取景拍摄。从这两个图中我们可以注意到，这些景象都是微缩的，物体体积甚至不能与正常物体大小来比较。为什么荧幕上看到的片子会让我们产生幻觉，就好像真正的火车和汽车就在我们眼前呢？原因很简单：玩具火车和汽车是从非常靠近摄影师的距离拍摄的，因此他利用观众看到真正火车和汽车的相同视角，让玩具汽车和火车在我们眼前看起来和真的一样，这就是错觉产生的秘密。

图 61　为电影拍摄准备火车事故

图 62　海底汽车旅行

这里还有一个例子，电影《鲁斯兰与柳德米拉》中有一个镜头（见图 63）。巨大的头和在马上很小的鲁斯兰形成鲜明对比。头是放在离摄影设备很近的实物模型上，而马背上的鲁斯兰则相对距离较远。

图 64 在相同的原理下展示了另一个让人产生错觉的典范。图中展现了一幅恐怖的画面，它让人想起古老的地质时代：具有大型苔藓茎干的古怪树木，树上挂着硕大的水滴，图片的前方趴着一个超级怪物，看起来像潮虫一般。不管这幅画面看起来有多奇异，实际图片的拍摄还是从天然外景中取材的，这只是在特殊视角下拍摄的森林里的一小片土地。我们永远也不会在这么大的视角下去看苔藓茎干、水滴和潮虫，也正因为如此，画面看起来十分陌生诡异。我们眼前看到的图片就如同缩小到蚂蚁大小后看到的景象。

图 63 《鲁斯兰与柳德米拉》中的镜头（画面）

图 64 大自然中拍摄的神秘景象

同样也有一些杂志利用视角拍摄虚假的报道图片来欺骗读者。有一家国外杂志刊登过一篇简讯专门来指责城市自治，放出消息说自治城市街道大量积雪聚集，无人清理，并附上一张雪堆积如山的照片，让人留下了深刻的印象（见图 65 左图）。但在核实过后发现，真正的照片拍摄对象只是一个小雪堆，让人产生深刻印象的照片完全是利用了拉近距离和特别的小视角拍摄手法（见图 65 右图）。

另外一本杂志上刊登过一张巨大的山崖裂口照片，据说这个山崖离城市不远，并

图 65 照片中的雪山（左）和现实中的小雪堆（右）

配上了这样的文字：广阔地下的入口，大意的旅游团神秘失踪，掉入洞穴。志愿者小分队配备好全套必需品前往寻找丢失的人们，结果发现这个裂口照片是假的，它的取材只是结冰的墙面上露出的宽约几厘米的裂缝。

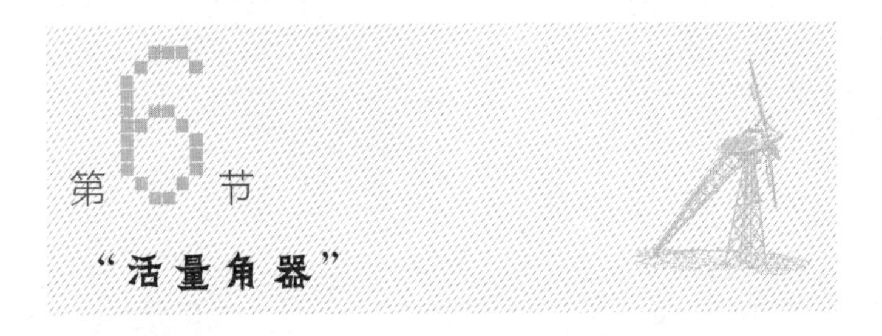

第6节 “活量角器”

借助量角器亲自动手制作测角仪设备并不难。但是当你去郊游的时候，不可能将量角器随时带在身边，这种情况下我们就可以借助自己的手指来充当量角器——手指就是随时可以使用的“活量角器”。为了能够很好地使用手指来进行视角的近似估算，我们需要事先做一些测量和计算。

首先需要弄明白，我们将手臂向前伸直，此时看向食指指甲的视角是多少。通常我们的指甲宽约 1 cm，从指甲到眼睛的距离约为 60 cm，因此我们此时看向食指指甲的视角约为 1°（实际视角可能会小一些，因为之前的计算我们得出 1°视角下我们到物体的距离是 57 cm）。青少年的指甲可能会小一点，但是相应地手臂也会短一些，因此视角也约为 1°。如果对书中提供的数据保持怀疑，也可以自己动手测量一下自己的手臂和指甲，计算出视角，看看是否在 1°左右。如果偏差太大，就换一个手指重新尝试一下。

了解自己的身体后，我们就可以靠我们的手臂和指甲形成的小视角来估算角度了。每一个远处的物体，刚好可以被伸出手的食指指甲所盖住，视角都为 1°，也就是远处物体与我们的距离刚好是它自己横截面直径的 57 倍。如果指甲只遮住了物体的一半，就说明此时看物体的视角为 2°，而物体与我们的距离就约为其本身横截面直径的 28 倍。

指甲的一半就能够遮住满月，说明此时看月亮视角为 0.5°，也就是月亮与你的距离是它本身直径的 114 倍，这是很有用的天文测量，在指甲的帮忙下就能完成！

对更大的角度我们可以使用大拇指指节来测量。将手臂伸直，大拇指弯曲。一个成年人弯曲的指节长度大约在 3.5 cm，在伸直手臂的情况下，眼睛到拇指的距离大约为 55 cm，很容易得出在这个状态下的视角约为 4°。

除此之外，我们的手上还有另外两个角度可以用来测量：在手臂伸直的条件下，中指和食指可以张开的最大角度；大拇指和食指之间可以分开的最大角度。不难算出第一个视角在 7°~8°之间，第二个视角在 15°~16°之间。

当你在户外散步时，“活量角器”可以得到广泛运用。比如说你看见远处有一辆货车，伸直手臂，弯曲拇指，拇指指节的一半刚好可以遮住货车，这就说明我们看货车的视角大概在 2°。因为货车的长度已知（大约为 6 m），我们很快就能得到货车离我们大概有多远：$6\times28\approx170$ m。虽然这个结果只是一个粗略的估算，但比起直接毫无根据地用眼睛判断要可靠得多。

顺便提一下，除了利用伸直的手臂和手指，我们还可以利用自己身体与地面垂直的性质来进行一些测量。

如果需要通过某个点在给定方向上绘制垂直线，你只需要站在该点，面对给定的方向，无须转动头部，将手自由地伸向要绘制垂直线的方向，然后竖起伸出手的大拇指，把头转向手指方向并用物体做标记，比如说小石子、小灌木等，当所标记物体被大拇指完全遮盖时，垂线就找到了。需要注意的是，当你伸左手时，就用左眼看，伸右手时就用右眼看。

最后只需要在地面上从你所站的位置往你作为标记的物体画直线即可，这就是我们要找的垂线。这个方法看起来不能保证取得很好的效果，但是在进行一些练习之后，你就会发现身体这个“活直角仪”[1]有多么好用，绝不比真正的十字形直角仪差。

现在在不具有任何仪器的情况下我们就可以利用身体这个“活量角器”来测量天上彼此远离的星星之间的角高，以及肉眼可见的流星火焰的大小等。最后我们还学会了不使用任何仪器来构建平面地形图的直角，在小面积测绘时可以使用上述方法，如图66所示。例如在湖泊测绘时测出四个直角∠*A*、∠*B*、∠*C*和∠*D*，同样测出从岸边标记点发出的垂线长度，以及其底部与矩形顶点的距离。总而言之，我们要活用身体这个“量角器”，它适用于各种需求，甚至在鲁滨孙所处的环境下，也能够用自己的双手测量角度，用双脚测距离。

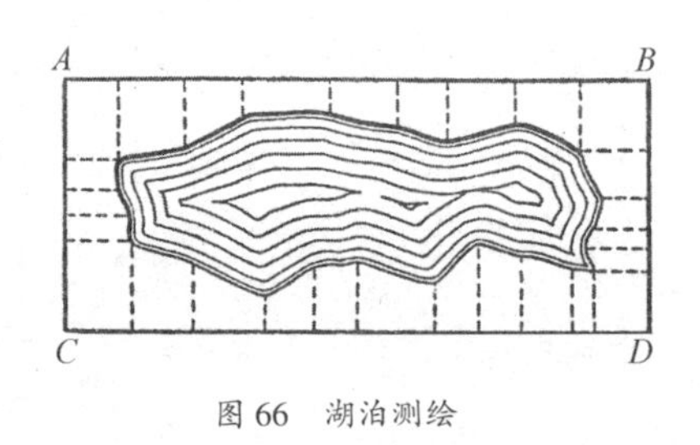

图66　湖泊测绘

1 直角仪就是为绘制地形图画直角线的一种土地测量仪器。

第7节 雅科夫手杖

与之前描述的“活量角器”相比，如果想要更加精确地测量角度，可以自己动手准备一个从前先辈们使用的、简单方便的量角仪。这种仪器以它发明家的名字命名——雅科夫手杖（见图67）。这个量角仪，在18世纪以前被航海家们广泛使用，直到被后来更加便捷和精确的六分仪取而代之。

图67　雅科夫手杖和使用图

雅科夫手杖由两部分组成，一根长70~100 cm的长尺AB，在长尺上有一段与之垂直的木条CD，木条可以在长尺AB上自由滑动。设滑动木条与长尺相交的点为O，CO和OD两部分相等。如果想要利用这个小木条确定星星S和S'之间的距离（见图68），只需要将尺子的A端放在眼前（为了方便观测，可以在此处安上一个打孔的薄板），然后用长尺的末端B点对准星星S'，使B点与星星S'在同一条直线上。接着沿着长尺移动木条CD，直到星星S刚好被木条C端遮住。现在我们就只要测量AO的距离，因为CO的长度已知，根据锐角三角函数的定义，所求$\angle SAS'$的正切值为$\frac{CO}{AO}$。第5章的野外三角学中会出现大量的这类的计算。根据勾股定理，求出边长AC，从而得出$\angle SAS'$的正弦值为$\frac{CO}{AC}$。

最终可以通过几何方式得出所求的角度：在纸上以任意比例画出$\triangle ACO$，用量角器测量出$\angle A$。如果没有量角器，就用“野外三角学”中将讲到的方法（详情参见第5章）。

那么木条CD的另一部分（OD）是用来做什么的呢？当测量的角度过大时，上述的测量方法就不可行了，我们就需要换一种方式。将尺子的A端放在眼前，直接用AD对准星星S'，然后在长尺上移动CD，直到末端C点同时遮住星星S（见图68）。和上一种方式一样，计算出边长AC和角度$\angle SAS'$并不难。每一次的测量都需要计算和在纸上绘图，因此可以为这些工作提前做一些准备，即在制作雅科夫手杖的时候就提前在长尺AB上标记一些角度结果，当你用手杖对准星星时，就可以直接读出O点所处的刻度所对应的角度。

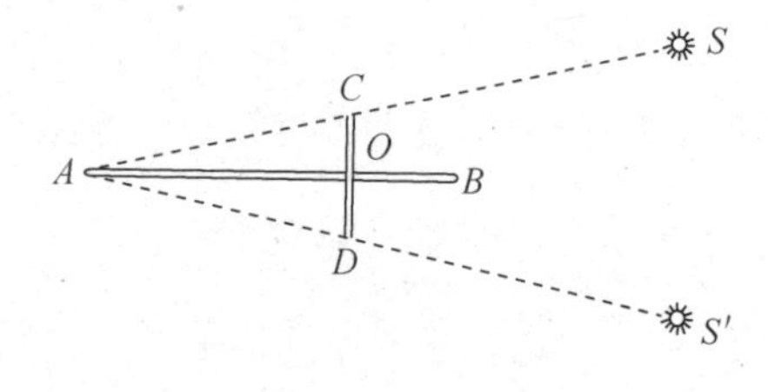

图68　利用雅科夫手杖确定两颗星星之间的角距

第8节 钉耙量角器

说起自己动手制作简易量角器，就不得不提下面的钉耙量角器了。因为它的外形使人不禁想起钉耙（见图69），所以就用“钉耙”命名了。它的主要部分为一块小木板，找任意形状的皆可，在木板的边缘固定一个打孔的薄片（为了方便观测者观察）。在薄片对面边缘插入一排细的大头针，从打孔的薄片到大头针之间的距离为相邻大头针间距的57倍。我们已经知道从小孔看到的大头针间隙每一个视角都是1°。为了得到更精确的结果，我们可以用如下方式来摆放大头针：在墙上画两条平行线，它们之间的距离为1 m，然后沿墙面垂直方向走到57 m远处，从打孔薄片的小孔中看这两条直线，每对插入木板的相邻大头针，都刚好和墙上绘制的两条直线重合。

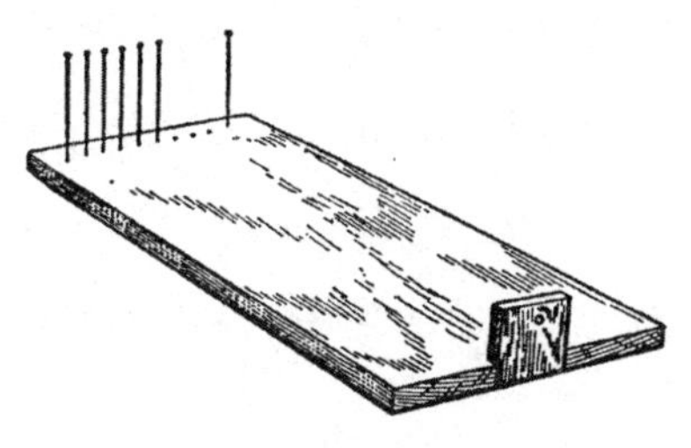

图69　钉耙量角器

当大头针放置好以后，可以适当拿掉一些，使视角能够成2°、3°和5°。使用这个量角器的方法非常简单，这里不再多说。这个量角器测出的视角比较精准，一般不会超过0.25°。

第9节 炮兵使用的量角器

炮兵在射击时并不是盲目随意的，而是通过精准测算后做出的决定。

已知目标的高度，炮兵可以通过目标与地平线的角度算出与目标之间的距离，还可以确定从一个目标到另一个目标转移射击需要转动火炮的角度。所有的判断都要很快且都是在心里默算出来，炮兵们是怎么做到的呢?

请看图 70，$\widehat{AB}$ 是以 $OA=D$ 为半径的圆周上的一段弧，$\widehat{ab}$ 则是以 $Oa=r$ 为半径的圆周上的一段弧。

其中两个扇形 AOB 和 aOb 相似，且有如下关系:

$$\frac{\widehat{AB}}{D}=\frac{\widehat{ab}}{r} \quad 或 \quad \widehat{AB}=\frac{\widehat{ab}}{r}\times D$$

$\frac{\widehat{ab}}{r}$ 的比值就是视角 AOB 的大小，知道这个比值关系过后，就可以轻松根据已知 D 的长度算出 $\widehat{AB}$，或已知 $\widehat{AB}$ 的长度而算出 D。

图 70　炮兵量角器使用示意图

炮兵将此过程进行了简化，并不是像平常一样将圆周分成 360 等份，而是分成 6000 份等长的弧，这样每一部分的长度大约为圆周直径的 $\frac{1}{1\ 000}$。

实际上，比如说圆心角 O 对应的弧长 $\widehat{ab}$ 是 6 000 等分弧中的一份（见图 70），以

r 为半径的整个圆周周长为 $2\pi r \approx 6r$，而弧长 $\overset{\frown}{ab}$ 是 6 000 份等分弧长的一份，所以 $\overset{\frown}{ab} \approx \frac{6r}{6\ 000} = \frac{1}{1\ 000}r$。

炮兵将此称为密位[1]，同理可得 $\overset{\frown}{AB} \approx \frac{6D}{6\ 000} = \frac{1}{1\ 000}D$。

为了找出测角仪每一密位在地面上对应的 AB 距离，我们只需要把 D 小数点左移三位即可。

炮兵们在通过野战电话或者无线电传达命令和观察结果时，密位会像报电话号码一样被传递，比如说，105 密位会被读成一零五，而写作 1-05，8 密位则会被读成零零八，写作 0-08。弄清楚了密位，现在就可以来来求解炮兵的题目了。

【题目】

从反坦克炮以 0-05 的角度看到一辆坦克，坦克高为 2 m，试确定反坦克炮到坦克的距离。

【答案】

5 密位 = 2 m

1 密位对应的弧长 $= \frac{2}{5} = 0.4$ m

我们已经知道了测角仪每 1 密位就等于距离的 $\frac{1}{1\ 000}$，因此反坦克炮和坦克之间的距离就为 $0.4 \times 1\ 000 = 400$ m。

如果指挥官或侦察兵手边没有量角器，他们还可以直接用手掌，手指或任何手边

1 密位经常被用于校正火器瞄具，一个 360° 圆周角所对应的弧度为 2π，也就是 $2\ 000\pi$（6 283.185）个密位。十月革命后，苏俄采用了 6 000 密位为 1 个圆周。

可用的方式来测量。只是他们需要知道的不是角度，而是密位。表 1 是一些常用物体的密位查找表。

表 1　常用物体的密位

常用物体	对应密位
手掌	1-20
中指、食指和无名指	0-30
圆形铅笔的厚度	0-12
3 分或 20 分的硬币直径	0-40
火柴长度	0-75
火柴厚度	0-03

第 10 节　视力的灵敏度

掌握了物体角度大小的概念后，就能够了解如何测量视敏度，甚至自己也可完成这个测量。

在纸上画 20 条间隔相等的黑色线段，长约 5 cm，宽为 1 mm，最终构成如图 71 中的正方形，将图纸固定在光线好的墙面上，渐渐向后退，直到看不清线段之间的间隔，所有线段汇成一整片灰色背景。此时测量你和墙面之间的距离，根据距离算出当你不再能够看清线段之间的间隔时的视角。如果这个视角等于 1′（一分），那么就说明你的视力是正常的；如果视角为3′（三分），就说明你的视力只有正常视力的$\frac{1}{3}$。

【题目】

站在离墙2 m远的地方，看到图71中的线段汇成一整片灰色背景，请问你的视力正常吗？

图71　视力测试

【答案】

我们知道距离墙57 mm处看1 mm宽的线条时，视角为1°，也就是60′。假设距离墙2 m，也就是2 000 mm，此时的视角设为x，就可以得出如下的等式：

$$x : 60 = 57 : 2\,000,\ x \approx 1.7'。$$

因此视力只有正常视力的1∶1.7=0.6。

第11节　视力的极限

我们刚才讲到，在视角小于1′的情况下，正常的视力就不再能够看清条纹的间隔了。这对所有的物体来说都一样，不论我们观察的物体具有怎样的轮廓，当视角小于1′时，正常的视力都不再能看清楚了。所有的物体都会变成模糊的点，变成没有大小和形状的灰尘。通常正常人眼睛的视力平均极限就是1′。这是由什么决定的呢？这个问题涉及视觉物理学和生理学，而这里我们只探讨几何方面的现象。

无论物体大小，以上理论同样适用，我们无法简单地分辨出空气中飘扬的尘埃颗粒的形状：在阳光的照射下，它们看来都是一样的小点，实际上它们是各式各样的形状。我们看不清昆虫身体的微小的细节，因为我们看它们的视角小于1′。同样的原因，没有望远镜，我们就看不清月亮、行星和其他天体的表面细节。

如果正常视力范围可以再挪远一点，我们眼前的世界就完全会是另一番模样。如果我们视力的极限不是1′，而是0.5′，我们就能看到更深更远的周边世界。在契诃夫的小说《草原》里就生动地描绘了敏锐视觉的优势。

“瓦西亚拥有异常敏锐的视觉，在他的眼里，荒漠草原充满了生命力和内涵。我们平常看到的狐狸、兔子、大鸨和其他动物，都会警觉地和人类保持距离，所以经常看到逃跑的兔子和飞走的大鸨，却很难看到野生动物在栖息地放松自然的样子，它们无须奔跑，不用躲藏，丝毫不惊慌。瓦西亚恰恰就能看到这些，他可以看到嬉戏玩耍的狐狸，用爪清洗的兔子，小鸨在大鸨妈妈舒展的翅膀下露出头来张望。多亏这个敏锐的视觉，除了正常人看到的世界，瓦西亚还有一个只能自己才能看到的独特世界。”

想也奇怪，将辨别力极限从1′降到0.5′左右就足以产生如此惊人的变化。

显微镜和望远镜的神奇功效也是同样的原因。这些仪器的用途，就是通过改变观测物体的光线路径，从而使到达眼睛的光线突然发散，这样观测物体就能在更大的视角下展现。通常我们说显微镜和望远镜放大了100倍，实际上这说的是在仪器辅助下，视角比肉眼观察时扩大了100倍，因此我们就能看到一些隐藏在正常视力极限之外的细节。我们看月亮的视角为30′，月亮的直径约为3 500 km，所以每1′视角下能看到月亮的直径为3 500/30≈120（km），肉眼看来就是一个小点。而在望远镜下放大100倍后，肉眼可分辨的直径就变为120/100=1.2（km），如果放大1 000倍，肉眼可分辨的直径则变得更加小，约为 120 m。顺便说一下，由此得出的结论是，假设月亮上有像地球上的大型工厂或远洋邮轮的话，我们是可以通过现代望远镜观测到的。[1]

视力极限的原则对我们日常观测有着很重要的指导意义。由于我们视力极限是 1′ 的这个特性，每个远处的物体和我们的距离是其本身横截面直径的 3 400 倍时，我们的眼睛就不再能够辨认它的轮廓了，这时候物体就会幻化为一个点。因此如果有人对你说，他能够看清离他 250 m 远的人脸，千万别信，除非他具有超能力，否则他一定是在说谎。要知道，通常我们两只眼睛的距离为 3 cm，也就意味着两只眼睛变成一个点的距离为 3×3 400=10 200（cm）= 102（m），也就是约 100 m。炮兵也使用这个原则来目测、估算距离。按照他们的原则，人的双眼从远处看呈现两个单独的点时，他们距离这个人不超过 100 步，即 60~70 m。而我们得出的最大距离约为 100 m，这说明这个炮兵的视力比正常的视力要弱约 30%。

【题目】

一个正常视力的人是否可以借助望远镜，放大到 3 倍后，看清 10 km 之外骑马的人？

【答案】

从书中前面的内容中已知，骑马的人高 2. 2 m，骑马的人的轮廓在正常人眼中变为一个点的距离为 2. 2×3 400≈7 000（m）。用望远镜扩大到原来的 3 倍，此时距离变为 7 000×3=21 000（m）= 21（km）。因此在 10 km 处是可以看清骑士的，但需要在空气足够清澈的条件下。

---

1 这里指的是在空气透射性百分之百，并且空气介质均匀的条件下。但实际上空气介质不均匀，并且透射性也不可能达到 100%，因此我们看到的放大很多的图片就会模糊和失真。这就限制了望远镜的放大倍数过大的使用，也迫使天文学家们选在空气稀薄的高山上建立天文台。

第12节 地平线上看到的月亮和星星

用心观察的人会注意到，位于地平线上的满月，看起来比悬挂在高空中的满月明显大很多。对太阳来说也是一样，日出或日落时的太阳也显得比高悬空中的太阳大。千万注意，观察太阳时要有所遮挡，不要直视没有任何遮挡的太阳，这会对眼睛造成伤害。

对星星来说，这个特点表现为：在接近地平线时，星星之间的距离变大。在冬天看美丽的猎户星座，或者夏日观赏天鹅星座时，你会对星座在地平线上和在半空中呈现出的大小差异而感到惊讶。

这一切看起来如此神秘，实际上当我们看天体在地平线上升起或降落时，它们和我们之间的距离并没有变近，而是更加远了（按地球半径的大小来说）。从图72中很容易看出，当天体正当头时，我们是从 A 点看天体；而当天体在地平线上时，我们是从 B 点或 C 点看天体。为什么月亮、太阳和星座在地平线上看起来会变大呢?

你可能会回答说，这都是因为视错觉造成的。我们可以借助钉耙量角器或其他量角器来验证，最终证明当我们看当空的满月和地平线上的满月时的视角是相同的[1]，都为0.5°。使用钉耙量角器或雅科夫手杖可以证明，无论天体是在天顶或是在地平线

1 用更精确的工具进行测量发现，当月亮临近地平线时，由于光的折射使月球变得扁平，月亮的直径看起来甚至更小。

上时，星星之间的角距始终没变。这就说明，看起来变大，只是一种视觉上的错觉，所有人无一例外都逃不过这个影响。

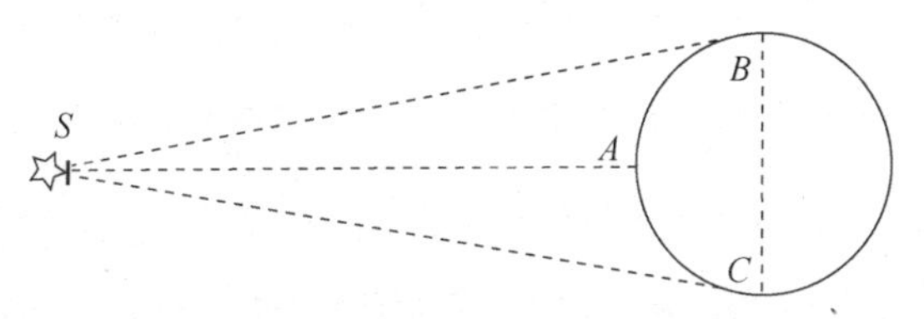

图 72　天体在地平线上和半空时与观测者间距离

如何解释这种强烈又普遍的视错觉呢？从 2 000 年前的托勒密时期就致力于找出这个问题的答案，科学对此还没有一个统一的解释。这个错觉其实和天穹的形状有关。在几何概念里，天穹呈现出的不是半球面，而是截球形，它的高只有底面半径的$\frac{1}{3}$~$\frac{1}{2}$。

头部和眼睛在水平方向的正常位置观察时，对水平方向上的距离比垂直方向上的距离感知会更明显，因为水平方向上的物体对我们来说是只需平视，而其他方向我们则需要向上或向下转动视线。当我们躺下观察月亮，它在天顶时看起来就比在地平线上显得更大。为什么物体看起来的大小取决于我们眼睛的方向，这还需要心理学家和生理学家们作出解释。

图 73 很清晰地展示了，天体在不同位置看起来大小不一的现象，受到天穹顶基扁平的影响。不论我们是在看穹顶的满月（与地面呈 90°）还是地平线上的满月（与地面夹角为 0°），我们的视角都为 0. 5°。但是我们的眼睛不会觉得月亮在不同位置距离我们是一样的，我们会认为在穹顶的月亮跟地平线上的月亮相比，离我们更近，因此我们就会觉得不同位置月亮的大小也不一样，从图 73 中右图可以看到，在同一内角度下，靠近顶部的圆要比远离顶部的圆小。图 73 左图展示了由于这种原因，当星星接近地平线时，它们之间的距离好像被拉长，这就是为什么具有相同的角距离，但

看起来大小却不一样。

为上面的观点再补充一个事实论据。观察接近地平线的满月时，你是否能看到一些新的细节，是你在观察高悬夜空的满月时看不到的吗？答案：没有。如果满月在接近平线时变大了，为什么在你的观察中没发现月亮上新的细节呢？这也就证明了月亮一点儿也没变大。这里蕴含的原理就和用望远镜观测是一样的，看观测物体的视角没有扩大。只有当视角扩大了，我们才能看到新的细节，否则，任何其他形式的变大，都只是对我们毫无用处的错误视觉。

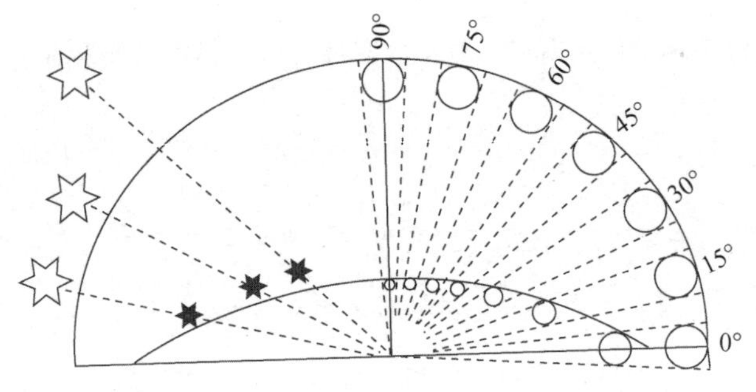

图 73　天体看起来的大小受天穹顶基扁平的影响

第13节 月亮的影长是多少

在计算空间中某些物体投射的阴影长度的问题时，发现了意想不到的视角运用。

月亮在太空中会投射出一个圆锥形阴影，并且这个阴影会一直伴随它，无处不在。

这个阴影是怎样延伸的呢?

为了算出影子延伸了多长，我们没必要再利用相似三角形构成比例，因为其中涉及太阳和月亮的直径，还有月亮和太阳之间的距离，计算起来会比较复杂。下面讲一个让计算简化很多的方法。想象一下，你的眼睛落在月亮锥形阴影末端的某个点上，也就是从这个锥形的顶点看向月亮。你会看到什么呢?月亮黑色的影子圈笼罩了太阳，并且此时看满月或是太阳的视角也为 0.5°。通过之前的学习，我们已经知道了观测物体在 0.5°视角时，它距离观测者的距离为自身横截面直径的 2×57＝114 倍。这就意味着月亮圆锥阴影的顶点与月亮的距离是月亮直径的 114 倍，即月亮的影长为:

$$3\,500\times115\approx400\,000\ (\text{km})$$

我们可以看到，月亮的影长大于地球到月亮的平均距离，所以当地球表面的某部分完全被月亮的本影遮挡时，就产生了日全食。

因此，刚刚进行的计算结果与实际情况并不矛盾。

当我们从地球上以 0.5°的视角清晰地看月亮和太阳时，月亮圆锥形影子的顶点刚好落在地球表面，这时计算月亮的影长应该接近地球到月亮的距离。

同样地，也不难算出地球在太空中的影长，在同样的 0.5°视角下，地球是月亮大小的多少倍，也就是地球直径是月亮直径的多少倍，因此地球的影长就为月亮影长的约 4 倍。

这个近似计算太空中影长的方法也适用于体积较小的物体。平流层中的气球直径为 36 m，在同样的 0.5°视角下，它的锥形影长就应该为:

$$36\times114\approx4\,100\ (\text{m})$$

你是否还记得，第一次看到晴朗的半空中出现拉长的蜿蜒白色路径时，内心有多好奇?

现在你可能已经知道了，这个白色路径就是云带。它是飞机独特的自动记录方式，在所到之处的空气中留下的痕迹。

在低温、潮湿和富含灰尘的空气中很容易形成雾气。

飞行中的飞机不断喷射出细小的颗粒，它们是发动机工作的产物，水蒸气在这些小颗粒周围凝结，从而产生云带。

在云带未消失之前，确定出云带的高度，你就可以大概判断英勇的飞行员驾驶着飞机飞了多高。

【题目】

如果云带不在你的头顶上方，要如何确定云带距离地面的高度?

【答案】

为了确定这个云带的高度，我们需要使用一个深受年轻人广泛喜爱，并且十分常见的照相机。

我们需要两台具有相同焦距的照相机，焦距信息一般在照相机镜头的光圈上可以看到。两台照相机要放在同一水平高度上。

在露天的野外可能会需要用到三脚架，如果在城市里，可以去房顶的观景台。两台相机之间，一个观测者必须能够直接看到另外一个观测者，或者可以通过望远镜看到另外一个观测者。

两台相机基准面之间的距离是由该地区的地图或平面图测量确定的。照相机的放置应该注意，确保它们的光轴平行，可以让它们同时朝向天空。

当需要拍摄的云带出现在相机镜头的视野中时，一位观测者向另一位观测者发出信号，比如可以挥动手帕，根据这个信号两个观测者同时拍下照片。

打印出的照片在尺寸大小上应该严格等于拍摄底片的尺寸，在印出的照片上划两条直线 *YY* 和 *XX*，分别连接图片对边的中点，如图 74 所示。

图 74　两张云的摄影照片图片

然后分别在每张照片上标出云上的同一个点，然后计算这个点到两条直线 *YY* 和 *XX* 的垂直距离（单位为 mm）。我们将这两个距离分别设为 x_1、y_1，另一张照片的设为 x_2、y_2。

如果标记的云上某点在两张照片上到直线 *YY* 的垂线不在同一个方向上，像图 74

所示的那样，那么云带的高度的计算公式如下：

$$H = b \cdot \frac{F}{x_1 + x_2}$$

其中 b 为两个相机的基准距离（单位为 m），F 为焦距（单位为 mm）。

如果标记的云上的点在两张照片上到直线 YY 的垂线在同一个方向上，那么云带的高度 H 的计算公式如下：

$$H = b \cdot \frac{F}{x_1 - x_2}$$

至于 y_1 和 y_2 在计算时暂时不需要。但将它们相互比较，可以帮助确认拍摄的照片是否准确。

如果感光板对称并且紧贴底片暗盒，那么 y_1 和 y_2 看起来应该相等，但实际上，当然会有一点误差。

我们再看回图 74 中的例子，假设标记的云上某点到直线 YY 和 XX 的距离在原图上分别为

$$x_1 = 32\ \text{mm},\ y_1 = 29\ \text{mm}$$

$$x_2 = 23\ \text{mm},\ y_2 = 25\ \text{mm}$$

镜头焦距 $F = 135$ mm，两个相机之间的基准距离为 $b = 937$ m。根据照片来测量云带的高度，可以运用如下的公式：

$$H = b \cdot \frac{F}{x_1 + x_2}$$

得出 $H = 937 \times \frac{135}{32+23} \approx 2\,300$（m），也就是被照片拍摄的云带离地面约 2.3 km。

如果想要了解确定云带高的公式是如何推导出来的，可以使用图 75 中所展示的方法。

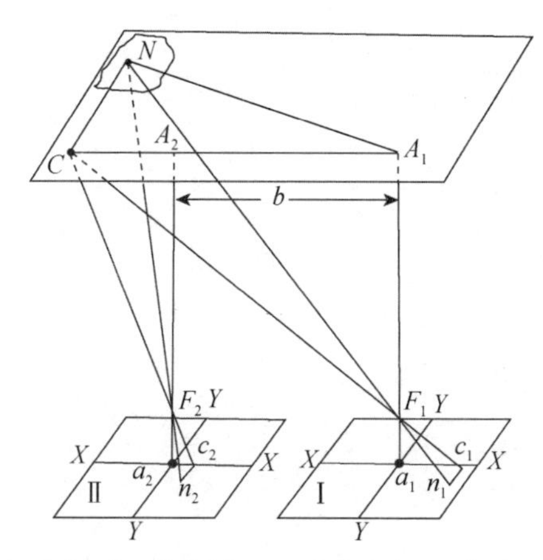

图 75　两台照相机同时朝向天空拍摄，取云上某点在两张相片上成像的空间示意图

图 75 展示了两台相机同时朝向天空拍摄，取云上某点在两张相片上成像的空间示意图。

图中Ⅰ和Ⅱ分别是两张照片图像：F_1 和 F_2 是相机镜头的光学中心；N 是云带上的某一观测点，n_1 和 n_2 是云带上 N 点分别在两张照片上的对应位置，a_1A_1 和 a_2A_2 是从两张照片的中心点到云带所在水平面的两条垂线；$A_1A_2=a_1a_2=b$，即两台相机的基准距离。

如果沿着光学中心 F_1 向上移动到点 A_1，然后再从点 A_1 沿着基准距离到 C 点，这样就构成了以 C 为直角顶点的直角$\triangle A_1CN$，最后从点 C 到点 N，则有 F_1A_1、A_1C 和 CN 的长度与照片上对应的线段成比例，$F_1a_1=F$（焦距），$a_1c_1=x_1$ 和 $c_1n_1=y_1$。

同样的方法可以为第二张照片构建关系。

由相似三角形成比例的关系得到以下等比例式：

$$\frac{A_1C}{x_1}=\frac{A_1F_1}{F}=\frac{CF_1}{F_1c_1}=\frac{CN}{y_1}$$

和

$$\frac{A_2C}{x_2}=\frac{A_2F_2}{F}=\frac{CF_2}{F_2c_2}=\frac{CN}{y_2}$$

由于 $A_2F_2=A_1F_1$，首先我们可以看到 $y_1=y_2$，这是检验拍摄照片是否符合标准的标志；其次 $\frac{A_1C}{x_1}=\frac{A_2C}{x_2}$。

根据示意图 75：$A_2C=A_1C-b$，因此 $\frac{A_1C}{x_1}=\frac{A_1C-b}{x_2}$，由此可得

$$A_1C=b\cdot\frac{x_1}{x_1-x_2}$$

最后求得 $A_1F_1=b\cdot\frac{F}{x_1-x_2}\approx H$。

如果云带上某点 N 在两张照片上对应的点 n_1、n_2 分别在直线 YY 的不同两侧，那么 C 点就位于 A_1 和 A_2 之间，这时 $A_2C=b-A_1C$，所求的高度就为

$$H=b\cdot\frac{F}{x_1+x_2}$$

这个公式只适用于相机的光轴对准天空正上方的情况。如果云离天顶上方太远，并且没有进入相机的拍摄范围，你也可以重新调整相机对准另外的方向，但一定要保持两台相机的光轴是平行的。比如说可以将相机调向水平方向，但必须与基准面垂直或者顺着基准面的方向。

还有一个前提就是，我们必须为相机朝向的每个位置，提前画好相应的示意图并推导出公式，这样才能求出云带的高度。

白天的天空中可能会出现一些卷云或高层云，我们可以经过一定的时间间隔来确定它们的高度 2~3 次，如果云层的高度呈下降趋势，这就意味着天气将要变糟，过

几个小时就会下雨。

如果有兴趣，还可以给空中飞翔的气球拍照，并且求出它所在的高度。

第15节 根据照片计算塔高

借助照相机不仅能够确定云带的高度和飞机飞行高度，还能确定地面上各种建筑的高度，像塔高、电线杆的高度和眺望台的高度。

图 76 中的中央风能科学研究所的风力发电机位于克里米亚半岛的巴拉克拉瓦附近。塔底部为正方形，其边长为 6 m。

图 76　中央风能科学研究所的风力发电机

还需要在照片上进行一些必要的测量，需要知道所有风力发电机设备的高度 h。

照片中的塔和真正的塔在几何上具有相似性。因此图片中的塔高是底边边长（或底边对角线）的多少倍，实际塔高就是塔底部边长（或底边对角线）的多少倍。

测量图片可得最小失真的底面对角线的长度为 23 mm，所有设备的高度为 71 mm。

因为实际塔底面正方形边长为 6 m，那么实际塔

底面的对角线长为

$$\sqrt{6^2+6^2}=6\sqrt{2}\ (\text{m})\ \approx 8.48\ (\text{m})$$

相应地得出如下比例式：

$$\frac{71}{23}=\frac{h}{8.48}$$

从中可得 $h=\dfrac{71\times 8.48}{23}\approx 26\ (\text{m})$。

当然，也并非每张照片都适合计算，如果是经验不足的摄影师，照片可能会发生比例失真的情况。

自主练习

为了帮大家回顾本章涉及的内容，并将这些内容用来解决各种各样的实际问题，我为大家准备了一系列问题。

1. 已知远处有一个 1.7 m 中等身高的人，看他的视角为 12′，求你们之间的距离。

2. 看远处骑马的骑手视角为 9′，已知骑手高为 2.2 m，求你们之间的距离。

3. 以 22′视角看到远处 8 m 的电线杆，求你和电线杆之间的距离。

4. 从船上看到 42 m 的灯塔，视角为 1°10′，求船到灯塔的距离。

5. 从地球看月亮的视角为 1°54′，求月亮到地球的距离。

6. 在距离大楼 2 km 处看大楼的视角为 12′，求大楼高度。

7. 从地球上看月亮的视角为 30′时，此时地球距月球 39 600 km，求出月亮的直径。

8. 黑板上的字母需要放多大，坐在课桌上的学生能够和看书本一样清晰？已知书本离眼睛 25 cm，黑板到课桌的距离为 5 m。

9. 显微镜放大 50 倍，是否能看清横截面为 0. 007 mm 的人体血细胞？

10. 如果月亮上有和我们身高差不多的人，需要将望远镜放大多少倍，才从地球上看清人的轮廓？

11. 1°是多少密位？

12. 一密位是多少度？

13. 飞机沿着与我们观测方向的垂线飞行，10 s 飞行的方向角为 300 密位，假设你们之间的距离为 2 000 m，试求飞机的飞行速度。

04

路上的几何学

导读

刘月娟

在路上，我们也会遇到很多几何学的问题，比如当你走在路上，看到旁边因施工堆放的沙堆时，你能不能求出沙堆的高度呢？你能确定从你所站的位置到山脚的直线距离大约是多少吗？解决这些问题都用到了几何学的知识。今天我们就来讨论“路上”的几何学。

1. 距离

衡量距离是我们经常需要做的一件事，例如野外郊游的时候，身边没有带测量工具，你需要估算出从你的位置到某棵树之间的距离，该怎么操作呢？可以选择步长测量法。步长是多少因人而异，一般步长和身高是有一定关系的。具体的关系会在本章第 1 节中详细介绍，不过你也可以事先利用工具测量一下自己的步长。

如果你不能走到树跟前，只能站在原地估算你到树的距离，有尝试过吗？再比如，如何测量你的房间的长、宽、高分别大约是多少呢？在室外的运动场上，从你的位置到你前面的人之间的距离约为多少呢？试着目测一下。目测的准确率和视力的好与差有关系吗？是不是每个人只要视力好就可以目测得准确呢？答案是否定的。目测需要我们反复不断地在不同的地方练习才能达到应有的效果。

这些都是可以自己动手操作的“距离”，但是有的时候距离本身就标注在那里，就看你会不会看。当你坐火车的时候有没有仔细观察过外面？当然很多时候速度较快，难以看清窗外的景象，但当车速慢下来的时候，你会发现火车轨道两旁会有一些标牌，上面有小数、有整数。这些数字是什么意思呢？那就一起读一读《铁轨的坡度》这一节吧！

2. 高度

施工队旁边堆放的沙子、碎石，像一个小小的圆锥。圆锥这一知识会在初三开始接触，关于圆锥我们讨论的都是它的表面积和体积问题。而在此过程中圆的周长、面积一定会接触到。因此在讨论堆放高度的问题之前，关于圆和扇形的知识就要简单了解一下。那接下来就是我们要讨论的第三个话题——弧度。

3. 弧度

说起“弧度”你可能会觉得有点陌生，但是我们生活所见的弧比比皆是。古风古韵的扇子、喝水的杯子、镜子，甚至是你学校的操场，这些都有弧度。就拿操场来说，绕操场一周是400 m，但是在这400 m的路程中，你会经过两个弯道，这两个弯道就是弧，那该怎么去刻画它呢？这时候扇形、弧度、半径的知识就要上线了。

读这一章节的内容，你会发现需要好多数学知识提供基础，不然对式子的理解都很吃力，这里简单介绍了一些在路上随处可见的几何知识，希望在以后的生活中，也可以将所学知识应用于实践当中。

第1节 脚步测量的艺术

在城郊的铁路路基或者马路旁散步时，可以进行一系列有趣的几何计算。

首先可以在马路上测量自己的步长和行走的速度。这些信息能够帮助我们利用脚步测量距离，脚步测量是一种稍加练习就很容易获得的技能。这个技能的关键就在于需要有意识地保持步幅和行走速度在一定程度上保持不变。

在路上每隔 100 m 放一块白色石头，数一数，用自己的步幅走过 100 m 需要多少步？通过这种方式很快就能得到自己的平均步幅，类似的测量应该每年都要重新测量检验一下，尤其是考虑到青少年还处于成长发育阶段，步长还没有稳定下来。

在多次测量之后发现步幅和身高之间具有某种特殊的关系。一个成年人的平均步幅约等于眼睛位置高度的一半。比如说一个人眼睛位置的高度为 1.4 m，那么这个人的步幅就约为 70 cm。有兴趣的话，你可以亲自去检验一下这个关系是否准确。

除了知道自己的步幅，了解自己的行走速度也是很有必要的，可以通过每小时所走的千米数来算出行走速度。关于行走速度也有一个规律，每三秒我们能走几步，每小时就能走步数对应的千米数。比如说三秒我们走了四步，那么每小时我们就能走约四千米。但这个规律只适用于步幅已知的情况下。我们将步幅设为 x 米，每三秒走的步数设为 n，就可以得出如下的方程式：

$$1\ 000n=\frac{3\ 600\times xn}{3}$$

$$x = \frac{5}{6}$$

也就是步幅在 80~85 cm 范围，这个步幅范围比较大，相对来说比较高的人才能够达到，如果你的步幅离 80~85 cm 这个范围很远，就需要用另外一种方式开测行走速度了，即记录走过两个路标之间需要多长时间，用距离除以时间计算步行速度。

第2节 目测练习

在没有测尺的情况下，用步幅测距比较方便。但还有一种更加方便的方式——直接用眼睛估算，这个技能只要通过练习就能养成。在学生时代，当我和同学们参加夏令营到城郊徒步时，我们尝试各种形式的目测训练并将其当成一种独特的娱乐，会以比赛的模式进行。通常我们会随便指定一棵路边的树或者远处的物体，然后比赛就开始了。

游戏的首倡者会提问：我们到指定的树有多少步?

其余游戏参与者一一说出预计的步数，然后大家一起来验证步数，看谁的估算最接近真实的步数，这个人就是游戏的获胜者。接下来每轮游戏的获胜者再来指定下一轮目测估算距离的物体。每一轮的获胜者能够得一分，在进行完 10 轮之后来看谁的得分最高，得分最高者即为游戏的最终赢家。

我还记得，最初我们的距离估算都与实际相差甚远，但出乎意料的是，很快我们就对目测距离这件事变得敏锐起来，误差就越来越小。

我们目测游戏的场景非常广泛，经常变化，从荒原到稀疏的树林，从草木丛生的灌木林到灰尘密布且拥挤的城市街道，甚至在月光朦胧的夜晚。一开始在这些陌生的场景下我们的目测估算值和实际有很大的出入。渐渐地，我们开始掌握了目测估算在各个场景下的应用。最后，我们目测游戏小分队的成员都可以相当完美地目测出近乎准确的距离后，这个游戏就让我们失去了兴趣。但多亏这个游戏，让我们的城郊游玩变得很有意义，并且获得了几乎精准目测距离的本领。

让人好奇的是，目测居然和视力好坏没有关系。我们曾经的目测游戏小组里有个近视的小男孩，他的目测估算结果一点都不比其他人差。有一次甚至获得了第一名！而有一个视力完全正常的成员，无论怎么努力，在游戏中一次也没获得过优胜。后来，学生们为了将来的职业发展，需要进行目测树高练习，我从中也观察到，近视的学生掌握这项技能并不比视力正常的学生差。这对近视的人可能是个巨大的慰藉，虽然在视觉敏锐程度上弱一些，但丝毫不会影响他们在目测这项能力上的发展。

目测估算距离的练习可以在任何季节、任何场景下进行。在沿着街道散步时，可以给自己指定一个目测练习，比如说猜一下走到离自己最近的路灯或者半路上的某物需要多少步？在恶劣的天气下，穿过无人的街道时，你可以用这种方式来填满无聊时间。

军事上也有很多目测估算的运用。但这要求侦察兵、射手和炮兵的视力一定要很好。现在我们来了解一些有趣的、在实际目测估算中常用的一些标志。下面是炮兵教材中摘录的一段：

可以根据眼睛的习惯或物体的清晰程度来确定目测距离，100~200 步的距离之内，我们会感觉观察物体离我们的距离比实际更近。在按照清晰程度对观察物体的距离进行估算时，需要注意的是，我们会觉得发光或者颜色更明亮的物体，看起来离我们更近；水中物体看起来的位置会比实际高；和单独的物体相比，在一起的几个物体的集合会显得比实际更大。可以用如下数据作为指导：

50 步之内，可以清晰地看清人的眼睛和嘴巴；

100 步之内，看远处人的眼睛就变成了一个点；

200 步之内，制服的扣子和细节还可以辨认；

300 步之内，可以看到人脸；

400 步之内，还可以辨认步伐；

500 步之内，可以辨认制服颜色。

不过，目测误差很大的情况也是常有的。在光滑平坦或清一色的表面（比如，平静的河面或湖面、广阔的沙漠平原、草木浓密的田野等），目测的结果都会比目标实际距离我们更近，这个误差至少会在 1 倍左右，甚至更大。还有一种情况，当观测物体底部被铁路路基、小山丘或建筑物所遮挡时，观测物体在视觉上会被抬升，当我们在判断与观测物体的距离时，会不自觉地感觉物体位于遮挡物正上方，而不是在它们的后方。因此在目测距离时，我们又会偏向比实际距离小的误差方向（见图 77、图 78）。

在上述的情况下，使用目测估算距离是不可靠的，因此尽量采取其他的方式来估算距离，之前的章节里我们已经提到过了，这里就不再赘述。

图 77　山丘后的树看起来距离很近

图 78　登上山后，实际树离我们还很远

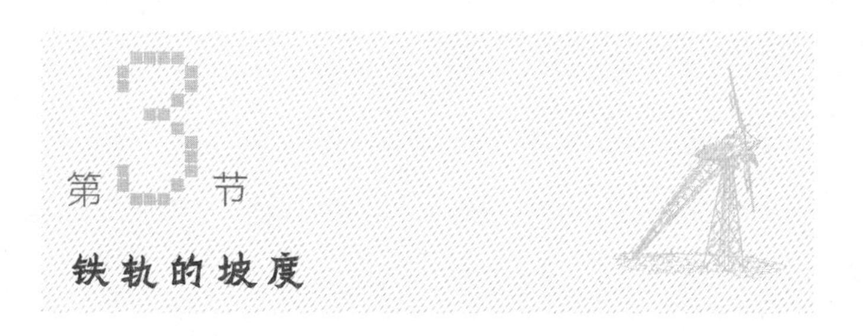

第3节 铁轨的坡度

乘坐火车的时候，途中你可能注意到铁路两旁有各种各样的标志，其中除了里程标外，还能看到一些矮石柱上刻着一些难懂的数字，如图 79 所示。

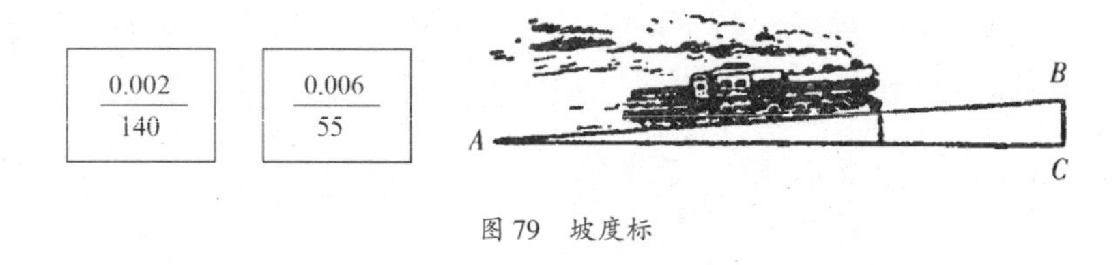

图 79　坡度标

这就是坡度标。首先上面的数字 0.002 是指铁路坡道，即每米铁路抬升或下降 2 mm，而坡道方向是由牌的位置所指示，140 则表示这个坡度将持续 140 m，140 m 之后将会出现带有另外坡度指示的路标。第二块标志牌指的是在接下来的 55 m 内，坡度每米抬升或下降 6 mm。

知道了坡度标的含义，我们就可以根据两个坡度标，计算两条相邻路段的高度差了。第一个坡度标所指示的高度差为 $0.002\times140=0.28$ m，第二个坡度标所指示的高度差为 $0.006\times55=0.33$（m）。

在铁路的实际运用中，正如你看到的例子，坡度并不是用角度来衡量的。实际上很容易把这些坡度标转换成角度。如图 79 中，AB 为火车行驶路线，BC 为 A 点和 B 点之间的高度差，AB 与水平地面 AC 的斜率关系为 BC/AB，由于 $\angle A$ 十分小，我们可

以把 AB 和 AC 当作同一个圆的直径，而 BC 就为圆上的一段弧。只要已知 $BC : AB$ 的关系，计算出 $\angle A$ 就一点也不难。在斜率为 0.002 的情况下，我们可以做如下推理：圆周上的弧长等于半径的$\frac{1}{57}$时，此时的圆心角为 1°（详情参见本书第 3 章第 6 节），那么圆心角为多少度时，弧长等于半径的 0.002 呢？我们可以将要求的圆心角设为 x，那么可以列出如下方程式：

$$x : 1 = 0.002 : \frac{1}{57}$$

推导可得

$$x = 0.002 \times 57 \approx 0.11^\circ$$

也就约等于 7′。

铁路标准允许的坡度十分小，规定的最大极限为 0.008，也就是说允许的角度为 0.008×57，小于 0.5°。这种微小的偏差我们通常是很难注意到的。在行走的过程中，路面升高$\frac{1}{24}$，对应的角度为$\left(\frac{57}{24}\right)^\circ \approx 2.5^\circ$时，我们的双脚才能明显地感受到坡度。

可以尝试沿着铁路走几千米，记录下来途中遇到坡度标的数值，然后计算一下总体抬升或者下降了多少，即起点和终点之间的高度差。

【题目】

你开始沿着铁路行走，路边的小石柱上带有爬升$\frac{0.004}{153}$的标志，继续往前走，你又看到一系列标有如下数据的坡度标：

平台[1]	抬升	抬升	平台	下降
$\frac{0.000}{60}$,	$\frac{0.0017}{84}$,	$\frac{0.0032}{121}$,	$\frac{0.000}{45}$,	$\frac{0.004}{210}$

走完带有这些坡度标的路程之后，一共有了多远？最后一个坡度标和第一个坡度标之间的高度差为多少？

【答案】

一共走了 153+60+84+121+45+210=673（m）

爬升的高度为

$0.004\times153+0.0017\times84+0.0032\times121\approx1.14$（m）

下降的高度为

$0.004\times210=0.84$（m）

由此可得，整段路程的总体高度差为 $1.14-0.84=0.3$（m）。

第4节 计算碎石堆的体积

我们经常可以在路边看到如图 80 所示的碎石堆，这是十分值得几何学家注意的室外几何体。你可能会想，躺在你面前的这堆碎石的体积有多大？对于习惯在纸上或

1 数字标志 0.000 意思是在水平路面行驶。

者黑板上解决数学问题的人来说，这是一个相当复杂的几何难题。要想解这道题，必须算出圆锥的体积，圆锥的高和底面半径没法通过直接测量得到，但是我们可以通过间接的方式获得所需值。如果要求底面半径，可以用卷尺或者绳子测量锥形底面的周长，再用周长除以6.28[1]。

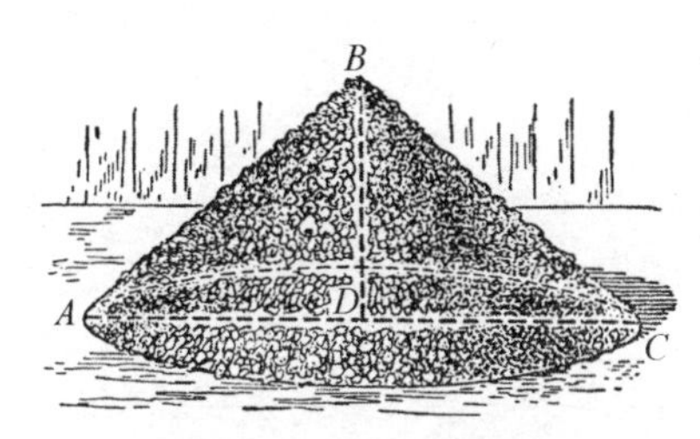

图80 关于碎石堆的几何问题

接下来求锥体的高会复杂一点儿。我们要先测量圆锥母线 AB 的长度，可采取养路工常用的做法，从石堆顶端向两边扔下测量绳，直接测出两条母线 AB 和 BC 的长度。我们已经知道了石堆底面圆的半径，根据勾股定理就可以算出高度 BD。让我们一起来看个例子。

【题目】

圆锥形碎石堆底面圆周长为12.1 m，两条母线的长为4.6 m，请问碎石堆的体积是多少?

【答案】

碎石堆底面圆半径为

$12.1\times0.159\approx1.9$（m）

锥形碎石堆的高为

$\sqrt{2.3^2-1.9^2}\approx1.3$（m）

从而可得碎石堆的体积为

$\frac{1}{3}\times3.14\times1.9^2\times1.3\approx4.9$（$m^3$）

---

1 在实际运用中，这个运算会用乘以倒数的方式来代替。如果要求直径，就用周长乘以0.318，如果要求半径，就用周长乘以0.159。

第5节 小山丘的高度

看到锥形碎石堆和锥形沙堆，让我想起普希金《吝啬的骑士》中描绘过的古老的东方民间传说：

我曾经读到过，有一天，帝王命令自己的兵每人抓一把土并将土聚成一堆，就形成了一个高耸的山丘，帝王可以从山丘顶上愉悦地环视四周，可以看到山谷被白色的天幕所笼罩，海面上船只飞驰。

这是为数不多的看起来很逼真，却毫无真实性可言的传说。我们可以用几何计算来证明这一点。假设古代有一位这样的君主忽然想要实现这个不切实际的想法，那最后收获的结果可能会让他大失所望，在他面前立着的只能是一个小土堆，没有任何幻想能够让我们把它夸大成传说里的山丘。

我们可以做个大概的计算。你知道古代的帝王能有多少兵？古代的军队可不像现代部队有这么多人，一个十万人的军队在规模上已经算非常庞大了，我们就暂且先用这个数来计算，那么这个山丘就由十万人每人抓一把土构成。你可以尝试最大限度地抓一把土并把它放进杯子，你会发现一把土装满不了一杯。这样我们就可以取古代士兵抓一把土的体积为$\frac{1}{5}$ dm^3，那么可以求出山丘的体积为：

$$\frac{1}{5}\times 100\ 000=20\ 000\ (\text{dm}^3)=20\ (\text{m}^3)$$

也就是说山丘是一个体积不超过 20 m^3 的圆锥。这么小的体积已经很让人失望了，如果继续算下去，来求山丘的高度，那失望还会更深。要想求圆锥的高度，必须知道圆锥母线与底面的夹角。在我们这个情况中，可以取土堆的天然坡度，即 45°，这个角度没法再大了，如果斜面更陡，那么土堆就会崩塌。因为母线与底面夹角为 45°，所以圆锥的高等于底面的半径。由此可得

$$20 = \frac{\pi x^3}{3}$$

$$x = \sqrt[3]{\frac{60}{\pi}} \approx 2.7(\mathrm{m})$$

要具备多么丰富的想象力才能将 2.7 m 高（相当于一个人身高的 1.5 倍）的土堆想象成山丘啊！如果土堆的倾角更小，那么这个高度还会随之变得更小。

据我们所知，匈奴王阿提拉是古代拥有最庞大军团的王，历史学家估算出他的军团大约有 70 万人。如果所有的兵都加入堆土堆的活动，这个土堆也不会比我们刚才的计算结果大很多。土堆的体积最多是之前计算出土堆体积的 7 倍，而高度也就是之前的$\sqrt[3]{7}$倍，即 1.9 倍，那么这个高度也就是 $2.7 \times 1.9 \approx 5.1$（m）。不用怀疑，这种体积的土堆根本配不上匈奴王的野心。

可想而知，在这样的小土堆上想看到山谷被白色的天幕所笼罩，有多么荒谬，要想俯视海面的话倒是有种可能，那就是将土堆在离海岸不远的地方。

关于从某个高度能够看多远的问题，我们会在第 6 章中讨论。

第6节 路上的弧形弯道有多大

无论是公路还是铁路都不会陡然转弯，而是从一个方向平稳地向另一个方向转变。通常弯道部分可以看作一个圆周上的一段弧，而道路的直线部分与弯道这段弧长相切。如图81所示，道路直线部分 AB 与 CD 都与弯道部分 BC 相连，AB 与 CD 分别与弯道相切于点 B 和点 C，也就是 AB 与圆的半径 OB 构成直角，CD 与圆的半径 OC 构成直角。这么做的原因是为了让道路能够缓和地从直线方向到曲线方向转弯，再从曲线弯道平稳地回到直线方向。

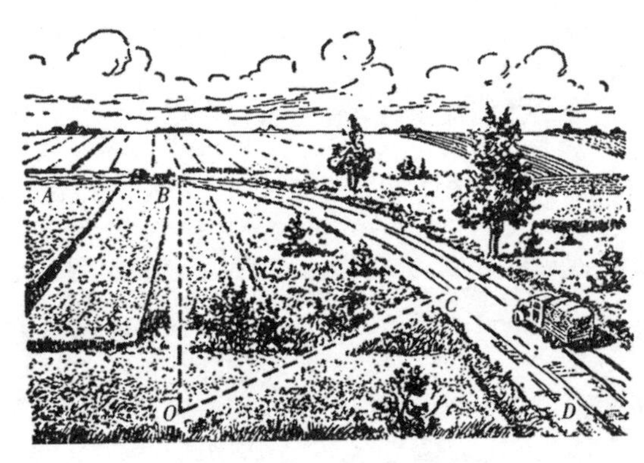

图81 路上的弧形弯道

路上弯道部分的半径通常取值很大，比如铁路的弯道部分半径不能小于600 m，而铁路主干线的弯道部分半径甚至需要在1 000~2 000 m范围。

第7节 弧形弯道的半径计算

当你站在图 81 这样的弯道旁，是否能够求出弯道的半径呢？我们需要找到弯道弧所对应的圆心，从圆心到弧上任意一点的距离就是我们要找的半径长度。如果纸上画出略图，根据草图进行计算会非常简单。可以作任意两条弦，并从两条弦的中点作垂线，两条垂线相交的点即为圆弧的中心。

但是如果弯道中心距离道路很远，在我们难以触及的地方，绘制类似的平面图就显得不那么方便了。我们可以绘制平面图，或者拍摄平面照片，但这也相对来说比较麻烦。

图 82 计算弯道的半径

如果不再用绘图法，而是直接计算，这些困难就可以排除了。在心里将弯道 AB 视为圆的一段弧（见图 82），连接弧长上任意两点 C 和 D，量出弦长 CD 和 EF，EF 为弓形部分 CED 的高度。有了这两个数据之后就不难算出所求半径长度了。从图中可以看到线段 CD 与圆的直径相交于 F 点，假设弦长 CD 的长度为 a，EF 的长度设为 h，圆的半径设为 R，根据相交弦定理可得：

$$\frac{a}{2}\cdot\frac{a}{2}=h(2R-h)$$

$$\frac{a^2}{4} = 2Rh - h^2$$

由上可得所求半径为

$$R = \frac{a^2 + 4h^2}{8h}$$

还有另一种方法，根据直角△COF来求半径。连接OC，已知$CF=\frac{a}{2}$，设$OC=R$，则$OF=R-h$，由勾股定理可得：

$$R^2 = (R-h)^2 + \left(\frac{a}{2}\right)^2$$

$$R^2 = R^2 - 2Rh + h^2 + \frac{a^2}{4}$$

$$R = \frac{a^2 + 4h^2}{8h}$$

比如我们使$EF=0.5$ m，弦长$CD=48$ m，则所求的半径就为

$$R = \frac{48^2 + 4 \times 0.5^2}{8 \times 0.5} \approx 580(\text{m})$$

这个计算还可以进一步简化，如果我们让$2R-h$等于$2R$，因为h与R相比实在是可以小到忽略不计，比如说R通常有几百米，而相对的h只有几米，所以为了计算方便可以直接得到估算的公式

$$R = \frac{a^2}{8h}$$

带入上面的赋值，则我们得到的半径值几乎是一样的，即

$$R = \frac{48^2}{8 \times 0.5} = 580\ (\text{m})$$

算完弯道半径的长度后，由于我们知道弯道中心位于过弦中点的垂线上，这样我们就能大概标出道路曲线部分的中心。

图 83 计算铁路弯道的半径

如果道路铺设有轨道，求弯道半径就变得更加简单。实际上，只需用绳子拉出一条内轨道的外切线，这样我们就得到外轨道弧上所对应的一段弦，内外轨之间的距离 h 等于轨道宽度，如图 83 所示——1.52 m。依旧设弦长为 a，那么弯道半径就为

$$R=\frac{a^2}{8\times 1.52}\approx\frac{a^2}{12.2}$$

在 $a=120$ m 的情况下，弯道半径约等于 1 200 m[1]。

第8节 海底地形是平的吗

从弯道到海底，主题的转换看起来好像有点跳跃，让人意想不到，但是几何能将这两个主题以非常自然的方式联系起来。

首先我们要了解一下海底地面的形状，它到底是凹面的、扁平的还是凸起的呢?

1 在实际运用中这个方法也不是那么方便，因为当弯道半径过大时，需要的绳子会非常长。

可能大多数人都会不假思索地回答，深不可测的海底应该是个凹槽。实际上，海底不仅不是凹陷的，甚至还是凸起的。通常我们在描述海洋时，会用到深不可测和无边无际等形容词，但你可能不知道，海洋的“无边无际”（宽度上）是“深不可测”（深度上）的很多倍。也就是说，宽阔的海洋实际上是一层水，而且在地表呈球面状分布，其曲率与地壳相近。

拿大西洋来举例，大西洋在近赤道附近的宽度大致为赤道周长的六分之一。如图84中的圆即为赤道，弧形 ACB 为大西洋平静的水面，假设它的底部是扁平的，那么弦高 CD 为大西洋的深度。已知弧长 $\overset{\frown}{AB}$ 为赤道周长的$\frac{1}{6}$，因此弦 AB 是圆内接正六边形的边长，众所周知，AB 就等于圆的半径 R。我们可以根据之前推导出的计算弯道半径的公式算出 CD：

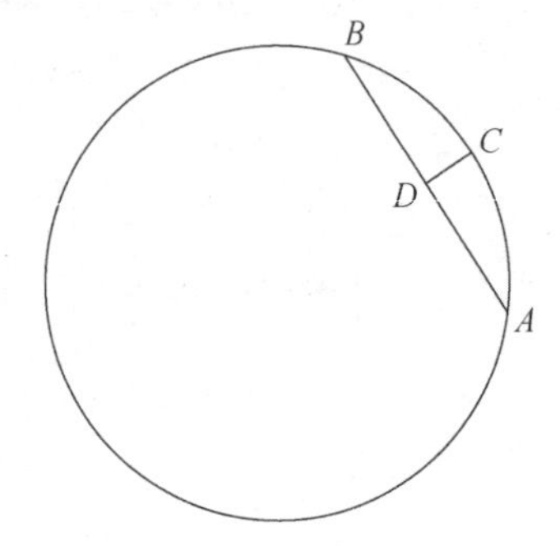

图 84　大西洋宽度示意图

$$R = \frac{a^2}{8h},\ h = \frac{a^2}{8R}$$

已知 $R=a$，那么 $h = \frac{R}{8}$。

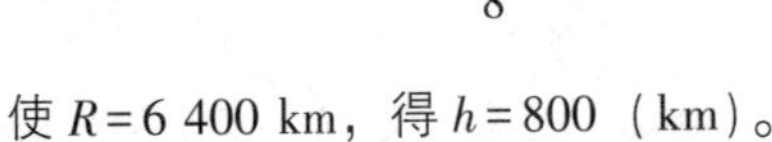
使 $R=6\ 400$ km，得 $h=800$（km）。

在假设大西洋底部为扁平的情况下，算出大西洋底部最深的部分可达800 km，但实际大西洋最深的部分只有10 km。因此我们可以得出结论：大西洋的底部形状是凸起的，但凸出的曲率略比水面的凸起要小一点。

其他大洋也是如此，海底曲率与海洋表面相比有所减小，但从整体上看还是与地球表面形态保持一致。

我们计算曲面半径的公式表明，水域越宽广，底部越凸出。根据公式 $h = \frac{a^2}{8R}$，我

们可以看出 h 与 a^2 成正比，随着海洋宽度 a 的增加，海洋深度 h 增长得应该非常快（在假设底部扁平的情况下）。但是，从小水域向更宽广的水域移动时，深度并不会以如此快的速度增加。如果大洋比海面宽 100 倍，但大洋深度并不会是大海深度的 100×100，即 10 000 倍，因此相比大洋来说，小范围水域的底部会有一点偏凹型。位于克里米亚半岛和小亚细亚半岛之间的黑海，海底就是有点凹陷的。黑海海面的弧度接近 2°$\left(\text{地球周长的}\frac{1}{170}\right)$。黑海的平均深度比较一致，约为 2.2 km。同样按照之前的算法，假设黑海底部是扁平的，由公式可以得出黑海的深度为

$$h=\frac{a^2}{8R}=\frac{40\ 000^2}{170^2\times 8R}\approx 1.1(\mathrm{km})$$

由此可知，黑海的深度比按照扁平标准算出来的 1.1 km 还要下凹 1.1 km，也就是说这是个很明显的凹型。

第9节 “水岭”真的存在吗?

其实，通过刚才的练习我们已经知道了：“水岭”是存在的。先不讲它存在的物理依据，单从几何意义上说，不光是大海，甚至每个湖泊都会存在水面曲率。当你站在湖边，对岸的点和你之间的水面向上凸起，湖越宽，水面凸起越高。这个凸起的高度我们可以用公式 $R=\frac{a^2}{8h}$ 来算，$h=\frac{a^2}{8R}$。这里 a 为湖两岸之间的直线距离，也可以视

为湖宽。如果这个湖宽 100 km，那么水面曲度的高为

$$h = \frac{10\ 000}{8 \times 6\ 400} \approx 200(\mathrm{m})$$

“水岭”的高度居然可达 200 m！这真让人难以置信！

即便一个只有 10 km 宽的小湖，其水面曲度凸起的峰值也会有 2 m 高，甚至超过了一个人的身高。

我们称这个水面曲度为“水岭”是否正确呢？从物理现象上讲，并没有这个概念，它们并没有高于地平线，也就意味着水面是平坦的。我们通常会错误地认为，当人站在岸边 A 点时，如图 85 中的直线 AB 就是地平线，弧 ACB 应该高于地平线。但实际上这里的地平线并不是 AB，而是 ACB，ACB 是与平静的水面在同一平面的。直线 AB 则是向地平线 ACB 倾斜：AD 段从地平线之下向下倾斜到 D 点，D 点为最深处，之后 DB 段又在地平线以下向上倾斜到接近地平线，到达 B 点。如果沿着直线 AB 铺设一条管道，在 A 点放一个小球，你会发现小球在 A 点放不稳，小球会滑向 D 点并且在此处开始加速，冲向 B 点，紧接着小球到 B 点也不能保持住，又重新滑回 D 点，再回到 A 点，然后再重复这个过程。在小球和管道绝对光滑的情况下，并且不受空气阻力的影响时，小球可以在 A 点和 B 点之间永远循环往复。

图 85　“水岭”

虽然从图中看 ACB 像是凸起的水岭，但实际上它并不存在，只是平坦的水面，它只存在于几何概念中。

05

不用公式和函数表的野外几何学

导读

刘月娟

学习过前面介绍的测量树高、河宽、步长、角度的方法，是不是觉得对于我们碰到的所有距离和角度的问题都可以迎刃而解了呢？那肯定是不行的。今天我们就来介绍一种和三角形有关的知识——三角函数，其中着重介绍正弦值。最初接触三角函数的时候是在初中，如果你还没学过那就要好好读一下了。

角的正弦值是在直角三角形中，其对边与斜边长度的比值，记作 sin。记住一定要放在直角三角形中。下面要介绍的所有问题的求解都要依赖于正弦值。平面上的角度和距离的测量都不是难事，但是要放到生活实例当中就没有那么简单了，为了方便计算，我们可以构建一个正弦表。这个正弦表里包含的角度不仅仅有常用的 $0°$、$30°$、$45°$、$60°$ 和 $90°$，还包含 $22.5°$ 这样的度数。只要有了正弦值，我们就能利用直角三角形一边轻松计算其他边的长度。

利用三角函数的正弦值进行计算不可避免地要用到开方，如果是整数的平方开方，这个结果很容易得出，比如 $\sqrt{169}=13$，但是如果不是特殊的数开方呢？$\sqrt{13}$ 化为小数是多少呢？显然这个数是在 3 与 4 之间的，至于具体是多少，也难以确定。因此我们在这里避开代数方法，引进几何学中使用除法简化平方根计算的方法。具体的求解方法在阅读文章的时候需要你仔细钻研。

我们前面介绍正弦值的计算都是为了方便解决实际问题——求两点之间的距离和角度。我们大多是根据角度确定正弦值，那它的逆运算也很重要，即根据正弦值确定角度，在此过程中，我们之前构建的正弦表就要“大显神通”了。除了确定角度，在确定距离方面正弦值也占着至关重要的作用。当然解决这些问题都需要构造出合适的三角形，以及测量出相应的长度或者角度。

在野外测量角度的时候，指南针必不可少，有时还可以用手指或火柴盒实现角度的测量。但是如果需要测量印在纸上、平面图或是地图上的角度，我们该怎么做呢？这时就会用到圆的相关知识了。

数学知识有时乍一看是零乱分散的，但实际上很多时候它们都是息息相关的。要想搞懂本节的内容，就需要有良好的逻辑思维，将所学的知识运用到实际生活当中也是一门学问。

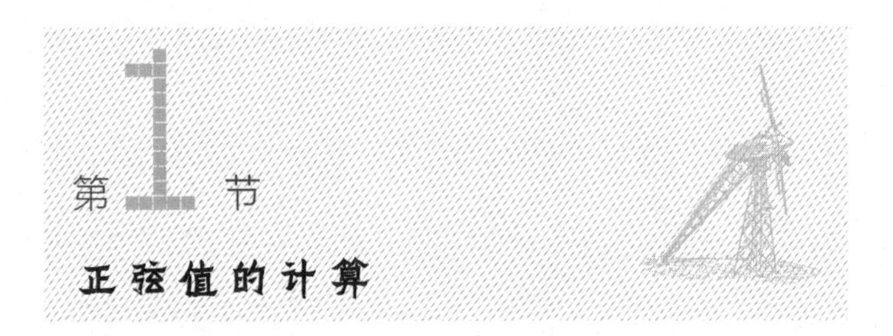

第1节 正弦值的计算

这章我们将向大家展示，如何仅使用正弦概念，不使用任何函数表和公式来计算三角形边长（精确到2%）和角度（精确到1°）。这种简化的三角函数可以在我们到户外散步、手边没有函数表、公式也记不清的情况下使用。甚至在荒岛上也可以直接使用这种方法。

假设你从没接触过三角函数，或者已经完全忘了三角函数定理，现在我们开始重新学习。什么是锐角的正弦呢？它是直角三角形对边边长与斜边边长的比值。

举例说明一下，如图86所示，角 α 的正弦等于$\frac{BC}{AB}$，$\frac{ED}{AD}$，$\frac{D'E'}{AD'}$或$\frac{B'C'}{AC'}$。根据相似三角形的性质不难得出这些比例关系彼此相等。

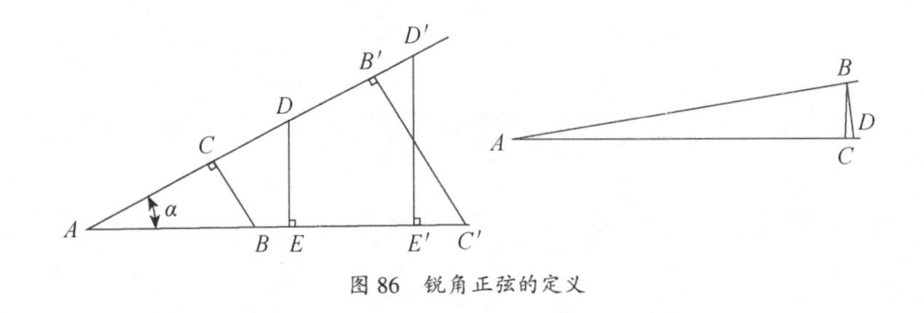

图86　锐角正弦的定义

如果手边没有函数表可以查，我们要怎么知道从1°到90°不同角度的正弦值等于多少呢？其实很简单，我们可以自己构建一个正弦表。

先从几何学中我们比较熟悉的角度开始，首先 90°的正弦，很显然等于 1。接下来可以根据勾股定理算出 45°的正弦，等于$\frac{\sqrt{2}}{2}$，也就是 0. 707。紧接着再算 30°，由于直角三角形 30°角所对应的直角边是斜边的一半，所以 30°角的正弦值等于$\frac{1}{2}$。

这样我们就得到了三个角度的正弦值：

$$\sin 30° = 0.5$$

$$\sin 45° \approx 0.707$$

$$\sin 90° = 1$$

当然这些值还不足以解决所有的几何问题，我们还需要知道所有角度间隔的正弦值，至少每间隔 1°之间的正弦值是多少。对于非常小的角度我们可以用弧长与半径的比值来代替对边与斜边的比值，其中只有很小的误差。从图 86 右图中可以看到，三角形对边与斜边的比值 $\frac{BC}{AB}$ 和弧长与圆半径的比值 $\frac{\overset{\frown}{BD}}{AB}$ 差异十分小。接下来的计算就变得容易了。比如，1°所对应的弧长 $BD=\frac{2\pi R}{360}$，其中 π 取 3. 14，带入可得：

$$\sin 1° = \frac{2\pi R}{360} = \frac{\pi}{180} \approx 0.0175$$

同理可得

$\sin 2° \approx 0.0349$

$\sin 3° \approx 0.0524$

$\sin 4° \approx 0.0698$

$\sin 5° \approx 0.0873$

但是我们需要验证，在保证误差很小的情况下，这个算法可以一直用到多少度。

如果我们按照上面的结果来计算 $\sin 30^\circ$，我们得到的值为 0.524，而不是 0.500，如果保留小数点后面两位有效数字，那么误差达到了 $\frac{24}{500}$，约为 5%。虽然户外的几何学对结果要求不高，但这个误差还是过于大了。为了弄清楚上述正弦的算法可以使用到多少度，我们先来求一下 $\sin 15^\circ$ 的精确值。如图 87 所示，构建一个 15°角。则 $\sin 15^\circ=\frac{BC}{AB}$，延长线段 BC 等长的距离到 D 点，将 A 与 D 连接，我们就得到了两个全等的直角三角形，即 $\triangle ADC$ 和 $\triangle ABC$。$\angle BAD=30^\circ$，过 B 点作 AD 的垂线 BE，构成新的直角 $\triangle BAE$，则 $BE=\frac{AB}{2}$。接下来可以在 $\triangle BAE$ 中，根据勾股定理算出 AE 的长度为

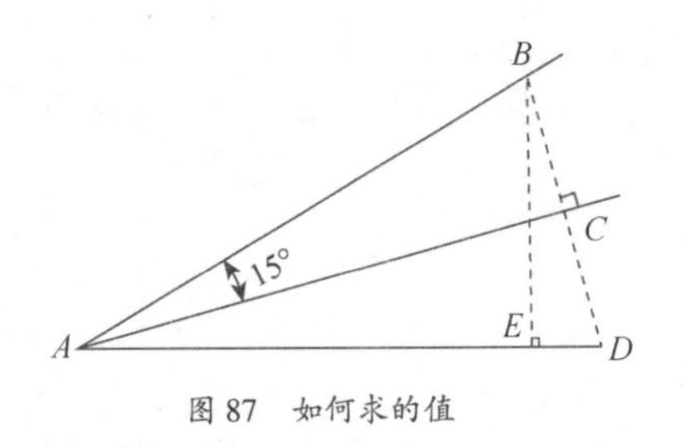

图 87　如何求的值

$$AE^2=AB^2-\left(\frac{AB}{2}\right)^2=\frac{3}{4}AB^2$$

$$AE=\sqrt{3}\,\frac{AB}{2}\approx 0.866AB$$

$$ED=AD-AE=AB-0.866AB=0.134AB$$

因此在 $\triangle BED$ 中，根据勾股定理可算出 BD:

$$BD^2=BE^2+ED^2=\left(\frac{AB}{2}\right)^2+(0.134AB)^2\approx 0.268AB^2$$

$$BD=\sqrt{0.268AB^2}\approx 0.518AB$$

BD 长度的一半就为 BC，$BC=0.259AB$，因此正弦

$$\sin 15^\circ=\frac{BC}{AB}=\frac{0.259AB}{AB}=0.259$$

这就是函数表定值里的 sin15°标准值，保留了三位小数。按照我们之前的推算方式来算 sin15°的值为 0.262，如果保留两位小数，就得到 0.26。这个值和 0.259 相比，误差范围在$\frac{4}{1\ 000}$左右，即 0.4%，这是可以被接受的。因此可以得出结论，在求 1°到 15°之间的正弦值时我们可以使用上述弧长与半径的比值关系来替代的算法。

在求 15°到 30°之间的正弦值时，我们就需要借助比例了。sin30°和 sin15°之间的差约为 0.50－0.26＝0.24。也就意味着正弦角度每扩大 1°，正弦值就增加$\frac{0.24}{15}=$ 0.016。如果严格来说，可能有一定误差，但它基本达到了我们的所需精确度要求，误差仅出现在我们通常会舍去的第三位有效数字之后。因此从 sin15°的正弦值不断加上 0.016 的倍数，就可得到相应正弦值：

$$\sin16° = 0.26+0.016 = 0.28$$

$$\sin17° = 0.26+0.032 = 0.29$$

$$\sin18° = 0.26+0.048 = 0.31$$

……

$$\sin29° = 0.26+0.22 = 0.48$$

我们继续用同样的方法算出 30°到 45°之间的正弦值。sin45°和 sin30°之间的差为 0.707－0.5＝0.207。正弦角度每扩大 1°，正弦值就增加$\frac{0.207}{15}=0.014$。因此从 sin30°的正弦值不断加上 0.014 的倍数，就可得到相应正弦值：

$$\sin31° = 0.5+0.014 = 0.51$$

$$\sin32° = 0.5+0.028 = 0.53$$

……

$$\sin40° = 0.5+0.14 = 0.64$$

……

在找大于45°的锐角的正弦值时，我们可以利用勾股定理来求所需正弦值。比如我们想求 sin53° 的值，如图 88 所示。$\sin 53^\circ = \frac{BC}{AB}$，我们已经知道 $\angle B = 37^\circ$，根据上述30°到45°之间比例叠加的正弦值算法，可以得到

$$\sin\angle B = \sin 37^\circ = 0.5+7\times 0.014 \approx 0.6$$

图 88　大于45°锐角的正弦值计算

由于 $\sin\angle B = \frac{AC}{AB} = 0.6$，所以 $AC = 0.6AB$，根据勾股定理得

$$BC = \sqrt{AB^2 - AC^2} = \sqrt{AB^2 - (0.6AB^2)} = AB\sqrt{1-0.36} = 0.8AB$$

所以

$$\sin 53^\circ = \frac{BC}{AB} = 0.8$$

上述计算并不复杂，只需要会开平方根即可。

通常，代数课程中学习开平方的方法比较复杂，会很容易忘记。因此我们在这里避开代数方法，引进几何学中使用除法简化平方根计算的方法。这个方法比较古老，但比代数中使用的方法简单很多。

以 $\sqrt{13}$ 举例。$\sqrt{13}$ 的值在 3~4 范围，因此我们设它的分数部分为 x。

那么 $\sqrt{13} = 3+x$，可转化为

$$13=9+6x+x^2$$

由于分数 x 平方之后的值非常小，在精确要求不高时可以将其忽略不计，因此上述方程可以简化为

$$13=9+6x$$

从而可得 $6x=4$，$x=\frac{2}{3}=0.67$。

这就得出 $\sqrt{13}$ 开平方根后近似等于 0.67。如果需要更精确的值，我们可以继续列方程式 $\sqrt{13}=3\frac{2}{3}+y$，这里 y 是小数点后面第二位，它可能是正分数，也可能是负分数。解方程可得 $13=\frac{121}{9}+\frac{22}{3}y+y^2$，将 y^2 忽略不计之后，解得 $y=-\frac{2}{33}=-0.06$。所以 $\sqrt{13}$ 开平方根后精确到小数点后两位就等于 $3.67-0.06=3.61$。如果要精确到小数点后面第三位，还是继续用同样的方法即可算出。

要知道用代数课所学的开平方根方法，$\sqrt{13}$ 精确到小数点后两位也是同样的结果，等于 3.61。

通过前面的学习，我们已经能够计算从 0°到 90°之间任意角度的正弦值，并精确

到小数点后面两位。如果有必要，我们还可以随时自己准备正弦值表。

但为了解决三角函数问题，我们有时还需要进行反向操作，根据正弦值来计算角度。比如，需要找到正弦值 0.38 所对应的角度，该怎么做呢？由于这个正弦值小于 0.5，所以我们要找的这个角度就小于 30°，而 sin15° 的正弦值之前我们已经算过，为 0.26，所以要求的角度应该大于 15°，则我们要求的这个角度位于 15°和 30°之间，按照之前找正弦值相同的方法来倒推角度：

$$0.38-0.26=0.12$$

$$\frac{0.12}{0.016}=7.5^\circ$$

$$15^\circ+7.5^\circ=22.5^\circ$$

因此，我们要求的角度就约为 22.5°

再举一个例子，求正弦值 0.62 所对应的角度。

$$0.62-0.5=0.12$$

$$\frac{0.12}{0.014}\approx 8.6^\circ$$

$$30^\circ+8.6^\circ=38.6^\circ$$

所以我们求的角度约为 38.6°。

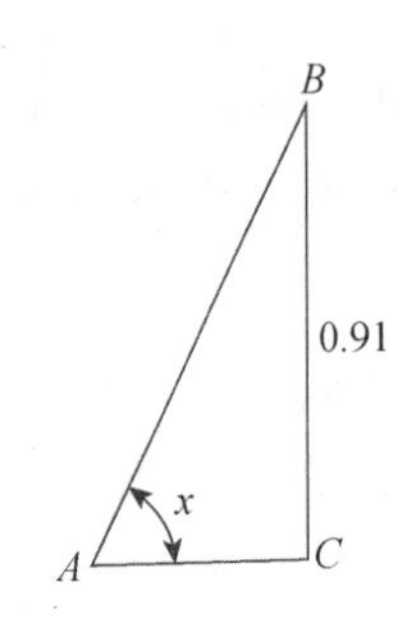

图 89　根据锐角正弦值求角度

最后再看一个例子，求正弦值 0.91 所对应的角度。

因为正弦值 0.91 位于 0.71 和 1 之间，所以我们要找的角度应处于 45°至 90°之间。如图 89 所示，假设 $BA=1$，我们要求的正弦值 0.91 所对应的角为 $\angle A$，所以 $BC=0.91$。知道 BC 之后，就会很容易找到 $\angle B$ 的正弦值。

$$AC^2=1-BC^2=1-0.91^2\approx 1-0.83=0.17$$

$$AC=\sqrt{0.17}\approx 0.42$$

我们知道了$\angle B$的正弦值等于0.42，而0.42处于0.26和0.5之间，所以$\angle B$应该处于15°至30°之间，由此可得：

$$0.42-0.26=0.16$$

$$\frac{0.16}{0.016}=10^\circ$$

$$\angle B=15^\circ+10^\circ=25^\circ$$

所以$\angle A=90^\circ-\angle B=90^\circ-25^\circ=65^\circ$。

现在我们已经完全具备了解决三角函数问题的能力，无论是根据角度求正弦值还是根据正弦值求角度，精确度对于野外测量目的也是够用的。

可能读者朋友心里会有疑问，仅仅有正弦能够用吗？是否还需要其他的三角函数，比如说余弦和正切等？接下来我们就举一些例子，对于简化后的三角函数问题，完全可以避开其他函数，只用正弦即可。

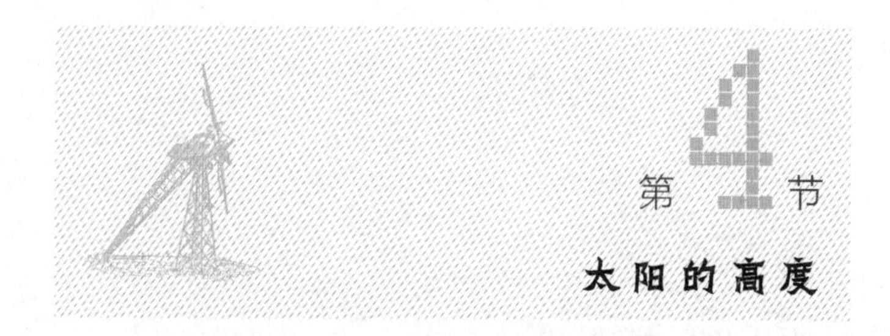

第4节 太阳的高度

【题目】

如图90所示，垂直于地面的木杆AB高4.2 m，木杆的影长BC为6.5 m。此时太阳与地平线的夹角为多少度？即$\angle C$有多大？

【答案】

很容易知道$\angle C$的正弦等于$\frac{AB}{AC}$。而$AC=\sqrt{AB^2+BC^2}=\sqrt{4.2^2+6.5^2}\approx 7.74$。

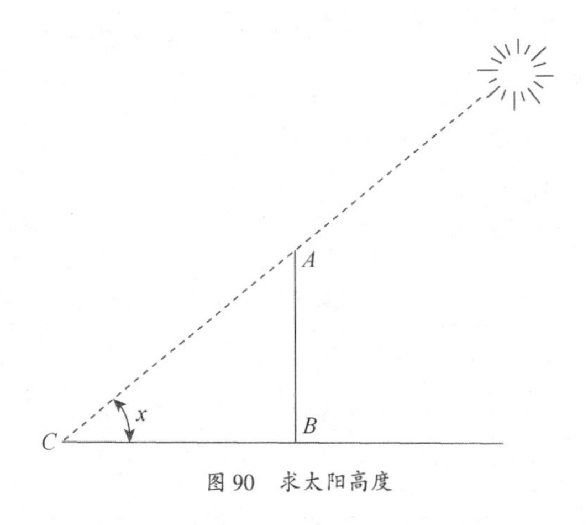

图 90　求太阳高度

因此 $\sin\angle C = \frac{AB}{AC} = \frac{4.2}{7.74} = 0.55$

按照之前讲过的方法可以算出正弦值所对应的角度约为 33°。

到小岛的距离

【题目】

带着指南针在河边散步，你发现在河中小岛上有一点 A，此时你站在岸上 B 点，想知道你和小岛之间的距离，该怎么做？为了求出这个距离，你可以先用指南针测量 $\angle ABN$（见图 91），即直线 BA 与指南针沿南北方向（SN）的夹角，然后测量 BC 段的长度和$\angle NBC$，即直线BC与指南针沿南北方向（SN）的夹角。最后同样在点C测量直线CA与指南针沿南北方向（SN）的夹角。

假设我们通过测量得到了以下数据：

直线BA的方向是指南针南北方向向东偏52°，

直线BC的方向是指南针南北方向向东偏110°，

直线CA的方向是指南针南北方向向西偏27°，

$BC=187$ m。

根据以上的数据我们要怎么求到小岛的距离BA呢？

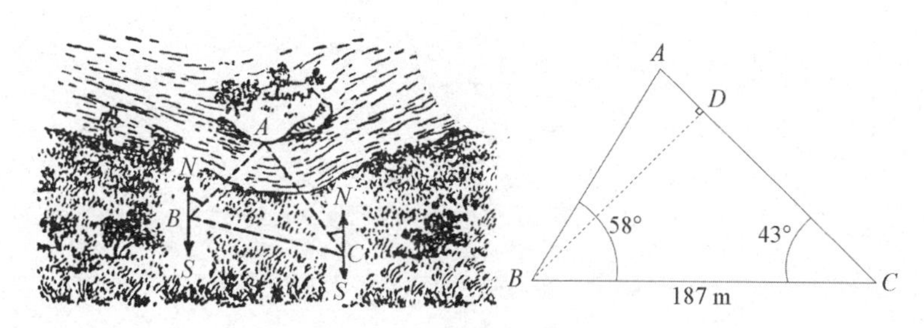

图 91　如何算出到小岛的距离

【答案】

在$\triangle ABC$中，我们已经知道了边长BC的长度，$\angle ABC=110°-52°=58°$，$\angle ACB=180°-110°-27°=43°$。过$B$点作$AC$边的高$BD$，如图91所示，$\sin\angle C=\sin 43°=\frac{BD}{187}$，用之前的方法算出$\sin 43°=0.68$，可以得出$BD=187\times 0.68\approx 127$（m）。

在$\triangle ABD$中，我们已经求出了其中一个直角边BD的长度，$\angle A=180°-(58°+43°)=79°$，$\angle ABD=90°-79°=11°$。我们可以算出$\sin 11°=\frac{AD}{AB}\approx 0.19$。根据勾股定理$AB^2=BD^2+AD^2$，将$AD=0.19AB$，$BD=127$代入可得：

$AB^2=127^2+(0.19AB)^2$，从而得出 $AB\approx129$（m）。

因此我们要求的到小岛的距离就约为 129 m。

如果需要，读者朋友们还可以顺便计算一下 AC 的边长。

【题目】

要想确定湖宽 AB（见图92），可以利用指南针，向西转动 21°找到直线 CA，向东转动 22°找到直线 CB。已知 $CB=68$ m，$CA=35$ m，求湖宽 AB。

【答案】

在 $\triangle ABC$ 中，我们已知 $\angle ACB=43°$，构成 $\angle ACB$ 的两边边长分别为 $CB=68$ m，$CA=35$ m。过 A 点作 BC 边上的高 AD，可以得到 $\sin43°=\dfrac{AD}{AC}$，用最开始的方法可以算出 $\sin43°=0.68$，因此，$\dfrac{AD}{AC}=0.68$，$AD=0.68\times35\approx24$（m），从而可以根据勾股定理算出 CD：

$$CD^2=AC^2-AD^2=35^2-24^2=649,\ CD\approx25.5(\mathrm{m})$$

$$BD=BC-CD=68-25.5=42.5(\mathrm{m})$$

在 $\triangle ABD$ 中有如下关系：

$$AB^2=AD^2+BD^2=24^2+42.5^2\approx2\,380(\mathrm{m})$$

$$AB \approx 49\ (\text{m})$$

综上所述，我们所求的湖宽 AB 约为 49 m。

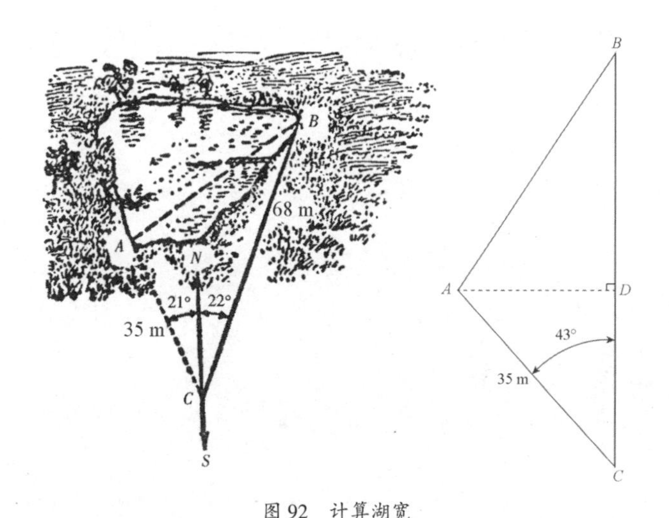

图 92 计算湖宽

如果还需要算出$\triangle ABC$中另外两个角度，得到湖宽 $AB=49$ m 以后，我们可以这样继续：$\sin\angle B=\dfrac{AD}{AB}=\dfrac{24}{49}\approx 0.49$，从而可得$\angle B=29°$。

最后再算出$\angle A$就非常容易了，$\angle A=180°-29°-43°=108°$。

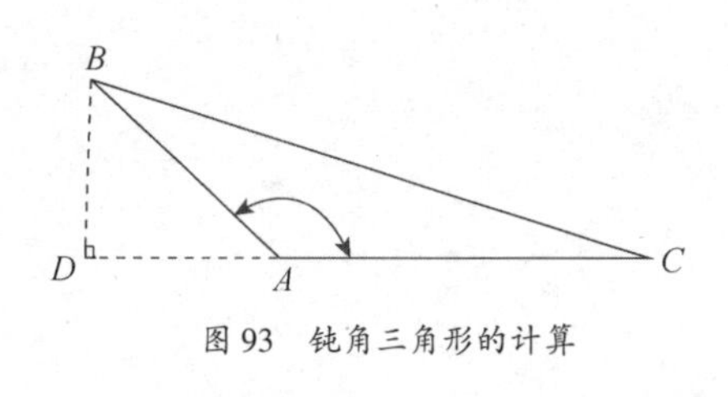

图 93 钝角三角形的计算

还有一种情况是，我们所求的湖宽 AB 构建出的三角形可能不是锐角三角形，而是钝角三角形。比如如图 93 所示的$\triangle ABC$，已知$\angle BAC$和构成$\angle BAC$的两边边长 AB 和 AC，那么三角形的其他角度和边长等元素可以通过如下方式来计算：

过 B 点作 AC 边的高 BD，BD 与 AD 构成$\triangle BDA$，

$BC^2 = (DA + AC)^2 + BD^2$,

$AB^2 = AD^2 + BD^2$,

$\sin\angle BAD = \dfrac{BD}{AB}$，由此可以求出 BC。

【题目】

在郊游的时候我们步测出三角形的三边长，分别为 43 步、60 步和 54 步。那么这个三角形的角度是怎样的呢？

【答案】

已知三角形的三边来求角度，这是三角形问题中最复杂的一类。但我们还是可以只用正弦函数就能解决这类题。

过 B 点作三角形最长边 AC 的高 BD（见图 94），根据勾股定理：

图 94　求三角形的三个角［（1）计算（2）利用量角器］

$BD^2 = 43^2 - AD^2$，$BD^2 = 54^2 - DC^2$。

因此 $43^2 - AD^2 = 54^2 - DC^2$，

$DC^2 - AD^2 = 54^2 - 43^2 = 1\ 070$。

又有 $DC^2 - AD^2 = (DC + AD)(DC - AD) = 60(DC - AD)$。

从而可得 $60(DC-AD)=1\ 070$，

将 $DC-AD\approx17.8$ 和 $DC+AD=60$ 两方程联立可得 $2DC=77.8$，所以 $DC=38.9$（m）。

综上可得：

$$BD=\sqrt{54^2-38.9^2}\approx37.4\ (\mathrm{m})$$

因此可得

$$\sin\angle A=\frac{BD}{AB}=\frac{37.4}{43}\approx0.87$$

所以 $\angle A\approx60°$。

$$\sin\angle C=\frac{BD}{BC}=\frac{37.4}{54}\approx0.69$$

所以 $\angle C\approx44°$。

因此 $\angle B=180°-(\angle A+\angle C)=76°$。

在上面这个情景中，如果我们利用函数表查表计算，算出来的角度结果还可以精确到多少分，但并没有这种必要，因为三角形的三边是步测出来的，本身步测的误差就不小于2%~3%。这就意味着，我们无须将结果精确到分，直接四舍五入到整数即可。因此上述的方法就很适合在这种估算的情境下使用，既简便又直观。

第8节 无须任何测量求出给定角度的值

在原地测量角度我们需要用到指南针，有时还可以用手指或是火柴盒来实现。但是如果需要测量印在纸上、平面图或是地图上的角度，我们该怎么做呢?

如果手边有量角器，那么问题就很容易解决，但如果是在找不到量角器的野外条件下呢？小几何学家不该为这种情况而感到惊慌，让我们先来看下如何解下面这道题。

【题目】

图 95 中给出的$\angle AOB$，小于 180°，是否可以不通过任何测量，求出它的角度？

【答案】

在 BO 上任意找一点向 AO 作垂线，我们就得到了一个直角三角形，测量它的直角边和斜边，求出正弦值，从而就可以求出这个角度。这是我们之前通常采取的方法。但是解这道题必须要符合不允许测量的严格要求。

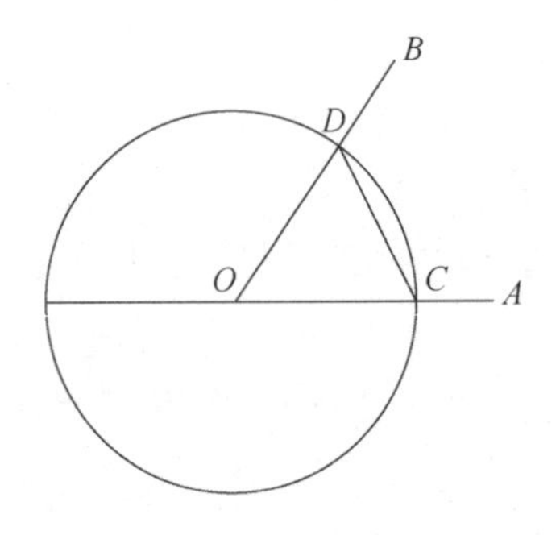

图 95　如何仅用圆规求出图中$\angle AOB$的值

这时我们就要用到鲁比克在 1946 年提出的方法了。

取顶点 O 作为圆心，以圆规任意张角画圆。圆周与$\angle AOB$两边相交于点 C 和 D，用直线将 C 点和 D 点连接。

然后以 C 点为起始点，用圆规截取弦 CD 段的长度，沿着圆周同一方向以 CD 弦的固定长度不断量下去，直到圆规的支腿与起始点 C 再次重合。我们需要数清测量的次数和绕过圆周多少圈。

假设我们用 CD 段距离画了 S 次，绕圆周 n 圈才再次与 C 点重合。那么我们要求的$\angle AOB=\dfrac{360°\cdot n}{S}$。

实际上，我们可以设$\angle AOB$为 $x°$，在圆周上以弦 CD 距离截取了 S 次，就相当于

角度扩大了 S 倍，这又相当于在圆周上绕了 n 圈，那么就有如下等式：

$$x \cdot S = 360° \cdot n$$

因此 $x = \left(\frac{360n}{S}\right)^{\circ}$。

回到图 95 所示的例子，如果 $n=3$，$S=20$，相应地得到 $\angle AOB=54°$。

在手边没有圆规的条件下，我们还可以用大头针和纸条来解题，其中纸条的长度就可以作为量取的弦长。

【题目】

尝试一下，仅用圆规求出图 94 中三角形的角度。

06

地平线几何学

导读

刘月娟

当你置身于广阔的草原上时，遥望四周无边无际，你能看到的最远的距离是多少呢？看到的最远的一条线就是今天要讨论的主题——地平线。地平线的理论定义是：从地面上一点所看到的形成地球表面部分的限界的圆周。你印象中的地平线是什么样的呢？当你往前走的时候，地平线是不是也在往前走呢？当你往后退的时候，地平线又是如何移动的呢？我们好像永远无法到达地平线，那能求出它和我们之间的距离吗？

在草原上看到的最远的那条线是地平线，但当在海岸或者大湖泊边进行观察时，从地平线后面出现的船只，我们会觉得船的位置看起来会比实际上离我们更近，这是为什么呢？在解释原因之前你要先了解地球是什么形状的，是平面的还是球形的呢？当然是球形的，那地球表面就是有弧度的，我们的视线与有弧度的地表相切，交点的集合就是地平线。如果在广阔的平原上，以我们自己所处的点为圆心，周围的地平线将构成一个巨大的圆。

本章的第 3 小节中有这样的问题：已知观测者在地球表面上方的高度，怎么求地平线和观测者的距离呢？这听起来似乎是难以解决的问题，但只要能列出式子，求解问题就变得易如反掌，在求解的过程中应用了勾股定理。文中详细介绍了观测者高度和地球半径与地平线之间的距离的关系。应用这个式子，将很容易得出站在草原上的人能看多远的问题。

那么坐在船上的人，可以看到多远的海平面？当飞行员驾驶气球飞到距离地面 22 km 的平流层高空时，他能从气球吊篮上看到延伸多远的地平线？飞行员要飞到多高，才能看到 50 km 远的地方？对于这些问题，你是否迫切地想知道答案呢？别着急，文中会告诉你答案。

除了这些问题，再说几个我们常见的例子。坐火车的时候，会发现向远处延伸的铁路轨道逐渐变窄，但你是否注意过两条轨道在何处交汇为一点呢？我们是不是能看到这个交汇点呢？这个交汇点离你所在的位置有多远呢？在我们的头顶上方，1.5 km的高空，掠过一道闪电，从我们的位置到多远的距离范围都能看到闪电呢？这些问题都会用到前面的结论。

到目前为止，前面我们进行的所有讨论都跟地球相关，即地球上的地平线问题。如果我们处于其他的星球，地平线的距离是否会发生变化呢？比如我们在月球上，那么地平线尽头的距离是怎样的呢？当在木星上时，木星的直径是地球直径的11倍，那么木星上地平线尽头有多远呢？这些问题看似没有联系，但实际本质是一样的。这就说明了学习数学知识要学会应用是多么的重要。

第1节 地平线

置身于辽阔草原或广袤平原中，想象自己处在圆心中央，眼睛能看到地球表面的最远处，就是几何地平线。地平线好像永远无法触及，当你向它走近时，它就往后退，但它却是真实存在的，不是幻觉或幻影。每个观测点在地球表面上都有最远可见的极限，要想弄清极限距离与可见地平线之间的几何关系，我们先来看一张图。图96展示了地球一部分的平面图，C 点为观测者眼睛的位置，线段 CD 为观测者在地球表面上的高度。这个观测者在空旷平坦的空间往周围看，最远可以看到哪里呢？从图中可以清晰地看出，观测者的目光最远可及 M 点和 N 点，这两点是视线与地球表面相切的点。所以，以人在地面上的点为圆心，经过 M 和 N 两点的圆周就是可见地平线的边界。再往 M 和 N 点更远处延伸的地方都位于视线之下，无法看到了。在观测者眼中，天地在地平线处交接融合，在地平线上可以同时看到天上和地下的物体。

你可能会觉得图96中给出的情况跟实际不符，因为我们总会有一种感觉，地平线应该始终与我们的眼睛在同一水平线，甚至会随着我们位置的上升而升高，而图中所展示的地平线边界很明显低于观测者视线所在位置。实际上，地平线确实应该是图96所展示的那样，始终低于我们的视线。由 CN、CM 与垂直于地球直径的直线 CK 分别构成的夹角，我们称之为俯角，即眼睛平视和看向地平线的视线夹角，只是这个角度非常之小，小到可以忽略不计。

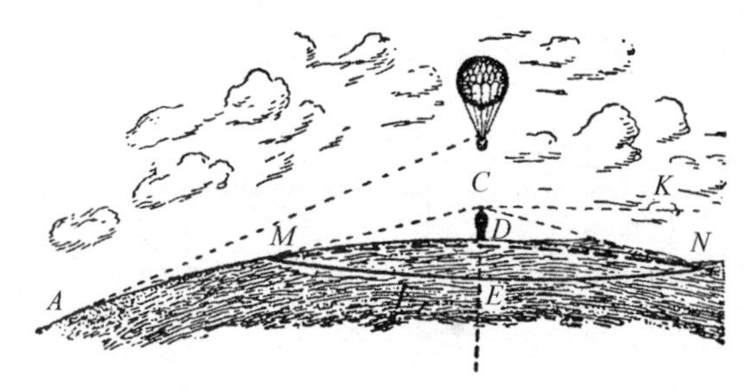

图 96　地平线

顺便说一些有趣的例子。当观测者的位置高于地球表面时，比如说，观察者乘坐飞机时，地平线看起来仍然和眼睛在一个水平面上，也就是说地平线和观测者一起升高了。如果飞机飞得足够高，观察者就会觉得飞机之下的大地位于地平线之下，换句话说，大地呈现出一个凹形的碗状，而碗的边缘正是地平线。在美国作家埃德加的科幻小说《汉斯·普法尔的非凡历险记》中有一段关于此现象的描述。

书中的主人公是一名热气球驾驶员，他描述道：

“地球表面看起来竟是一个凹陷的盆地，这令我十分惊讶！我原以为，随着热气球不断升向高空，看到的一定是地球明显的凸面，但事实截然相反。随后，通过思考我找到了解释这一现象的答案，从我们的热气球与地面作垂线，热气球的飞行高度就为其中一个直角边，那么地平线到热气球的连线就构成直角三角形的斜边。由于热气球飞行的高度相对较低，因此这一直角边相较于直角三角形的斜边与底边来说非常小，我们就可以近似地把直角三角形的斜边和底边看成平行的。因此在热气球驾驶员的眼中，在他下面的每个点都看起来低于地平线，这就是产生凹陷感觉的原因。当气球高度继续上升到不再可以被忽略的程度，此时斜边与底边就不再近乎平行了。”

我还想为此现象补充一个例子。设想有一排电线杆，如图 97（a）所示，我们从电线杆的底部，地面上 b 点看这排电线杆，呈现出的样子如图 97（b）所示；但如果我们从电线杆的顶端 a 处向下看这排电线杆，呈现出的样子如图 97（c）所示，地平线看起来明显被抬高了。

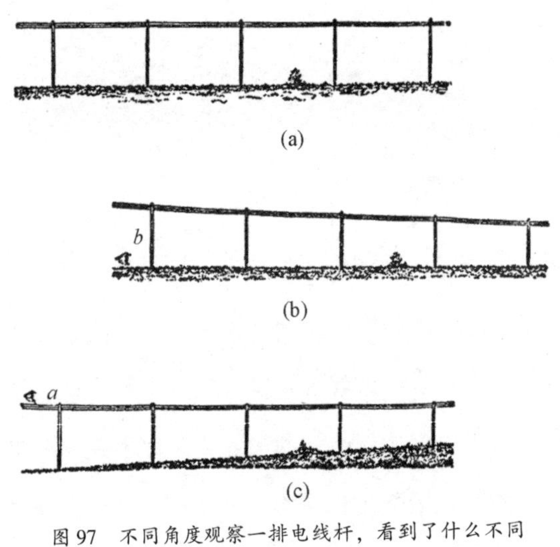

(a)

(b)

(c)

图 97　不同角度观察一排电线杆，看到了什么不同

第2节 地平线上的船只

在海岸或者大湖泊边进行观察，从地平线后面出现的船只，我们会觉得船的位置看起来比实际上离我们更近，如图 98 所示，我们看到船好像是在 B 点，即我们视线与凸起的海面的交点，而实际上船的位置在离我们更远的地方。我们在用肉眼观察

时，很难摆脱惯有的印象，就是船位于 B 点，而不是在地平线后面（可以与第 4 章中提到过的小山丘对判断距离的影响作比较）。

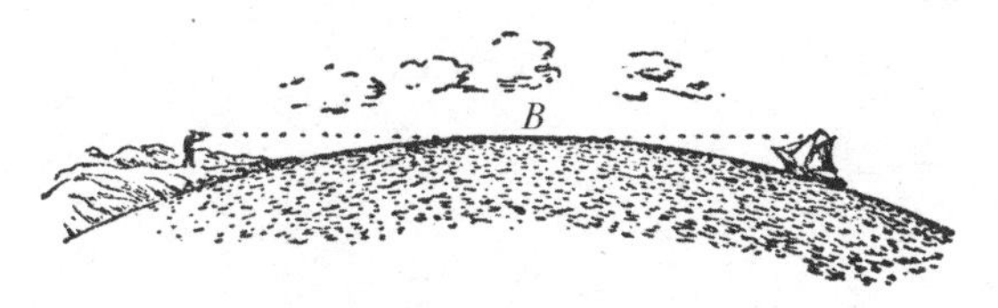

图 98　地平线上的船只

但在望远镜中船的距离差异就能表现得更为清晰。望远镜中看近处和远处的物体，清晰度是不一样的。比如说，我们调好望远镜清晰地看到远处物体时，再看近处的物体就会显得十分模糊；相反，如果调好望远镜清晰地看到近处的物体时，再看远处的物体就会像在一片雾中。因此，我们可以将带一定放大倍数的望远镜对准水面上的地平线，调整到能够清晰地看到水面，此时看向船，船在镜头里只有模糊的轮廓，这就说明船只距离观测者的距离比水面上的地平线更远（见图 99（a））。相反地，如果我们将望远镜调到能够清晰地看到船的轮廓，船的半身位于海平面以下，这时看到的水面就失去了原先的清晰度，像被大雾所笼罩（见图 99（b））。

(a)

(a)

图 99　在望远镜中看地平线后面的船只

第3节 地平线离我们有多远

你知道地平线离我们有多远吗？要回答这个问题我们可以先回到最开始对地平线概念的定义。以广阔平原上的自己所处的点为圆心，目光所及最远处的点构成的圆的半径，就是地平线和我们之间的距离。已知观察者在地球表面上方的高度，怎么求地平线和观察者的距离呢？

这个问题可以简化成计算 CN 的长度（见图 100），CN 是观察者视线到地球表面的切线。h 为地球割线的外侧一部分，所以整个割线长度为 $h+2R$，其中 R 为地球的半径。因为观察者的视线离地球表面的高度跟地球的直径（$2R$）相比是极小的，比如说，飞机飞行的最大高度也就约为地球直径的 0.001，为了计算方便，我们可以将 $h+2R$ 直接视为 $2R$。由几何学中的圆的切割线定理可知：从圆外一点引圆的切线和割线，切线的平方等于割线与圆交点的两条线段长的乘积。即

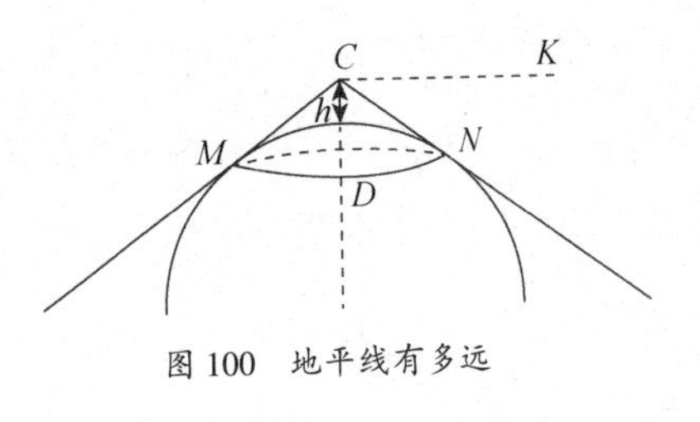

图 100　地平线有多远

$$CN^2 = h \cdot (h + 2R)$$

这里我们将上式简化为

$$CN^2 = h \cdot 2R$$

根据上述简化的公式可以得出观察者与地平线的距离为 $\sqrt{2Rh}$，其中地球半径 R 我们取 6 400 km，h 即为观察者视线的高度。由于 $\sqrt{6\,400}=80$，那么公式可以进一步

简化为：$80\sqrt{2h}\approx113\sqrt{h}$，一定要注意这里 h 的单位为 km。

上述做法是纯粹简化的几何计算，如果要弄清物理因素对地平线距离的影响，我们还需要考虑大气折射。大气折射会使地平线的距离变远，这个变大的值比我们计算得出的距离多约$\frac{1}{15}$，即6%，而6%也只是一个平均值。地平线的距离一定程度的变大或变小取决于很多因素，可以参照下面的表2。

表2　影响地平线距离的因素

变大因素	变小因素
高气压	低气压
近地面	高空中
气候寒冷	气候温暖
早上和晚上	白天
气候湿润	气候干燥
在海面上	在陆地上

【题目】

站在平原上的人最远能够看到哪里?

【答案】

一个成年人站直时，眼睛高度大约在 1.6 m，即 0.001 6 km，那么根据公式可以得出：地平线的距离为 $113\sqrt{0.0016}=4.52$（km）。

上面讲到地球大气层的折射，会使光线路径发生扭曲，因此地平线的位置跟我们公式算出来的结果相比，会向远处延伸约6%的距离，考虑到这一点修正，那么实际的结果应该是：$4.52\times1.06\approx4.8$（km）。

因此一个具有平均身高的人站在开阔平坦的空地上看到最远的距离不超过 4.8 km。视野范围的直径总共为 9.6 km，视野范围可达面积为 72 km^2。这跟人们想象中的能够纵览整片广袤草原的景象，相差甚远。

【题目】

坐在船上的人，可以看到多远的海平面？

【答案】

假设坐在船上的人眼睛距离水面的高度取 1 m，也就是 0.001 km，那么海上地平线的距离为 $113\sqrt{0.001}\approx 3.58$（km）。

考虑到大气折射平均值的影响，坐船的人能最远看到 3.8 km 的海面。位于更远处的物体，我们仅仅只能看到物体的上半部分，物体的底部是隐藏于地平线之下的。

如果眼睛处于更低的位置，我们的视角就会缩小：比如说眼睛距离水面只有 0.5 m 高，那么我们能看到的最远的海平面就只有 2.5 km。相反，如果观察位置升高，能看到最远的海平面也随之变大，比如说上升到 4 m 的高度，最远就能看到 7 km 的海平面。

【题目】

当飞行员驾驶气球飞到距离地面 22 km 的平流层高空时，他能从气球吊篮上看到延伸多远的地平线？

【答案】

因为气球位于 22 km 的高空，那么地平线的距离就等于

$113\sqrt{22}\approx 530$（km），

加上大气折射的增大因素，飞行员在气球吊篮里能看到 560 km 远的地平线。

【题目】

飞行员要飞到多高，才能看到 50 km 远的地方？

【答案】

由地平线距离的公式可得：

$50=\sqrt{2Rh}$，从而解得 $h=\frac{50^2}{2R}=\frac{2\ 500}{12\ 800}\approx 0.2$（km）。

图 101　莫斯科大学

也就是说飞行员必须要飞到 200 m 的高空才能看到 50 km 远的地方。

考虑到折射产生的误差修正量，从 50 km 中减去 6%，得到的高度为 47 km。接下来可得 $h=\frac{47^2}{2R}=\frac{2\ 200}{12\ 800}\approx 0.17$（km），即准确地说是到 170 m 的高空，而不是 200 m。

建造在莫斯科列宁山最高点的高 32 层的大学教学楼（图 101），是世界上最大的教科中心之一。它的 23 层顶楼高于莫斯科河水平面 242 m，因此从教学楼顶楼的窗户上眺望，可以看到周围半径 55 km 的开阔全景。

第 4 节 果戈理作品里的塔楼有多高

【题目】

你是否想过，到底是上升高度增加得更快，还是地平线的距离增大得更快呢？可能大多数人会认为随着观察者高度的上升，地平线的距离增大得更快。带着这种想法，我们来看看果戈理的文章中关于建筑的描述："巨大的塔楼是城市建筑中不可或缺的，我们通常会受到高度的限制，在塔楼上最多仅能看到一个城市的全貌，但对于首都来说，需要一个塔楼，在上面往各个方向可以看到一百五十俄里[1]远的地方。要实现这个目标，只需要在原塔楼的基础上再多修建一至两层，看到的一切就能发生改变。"视野范围随着高度的增加得到了飞跃般的扩大。实际情况真是这样吗?

【答案】

这时我们只要看一下地平线距离的公式：

地平线与观察者的距离 = $\sqrt{2Rh}$

从公式中很容易就能发现果戈理的描述是不正确的，地平线的距离与高度的平方根成比例。也就是说地平线距离的增长速度比观测者高度的升高速度要慢。观测者高度升高 100 倍，地平线向远处移动 10 倍；高度增到 1 000 倍，地平线距离仅扩大 31 倍。因此果戈理文章中，"只需要在原塔楼的基础上再多修建一至两层，看到的一切就能发生改变"的说法完全是错误的。如果在原本 8 层楼的基础上再修建两层，地平线的距离只在原基础上扩大至$\sqrt{\frac{10}{8}}$，即 1.1 倍，也就是扩大了 10%，这样的增量并不会让我们感受到明显的变化。

我们再回到果戈理的文章，他说"在塔楼上面往各个方向可以看到一百五十俄里远的地方"，一百五十俄里相当于 160 km，这是完全不可能的。果戈理恐怕也没料想到，要看到如此远的地方，塔楼需要有多高。我们可以根据公式列出方程式：

1 1 俄里等于 1.067 km，150 俄里约为 160 km。

$160=\sqrt{2Rh}$，解方程式可得 $h=\frac{160^2}{2R}=\frac{25\ 600}{12\ 800}=2$（km）。

这个高度已经相当于一座大山了！当时俄国首都最高的建筑是32层高，带镀金顶的280 m行政大楼，果戈理构想的塔楼需要是它高度的7倍才行！

站在普希金作品里的小山丘上

普希金在自己的作品《吝啬的骑士》里也犯过类似的错误。在第4章中我们提过普希金作品里描写的小山丘，帝王可以从山丘顶上愉悦地环视四周，可以看到山谷被白色的天幕所笼罩，海面上船只飞驰。

我们之前已经计算过这个小山丘的高度有多么小了，即便是匈奴王阿提拉的军队也不能将这个小山丘堆起超过5 m高。那么现在问题来了，观测者站在这个小山丘顶上，视线最远能够到达多远？

观测者站在小山丘上时高度为5+1.5，即6.5 m，根据地平线距离的公式可得 $\sqrt{2\times6\ 400\times0.006\ 5}\approx9$（km）。我们站在广阔的平原上最远也能看到4 km，这只比我们在平原上看到的距离多了5 km而已。

【题目】

日常生活中你可能注意到过，向远处延伸的铁路轨道看起来会逐渐变窄，但你是否注意过两条铁路轨道在何处交汇为一点呢？我们是不是能看到这个交汇点呢？现在我们具备足够的知识来解答这个问题了。

【答案】

回顾一下之前的知识，当我们看物体的视角为1′时，正常视力看到的物体会变成一个点，此时物体和人之间的距离是物体截面直径的3 400倍。铁轨的宽度为1.52 m，也就是说当两条轨道交汇一点时，和我们的距离为$1.52\times3\ 400\approx5.2$（km）。也就是说如果我们在距离铁轨5.2 km处看，就能看到这个交汇点。但是在平坦的地面，我们最远能看到的地平线位大约在4.8 km处，我们看不到5.2 km那么远。因此对正常人的视力来说，站在开阔的平地上是看不到两条铁路轨道的交汇点的。只有在下面的情况下我们才有可能看到：

1）视力差的人，看物体的视角大于1′，那么就可以看到交汇点；

2）铁路路面不是水平向远处延伸；

3）观测者上升到离地面一定高度，这个高度最小是$h=\frac{5.2^2}{2R}\approx\frac{27}{12\ 800}\approx0.002\ 1$（km），也就是2.1 m。

第7节 水手眼中的灯塔

【题目】

岸边有一座灯塔，高出水平面 40 m。船上的水手在船上高出水面 10 m 的瞭望台观察，问离灯塔多远时可以看到灯塔？

【答案】从图 102 中可以看到，问题的实质就是要求直线 AC 的距离，而直线 AC 的距离可以看作是由 AB 和 BC 两部分组成的。

AB 段灯塔观测最远距离的高度为 40 m，而 BC 段水手观测最远距离的高度为 10 m，因此我们要求的距离就等于

$$113\times\sqrt{0.04}+113\times\sqrt{0.01}=113\times(0.2+0.1)\approx 34\ (\text{km})$$

【题目】

若船上的水手在 30 km 远的地方望向灯塔，能够看到灯塔的哪一部分？

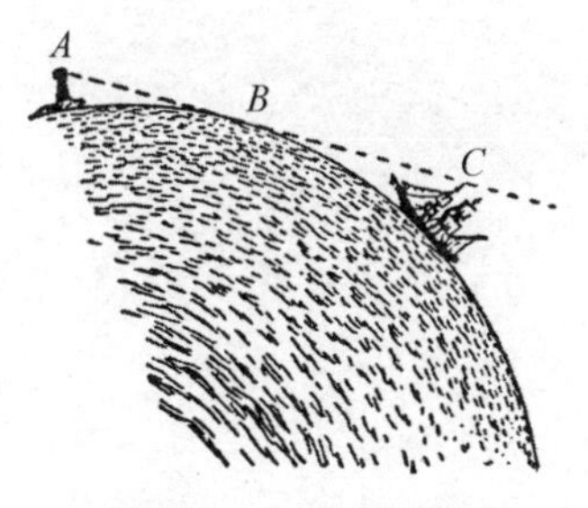

图 102　关于灯塔的问题

【答案】

由图 102 我们可以很清楚地看到解题过程：首先需要算出 BC 的长度，然后从总长度 AC 中减去 BC（这里 $AC=30$ km），这样我们就可以得到 AB 段的长，再将 AB 的长度代入地平线距离公式，就可以求出灯塔可见的高度了。

$$BC=113\times\sqrt{0.01}=11.3(\text{km})$$

$$30-11.3=18.7\ (\text{km})$$

$$h=\frac{18.7^2}{2R}\approx\frac{350}{12\ 800}\approx 0.027(\text{km})$$

这也就是说在距离灯塔30 km远的地方灯塔不可见的部分为27 m，可见的部分即灯塔上部的13 m。

第8节 距离多远可以看到闪电

【题目】

在我们的头顶上方，1.5 km的高空，掠过一道闪电。请问从我们的位置到多远的距离范围都能看到闪电?

【答案】

首先我们要求出在1.5 km的高空最远可见的地平线距离，如图103所示，根据公式可以得出：$113\times\sqrt{1.5}=138\ (\text{km})$。

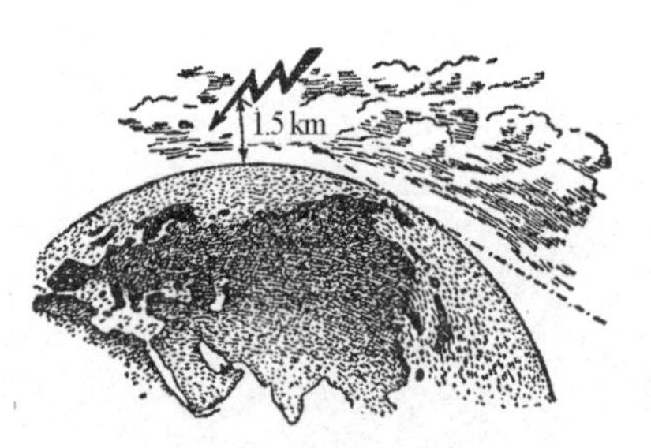

图103 关于闪电的问题

也就是说，如果地面是开阔平坦的，闪电最远可以被地面上距离138 km的人们看到，如果考虑到6%的距离修正量，那么这个距离约为146 km。需要注意的是，声音是传不到这么远距离的，所以那里的人就只会看到地平线上的电光，而听不到声音。

【题目】

站在湖海岸边，望着渐渐离你远去的帆船。我们已知，桅杆顶端高出海平面6 m，当帆船距离多远时开始沉入地平线之下？距离多远时完全消失在视线里？

【答案】

帆船在B点开始隐于地平线（见图98，153页）对一个平均身高的人来说，能看到最远的地平线是4.8 km，帆船从B点到完全消失在地平线的距离为：

$$113\times\sqrt{0.006}\approx 8.7\ (\text{km})$$

所以，帆船从岸边到完全消失在地平线的距离为4.8+8.7=13.5（km）。

【题目】

到目前为止我们进行的所有计算都没离开地球的范畴，如果我们处于其他的星球，地平线的距离是否会发生变化呢？比如我们在月球上，那么地平线尽头的距离是怎样呢？

【答案】

我们还是可以继续用之前的公式，地平线的距离 = $\sqrt{2Rh}$，只是公式中的 $2R$ 在这里不再是地球的直径，而是需要换成月球的直径。已知月球的直径为 3 500 km，假设眼睛离月球表面的高度为 1. 5 m，那么月球上地平线尽头的距离为：

$$\sqrt{3\ 500\times0.\ 001\ 5}\approx2.\ 3\ (\mathrm{km})$$

因此我们在月球表面能看到最远的地平线距离为 2. 3 km。

【题目】

用望远镜观察月球，即便月亮看起来很小，但是还是可以很清晰地看到月亮上有一圈圈的环形山（也称为月坑），这是地球表面所没有的。月球上最大的环形山之一是哥白尼环形山，它的外直径为 124 km，内直径为 90 km。环形山的最高点比内部凹陷处高 1 500 m。如果你位于内部凹陷处的中间，是否能看到环形山？

【答案】

要回答这个问题，我们可以先算出在环形山山顶能看到最远地平线的距离，已知环形山山脊高为 1.5 km，那么在环形山山顶上能看到最远地平线的距离为 $\sqrt{3\ 500\times1.5}\approx73$（km）。

再加上一个平均身高的人可以看到的最远地平线距离 2.3 km，环形山将完全消失在地平线的距离为 73+2.3≈75（km）。

因为环形山内直径为 90 km，内部凹陷的中间位置距离两边缘为 45 km，那么在底部中心完全可以看得到环形山（75 km>45 km）。

第12节 木星上的“地平线”

【题目】

木星的直径是地球直径的 11 倍，那么木星上地平线尽头有多远呢？

【答案】

木星表面实际是大量气体的聚集。如果我们假设木星被硬壳覆盖，具有坚硬表面，我们被转移到木星上，能够看到最远地平线的距离为

$$\sqrt{11\times12\ 800\times0.001\ 6}\approx15\ (\text{km})$$

自主练习

1. 潜水艇潜望镜探出平静的海面 30 cm，求潜望镜可以看到最远地平线的距离。

2. 已知拉多加湖两岸相距 210 km，飞行员需要飞到多高才能同时看到相隔的

两岸？

3. 已知列宁格勒[1]和莫斯科两座城市之间的距离为640 km，飞行员在两个城市之间，需要飞到多高才可以同时看到两个城市？

1 今为圣彼得堡。

07

鲁滨孙漂流记中的几何学

导读

刘月娟

不知你是否读过《鲁滨孙漂流记》，是否向往过像鲁滨孙一样体验一次荒岛求生，想象一下衣食住行全由自己一手包办，同时还可以不断地探险，单是听着是不是就心痒难耐？但是那毕竟是书中所写，正常情况下，似乎没人能独自面对置于荒岛之中的困境。但是鲁滨孙在荒岛的求生经历当中有很多值得我们探究的事情，在本章中，有三小节，我们看看具体讲了些什么。

1. 确定位置

在讨论流落荒岛的位置之前，来思考以下问题：当你在漆黑的夜晚或者茂密的森林中迷失了方向时，该怎么辨别方向呢？我相信你一定知道很多方法，但是今天我们讨论一种方法：北斗七星法，即找到北斗七星，沿着“勺口”的延伸线便可找到明亮的北极星，北极星的方向便是正北的方向。这种方法也适用于在荒岛中判断方向。方向确定了之后，我们如何确定荒岛的位置呢？要知道精确地描述地理位置都是利用经度、纬度的，我们平常看的地图上都是有经度、纬度的标识的。没有学习过地理的人可能还搞不清楚什么是经度、纬度，那就一定要好好读一下本章了，文中在“神秘岛纬度的计算”“神秘岛经度的计算”章节中均有详细的解释，在这里我只做一下简单的介绍。

2. 确定纬度

在测量某地的纬度之前，最重要的就是要制作合适的测量仪器。工程师们首选六分仪（利用光线的反射能够精确测量物体高度角的测量仪），但是事情总不会像你想象的那么好，我们手头没有测量仪器才是常有的事情，这时就需要自己就地取材制作测量仪了。这里就需要用到我们常用的绘图工具——圆规。你要学会自己制作圆规，然后利用圆规测量天极的地平高度，也就是天极的海平面高度，然后才能求出纬度。

3. 确定经度

在纬度确定了以后，经度的确定也就变得迫在眉睫。经度的估测需要根据子午线来估测（子午线：地球表面连接南北两极的大圆线上的半圆弧），其实测量方法和我们之前学过的影长的测量方法有异曲同工之处。

宇宙万物都有其存在的意义和价值，就像星星，在我们眼里它们就是星空的点缀，在科学家眼中，它们却蕴含着无穷的知识。读到这里你是不是对这些知识产生了兴趣？那就赶快翻开这一章，细细品味文学之中的几何学知识吧！

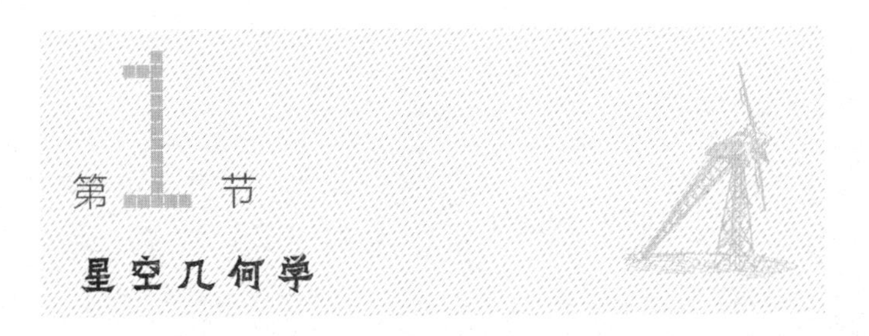

第1节 星空几何学

窈窕苍穹，宛若深渊；点点繁星，忽灭忽明；

不知渊深几许，不知星多几何。

——罗蒙诺索夫

曾经，我有一个关于未来规划的不凡幻想，就是成为像鲁滨孙一样的人，在遭遇船舶失事后逃生到荒岛上生活。如果这个幻想实现了，那么我写的这本书可能就会比现在更加生动有趣，但我也有可能完全没机会写下这本书。事实上，我没有必要成为鲁滨孙，并且现在也不再渴望成为他。

但年轻的时候，我的确热忱地坚信自己就将成为鲁滨孙并为之做了准备。这可不仅仅是说说而已，也因为即使是非常平凡的鲁滨孙，也需要掌握很多非专业人士不具备的知识和技能。

设想一下，如果真的遇难，陷入荒凉的无人岛，我们要先做什么呢？首先我们需要确定自己所在的地理位置，判断荒岛的经度和纬度。但遗憾的是，我翻看了《鲁滨孙漂流记》的各种版本，其中关于经纬度的描述内容十分少，甚至原著中也就只有一行提到了这些，只是在括号里："我的小岛正是在这个纬度地带（根据我的计算结果，在北纬9°22′）"。

当我为成为鲁滨孙一样的人而做必要的知识储备时，我觉得判断经纬度是十分有必要的，可书中简短的描述让我感到绝望。当我准备放弃独自一人荒岛求生的这个伟大事业时，儒勒·凡尔纳的《神秘岛》帮我解开这个谜题。

我没想让读者朋友们也成为鲁滨孙，但是，尽管如此，我认为还是有必要介绍简单的判断地理纬度的方法，这不只是在无人岛才能用到。我们生活中有很多的居民点，它们的位置并没有在地图上标注出来，而我们也不能总在第一时间找到详细的地图，所以判断地理位置的任务可能会随时出现。我们可以先来确定一下自己家的地理位置。

其实，这件事相对来说没那么复杂。星光明亮的夜晚仰望天空，你会发现星星缓缓沿着苍穹运动，运动轨迹是一个倾斜的圆，仿佛整个穹顶在沿不可见的倾斜地轴平稳旋转。当然，我们之所以能观察到这种现象，并非是“苍穹在转”，而是我们自己在转，我们随地球一起沿着与苍穹转动相反的方向在转。北半球星空上唯一保持不动的点，是假想的地轴延伸到无穷远处的点，也就是北天极，北天极离小熊星座尾巴上最亮的星，即北极星不远。在北半球找到了北极星，也就相当于找到了北天极的位置。

为了找到北极星，我们可以先找到熟悉的大熊星座，它正是北斗七星所在的星座。如图 104 中所示的那样，将北斗七星的勺外沿的两颗星连接起来并继续延长一段，大约等于两星间距 5 倍的距离，你就能碰到北极星了！

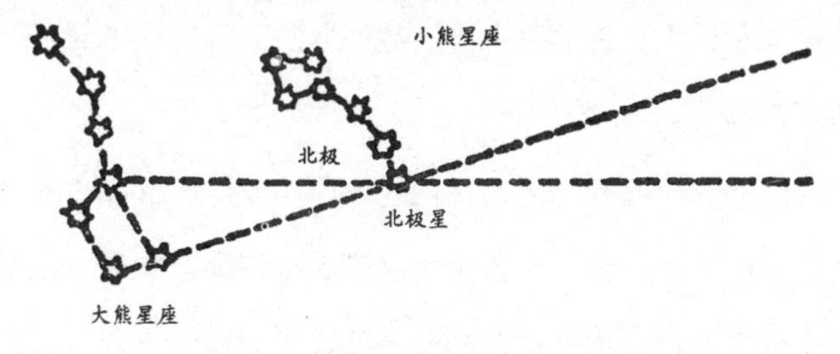

图 104　寻找北极星

北极星是我们确定地理纬度所需的天空上第一个点。我们要知道的第二个点是被称作“穹顶”的点，它位于我们的头顶正上方，换句话说，就是天空中有一个点，它在我们站立位置对应地球半径的延长线上。

在穹顶和北极星之间弧的角距，也就是你所在位置到北天极的角距。如果头顶正上方的“穹顶”距离北极星的角距为30°，那么你离北天极的角距也为30°，这也就意味着你离赤道的角距为60°，那么你所在的纬度就是北纬60°。

因此，为了确定我们所在的纬度，我们需要测量“穹顶”和北极星的角距，然后再用90°减去这个测量的结果，就可以知道你所在的纬度了。但在实际操作中，我们采用的是另一种方法。因为穹顶和地平线之间是垂直的，即它们之间夹角为90°。我们刚才提到的差值，就刚好是北极星与地平线之间的夹角，即北极星与地平线的高度角。

现在你应该很清楚如何确定纬度了。等一个星光明亮的夜晚，找到北极星并测出它与地平线的高度角，这个高度角就是我们所在位置的纬度。如果想要更精确的结果，我们需要考虑到，北极星并不是完全与北天极重合的，北极星距北天极1.25°。并且北极星并不是完全保持静止的，它沿着北天极以很小的圈运动，时而高一点，时而低一点，时而在右，时而在左，但是距离北天极始终为1.25°。这样，我们可以分别算出北极星在最高和最低位置的高度角，然后取两个值的平均值。这个值也就是我们所在位置最真实的纬度。

是不是一定要选北极星呢？如果选择任意恒星，分别测量它的最高和最低的地平高度，再取平均值，理论上来说，应该也能够得出所在位置纬度。但是要知道，捕捉到所选恒星在最高位置和最低位置的时刻不是件容易的事。还有，这个观测不一定能在同一晚上成功完成。这就是我们为什么首选北极星的原因，因为北极星距离天极的距离小到可以忽略不计，最后得出的结果也是最接近的。

到目前为止我们说的都是位于北半球的情况。如果我们处于南半球呢？大致的判断过程基本一样，只有一点差别，就是我们不再需要确定北天极的高度角，而是要确定南天极的高度角。但遗憾的是，南天极附近并没有像北极星这样离北天极如此近而明亮的恒星。南十字星座倒是容易辨识，但它离南天极还相当远，如果我们想用它来确定纬度，必须要进行两次测量，即在最高和最低位置，然后取两个位置的平均值。

儒勒·凡尔纳小说中的主人公在确定自己所在的神秘岛的纬度时用的正是这个美丽的南十字星座。

再重新阅读一遍小说，其中关于测量经、纬度的整个过程描写是极具指导意义的。根据这段描写，我们将了解主人公如何在没有量角器等工具的情况下完成任务。

第2节 神秘岛纬度的计算

晚上8点，月亮还没升起，地平线已逐渐变成银色，笼罩着柔和灰白的阴影，这就是月霞。南半球的星座开始在苍穹显现，其中包括南十字星座。工程师史密斯已经观察这个星座一段时间了。

“赫伯特，今天是4月15号吗？”工程师想了一会问道。

“是的。”赫伯特答。

“一年中共有四天，真太阳时等于平太阳时。如果我没记错，明天就是这四天当中的一天，太阳来到子午线时，我们的手表时间显示刚好是正午 12 点[1]。如果天气不错，我们就能大致判断小岛的纬度了。”

“不需要任何工具吗？”赫伯特问。

“是的，如果今晚夜空晴朗，我会尝试确定小岛的纬度，测量南十字星座高度角，也就是南天极的地平高度。如果明天中午依然是晴天，我将确定该岛的经度。”

——摘自《神秘岛》

工程师手上要是有六分仪（利用光线的反射能够精确测量物体高度角的测量仪），问题就不会像现在这么复杂了。第一天晚上就能确定天极的高度，而第二天白天，当太阳经过子午线时，工程师就能得到小岛的地理坐标了。正是因为没有六分仪，才只能另想他法。

工程师走进山洞。在营火光下切出两条直木板，并将它们像圆规一样接起来，使其中一条木板可以像圆规脚一样移动和分开。他又在营火堆里的枯树枝中找到了硬洋槐刺，用来固定两条木板的接头处。

工具准备好以后，工程师回到岸边，开始测量天极的地平高度，也就是南天极的海平面高度。为了更清楚地观察，他前往眺望台测量。因此，他们需要注意的是，在最后的计算中要将眺望台的高度考虑进来。

当地平线被第一缕升起的月光照亮，显现出清晰的轮廓时，他们就具备了所有的观测条件。南十字星座以翻转的形态闪耀在天空，α 星位于南十字星座的底部，离南天极最近。

---

1 我们钟表所表示的时间与日晷所表示的时间并不是完全一致的。真太阳时（即日晷表示时间）和平太阳时（即钟表表示时间）在表示精确时间方面是有时差的，两个太阳时只有在一年中的四天里时差为零：4 月 16 日，6 月 14 日，9 月 1 日，12 月 24 日。

因为南十字星座和南天极的距离，并不像北极星和北天极之间那样近。工程师清楚地知道，南十字星座的 α 星与南天极的角距离为 27°，他打算把这个距离引入计算当中，现在他在等 α 星通过子午线的那一刻，这样便于简化测量操作。

史密斯将自制的木条圆规其中一只脚指向海平面，另一只脚指向 α 星，从观察孔里可以看到 α 星和海平面之间的高度角。为了将这个角度固定得更加牢固，工程师在两条圆规腿之间用硬洋槐刺加固了第三条木板，使之与两条圆规木条相交，这样我们就得到了一个不易变形的三角形，该三角形的一个角就等于 α 星和海平面之间的高度角。

实际上还需要将刚才得到的高度角减少一点，因为我们要考虑到角度的测量不是在海平面上进行的，而是在山崖上进行的。因此观测者的视线到最远地平线之间，严格说来并不与地球半径垂直，而是有一个很小的夹角，但是这个夹角可以小到忽略不计，高度每上升 100 m，这个角度才为 $\left(\frac{1}{3}\right)^{\circ}$。因此史密斯没有必要加入这个角度修正量来让计算变得复杂。

我们已经在本书第 1 章里提到过如何确定山崖的高度，这里就不再赘述。高度角是由南十字星座的 α 星确定的，也就相当于南天极与地平线的高度角，即小岛的地理纬度。完整的计算需要在第二天才能完成。

工程师拿着前一夜亲手制作的圆规，并借助圆规确定了南十字星座 α 星与地平线之间的高度角，并将等分为 360 份的圆与这个角度仔细进行比对，在圆的帮助下测得这个角是 10°。因此，南天极的地平高度就可以算出来了，即用 10° 加上 α 星和南天极的 27° 高度角，并将山崖的高度考虑在内，最后结果为 37°。因此史密斯得出结论，林肯岛位于南纬 37°，如果考虑到测量的误差，更准确地说小岛位于南纬 35° 和 40°

之间。

纬度已经测量出来了，接下来我们还需要知道小岛的经度。工程师会在正午太阳经过子午线时给出答案。

第3节 神秘岛经度的计算

工程师要如何在没有任何仪器的情况下，确定太阳经过子午线的准确时刻？赫伯特对这个问题非常感兴趣。

工程师已经部署好了天文观测所需的一切。他在海岸边的沙滩上挑选了一块空地，这里的海滩经过潮汐的冲刷已变得十分平坦。在此处垂直于地面插入一根6英尺[1]的木杆。

赫伯特很快就看明白了工程师要如何来确定太阳通过子午线的时间——通过观察木杆在沙滩上投射的影子长度，来判断当地的正午。虽然这个方法可能不够精确，但在没有工具的情况下，产生的测量结果已经非常令人满意了。

木杆在沙滩上投射的影子最短的那一刻就是正午。需要仔细地观察影子的变化轨迹，当影子停止变短，开始转而变长，这就是我们要捕捉的时刻。这里的影子就相当于表盘上的时针指针。

1 1英尺=30.48厘米。

根据工程师的估计，是时候进行观测了，他跪了下来，将小标桩不断插入沙子，标记木杆影子的位置，可以看到影子在逐渐变短。

记者（工程师的一个同伴）手握计时器，随时准备记下影子达到最短的那一刻。由于工程师是在4月16日进行观测的，这天真太阳时（即日晷表示时间）和平太阳时（即钟表表示时间）一致，因此，记者用计时器记下的时间与华盛顿子午线时间是一致的。华盛顿是他们航程的起点。

影子随着太阳的缓缓移动，逐渐变短。直到工程师发现影子开始变长，他问道："现在几点了？"

"五点零一分。"记者回答道。

——摘自《神秘岛》

观测就这样结束了，现在就只剩下简单的计算了。

观察发现，华盛顿子午线和林肯岛子午线之间的时差恰好是5 h。这意味着岛上正午时，华盛顿已经是晚上5点了。在地球上看太阳的运动，是每4 min运行1°，每小时运行15°，因此5 h就运行了15°×5＝75°。

华盛顿位于格林尼治子午线（本初子午线，即零度经线）以西77°3′11″的子午线上，这意味着该岛位于西经约77°+75°＝152°。

考虑到观测结果的准确性偏差，我们可以说该岛的纬度在35°至40°之间，经度在西经150°至155°之间。

最后需要说明的是，确定地理经度的方法有很多，儒勒·凡尔纳小说中的主人公使用的方法（利用时差转换）只是其中之一，此外还有很多能够更加精确判断纬度的方法。

08

黑暗中的几何学

导读

刘月娟

今天我们讨论的话题在黑夜里更加适用。不知你是否尝试过在黑暗的环境中（可以将眼睛遮住），从起点走到正对面的终点去呢？你走的一定是直线吗？举个简单的例子：晚上起夜。你对卧室内物品的摆放位置应该很熟悉，半夜起夜喝水时不要开灯，你能否精准避开屋内的椅子，从而找到睡前放在桌子上的水杯呢？那现在我们进入较大的空间，一间空荡的运动场内，将眼睛遮住，尝试走到正对面的指定位置，你会发现总是走着走着就偏了，有的人往左偏，有的人往右偏，那他们的运动轨迹是怎样的呢？这一章的内容会为你讲述如何对黑暗环境中的一些数据进行测量和估算。

1. 测量数据

试想一下，在黑暗的环境中，你是否可以测量数据呢？我想读到这里的时候，你肯定会觉得根本不可能，黑黑的没有光线、没有测量工具怎么能测量呢？此时就要充分利用我们自身的数据了：身高、手长。你平时多久测量一次自己的身高呢？正在长身体阶段的人身高变化相对较大，所以要经常测量才能清楚地知道精确的身高。普通人的身高会在 1.5 m 至 1.8 m 之间，小朋友会更矮一点。这是在判断较大数据的时候可以使用的，对于较小的数据再使用这种尺寸明显不太合适，那我们就可以使用指距，即大拇指和小指之间张开的距离来测量。当然，清楚食指的长度对测量也是很有帮助的。就像木匠在做木工活的时候经常会使用这种方法去测量，他们估测的结果和实际测量的结果误差很小。你也可以动手实际操作一下，可以直接拿你正在读的这本书，不过你一定要清楚自己的指距和食指的长度。

2. 估算体积

下面我们来看一种更加复杂的情况：测量一个桶的高，并估算体积，但是这个桶的形状并非简单几何体，可以将它看作是两个相同的圆台拼接而成的几何体，并且桶是堆在一起摆放的。复杂的构造和黑暗的环境一下提升了测量的难度。这个时候你就要物尽其用了，想办法用木条、鞋带作为工具完成测量。要求体积必须先进行高的测量。我们都知道要想得到一个物体的高，就需要测量它的垂线，那么垂线对应的直角该怎么构造呢？这个时候勾股定理就会大显神威了，最常见的勾股数是3、4、5，这就为我们的测量提供了方便。

黑暗的环境对大多数人来说是恐怖的，但也并非那么难以接受，在黑暗中我们依然能够做到很多事情。在几何测量还是代数计算方面，我们能做些什么呢？今天你就好好读一下这一章，简单了解一下吧。

第1节 在船舱底部

这一章的主题将从野外和海边清新的空气中过渡到狭窄阴暗的老船舱中来。英国作家托马斯·马因·里德的小说《少年航海家》中的小主人公将向我们展示如何在这种情景下使用几何学。小主人公是一个热爱航海冒险的少年，他没有钱买船票，只能溜进未知船的舱底，却不料这个舱底在航行的整个过程中都是密闭的。舱底堆满了各种行李箱，少年在一片黑暗中到处翻找，意外发现了装面包干的箱子和水桶。图105是选自小说中的插图。理智的少年清楚，食物和水的储备十分有限，他必须尽可能精打细算，所以他决定将食物按照每天的量来分配。

图105　马因·里德小说中的爱冒险的少年

分配面包干还不算是难事儿，但在不知道水的总量的情况下要如何进行分配呢？这就是小说中主人公面临的问题，下面我们来看看他是如何解决的。

第2节
水桶体积的测量

在马因·里德的小说中，为每天可以喝多少水定量，这十分有必要，但定量分配的前提是要知道桶里有多少水。

还好在村里学校上学的时候，老师在数学课上讲过一些基本的几何知识，我知道立方体、棱锥、圆锥、圆柱、球等，还知道桶可以看作两个截圆锥。

要知道桶的容积，就得先测出桶的高，实际是桶高度的一半。还需要知道桶底的周长和桶的中间截面——也就是桶最宽处的周长，有了这三个数据，我就能准确得出桶中装了多少水。

现在要做的就是测量出所需数据，但是这操作起来有些难度，具体该怎么完成测量呢？

首先，桶就在我的面前，高度测量并不难。至于周长，我不知道该怎么测。我的身高不够爬到桶上去测量，除此之外，桶的周围被箱子塞满，也让我无法进行测量。

还有一个需要克服的困难，就是我既没有尺子，也没有测绳等可以使用的测量工具，没有任何测量工具要怎么找到需要的数值呢？但是我并没有放弃我的计划，开始从各个方面考虑这个问题。

第3节 自制测量尺

马因·里德小说中的主人公是如何得到前面的数据的呢?

在思考如何测量桶的尺寸时，我忽然就发现了可以充当量具的东西——长木条。我将木条从桶最宽的地方插入，直到碰到对面的桶壁，这样通过测量木条插入的长度，就可以知道桶中间截面的直径，从而算出中间截面的周长。虽然这不是十分精确的，但是对于日常测量已经足够了。

到哪里去找木条呢?这好办!我发现可以将装面包干的箱子上的木板取下，并直接开始测量。但木板的长度只有60 cm，而桶的宽度至少是木板的2倍。这个问题也好解决，从箱上取下三块板，将它们接在一起就有足够的长度了。

沿着木板的纤维纹理切出三条完整平滑的木条，可用什么把它们绑在一起呢?我想到皮鞋上的鞋带，它们约1 m长，足够捆绑木条了。将木条绑起来之后它就足够长了，大约有1.5 m。

终于要开始测量了，但又遇到了新的障碍。事实证明要把木条直接插进桶里是不可能的，因为房间太拥挤，也不能弯曲木条，它会折断。

很快我就想出了要如何将测量木条插入桶中。我将木条拆开回原来的三条，先插入第一条，然后再将第二条与它的末端相接，接着推动第二条直至剩下末端，再系上

第三条。

将木条垂直插入孔洞，直至碰到对面的桶壁，在木条与水桶表面齐平的位置做一个标记。只要减掉桶壁厚度，我就得到了测量所需值。

将木条小心拉出，尽量仔细标记出各个木条的连接位置，使测得的桶的宽度尽量精确。因为往往很小的误差就可能导致最终结果存在严重偏差。

这样我就得到了截圆锥底面直径，接着就需要测出桶两端底面直径了。直接将木条比着桶底面两端端点，然后在木条上做上记号。整个测量过程不会超过一分钟。

现在就剩下测量桶的高度了。你可能会说，直接将木杆垂直放到桶旁边然后在木杆上标记高度就可以了。但我的房间实在太黑了，杆垂直立起来后我根本看不到桶顶端的位置在哪儿。我只能用手探出木杆与桶顶水平面齐平的对应位置，除此之外，还要注意杆在桶旁可能会旋转，从而产生倾斜，这样会导致得到的高度测量结果不准确。

想了一会儿，我想到了如何应对这个难题。我将两根木条系在一起组成一根长木条，将第三根木条置于桶顶端，并让这根木条的边缘伸出来30~40 cm，然后将长木条贴近第三根木条并使它们之间形成直角，这样就确保长木条与桶高保持平行了。然后找到它和桶最突出的地方（也就是正中间）的交点，然后在木条上做上标记，再减掉桶底的厚度，就知道桶高的一半长度，也就是其中一个截圆锥的高度了。

到此，解题的所有数据都具备了。

第4节 还需要完成的事情

用木条测量完成之后，还需要进一步的计算，可如何确定木条的具体尺寸，进而计算木桶体积呢？作者继续写道：

我手边没有任何可以用来计算的文具，不过就算有，这些文具对我来说也是毫无意义，因为我这里一片漆黑，什么也看不清。我只能在没有纸笔的情况下，在心里进行运算。

一开始，我觉得这是个克服不了的困难，因为我既没有英尺，也没有米尺，没有任何测量尺，让我一度想要放弃解决问题。

但是我忽然想起来，我用木条测过自己的身高，我的身高刚好等于四英尺，我该怎么利用这个信息呢？十分简单。我可以在木条上画出四英尺的位置，然后以此作为计算的基础。

为了标记身高，我挺直身体躺在地板上，然后将木条的一端抵住脚尖，另一端放在前额，一只手握住木条，另一只手用来标记我头顶的位置。

但只有一个四英尺刻度的长木条，对测量来说是毫无意义的。接下来需要解决的难题是如何在四英尺的木条上划分出英寸[1]刻度。从理论上看，貌似将四英尺等

1 1 英寸 = 2.54 厘米。

分成48份并在木条上标出刻度并不难，但实际在我所处的黑暗中，做这一切并不容易。

通过怎么样的方式来找到4英尺木条的中点呢?

我先准备了一个比2英尺长一点的木条，将它与标记了我身高的4英尺木条进行对比，发现两倍的木条长度长于4英尺，缩短木条，再重复进行几次同样的操作，尝试了5次之后，两倍的木条长就刚好等于4英尺了。这个操作很费时，但我的时间非常充足，甚至很享受能够完成这个测量过程。

接下来，我要一步步重复类似的过程，以将刻度标记得更加精细。为了缩短接下来的测量时间，我用便于折叠的鞋带代替了木条。我取下皮鞋上的鞋带，将它们打上结，很快就能划分出刚好等于1英尺的部分。接着将它对折，每一半就是6英寸。然后将6英寸的鞋带，折为相等的三部分，我就得到了2英寸。将2英寸鞋带对折，就得到了1英寸的小段。

现在还缺的就是在我的测量杆上划分出刻度，我小心地将1英寸长的鞋带贴在木条上并把刻度用刻痕标出，一刻度为1英寸。现在我手上就有一把英寸刻度尺了，可以用它来测量我的数据值。这对我完成计算是至关重要的一步。

我立马就着手计算了，在得出截圆锥的两个截面直径后，取了它们的平均值，并根据这个平均值算出相应的圆的面积，用这个面积乘上水桶的高度，我就得到了两段截圆锥体积之和，也就是水桶的容积。

第5节 计算结果的检验

精通几何学的读者朋友们可能很快会发现，小说主人公使用计算两个截圆锥体积的方法，并不是完全准确的。如图 106（a）所示，我们将桶的两端底面半径设为 r，中间最宽处的半径设为 R，将桶高设为 h，也就是截圆锥高的 2 倍。小说主人公得到的体积结果用公式表示如下：

$$\pi\left(\frac{R+r}{2}\right)^2 h=\frac{\pi h}{4}(R^2+r^2+2Rr)$$

而实际根据几何学原理中使用的截圆锥体积公式，得出要求的体积表达式应该是：

$$\frac{\pi h}{3}(R^2+r^2+Rr)$$

比较发现，两个表达式是不一样的，并且第二个计算结果比第一个要大

$$\frac{\pi h}{12}(R-r)^2$$

通过代数知识可知 $\frac{\pi h}{12}(R-r)^2$ 为正数，所以可以判断小说主人公给出的计算结果偏小了。

那么我们来试着求一下这个值小了多少呢？桶最宽处通常比底面横截面多出 $\frac{1}{5}$，

也就是 $R-r=\frac{R}{5}$。因此可以算出小说主人公得到的数值与原本截圆锥体积值之间的差为：

$$\frac{\pi h}{12}(R-r)^2=\frac{\pi h}{12}\left(\frac{R}{5}\right)^2=\frac{\pi hR^2}{300}$$

如果这里令 $\pi=3$，则差值就约等于 $\frac{hR^2}{100}$。这个差值可以看作底面半径为水桶最大截面的半径 R，高为水桶高的 $\frac{1}{300}$ $\left(即为\frac{1}{300}h\right)$ 的圆柱体积。

其实，实际差值可能还要更大些，因为桶的容积明显大于两个内接截圆锥的体积。从图 106（b）中可以很清晰地看到，图中用字母 a 标出来的阴影部分，前面提到的测量方法是抛开了这部分容积的。

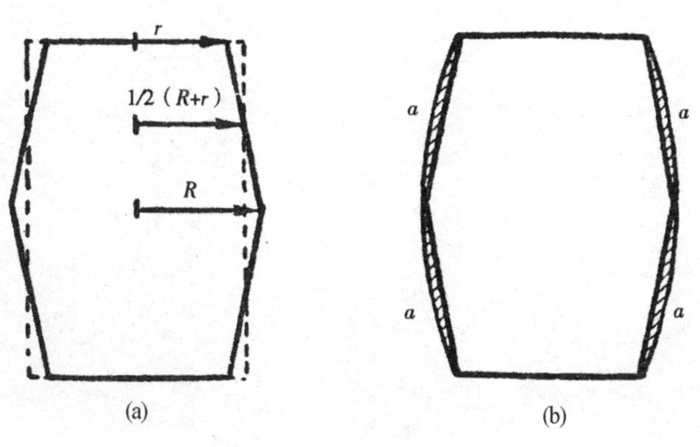

图 106 计算的检验

这个桶的体积计算公式并不是作家自己发明的，它在某些初等几何学教程中就给出了。要想用几何方式精确地测出水桶的容积是很不容易的。早在 17 世纪，伟大的德国天文学家开普勒就开始思考这个问题了，并在自己众多的数学著作中留下了测量水桶容积方法的专业文章。

但直至今日，人们也没有找到既简单又精确的方法，只有一些在实际运用中使用的粗略算法。比如在法国南部，使用的公式是：

$$桶的体积=3.2hRr$$

为什么水桶要做成这种不方便测量的曲面圆柱体呢？直接做成规则的圆柱体不是更加简单吗？圆柱形的桶也很常见，不过它们通常不会是木制，而是金属制的。那么为什么木制的桶要做成曲面的，这个形状有什么优势呢？

该形状的优势就是便于桶箍的安装——只需将箍圈环移动到桶的最宽处，箍环就能紧密严实地固定在桶上，这样可以保证桶的坚固。如图107所示，用最简单的方式将箍环推到最宽处，箍环就能将桶壁木条紧紧包裹。

趁此机会顺便给读者朋友们介绍一下开普勒表达的一些关于桶的见解。在发现行星运动的第二和第三定律之间的这段时间里，这位伟大的数学家关注到了桶的形状问题，甚至撰写了有关该主题的完整数学著作《关于酒桶的新立体几何学》。

图107　安装箍环

“酒桶对材质、构造和用途方面的要求，使得酒桶必须呈现出与圆锥和圆柱相近的一个形状。液体如果长期存储在金属容器中，会因容器生锈而变质；如果存储在玻璃和陶瓷容器中，容器尺寸受限且材质易碎；如果存储于石头器皿中，容器也会太重而不适合使用。这么说来，就只能将酒存放在木制容器中了。用完整的树干做出足够大容量和足够数量的容器，也是不可能的，就算做出来了，它也是容易裂开的。因此，木桶应由众多木板相互连接而制成。要知道，无论使用什么材料，或者何种方式都无法避免液体从各个部件之间的缝隙中流出，只能想办法将连接处压紧。

如果能将木板拼接成球形，那么容器将是最理想的。但是由于木板的连接处在球面中是不可能压紧的，因此容器形状将被圆柱体取而代之。但是圆柱体也不完全符合要求，因为圆柱体没有突出的曲线，使用时间久了箍圈就会松弛，并且没法将箍圈再次拉得更紧，所以桶立马就会变得无用。此外，桶的形状还要便于滚动搬运和卡车运输，由两个具有公共底面的对称图形组成，不仅看起来美观，还能避免搬运过程中的大幅度晃动。”

不要认为开普勒关于桶容积测量的文章只是数学问题中不值一提的小事儿，认为这只是才华横溢的天文学家在休闲时的娱乐。实际上这是一篇严肃的著作，正是它首先将无穷小量和积分学引入几何学问题中。酒桶容积测量这类日常生活应用问题，将开普勒引入了更深层次的数学思考，并收获了丰硕的思考成果。

马因·里德小说里的少年在令人绝望的环境里所表现出来的机智，堪称让人惊讶。对大多数人来说，在漆黑的环境中正确判断方向就已经很难了，更不要说完成一

系列的测量和计算了。幽默大师马克·吐温有一则故事中也描述了类似的经历。这则故事讲述了作者深夜在宾馆一片漆黑的房间里毫无头绪地游荡，仿佛经历了一场夜间冒险。

小说成功地展现了，即便在一个普通的房间，如果你对它不熟悉的话，置身黑暗中想要正确判断屋内物体的位置不知有多难。下面节选了一段作品中有趣的情节：

我醒来感到口渴，于是忽然想穿上衣服到花园走走，让自己清醒一下，并在喷泉旁洗漱。

我慢慢起床，开始找我的东西。但只找到了一只袜子，怎么也找不到第二只。我小心翼翼地从床上下来，在地上找遍了也没找到，继续往前挪动，一边搜寻一边扒拉，中途还不小心撞上了家具。我记得我睡觉前，周围的家具要比现在少得多，而现在周围被家具挤满，尤其是椅子，好像到处都是。难道在这段时间里，搬进来两家人吗？在黑暗中我看不见任何椅子，以至于我的头不停地撞上它们。

最后我决定不再继续找袜子，就按照原先的打算这样出门去吧。于是我站起来朝门走去，但意外在镜子里看到了自己昏暗的影像。

很明显我迷路了，我对自己身在何处没有任何概念。如果房间里只有一面镜子，那么它就能帮助我辨别方向，但是这里有两面，就非常糟糕了，看起来就像有千千万万面镜子。

我摸着墙艰难地寻找门的方向，一不小心碰掉了墙上的一幅画，画不大，但弄出的声响却像是一整面墙的全景图掉落的声音。我的室友哈里斯，身体微微动弹了一下，我感觉，如果我以同样的方式继续前进的话，一定会吵醒他的。于是我打算换一条路。我打算先找到圆桌，之前我已经在它周围好几次了，找到圆桌后，就可以从圆桌的位置回到床上，如果找到了床，就能找到盛水的玻璃瓶，那时至少可以先解决我难耐的口渴。黑暗中最好的姿势就是手脚并用的爬行，我已经试过了，这是最值得信赖的方法。

终于，我的头碰到了桌子，发出了相对来说不太大的声响。然后我又一次站起来，艰难地在黑暗中前行，向前伸出双手并将五指叉开，以此来保持平衡。我找到了椅子，然后是墙壁，又碰到另一把椅子，接着是沙发、手杖。又碰到另一个沙发时，我很困惑，因为我知道房间里只有一个沙发。这说明我又一次来到了桌子旁，这使我备受打击。接着又撞到了一些椅子。

直到那时，我才忽然意识到我已经在原位徘徊很长时间了，因为桌子是圆的，所以不能将它作为我在黑暗中找路的出发点。我跌跌撞撞地来到椅子和沙发的中间地带，试图穿过一块陌生的区域，途中我碰倒了壁炉上的烛台，烛台之后我又撞翻了台灯，在台灯倒下后，我听到盛水的玻璃瓶坠落到地板上的声音。

我想：啊！亲爱的玻璃瓶，我终于找到你了！

“小偷！抢劫！”哈里斯喊着。

喊叫声惊动了整间屋子的人。屋子的主人、客人和仆人们纷纷拿着蜡烛和手电过来了。

我环顾了一下周围，才发现原来我站在哈里斯的床边，屋内确实只有一个靠墙的沙发，一把确实会撞到的椅子，在整个后半夜的时间里，我一直在椅子周围打转，像行星环绕太阳一样环绕着它，还像彗星一样不停与它撞击。

经过我的估算，整个晚上我走了 47 英里（1 英里＝1. 609 34 千米）。

最后的论断过分夸大了测量结果。在几个小时之内任何人都不可能步行 47×1. 6＝75. 2（km）。但是故事里其他的细节，却刻画得十分逼真、准确。如果我们置身于陌生且一片漆黑的房间里，可能也会毫无头绪地瞎碰。读完这个故事让我们更加钦佩马因·里德小说里的少年了，他拥有令人震惊的条理性和常人所缺乏的勇气，在一片漆黑中不仅能判断方向，还解决了并不简单的数学题。

马克·吐温在黑暗房间里的经历让我们发现一个有意思的现象：可以试着观察一下，闭着眼睛走路的人，是不能走直线的，并且还会在向前移动的过程中偏向画圆弧，如图 108 所示。

很久以前就有人发现，跋涉在沙漠、草原或者暴风雪、大雾天气中的旅行者，如果没有指南针也不能通过其他任何方法辨别方向，那么他们通常会偏离直线路径，开始圆周运动，几次之后就会回到同一个地方。步行者一般是以 60~100 m 为圆的半径做圆周运动，而且走路的速度越快，这个圆的半径越小，也就是说圆所包围的圈越小。

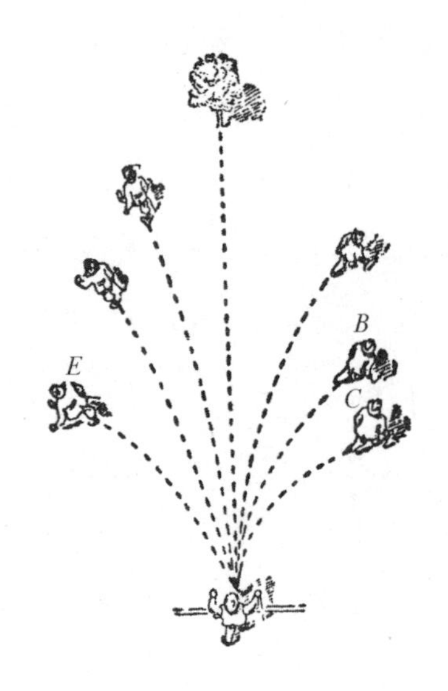

图 108　闭着眼走出的轨迹

苏联飞行员斯皮林曾讲述过一个这样的经验：

“让未来的飞行员们在开阔平坦的机场排成横列，将他们的眼睛蒙上，并要求他们向前直走。一开始他们走的是直线，很快就有人偏向右边，又有人偏向左边，慢慢地大家开始画圈，最终回到原始的位置。”

还有一个类似的著名实验，在威尼斯的马卡广场上进行：将蒙住双眼的人们带到广场正对着教堂的一面，让人们往教堂走。虽然从起始点到教堂的路只有 175 m，但没有一个实验者走到了教堂的正面，教堂正面宽 82 m，可所有人无一例外偏向一边，碰到侧面柱廊并划出圆弧轨迹，如图 109 所示。

读过儒勒·凡尔纳《哈特拉斯船长历险记》的人应该记得其中的一个片段，当

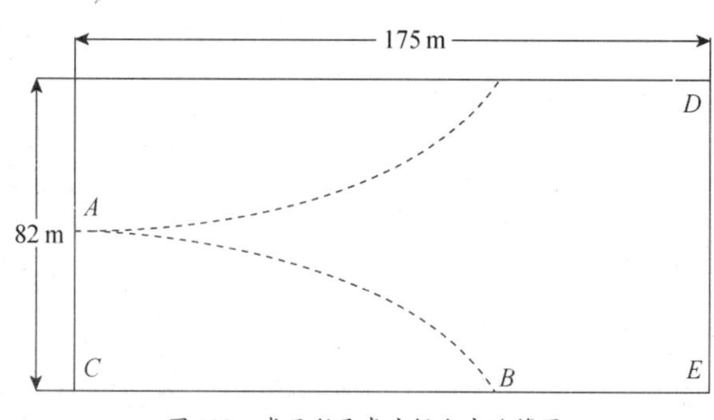

图 109 威尼斯马卡广场上实验简图

旅行者们在白雪皑皑的沙漠中偶然发现某人的脚印：

博士惊呼："朋友们！这是我们自己的脚印！我们在大雾中迷路了，又和自己的脚印相遇了。"

俄国作家列夫·托尔斯泰的短篇小说《主人与仆人》中也有类似关于迷路后原地转圈的经典叙述：

瓦西里·安德烈奇不知为何，打算将马赶到森林里的哨所。雪遮住了他的眼睛，风似乎想阻止他，但他只是向前弯下腰，继续赶着马。

在这五分钟里，他一直笔直地前行，除了马头和白色的沙漠外，什么也没看见。

突然，面前的一切开始变黑了，他的心感到快乐地咚咚跳动，因为他认为骑进这片黑暗，就能看到村庄的外墙。但实际这片黑暗只是生长在边界的高艾蒿丛。艾蒿丛被残酷的大风折磨的情景，让瓦西里·安德烈奇不由得打了个哆嗦，他光顾着急匆匆地赶马，却没有注意到，在接近艾蒿丛时，他就已经彻底改变了之前的方向。

他面前又一次开始变黑了。但这次还是长满艾蒿的世界，干枯的野艾蒿依旧在风中剧烈地摆动，它们旁边散落着一些马蹄印。瓦西里·安德烈奇停下来，弯下腰仔细看了一眼：马蹄印正是他自己的马踩出来的。显然，他一直在一个不大的空间里打转。

挪威生理学家古德贝克曾在1896年做过关于旋转的专门研究，收集了一系列此类真实案例，全都经过了仔细的验证，并得到充分的证明。下面就来举两个例子。

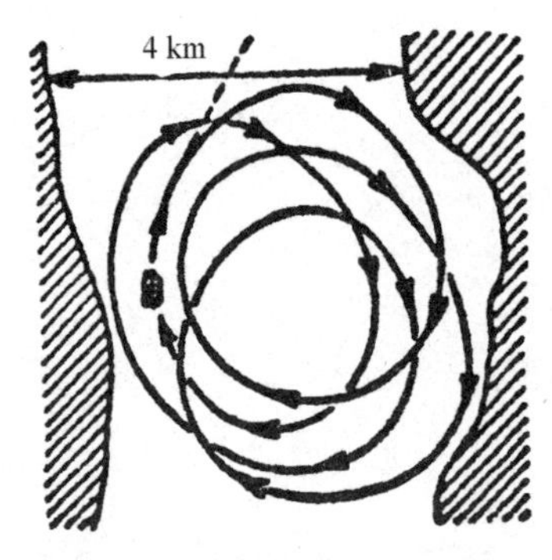

图110　三位旅行者的迷失路线

三名旅行者打算在飘雪的夜晚离开哨所，从4千米宽的山谷中走出去，分别赶回自己的家。这三名旅行者的家位于图110中虚线所示的方向。

在途中，他们没注意到自己沿着箭头所示的曲线向右偏离了目的地。走了一段距离后，根据时间的计算，他们认为自己应该快到目的地了，但实际上，他们很快回到了出发的哨所。他们又第二次出发，但再次回到哨所。同样的事情又发生了第三次和第四次。他们在绝望中开始了第五次尝试，但最后的结果还是一样。经过五次失败的尝试过后，旅行者们决定放弃在此时离开山谷，等待清晨来临。

没有星星的夜晚或者大雾的天气，在海上沿直线航行会变得更加困难。接下来的例子就说明了这点：

图111　桨手如何在大雾天气里横渡海峡

一名桨手在有雾的日子，想要横渡宽4 km的海峡，两次都很靠近对岸，但始终没有到达对岸，并不自觉地开始在水面画圈，在他筋疲力尽时终于发现了海岸，可登上岸才发现，竟是自己出发的那一边（见图111）。

同样的情况也会发生在动物身上。极地旅

行者讲述过，被套上雪橇的动物会在茫茫雪原中转圈；被蒙住眼睛的狗在游泳时，也会在水中画圈旋转；盲鸟在天空中也是绕圈盘旋；由于受到惊吓，在逃跑过程中失去了辨别方向能力的野兽，也不能跑直线，而是呈螺旋形逃窜。

动物学家发现，蝌蚪、螃蟹、水母，甚至是微型变形虫在水中也做圆周运动。

到底要怎么解释人类和动物都热衷于这种奇怪的旋转，没法在黑暗中保持直线方向运动呢？

如果把这个问题换个问法，那么问题所带的神秘感就会消失——我们别再问动物为什么做绕圈运动，而是问它们做直线运动需要什么条件。

回想一下，带发条的玩具车如何行驶？玩具车也不是沿直线行驶，而是转向一侧。

没有人会觉得玩具车沿弧线运动有什么奇怪的，大家一下就能猜到答案：很明显，玩具车的右轮和左轮大小不相等。

那么现在就很容易理解了，只有在生物的左右两侧肌肉力量完全相等的情况下，我们才可以不借助眼睛的帮忙，沿直线运动。但事实是，人体和动物的身体结构并不是完全对称的。绝大多数的人和动物，身体右侧的肌肉与左侧的肌肉发育是不均衡的。那么自然，当我们走路时，大部分人右脚走出去比左脚稍远，所以如果不靠眼睛帮忙调整方向，我们就无法保持走直线，会自然偏向左边。对桨手来说也是同样的道理，当他在大雾中无法用眼睛辨别方向时，如果右手比左手更强壮，船将不可避免地向左偏离。这是几何上的必然性。

设想一下，假如一个人走路时，左脚迈出的步伐比右脚长 1 mm。那么，两只脚各自走出 1 000 步之后，左脚的路径要比右脚长 1 000 mm，也就是 1 m。这在直线方向路径上是绝不可能的，但在同心圆上就是完全可行的。

我们甚至可以用图来描绘上述三个旅行者在雪夜山谷里转圈的例子。计算出三个旅行者们左脚比右脚多走的距离（从路径向右拐可以很明显地看出，左脚迈出的步伐比右脚更长）。行走时左脚与右脚之间的距离（见图 112）约为 10 cm，即 0.1 m。一个人走完一个完整的圆时，他右脚走过的路径长为 $2\pi R$，左脚走过的路径长为 $2\pi(R+0.1)$，其中 R 是该圆的半径，以米为单位。那么左脚与右脚走过的路径差为 $2\pi(R+0.1)-2\pi R=2\pi\times0.1$，也就是 0.62 m，或者 620 mm。

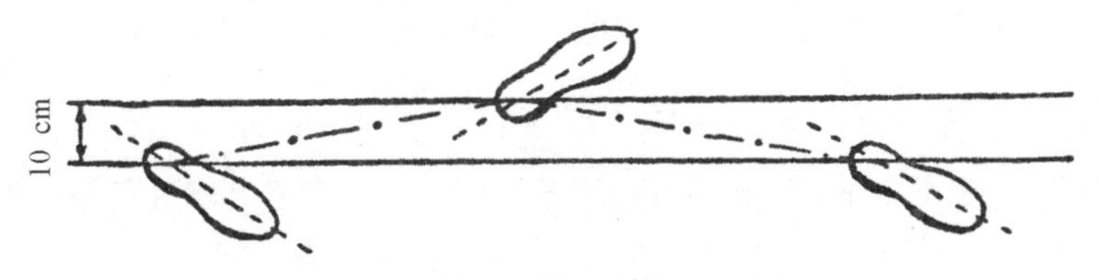

图 112　行走时左脚与右脚之间的距离

实际这个路径差值是由左右脚步伐长度不同造成的，走多少步，这个差值就不断重复叠加多少次。从图 110 中可以得出，三名旅行者们做圆周运动所划的圆直径约为 3.5 km，即周长约为 10 000 m 的圆。在平均步幅为 0.7 m 的情况下，沿该路径走完一圈需要$\frac{10\ 000}{0.7}=14\ 000$（步）。其中右脚和左脚各走了 7 000 步，我们已经知道了，左脚的 7 000 步要比右脚的 7 000 步长 620 mm。因此，左脚步幅比右脚步幅每步相差$\frac{620}{7\ 000}\approx0.09$ mm，小于 0.1 mm。如此微小的步幅差异却能导致如此惊人的结果！

旋转所划出圆的半径取决于左右脚步幅之间的差异。因此圆的半径与左右脚的步幅差异之间的比例关系并不难得出。平均步幅为 0.7 m 的一个人转完一整圈所需要的步数为$\frac{2\pi R}{0.7}$，其中 R 为圆周运动画出的圆的半径，单位为米。左右脚分别走的步数为

$\frac{2\pi R}{2\times0.7}$，设左脚和右脚之间步幅差值为 x，我们可以得出两角所走过的路径，就等于左脚和右脚分别画出的同心圆周长的差值：

$$\frac{2\pi R}{2\times0.7}\cdot x=2\pi\times0.1$$

从而可得 $Rx=0.14$，公式中 R 和 x 的单位都为米。

根据这个简单的公式，当已知左右脚步幅差值时，很容易算出圆的半径，反之亦然。比如说，上文提到的威尼斯马卡广场实验，我们可以弄清实验参与者在蒙眼行走中画出最大的圆的半径。$AC=41$ m，是每个圆的弦高，BC 为半弦且不超过 175 m（见图 109），所以：

$$(R-AC)^2+BC^2=R^2$$

若设 $BC=175$ m，代入上式可得：

$$R\approx375\ (\mathrm{m})$$

从而可以得出结论，实验参与者蒙眼在马卡广场上走，能画出最大的圆的半径 R 不超过 375 m。

利用前面已经得到的公式 $Rx=0.14$，可以算出实验者两脚步幅差的最小值 x：$375x=0.14$，即 $x\approx0.37$ mm。这样我们就得出了实验者左脚和右脚步幅差不小于 0.37 mm。

有时可能会读到或听到，闭眼行走时会画圈的事实与左腿和右腿的长度不同有关，因为大多数人的左腿比右腿长，因此人们在行走时不可避免地会从直线方向偏向右侧。基于几何的角度，这种说法明显是错误的。造成画圈的原因是与步长（步幅）有关，而不是腿长。如图 113 所示，即使两条腿的长度不同，只要每条腿在走路时迈出相同的角度，仍然可以走出完全相等的步伐。也就是说，走路时能够保证 $\angle B_1=$

$\angle B$。因为 $A_1B_1=AB$ 和 $B_1C_1=BC$，所以 $\triangle A_1B_1C_1 \cong \triangle ABC$，因此 $AC=A_1C_1$。相反，即使两条腿的长度完全相同，如果步行过程中一条腿比另一条腿迈出远一点，步长还是会有所不同。

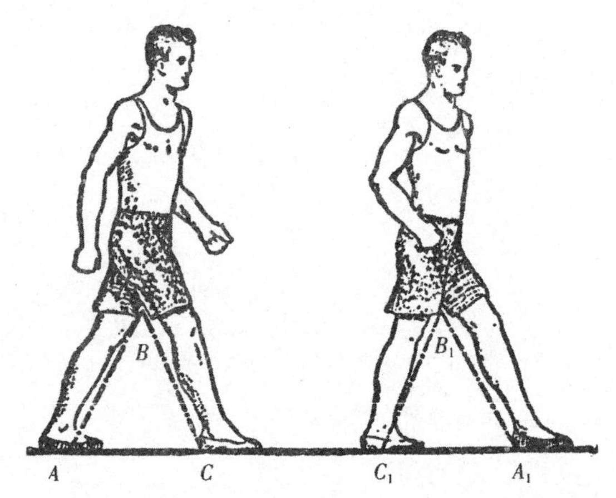

图 113　如果迈出每一步的角度相同，就能保证脚步是完全相等的

同理，桨手的右手比左手力量强，所以右手比左手在划船时的幅度更大，这样船就不可避免地会偏向左侧画圈。右脚和左脚步幅不等的动物、右侧和左侧振翅力量不等的鸟儿，当它们丧失了控制直线前进的视觉支持，也同样会偏向一边做圆周运动。实际上，两只手臂、两条腿或两只翅膀之间的力量差别也非常地小。

从这个角度来看，会转圈的事实就变得不再神秘，而是十分自然的了。如果人和动物能够不在眼睛的控制下保持直线方向运动，反而是件令人惊讶的事情了。不借助眼睛的控制来保持直线方向运动的必要条件是，身体左右两边必须完全几何对称，但这对大自然中的生物来说是不可能的。与数学上完全对称性的微小偏差，会最终导致沿弧线运动的必然结果。所以说神奇的不是那些让我们感到奇怪的现象，而是我们可以揭开奇怪现象的神秘面纱，使它变得自然。

无法保持直线方向运动并不会对我们构成很大的影响，在大多数情况下，我们都可以利用指南针、路标或地图等来弥补这种缺陷造成的影响。

但对动物来说事情可就没那么简单了，尤其是对那些生活在茫茫沙漠、广袤草原和一望无际的辽阔海域的动物来说这是攸关生命的重要因素。它好像一条隐形的链子，将它们紧紧系住，使它们没有任何远离居住地的可能性。狮子敢义无反顾地冲进沙漠，但最终它还是会回到起点；海鸥离开自己熟悉的海崖飞向公海，但最终也会回到自己的巢穴（有些候鸟在横穿大陆和海洋的远距离飞行中，是沿直线方向飞行的，这是因为它们有特殊的“指南针”）。

第7节 徒手测量

马因·里德小说中的男孩能够成功解出几何难题，多亏了他在出行前测量了自己的身高，并牢牢记住了测量结果。我们每个人都可以获得自己的“活量尺”数据，以便在必要时将其用于测量。我们还应该知道，对于大多数人来说，双臂向身体两侧伸展至水平位，两侧手指指尖间的距离，也就是臂展，约等于身高，如图 114 所示。这条定则是杰出的艺术家和科

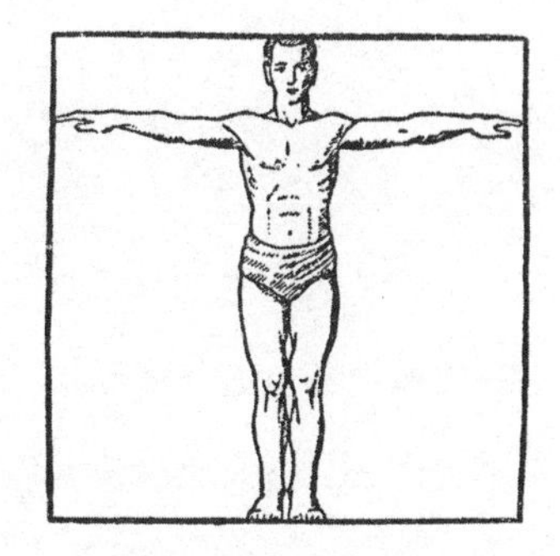

图 114　达·芬奇定则

学家达·芬奇发现的，与马因·里德小说中的男孩使用的相比要更加方便。一般来说，一个成年人的平均身高约为 1.7 m，即 170 cm。但我们不应该总是指望平均值，最好能测量自己的准确身高和臂展。

在测量无刻度的小距离时，我们可以使用大拇指和小指之间张开的距离，即指距（见图 115）。一个成年男性的指距约为 18 cm，青少年的可能偏小一些，但会随着年龄的增长而逐渐变大，直至 25 岁基本固定下来。

接下来测量并记住自己食指的长度也是十分有用的，可以将食指分为食指底端到中间关节，中间关节到指尖两段来测量（见图 116）。同样，还应该知道食指和中指能够分开的最大距离（见图 117），一个成年人两指间距在 10 cm 左右。还有一个手指宽度信息可以作为参考，将中间三根手指紧紧并拢，它们的宽度大约为 5 cm。

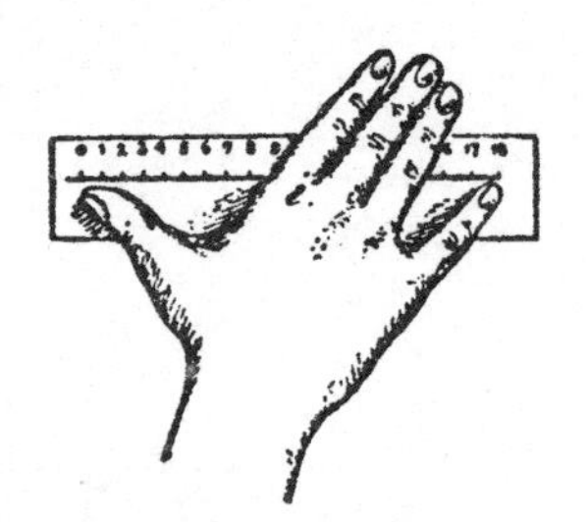

图 115　测量大拇指和小拇指之间的距离

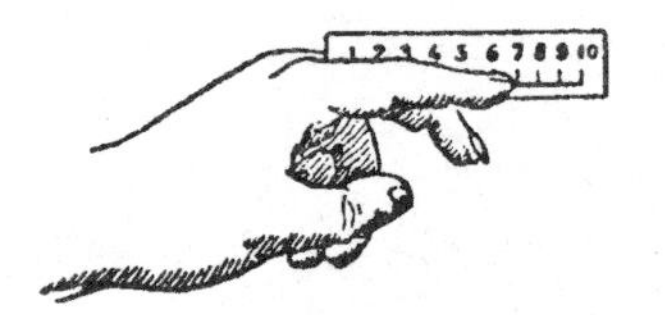

图 116　测量食指的长度

掌握了上面的这些信息，我们就可以真正徒手完成各种各样的测量了，甚至是在一片漆黑中，也能够得到相当令人满意的结果。如图 118 所示，我们可以用手指测量杯子的周长。按照平均值我们可以得出杯子的周长为 18+5=23（cm）。

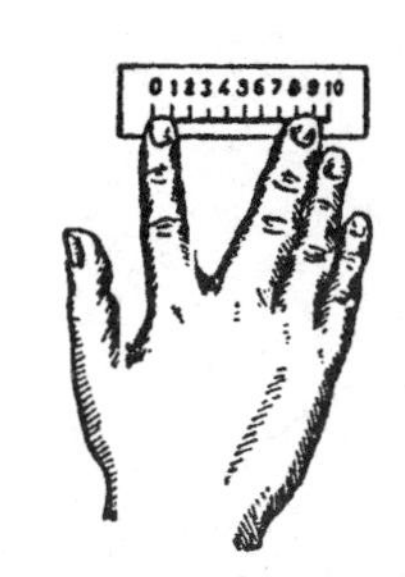

图 117　测量食指和中指分开的最大距离

图 118　徒手测量杯子的周长

第8节 黑暗中的直角

【题目】

我们再回到马因·里德小说里的小男孩解决的数学问题。

如何依照小男孩的做法，用可靠的方式得到一个直角呢？我们已经在节选的片段中读到过“我将长木条贴近伸出来的木条，使它们构成直角”。在黑暗中仅凭肌肉的感觉可能会犯很大的错误，在小男孩的处境中，应该有更可靠的方法可以构建直角，那么到底该怎么做呢？

【答案】

我们可以利用木条做一个三角形，根据勾股定理的逆定理给定三角形三边的长度，使之构成直角三角形。最简单的方式是让三根木条的长度分别等于 3、4、5，也可以是它们的任意倍数（见图 119）。

这是一种古埃及流传下来的方法，几千年前就被运用于建造金字塔中。在现代的建筑工程中，这种方法也很常见。

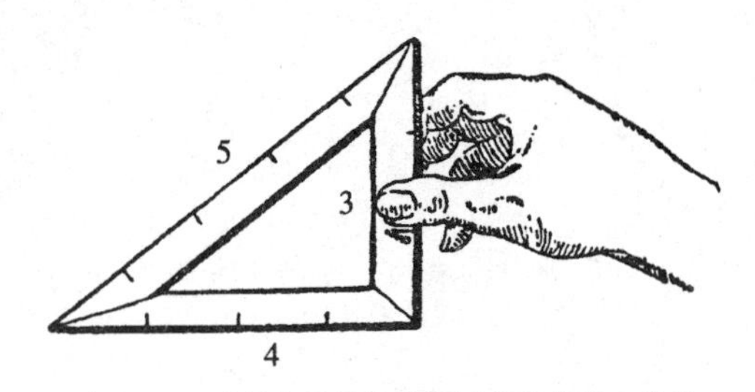

图 119　三边长都是整数的最简单的直角三角形

09

关于圆的新旧概念

导读

刘月娟

“圆”相信大家都不陌生，生活中的圆形有很多，比如说硬币、车轮、钟表、盘子、杯垫、圆桌面等。这些都和我们的生活息息相关，但是圆是怎么来的呢？有什么特点呢？圆的定义：平面内到定点的距离相等的点的集合构成的图形。为了在平面内画出圆，我们可以用圆规作图，它的理论依据就是圆的定义。这一章中，将主要讲述圆的知识，下面我们一起来看一下。

1. 圆的周长和面积

讨论圆只研究它的定义肯定是不足以解决生活中遇到的问题的，圆的周长、面积也是必备知识。可周长和面积又应该如何求得呢？最常见的方法就是：拿一条线沿着圆面环绕一周，读取数据，这种方法只是粗略估计圆的周长，无法得到准确的结果，因为无论是终点位置的截取，还是读取数据，总会存在误差，这就给我们的计算带来很大的不便。甚至有人还会说自行车的轮子转过一周后通过的位移就是周长，但这都是粗略估计，并不精确。

至于圆的面积似乎就更难计算了，因为它和我们学习过的正方形、长方形、三角形等都不同，它并非由直线围成，这就为圆面积的求解造成了很大的不便。在这里就不详细地介绍圆的周长和面积的求解历史了，但可以聊聊一个更有趣的数，那就是π。π为圆周率，$\pi=3.141\,592\,6\cdots$，后面还有无数个数字。有人能背出小数点后近百位数字，但是小数点后太多的数字对我们的计算也没有太大的帮助，因为产生的误差会很小，不过这倒是一个练习记忆力的好方法。

科学家们尝试了各种各样的实验才确定了 π 的近似值，其中最有趣的就属投针实验（感兴趣的小朋友可以自己去查一下这个实验），是不是很难相信小小的绣花针还能起到如此大的作用呢！其实在很多实践运用中，我们都会把 π 的值取为 $3\frac{1}{7}$，从而得出圆的周长为 $C=2\pi r$、面积为 $S=\pi r^2$（r 为圆的半径）。

2. 圆的应用

知道了圆的周长和面积的公式以后，它的应用就摆在我们面前了，最常见的应该就是传送带了，现在快递运输行业十分盛行，传送带大有用武之地，两个滑轮的传送带的长度是比较好计算的，但是如果将问题升级，滑轮个数变多又该如何计算长度呢？还有一个大家耳熟能详的例子，就是“小乌鸦喝水”，小时候听的睡前故事中这个故事是从不会缺席的。小乌鸦将一颗一颗的小石子投到装有水的瓶子当中，水面自会升高，所以自然会喝到水。但是凡事无绝对，是否在所有的情况下乌鸦都可以通过投石子的方式喝到水呢？答案是否定的。

圆的知识融入生活的方方面面，很多有趣的事情都和圆相关，比如套圈、杂耍，让我们一起来了解一下圆的“奥秘”吧！

第1节 埃及人和罗马人的实用几何学

现在，任何一名中学生根据直径计算出的圆周长的结果，都比金字塔古国最聪明的智者或是伟大罗马帝国最内行的建筑师要精确得多。古埃及人认为圆的周长是直径的3.16倍，罗马人则认为圆的周长是直径的3.12倍，而实际正确的比例值是3.141 59…这个误差是怎么产生的呢？因为古代的数学家并不是利用几何学知识进行计算，而仅仅凭实践经验得到的圆周率结果。他们在求这个比值的时候，用线把圆形的东西包围起来，然后把线拉直，最后测量一下线的长度就作为圆的周长。

很显然，这种方法非常便捷，但并不准确。设想一下，一个直径为100 mm的圆底花瓶，底面的周长应该为314 mm。但实际上，当你用线去测量周长时，很难得到同样的结果。只要弄错1 mm，就会导致算出的结果等于3.13或3.15。如果将花瓶直径的测量误差也考虑进来，那么误差会变得更大，所以古人计算出的π常在$\frac{313}{101}$和$\frac{315}{99}$之间，也就是在3.09和3.18之间。

通过上面的例子可以看出，用实验方法测量π，得到的结果并不等于3.14，某一次可能是3.1，第二次是3.12，第三次是3.17……可能碰巧某一次刚好得到3.14，但这个数字在计算者眼中并不会比其他数字更有分量。

说到这里，想必你已经明白了，为什么古人得不到圆周长与直径的准确比值。希腊学者阿基米德深刻认识到实验方法的不足，所以他仅将测量数据作为参考，在此基础之上，又经大量思考和几何计算，最终将 π 定为 $3\frac{1}{7}$。

巧记 π 值

古阿拉伯数学家穆罕默德·本·姆兹在《代数学》中写过关于计算圆周长的如下内容：

“计算圆周长最好的方法就是用直径乘以数字 $3\frac{1}{7}$，这是最快捷简单的方法，上帝最清楚。”

现在我们知道了，阿基米德数 $3\frac{1}{7}$ 也不能完全准确地表示圆周长与直径的比例——实际上，从理论上已经证明了圆周率不能用任何精确的分数表示。我们只能用一个近似值来描述它，这个近似值只要能满足实际生活中所需的最高精确度即可。

16 世纪荷兰数学家卢道夫，耐心地算出了 π 的值并将其保留到小数点后面 35 位，这个值还被刻在了他的墓碑上

3. 141 592 653 589 793 238 462 643 383 279 502 88…

1873 年，一个叫尚克斯的人公布出一个 π 值，并将其保留到小数点后面 707 位！这个数字已经非常精确了，但实际上它并不具备任何实用价值，也没有太多理论价值。当然，如果你无事可做并一味追求打破尚克斯“浮夸的记录”，那就另当别论了。譬如，在 20 世纪 40 年代，来自曼彻斯特大学的弗格森和华盛顿的连契分别独立地将 π 值计算到小数点后面 808 位，并且十分得意地发现了尚克斯公布的 π 值从 528 位开始出现了错误。

如果我们想计算地球赤道的长度并精确到个位，在已经准确地知道了地球直径的前提下，那么对于计算而言，仅取 π 值小数点后 9 位就足够了。如果取 π 值到小数点后面 18 位，计算出赤道的周长，与之前结果之间的误差不超过 0.000 1 mm（这个值比头发丝还细 100 倍）。

这个例子极其生动地展示了，π 值小数点后面太多的位数对我们来说其实没有什么用处。

对于普通的运算，π 取到小数点后面两位（3.14）就已经完全足够了，如果还想要更加精确，可以四舍五入后取值到小数点后面四位（3.141 6）。

通常情况下，小诗或者韵味十足的短句比单纯的数字更加容易记忆，因此，人们想出了很多便于记住 π 值的特别诗句或者独立的短句。这种类型的“数学诗”中，每个单词中字母的数量与 π 值相应数字一致。

著名的 π 值英文诗，由 13 个英文单词组成，相应地我们就能记住 π 值小数点后面的 12 位数字。

See, I have a rhyme assisting my feeble brain, its tasks ofttimes resisting.

3 1 4 1 5 9 2 6 5 3 5 8 9

第3节 杰克·伦敦犯的错

杰克·伦敦的作品《大房子里的小夫人》里面提到了几个关于计算的片段：

“在田野中央，立着一根铁杆，并深入地下。从杆的顶部拉一条绳子到田野边，并将绳子固定在拖拉机上。机械师按下了拖拉机的操纵杆，发动机开始工作。”

“拖拉机开始向前移动，但是是以铁杆为圆心开始做圆周运动犁地。”

“我们需要对拖拉机进行全面的改进，”格拉汉姆说，“必须得将拖拉机犁地的圆形轨迹变成正方形。”

“是的，在目前这样的操作系统下，土地方形区域的很大一片都没被犁到。”

格雷汉姆做了一些计算，说道：“我们每耕 10 英亩地就损失了约 3 英亩。”

“不止。”

现在我们来看一下，文中的计算是否正确。

【答案】

格雷汉姆的计算不正确，是因为整个土地的实际损失小于 0.3。假设正方形田野的边长设为 a，田野的面积就为 a^2。拖拉机做圆周运动画出圆的直径也为 a，那么圆的面积就为$\frac{\pi a^2}{4}$，未被犁到的部分面积为：

$$a^2 - \frac{\pi a^2}{4} = \left(1 - \frac{\pi}{4}\right) a^2 \approx 0.22a^2$$

可以看到，实际未耕的土地只有22%，并不像小说里主人公说的那样，超过30%。

第4节 投针实验

寻找π的方法很多，但最让人意想不到的一定是“投针实验”，具体操作方法如下。

准备约2 cm的缝衣针，最好弄断针尖，使针的整体厚度保持一致，然后在纸上画一些平行的细线，相邻线之间的距离等于针长的2倍。紧接着从任意高度往纸上投针，并记录针掉落的位置是否与细线相交（见图120（a））。为了让投下的针不再往上跳，可以将吸墨纸或是呢绒垫在纸下面。投针的次数尽量重复多一点，比如说100次，甚至可以是1 000次，每一次都要记录针是否与细线相交。[1]之后用投针的总次数除以相交的次数，得到的结果就很接近π值。

解释一下，为什么这样可以得到近似的π值。将缝衣针可能与细线相交的次数设为K，针的长度为20 mm。当缝衣针与细线相交时，可能是针上的任意一点与线段相交，这根针上每一毫米与线段相交的可能性都是相同的，因此针上每一毫米可

1 只要针的边缘碰到所画的线就算相交。

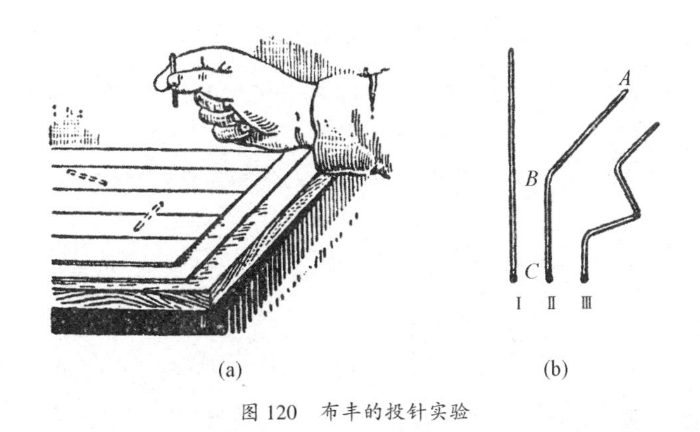

(a) (b)

图 120 布丰的投针实验

能与细线相交的次数为$\frac{K}{20}$，则每 3 mm 可能与细线相交的次数就为$\frac{3K}{20}$，每 11 mm 可能与细线相交的次数就为$\frac{11K}{20}$，以此类推。换句话说，相交的可能性与缝衣针的长度成正比。

即使缝衣针是弯的，这个比值还是保持不变。假设缝衣针弯曲成图 120（b）中Ⅱ的形状，并且 $AB=11$ mm，$BC=9$ mm。对 AB 段来说可能相交的次数为$\frac{11K}{20}$，对 BC 段来说可能相交的次数为$\frac{9K}{20}$，对整个针来说可能相交的次数就为$\frac{11K}{20}+\frac{9K}{20}$，也就是刚好等于 K。我们还可以将针弯成更加独特的形状，如图 120（b）中Ⅲ所示，相交的次数仍然是不变的。需要注意的是，弯曲的针可能与线段的两处或多处相交，此时我们就需要计为 2 个或多个交点，因为每个部分的相交都应该算作一个交点。

现在，假想将针弯曲成圆形，使圆的直径 d 等于两条细线之间的距离，也就是说圆的直径是之前缝衣针针长$\left(\frac{d}{2}\right)$的 2 倍。这个圆环每次掉落下来时必然和直线有两个交点，或者刚好和两条直线相切。如果圆环投下的总次数为 N，那么圆环与线条的交点数就为 $2N$。再假想把圆形针拉直，此时针的长度为 πd，之前提到的直缝衣针与圆形针之间的比例关系就等于圆的半径与圆周长的比：$\frac{d}{2}$：（πd）= 1：（2π）。前面讨论过的可能相交的次数与针的长度成正比，那么直缝衣针可能的相交次数 K 就应为 $K=\frac{2N}{2\pi}=\frac{N}{\pi}$，由此可得 $\pi=\frac{\text{投针次数}}{\text{相交次数}}$。

投针实验进行的次数越多，我们得到的 π 值就越准确。一位瑞士天文学家沃尔夫在 19 世纪中期，在带有竖格的纸上做了 5 000 次的投针实验，从中得到的值为 3. 159，可以说这个结果已经相当精确了，只比阿基米德数差一点点。

通过投针实验，我们了解到居然可以不用圆规画任何的圆和直径，只需通过实验就能得到圆的周长与直径之间的比值。即使是一个对几何学甚至圆形没有任何概念的人，只要耐心地做完投针实验，就能得出 π 值。

第 5 节 展开圆周的计算

【题目】

在很多实践运用中，我们都会把 π 值取为 $3\frac{1}{7}$。如果在一条直线上截取直径的

$3\frac{1}{7}$倍，就相当于将圆周拉成一条直线——这条规律在实际生活中有很多使用场景，家具装修工或铁匠都经常用到它。但大部分展开得到的结果都十分粗略，这里我介绍一个既简单又精准的展开方式。

假设有一个半径为 r 的圆 O（见图 121），作圆的直径 AB，并过 B 点作一条垂直于 AB 的线段 CD，连接 OC，使得 OC 与 AB 的夹角成 30°。然后使线段 CD 等于 3 倍圆的半径长度，即 $CD=3r$，最后将 A 点与 D 点相连。AD 的长度就约等于圆周长的一半。如果将线段 AD 延长 2 倍，那么我们就可以近似地得到展开的圆 O 的周长，并且误差结果小于 $0.0002r$。

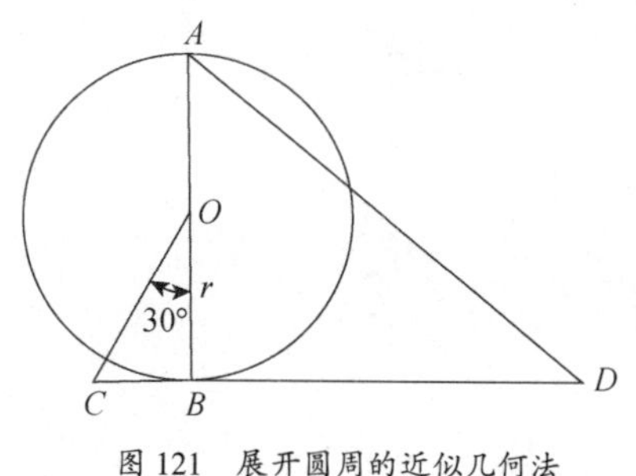

图 121 展开圆周的近似几何法

这个作图法的理论依据是什么呢?

【答案】

根据勾股定理 $CB^2+OB^2=OC^2$。

其中 OB 为圆的半径 r，$CB=\frac{OC}{2}$（直角三角形 30°角所对应的直角边是斜边的一半），由此可得

$$CB^2+r^2=4CB^2$$

所以 $CB=\frac{\sqrt{3}}{3}r$。

接下来在△ABD 中，$BD=CD-CB=3r-\frac{\sqrt{3}}{3}r$，

$$AD = \sqrt{BD^2 + 4r^2} = \sqrt{\left(3r - \frac{\sqrt{3}}{3}r\right)^2 + 4r^2} = \sqrt{9r^2 - 2\sqrt{3}r^2 + \frac{r^2}{3} + 4r^2}$$

$$\approx 3.14153r$$

比较我们得到的结果，如果把 π 值取到 3. 141 593 的精确度，那么总体的误差只有 0. 000 06r。如果我们用这种方法展开半径为 1 m 的圆周，那么得到的圆周长的一半的误差是 0. 000 06 m，整个圆的周长误差只有 0. 000 12 m，也就是 0. 12 mm。

第6节 化圆为方，求圆的面积

读者朋友们可能从没听说过“方圆问题”，这是 20 世纪前困扰了无数数学家的著名几何问题。我可以肯定，你们中一定有人尝试解决过这个问题，对它有初步的了解，但更多的人是困惑，困惑于为何要解决这个经典的难题，以及问题到底难在何处。

下面我们就来详细地介绍一下方圆问题。

方圆问题是指按要求画一个正方形，使该正方形的面积恰好等于给定圆的面积。实际上这个问题经常出现在日常生活中，人们也能给出各种精确度不同的答案，但这必须以测量和计算为基础。假如我们没有刻度精确的尺子，且只能进行以下两步操作呢？

1）以给定点为圆心，绘制出给定半径的圆；

2）经过两个给定点，画一条直线。

而且要完成上述绘图操作，只能用两种工具：圆规和直尺。

非数学界人士可能普遍认为，方圆问题的困难主要在于，圆的周长与其直径的比值（即 π 值）不能用有限数字表示，即将问题的不可解决性归结于圆周率 π 的特殊性。这种理解并不完全正确，π 的无理性不是全部问题所在。

实际上将矩形变成等面积的正方形是很容易做到的，所以方圆问题可归结为用圆规和直尺构造与圆等面积的矩形。将圆的面积公式 $S=\pi r^2$ 转化为相同等式 $S=\pi r\times r$，很明显可以看出，如果要使圆的面积等于矩形的面积，矩形的一边边长等于 r，另一边边长为 πr。因此，问题的重点是构建一个边长比为 π 的矩形。但如我们所知，π 值既不精确地等于 $3\frac{1}{7}$，也不等 3.14 或是 3.141 59，而是一个无限不循环的小数，即无理数。

是这种无理性导致方圆问题无法解决吗？数学家们指出，仅 π 值的无理性并不能让解题变得毫无希望，其实完全可以用几何方法构建一些精确的无理数。假设你现在需要画一条线段，线段长是给定线段的$\sqrt{2}$倍。$\sqrt{2}$这个数字，就像 π，也是无理数。但绘制所需的线段却很容易，只需要用给定线段构建正方形，并找到正方形的对角线，这就是我们需要绘制的$\sqrt{2}$倍长的线段。

再比如说每个中学生都能够很好地画出线段$\sqrt{3}a$，这个值就是半径为 a 的圆的内接等边三角形边长。即使需要构建如下这种看起来非常复杂的无理数表达式也不会特别困难：

$$\sqrt{2-\sqrt{2+\sqrt{2+\sqrt{2+\sqrt{2}}}}}$$

因为这个式子可以简化为构建一个正 64 边形。

正如我们现在看到的这样，包含代数的无理因式，并不是不能用圆规或直尺画图将表达式构建出来。方圆问题的不可解不在于 π 是无理数，而是在于 π 不是一个代数值，它不能通过求解带有理因数的任何代数方程得到。这样的数我们称之为超越数。

16 世纪法国数学家韦达证明了：

$$\frac{\pi}{2}=\frac{1}{\sqrt{\frac{1}{2}}\times\sqrt{\frac{1}{2}+\frac{1}{2}\sqrt{\frac{1}{2}}}\times\sqrt{\frac{1}{2}+\frac{1}{2}\sqrt{\frac{1}{2}+\frac{1}{2}\sqrt{\frac{1}{2}}}}\cdots}$$

如果上述 π 的表达式中包含的运算结果是有限的，我们就可以进行下一步的几何图形构建，这种情况下，此公式才能解决方圆问题。但由于上述表达式中平方根提取的数量是无限的，因此韦达的公式对解题也毫无帮助。

因此，方圆问题的不可解性是在于 π 是一个超越数，它不能通过求解带有理因数的任何代数方程得到。π 的这一特征在 1882 年由德国数学家林德曼严格证明过。尽管他得出的结论是方圆问题无法解决，但他的确是唯一解决了这一问题的科学家。这就确认了，要通过几何作图的方式解决方圆问题是行不通的。因此在 1882 年之后，数学家们就放弃了在这个方向上数百年的钻研，只有那些不知道这段历史的数学爱好者们，还在做着无用的尝试。

从理论上讲，方圆问题的答案就只能是这样了。而实践方面，我们根本不需要对这个著名的问题做出精确的解答。许多人认为，解决方圆问题对于实际生活有着至关重要的意义，其实并不是这样，对日常生活来说，只需要一个能够近似解决这个问题的方法就够用了。

在实际生活的运用中，最多知道 $\pi=3.141\,592\,6$ 就足够了——没有任何的长度测量需要保留超过七位有效数字来表示。因此，将 π 值取超过 8 位是没有用的，这样并不会提高计算的准确度。如果半径取七位有效数字表示，即使 π 值取小数点后面一百位，算出来圆周长的可靠有效数字也不会超过七位。古代数学家们花费了大量的努力来获得更精确的 π 值，事实证明这在实践运用中没有任何意义，在科学研究上的意义也微乎其微，甚至可以说这仅仅是一个关乎耐心的问题。如果你有足够的闲暇时间，可以使用下列莱布尼茨发现的无穷级数来找到 π 值小数点后至少 1 000 位的数字：

$$\frac{\pi}{4}=1-\frac{1}{3}+\frac{1}{5}-\frac{1}{7}+\frac{1}{9}-\cdots$$

但这绝对是一项没有必要的算术练习，无论怎样计算，绝不会改变这个著名几何问题的不可解的结果。

法国天文学家阿拉戈也研究过方圆问题，其结论总结如下：

方圆问题的探索者们仍在继续尝试，现在已经肯定地证明了这一问题的不可解，即使真的解出来，也没有任何实际意义。这是不值得广泛探讨的话题，而不理性的人们不听从任何的论证，只是一味地追求解决这一难题。

阿拉戈讽刺地在文章结尾写道：

“各个国家的科学院都在与方圆问题的探索者们作斗争，但你会发现，这丝毫没有阻止探索者们的步伐，这就像是一场丧失理性的‘疾病’，每到春天疾病就会爆发。”

第7节 工程师宾科的绘图三角形

让我们来看一种能够近似解决方圆问题的方法，这个方法在实际生活中使用起来十分方便。

如图122所示，该方法需要计算出圆的直径 AB 与弦 AC 形成的夹角 α。设弦 $AC=x$，AC 即为我们要找的与圆面积相等的正方形的边长。为了确定角度值，我们得借助三角函数：

$$\cos\alpha=\frac{AC}{AB}=\frac{x}{2r}$$

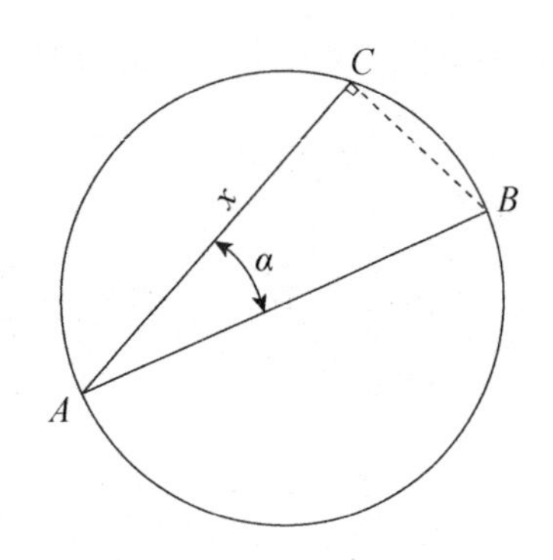

图122　俄国工程师宾科的方圆问题解决法（1836年）

其中 r 为圆的半径，我们要找的正方形边长 $x=2r\cdot\cos\alpha$，正方形的面积就等于 $(2r\cdot\cos\alpha)^2$。从正方形的面积等于圆的面积的角度来说，正方形的面积又等于 πr^2。因此 $(2r\cdot\cos\alpha)^2=\pi r^2$，由此可得 $(\cos\alpha)^2=\frac{\pi}{4}$，$\cos\alpha=\frac{1}{2}\sqrt{\pi}\approx0.886$。

查表可得 $\alpha=27°36'$。

综上所述，我们只需在指定圆中绘制一条弦，使之与直径的夹角为 $27°36'$，这样我们立马就能得到与圆面积相等的正方形的边长，它就是弦长。为此，我们可以自制一个绘图三角形，使其中的一个锐角为 27°36′，而另一个锐角为 62°24′。这种方便的方法由俄国工程师宾科于 1836 年提出，所以该绘图三角形就被称为“宾科的绘图三角形”。有了这个绘图三角形，我们就可以立马为每个指定圆找到与之面积相等的正方形边长。

对于想要自己动手准备绘图三角形的读者朋友来说，记住下面的这些数据会很有帮助。因为 27°36′的正切值等于 0.523，也就是$\frac{23}{44}$，那么三角形的对边和邻边的比值为 23∶44。因此在准备三角形时，我们可以让其中一条直角边边长为 22 cm，另一条边长为 11.5 cm，这样我们就得到了我们所需的绘图三角形。毫无疑问，这个三角形可以当作最普通的绘制工具广泛使用。

第8节 头和脚，哪个通过的路径更长

儒勒·凡尔纳小说中的一个主人公曾做过这样的计算：在他们环球旅行的过程中，身体的哪一部分通过的路径更长呢？是头还是脚呢？

【题目】

想象一下，如果你沿着赤道环绕地球一周，头顶通过的路径比脚尖走过的路多多少呢？

【答案】

脚走过地球的一周周长是 $2\pi R$，这里 R 是地球的半径。头顶绕地球一周的周长为 $2\pi(R+1.7)$，这里的 1.7 m 是一个人的平均身高。所以绕地球一周，脚和头经过的周长差为 $2\pi(R+1.7)-2\pi R=2\pi\times1.7\approx10.7$（m）。因此头经过的周长比脚走过的周长多 10.7 m。

是不是真令人吃惊好奇，最终结果里面竟没有包含地球的半径值！由此可见不论是在地球、木星还是其他的小行星上，这个差值都是一样的。两个同心圆周长的差值不取决于它们的半径，只取决于它们圆周之间的距离。比如将地球轨道的半径增加 1 cm，与将一枚 5 分硬币的半径增加 1 cm，圆周长部分的增加值是一样的。

下面这个有趣的例子是以几何悖论[1]为基础的，许多几何学游戏题都将这个问题收录在册。

沿着赤道用铁丝绕地球一圈，然后将铁丝加长 1 m，那么在加长的铁丝和地球的缝隙之间是否能挤进一只老鼠?

通常我们可能会认为这个缝隙应该比头发丝还要细，因为 1 m 和地球赤道周长 4 千万米相比，简直微不足道，而实际这个缝隙宽约为

$$\frac{100}{2\pi}\approx16\ (\text{cm})$$

这个缝隙不仅能穿过一只老鼠，甚至可以通过一只猫。

---

1 悖论与诡辩是不同的。悖论是看起来不符合实际，但其中蕴含真理，而诡辩则是看起来像真的，实际是假的。

第9节

环绕赤道一圈的金属丝

【题目】

设想一下，假如用钢丝沿赤道将地球紧紧围绕一圈，如果温度忽然变冷1℃，将会发生什么呢？由于热胀冷缩的原理，随着气温降低，钢丝会变短。如果钢丝并没有被扯断也没有被拉长，它会陷入地表，那么陷入的深度是多少呢？

【答案】

我们可能会认为，1℃如此不显著的降温，应该不会导致钢丝很明显地陷入地表。但是计算会给我们另外一个答案。

温度降低1℃，钢丝的长度缩短十万分之一。那么按照地球赤道的长度四千万米缩短十万分之一，就是400 m。我们知道，钢丝陷入地表的深度是其绕成的大圈半径减小的值。那么我们就可以用周长缩小量400 m除以2π，也就是6.28。可以得到半径需要缩短约64 m。因此，温度降低1℃，钢丝陷入地表的深度有60多米。

第10节 事实与计算为什么不同

【题目】

假设我们面前有八个相等的圆（如图 123 所示），其中七个带阴影的圆是不动的，第八个透明的圆则沿着不动的七个圆滚动，当这个圆绕其他七个圆滚动一周时，它自己转了几圈？

你可能立马会想到用实验的方法来解这道题。准备八枚等值硬币，在桌上按图 123 的位置摆放七枚并将它们贴紧桌面不动，然后滚动第八枚硬币。为了弄清硬币所转圈数，我们可以标记一个初始位置便于观察，每次当硬币来到起始位就算作一圈。做完这个实验我们可以观察到，硬币总共转了四圈。

现在我们尝试一下用定理和计算来解这道题。

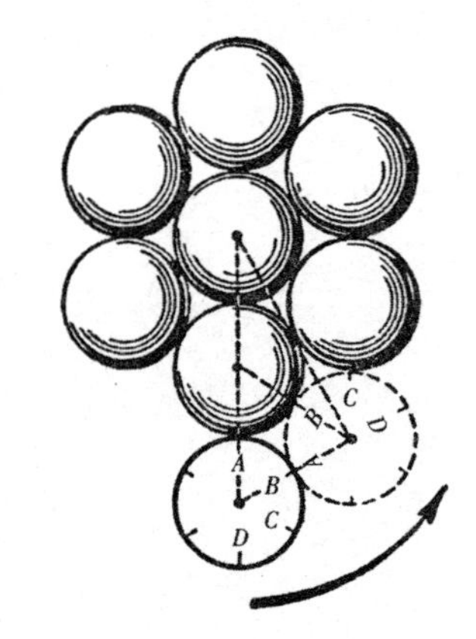

图 123　透明的圆能围着阴影的圆绕几圈？

我们需要知道，滚动的圆在每个不动的圆上走过的弧度是多少？带着这个问题我们来看一下滚动的圆如何从底部 A 点移动到最近的“凹处”，即两个固定不动的圆切点下的“凹处”（如图 123 中虚线所示位置）。

根据草图不难看出滚动的圆经过弧 AB，弧所对应的圆心角为 60°，每个固定不动的圆上有两段这样的弧会成为滚动的圆的路径，所对应的圆心角就为 120°，即圆周周长的$\frac{1}{3}$。

因此滚动的圆每转$\frac{1}{3}$圈，所经过的固定不动的圆的圆周路径也是$\frac{1}{3}$，外围固定不动的圆一共有6个，因此滚动的圆一共转了$\frac{1}{3}\times6=2$（圈）。

计算结果和观察到的结果不一致！观察能够很直观地给出结果，如果观察的结果不能证实计算，就说明计算出了问题。

让我们来找一下问题到底出现在哪里。

【答案】

滚动的圆每转$\frac{1}{3}$圈，所经过的固定不动的圆的圆周路径也是$\frac{1}{3}$，这个结论是不正确的，跟实际情况不符。如果滚动的圆是沿着$\frac{1}{3}$圆周长的直线运动，那么它经过的圆周长确实是$\frac{1}{3}$。但实际滚动的圆是沿着不同圆的弧线做曲线运动，所以当它绕过固定圆周长的$\frac{1}{3}$时，实际转了$\frac{2}{3}$圈。所以当滚动的圆绕着固定的6个圆周弧线转完时，一共转了$\frac{2}{3}\times6=4$（圈）。

我们可以看得再直观一些。

如图123所示，虚线画出了滚动的圆从初始位置，到沿着固定不动的圆弧AB（60°）滚动之后的位置，这段弧AB的长度相当于$\frac{1}{6}$的圆周长。滚到新位置的圆，圆上的最高位置不是A点，而是C点，很容易看出，圆上的点与之前位置相比旋转了120°，即旋转了整个圆周周长的$\frac{1}{3}$。也就是说当滚动的圆沿着固定不动的圆滚动60°

的弧线“轨迹”后，它已经绕着自己的圆心整整旋转了 120°，恰好是前者的 2 倍。

因此，圆沿着曲线（或折线）路径滚动所转的圈数，与沿相同长度的直线路径滚动所转的圈数是存在差异的。

下面我们进一步讨论一下这个神奇的问题中蕴含的几何原理。很多书中都给出过关于这个问题的解释，但其中有相当一部分是没有说服力的。

假设半径为 r 的圆沿直线滚动。圆在 AB 段上旋转一圈，滚动的长度等于其圆周周长 $2\pi r$。将 AB 段在中点 C 处断开（见图 124），并且 CB 段转向与初始平面成 α 角的方向。

现在圆转动半圈后到达拐点 C，为了能转到 CB 段的位置，圆和整个圆心也将以 α 的角度旋转。在此旋转过程中，圆滚动了，但并没有沿直线方向向前推进。因此与沿直线方向滚动相比，这一段是额外的转动。

这个额外的转动部分 α 与整个圆周角 2π 相比，额外的转动所转的圈为$\frac{\alpha}{2\pi}$。紧接着圆沿着 CB 段也转了半圈，因此圆沿整个折线 ACB 一共转了 $1+\frac{\alpha}{2\pi}$圈。

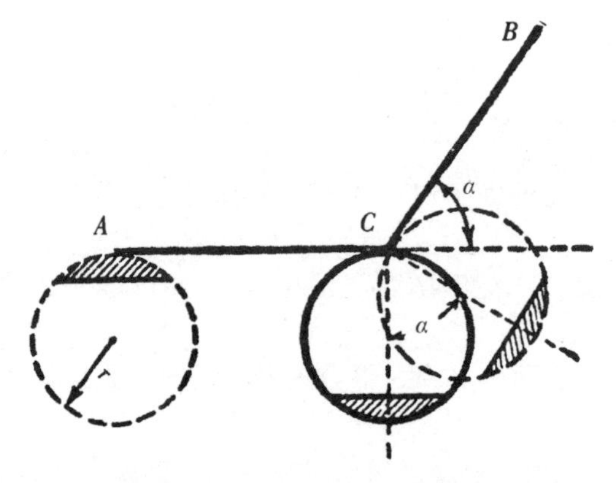

图 124　圆沿折线滚动时，额外的转动是怎么产生的

理解了上面的知识后，再来看一个简单的例子，如图 125 所示，一个圆沿着正六边形的外侧滚动，转动了多少圈？显然，圆所转动的直线部分就等于正六边形的周长，即六条边长之和。此外，还需要加上六边形的外角总和除以 2π 的商。因为任何多边形的外角总和恒等于 $360°$，也就是 2π。所以额外转动的圈数为 $\frac{2\pi}{2\pi}=1$。

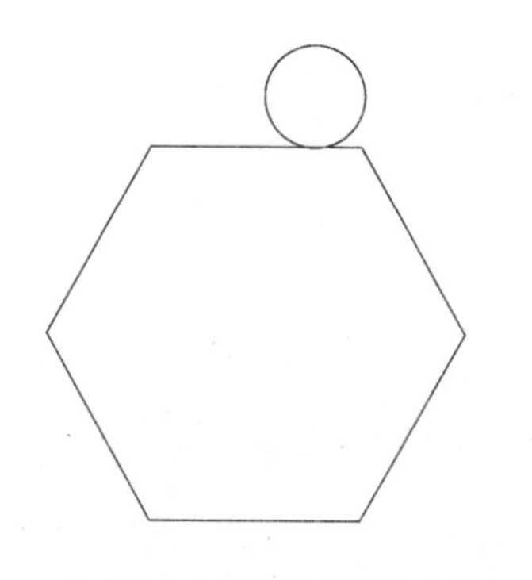

图 125 与沿多边形的展开周长运动相比，一个圆沿着多边形表面折线运动，圆将多转几圈？

因此，绕六边形或者任何其他多边形外表面转动的圆，与沿多边形展开周长的直线段转动相比，该圆将始终多旋转一圈。

随着多边形边数的无限加倍，它会越来越接近一个圆的形状。因此上述的论证对于一个圆仍然有效。例如，将一个圆沿着半径相等、固定不动的圆滚动了 $120°$，滚动的圆并不是转动了 $\frac{1}{3}$ 圈，而是 $\frac{2}{3}$ 圈。

第 11 节 绳索上的女孩

当圆沿着平面上某条直线滚动时，圆上的每一个点在运动过程中，都会形成自己的轨迹。

沿着圆圈或直线运动的圆周上任意点的运动轨迹，可能是各种各样的曲线。其中有一些曲线如图 126 和图 127 所示。

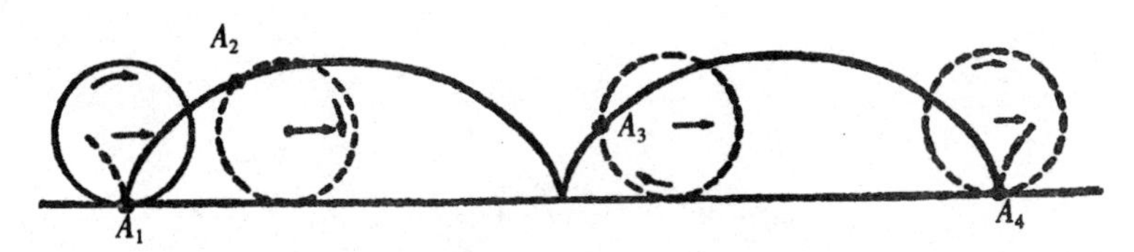

图 126　当圆沿直线滚动时，圆周上 A 点所形成的轨迹（摆线）

我们再来看一个问题：有一个半径为 r 的小圆沿着另一个半径为 R 的大圆内侧滚动（见图 127），小圆圆周上定点所形成的运动轨迹叫作内摆线，其中 $R=3r$ 时，内摆线呈特殊的星形线。那么小圆圆周上定点是否可能不沿弧形曲线运动，而是沿直线运动呢？我们的第一反应肯定是，这绝不可能。

但是我确实亲眼看到过这样的设计，有一个玩具，叫作绳索上的小女孩，如图 128 所示。我们也可以将玩具制作出来。在厚实的硬纸板或胶合板上画一个直径为 30 cm 的圆，圆的周围要留下空白处，可以先确定圆心，再向两边延长出直径。

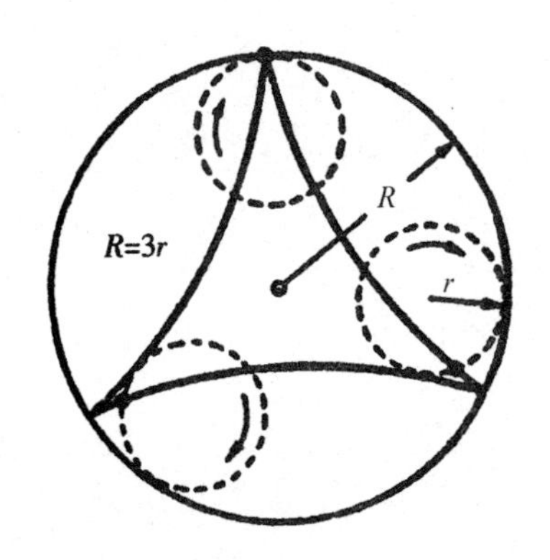

图 127　当圆沿着大圆的内测滚动时，圆周上定点所形成的轨迹（内摆线）

在直径延长线的两端插入穿好线的针，在水平方向上将线拉紧，并将线的两端固定在硬纸板（胶合板）上。将画出的圆剪下来，形成一个圆形孔洞。再在其中放入一个直径为 15 cm 的硬纸板剪下的圆。在小圆的边缘也插入一根针，如图 129 所示。从硬纸板上剪出一个杂技女孩的形态，并用封蜡将杂技女孩的脚固定在小圆边缘的针尖上。

图 128 绳索上的女孩

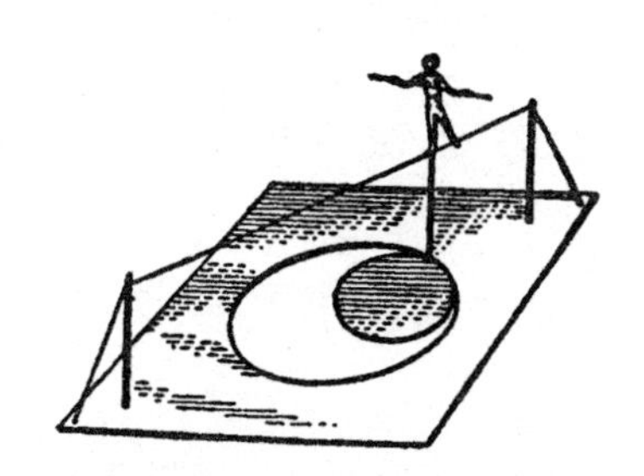

图 129 滚动圆的圆周上定点沿直线运动

现在可以开始尝试沿着大圆内侧滚动小圆，注意一定要让小圆贴紧大圆的内侧滚动。你会看到针尖上的杂技小女孩会随着针一起沿着拉紧的直线滑动，不论是向前还是向后。上述事实说明了：固定在小圆上某点的针严格沿大圆的直径移动。

为什么在相似的情况下，圆周上的点有时沿着直线运动，有时沿曲线（内摆线）运动呢？这一切都取决于大圆和小圆直径之间的关系。

【题目】

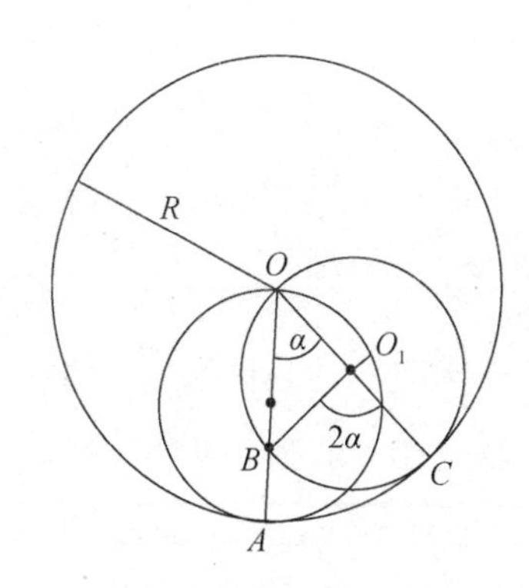

图 130 玩具“绳索上的少女”的几何原理解释

证明一下，如果小圆半径是大圆半径的一半，小圆沿大圆内侧滚动，那么小圆圆周上的定点的运动轨迹是大圆直径所在的一条直线。

【答案】

如图 130 所示，假设圆 O 的直径是圆 O_1 直径的 2 倍，那么在圆 O_1 运动的任意时刻，O_1 圆周上总有一点位于圆心 O 的位置。

下面我们来看一下 A 点的移动。

假设小圆沿大圆内侧滚过了一段弧长 AC，那么圆周上 A 点在滚动过后到什么位置去了呢？很明显，圆周上 A 点去到了图 130 中 B 点所在的位置。弧 $\overset{\frown}{AC}$ 与弧 $\overset{\frown}{BC}$ 在长度上相等。设 $OA=R$，$\angle AOC=\alpha$，因此 $\overset{\frown}{AC}=R\cdot\alpha$；相应地 $\overset{\frown}{BC}=R\cdot\alpha$，由于 $O_1C=\frac{R}{2}$，所以 $\angle BO_1C=\frac{R\cdot\alpha}{\frac{R}{2}}$，由圆周角定理可得 $\angle BOC=\frac{2\alpha}{2}=\alpha$，也就是说 B 点仍然在射线 OA 上。

这里描述的玩具是最原始的将旋转运动转换为直线的装置。它启发了众多机械技术人员，他们通常利用类似的但更为复杂的装置将旋转运动和直线运动相互转化。

俄国伟大数学家、杰出的机械师帕夫努季・利沃维奇・切比雪夫就利用这一理论做出了巨大的贡献。他创建了可以模仿动物行走的步行模型、自动座椅和当时最先进的计算装置（手摇计算机）。

第12节 通过极点的方式

苏联时期，著名的飞行员格罗莫夫和他的朋友从莫斯科经北极飞到美国加利福尼亚的圣哈辛托市，在 62 小时 17 分的全程飞行中，格罗莫夫创下了两个世界飞行记录，他在不着陆的前提下，完成了 10 200 km 的直线飞行和 11 500 km 的折线飞行。

那么问题来了，当格罗莫夫的飞机经过北极时，会和地球一起绕地轴旋转吗？我常常听到这个问题，但并不是总伴随着正确的回答。任何一架飞机，包括穿越北极的飞机，毫无疑问地都参与了地球的自转。这是因为飞机只是离开了地面，但仍然保持在大气层中，所以它还是会被地球带着环绕地轴旋转。

这就有了第二个问题：与地球一起旋转，那它的飞行路径是怎样的呢？

为了能够准确回答这个问题，我们首先需要了解一下“相对运动”，它是指某物体相对于其他物体发生的位置变化。在不提相对运动的概念下，讨论运动轨迹是没有任何意义的。

格罗莫夫的飞行轨迹几乎是严格沿着地球经线的，因为通过莫斯科的经线从某种程度上来说也在围绕地轴与地球一起转动。飞机在飞行过程中是紧贴着经线的，在地球上的观察者看来，围绕地轴转动对路径的形状是没有任何影响的，只有在地球之外的观察者，才能感受到这个运动的存在。

我们与地球紧密相连，假设飞机在穿越北极时严格沿着经线运动，并且与地球中心的距离始终保持相同的情况下，这个英勇飞行的运动轨迹就是一个大圆弧。

现在我们已经知道了，飞机与地球之间是相对运动的，而且它们一起围绕地轴旋转。如果观察者位于地球之外，那他看到的飞行轨迹会是怎样的呢？

下面把这个不同寻常的问题简化一下。我们可以把地球的近极地区域看成一块平面上平坦的圆盘，并且这个圆盘与地轴垂直。观察者就位于圆盘外的平面上。圆盘围绕地轴相对旋转。假设上弦的玩具小车沿着圆盘其中一条直径匀速运动，小车就相当于沿经线穿越北极飞行的飞机。

那么小车在这个平面的运动轨迹是怎样的？或者说，小车上的任意一点（可以是重心）的运动轨迹是怎样的？

玩具小车从圆盘直径的一端到另一端所需的时间取决于小车的速度。

我们来看如下三种情况：

1）小车在 12 小时内通过全程；

2）小车在 24 小时内通过全程；

3）小车在48小时内通过全程。

在所有的情况下，圆盘都是24小时旋转一圈。

第一种情况，如图131所示，小车在12小时内沿圆盘直径通过。圆盘在这个时间内转了半圈，也就是翻转了180°，A和A'点互换了位置。图131中的圆盘被划分为8等份，小车通过每一份的时间为12÷8=1.5（小时）。我们可以观察到小车1.5小时后所处的位置。如果圆盘不转动，小车从A点出发，1.5小时后到达b点。但是圆盘在1.5小时内转动了180÷8=22.5°。在这种情况下，圆盘上b点移动到了b'点。观察者站在圆盘上随圆盘一起转动，这样观测者就注意不到自己的转动，这时就会看到小车从A点移动到b点。但如果观测者在圆盘外观察，并不参与圆盘的旋转，就会看到另外一种小车的运动轨迹，小车沿曲线从A点移动到b'点。再过1.5小时之后，站在圆盘外的观测者就会看到小车移动到了c'点。在接下来的1.5小时，小车继续沿弧线移动到d'点，然后是e点。

观测者继续站在圆盘外观察小车的运动，就可以看到一件完全意料之外的事情发生：小车继续沿着曲线$ef'g'h'A$运动，最后小车并没有到达直径的另一端，而是又回到了起始点。

产生这个意外状况的原因很简单，在小车行驶的前6小时里，直径的后半部分与圆盘一起旋转了180°，并来到了圆盘直径的前半部分之前所在的位置。当小车来到圆心时，小车也随圆盘一起转动。圆盘的中心是不能完全容得下小车的，小车上只有一点与中心点重合，并且在相应的时刻，整个圆盘都围绕该点旋转。当飞机飞过北极点的那一刻发生的应该是同样的情景。因此，小车从圆盘直径的一端到另一端，不同的观察者看到的可能是不同的轨迹。就像在圆盘上跟圆盘一起转动的观察者，看到的轨迹就是一条直线。而不参与圆盘自转，固定不动的观察者，看到的小车运动轨迹则是如图131所示的曲线，很像水滴的形状。

如果具备以下条件，每个人都能看到这样的曲线：地球是透明的，观察者位于地

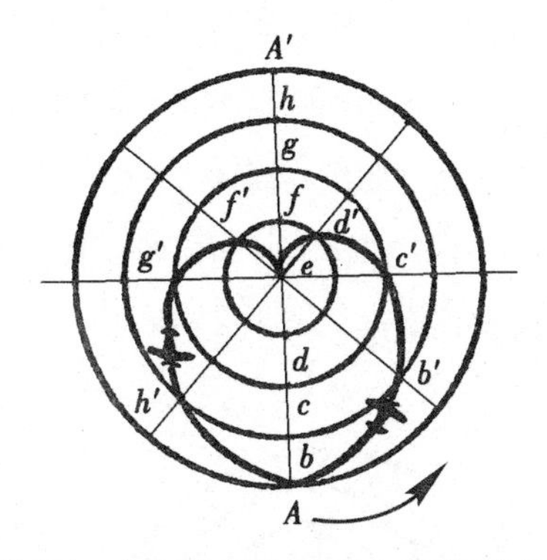

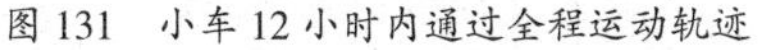
图 131　小车 12 小时内通过全程运动轨迹

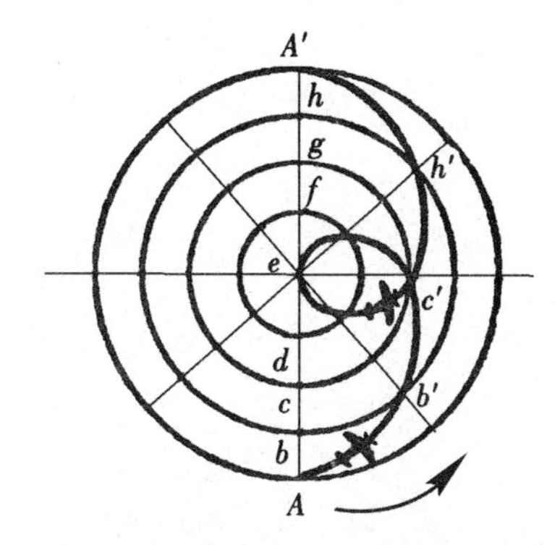

图 132　小车 24 小时内通过全程运动轨迹

心，他和他所在的平面都不参考地球自转，并且所观察的飞机穿过北极的飞行持续 12 小时。

实际上，穿越北极的飞行并不是持续 12 小时，所以我们现在需要进行另外的同类分析。

第二种情况，小车在 24 小时内通过直径，这段时间里面圆盘完成了自转一整圈。因此相对于圆盘，固定不动的观察者看到的小车运动轨迹将是图 132 中的曲线。

第三种情况，如图 133 所示，圆盘还是和之前一样，在 24 小时之内转完完整的一圈，但小车从圆盘直径的一端到另一端需要 48 小时，小车每通过$\frac{1}{8}$的直径所需的时间为 48∶8=6（小时）。在这 6 小时之内，圆盘转过了$\frac{1}{4}$圈，也就是 90°。因此经过 6 小时后，小车从起始点移动到了 b 点，但圆盘的转动将这个点带到了 b' 点。经过下一个 6 小时之后，小车移动到 g 点，然后以此类推。48 小时过后，小车完成了从直径一端到另一端的全程，而圆盘也转了整整 2 圈。结果的复杂性在于，两种运动轨迹在固定不动的观察者看来是错综复杂的曲线，如图 133 里的粗线所示。

现在我们来看一种最接近真实穿越北极飞行的情况。格罗莫夫从莫斯科飞到北极花了接近24小时。因此位于地球中心的观察者，可以看到穿越北极飞行的第一段路径与图133中所示的曲线几乎相同。至于飞行的第二段，它的持续时间是第一段时间的1.5倍，除此之外，从极点到圣哈辛托的距离也是从莫斯科到北极距离的1.5倍。因此对于固定不动的观察者，看到第二段的路径应该与第一部分的路径具有相同的形状，但是长度是第一段的1.5倍。所以第二段的飞行路径的最终曲线展示在图134中。

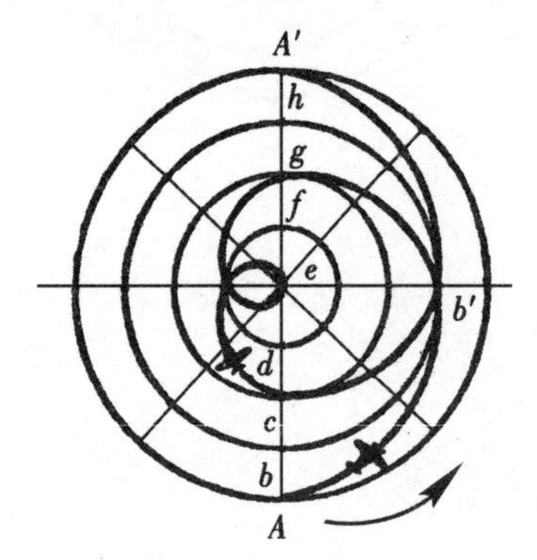

图133　小车48小时通过全程运动轨迹

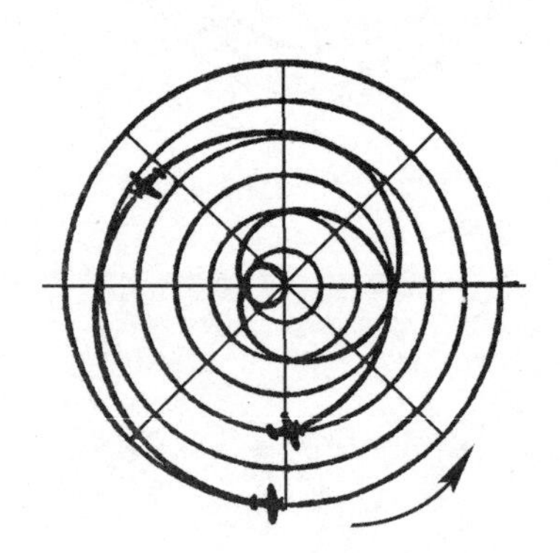

图134　接近真实的飞行轨迹

可能很多人会感到困惑，飞行的起点和终点在图中的位置怎么离得如此近？需要解释的是，图中的两点，并不是莫斯科和圣哈辛托市同一时刻的位置，二者之间存在着2.5昼夜的时间间隔。

因此，如果可以从地球中心观察格罗莫夫穿越极点的飞行，那么所呈现路径的大致形状就是我们上面提到的那样了。我们是否可以将这种复杂的螺旋路径当作通过极点的真实路径？当然不可以，因为这种运动是相对的，它是不随地轴旋转的某个地心处的观察者所看到的轨迹，对我们实际生活和应用并无太大意义。

如果我们可以从月球或太阳[1]上观察这个飞行，看到的飞行路径又将以其他形式

1 这里指的是与月亮或太阳相关的坐标系。

呈现。月球与地球的昼夜旋转不同，它一个月绕地球旋转一周。从莫斯科飞往圣哈辛托市的62小时飞行中，月球围绕地球运动了30°的弧度，这也会影响月球上观察者看到的飞行路线。对于太阳上的观察者而言，飞机的路径形状要更加复杂，飞机的运动轨迹是三种运动的叠加，因为地球是围绕太阳旋转的。

恩格斯在《自然辩证法》中说过:“不存在单个物体的运动，物体的运动是相对的。”通过本节的学习，我们已经用最直观的方式证明了这句话的正确性。

第13节 传送带的长度

技工学校的学生们完成了自己的工作后，在临别时老师向有意愿的同学们提出了这样一个问题。

【题目】

“我们要为车间的一个新设备做一条传送带，并不是平常那样的两个滑轮的传送带，而是三个滑轮的。”老师一边说着，一边向学生们展示了传送带的装置图，如图135所示。

“这里的三个滑轮具有相同的尺寸，它们的直径和轴之间的距离如图135所示。有了这些数据值，怎样在不进行任何额外测量的条件下，快速确定传送带的长度呢?”

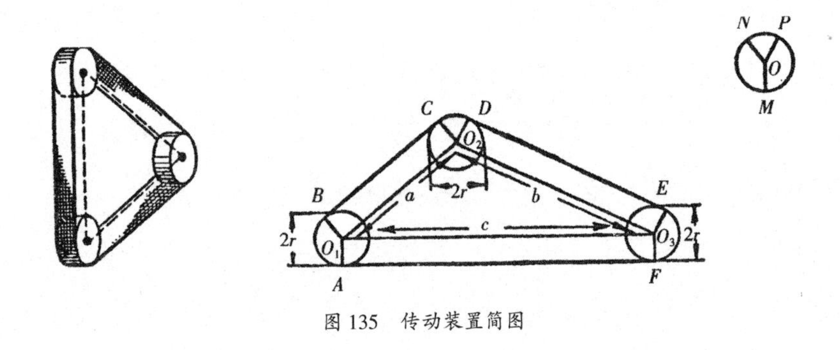

图 135　传动装置简图

学生们想了想，很快就有人回答说："我认为解题的难点在于，图纸上并没有指出皮带围绕每个滑轮的弧长 $\overset{\frown}{AB}$、$\overset{\frown}{CD}$ 和 $\overset{\frown}{EF}$。要想知道这些弧长就得知道相应弧对应的圆心角，我认为，不用量角器量角度是不行的。"

老师回答道："你说的这些圆心角是可以通过图中给出的数据值，利用三角函数公式和查表的方式找到的，但这就是一个相当漫长且复杂的过程了。我们在这里并不需要量角器，因为我们不需要知道每个角单独的度数，只需要知道……"

"只需要知道它们的和！"接话的同学好像立马明白是怎么回事了。

"好了，现在大家可以回家了，明天把你们解题方案交上来。"老师说道。

读者朋友们别急着想要看学生们的答案，其实在老师的提示之后，这道题就已经变得不难解决了，我们可以先试着独立解一下这道题。

【答案】

要求出传送带的长度其实很简单，只需将三个滑轮轴心之间的距离求和，再加上其中一个滑轮的周长就可以了。设皮带的长为 L，那么 $L=a+b+c+2\pi r$。

与皮带接触的弧长等于一个滑轮完整的周长，几乎每个学生都猜到了这一点，但是并不是每个人都能证明。

现在我们将充分的论证方式展示如下。

假设 BC、DE、FA 与圆周相切，如图 135 所示，过切点作圆的半径，因为三个滑轮的半径相等，所以图形 O_1BCO_2、O_2DEO_3 和 O_1O_3FA 是矩形，因此 $BC+DE+FA=a+b+c$。接下来需要证明的就是弧长 $\overset{\frown}{AB}+\overset{\frown}{CD}+\overset{\frown}{EF}$ 刚好等于一个滑轮的周长。

为此我们可以作圆 O 的半径 r，因为矩形的对边平行，$OM/\!/O_1A$，$ON/\!/O_1B$，$OP/\!/O_2D$，所以 $\angle MON=\angle AO_1B$，$\angle NOP=\angle CO_2D$，$\angle POM=\angle EO_3F$。

由此可得 $\overset{\frown}{AB}+\overset{\frown}{CD}+\overset{\frown}{EF}=\overset{\frown}{MN}+\overset{\frown}{NP}+\overset{\frown}{PM}=2\pi r$。

所以皮带的长即为 $L=a+b+c+2\pi r$。

上述方法向我们展示了，不仅仅是三个滑轮，任意数量半径相等滑轮构成的传送带，它的长度都等于滑轮轴心之间的距离加上一个滑轮的周长。

【题目】

如图 136 中是一个传送装置，它带有四个大小相等的滑轮。实际上还有中间轮，但因为对解题的影响不大，所以我们在这里就省略了。利用图中所给比例尺，从图中量出所需的数据，然后计算传送带的长度。

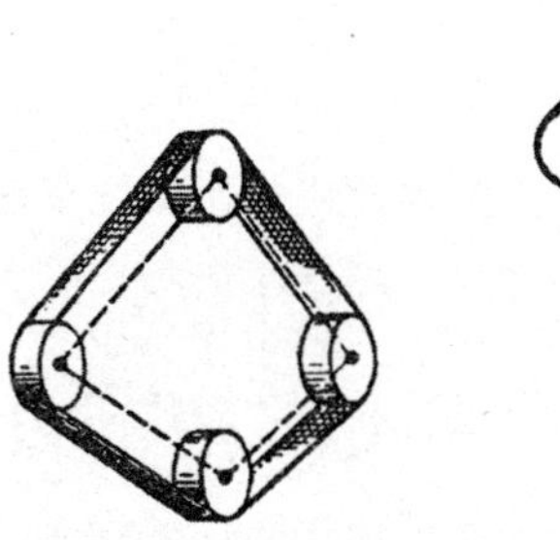

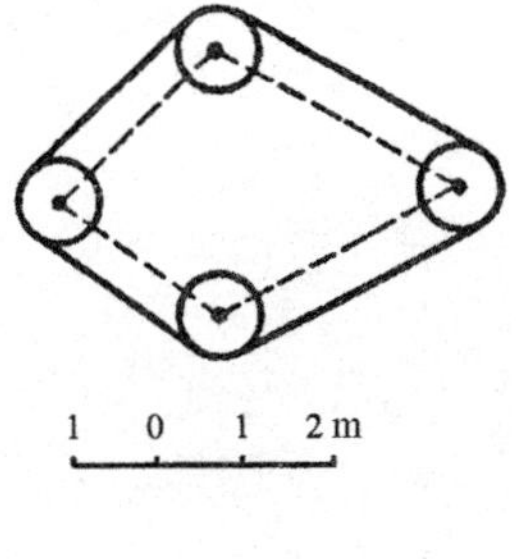

图 136　量一下图中需要的尺寸，然后计算传送带的长度

第14节 乌鸦喝水的真相

我们曾经在小学课本中学过乌鸦喝水的有趣故事，现在让我们一起来回顾一下。这个古老的故事讲述了一只口渴的乌鸦，发现了一个装有水的细颈瓶。瓶中的水很少，乌鸦用嘴够不到。但很快乌鸦就想到办法来解决这个难题。它开始不断往瓶中丢石子，通过这个巧妙的方法，瓶中的水位逐渐上升到水瓶边缘，乌鸦就喝到了水。

我们先不讨论乌鸦是否有如此机敏，只从几何学的角度来看这个故事。从这个故事里我们可以提出如下的问题。

【题目】

如果水瓶里的水只有一半，乌鸦是否能够成功喝到水?

【答案】

对问题进行分析过后，我们会发现，并非水瓶中初始水位在任何位置，乌鸦使用的方法最终都能实现喝水的目标。

为了使问题简单一点，我们先假设水瓶的形状是直棱柱，而丢进去的石子是体积相等的小球。很容易理解，只有当瓶中原有水的体积大于所有石子之间的间隙时，当石子装满瓶子后，水面才会抬升到石子上方。下面我们来算一下这些缝隙占了多少体积。

假设瓶中的石子，也就是每个球的球心分别与上下位置球的球心位于同一条垂直线，在这种位置关系下计算起来最简单。设球的直径为 d，那么球的体积为$\frac{1}{6}\pi d^3$，而球的外接正方体的体积为 d^3。两体积之间的差值为 $d^3-\frac{1}{6}\pi d^3$，也就是未被石头填满的缝隙体积。缝隙的体积占整个外接正方体体积的$\frac{d^3-\frac{1}{6}\pi d^3}{d^3}=0.48$，因此整个瓶中缝隙的体积也占整个瓶约 0.48，略小于 0.5。瓶的形状不是棱柱体，石子也不是球形的事实对整个体积占比的结果影响十分小。综上所述，我们就可以确定，如果瓶中的水少于一半，乌鸦就不能通过丢石子的方式来抬升水位，达到喝水的目的。

假如乌鸦再用力一点，它能够最大限度地将瓶中的石头压实，让这些石头更加紧密地堆叠，这样就能将水位提高到初始水位的 2 倍以上。但是乌鸦没法做到这点。并且要知道我们在计算过程已经忽略了石子松散排列的现实情况。除此之外，瓶子的中间部分是鼓起的形状，这也会使水位有所降低。这更加证明了我们结论的正确性，如果水瓶中的水位低于水瓶高度的一半，乌鸦就喝不到水。

10

无须测量和计算的几何学

导读

刘月娟

文具店有一种套尺，它是由边长为 10 cm 的等腰直角三角形，三角分别为 30°、60°和 90°的三角形，矩形长尺和量角器 4 种尺子构成的，它们在数学实践当中各显神通，尤其是量角器，它可以精确地将角度细分。平面内的角度问题如果使用量角器解决会更加容易，但是现实并非那么理想化，总是有一些情况无法使用量角器测量，因此无须测量和计算就可以解决问题的几何学会非常有用。下面我们将从几个角度简单介绍一下无须测量就能得到结果的几何学问题。

1. 重心

重心，是在重力场中，物体处于任何方位时所有各组成质点的重力的合力都通过的那一点。形状规则而密度均匀的物体的重心就是它的几何中心，如正方形、长方形的重心是其对角线的交点；圆的重心是其圆心。找到物体的重心会帮助我们解决很多问题。但是生活中见到的物体形状往往是不规则的，那么不规则物体的重心位置该如何确定呢？猜出一个位置以后又该如何验证呢？答案将在正文中揭晓。

2. 角度等分

无须测量和计算就能得出结论，听起来很神奇，其实只是将我们以前学习过的知识灵活应用，以得到需要的结论。比如，直径所对的圆周角是 90°；同弦、等弦（同弧、等弧）所对的圆周角或圆心角相等。这些性质在初中的时候会学习到，大部分时间我们只局限于书本上的学习，而忽略了知识在实际问题中的应用，这其实是本末倒置了，因为现在所学的知识是前人经过无数次的观察、总结、验证得到的，为的就是让我们解决问题更方便。如果你想要将圆分成6等份，但是手头却没有合适的量角器，只有没有任何标记的圆规和尺子，你是否会觉得这是一个无法解决的问题？一个学习数学的人是不会轻易向困难认输的。期待你给出自己思考出来的解决问题的方法。

3. 一笔画

所谓一笔画就是一笔可以画出图形，且不走重复的路，比如画五角星是可以一气呵成的，当然画圆锥也是可以的，你还能想到哪些可以一笔画出的图形呢？它们有什么结构特征呢？“一笔画”的实例就是七桥问题，即七座桥将河中两个岛及两个河岸连接起来，问是否可能从这四块陆地中任一块出发，恰好通过每座桥一次，再回到起点。这个问题看似十分简单，但当你实际拿起来寻找道路的时候就会发现一笔走完是如此的困难。在这一章中，我们还可以见到很多一笔画的图形，让我们一起在文中发现其奥秘吧。

生活中无须测量和计算的几何问题还有很多，比如说正方形纸片的验证，仅仅依靠对折就可以证明吗？找圆的内接正多边形、正三角形、正方形、正六边形、正十二边形，这些正多边形与圆交点的位置该如何确定呢？

几何在我们的生活中无处不在，问题的解决方法也并非一成不变的，让我们一起来探究生活几何的奥秘吧！

第1节 不用圆规的作图法

在用构造法解决平面几何中的问题时，我们常常要用到量尺和圆规。接下来我们来看一个不使用圆规的作图法。

【题目】

如图 137（a）所示，半圆外有一 A 点，要求不用圆规，过点 A 作直径的垂线，半圆的圆心位置未知。

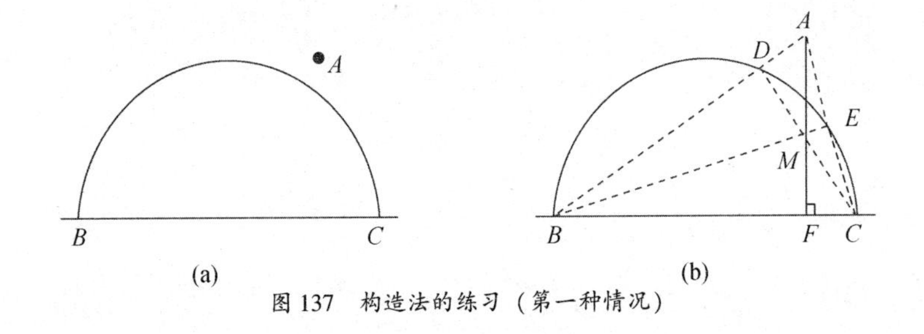

图 137　构造法的练习（第一种情况）

【答案】

解这道题我们会用到三角形的性质：三角形三条高或其延长线相交于一点。我们先将 A 点分别与 B 点和 C 点相连，就得到了 D 点和 E 点，如图 137（b）所示。由直径所对的圆周角是直角可得直线 BE 和 CD 就是 $\triangle ABC$ 的两边 AC 和 AB 的高，它们相交于 M 点。第三条高就是我们要找的直径 BC 的垂线，它与另外两条高 AC 和 AB 也相

交于 M 点，所以只需要将 A 点和 M 点相连并延长到与半圆直径相交即可。这样我们就避开了圆规的使用，完成了题目的要求。如果点 A 的位置如图 138（a）所示，我们要找的垂线就会落在直径的延长线上，那么该问题只有在给出完整圆而不是半圆的情况下才能解决。图 138（b）展示了第二种情况，与我们已经熟悉的第一种情况遵循同样的方法和步骤，只是过 A 点的高落在了 $\triangle ABC$ 的外侧。

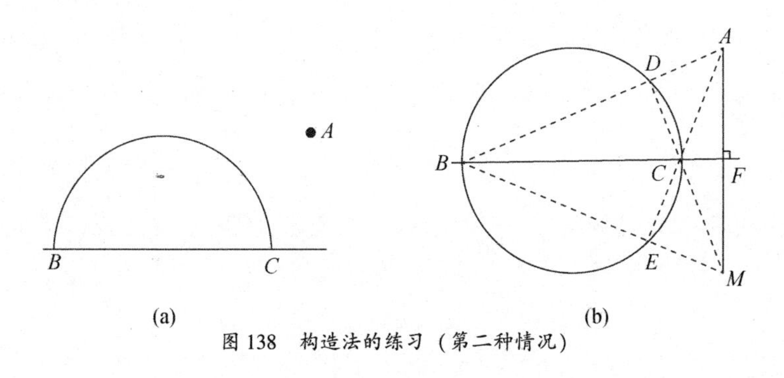

图 138　构造法的练习（第二种情况）

第 2 节　薄板的重心

【题目】

你可能已经知道质量分布均匀的矩形或菱形薄板的重心就是两条对角线的交点，三角形薄板的重心是各边中线的交点，而圆形薄板的重心就是圆心。

图 139 是由任意两块矩形薄板拼成的组合图形，试着找一下这个组合薄板的重心。条件是在解题过程中只能使用直尺辅助画线条，不允许进行任何测量和计算。

【答案】

延长 DE 与 AB 相交于点 N，如图 140 所示。则这个组合图形可以看作由 $ANEF$ 和 $NBCD$ 两个矩形构成，两个矩形的重心分别为各自对角线的交点 O_1 和 O_2。因此，整个组合图形的重心就应该在线段 O_1O_2 上。紧接着延长 FE 与 BC 相交于点 M，再将这个组合图形分解成 $ABMF$ 和 $EMCD$ 两个矩形，两个矩形的重心也分别为各自对角线的交点 O_3 和 O_4，所以整个图形的重心同时也在线段 O_3O_4 上。这就说明整个组合图形的重心即为线段 O_1O_2 与线段 O_3O_4 的交点 O。在整个构图过程中，我们确实只用直尺就完成了任务。

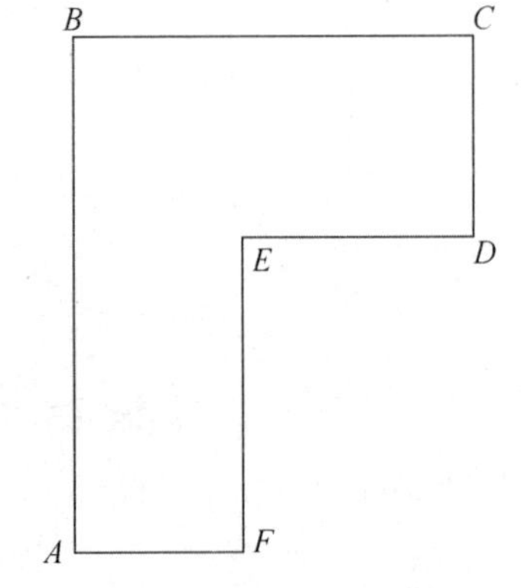

图 139　只使用直尺找到组合薄板的重心

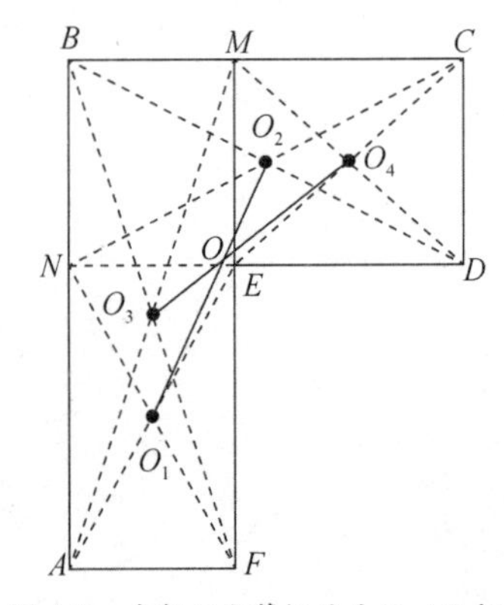

图 140　求解组合薄板的重心（O 点）

前面学到的几个构造法，都是在仅使用直尺，而不用圆规的条件下完成的。现在再来看几个练习，解题的限制条件刚好跟前面相反，不能使用直尺，所有的构造都只能借助圆规完成。拿破仑一世在阅读完意大利学者马斯凯罗尼关于构造法的书后，非常感兴趣并向法国数学家们提出了以下问题。

【题目】

不使用直尺，将给定圆心位置的圆分成四等份。

【答案】

假设要将图 141 所示的圆 O 平均分成四份，从 A 点开始，以圆的半径为截距，在圆周上截取三次，这样我们就得到了 B、C 和 D 点。

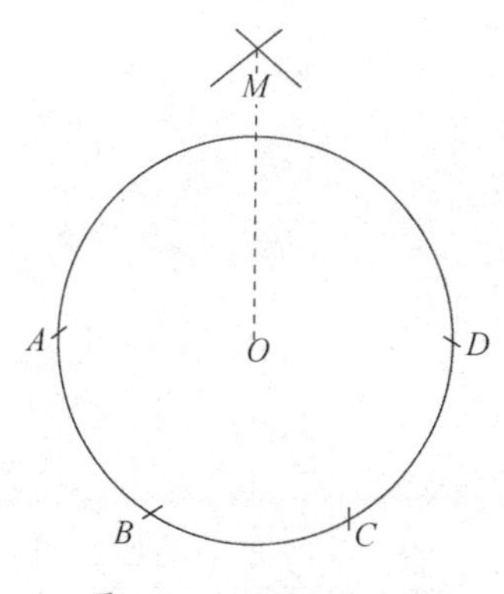

图 141　只用圆规将圆平均分成 4 份

很明显从图中可以看出 AC 弧长等于$\frac{1}{3}$的圆周长，AC 是圆内接正三角形的边长，通过勾股定理计算可得 $AC=2\sqrt{r^2-\left(\frac{r}{2}\right)^2}=\sqrt{3}r$（$r$ 为圆的半径）。AD 是圆的直径，分别从 A 点和 D 点，以 AC 长为半径画弧并相交于 M 点，则 $\triangle ADM$ 为等腰三角形且 $MO\perp AD$。根据勾股定理，算出 $MO=\sqrt{AM^2-AO^2}=\sqrt{3r^2-r^2}=$

$\sqrt{2}r$，$\sqrt{2}r$ 就是圆内接正方形的边长，现在剩下的就是用圆规在圆上截取 MO 等长的四段，就可以得到圆内接正方形的四个顶点了，这样也就将圆周分成了四等份。

【题目】

解题过程中不使用直尺，将给定点 A 和 B 之间的距离扩大 5 倍，或者其他指定倍数。

【答案】

如图 142 所示，图中是一个以 B 为圆心，AB 为半径的圆。在圆周上从 A 点出发，以 AB 为半径截取三次，我们就找到了 C 点，很显然，C 点就为 A 点正相对的点，即 AC 为圆的直径，因此 $AC=2AB$。然后以 C 点为圆心，以 BC 为半径画圆，用找到 C 点同样的方式找到与 B 点正相对的点，这时从找到的点到 A 点的距离就为 AB 的 3 倍了，以此类推，用同样的方法我们就很容易找到 A 点和 B 点的 5 倍距离。

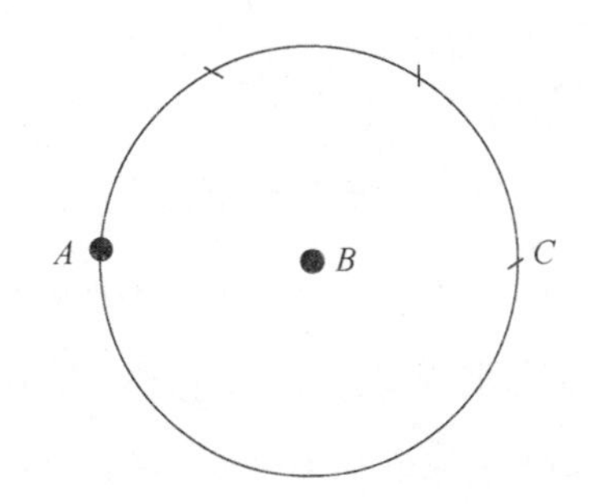

图 142 仅使用圆规将 A 点和 B 点之间的距离扩大 n 倍（n 为整数）

第 4 节 简易的三等分角仪

仅用没有任何刻度标记的圆规和尺子，是不能将任意给定的角度划分为三等份的。但在数学问题中人们可以发明各种有用的仪器来解决问题。为了将角度划分为三等份，数学家们发明过很多装置仪器，我们将其统称为“三等分角仪”。可以轻松地用硬纸板或薄金属板自己制作最简单的三等分角仪，它会成为很棒的辅助绘图工具。

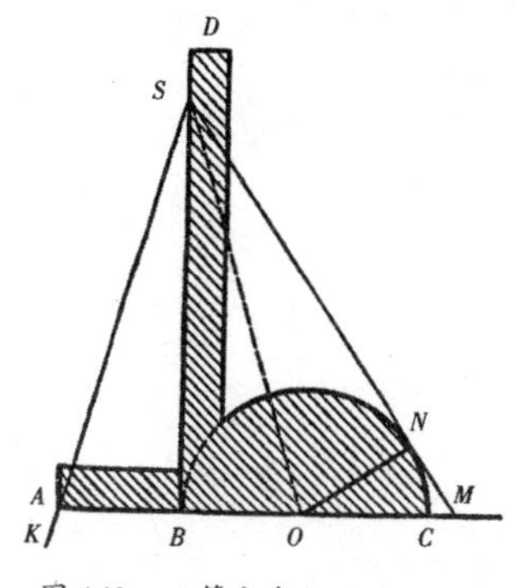

图 143　三等分角仪及使用示意图

图 143 中展示了原尺寸的三等分角仪模型（阴影部分）。AB 段与半圆部分相邻，长度等于半圆的半径。BD 边缘与直线 AC 构成直角，同时与半圆相切于点 B，BD 这一段的长度是任意的。图中也展示了三等分角仪的使用方法。

假设我们需要将 $\angle KSM$ 分成三等份。放置三等分角仪时，使角的顶点 S 在直线 BD 上，角的一边通过点 A，另一边与半圆相切。然后作直线 SB 和 SO，我们就可以看到 $\angle KSM$ 最终被分成三个相等的部分。为了证明这个结果，我们将半圆 O 的圆心与切点 N 连接起来，容易验证 $\triangle ASB$ 与 $\triangle OSB$ 也是全等三角形，并且 $\triangle SBO$ 与 $\triangle SNO$ 是全等三角形。由三角形的全等的性质可得 $\angle ASB = \angle BSO = \angle OSN$，这也正是我们需要证明的。

第5节 表盘三等分角仪

【题目】

如果你手边有圆规、直尺和钟表，是否可以利用它们来将指定角度平均划分为三份呢？

【答案】

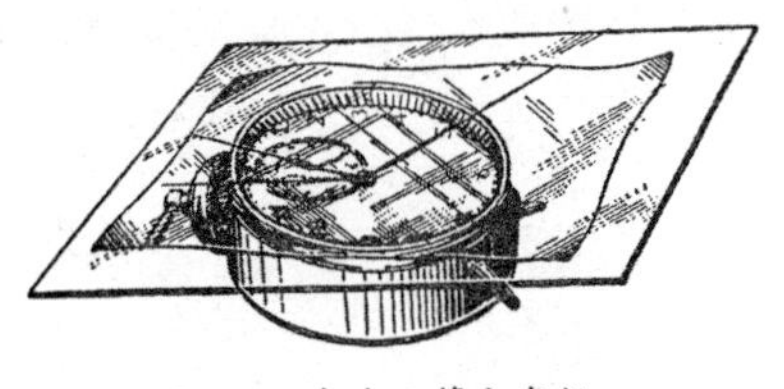
图 144 表盘三等分角仪

答案是肯定的。可以先将要划分的角度画到一张透明的纸上，当钟表的时针和分针重合时，将透明图纸放在表盘上，使角的顶端与指针的旋转轴心重合，且角的一边与两个指针重合，如图 144 所示。

当分针转动到与给定角度的第二条边重合时（或者可以选择自行拨动），从角的顶端沿时针的方向画一条射线，这条射线与给定角的一边形成的角度，就是时针转动的角度。现在，借助圆规和直尺，将这个角度加倍，然后将加倍后的角度再加倍，这样得到的角度就是给定角度的 1/3。

实际上，每当分针转过一个特定的角度 α 时，时针在相同的时间内转过的角度是分针的$\frac{1}{12}$倍，即$\frac{\alpha}{12}$。将这个角度扩大 4 倍之后，这个角度就为$\frac{\alpha}{12}\cdot 4=\frac{\alpha}{3}$。

第6节 圆形划分

无线电爱好者、设计师、建筑师以及手工爱好者们，在实践中可能会常常碰到下面这个难题。

【题目】

要求在薄板上剪下指定边数的正多边形，应该怎么做呢？

这个问题的实质在于如何将圆周划分为相等的 n 份，其中 n 为整数。

很明显，量角器可以很好地解决这个问题，但让我们先把量角器放到一边，如果只使用圆规和直尺是否可以解决这个问题？

【答案】

在解答问题之前，先处理这样的疑问，利用圆规和直尺，从理论上可以将圆周精确地等分为多少份？数学家们早已从数的角度给出过答案：并不是所有的数都可以实现等分。

可以等分的数有：2，3，4，5，6，8，10，12，15，16，17，…，257，…

不可以等分的数字有：7，9，11，13，14，…

更加复杂的是，等分并没有一个统一的理论方法，比如说等分 15 份与等分 12 份的方法就是不一样的，并且我们不可能一下记住所有的方法。

在实际操作中，我们需要找到一个近似的几何解决方案，这个方法要足够简单且通用地将圆分成任意数量的相等弧线。

很可惜的是，几何教科书中并没有将这个问题纳入学习范围，因此我们在这里介绍一种近似解决这个几何问题的有趣方法。

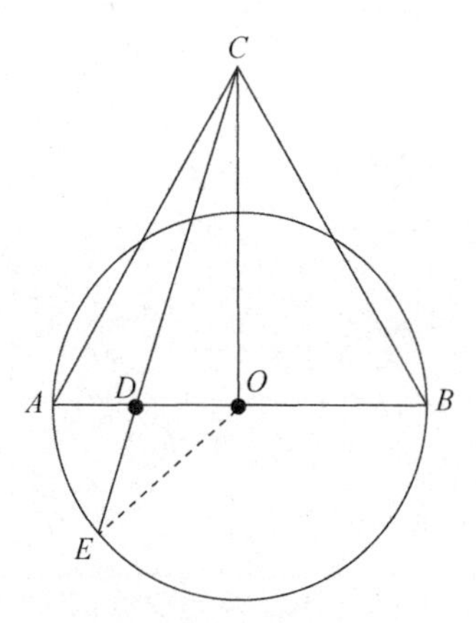

图 145　将圆周等分为 n 份的近似几何解决方法

比如需要将图 145 中给出的圆等分为 9 份，首先，在圆的任意直径 AB 上，构造一个等边 $\triangle ACB$，并在直径 AB 上找一点 D，使得 $AD:AB=2:9$（一般情况下，$AD:AB=2:n$）。将 C 点和 D 点相连，并将

线段 CD 延长到与圆周相交的 E 点，这样弧 AE 就是圆周的约 $\frac{1}{9}$，或者说弦 AE 是圆的内切正 9 边形（n 边形）的边长。在这种情况下的相对误差约为 0.8%。

如果想要表示我们构造出的圆心角 AOE 与等分数量 n 之间的关系，可以得到以下精确公式：

$$\tan\angle AOE = \frac{\sqrt{3}}{2} \cdot \frac{\sqrt{n^2 + 16n - 32} - n}{n - 4}$$

对于 n 值比较大的情况我们可以将上述公式简化为

$$\tan\angle AOE \approx 4\sqrt{3} \cdot (n^{-1} - 2n^{-2})$$

从另一个方面讲，在将圆周精确等分为 n 份时，每一份的圆心角为 $\frac{360°}{n}$。因为弧 $\overset{\frown}{AE}$ 是 $\frac{1}{n}$ 份的圆周，所以将 $\frac{360°}{n}$ 与 $\angle AOE$ 相比，我们可以得到结果的误差大小。

表 3 列出了一些 n 值所对应的误差：

表 3　n 等份与误差

n	3	4	5	6	7	8	10	20	60
$\frac{360°}{n}$	120°	90°	72°	60°	51°26′	45°	36°	18°	6°
$\angle AOE$	120°	90°	71°57′	60°	51°31′	45°11′	36°21′	18°38′	6°26′
误差/%	0	0	0.07	0	0.17	0.41	0.97	3.5	7.2

从表 3 中可以看出，通过上述方式，可以将圆分为 5、7、8 或 10 个等份，并且得出的相对误差较小，从 0.07% 到 1% 之间。这样的误差在大多数实际工作中是可以被接受的。随着等分数量 n 的扩大，上述方法的精确度会明显降低，也就是相对误差会逐渐增大。但研究表明，对于任意的 n，得出的最大误差不超过 10%。

打台球时，不只可以直接把球送进球囊，还能让球先撞上球台的一侧、两侧甚至是三侧之后再进球囊，这就需要先在脑海中解决几何构造问题。

其实这并不难，只要通过目测正确找到球台上的第一个碰撞点。接下来球在平滑的球台上的弹射路径就可以根据反射定律“入射角等于反射角”来确定。

【题目】

如图 146 所示，如何利用几何知识，确定球的路径，从而使位于台球桌中间的球，经过 3 次反弹后落入球囊 A 中?

【答案】

想象一下，沿着台球桌的短边再加上三张相同大小的桌子，瞄准接长之后的第三个桌子上最远的球囊，我们就可以让球在台球桌上反弹 3 次之后进入球囊 A。图 147 可以帮助我们更好地理解这个答案。设 $OabcA$ 是球的路径。如果将桌子 $ABCD$ 沿 CD 边翻转 180°，桌子就到了 147 图中 Ⅰ 的位置；紧接着再将桌子沿 AD 边翻转到图中 Ⅱ 的位置，然后再沿着 BC 边翻转到图中 Ⅲ 的位置。这样球袋 A 所在的位置就是 A_1 标记的点。由全等三角形的性质很容易证明：$ab_1 = ab$，$b_1c_1 = bc$，$c_1A_1 = cA$，也就是线段 OA_1 的长度等于折线 $OabcA$ 的长度。

图 146　台球桌上的几何问题

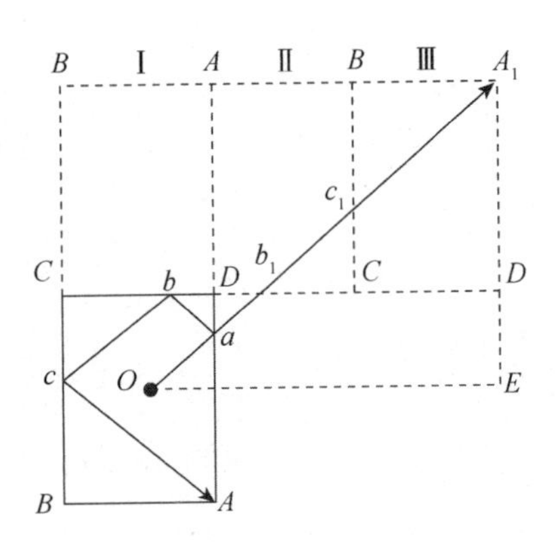

图 147　台球反弹示意图

因此瞄准我们想象出来的点 A_1，你就可以让台球沿着 $OabcA$ 的折线滚动，并最终进入球囊 A 中。

让我们再来思考另一个问题：在什么条件下直角三角形 A_1EO 的边 $OE=A_1E$?

很容易判定 $OE=\frac{5}{2}AB$ 和 $A_1E=\frac{3}{2}BC$，如果 $OE=A_1E$，那么 $\frac{5}{2}AB=\frac{3}{2}BC$，即 $AB=\frac{3}{5}BC$。

由此可得，如果台球桌的短边边长是长边的 $\frac{3}{5}$，则 $OE=EA_1$；在这种情况下，要想保证位于桌子中央的球准确进入球囊 A 中，可以朝与台球桌侧面成 45° 角的方向瞄准。

“智能台球桌”

简单的几何构造刚刚帮助我们解决了台球桌上的问题，现在让台球自己解决一个有意思的古老难题。

你可能会说，怎么可能？台球又不会思考！台球当然不会思考，但在需要执行一些计算，已经知道计算方法和计算顺序的情况下，可以将整个过程委托给可以准确、快速地实现计算的机器。

为此，人们已经发明了许多装置，从简单的手摇计算机到复杂的电子计算机。

在日常生活中可能会碰到下面的问题，如何从已知容量且装满水的桶中将水倒出到另外两个容量已知的空桶中？下面的例子是众多此类问题中的一个。

一个 12 升的桶中装满液体，如何将液体对半分装到一个 9 升和一个 5 升的空桶中？

要解决这个问题，当然没必要用真的桶进行实验。所有必要的分装都可以按照表 4 的方案在纸上完成。

表 4　分装过程

9 升桶	0	7	7	2	2	0	9	6	6
5 升桶	5	5	0	5	0	2	2	5	0
12 升桶	7	0	5	5	10	10	1	1	6

在每一列中，记录下依次进行分装的结果。

在第一列中：将 5 升的桶装满，9 升的桶中容量为 0，而在 12 升的桶中，剩下了

7 升液体。在第二列中：从 12 升桶中倒出剩下的 7 升液体到容量为 9 升的桶中……以此类推，最终实现 9 升和 12 升的桶中分别装了 6 升溶液。

方案中，表 4 共有 9 列分装，也就意味着需要进行 9 次分装才能解决该问题。

尝试找一下以上问题的其他分装解决方案。经过一系列的努力和尝试后，你肯定会成功找到几种顺序不同的分装方案，因为文中给出的分装方案并不是唯一的。以不同的分装顺序排序，能够得到的结果将超过 9 种。你会从中发现很有趣的内容：

1）是否可以构建一种特殊的分装顺序，对倾倒任何容量的液体都适用？

2）是否可以使用两个空容器，从第三个装有水的容器中分装出任意数量的水呢？例如：用 9 升和 5 升的桶从装有 12 升水的桶中分装出 1 升、2 升或 3 升的水，依次类推，直到 11 升。

为了解答上述问题，我们需要构建一个特殊的台球桌结构，将所有的问题都交给一个智能球来解答。

在纸上画上斜线格，使每一格都是含有 60° 角的相等的菱形，并构建一个如图 148 所示的五边形 *OBCDA*。

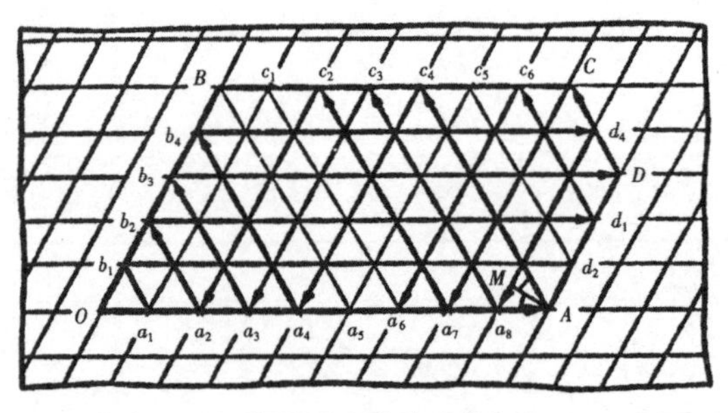

图 148　智能台球桌

现在我们需要的“智能台球桌”就准备好了。如果沿 *OA* 方向撞出台球，台球碰到 *AD* 边时，会完全遵循入射角等于反射角的反射定律从台球桌侧边 *AD* 弹开

（$\angle OAM=\angle MAc_4$）。球将沿着连接小菱形顶点的直线 Ac_4 滚动，在碰到 c_4 点之后又沿 BC 边弹开，并沿线 c_4a_4 滚动，接下来经过不断的碰撞与回弹，台球会沿直线 a_4b_4，b_4d_4，d_4a_8……滚动。

根据题中给出的条件，我们有三个桶，分别为 9 升、5 升和 12 升。可以在构建的"智能台球桌"上来这样解题，使得 OA 边包含 9 个单元格，OB 边包含 5 个单元格，AD 边包含 3 个单元格（12−9=3），而 BC 边则包含 7 个单元格（12−5=7）。

需要注意的是，构建图形时，侧面的每个点都应与 OB 和 OA 相距一定数量的单元格。例如：c_4 点与 OB 相距 4 个单元格，与 OA 相距 5 个单元；a_4 点与 OB 相距 4 个单元格，与 OA 相距 0 个单元（因为 a_4 点位于线段 OA 上）；还有 d_4 点与 OB 相距 8 个单元格，与 OA 相距 4 个单元格。

因此，台球碰到台球桌图侧面上的每个点，都可以用两个数来表示。我们可以做这样的设定，其中第一个数是距离 OB 的单元格数，表示 9 升桶中的水量，第二个数是距离 OA 的单元格数，表示 5 升桶中的水量，而剩下的显然就是 12 升桶中的水量。

现在，准备工作就做完了，可以开始借助"智能台球桌"解题了。

沿着 OA 打出台球，台球在与每个侧面撞击后的反弹路径如图 148 箭头所示，我们可以一直沿着台球的路径追踪到 a_6 点。

第一个撞击点为 A（9，0），这也就意味着第一次需要按表 5 分装三个桶里的水。

表 5　第一次分装

9 升桶	9
5 升桶	0
12 升桶	3

第二个撞击点为 c_4（4，5），台球路径就自动给出了第二次需要分装三个桶里的

水量，见表6。

表6　前两次分装

9升桶	9	4
5升桶	0	5
12升桶	3	3

第三个撞击点为 a_4（4，0），台球路径给出的第三次的分装建议是将5升桶里的水全部倒进12升的桶，见表7。

表7　前三次分装

9升桶	9	4	4
5升桶	0	5	0
12升桶	3	3	8

第四个撞击点为 b_4（0，4），第四次三个桶中的水量分配见表8。

表8　前四次分装

9升桶	9	4	4	0
5升桶	0	5	0	4
12升桶	3	3	8	8

第五个撞击点为 d_4（8，4），智能台球要将12升桶中的水全部倒回9升的桶，见表9。

表9　前五次分装

9升桶	9	4	4	0	8
5升桶	0	5	0	4	4
12升桶	3	3	8	8	0

再继续观察智能台球的运动轨迹可以得到如下的表格（见表10）。

表 10　整个分装过程

9 升桶	9	4	4	0	8	3	3	0	9	7	7	2	2	0	9	6	6
5 升桶	0	5	0	4	4	5	0	3	3	5	0	5	0	2	2	5	0
12 升桶	3	3	8	8	0	4	9	9	0	0	5	5	10	10	1	1	6

由上面的表 10 可以看到，经过一系列的分装之后，终于达成了将 12 升水对半分的目标，“智能台球桌”自动给出了答案！

如果让台球在到达 a_6 点之后继续运动，不难看出在我们所考虑的情况下，台球会经过图形侧面的所有标记点（也就是菱形的所有顶点），并只有在此之后才会返回到起点 O。这也就说明了，可以从 12 升的桶中倒入 1~9 之间任意整数的水量到 9 升的桶中，也可以从 12 升的桶中倒入 1~5 之间任意整数的水量到 5 升的桶中。

但“智能台球桌”的解决方案看起来没有那么“智能”。我们最开始只用了 9 步就成功将水对半分好了，而“智能台球桌”法要用 17 步才可以实现。

实际上“智能台球桌”也可以给我们提供更加简捷的解决方案。我们只需沿着 OB 打出台球，如图 148 所示，观察台球的运动，可以看到，台球在 B 点，同样还是遵循入射角等于反射角的反射定律，从台球桌侧边 BC 弹开转向沿 Ba_5 运动，接下来的路径为 a_5c_5、c_5d_2、d_2b_1、b_1a_1、a_1c_1，最后到达 c_1a_6。

这次只用了 8 步就完成了分装！

按照这次沿 OB 出发的路径，将台球与每个侧面撞击后的点分析出来，得到表 11。

表 11　8 步分装过程

9 升桶	0	5	5	9	0	1	1	6
5 升桶	5	0	5	1	1	0	5	0
12 升桶	7	7	2	2	11	11	6	6

这就是“智能台球桌”给出的更简捷的方法。

但这类问题是否存在没有可行的解决方案的情况？我们该如何知道呢？

很简单，如果“智能台球桌”到达不了所需的点，就返回了起始点 O，那么这个问题就无解。

图 149 给出了 9 升、7 升和 12 升的桶之间的分装方案。结果表明，用 9 升和 7 升的两个空桶，可以将 12 升水分配出任意组合，除了对半分。具体分装过程见表 12。

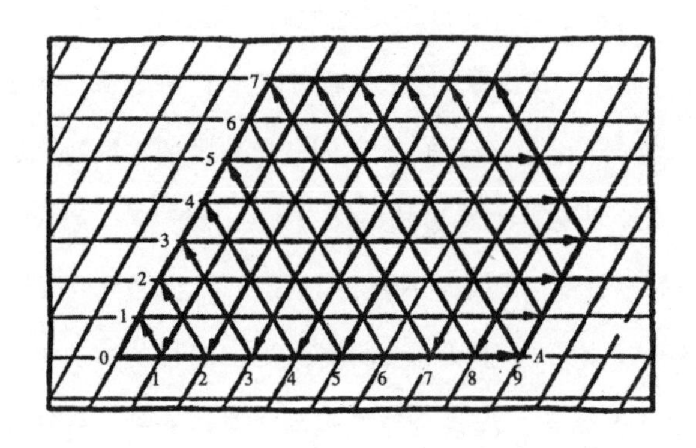

图 149 “智能台球桌”表明 9 升、7 升和 12 升三桶的分装方案

表 12 9 升、7 升和 12 升三桶的分装过程

9 升桶	9	2	2	0	9	4	4	0	8	8	1	1	0	9	3	3	0	9	5	5	0	7	7	0
7 升桶	0	7	0	2	2	7	0	4	4	0	7	0	1	1	7	0	3	3	7	0	5	5	0	7
12 升桶	3	3	10	10	1	1	8	8	0	4	4	11	11	2	2	9	9	0	0	7	7	0	5	5

图 150 展示出了用 6 升和 3 升的两个空桶来分装 8 升水的情况。我们可以从图中看到球经过了 4 次反弹就回到了起点 O。对应的路径表即分装过程见表 13。

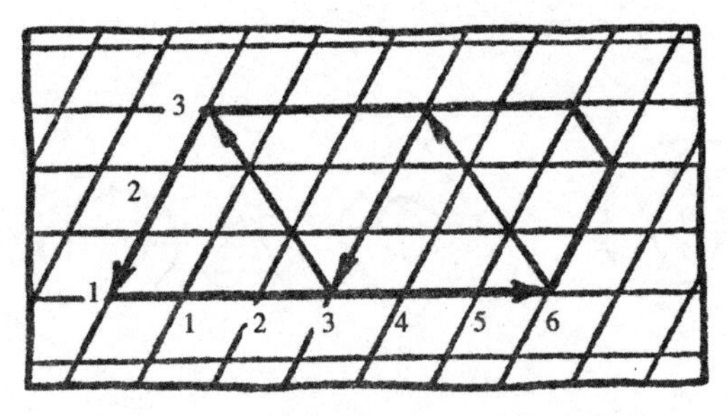

图 150 “智能台球桌”的另一种分装搭配

表 13 6 升、3 升和 8 升三桶的分装过程

6 升桶	6	3	3	0
3 升桶	0	3	0	3
8 升桶	2	2	5	5

从表 13 中可以看出 8 升的水不能分装出 1 升或 4 升。

因此，“智能台球桌”的“台球”实际上是一种独特而又另类的计算机，它帮我们很好地解决了分装水的问题。

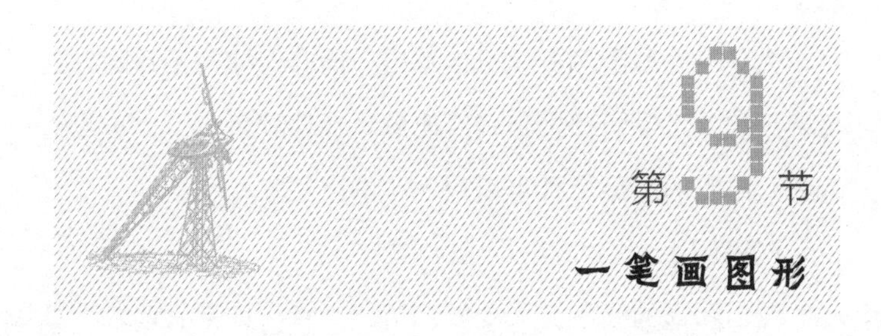

第9节 一笔画图形

【题目】

在纸上临摹图 151 中展示的 5 个图形，尝试用连贯的一笔画出每个图形，也就是

说笔在纸上连续不断，并且不要沿着同一条线画多次。

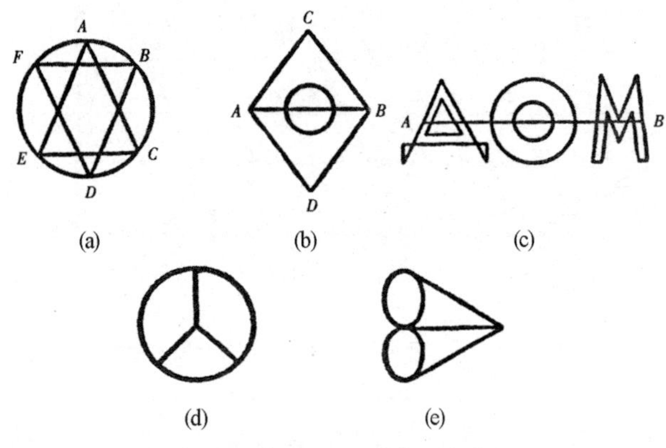

图 151　尝试只用一笔来画的图形

许多看到这道题的读者朋友们可能会从第 4 个图形开始，因为它从外观上看起来最简单，但是尝试之后你会发现无论怎样你都不能成功用一笔将此图形绘制出来。第一个失败的尝试，让你可能没有信心再去尝试剩下的图形了。但是令人感到惊奇和高兴的是，用一笔来画出前两个图形并没有特别困难，甚至看起来非常复杂的第 3 个图形，也可以用一笔画出。而第 5 个图形和第 4 个图形一样，没有人能用一笔将其画出。

为什么有些图形一笔可以画出，而有一些却不行呢？这到底是因为我们的才智不足导致的？还是问题本身确实无解？在这种情况下，有没有一些标志可以让我们提前判断，给出的图形是否可以用一笔画出呢？

【答案】

给出图形的线段交叉处我们称为交点。如果有偶数个线段交汇于这一点，则我们称这点为偶点；如果有奇数个线段交汇于这一点，我们称这个点为奇点。第 1 个图形所有的交点都为偶点；第 2 个图形有两个奇点（A 点和 B 点）；第 3 个图形中有两个奇点，分别为划掉单词的线段与单词交汇的两端（A 点和 B 点）；第 4 个和第 5 个图形都分别有四个奇点。

首先，我们先来看一个所有点都是偶点的图形，例如第 1 个图形。可以选择从任意点 S 开始绘图，在通过交点 A 时，我们会画两条线：一条通向 A 点，另一条远离 A 点。每个偶点处有多少的“出口”，就有多少个“入口”，因此绘制时，当我们从一个交点移动到另一个交点，需要画的线就变少两条，因此从理论上来说，绕过所有偶点，最后回到起点 S，是完全可能的。

假如我们回到了起点，已经没有“出口”可走了，但图形中仍然有一条未画的线，来自我们已经走过的某个交点 B。这就意味着，我们需要对绘画路径进行一些修改：到达交点 B 后，首先绘制那条之前错过的线，然后继续沿之前的路径走，直至返回至 B 点。

例如，打算这样画图 151 中的第 1 个图形：首先沿着 $\triangle ACE$ 的三边走，然后画圆，最后回到 A 点。可以看到在这种情况下，$\triangle BDF$ 就没有画出，因此当我们到达 B 点时，暂时先离开弧线，画 $\triangle BDF$，回到 B 点以后再继续沿着弧 BC 前进。

因此，如果给出图形的所有点都是偶点，那么从图形上任意点开始，始终可以一笔画出整个图形，这种情况下，绘制图形的起始点和结束点应该是同一个。

现在来看有两个奇点的图形。例如，图 151 中的第 2 个图形就具有两个奇点 A 和 B。这个图形也可以用一笔画出。我们可以从其中一个奇点开始画，然后沿着某一路线到另外一个奇点结束。比如从 A 点到 B 点可以选择 $\triangle ACB$，画完这条路线，我们从每个奇点中排除了一条线，就可以把这两个奇点当作偶点来看了。那么现在第 2 个图形中不再有其他奇点，所有点都是偶点。画完折线 ACB 之后，第 2 个图形只剩下一个带圆圈的三角形。很容易看出，剩下的图形可以一笔画出，因此一笔可以画出整个给定的图形。

但是需要注意的一点是，从其中一个奇点出发，选择通向另一个奇点的路径，不能使给定图形的未画部分相互隔绝。例如，在画图 151 中的第 2 个图形时，就不能着急地沿着直线 AB 从奇点 A 移动到奇点 B，因为这种画法，使圆在还没画的情况下就与图形其他部分隔绝开了。

因此，如果图形中包含两个奇点，只能从其中一个奇点开始，在另一个奇点结束，这样才能将图形一笔画出。即一笔画图形的起始点和结束点是分开的。

由上述例子可以得出推论：如果一个图形有四个奇点，它就不能通过一笔画出，而是要用两笔才能画出，但这就不符合题目的要求了，图 151 中的第 4 个和第 5 个图形就属于这种情况。

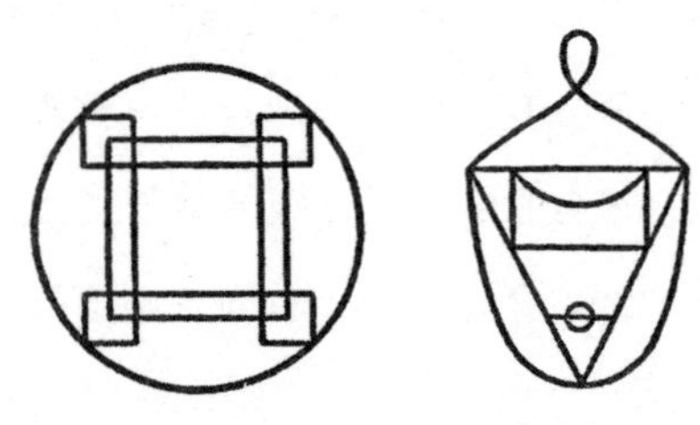
图 152　将图中的图形用一笔画出

现在我们已经知道了，学会正确判断一笔画图形，就可以避免不必要的时间和精力浪费，这对几何图形推理很有帮助。

最后，再给出两个图形（见图 152），大家可以尝试画一下。

第10节 加里宁格勒的七座桥问题

加里宁格勒（古称哥尼斯堡）的普雷格尔河上曾有七座桥，将河两岸相互连接起来。

1736 年，当时伟大的数学家欧拉来到这里，提出了一个问题：是否可以穿越这七座桥沿普雷格尔河漫步，每座桥只走一次，并且路线不重复?

我们可以把这个问题等同于在纸上一笔画图形的问题。

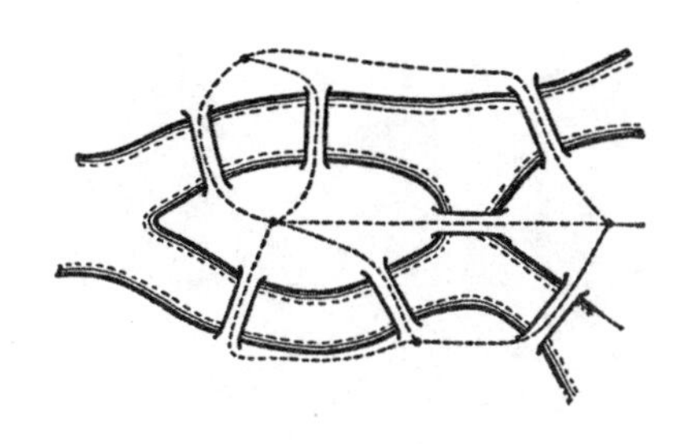

图 153 将河两岸相互连接起来的七座桥

在图中描绘出可能的路线，如图 153 所示。这个图形跟我们之前问题中的第五个图形类似，具有四个奇点。现在我们可以很快并且很肯定地回答，这个图形不能一笔画出。因此我们不可能在每座桥只走一次的情况下穿过七座桥。欧拉当时也是用同样的方法证明的。

第11节 几何玩笑

在成功破解了一笔画图形的秘密之后，你还是可以跟朋友打趣说：有办法做到铅笔不离开纸面，也不第二次起笔画线的情况下，画出具有四个奇点的图形，例如，一个具有两个直径的圆。

其实你很清楚这是不可能的，但可以想办法做到这一点，从而捍卫自己惊人的"宣言"。

如图 154 所示，从 *A* 点开始绘制一个圆，当画了四分之一圆（圆弧 *AB* 段）到 *B* 点时，把另外一张纸垫在 *B* 点下面（或者将画图纸的底部卷过去），继续用笔画出半圆的底部到与 *B* 点相对的 *D* 点。

然后将垫在下面的纸拿开（或者将画图纸重新展开弄平）。现在在你面前的纸上只画了一段 AB 弧，但是笔已经停留在 D 点。我们的笔确实没离开过纸面！

图 154　几何玩笑

完成接下来的画图就很简单了。从 D 点先画弧 DA，然后画直径 AC，接着是弧 CD，和直径 DB，最后画弧 BC，此时带有两条直径的圆就完成了！当然还可以从 D 点选择其他的路径，你也可以尝试找一下。

第12节 如何检查正方形

【题目】

裁缝想要检查裁剪下来的一块布是否是正方形时，会很确定地将布沿对角线折叠，如果布的边缘重合，那么这个布就是正方形。你认为这样的检验充分吗?

【答案】

裁缝的这种检验方式只证明了裁剪出的布四边边长相等。在凸四边形中，不仅正方形具有此特点，任意一个菱形也具有此特点。但菱形只有在四角是直角时才是正方形。因此，裁缝所进行的检验并不充分。我们还需要检验布的顶点是否是直角。为此，我们可以沿布的中线进一步折叠，并验证相邻的角折叠到一起后是否重合。

玩游戏之前，需要准备一张矩形纸和一些形状相同且对称的图形，例如多米诺骨牌、相同面额的硬币或火柴盒。图形的数量要尽可能多，使其能将整张矩形纸铺满。这是两个人的游戏，参与者依次在纸上任意空白处位置放下图形，直到图形无处可放为止。不允许挪动纸上图形的位置，最后一个放下图形的人视为游戏获胜者。

【题目】

是否有某种玩游戏的方法，可以保证先开始游戏的人一定能够获胜。

【答案】

先开始游戏的玩家，应该首先将图形放到纸的中心位置，图形占据的中心尽可能地与纸的对称中心相重合，然后下一步将自己的图形放到与对手图形对称的位置，如图 155 所示。

按照这个规则，先开始比赛的玩家总能在纸上找到自己的位置并占据优先权，这样就能稳操胜券。

上述的游戏秘诀是有一定几何原理的。矩形有且仅有一个对称中心，所有穿过对称中心点的直线都可以将矩形等分成两部分。因此，矩形上的每个点或空白处在这个图形内都有与之对称的点或空白处，只有矩形的对称中心是单独的，没有另外一个对称点。

图 155　几何游戏（最后放下图形的人获胜）

因此，如果第一位玩家占据了中心位置，无论他的对手选择矩形纸上的什么位置，他一定能在纸上找到与其对称的点。每次都是由第二位玩家被迫先选放置图形的位置，所以最后纸上将没有空间留给第二位玩家的图形，这样第一位玩家就获胜了。

11

几何学中的大与小

导读

刘月娟

你见过最高的建筑物是什么呢？见过最小的动物又是什么呢？当每次觉得自己见到的事物达到“最”的时候，现实又往往会跟你想的不一样。其实生活中有许多大大小小的东西，在数学中也学习了许多测量单位来表示物体的大小，比如毫米、厘米、分米、米、千米，那还有比毫米更小，比千米更大的单位吗？当然是有的，那你知道多少呢？针对这些“大”与“小”我们就来一起探讨一下吧！

1. 极大与极小

不知道“分子”这个名词你是否听说过，分子是物质中能够独立存在的相对稳定并保持该物质物理化学特性的最小单元之一。这么解释可能让你有点模糊，通俗的意思就是：我们周围的绝大多数事物都是由分子构成的。你、我、狗狗、叶子，甚至空气等，这些都离不开分子。首先说一下空气，众所周知我们每时每刻都要呼吸，而空气无时无刻不环绕在我们周围，但它就是如此的奇妙，看不见也摸不着。空气的主要成分是氧气、氮气和二氧化碳，它们都是漂浮在我们周围的，都是由分子构成的。有物理学家发现，在气温为0 ℃时，每立方厘米的空气包含 2.7×10^{19} 个分子。看到这个数字你可能感叹，如此庞大的数字存在吗？当然存在啦！而且就在我们身边。

讨论了“大”以后，再来一起看看“小”。如果说你见过的最小的事物是蚂蚁的话，那还有没有更小的呢？有的，那些丝状的，比如说缝衣服用的线。若再追问一句，还有比线更细的吗？此时蚕丝和蜘蛛网就要上场了，至于它们的粗细程度到底如何，就需要你从文中找答案了。

2. 判断大小

外出旅行的时候总是想带上一个自己中意且尽可能能多装水的杯子，但是在选杯子的时候，就有难题了，到底是细长的杯子装得多，还是矮胖的杯子装得多呢？装得多又能多装多少呢？这些都需要精确的计算。同样地，半径之比为2∶1的球体的体积比是多少呢？此时你可能会快速地答出8∶1，但是对于不规则的形体呢？比如鹌鹑蛋和鸡蛋的体积之比是多少呢？这将会在文中比较蛋类体积大小中提到。除了蛋类的问题还有硬币的问题，你会发现使用的硬币，面值不同则半径、重量也不同，但它们到底是怎样的比例关系呢？这就需要自己去发现啦！

当然文中最有趣的当属灰尘飘浮在空中的问题。我们很容易就会发现一段时间不住的房间内会有一层灰尘，所以说灰尘应该是比空气重才对。但为什么我们总是能看到空中四散的灰尘呢？它们的下落轨迹为什么不是直线？是什么影响了它们的运行轨迹呢？这又是依据的什么原理呢？

生活之中处处有大小，处处有几何。下面就让我们在这一章中，一起认识神奇的几何学中的大与小吧。

第1节 27 000 000 000 000 000 000

这节的标题是27后面带18个零，人们对这个数的读法可能各不相同。一些金融工作者可能会把它读成27艾（可萨），还有一些人会把它写作：2.7×10^{19}，读作2.7乘以10的19次方。

其实标题中的数表示的是我们周围空气中飘浮的微粒个数。空气和世界上绝大多数物质一样，都是由分子组成的。物理学家发现，在气温为0 ℃时，每立方厘米的空气包含2.7×10^{19}个分子。这个数对我们来说太大了，大到超出了我们的想象。那么这个数到底有多大？有什么需要用这么巨大的数来衡量呢？全世界的总人口？非常遗憾，地球上的总人口只有约七十亿（7×10^{9}），它只是每立方厘米空气中包含的分子数的四十亿分之一。假设用最高倍数的望远镜望向太空，我们视野里所有的恒星都像太阳一样被众多行星围绕，并且每个行星上的人口都跟地球上的一样密集，即便在这样的情况下，所有行星上的人口数量加起来也不及这个数字大。

如果你打算将所有行星上的人口数量数出来，就算以每分钟数100个数的速度，连续不断地数下去，至少需要5千亿年。

同样地，我们对小的数值也没有特别清晰的概念。当有人告诉你显微镜放大1 000倍，你会怎么想？你可能觉得1 000并不是一个很大的数，毕竟在显微镜下看到的伤寒细菌也只有一只蚊子的大小（见图156）。但我们是否想过，伤寒细菌到底有多小呢？

想象一下，如果有一个 1.7 m 的男孩，将他的身高像伤寒细菌一样放大 1 000 倍，这时男孩就变成了 1 700 m 的超级巨人！男孩的头会直上云霄，城市中林立的高楼大厦还不及他的膝盖高，如图 157 所示。想想吧，我们正常人比放大后的男孩小多少，相应地伤寒细菌就比一只蚊子要小多少。

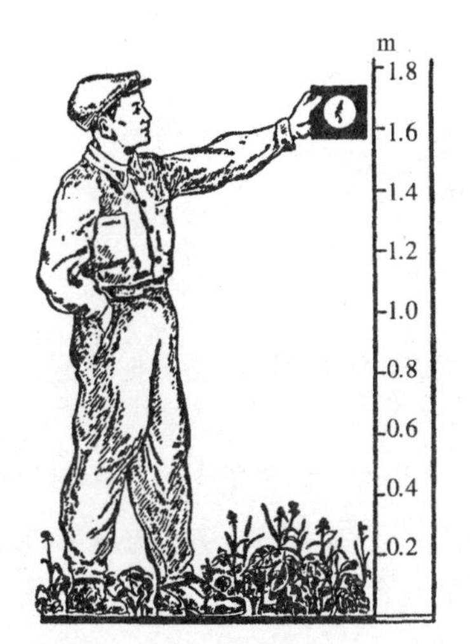

图 156 男孩和放大 1 000 倍的伤寒细菌

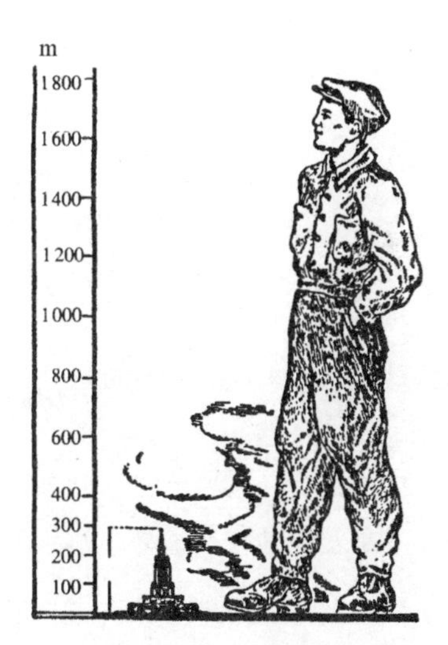

图 157 男孩放大 1 000 倍之后

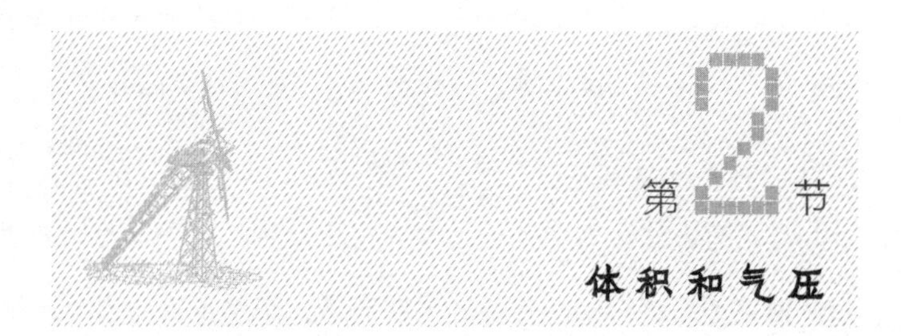

第2节 体积和气压

你可能会想，1 cm^3 空气中含有 2.7×10^{19} 个分子，会不会太拥挤了？答案是一点儿也不会！氧分子或氮分子的横截面直径为$\frac{3}{10\,000\,000}$ mm（也就是3×10^{-7}mm）。假设分子的体积等于其直径的立方，那么一个分子的体积为：

$$\left(\frac{3}{10^7}\right)^3=\frac{27}{10^{21}}\ (\mathrm{mm}^3)$$

1 cm^3 空气里面含有27×10^{18}个分子，这些分子所占的体积为：

$$\frac{27}{10^{21}}\times27\times10^{18}=\frac{729}{10^3}\ (\mathrm{mm}^3)$$

1 cm^3 空气中所含分子所占的体积约为 0.7 mm^3，也就是说不到 1 mm^3，这相当于分子的体积只占到了 1 cm^3 空气的约$\frac{1}{1\,000}$，这说明分子之间的空隙要比分子的横截面直径大得多，所以说分子在空气中可以无拘无束地运动。事实上，大家都知道，空气中的分子并不是安静地待在一处，也没汇聚成一团，而是分散开，毫无秩序地从一个地方不停地移动到另一个地方——它们在自己占据的空间里跑来跑去。如果需要大量存储像氧气、二氧化碳、氢气、氮气等一些具有工业价值的气体，就需要巨大的存储容器。比如，一吨（1 000 kg）氮气在正常气压下有 800 m^3 的体积，这意味着一吨纯氮需要用一个 10 m×10 m×8 m 的气罐来装。要存储一吨纯氢气，则需要一个 10 000 m^3 的气罐。

是否有办法让气体分子之间变得更紧密？工程师可以通过压缩法使气体变得更紧密。但这不是一件容易的事。不要忘了，施加多大的力来压缩气体，装压缩气体的容器壁就要承受多大的压力。这就要求存储压缩气体的容器要异常坚固，且能抵御气体的化学腐蚀。

工业用合金钢制成的最新化学设备，既能够承受巨大的压力和高温，又能抵御有害化学物质的腐蚀，刚好符合充当存储气体的容器的要求。

1 吨氢气在正常大气压下的体积为 10 000 m^3。假如工程师把氢气压缩至原来的$\frac{1}{1\ 163}$，如图 158 所示，被压缩后的氢气可以装进一个比较小的容器里，约为 9 m^3。

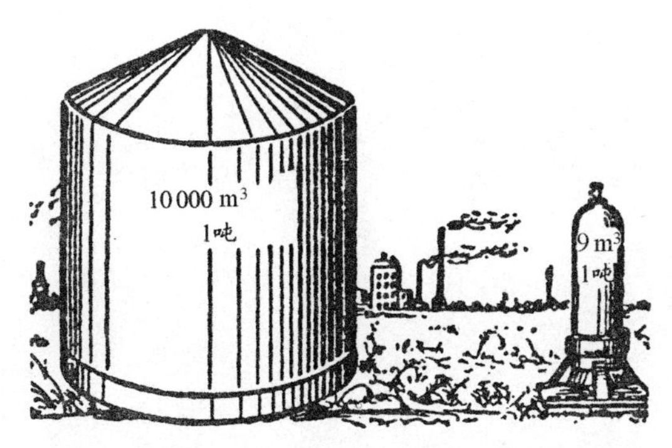

图 158　1 吨氢气在正常大气压下和在 5 000 大气压下

需要施加多大的压力才能将氢气的体积压缩至原来的$\frac{1}{1\ 163}$? 从物理学的角度来看，气体的体积减少到多少分之一，压力就增加到多少倍。根据这个理论，你可能会说，氢气受到的压力也增加到 1 163 倍。但这个答案并不正确。事实上氢气受到的压力应该是 5 000 大气压，也就是氢气受到的压力扩大到了 5 000 倍，而不是 1 163 倍。问题的原因在于，只有气压不大的情况下，气体体积的大小才与受到的压力成反比。但在气压很大的条件下，这个规律是不适用的。例如，正常大气压下 1 吨氮气所占的体积为 800 m^3。化工厂对 1 吨氮气施加 1 000 大气压后，氮气的体积缩小到 1.7 m^3。如果进一步加大对氮气的压缩，当气压增加到 5 000 大气压时，氮气的体积缩小到 1.1 m^3。这说明压力增大到 5 倍，而氮的体积只减少到$\frac{1}{1.5}$$\left(即\frac{2}{3}\right)$。

什么东西比蜘蛛网还细，但比钢丝更结实

如果我们将细线、金属丝，甚至是蜘蛛丝切开，就会发现它们的横截面尽管很小，但也具有一定的几何形状，其中最常见的是圆形。正常情况下蜘蛛丝的横截面直径，厚度约为 5 μm$\left(\frac{5}{1\,000}\text{ mm}\right)$。有什么东西比蜘蛛丝更薄吗？也许蚕可以与蜘蛛竞争一下谁是最精巧的纺织能手。天然蚕丝的直径约为 18 μm，是蜘蛛网厚度的 $3\frac{1}{2}$ 倍。可见，纺织能手的头衔非蜘蛛莫属。

自古以来人们就幻想着可以超越蜘蛛和蚕的纺织手艺。古希腊传说中有一名了不起的织布女工叫阿拉克涅，她有着十分纯熟的纺织手艺，她手下的织物比蜘蛛网还薄，比玻璃还透，轻如空气。甚至是有着智慧女神和工艺女神之称的雅典娜，谁都无法在纺织比赛中与她抗衡。

就像许多古代传说和神话一样，这个幻想在当今已变成现实。化学工程师们可以轻而易举地用普通木材制造出异常细薄且坚固的人造纤维。例如，通过铜氨工业法获得的丝线厚度仅为蜘蛛丝的$\frac{2}{5}$，坚韧性却相差无几。天然蜘蛛丝每平方毫米横截面所能承受的最大质量为 30 kg。而通过铜氨法得到的人造纤维每平方毫米横截面所能承受的最大质量为 25 kg。

是不是很好奇铜氨法到底是怎样制作出纤维的呢？首先将木材转化为纤维素，然后将纤维素溶解在铜氨溶液中。紧接着把溶液通过细孔倒入水中，水带走溶剂，最后将生成的线缠绕在特定的设备上。铜氨丝线的厚度为 2 μm。还有一种醋酯人造丝，只比铜氨丝线厚 1 μm，但坚韧性却令人惊讶，它比钢丝还坚固！每平方毫米横截面的钢丝能够承受 110 kg 的质量，而相同横截面的醋酯人造丝可以承受 126 kg 的质量。

生活中使用最广泛的黏胶人造丝的厚度约为 4 μm，极限强度为每平方毫米横截面可以承受 20~62 kg 的质量。图 159 是人的头发、各种人造纤维以及羊毛和棉纤维等的厚度比较图。图 160 展示了它们每平方毫米横截面可以承受的最大质量。

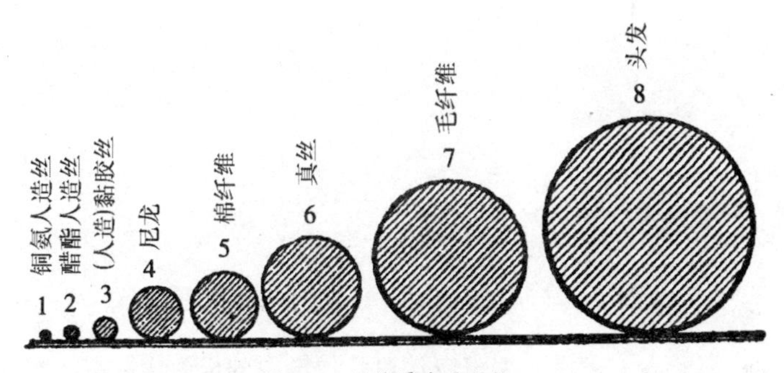

图 159　纤维厚度的比较

人造纤维，俗称合成纤维，它是最伟大的现代技术之一，它的发现具有十分重大的经济价值。工程师布亚诺夫说过："棉花的生长速度比较缓慢，其产量取决于气候和收成。而天然蚕丝的'生产者'——蚕本身的织造能力极为有限，一只蚕一生所结的茧中仅仅含有约 0.5 g 的天然丝。而人造纤维可以通过化学加工获得，平均每立方米的木材，可以取代 32 万只蚕茧所含的天然丝、每年 30 只绵羊的产毛量和 0.5 公顷棉花的平均产量。这些人造纤维的量足以生产 4 000 双女士丝袜或 1 500 m 的真丝织物。"

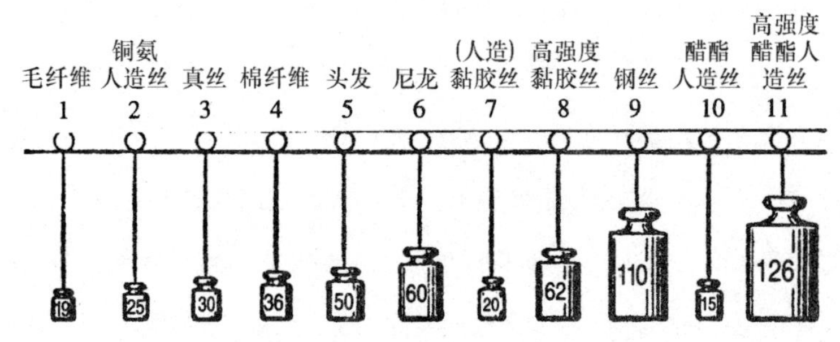

图 160　各种纤维每横截面所能承重极限的比较

第4节 比较罐子的大小

在学习完前面的内容之后，大家应该对几何学中的极大值和极小值有了一定的认识。这里我们继续来看物体表面积和体积的大小比较。大家都能轻易地分辨出 5 kg 果酱和 3 kg 果酱，哪个更多。但如果把果酱装进桌上的两个罐中，你就不一定能立马分辨出哪一罐的果酱更多了。

【题目】

图 161 中的两个罐子，高度比为 3 : 1，宽度比为 1 : 2，哪一个能装更多？是左边高一点的罐子？还是右边宽一点的罐子？

【答案】

可能很多人都没想到，左边高一点的罐子没有右边宽一点的罐子能装。这一点很容易证明。假设宽罐的底面积为 $2^2\times\pi$，而高罐的底面积为 $1^2\times\pi$，高罐的高是宽罐的 3 倍，那么宽罐的底面积是高罐的 4 倍，这意味着宽罐的体积是高罐的$\frac{4}{3}$倍，如果将装满高罐的东西倒入宽罐子中，这些东西仅占宽罐容积的$\frac{3}{4}$（见图 162）。

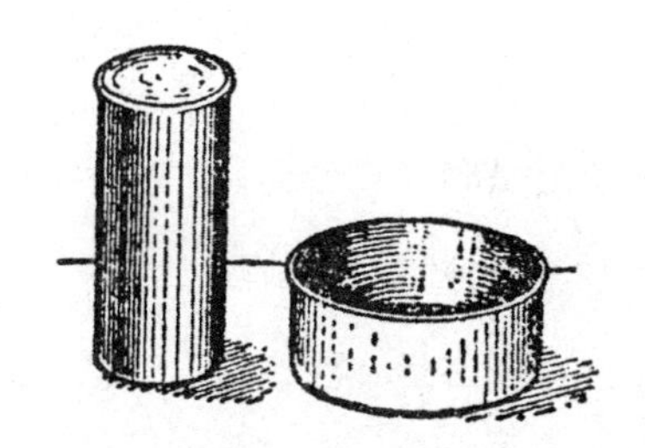

图 161 哪个罐子更能装？

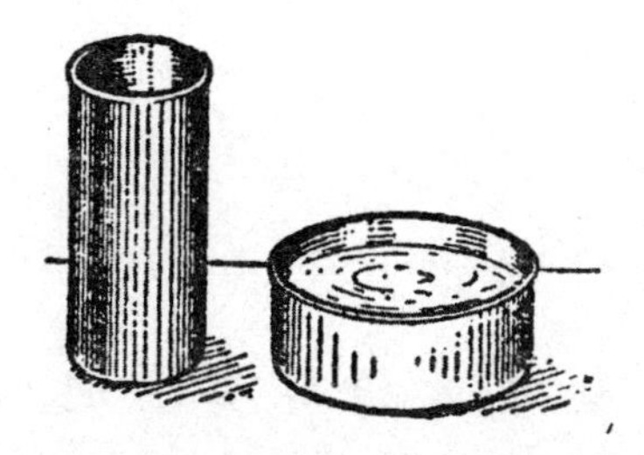

图 162 将高罐子装的东西倒进宽罐子里的结果

第 5 节 大烟卷

【题目】

在烟草公司的橱窗里陈列着一个巨大的烟卷，这个大烟卷是普通烟卷的 15 倍长，15 倍宽。如果装满普通尺寸的烟卷需要 0.5 g 烟丝，那么需要多少烟丝才能装满橱窗里这个巨大的烟卷?

【答案】

$$\frac{1}{2}\times15\times15\times15\approx1\ 700\ (\mathrm{g})$$

因此需要超过 1.7 kg 的烟丝才能将这个大烟卷装满。

第6节 鸵鸟蛋的体积与鸡蛋的体积

【题目】

图 163 展示了在相同比例尺下鸡蛋（右边）和鸵鸟蛋（左边）的大小。中间的是已经灭绝的古生物象鸟的蛋，在这里先放一边，等到下一个练习中再说。图中鸵鸟蛋的体积是鸡蛋体积的多少倍？粗略地看一眼，似乎觉得差别不大。但是通过几何计算得出的结果却是十分惊人的。

【答案】

在图上直接测量可得，鸵鸟蛋长度是鸡蛋的 2.5 倍。因此鸵鸟蛋的体积是鸡蛋体积的 $2.5\times2.5\times2.5\approx15.6$，大约 15 倍。

图 163　鸵鸟蛋、象鸟蛋与鸡蛋

按照每人吃 3 个煎蛋来算，这个鸵鸟蛋足够一家五口人的早餐了。

【题目】

从前在马达加斯加有一种体形巨大的鸟，曾被认为是世界上存在过的最大鸟类，我们称之为象鸟。象鸟的蛋长 28 cm（图 163 中间的图形），相比之下鸡蛋的长为 5 cm。那么一个象鸟蛋的体积相当于多少个鸡蛋？

【答案】

将象鸟蛋与鸡蛋的长度比连乘：$\frac{28}{5}\times\frac{28}{5}\times\frac{28}{5}=\frac{21\,592}{125}\approx175$，也就是说一个象鸟蛋相当于 175 个鸡蛋。这样的一个蛋可以供约 50 个人吃饱，它的质量也不难算出，约等于 8.5 kg。这个象鸟蛋曾经在英国著名小说家赫伯特·乔治·威尔斯的科幻小说里出现过。

第8节 赤嘴天鹅和戴菊莺的蛋的体积

让我们把目光转向魂奇的大自然，比较一下赤嘴天鹅和戴菊莺的蛋的大小，能看到强烈的反差。头顶黄色羽冠的戴菊莺是体型最小的鸟类之一，图 164 中以真实比例展示了两种鸟蛋的大小轮廓。那么它们之间的体积有着怎样的关系呢?

【答案】

从图中测量两个鸟蛋的长度分别为 125 mm 和 13 mm。测量鸟蛋的宽度分别为 80 mm 和 9 mm。很容易看到两组数据几乎是成相同比例的，我们可以检验一下：

$$125:13\approx9.6$$

$$80:9\approx8$$

可以看出它们的比例相差不大。因此可以认为这两种鸟蛋具有几何相似性，在此基础上进行的计算不会有太大的误差。

所以它们的体积比为：

$$\frac{80^3}{9^3}\approx\frac{510\ 000}{730}\approx700$$

也就是说天鹅蛋的体积约是戴菊莺蛋体积的 700 倍。

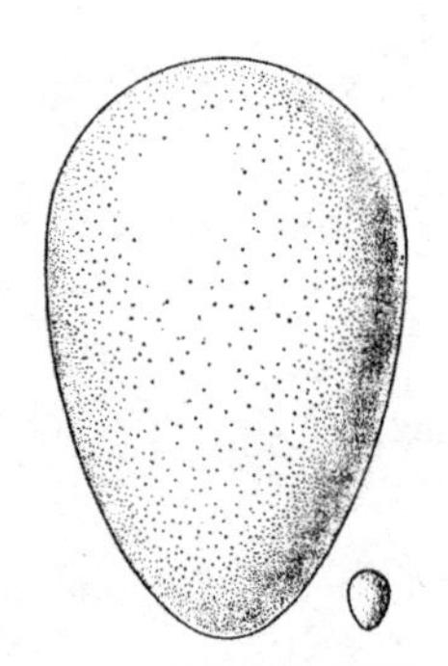

图 164　天鹅蛋和戴菊莺蛋

第9节 不打碎鸡蛋，求蛋壳的重量

【题目】

有两个形状相同但大小不同的蛋，在不打碎蛋的条件下，需要求出蛋壳的近似重量。两个蛋壳的厚度可以视为相等。为了解这道题，我们需要进行怎样的测量和计算呢?

【答案】

首先需要测量两个蛋长轴的长度，假设这两个长度分别为 D 和 d。其中一个蛋的蛋壳重量设为 x，另一个蛋的蛋壳重量设为 y。蛋壳的重量与表面积成比例，因此可以得到下面的比例式:

$$x : y = D^2 : d^2 \qquad ①$$

对两个蛋进行称重后得到的重量分别为 P 和 p。蛋的容量可以看作与体积成比例:

$$(P - x) : (p - y) = D^3 : d^3 \qquad ②$$

这样我们就得到了带 x 和 y 的两个二元方程式，综合①、②式解得

$$x = \frac{p \cdot D^3 - P \cdot d^3}{d^2(D - d)},\ y = \frac{p \cdot D^3 - P \cdot d^3}{D^2(D - d)}$$

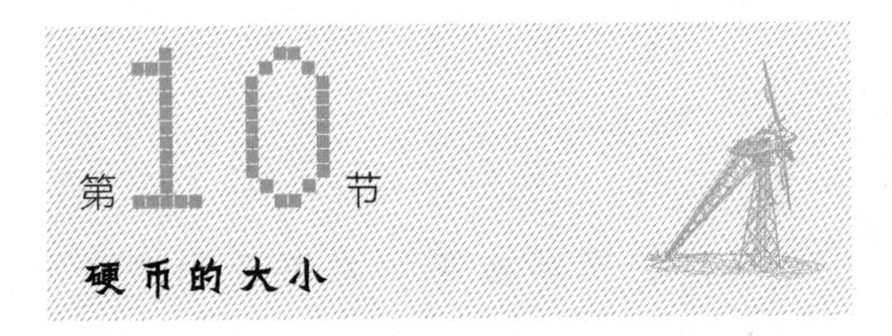

第10节 硬币的大小

硬币的重量和面值是成比例的。即2戈比硬币的重量是1戈比硬币重量的2倍；3戈比硬币的重量是1戈比的3倍；20戈比硬币的重量也是10戈比硬币重量的2倍。因为同类的硬币在几何上具有相似性，所以知道了其中一种硬币的直径，就可以知道其他同类硬币的直径。

【题目】

已知5戈比硬币的直径为25 mm，求3戈比硬币的直径。

【答案】

因为重量和体积是成比例的，所以3戈比的硬币体积是5戈比硬币体积的3/5＝0.6倍。也就是说3戈比的硬币直径长度是5戈比硬币直径长度的$\sqrt[3]{0.6}$倍，也就是约0.84倍。所以我们要求的3戈比硬币的直径约为25×0.84＝21（mm），这和它的真实直径22 mm相差不大。

第11节 一百万卢布的硬币有多高

【题目】

想象一下，如果有一枚价值 100 万卢布的虚构硬币，其形状与 20 戈比的硬币相同，但重量相应地更大。这枚硬币的直径将会是多少？如果把这枚硬币侧立放置在汽车旁边，它会比汽车高多少倍？

【答案】

100 万卢布的硬币，并不会有人们想象中那么巨大。它的直径只有 3.8 m，比一层楼高一点。

想象的 100 万卢布硬币的体积应该是 20 戈比硬币的 5 000 000 倍。所以 100 万卢布硬币的直径就是 20 戈比硬币直径的 $\sqrt[3]{5\ 000\ 000}$，也就是约 172 倍。因此用 20 戈比硬币的直径 22 mm×172 = 3 784（mm），约 3.8 m。这个想象中的硬币是不是比我们想象中的小得多呢？

接下来，我们还可以做更加有趣的练习，如图 165 所示，算一下，面值多少的硬币，相当于 20 戈比的硬币扩大到四层楼高（约 15 m）？你可以先估算一下，然后看看和计算结果相差多少。

我们已经在之前的例子中学会了，通过几何相似物体的直线尺寸来比较它们的体积。现在我们就可以利用这个知识轻松应对一些出其不意的问题。比如说可以识破有时会出现在杂志插图中的某些构图比例错误。下面就是这样的一个例子。

图 165　这个巨大的硬币面值是多少？

【题目】

如果一个人每天平均吃 400 g 的肉，那么在 60 年的时间里就要吃掉大约 9 吨的肉，因为一头公牛约重 0.5 吨，那么一个人的一生可能会吃 18 头牛。

图 166 是从英国杂志上复制而来的图片，图片描绘了一个人和一头巨大的公牛，这头公牛就是人一生要吃下的牛。这幅图对吗？正确的比例尺应该是多少？

图 166　一个人一生要吃多少肉？

【答案】

这幅图是不正确的。图片将公牛的长、宽、高都画成了正常尺寸的 18 倍。因此，这头巨型公牛的体积是正常公牛体积的 $18\times18\times18=5\ 832$ 倍。一个人要活到 2 000 岁，才能完全吃掉那头公牛！

正确的画法，公牛应该在体积上是普通牛的 18 倍，即图中的牛在长、宽、高上

应该是普通公牛的 $\sqrt[3]{18}\approx2.6$ 倍。

这个数值在图上的表现不会如此巨大，也很难让我们对自己一生吃下的牛肉量感到震惊。

【题目】

每人每天摄入各种液体的平均量在 1.5 升，则一个人在 70 年的时间里消耗的液体约为 40 000 升。已知一般的水桶容积约为 12 升，艺术家要想画出一个人 70 年消耗液体的示意图。图 167 就是他画的插图，这幅图的比例是否正确呢?

【答案】

在这幅画中，蓄水池的尺寸被过分夸大了。

很容易算出，蓄水池体积应为水桶的 3 300 倍，即它应该分别在长、宽、高上扩大 $\sqrt[3]{3\ 300}=14.9$ 倍，四舍五入取整数约为 15 倍。如果水桶的高和宽为 30 cm，那么按比例扩大后的蓄水池，高和宽应该为 30×15=450（cm）= 4.5（m）。图中显然将它画得过大了。

按照正确的比例尺画出来的插图应该如图 168 所示。

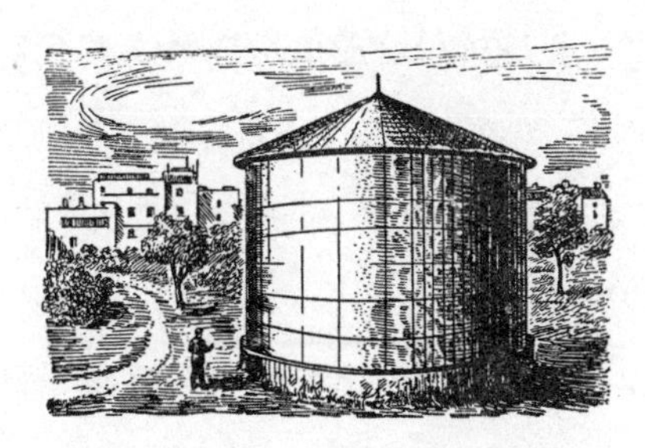

图 167 错误的插图

图 168 正确比例尺的插图

由上面的两个例子可知，用立体图形的形式来表示体积上的差异是不够明显的，往往不能给人们预期的震撼效果。相比之下，柱形图在这方面有着明显的优势。

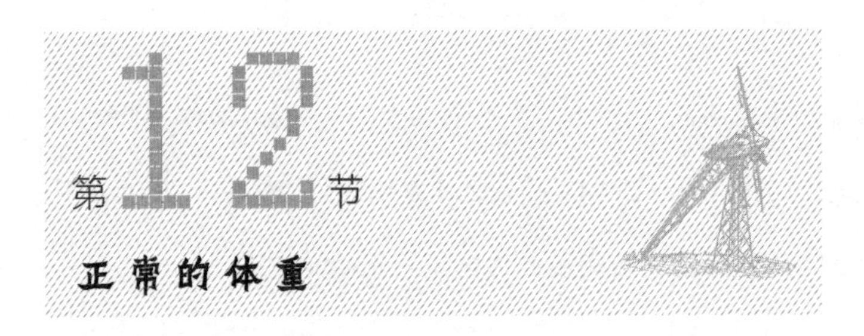

如果把人的身体也看作几何类似图形，那我们就可以根据人的身高来计算体重了。根据平均值且取男性平均身高为1.65 m，体重64 kg。取女性平均身高1.55 m，体重55 kg。在这种情形下进行计算，会得到很多意想不到的结果。

例如，求一个身高低于男性平均身高10 cm的人的正常体重。

在学习相关的知识之前，我们解决这个问题的方法通常是：先求得单位身高的体积，再用平均体积减去10 cm对应的体重即 $64-\frac{10}{165}\times 64\approx 60$（kg）。

当然，现在我们知道了，这个计算是不对的。正确的思路应该是按照体重与体积成比例来算，即：

$$64:x=1.65^3:1.55^3$$

由上述比例式可得 $x=53$（kg）。

两个结果之间还是有很大差距的，相差了足足7 kg。类似地我们可以算出一个身高高于男性平均身高10 cm的人的正常体重：

$$64:x=1.65^3:1.75^3$$

由比例式可得 $x=76$ (kg)，这比平均身高的男性体重大了 12 kg。这个增量比我们想象的是不是也要大得多呢?

毫无疑问，上述计算的正确性在医学实践中有重要意义，比如在确定正常人的体重和计算药物剂量方面。

你有想过巨人和侏儒之间的体重有着怎样的比例关系吗? 如果说巨人体重是侏儒的 50 倍，大多数人可能不会相信。但是，这确实是通过几何计算得出的正确结果。

世界上经过证实的最高的巨人是奥地利人温克尔迈耶，身高 278 cm；第二高是阿尔萨斯人克劳，身高 275 cm；还有一个是英国人奥·布里克，身高 268 cm。他们都比正常人的身高高出近一米。相比之下，侏儒在成年时的身高约为 75 cm，比正常人的身高低约一米。那么，巨人的体积和重量与侏儒的体积和重量的比例关系是怎样的呢?

应该是：$275^3:75^3\approx 50$。

这也就意味着巨人在体重上几乎是侏儒的 50 倍!

如果报道真实可信的话，有一名阿拉伯侏儒叫阿吉巴，身高 38 cm，而有一名巨人身高约 320 cm，他们之间的对比将更加显著：巨人身高是侏儒 8.4 倍，体重是侏儒的约 593 倍。

第14节 《格列佛游记》中的几何学

《格列佛游记》的作者斯威夫特十分谨慎地避开了陷入几何关系的危险。读者朋友们应该还记得，在小人国里一英尺相当于我们的一英寸，而在巨人国里刚好相反，一英寸相当于我们的一英尺。换句话说，小人国里的所有的人、东西和所有的自然产物都只是正常世界的$\frac{1}{12}$大小。而巨人国里的人、东西和所有自然产物都为正常世界大小的12倍。这些关系看似简单明了，但在处理下列问题时会变得更加复杂。

1）格列佛的午餐量是小人国侏儒的多少倍?

2）格列佛穿的衣服所需的呢子布料是小人国衣服的多少倍?

3）巨人国的苹果有多重?

斯威夫特在大多数情况下都很成功地完成了这些任务。他正确地计算出，如果格列佛身高是侏儒的12倍，那么他的体积就是侏儒的$12\times12\times12=1\ 728$倍。因此，格列佛要想吃饱，一顿饭吃的量也是侏儒的1 728倍。我们在作品中能读到格列佛对午餐的描述:

“300个厨师给我做了一顿饭。我的房子周围都是小木屋，小木屋里住着厨师和他们的家人。午饭时间到了，我带了20个仆人，把他们放在桌子上，还有100个人在地面上服侍，有些提供食物，其余的人则将装有葡萄酒和其他饮料的桶放在杆上，从一个人的肩上运到另一个人的肩上。还有人按照需要站在高处，用绳子和滑轮将东西全部抬到桌上。”

斯威夫特正确计算了格列佛衣服上的材料量。他身体的表面积是小人国侏儒的

12×12＝144 倍，因此需要的衣服布料和裁缝数也是正常小人国的同样倍数。斯威夫特将所有因素考虑在内，将 300 名小人国裁缝暂时调用，只是为了给格列佛用当地的样衣缝制一整套衣服（见图 169）。

图 169　小人国的裁缝给格列佛量体裁衣

斯威夫特几乎在每一页上都有这样的计算。事实上，他做得很好。游记里面的尺寸比例基本符合几何规则。只有当在描述巨人国时有一些比例尺是经不住检验的，出现了一些错误。

“有一次，”格列佛说，“我和一个宫廷官员去花园散步，当我们走在一棵树下的时候，他抓住一根树枝在我的头上摇晃起来，众多像木桶般大小的苹果纷纷落到地上，发出巨响，砸中了我的背并将我打倒。”

格列佛在遭受这次击打后竟然平安地站了起来。事实上，很容易计算出，像这样的打击一定是毁灭性的，苹果的重量是正常苹果重量的 1 728 倍，也就是 80 kg。它从 12 倍的高空掉下来，撞击的能量应该是普通苹果下降的 2 万倍——能跟这种撞击相提并论的只有被炮弹击中了……

斯威夫特犯的最大的错误是对巨人肌肉力量的计算。我们已经在第 1 章讲过了大型动物的力量与它们的大小不成比例。

如果把这个知识运用到巨人的身上就可以得到，巨人的肌肉力量是格列佛的 144 倍，但巨人们的体积是格列佛的 1 728 倍。所以格列佛能够举起与自己体重大约相同的重量，但是巨人将无法举起与其自身体重相同的重量。甚至他们连行动都不能，只能一动不动地躺在一个地方。但在斯威夫特的描述中，巨人们力量巨大，行动灵活，这只可能出现在计算错误的情况下。

第15节 为什么灰尘和云会在空中飘浮

当被问道为什么灰尘和云会在空中飘浮的时候，大部分人可能会脱口而出："因为它们比空气轻。"这是一种常见的回答，许多人认为这就是事实，没什么好怀疑的。但这种直快的回答完全是错误的。灰尘不仅没有空气轻，甚至还比空气重成百上千倍。

灰尘是什么？就是各种物体的微小颗粒，比如说碎石片、玻璃碎片、煤渣、木屑、金属颗粒、纤维颗粒等。所有这些材料都比空气轻吗？通过查询简单的密度表就能发现，它们中的大部分密度都大于水，小的也只小一点点。而水的密度差不多是空气的 800 倍，因此，灰尘的密度就算没有空气的几千倍，也有几百倍。但我们的确可以看到空气中灰尘的浮动。

出现这种"不合理"现象的真正的原因是什么呢？

首先，我们必须纠正这种说法，"灰尘是飘浮的"，这完全是不正确的。只有当物体的质量不超过相同体积的空气质量时，物体才会在空气中飘浮。但是灰尘质量比等体积的空气大很多倍，所以它们不能在空中飘浮。事实上，它们不是飘浮的，而是盘旋的，也就是说它们在下降的过程中被空气阻力困住了。灰尘在下降的过程中，需要推开一些空气颗粒，同时又会吸引旁边的大气粒子一起下落。在这个过程中，灰尘要做功，也就是要消耗掉一定的能量。通常物体表面（更准确地说，横断面面积）与质量的比越大，能量的消耗也就越大。当巨大的物体下落时，我们注意不到物体的明显减速，因为它们受到的重力远远高于空气阻力。

我们可以来看一下体积变小的物体下落时的情形。几何知识可以帮助我们更好地理解这个问题。不难想象，随着物体体积的变小，质量会比横断面面积减小得更多。质量减少与线性尺寸的立方成正比，而阻力减少与表面积，即线性尺寸的平方成比例。

弄清这一点有什么意义呢？下面我们来看一个例子。拿一个直径为 10 cm 的门球和一个同样材质制成的直径为 1 mm 的小球。大小球之间的线性尺寸比值为 100，因此门球质量是小球的 100^3 倍，也就是一百万倍。而门球在空中遇到的阻力只有小球的 100^2 倍，也就是 10 000 倍。很明显，小球下落得比大球要慢。简而言之，尘埃之所以能在空中盘旋，是因为它们小，而不是因为它们比空气轻。在空气中，直径为 0. 001 mm 的水滴以每秒 0. 1 mm 的速度下降，即使是十分微小的，几乎难以察觉的气流也能阻止它的下落。

这就解释了为什么在人来人往的房间里，沉积的灰尘比在无人居住的房间里要少，白天沉积的灰尘比晚上要少。因为灰尘下沉会受到空气旋流的影响，而通常在无人居住的房间空气是平静的，不受这种旋流的影响。

如果一块 1 cm 高的立方体石块粉碎成 0. 000 1 cm 高的碎屑，总横截面积将增大到了 10 000 倍，那么下沉运动的空气阻力也将增大到 10 000 倍。灰尘通常就是这样的大小。巨大的空气阻力将完全改变灰尘下落的情况。

同样的原因，云会在空中飘浮。我们应该抛下老旧的错误观念，认为云是由饱和的水蒸气泡组成的。实际上云是由一堆非常小但连成一片的水滴汇合而成。这些水滴虽然比空气重 800 倍，但看起来没有下落。这是因为它们下落的速度非常慢，慢到我们难以察觉。这与灰尘下落的原理一样。

因此，即使是最弱的上升气流也能够阻止云的缓慢下降，使云保持在一定水平，甚至还能使云上升。这种现象产生的最主要原因是有空气的存在。如果是在真空的条件下，灰尘和云会像大石头一样快速下落。

再补充一点，降落伞带着人缓慢下落（约 5 m/s）也遵循同样的道理。

12

几何学经济

导读

刘月娟

乍一看本章的名称是不是有点懵，几何问题怎么和经济学相关了呢？现在先不说经济问题，就谈谈生活中最常见的几何问题：周长、面积、体积。这三类问题从开始接触几何的时候就一直伴随着我们。下面就简单介绍一下周长、面积、体积与最值之间的关系。

1. 周长与最值

我们先看这样一类题目，“一个养鸡场是个长方形，它的一条长边是砖墙，其他边是用篱笆墙围成的，已知长是 18 米，宽是 10 米。问，篱笆墙总长有多少米?”这是一道跟周长有关的题目。如果将周长和面积结合到一起，就变成了“周长不变的前提下，围成的四边形面积最大是多少，长宽分别是多少？”如周长为定值 40，可以围成好多规格的四边形，如长 12、宽 8，长 11、宽 9，长 10、宽 10，当然还有很多，甚至于并不只局限于长方形、正方形，还可以是梯形、平行四边形，只需从中找到面积最大的。最大面积对应的四边形是正方形，但肯定会有疑问，这是为什么呢？那就耐心地读一下本章的内容吧！

2. 等因式乘积

本来是在讨论几何问题，却联系到了因式乘积的问题——也是因为求最值。给定和的两个数的组合有很多，因此乘积的结果也有很多，那怎样的组合会使积最大呢？

本章中通过对前面知识的铺垫，介绍了如何求最值的方法，同样也适用于多个因式的乘积。还有之后会学到的二次函数，也可以很好地解决最值问题。当然问题的解决方法并非只有一种，还有不等式的内容，因此基本不等式也是很重要的内容。

3. 体积与最值

谈过面积与最值以后，自然体积的讨论也就迫在眉睫了。我们都知道长方体的体积为“长×宽×高”，正方体的体积为 a^3（其中 a 为棱长），锥体的体积为“$\frac{1}{3}$×底面积×高”，柱体的体积为“底面积×高”。对于规则的几何体，我们面临的问题就是切割：如何将一个圆柱体切割成体积最大的长方体？这个问题特别像这样一类问题：有一张面积为 60 cm^2 的长方形硬纸片，如何将它折成一个无盖的体积最大的正方体。这个问题又该怎么解决呢？它的解决方法在这类切割问题上还适用吗？仅仅只是利用之前的方法是不够的，这里还需要用到圆的内接四边形什么时候面积最大的知识。

生活中的立体几何无处不在，无论是面积最大，还是体积最大，抑或是其他最值问题，在某种程度上都和我们的经济生活息息相关。它可以让我们在损失最少的情况下得到的最多，让我们一起来学习几何学在生活中的应用吧！

本章的标题可能会有点让人迷惑，但随后读者朋友们就能明白为什么要起这个名字了。我们先从列夫·托尔斯泰《一个人需要多少土地》短篇小说中的片段开始讲起：

“那价格怎么算?”帕霍姆问道。

“我们开出的价格是一天1 000卢布。”

帕霍姆不太明白，继续问道：“一天是什么单位？这相当于多少公顷?”

“我们也不知道该如何换算，但就是按天来卖，你一天能走过多少土地，那就都算你的，我们只收1 000卢布。”

帕霍姆震惊了，说道：“那一天能走很大一片土地的。”

工头哈哈大笑起来，说道：“是的，走过的都是你的。但只有一个条件，如果不能在当天返回到出发点，你的1 000卢布就没了。”

帕霍姆又问道：“如果是这样，怎么对我走过的土地进行标记呢?”

“我们会跟你一起到你选中的地方，然后就站在起点等你。你可以边走边用随身的铲子画圈，并在需要时在拐角上挖出小坑做标记，或堆些树皮；无论您想去哪个方向都行，只要在日落前回到出发点就可以。你走过的全部土地都将属于你。”

帕霍姆听后非常高兴，和工头相约明天黎明时集合，并赶在太阳升起之前到出发点。

第二天他们到草原时，朝霞才刚刚升起。工头走向帕霍姆，一边伸出手给他展示，一边说："看，现在你眼之所及的地方都是我们的，你可以随便选。"

工头摘下狐狸毛帽子，放在地上，说道："就从这里开始吧，就以我的帽子为起点的标记，你能走多少，就全部都是你的。"

太阳刚刚从地平线上射出一丝光芒，帕霍姆就将铁铲扛在肩上立即从草原出发了。他每走一俄里就停下来挖个洞。然后继续走，又继续挖另一个洞。

走完了5俄里，他看看太阳，是时候该吃早餐了。这时过去了一套马车，帕霍姆心里想，这样的马车一天有四个，现在转弯还为时过早。因此他决定继续直走5俄里，然后再开始左转。

走着走着他发现了另一个方向的风景很好，于是帕霍姆心想，是时候该转弯了，他停下来，挖了一个更大的洞，向左急转过去。

他在这一方向上走了很长一段之后，又转了第二个弯。帕霍姆环顾四周望向起点的小丘，在热气弥漫的空气中，几乎看不到小丘上的人了。他想："好吧，现在已经走得太远了，是时候要缩短距离了。"因此帕霍姆开始转向了第三个方向。这时，已经到了吃午饭的时间了，他沿着第三个方向只走了2俄里，就感到非常疲惫。这里距离起点大约有15俄里，尽管第三个方向上走的土地与之前构成的图形很不齐整，但帕霍姆决定立刻转向，他必须要赶得上回到原点。于是帕霍姆急忙在地上挖了个大坑，就转身径直向山丘奔去。

在返回小丘的路上，他的脚步越来越沉重。虽然很想休息，但是他不能，他必须要在日落前赶回去，而此时太阳已经离地平线不远了。

就这样一直走着，他感觉越来越难，脚步越来越沉重。但是路程还有很远。帕霍姆开始跑起来，他的衬衫和裤子被汗水浸湿粘在了身上，嘴巴也干到开裂。胸部像拉风箱一样鼓起来，心脏剧烈地怦怦直跳。

太阳离地平线越来越近，帕霍姆终于看到了地上的狐狸毛帽子和坐在地上的工头（见图170）。他回头看了一眼太阳，还有一点才落到地平线以下。他用尽最后一丝力气加快了脚步冲向小丘。接近帽子时，他双腿一软，身体向前一倒，拿到了帽子。

“啊，做得好！”工头大喊，“现在你拥有很多地了！”

一名工人跑过来想要扶起他，却只见血从他嘴里流出来，帕霍姆就这样死了……

图 170　太阳开始下落时全力奔跑的帕霍姆

【题目】

让我们先从这个故事悲惨的结局中抽离出来，专注讨论一下故事中的几何题。我们是否能够根据故事中散布的数据，来求出帕霍姆走过的地有多少亩？这个问题乍一看毫无头绪，但实际，我们可以很轻松地解决。

【答案】

仔细重读故事并从中提取所有关于几何方面的描述，不难看出，我们所获得的数据足以回答上述的问题，甚至可以画出帕霍姆走过的土地的平面图。

首先，从故事中可以清楚地看到，帕霍姆沿着四边形奔跑。关于第一边的描述：

“走完了 5 俄里……继续直走 5 俄里，然后再开始左转。”

这也就意味着四边形的第一边大约为 10 俄里。

第二边与第一边构成直角，文中并没有关于第二边的数值描述。

第三边很明显与第二边垂直，文中关于第三边的描述是："沿着第三个方向只走了 2 俄里"。同时文章中还间接地给出了第四边的边长为 15 俄里。

根据上面的这些数据我们就可以绘制帕霍姆走过土地的平面图了，如图 171 所示。绘制出的四边形 $ABCD$ 中，$AB=10$ 俄里，$CD=2$ 俄里，$AD=15$ 俄里，$\angle B$ 和 $\angle C$ 都为直角。设未知边长 $BC=x$，从 D 点作 AB 边的垂线 DE，如图 172 所示。这样在直角三角形 AED 中，我们已知其中一直角边 $AE=8$ 俄里，斜边 AD 等于 15 俄里，根据勾股定理可以求出未知的边 $ED=\sqrt{15^2-8^2}=13$ 俄里。

因此我们就找到了梯形 BC 边的边长约等于 13 俄里。很明显，帕霍姆估计错误，将第二边走得比第一边还要长。

如你所见，我们可以十分准确地绘制出帕霍姆走过路线的平面图。毫无疑问，当托尔斯泰在讲述这个故事的时候，眼前一定也有一幅这样的平面草图。

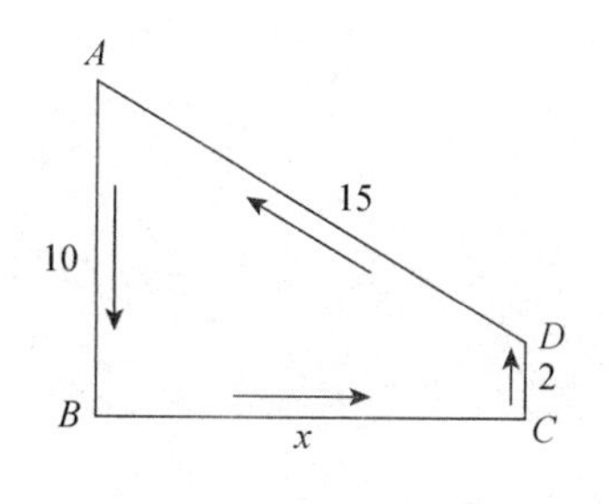

图 171　帕霍姆的行走路线

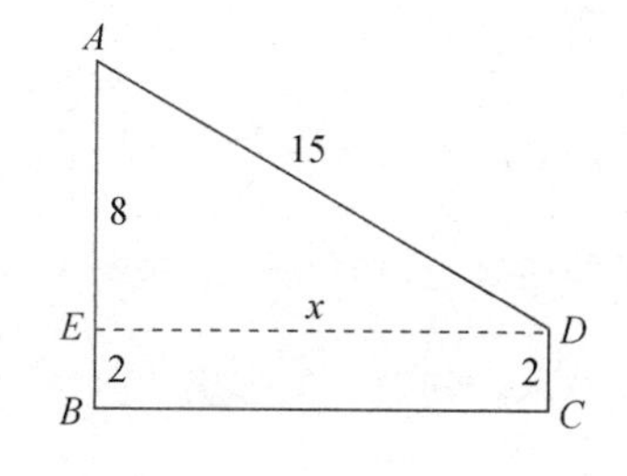

图 172　路线围出的土地

现在很容易计算出梯形 $ABCD$ 的面积了，它是由矩形 $EBCD$ 和直角三角形 AED 组成。梯形的面积就等于：

$$2\times13+\frac{1}{2}\times8\times13=78\ (\text{平方俄里})$$

根据梯形的计算公式得出的面积也是一样的:

$$\frac{AB+CD}{2}\times BC=\frac{10+2}{2}\times13=78(\text{平方俄里})$$

我们现在已经知道了帕霍姆走过了约 78 平方俄里的土地，这相当于 8 000 俄亩，每俄亩只要 12.5 戈比。

【题目】

在帕霍姆决定一生成败的日子里，一共走了 10+13+2+15=40（俄里），走出了一个梯形。他的初衷是沿着矩形的边长走，但由于估算失误，偶然走出了梯形。我们一起来看一个有趣的问题：他走出的这块地不是矩形，而是梯形，相比之下他是占了便宜还是吃了亏？在哪种情况下他获得的土地面积更大呢?

【答案】

周长为 40 俄里的矩形有非常多的组合可能，并且每个矩形都具有不同的面积。这里举一些例子:

$$14\times6=84\text{（平方俄里）}$$

$$13\times7=91\text{（平方俄里）}$$

$$12\times8=96\text{（平方俄里）}$$

$$11\times9=99\text{（平方俄里）}$$

从上面的几个例子可以看出，所有这些周长为 40 俄里的矩形面积都比梯形面积要大。但是，周长为 40 俄里的矩形面积也可能比同样周长的梯形面积小：

$$18\times2=36\text{（平方俄里）}$$

$$19\times1=19\text{（平方俄里）}$$

$$19\frac{1}{2}\times\frac{1}{2}=9\frac{3}{4}\text{（平方俄里）}$$

因此，对上面的问题我们并不能给出一个确切的答案。在周长相等的情况下，有些矩形的面积大于梯形的面积，也有一些矩形的面积小于梯形的面积。但可以明确的一点是，在具有给定周长的所有矩形图形中，哪个图形包含最大的面积——比较上面列出矩形的例子可以发现，矩形的边长差异越小，矩形的面积越大。这样就可以很自然地得出结论，当矩形边长之间的差异根本不存在时，即当矩形刚好是正方形时，图形的面积就达到了最大值。这时矩形的面积为 $10\times10=100$（平方俄里）。

可以很容易地看到，这个正方形的面积实际上超过了相同周长的任何矩形的面积。帕霍姆应该沿着正方形的边长走，这样就能获取最大的面积的土地，要比他之前所涵盖的面积多 22 平方俄里。

第3节 正方形的优越特性

正方形的优越特性在上一节我们已经提到过了，就是与相同周长的所有其他矩形相比，正方形的面积最大。许多人都不知道这个性质，因此，我们将对此命题作出严格的证明。

我们将矩形的周长设为 P。那么一个周长为 P 的正方形的四边相等，边长就等于 $\frac{P}{4}$。现在要证明，将正方形的其中一边缩短 b（$b\neq0$），相应地邻边增加 b，这样得到的矩形周长不变，但面积变小了。换句话说我们要证明的就是正方形的面积 $\left(\frac{P}{4}\right)^2$ 大于矩形的面积 $\left(\frac{P}{4}-b\right)\left(\frac{P}{4}+b\right)$，即 $\left(\frac{P}{4}\right)^2>\left(\frac{P}{4}-b\right)\left(\frac{P}{4}+b\right)$

不等式的右边等于 $\left(\frac{P}{4}\right)^2-b^2$，所以等式就可以化为 $0>-b^2$，或者 $b^2>0$。

在最后一个不等式中，任何非零实数的平方都大于0。因此，可推出初始不等式也成立。由此可得，在具有相同周长的情况下，正方形是所有矩形中面积最大的。

顺便可以再说一个正方形鲜为人知的性质：在具有相同面积的矩形中，正方形的周长最小。可以通过以下推理来验证。假设这个命题是不正确的，有一个矩形 A 的面积与正方形 B 相等，但矩形 A 的周长小于正方形 B。然后，再画一个正方形 C，其周长与矩形 A 相等，该正方形的面积比矩形 A 大，因此面积也比 B 大。我们怎么了？正

方形 C 的周长小于正方形 B，但是面积却大于正方形 B。这显然是不可能的，因为正方形 C 的边小于正方形 B 的边，所以面积应该更小。因此，不可能存在矩形 A，在面积相同的情况下，矩形的周长小于正方形的周长。换句话说，在所有具有相同面积的矩形中，周长最小的为正方形。

要是帕霍姆熟悉正方形的这个性质，就能合理地分配自己的体力并获得最大面积的土地。从故事中，我们能知道帕霍姆一天走完 36 俄里是毫无压力的，他只需要沿着边长为 9 俄里的正方形走，日落之后他就能拥有一块 81 平方俄里的土地了。这比他拼命走出的土地面积还多 3 平方俄里。同样地，如果帕霍姆事先给自己设定一个要走的目标矩形面积，比如说 36 平方俄里，他只要沿着边长为 6 俄里的正方形走，就可以用最少的力气达成目标。

有没有可能，如果帕霍姆为自己开辟的土地不是矩形，而是其他一些形状，比如说四边形、三角形、五边形等，这样能获得更大面积的土地吗？

可以从数学上对这个问题进行证明。但我担心读者朋友们已经感到疲惫，在这里就不做论证，仅介绍这个结论给大家。

首先来说一下四边形。在具有相同周长的所有四边形中，正方形的面积最大。因此，只要帕霍姆走的是四边形，如果按照一天最多走 40 俄里计算，他无论用什么方式都不可能拥有超过 100 平方俄里的土地。

然后是三角形。我们需要证明在周长相等的条件下，正方形比任何三角形的面积更大。如果周长按 40 俄里计算，等边三角形的三边为$\frac{40}{3}\approx 13.5$俄里，根据等边三角形的面积公式$S=\frac{\sqrt{3}a^2}{4}$，其中S为面积，a为边长：

$$S=\frac{\sqrt{3}}{4}\times\left(\frac{40}{3}\right)^2\approx 77\text{（平方俄里）}$$

77 平方俄里，它甚至比帕霍姆走的梯形还要小。

在周长相等的所有三角形中，等边三角形的面积最大。最大的三角形的面积小于正方形的面积，则相同周长的所有其他三角形面积都小于正方形的面积。

如果我们将正方形的面积与相等周长的五边形、六边形等的面积进行比较，我们要首先比较正五边形和正六边形是否比正方形具有更大的面积。用正六边形举例可以很容易地验证这一点。如果周长按 40 俄里计算，那么正六边形的边长为$\frac{40}{6}$，根据六边形面积公式$S=\frac{3\sqrt{3}a^2}{2}=\frac{3\sqrt{3}}{2}\times\left(\frac{40}{6}\right)^2\approx 115$（平方俄里）。

如果帕霍姆为他的地块选择了正六边形的形状，那么他拥有的土地面积将比实际上多 $115-78=37$（平方俄里），同时也比我们给他设定的最大正方形的面积多 15 平方俄里。但是为此，他必须得带着测角器出发。

【题目】

请用六根火柴拼一个具有最大面积的图形。

【答案】

用六根火柴可以拼出各种各样的图形：等边三角形、矩形、一系列平行四边形、不规则五边形和不规则六边形，当然，还有正六边形。通过上面的学习，现在我们无须相互比较这些几何图形的面积，就可以预先知道正六边形的面积最大。

第5节 最大面积的几何图形

可以通过严格的几何证明得到，周长相等的条件下，正多边形的边数越多，图形的面积就越大。最终，最大的面积是给定周长的圆形面积。如果帕霍姆沿着 40 俄里的圆周跑了一圈，他将获得的土地面积就为：

$$\pi\times\left(\frac{40}{2\pi}\right)^2\approx127\ （平方俄里）$$

无论是直线还是曲线的任何其他图形，在相等的周长下都不能具有更大的面积。

让我们在圆的这个性质上稍做停留，可能有些读者朋友想要知道怎么证明这一点，下面我们就来看一下。这个证明是正确的，但并不是十分的严谨，它是由数学家雅科夫·施泰纳提出的。

要证明在周长相等的图形中，圆的面积是最大的。首先我们要证明凸形图形具有更大的面积，也就是说这个图形的任何一条弦都应该完全位于凸形的内部。假设图形 $AaBC$ 有一条外弦 AB，如图 173 所示。把弧线 a 换成 b，弧 b 与弧 a 关于弦 AB 对称。做了这样的替换之后，图形 ABC 的周长保持不变，但很明显图形的面积变大了。这也就说明了类似 $AaBC$ 这样的图形，在周长相等的情况下，含有更大面积的可能。

所以我们要找的图形一定是凸形的。接下来我们还需要事先确定周长一定，面积最大的凸形图形的特殊性质：任何一条将它周长对半分的弦，也一定将它的面积一分为二。如图 174 所示，假设图形 *AMBNA* 就是这样的凸形图形，它有一条将其周长对半分的弦 *MN*，我们要证明图形 *AMNA* 的面积与图形 *MBNM* 的面积相等。实际上，如果我们假设这两部分图形面积不相等，比如说 $S_{图形AMNA}>S_{图形MNBM}$ 也就是说沿 *MN* 翻折图形 *AMNA* 之后，我们就得到了图形 *AMA'NA*，这个图形的面积比初始图形 *AMBNA* 要大，但图形的周长还是与初始图形相等的。也就说明图形 *AMBNA* 并不是相等周长中面积最大的凸形图形，这与我们最初的设定相冲突。所以在我们所要找的凸形图形中，平分周长的弦一定也平分面积。

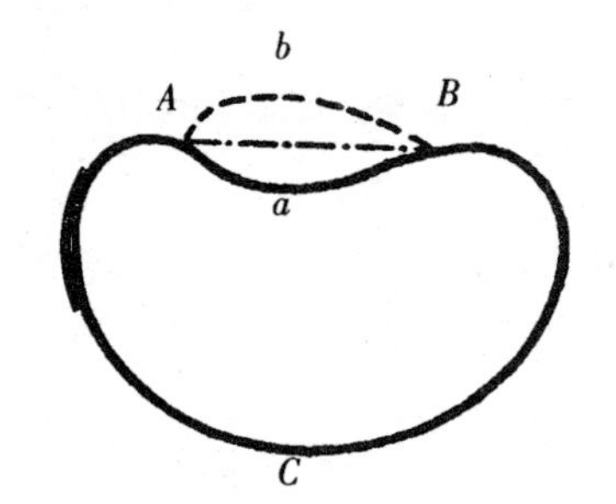

图 173 证明凸形图形应该具有更大的面积

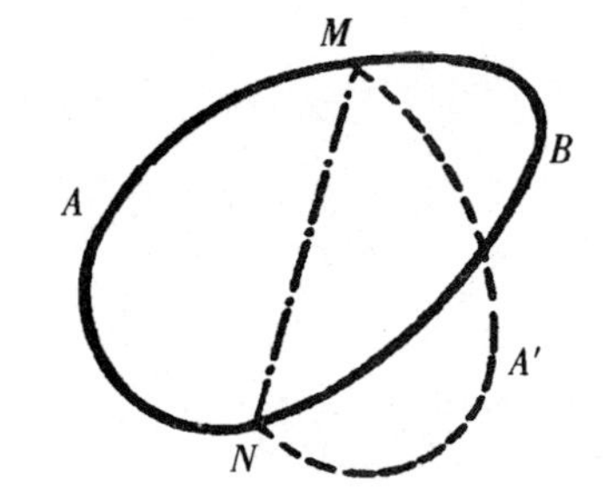

图 174 如果弦将凸形图形周长对半分后，这条弦也将它的面积一分为二

在继续证明之前，我们还需要一个辅助的理论：在所有给定两边长的三角形中，给定的两边长构成直角时，具有更大的面积。为了证明这个补充的理论，我们需要回顾一下用三角函数来表达三角形面积的公式：

$$S=\frac{1}{2}ab\sin\angle C$$

其中 a 和 b 分别为三角形给定的两边，而 $\angle C$ 为 a 和 b 的夹角。

从这个表达式中可以看出，因为三角形两边长 a 和 b 是给定的，那么当 $\sin\angle C$ 的值达到最大时，也就是 $\angle C$ 为直角时，三角形的面积最大。正弦值在角为直角时等于1，这是我们已经证明过的。

现在就可以回到我们最开始的证明，在周长为 P 的所有图形中，圆的面积最大。假设有一个非圆的凸形图形 $MANBM$，在等周长的图形中，它的面积最大，如图 175 所示，则它具有我们上面证明过的两点性质。

首先找到将凸形图形 $MANBM$ 周长等分的弦 MN，我们已经知道了，弦 MN 也将 $MANBM$ 的面积等分。然后沿直线 MN 将 $MANM$ 翻折，使之形成关于 MN 对称的图形 $MA'NM$。所以图形 $MANA'M$ 的周长和面积都与初始图形 $MANBM$ 相等。因为弧 MAN 不是半圆，所以在弧上任取一点跟 M 和 N 点的连线不能构成直角。假设弧上有一点 K，其对称点为 K'，那么 $\angle MKN$ 和 $\angle MK'N$ 都不是直角。将 MK 和 KN，MK' 和 NK' 四边拿出来，将它们分别构成直角，这样我们得到了两个全等的直角三角形，如图 176 所示，将两个直角三角形的斜边拼在一起，并与之前的图形其余部分合并之后就形成了图形 $M'KN'K'M'$，这个图形与初始图形具有相同的周长，但是明显面积更大。因为和初始图形中非直角三角形 $\triangle MKN$ 和 $\triangle MK'N$ 相比，直角三角形 $\triangle M'KN'$ 和 $\triangle M'K'N'$ 具有更大的面积。这也就说明了在给定周长的条件下，没有任何非圆图形能够具有更大的面积。

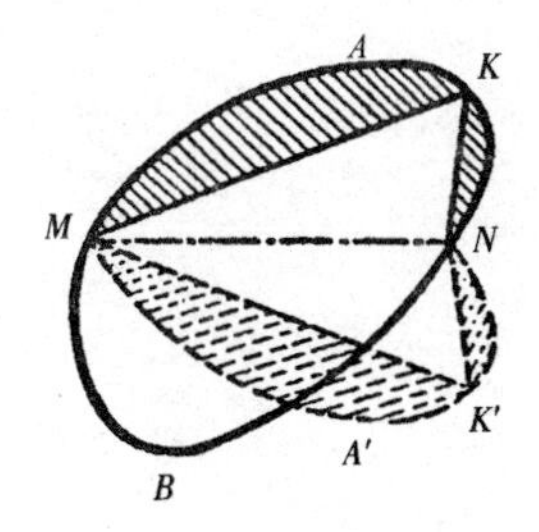

图 175　假设一个非圆形的凸形面积最大，能否实现？

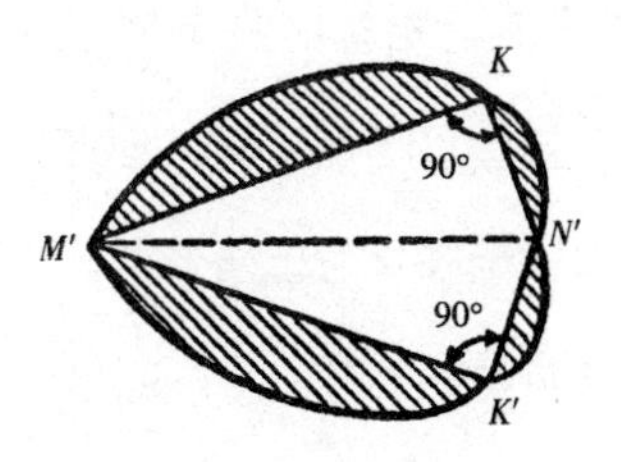

图 176　弦的对角变为直角后，面积更大

除此之外，我们还可以证明在面积相等的所有图形中，圆的周长最小。证明方法可以参照前面正方形的方法。

【题目】

如果有圆形、正方形和三角形三种形状的钉子，将它们砸进墙里同样的深度，并且三种钉子的横截面积相等，哪种形状的钉子更难拔出？

【答案】

众所周知，为了使钉子钉得牢靠，通常要让钉子与周围材料尽可能大面积地接触。也就是需要钉子的侧截面周长最大。我们已经知道，在面积相等的情况下，正方形的周长小于三角形的周长，而圆周长又小于正方形的周长。如果取正方形的边长为1，计算可得出面积相等的三角形、正方形和圆形的周长值分别为：4.53；4；3.55。由此可见，三角形钉子应该比其他形状钉子更难拔出。

但实际上钉子并没有三角形的，市面上也买不到三角形的钉子，原因可能在于这样的钉子容易折断和损坏。

第7节 体积最大的物体

球体具有与圆类似的特性：在给定表面积的情况下，所有物体中球形体积最大。相反，在相同体积的所有物体中，球体的表面积最小。

这些特性在实际生活中也具有重要的意义。球形茶炊的表面积比同容积的圆柱形或任何其他形状的杯子小，由于物体仅从表面散发热量，因此球形茶炊的变凉速度要比其他形状的炊具慢。相反，温度计箱的形状是圆柱体而不是球形，这是为了让它发热或冷却得更快。

我们的地球也是一个巨大的球形，它由外部的硬壳和地核组成，受到外力时，其外表面形状会发生变化，相应地，地球体积也会压缩，内含物质之间变得更加紧密。

第8节 等因式乘积

上面我们解决的这类问题，似乎都是从经济学角度来考虑的。如在一定的体力消耗下走完40俄里的路，如何达到最有利的结果（获得最大的土地面积）？其实本章的标题“几何经济学”，这是大众化的说法，在数学中，这类问题有个专有名词：“最大值和最小值”。这类问题在主题和难度上非常多样化。有些问题需要用到高等数学知识才能解决，有些只要使用最基本的数学知识就可以解决。如果将来我们遇到类似的几何学领域问题，都可以用等因式乘积这一有趣特性来解决。

对于两个因式乘积的特性，其实我们已经接触过了。我们已经知道了在相等的周长下，正方形比任何矩形的面积都大。如果把这个几何性质转化成数学语言，应该是这样说的：需要将一个数值拆分为两个数，要使这两个数的乘积最大，就应该将这个数值拆分为相等的两个数。来看下面几组因式乘积：

$$13\times17,\ 16\times14,\ 12\times18,\ 11\times19,\ 10\times20,\ 15\times15$$

上述所有的因式中前后两数相加之和都等于 30，乘积最大的为 15×15，即使用分数表达的乘积 $14\frac{1}{2}\times15\frac{1}{2}$ 也没有 15×15 大。

这个性质对三个具有固定总和的因式的乘积也适用，当三个因式的值相等时，它们的乘积最大。这可以在前面推理的基础上得出结论。假设有三个因式 x，y，z，三个因式的总和为 a：

$$x+y+z=a$$

假设 x 和 y 相等，用它们的和的一半$\frac{x+y}{2}$来代替每个因式可得：

$$\frac{x+y}{2}+\frac{x+y}{2}+z=x+y+z=a$$

在前面推理的基础上可以得到：

$$\left(\frac{x+y}{2}\right)\left(\frac{x+y}{2}\right)>xy$$

两边同时乘上第三个因式可得：

$$\left(\frac{x+y}{2}\right)\left(\frac{x+y}{2}\right)z > xyz$$

总之，在 xyz 因式中只要有两个因式相等，那么在总和不变的情况下，始终比 xyz 得出的乘积更大。当三个因式都相等时，就不用做上面的替换了，相应地在 $x+y+z=a$ 的条件下，当 $x=y=z$，xyz 的乘积最大。

掌握等因式的这个特点之后，对我们解决一些问题很有帮助。

第9节 三角形的最大面积

【题目】

在三角形三边总长度给定的条件下，什么样的三角形面积最大？在之前的练习中我们已经知道了答案：等边三角形。可是要怎么证明这一点呢？

【答案】

假设三角形的三边为 a、b、c，三角形的面积为 S，三角形周长为 $a+b+c=2p$，根据海伦公式，三角形面积 $S=\sqrt{p(p-a)(p-b)(p-c)}$（其中 $p=(a+b+c)/2$），由此可得 $\frac{S^2}{p}=(p-a)(p-b)(p-c)$。

三角形的面积 S 最大时，它的平方 S^2 或者 $\frac{S^2}{p}$ 也为最大值，根据题目给出的条件是不变的定值。因为等式两边同时取得最大值，所以问题的实质变成了（$p-a$）（$p-b$）（$p-c$）的乘积在什么时候最大。因为三个相乘因式的和为常量，即

$$p-a+p-b+p-c=3p-(a+b+c)=3p-2p=p,$$

由此我们可以得出结论，当三个因式相等时，它们的乘积最大，也就是：

$$p-a=p-b=p-c$$

即 $a=b=c$。

因此在三角形周长相等的条件下，等边三角形的面积最大。

第10节 怎么切出最重的长方块

【题目】

需要从圆柱形原木上锯出一个长方块，使其具有最大的重量，我们应该怎么做？

【答案】

这道题实际是要求圆的内接矩形的最大面积。在前面的一系列学习中我们可能已经想到了这个矩形是正方形，但我们要怎么证明我们的想法呢？

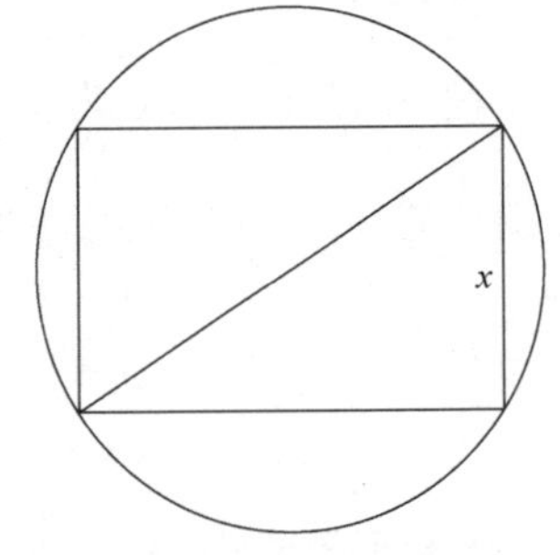

图 177　最重的长方块要怎么切

如图 177 所示，设我们要求的矩形一边为 x，那么另一边为 $\sqrt{4R^2-x^2}$，其中 R 为原木截面圆的半径。那么

内接矩形的面积 $S=x\sqrt{4R^2-x^2}$，由此可得

$$S^2=x^2(4R^2-x^2)$$

因为 x^2 与 $(4R^2-x^2)$ 两项因式的和为常量，即 $x^2+4R^2-x^2=4R^2$，所以它们的乘积 S^2 当 $x^2=4R^2-x^2$ 时取得最大值，即 $x=\sqrt{2}R$，这时 S 达到最大值，矩形恰好为正方形。

所以当原木截面内接的矩形为正方形时，方块的体积最大。

【题目】

有一块三角形的硬纸板，需要从中切出两边分别平行于三角形指定的底面和高的矩形，并使得矩形的面积最大，我们该怎么做?

【答案】

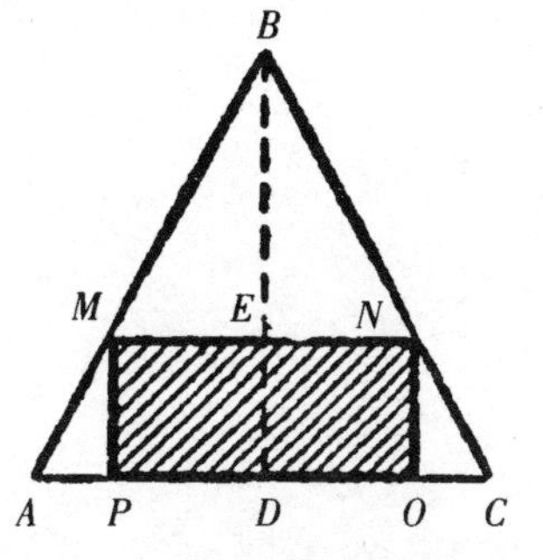

图 178　三角形内接矩形的最大面积

假使有一个$\triangle ABC$，如图 178 所示，$MNOP$ 为剪切的矩形。由$\triangle ABC$ 与$\triangle MBN$ 相似，可得出下面的比例关系：

$$\frac{BD}{BE}=\frac{AC}{MN}$$

从而可得 $MN=\dfrac{BE\cdot AC}{BD}$。

我们要找的矩形的边长 MN 用 y 表示，从三角形顶点到 MN 的距离 BE 用 x 表示，$\triangle ABC$ 底边 AC 用 a 表示，高 BD 用 h 表示，所以上述得到的表达式可以写作：$y=\dfrac{ax}{h}$。

我们要求的矩形面积 $MNOP$ 为 $S=MN\cdot NO=MN\cdot(BD-BE)=y(h-x)=\dfrac{ax}{h}(h-x)$，由此可推出 $\dfrac{Sh}{a}=(h-x)x$。

面积 S 最大时，$\frac{Sh}{a}$ 的值也为最大，相应地即为因式 $(h-x)$ 和 x 的乘积最大。因为两个因式的和为定值（$h-x+x=h$），也就是说当 $h-x=x$，即 $x=\frac{h}{2}$ 时，两个因式乘积最大。

从 $x=\frac{h}{2}$ 的计算结果可以看出，我们要求的矩形边长 MN 刚好穿过三角形高的中点，$DE=\frac{h}{2}$，$MN=\frac{1}{2}AC=\frac{a}{2}$。

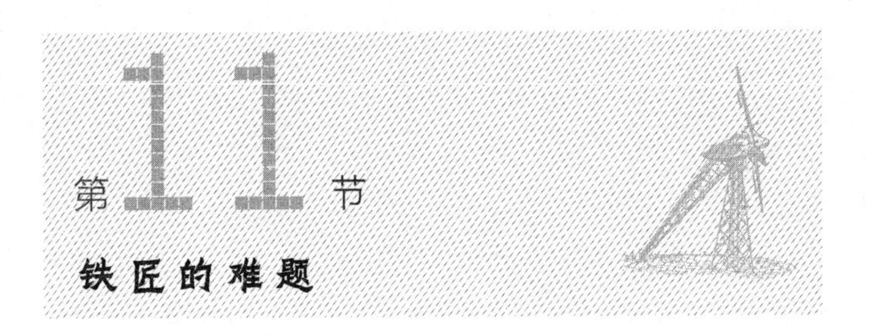

【题目】

铁匠需要用一块边长为 60 cm 的正方形铁皮，做一个以正方形为底，不带盖儿的盒子，要求是盒子必须具有最大的容积。经过许久的测量，铁匠也没有做出决定，到底要将边缘翻折多宽，如图 179 所示，我们能帮铁匠解出这道难题吗?

【答案】

我们可以先将需要翻折的铁皮宽度设为 x，如图 180 所示。这样盒子底面的正方形边长就为 $60-2x$；所以盒子体积 V 的表达式就为：

$$V=(60-2x)(60-2x)x$$

在 x 为多大时这个盒子的体积最大呢？根据之前的推论我们已经知道了如果三个因式的总和为常量，它们的乘积在三个因式相等的条件下最大。但这里的三个因式总和不是常量，而是含有变量 x 的多项式：$60-2x+60-2x+x=120-3x$。想要将三个因式的和变成常量也不是一件难事，只需要将等式两边同时乘以 4，这样体积公式就变成了：$4V=(60-2x)(60-2x)4x$。

图 179　铁匠的难题

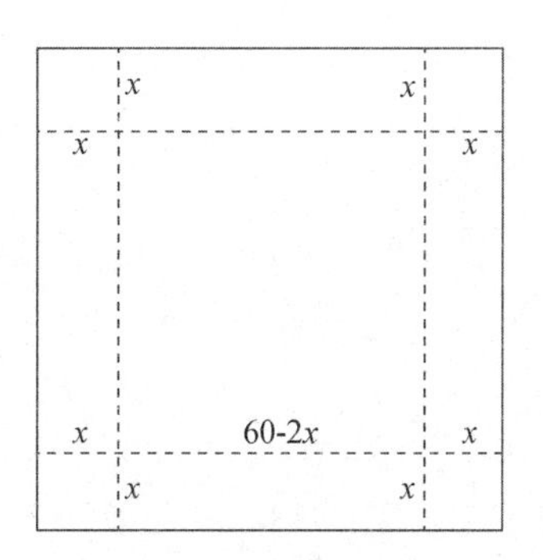

图 180　解开铁匠难题的答案

这三个因式的和就等于 $60-2x+60-2x+4x=120$，此时因式的和就为常量了。这说明在三个因式相等的情况下，盒子的体积最大。也就是 $60-2x=4x$，解得 $x=10$。

这里得出的是 $4V$ 的最大值，同样地 V 也在此时达到最大值。这样我们就得出在将铁皮翻折 10 cm 时，盒子的体积最大。这个最大的体积为 $40\times40\times10=16\ 000$ (cm^3)。如果少翻折或多翻折 1 cm，得到的盒子体积都会变小：

$$9\times42\times42\approx15\ 900\ (cm^3)$$

$$11\times38\times38\approx15\ 900\ (cm^3)$$

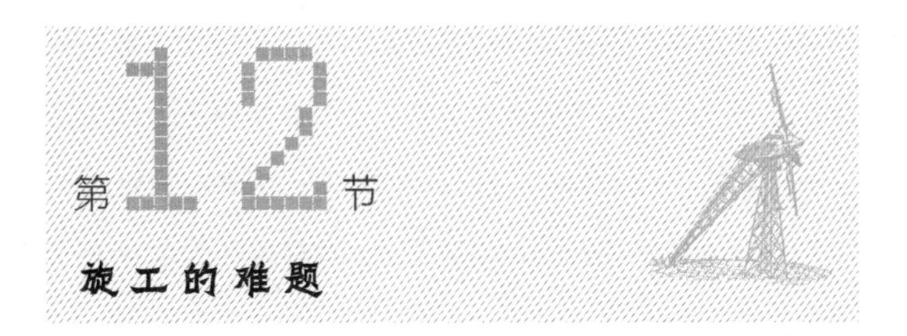

第12节 旋工的难题

【题目】

旋工收到一个任务，需要将圆锥打磨成一个圆柱，要求磨去尽可能少的材料，如图 181 所示。

图 181 旋工的难题

旋工开始思考需要将圆柱打磨成什么样？是一个高而窄的细长圆柱（见图 182），还是宽而低的扁圆柱呢（见图 183）？他想了很长时间也没想出来到底哪一种圆柱的体积更大，需要磨掉的材料更少，我们要怎么帮助他呢？

【答案】

图 182 高而窄的细长圆柱

图 183 宽而低的扁圆柱

下面让我们从几何角度来仔细分析一下这道题。如图 184 所示，假设$\triangle ABC$是圆锥的纵截面，BD为圆锥的高，用h来表示，底面半径$AD=DC$，用R来表示。从圆锥磨出来的圆柱截面为$MNOP$，圆柱底面半径$PD=ME=r$，我们要求的就是当圆锥顶端B到圆柱截面最高处的距离$BE=x$为多大时，圆柱的体积最大。

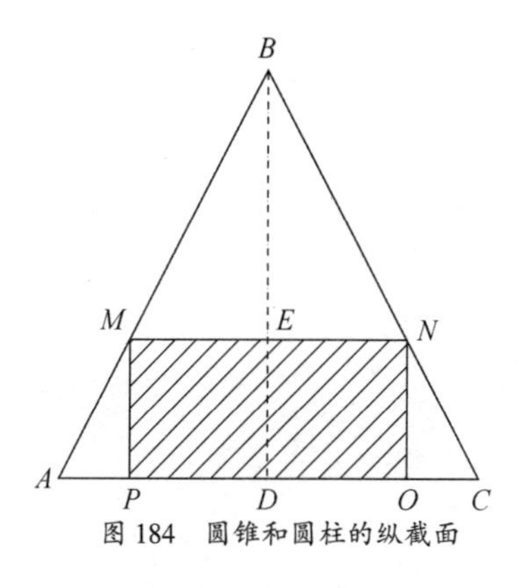

图 184　圆锥和圆柱的纵截面

我们可以得出如下比例关系：

$\frac{ME}{AD}=\frac{BE}{BD}$，也就是$\frac{r}{R}=\frac{x}{h}$，由此可得$r=\frac{Rx}{h}$

圆柱的高$ED=h-x$，圆柱的体积为：

$$V=\pi\left(\frac{Rx}{h}\right)^2(h-x)=\pi\frac{R^2x^2}{h^2}(h-x)$$

由上式计算可得$\frac{Vh^2}{\pi R^2}=x^2(h-x)$

表达式中$\frac{Vh^2}{\pi R^2}$中，h、π和R都是常量，只有V是变量。我们想要找到一个x的值，能够使V最大。从表达式可以很明显地看出V与$\frac{Vh^2}{\pi R^2}$同时达到最大，也就是V与$x^2(h-x)$同时达到最大值。表达式$x^2(h-x)$什么时候达到最大呢？我们可以从这个表达式中看到三个因式变量x、x和$(h-x)$，如果三个因式的和为常量，那么它们的乘积就在三个因式相等的条件下最大。要使三个因式的和为常量也很好实现，只需要将等式两边同时乘以 2，这样我们就得到了下面的等式：

$$\frac{2Vh^2}{\pi R^2}=x^2(2h-2x)$$

现在等式右边的三个因式总和就为常量了：$x+x+2h-2x=2h$。

因此当三个因式相等时，它们的乘积最大，也就是$x=2h-2x$，$x=\frac{2h}{3}$。

这时 $\frac{2Vh^2}{\pi R^2}$ 也达到最大值，那么此时圆柱的体积 V 也是最大值。

现在我们就知道了如何从圆锥打磨出最大体积的圆柱：圆柱的上底面与圆锥顶点的距离为圆柱高的 $\frac{2}{3}$ 即可。

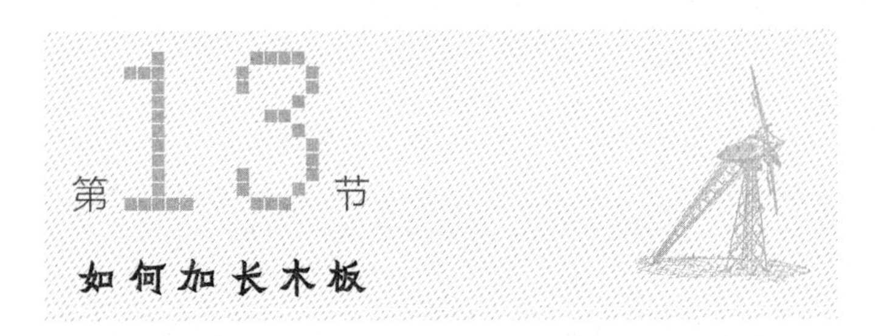

第13节 如何加长木板

在工厂或家里做某样东西的时候，有时会出现手边的材料大小不合适的情况。这时我们就要尝试进行适当的处理来改变材料的尺寸，几何知识在此时能发挥重大作用。

假设你想做一个书柜，需要一块 1 m 长、20 cm 宽的木板。但是你手边只有一块长 75 cm、宽 30 cm 的木板，如图 185 所示。这时我们该怎么办呢？

图 185　如何通过三次切割和一次粘合来接长木板呢？

我们可以按照如下的方法进行操作：沿着木板的长边（75 cm）锯出一块 10 cm 宽的木条，然后把它切成 3 段，每段长 25 cm，拿出其中 2 块将木板接长（见图 185）。

上述的解决方案需要锯三次，粘合三次，是一种不太经济的操作。除此之外，以这种方式粘合，牢固性方面也不太符合要求。

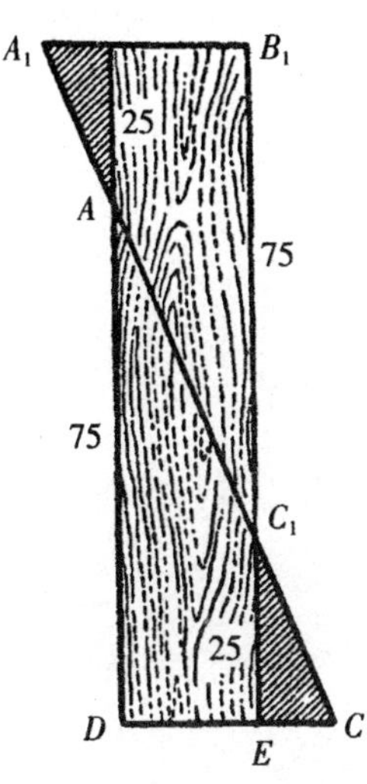

图 186　接长木板的解题方案

【题目】

有没有更好的办法呢，还是锯三次，但只粘合一次就能将木板加长到我们需要的尺寸?

【答案】

我们可以按照图 186 中所示，沿着木板 $ABCD$ 的对角线 AC 锯开，然后将锯下来的 $\triangle ABC$ 沿对角线平行移动到 C_1 点，刚好补齐我们不够的长度，也就是满足 $C_1E=25$ cm，这样两块木板就变成了长为 1 m 的木板。接下来我们就只需要沿直线 AC_1 粘合并锯掉图中阴影所示多余的部分。最终得到的就是我们所需尺寸的木板。

我们还可以用几何方法来验证一下答案的正确性。由 $\triangle ADC$ 与 $\triangle C_1EC$ 相似可得：

$$AD:DC=C_1E:EC$$

从而可得 $EC=\frac{DC}{AD}\cdot C_1E=\frac{30}{75}\times25=10$（cm），

$DE=DC-EC=30-10=20$（cm）。

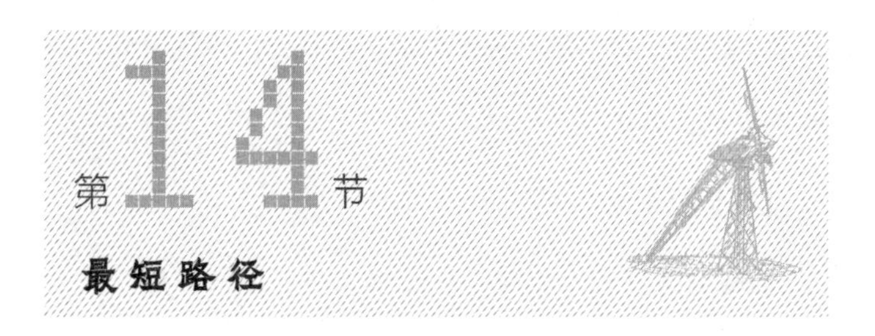

第14节 最短路径

在本书的结尾我们再来看一个用极简的几何构造法解决极大值和极小值的问题。

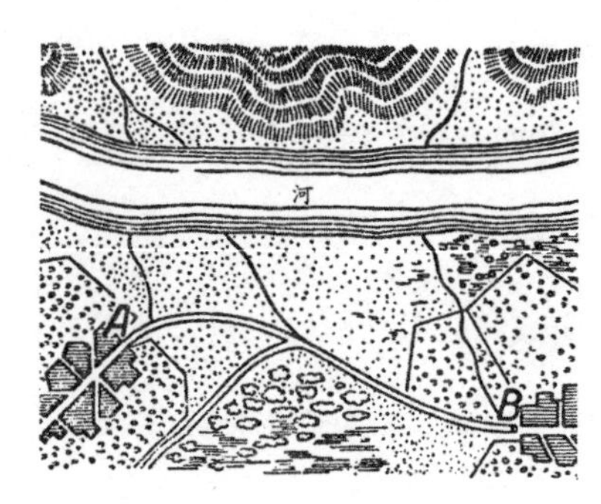

图 187　应该在哪里建造水塔?

【题目】

需要在河岸边建一座水塔，使得水能够沿管道运送至村庄 A 和 B，如图 187 所示。

在哪个点建造水塔，可以使得水塔到 A 和 B 两村庄的水管总长度最短呢?

【答案】

这道问题的实质在于找从 A 点到岸边，再到 B 点的最短路径。

假设我们要找的最短路径为 ACB，如图 188 所示。将图纸沿 CN 边折叠，我们就得到了 B'点，且 $CB'=CB$，而 ACB'在任何情况下都是最短路径，所以 ACB 自然就是最短路径。这就说明要找到最短路径，我们要先找到直线 AB'与河岸线相交的点 C，这样，连接 C 点和 B 点，我们就找到了从 A 点到 B 点两部分的最短路径。

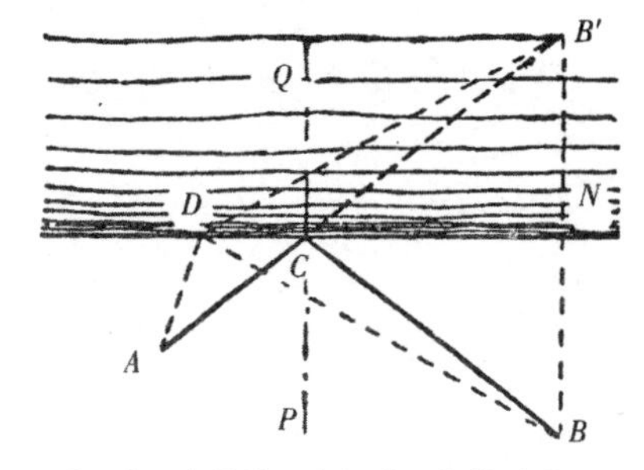

图 188　选择最短路径的几何构造法

过 C 点作 CN 的垂线，很容易看出，这条垂线与两条最短路径分别形成的夹角 $\angle ACP$ 与 $\angle BCP$ 是相等的。这和我们已经熟知的光的反射定律相似，当光线发生镜面反射时，入射角等于反射角，由此可得光在反射时会选择最短路径。亚历山大时代的古希腊数学家海伦在约两千年前就发现了这一点。